Atome – Moleküle – Kerne

Band I Atomphysik

Von Univ.-Professor Dr. Gerd Otter
und Akad.-Direktor Dr. Raimund Honecker

III. Physikalisches Institut der
Rheinisch-Westfälischen Technischen Hochschule Aachen

2., überarbeitete Auflage
Mit 192 Figuren und 19 Tabellen

Springer Fachmedien Wiesbaden GmbH 1998

Prof. Dr. phil. Gerd Otter

Geboren 1936 in Innsbruck, Studium und Promotion an der Universität Innsbruck, nach einigen Jahren Forschungsaufenthalt in CERN, Stockholm und London, Leiter der Blasenkammergruppe im Institut für Hochenergiephysik Wien, Habilitation bei W. Thirring an der Universität Wien, ab 1972 Univ.-Professor an der RWTH Aachen, wissenschaftliche Tätigkeit im Gebiet der Elementarteilchenphysik.

Dr. rer. nat. Raimund Honecker

Geboren 1932 in Freiburg i. Br., Studium in Freiburg, Frankfurt a. M. und Aachen, Promotion und wissenschaftliche Tätigkeit in Kern- und Elementarteilchenphysik bei M. Deutschmann in Aachen, 1968 akad. Rat, seit 1991 akad. Direktor am III. Physikalischen Institut an der RWTH Aachen.

Die Deutsche Bibliothek – CIP-Einheitsaufnahme

Otter, Gerd:
Atome – Moleküle – Kerne / von Gerd Otter und Raimund Honecker.
  Bd. 1. Atomphysik : mit 19 Tabellen. - 2., überarb. Aufl. - 1998
  ISBN 978-3-519-13219-6   ISBN 978-3-663-11966-1 (eBook)
  DOI 10.1007/978-3-663-11966-1

© Springer Fachmedien Wiesbaden 1993
Ursprünglich erschienen bei B.G. Teubner Stuttgart 1993

Gesamtherstellung: Zechnersche Buchdruckerei GmbH, Speyer

Vorwort

Das zweibändige Lehrbuch Atome – Moleküle – Kerne, dessen erster Band über Atomphysik
nun vorliegt, erwuchs aus den Manuskripten einer zweisemestrigen Vorlesung, die seit vielen
Jahren an der Rheinisch–Westfälischen Technischen Hochschule Aachen veranstaltet wird.
Das Buch richtet sich an Studierende mit Fach Physik ab etwa dem dritten oder vierten Se-
mester und ist in erster Linie als begleitende Hilfestellung zu entsprechenden Hochschulkursen
gedacht. Es sollte sich aber auch zur Vorbereitung auf das Vor- und Hauptexamen oder zum
Selbststudium eignen. Wir haben eine in sich geschlossene Darstellung angestrebt, die den
Lernenden systematisch durch den Stoff führt. Das Buch ist andererseits so aufgebaut, daß
der Anfänger, der sich zunächst nur einen Überblick über die vielfältigen Erscheinungen im
atomaren Bereich verschaffen will, die schwierigen, mit einem * markierten Abschnitte über-
schlagen kann, ohne den Faden zu verlieren. Im fortgeschrittenen Stadium mag er dann das
Buch abermals zur Hand nehmen, um das Erlernte durch die konsequente quantenmechanische
Behandlung der Problemstellungen zu vertiefen. Passsagen für Fortgeschrittene innerhalb des
Textes sind mit **A** (= Anfang) und **E** (= Ende) gekennzeichnet. Jedes Kapitel endet
mit einer Zusammenfassung des erlernten Stoffs.

Aus diesen wenigen Bemerkungen läßt sich ersehen, welche Voraussetzungen der Lernende
mitbringen muß: Grundkenntnisse der klassischen Physik sowie eine gewisse Übung im Umgang mit dem wichtigsten formalen Rüstzeug der Höheren Mathematik. Kenntnisse der Quantenmechanik werden nicht vorausgesetzt. Der Anfänger wird behutsam in die Schrödinger-
Gleichung eingeführt, um nach einigen Fallbeispielen das Wasserstoffproblem quantenmechanisch nachvollziehen und die wichtigsten Quantenerscheinungen der Atomphysik erfassen zu
können. Der Fortgeschrittene seinerseits findet die grundlegenden Methoden der Quantenmechanik zusammengestellt, mit denen die Problemstellungen der Atomphysik und im zweiten
Band der Molekül- und Kernphysik behandelt werden. Zweifellos bereitet der Umgang mit
der Quantenmechanik im ersten Anlauf erfahrungsgemäß stets gewisse Schwierigkeiten. Obwohl dem Lernenden im vorliegenden Band eine kompakte, aber durchsichtige Darstellung
des notwendigen quantenmechanischen Rüstzeugs angeboten wird, die für das Verständnis
der Arbeitsmethoden genügen sollte, wird ihm empfohlen, begleitend dazu das Erlernte etwa
durch einen Kurs über Quantenmechanik auf eine breitere Basis zu stellen.

Es lag uns sehr daran, die grundlegenden Probleme nicht nur vom experimentellen Material
und in den theoretischen Ansätzen zu behandeln, sondern, soweit es den Rahmen des Buches
nicht sprengt, konsequent durchzurechnen. Darin mag sich dieses Buch von manch anderen
Darstellungen vergleichbaren Anspruchs unterscheiden. Ist bereits der Anfänger erfahrungsgemäß nicht zufrieden, wenn ihm die Erscheinungen der Atomphysik halbklassisch oder nur in
Ansätzen erklärt werden, weil sie erst im Zuge der Quantenmechanik sauber erklärbar sind, so
erst recht der Fortgeschrittene, wenn er nicht in die Lage versetzt wird, die gestellte Aufgabe
Schritt für Schritt nachzuvollziehen. Der Studierende merkt von selbst, daß das "Verstehen"
atomarer Mechanismen eigentlich erst dann gegeben ist, wenn er auch den Formalismus zu
deren Beschreibung beherrscht. Damit er das manchmal komplexe Geflecht innerer Zusammenhänge leichter zu durchschauen vermag, haben wir im Text häufig auf Gleichungen oder
bereits Erlerntes verwiesen, selbst auf die Gefahr hin, daß dem Fortgeschrittenen diese Hinweise lästig werden. Wir haben versucht, die formalen Darstellungen möglichst einfach und
durchsichtig, aber in jedem Fall korrekt zu formulieren, ohne den Anspruch zu erheben, die
Probleme aus der Sicht des Theoretischen Physikers darstellen zu wollen.

Die Art der Darstellung zwang zur Eingrenzung des Stoffes. So wird auf die historische Entwicklung der Atomphysik nur insoweit eingegangen, wie es für das Verständnis des Anfängers notwendig ist. Grundlegendes experimentelles Material haben wir zusammengestellt, ohne uns in Details zu verlieren. Es wurde versucht, alle wichtigen Experimente zu erläutern, jedoch ohne apparative Einzelheiten. Moderne Untersuchungsmethoden werden vom Prinzip her so weit beschrieben, daß für den Leser Ziel und Zweck verständlich werden.

Der Inhalt dieses ersten Bandes ist in sechs Kapitel unterteilt, von denen die ersten drei mehr vorbereitenden Charakter haben, aber deshalb gerade für den Anfänger wichtig sind. Das erste Kapitel behandelt den Dualismus Welle – Teilchen und vermittelt den Begriff der Materiewelle. Das zweite Kapitel ist an der historischen Entwicklung der Atommodelle orientiert und enthält einen für den Experimentator bis heutezu wichtigen Abschnitt über den Durchgang geladener Teilchen durch Materie. Das dritte Kapitel führt in die Schrödinger–Gleichung ein und behandelt wichtige Beispiele wie den Tunneleffekt, den harmonischen Oszillator und den starren Rotator. Mit dem Abschnitt über Operatoren beginnt die eigentliche Darstellung quantenmechanischer Arbeitsmethoden. Der Behandlung der Drehimpulse in der Quantenmechanik ist ihrer Bedeutung wegen das ganze Kapitel vier gewidmet. Auch die Kopplung von Drehimpulsen wird dabei eingeübt. In Kapitel fünf werden alle wichtigen und grundlegenden Erscheinungen der Atomphysik am Beispiel der Einelektronenatome ausführlich behandelt mit einem abschließenden Abschnitt über Hochpräzisionsexperimente. Kapitel sechs gibt eine Übersicht über die Mehrelektronenatome mit einem einführenden Abschnitt über ununterscheidbare Teilchen. Es folgt der Aufbau der Atome, ihre physikalischen Eigenschaften sowie die Beschreibung der Spektren, und abschließend ein Abschnitt über Laser und Maser.

Es sei allen Mitarbeitern des Aachener Physikzentrums herzlich gedankt, die das Manuskript oder Teile davon kritisch durchgesehen und/oder uns wertvolle Hinweise und Verbesserungsvorschläge gegeben haben, insbesondere den Herren Professoren Dr. Albrecht Böhm, Dr. Günter Flügge, Dr. Lalit Sehgal sowie den Herren Dr. Dieter Rein und Dipl.-Phys. Claus Dohmen. Ohne das unermüdliche Engagement der Diplomanden Jörg Kaulard und Andrej Klaas sowie von Herrn Dipl.-Phys. Christopher Wiebusch, die das Manuskript in TEX gefaßt haben, wäre der vorliegende Band bei weitem nicht so schnell gediehen. Die Zeichnung der vielen Figuren verdanken wir Herrn Norbert Rieb.

Aachen, Juli 1993 Gerd Otter und Raimund Honecker

Vorwort zur zweiten Auflage

In der zweiten Auflage dieses Bandes wurden im wesentlichen Fehler beseitigt, eine Reihe von Figuren verbessert und einige schwer verständliche Passagen klarer formuliert. Wir danken vielen Studenten für kritische Hinweise und Verbesserungsvorschläge. Besonderer Dank hierfür gilt den Professoren Dr. Peter Grosse und Dr. Eckard Gerlach aus unserem Hause. Die LaTeX-Fassung der Korrekturen haben wir wieder dem unermüdlichen Fleiß von Herrn Dipl.-Phys. Joachim Kuth, die Figuren Herrn Norbert Rieb zu verdanken. Möge auch die zweite Auflage bei den Lesern Gefallen finden und insbesondere die grundlegende und vollständige Durchrechnung vieler Probleme zu einer Vertiefung des Stoffes führen.

Aachen, Februar 1998 Gerd Otter und Raimund Honecker

Inhaltsverzeichnis

1 Die Grundlagen der modernen Physik: Der Welle–Teilchen Dualismus

1.1 Der Teilchencharakter des Lichts

Daß das Licht als elektromagnetische Welle zu verstehen ist, galt als eine der wichtigsten physikalischen Erkenntnisse des vorigen Jahrhunderts: Eine im Vakuum mit konstanter Geschwindigkeit $c = 3 \cdot 10^8 m/s$ fortschreitende, transversale Welle, deren Amplitude durch die periodisch variierenden Vektoren des elektrischen und magnetischen Feldes dargestellt wird. Die Maxwellsche Theorie lieferte letztlich die Krönung für dieses Bild (1873). Von der Optik her bekannte Erscheinungen wie Beugung, Interferenz und Brechung sind charakteristisch für die Wellennatur des Lichts.

Umso revolutionierender erwiesen sich zu Beginn dieses Jahrhunderts Theorien und Experimente, bei denen sich zeigte, daß das Licht auch als Teilchen aufgefaßt werden muß. Erstmals tauchten diese als Lichtquanten bezeichneten Erscheinungen in der von Max Planck entwickelten Theorie der Hohlraumstrahlung auf (1900). Es folgten bald experimentelle Nachweise durch den Photoeffekt und den Compton–Effekt, Phänomene, die durch die Wellennatur des Lichts nicht erklärt werden konnten. In moderneren Experimenten konnte mit Hilfe des Mößbauer-Effektes überdies der Einfluß der Gravitation auf Lichtquanten sehr genau gemessen werden.

Alle genannten Erscheinungen sind für das Verständnis der Quantennatur des Lichts von so grundlegender Bedeutung, daß sie in diesem Abschnitt zumindest in den Grundzügen behandelt werden.

1.1.1 Der Photoeffekt

Bereits Heinrich Hertz (1887) und Wilhelm Hallwachs (1888) beobachteten, daß Metalle bei Bestrahlung mit kurzwelligem bzw. ultraviolettem Licht Elektronen freigeben. Man nennt diese Erscheinung Photoeffekt. Die nachstehende Abbildung zeigt eine typische Meßanordnung dazu. Licht der Frequenz ν und der Intensität J fällt auf die Kathode (2) einer Vakuumdiode (1). Die losgelösten Elektronen werden durch die Ringelektrode (3) gesammelt. Zwischen Ringanode und Kathode wird eine Spannung V über den Spannungsteiler (4) eingestellt. Eine negative Anodenspannung kann gewählt werden, wenn man die elektrischen Anschlüsse der Diode vertauscht.

Mißt man die Strom–Spannungs–Charakteristik der Diode bei Bestrahlung mit monochromatischem Licht verschiedener Intensitäten J, so ergibt sich der in Fig. 1.2 gezeigte Verlauf. Die Ströme I beginnen für alle Lichtintensitäten J bei der gleichen negativen Spannung $-V_0$, steigen monoton an und streben jeweils einem Sättigungswert

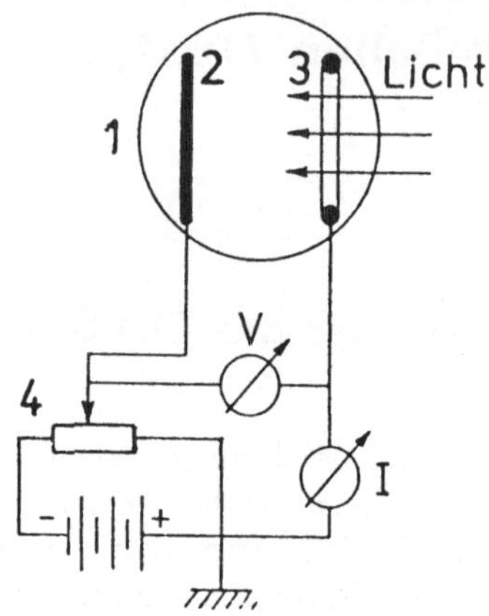

Fig. 1.1: *Meßanordnung zum Photoeffekt.*

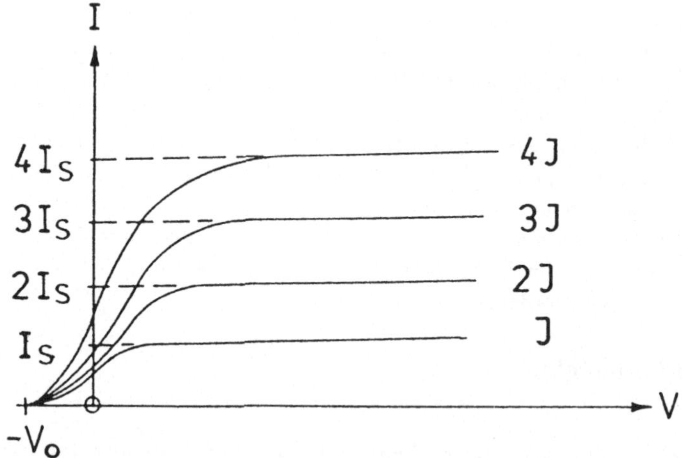

Fig. 1.2: *Charakteristik der Photozelle bei konstanter Frequenz.*

zu. Die Sättigungswerte I_s sind streng proportional zur Lichtintensität J. Der Anstieg der Kurven weist den typischen Verlauf von Elektronenröhren auf und ist durch die Raumladungswolke der Elektronen bedingt, die sich vor der Kathode bildet. Bei der Sättigung wandern sämtliche an der Kathode freigesetzten Elektronen zur Anode.

Daß die Ströme zu negativen Anodenspannungen hin Null werden, ist leicht zu verstehen. Bei dieser Spannung werden alle Elektronen auf ihrem Weg zur Anode abgebremst und können letztere gerade nicht mehr erreichen. Diese Grenzspannung V_0

und die maximale kinetische Energie der Elektronen sind daher miteinander verknüpft durch die Beziehung

$$T_{max} = eV_0.$$

Mißt man bei fester Lichtintensität J die Strom–Spannungs–Charakteristik für ver-

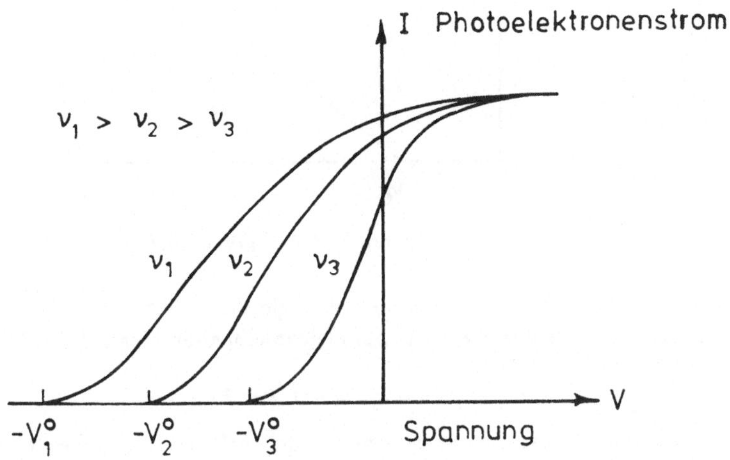

Fig. 1.3: *Charakteristik der Photozelle bei konstanter Lichtintensität.*

schiedene Frequenzen ν des Lichts, so verschiebt sich die Grenzspannung V_0 zu negativen Werten hin mit wachsender Frequenz (Fig. 1.3). Das bedeutet, daß die maximale Energie der Photoelektronen mit steigender Frequenz zunimmt. Die Kurvenschar in Fig. 1.3 wird aus einer der Kurven in Fig. 1.2 durch Messung bei verschiedenen Frequenzen gewonnen. $-V_i^0$ sind die zu den verschiedenen Frequenzen ν_i zugehörigen negativen Anodenspannungen, bei denen die Ströme I verschwinden.

Trägt man die Grenzspannung $|V_0|$ in Abhängigkeit von der Frequenz des eingestrahlten Lichts auf, so ergibt sich ein linearer Verlauf (Fig. 1.4). Diese experimentellen Daten stehen in mehreren Punkten in schärfstem Widerspruch zur klassischen Strahlungstheorie. Das Bild der elektromagnetischen Welle würde die Vorstellung nahelegen, daß der elektrische Feldvektor die Elektronen der Metalloberfläche in Schwingungen versetzt und ihnen so lange Energie zuführt, bis die Elektronen die Bindung an das Metall überwinden und austreten könnten. Hiernach wäre folgendes Verhalten zu erwarten:

a) Die kinetische Energie der Elektronen sollte mit der Größe des $\vec{E}$-Feldes, genauer mit der Lichtintensität, die bekanntlich proportional zu $\vec{E}^2$ ist, anwachsen. Experimentell zeigt jedoch Fig. 1.2, daß die kinetische Energie von der Lichtintensität unabhängig ist. Die Lichtintensität regelt lediglich die Zahl der abgelösten Photoelektronen pro Zeiteinheit (Strom I).

b) Die kinetische Energie der Elektronen sollte unabhängig von der Frequenz des eingestrahlten Lichtes sein. Das Experiment (Fig. 1.3 und 1.4) zeigt jedoch eine

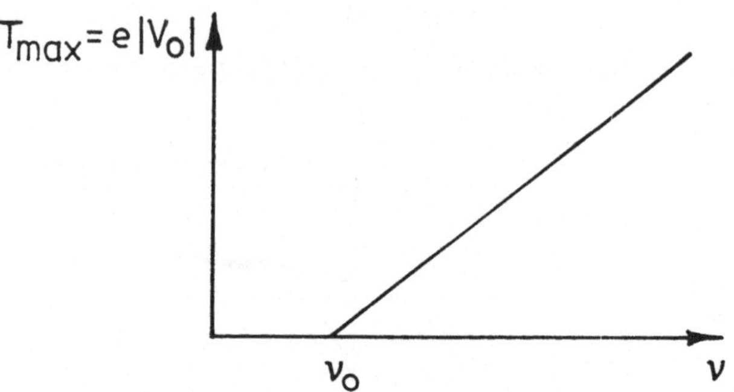

Fig. 1.4: V_0 *in Abhängigkeit von der Lichtfrequenz.*

lineare Abhängigkeit der kinetischen Energie der Elektronen (bzw. der Grenzspannung $-V_0$) von der Frequenz bei gleichbleibender Lichtintensität

$$T_{max} = konst\,(\nu - \nu_0).$$

Unterhalb der Grenzfrequenz ν_0 findet auch bei noch so hoher Lichtintensität keine Elektronenablösung statt.

c) Bei eingestrahltem Licht fester Frequenz und fester Intensität sollte eine gewisse Zeit vergehen, bis genügend Energie pro Fläche aufgesammelt ist, damit ein Elektron abgelöst werden kann. Experimentell findet man jedoch bei noch so geringer Lichtintensität keine meßbare Zeitverzögerung zwischen Einstrahlungsbeginn und Elektronenemission.

Die richtige Deutung des Photoeffektes gelang Albert Einstein im Jahre 1905 aufgrund der von ihm entwickelten Strahlungstheorie. Das Strahlungsfeld gibt die Energie diskontinuierlich in einzelnen Energiequanten an die Elektronen der Metalloberfläche ab. Die Energie der Quanten ist proportional zur Frequenz des Lichts

(1.1)
$$\boxed{E = h\nu = \hbar\omega.}$$

Die Größe h heißt **Plancksches Wirkungsquantum** und hat den Wert

$$\begin{aligned}
h &= 6{,}626 \cdot 10^{-34}\,Js \\
&= 4{,}136 \cdot 10^{-15}\,eVs
\end{aligned}$$

Die Einheit $1eV$ ist die Energie, die ein Teilchen der Ladung $e = 1{,}6 \cdot 10^{-19}C$ (Ladung des Elektrons) beim Durchlaufen einer Spannung von $1V$ aufnimmt. In der Quanten- und Teilchenphysik ist es üblich, Energien in Einheiten von eV zu messen und die Abkürzung $\hbar = h/2\pi$ zu verwenden.

Der Photoeffekt ist also dahingehend zu verstehen, daß ein Lichtquant, genannt **Photon**, auf ein Elektron des Metalls stößt und ihm seine gesamte Energie überträgt.

Das Elektron muß eine Energie B aufbringen, damit es das Metall verlassen kann. Die überschüssige Energie erhält das Elektron als kinetische Energie T

$$(1.2) \qquad\qquad h\nu = T + B.$$

Kinematisch gesehen verhält sich das Photon demnach wie ein Teilchen, das in einem einzigen Stoß seine gesamte Energie auf ein anderes Teilchen überträgt und dieses aus dem Materieverband herauslöst.

Die experimentellen Ergebnisse werden durch diese Deutung sofort verständlich. Wachsende Lichtintensität ist gleichzusetzen mit größerem Photonenstrom, der auf die Photodiode (1) (Fig. 1.1) einfällt, wobei jedes Photon die gleiche Energie $h\nu$ hat. Der Photoelektronenstrom steigt also mit wachsender Intensität, wohingegen die kinetische Energie der Photoelektronen nicht von der Lichtintensität abhängt. Die kinetische Energie der Elektronen hängt dagegen linear von der Frequenz des Lichtes ab. Die Steigung der Geraden in Fig. 1.4 liefert hiernach den Wert des Planckschen Wirkungsquantums h. Eine Zeitverzögerung zwischen Einstrahlungsbeginn und Elektronenemission ist für Energiequanten nicht zu erwarten und wird auch nicht gemessen.

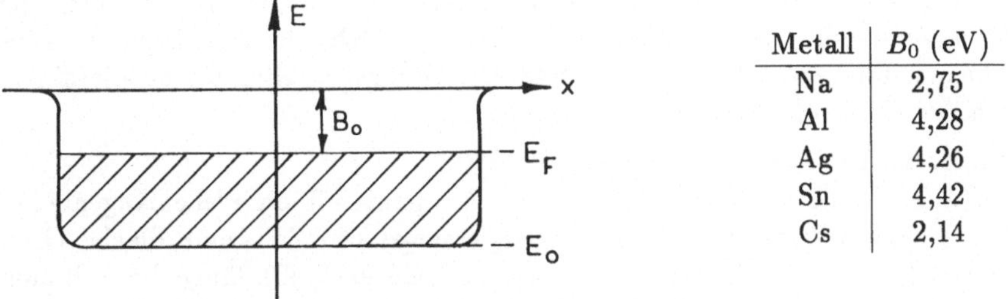

Metall	B_0 (eV)
Na	2,75
Al	4,28
Ag	4,26
Sn	4,42
Cs	2,14

Fig. 1.5: *Potentialtopfmodell des Metalls.*

Das Auftreten der Energie B läßt sich anhand von Fig. 1.5 erklären. Die Leitungselektronen sind im Metall in einem Potential gebunden, jedoch über die gesamte Ausdehnung des Metalls frei beweglich. Die Energiezustände der Elektronen sind vom Boden des Potentialtopfs $(-E_0)$ bis zur sogenannten **Fermi–Energie** E_F verteilt. Die kinetische Energie der Elektronen innerhalb des Metalls wird vom Boden aus gerechnet. Elektronen der Energie $-E_F$ haben also maximale kinetische Energie. Die Energie $-E_F$ liegt um den Betrag B_0, der sogenannten **Austrittsarbeit**, unterhalb der potentiellen Energie des Außenraums, die wie üblich zu Null festgelegt wird. Man benötigt also mindestens die Austrittsarbeit B_0, um Elektronen, nämlich die am schwächsten gebundenen, herauszuholen. Diese Elektronen haben dann die maximale kinetische Energie T_{max}. Für energetisch tiefer liegende Elektronen ist ein entsprechend höherer Betrag an Energie zur Ablösung erforderlich. In Fig. 1.5 sind rechts typische Werte von B_0 für einige Metalle angegeben.

Der Photoeffekt kann auch in Gasatomen geschehen. In diesem Fall ist die Austrittsarbeit gleich der Ionisierungsenergie des Atoms.

1.1.2 Die Wärmestrahlung schwarzer Körper

Unter Wärmestrahlung oder Temperaturstrahlung versteht man jede elektromagnetische Strahlung, die ihre Entstehung der Temperatur eines Körpers verdankt. Die Intensität und die spektrale Verteilung der Strahlung hängen von der Temperatur und der Beschaffenheit des strahlenden Körpers ab.

Jeder Körper strahlt bei jeder noch so geringen Temperatur, aber erst bei höheren Temperaturen macht sich die Strahlung im sichtbaren Wellenlängenbereich bemerkbar. Bei Temperaturen von 800 K erkennt man ein schwaches Leuchten im Dunkeln.

Zur Erklärung der Wärmestrahlung ging man von der Vorstellung aus, daß die Atome an der Oberfläche des Körpers aufgrund der thermischen Energie oszillieren und daher ein kontinuierliches Spektrum elektromagnetischer Wellen aussenden. Das richtige Verständnis der Wärmestrahlung gelang jedoch erst mit Hilfe der Quantennatur des Lichts. Das generelle Emissions- und Absorptionsverhalten wurde allerdings bereits durch das Kirchhoffsche Gesetz beschrieben.

Kirchhoffsches Strahlungsgesetz

Sei $E(\lambda, T)\, d\lambda$ die von einem Körper der Temperatur T im Wellenlängenbereich zwischen λ und $\lambda + d\lambda$ abgestrahlte Energiemenge pro Zeit und Fläche (Emissionsvermögen), $I(\lambda, T)\, d\lambda$ die auf den Körper im gleichen Wellenlängenbereich auffallende Strahlungsintensität (Energie pro Zeit und Fläche) und $A(\lambda, T)$ der Bruchteil der auffallenden Strahlung, der vom Körper absorbiert und in Wärme umgewandelt wird (Absorptionsvermögen). Befindet sich der Körper mit dem ihn umgebenden Strahlungsfeld bei konstanter Temperatur im thermischen Gleichgewicht, so bedeutet dies

$$E(\lambda, T)d\lambda \;=\; A(\lambda, T) \cdot I(\lambda, T)\, d\lambda.$$

Ein schwarzer Körper absorbiert jegliche auffallende Strahlung für alle Wellenlängen vollkommen. Man definiert daher für den schwarzen Körper

$$A(\lambda, T) \;=\; A_S(\lambda, T) \;=\; 1.$$

Für jeden anderen Körper ist $A(\lambda, T) < 1$. Das Emissionsvermögen des schwarzen Körpers ist daher

$$E_S(\lambda, T) \;=\; I(\lambda, T).$$

Hieraus folgt das Kirchhoffsche Strahlungsgesetz für einen beliebigen Körper

$$(1.3) \qquad \boxed{\;\frac{E(\lambda, T)}{A(\lambda, T)} \;=\; E_S(\lambda, T).\;}$$

Das Emissionsvermögen eines Körpers für gegebene Wellenlänge und feste Temperatur ist also proportional zu seinem Absorptionsvermögen, wobei der schwarze Körper das größtmögliche Emissionsvermögen überhaupt hat.

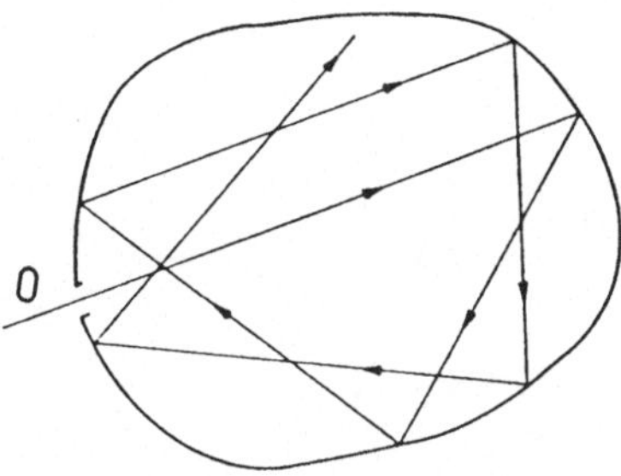

Fig. 1.6: *Hohlraum als schwarzer Körper.*

Im idealen Fall wird ein schwarzer Körper durch einen Hohlraum mit einer kleinen Öffnung O realisiert, durch die das auffallende Licht eingestrahlt wird (Fig. 1.6). Wegen der vielfachen Reflexion gelangt das Licht praktisch nicht mehr heraus, d.h. $A(\lambda, T) = 1$ (im Gegensatz dazu ist für einen Spiegel $A(\lambda, T) = 0$). Im Innern des Körpers herrscht thermisches Gleichgewicht zwischen Emission und Absorption der Strahlung über die Wand des Hohlraumes.

Die spektrale Verteilung der schwarzen Strahlung (Fig. 1.7) als Funktion der Temperatur war bereits um 1900 experimentell gut bekannt. Jedoch mangelte es an der theoretischen Erklärung. Für den Bereich niederer Frequenzen beschrieb die auf der Vorstellung dreidimensionaler, stehender elektromagnetischer Wellen entwickelte Formel von Lord Rayleigh und James H. Jeans das Spektrum recht gut

$$u(\lambda, T)\, d\lambda \;=\; \frac{8\pi kT}{\lambda^4}\, d\lambda, \qquad \text{Strahlungsgesetz von Rayleigh und Jeans}$$

$$k = 1{,}381 \cdot 10^{-23}\,\frac{J}{K} \qquad \text{Boltzmann} - \text{Konstante}$$

bzw.

$$u(\nu, T)\, d\nu \;=\; \frac{8\pi \nu^2 kT}{c^3}\, d\nu.$$

Hierbei ist $u(\lambda, T)$ bzw. $u(\nu, T)$ die Energie der Strahlung pro Volumen und Wellenlängenintervall $d\lambda$ bzw. Frequenzintervall $d\nu$. Die Größe $u(\lambda, T)$ ist für unpolarisierte Strahlung mit dem Emissionsvermögen E_s des schwarzen Körpers über die Lichtgeschwindigkeit verknüpft

$$E_s(\lambda, T) \;=\; \frac{c}{8\pi} u(\lambda, T).$$

Das Verhalten der Rayleigh–Jeans–Beziehung bei hohen Frequenzen wurde als Ultraviolettkatastrophe bezeichnet

$$\lim_{\nu \to \infty} u(\nu, T) \;=\; \infty.$$

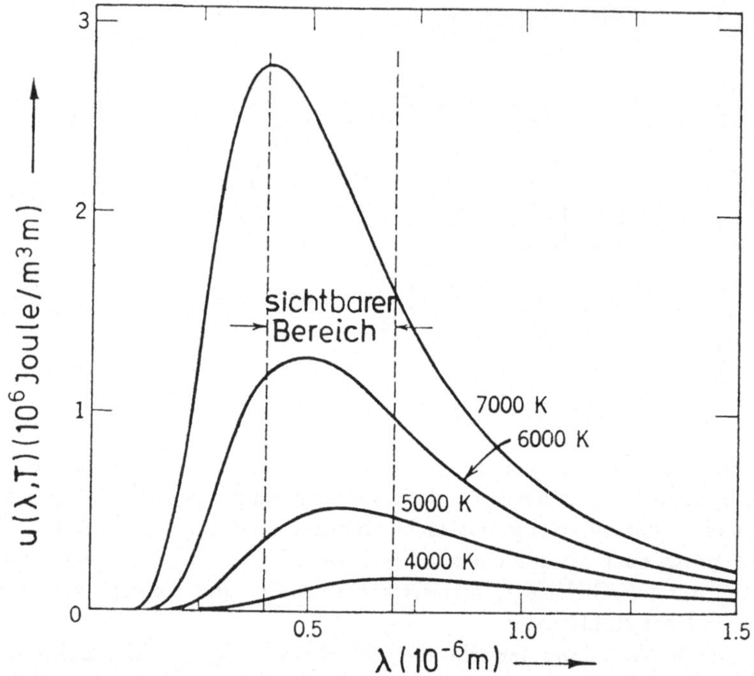

Fig. 1.7: *Spektrale Energiedichte der schwarzen Strahlung.*

Andererseits ergab die von Wilhelm Wien entwickelte Theorie in diesem hohen Frequenzbereich den beobachteten Strahlungsverlauf

$$u(\nu, T)d\nu = \frac{8\pi h\nu^3}{c^3} \exp\left(-\frac{h\nu}{kT}\right) d\nu \qquad \text{Strahlungsgesetz von Wien} \ .$$

Im niederen Frequenzbereich war die experimentelle Verteilung damit jedoch nicht zu erklären.

Max Planck gelang die richtige Beschreibung der gesamten spektralen Verteilung mit Hilfe des nach ihm benannten Strahlungsgesetzes. Er ging dabei von der Vorstellung aus, daß sich die Atome der Oberfläche eines Körpers wie Oszillatoren mit folgenden Eigenschaften verhalten

a) Die Energie der Oszillatoren ist nicht beliebig, sondern gegeben durch :

$$E_n = n \cdot h\nu \qquad \text{n ganzzahlig.}$$

b) Die Abstrahlung der Energie erfolgt nicht kontinuierlich, sondern in Sprüngen von n nach n-1. Die Energie der elektromagnetischen Strahlung ist daher gequantelt

$$\Delta E = E_n - E_{n-1} = h\nu.$$

Das von Planck hiermit hergeleitete Gesetz beschreibt die spektrale Energiedichte der Hohlraumstrahlung in Abhängigkeit von der Frequenz bzw. von der Wellenlänge sowie von der Temperatur

(1.4)
$$u(\nu, T)\, d\nu = \frac{8\pi h\nu^3}{c^3} \cdot \frac{1}{\exp\left(\dfrac{h\nu}{kT}\right) - 1} d\nu,$$

$$u(\lambda, T)\, d\lambda = \frac{8\pi hc}{\lambda^5} \cdot \frac{1}{\exp\left(\dfrac{hc}{\lambda kT}\right) - 1} d\lambda$$

Plancksches Strahlungsgesetz.

Wie man an Gl.(1.4) sofort sehen kann, gelangt man zum Wienschen Strahlungsgesetz für $h\nu \gg kT$, wenn die Zahl 1 im Nenner vernachlässigt wird, und zum Gesetz von Rayleigh und Jeans, wenn die Exponentialfunktion für $h\nu \ll kT$ entwickelt wird.

In Fig. 1.7 ist $u(\lambda, T)$ für vier Temperaturwerte aufgetragen. Sie durchlaufen ein Maximum, wobei zu erkennen ist, daß die Lage dieses Maximums bei steigenden Temperaturen zu kleineren Wellenlängen hin wandert. Dieser Zusammenhang läßt sich leicht durch Differenzieren des Planckschen Strahlungsgesetzes Gl.(1.4) herleiten und stimmt vollkommen mit dem bereits von Wien gefundenen und nach ihm benannten Gesetz überein.

Setzt man $x = \dfrac{hc}{\lambda kT}$, so ist

$$u(x) = \frac{8\pi k^5 T^5}{c^4 h^4} \cdot \frac{x^5}{e^x - 1}.$$

Die Bildung von $du/dx = 0$ führt auf den Zusammenhang zwischen der Wellenlänge des Maximums der Verteilung und der zugehörigen Temperatur

(1.5) $\lambda_{max} \cdot T = konstant = 2,9 \cdot 10^{-3} mK$ Wiensches Verschiebungsgesetz.

Die nachfolgende Tabelle gibt typische Zahlenwerte wieder

T	λ_{max}
300 K Zimmertemperatur	9,7 μm (infrarot)
2500 K Glühlampe	1,15 μm (infrarot)
6000 K Sonnenoberfläche	485 nm (grün)

Aus den Daten läßt sich unter anderem die geringe Lichtausbeute von Glühlampen erkennen.

Die gesamte Strahlungsleistung pro Flächeneinheit eines schwarzen Körpers erhält man durch Integration des Planckschen Strahlungsgesetzes Gl.(1.4) über die Frequenz und Multiplikation mit $c/8\pi$

$$(1.6) \qquad \boxed{E \; = \; \sigma T^4} \qquad \text{Stefan–Boltzmann–Gesetz.}$$

$$\sigma \; = \; \frac{2\pi^5 k^4}{15 c^2 h^3} \; = \; 5,67 \cdot 10^{-8} \frac{W}{m^2 K^4}.$$

1.1.3   Der Compton–Effekt

Wenn sich Photonen wie Teilchen verhalten, dann sollte man auch Stöße von Photonen mit anderen Teilchen, zum Beispiel mit Elektronen beobachten und gemäß den Gesetzen der Mechanik kinematisch beschreiben können. Tatsächlich fand Arthur Compton im Jahr 1922 bei der Streuung von Röntgenstrahlung an Kohlenstoff außer der ursprünglichen eingestrahlten Wellenlänge stets auch gestreute Strahlung größerer Wellenlängen. Diese Erscheinung deutete er ganz richtig als elastische Streuung von Röntgenquanten der Energie $h\nu$ an freien Elektronen des verwendeten Materials, also an Außenelektronen der Atome, deren Bindungsenergie an die Atome vernachlässigbar klein ist gegenüber der Energie der einfallenden Photonen. Bei der Energie- und Impulsbilanz dieser Reaktion wird daher die Bindungsenergie der Außenelektronen vernachlässigt.

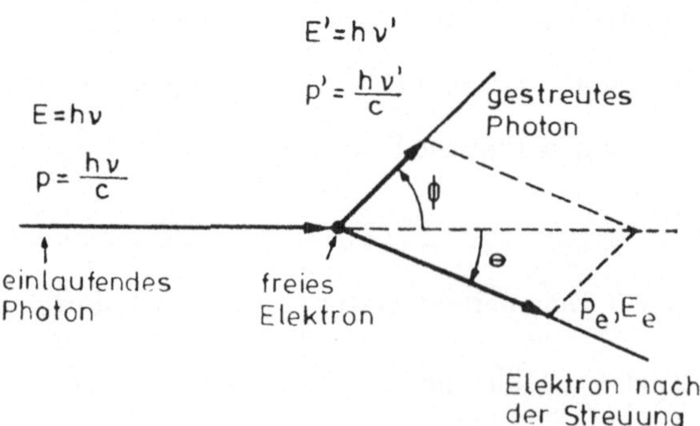

Fig. 1.8: *Kinematik des Compton–Effekts.*

Der Impuls eines Photons läßt sich leicht angeben. Nach Einstein repräsentiert jede Energie eine Masse $E = mc^2$, und jeder bewegten Energie entspricht auch ein Impuls.

Die Masse des Photons ist daher

$$m_{ph} = \frac{h\nu}{c^2}.$$

Da Photonen Lichtgeschwindigkeit haben, so ist ihr Impuls

$$p_{ph} = m_{ph} \cdot c = \frac{h\nu}{c}.$$

Der Vergleich mit der relativistischen Energie-Impulsbeziehung

$$E^2 = p^2 c^2 + m_0^2 c^4$$

zeigt, wenn man $E = h\nu$ einsetzt, daß Photonen als Teilchen mit der Ruhemasse $m_0 = 0$ aufzufassen sind. Man kann dem Photon also eine Masse zuordnen, jedoch ist diese eine rein bewegte Masse.

In Fig. 1.8 ist die Kinematik der Compton–Streuung skizziert. Unter Zuhilfenahme von Energie- und Impulssatz wird im folgenden die Wellenlängenvergrößerung $\Delta\lambda = \lambda' - \lambda$ des gestreuten Photons berechnet. Impulsatz

$$(1.7)\qquad
\begin{aligned}
\frac{h\nu}{c} &= \frac{h\nu'}{c}\cos\phi + p_e\cos\theta \qquad &\text{longitudinale Komponente,}\\[2mm]
0 &= \frac{h\nu'}{c}\sin\phi - p_e\sin\theta \qquad &\text{transversale Komponente.}
\end{aligned}$$

Hieraus erhält man

$$
\begin{aligned}
p_e c\cos\theta &= h\nu - h\nu'\cos\phi\\
p_e c\sin\theta &= h\nu'\sin\phi
\end{aligned}
$$

$$
\begin{aligned}
p_e^2 c^2 &= (h\nu - h\nu'\cos\phi)^2 + (h\nu'\sin\phi)^2\\
&= (h\nu)^2 - 2(h\nu)(h\nu')\cos\phi + (h\nu')^2.
\end{aligned}
$$

Energiesatz

$$(1.8)\qquad h\nu + M_0 c^2 = \sqrt{M_0^2 c^4 + p_e^2 c^2} + h\nu' \qquad M_0 \text{ Ruhemasse des Elektrons.}$$

Quadriert man diesen Ausdruck, so erhält man

$$(1.9)\qquad p_e^2 c^2 = (h\nu)^2 - 2(h\nu)(h\nu') + (h\nu')^2 + 2M_0 c^2(h\nu - h\nu').$$

Der Vergleich mit dem obigen Ausdruck für $p_e^2 c^2$ liefert

$$-2(h\nu)(h\nu')\cos\phi = -2(h\nu)(h\nu') + 2M_0 c^2(h\nu - h\nu')$$

$$\frac{\nu\nu'}{c^2}(1 - \cos\phi) = \frac{M_0 c}{h}\left(\frac{\nu}{c} - \frac{\nu'}{c}\right).$$

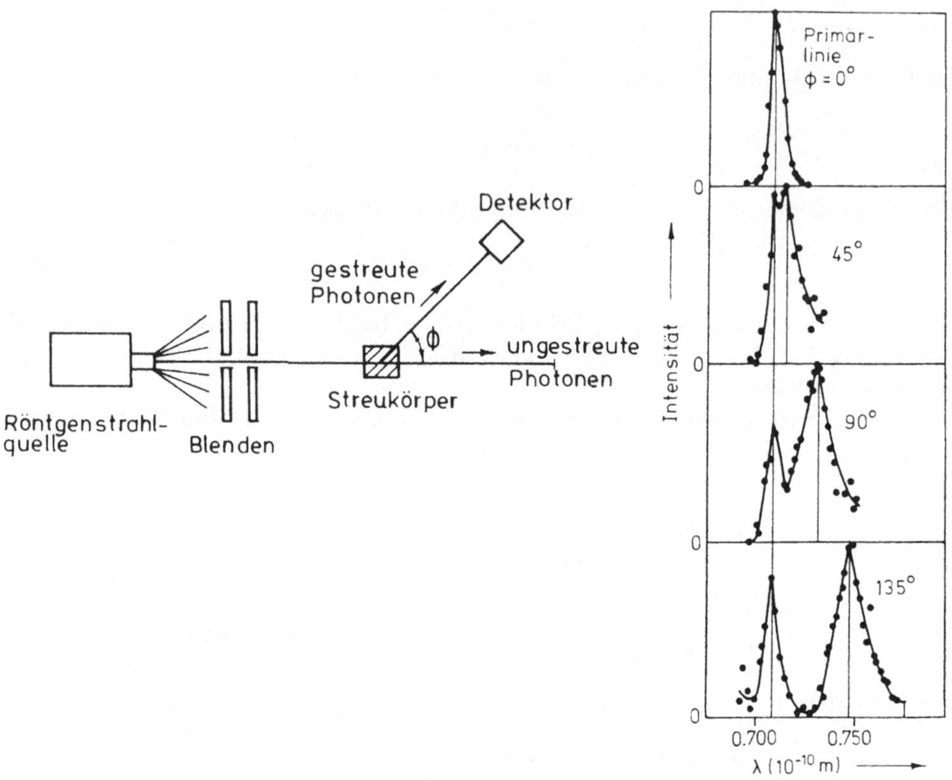

Fig. 1.9: *Meßanordnung zum Compton–Effekt sowie die Meßergebnisse des Experiments.*

Mit $\nu/c = 1/\lambda$ ergibt sich hieraus das gesuchte Ergebnis

$$(1.10) \qquad \boxed{\Delta\lambda \; = \; \lambda' - \lambda \; = \; \lambda_c(1 - \cos\phi).}$$

Man nennt $\lambda_c = h/M_0c = 2,4 \cdot 10^{-12}m$ die Compton–Wellenlänge des Elektrons.

Bemerkenswert ist, daß die Änderung der Wellenlänge unabhängig von der Wellenlänge der einfallenden Strahlung selbst ist und nur vom Streuwinkel ϕ des Photons abhängt. Sie ist maximal, wenn das Photon entgegen der Einfallsrichtung zurückgestreut wird ($\phi = 180°$). Für diesen Fall ist $\Delta\lambda = 2\lambda_c$. Die relative Wellenlängenänderung ist also bei kurzwelligen, d.h. energiereichen Photonen größer als bei langwelligen, d.h. energiearmen Photonen. Bei sichtbarem Licht läßt sich kein Compton-Effekt beobachten, weil die Energie der Photonen von der gleichen Größenordnung ist wie die Bindungsenergie der Elektronen an die Atome.

Fig. 1.9 zeigt die Meßanordnung zum Compton–Effekt sowie die Meßergebnisse des Experiments von Compton für gestreute Photonen, die unter dem Winkel ϕ zur Einfallsebene beobachtet werden. Man sieht im rechten Bild, daß bei allen Streuwinkeln neben der erwarteten verschobenen Linie auch die Linie der Primärenergie erscheint. Dies rührt daher, daß die Streuung nicht nur an quasifreien Elektronen der verwendeten Substanz, sondern alternativ auch an ganzen Atomen geschehen kann, was nicht zu einer Wellenlängenänderung führt. In diesem Fall handelt es sich um die bereits aus der Optik bekannte Rayleigh–Streuung. Im übrigen stimmen die gemessenen Wellenlängenverschiebungen des Compton–Experimentes ausgezeichnet mit den berechneten überein. In Fig. 1.9 sind bei den Meßkurven zu den verschiedenen Streuwinkeln die berechneten Werte der verschobenen und unverschobenen Wellenlängen durch senkrechte Linien markiert. In allen Fällen liegen die Linien genau an den Stellen der Maxima der Meßkurven.

1.1.4 Die Gravitationswirkung auf Lichtquanten

Photonen haben eine bewegte Masse $m = h\nu/c^2$. Man muß demnach davon ausgehen, daß sie auch dem Einfluß von Gravitationsfeldern unterliegen. Der überzeugendste Beweis für diesen Einfluß zeigte sich experimentell erstmals in der meßbaren Krümmung von Lichtstrahlen in Gravitationsfeldern. Gegenstand solcher Messungen sind insbesondere Experimente während Sonnenfinsternissen. Die gemessene Ablenkung des Lichts von Fixsternen am Rand der Sonne stimmt sehr gut mit den Vorhersagen Einsteins überein.

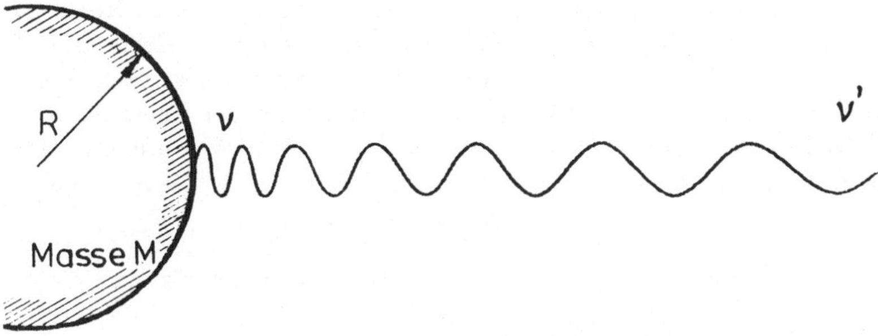

Fig. 1.10: *Die Gravitationswirkung auf Lichtquanten.*

Relativ einfach läßt sich rechnerisch der Fall behandeln, bei dem das Licht radial von einem Gestirn entweicht. Das wird nachfolgend gezeigt.

Wird ein Photon der Energie $h\nu$ von der Oberfläche eines Sterns radial ausgesandt, so nimmt seine Energie ab, d.h. seine Wellenlänge zu (Fig. 1.10). Die Energie, die es verliert, ist gleich der Differenz der potentiellen Energie auf dem Weg ins Unendliche.

$$\Delta E_{pot} \;=\; \frac{GMm}{R} \;=\; \frac{GMh\nu}{Rc^2}$$

$$G \;=\; \text{Gravitationskonstante} \;=\; 6,67 \cdot 10^{-11}\,\frac{Nm^2}{kg^2}\,,$$

wobei M bzw. R die Masse bzw. der Radius des Sterns ist.

Die beobachtete Energie des Photons auf der Erde ist

$$h\nu' \;=\; h\nu - \Delta E_{pot} \;=\; h\nu\Big(1 - \frac{GM}{Rc^2}\Big).$$

Die relative Frequenzabnahme ist also

$$(1.11) \qquad\qquad \frac{\Delta\nu}{\nu} \;=\; \frac{\nu' - \nu}{\nu} \;=\; -\frac{GM}{Rc^2}.$$

Experimentelle Beweise für derartige Rotverschiebungen (Gravitationsrotverschiebung) werden durch die Astrophysik geliefert. Angeregte Atome, auch diejenigen eines Sterns, emittieren Spektrallinien genau bekannter Wellenlänge, deren Abweichung vom Sollwert spektroskopisch sehr genau gemessen werden kann. So wird zum Beispiel für den Stern Sirius B, ein Begleiter des Sirius, der als sogenannter weißer Zwerg, d.h. als kollabierter Stern sehr hoher Dichte (ca. $3 \cdot 10^{8} kg/m^3$) bekannt ist, aufgrund des bekannten Verhältnisses M/R eine Rotverschiebung von $\Delta\nu/\nu = -5,9 \cdot 10^{-5}$ im sichtbaren Bereich vorhergesagt und in guter Übereinstimmung ein Wert von $-6,6 \cdot 10^{-5}$ gemessen.

Die Gravitationsrotverschiebung des Sonnenlichts ist nicht meßbar, da einerseits der Effekt viel zu klein ist, andererseits die Verbreiterung der Linien durch den Doppler-Effekt aufgrund der thermischen Bewegung der Atome (Abschn. 6.6) die Rotverschiebung vollkommen überdeckt. Hingegen gelang R.V.Pound und G.A.Rebka im Jahre 1960 der experimentelle Nachweis der Frequenzverschiebung im Gravitationsfeld der Erde. Die Autoren nutzten zu diesem Zweck den Mössbauer-Effekt (vgl. Band II, Abschn. 8.3.9), der eine außerordentlich genaue Bestimmung der Energieänderung von hochenergetischen Photonen gestattet. Photonen von $14,4 keV$ wurden im Gravitationsfeld der Erde aus einer Höhe von H = 22 m zur Erde gesandt. Die Photonen erfahren hierdurch eine Blauverschiebung

$$h\nu + mgH \;=\; h\nu' \qquad\qquad g \;=\; \text{Erdbeschleunigung.}$$

Mit $m = \dfrac{h\nu}{c^2}$ ist daher

$$(1.12) \qquad\qquad \frac{\Delta\nu}{\nu} \;=\; \frac{\nu' - \nu}{\nu} \;=\; \frac{gH}{c^2}.$$

Der theoretische Wert von $\Delta\nu/\nu = 2,4 \cdot 10^{-15}$ wurde von Pound im Jahr 1965 mit 1% Meßgenauigkeit experimentell bestätigt.

1.2 Der Wellencharakter von Teilchen

1.2.1 Die de Broglie–Wellen

Die Erscheinung des Welle–Teilchen–Dualismus beim Licht wirft die Frage auf, ob nicht grundsätzlich alle Materie in zwei unterschiedlichen Erscheinungsformen — nämlich als Teilchen einerseits und als Welle andererseits — auftritt. Das würde bedeuten, daß die uns bekannten Teilchen wie Elektronen, Protonen, Neutronen usw. nicht nur Teilchencharakter, sondern auch Welleneigenschaften besitzen müßten. Als erster Physiker drückte Louis de Broglie 1924 diesen Gedanken in faßbarer Form aus. Ausgehend von der Energie des Lichts $E = h\nu$ und seinem Impuls $p = h\nu/c = h/\lambda$ stellte de Broglie die Hypothese auf, daß der Wellencharakter von Teilchen formal durch die gleichen Beziehungen beschrieben werden sollte wie beim Licht

$$
\begin{aligned}
\lambda &= \frac{h}{p} = \frac{h}{mv} \\[2mm]
\nu &= \frac{E}{h} = \frac{mc^2}{h},
\end{aligned}
\tag{1.13}
$$

wobei die bewegte Masse m des Teilchens nach der speziellen Relativitätstheorie mit seiner Ruhemasse m_0 und seiner Geschwindigkeit v durch die Beziehung

$$
m = \frac{m_0}{\sqrt{1 - v^2/c^2}}
$$

verknüpft ist.

Die erste aus dieser Hypothese resultierende Schwierigkeit tritt sofort bei der Untersuchung der Phasengeschwindigkeit w einer solchen Welle auf

$$
w = \lambda\nu = \frac{h}{mv}\frac{mc^2}{h} = \frac{c^2}{v} > c.
$$

Das bedeutet, daß die Phasengeschwindigkeit w stets größer ist als die Lichtgeschwindigkeit c im Vakuum, da nach dem Einsteinschen Postulat die experimentell meßbare Teilchengeschwindigkeit v stets kleiner als c sein muß. Die Auflösung dieses scheinbaren Widerspruches ist darin zu suchen, daß die Phasengeschwindigkeit nicht als Geschwindigkeit für den Transport von Energie oder von Information zu verstehen ist und demnach lediglich eine physikalisch bedeutungslose Rechengröße darstellt. In der Tat wird die Energie eines Teilchens mit seiner Teilchengeschwindigkeit v und nicht mit der Phasengeschwindigkeit w transportiert.

Eine Schwierigkeit bestand historisch im experimentellen Nachweis des Wellencharakters von Teilchen. Das entscheidende Experiment, das auch die exakte Bestätigung der von de Broglie aufgestellten Beziehungen Gl.(1.13) brachte, gelang Clinton

J. Davisson und Lester H. Germer im Jahr 1927 bei der Streuung von Elektronen an Kristallgittern. Das Experiment wird im folgenden Abschnitt beschrieben.

1.2.2 Das Davisson–Germer–Experiment

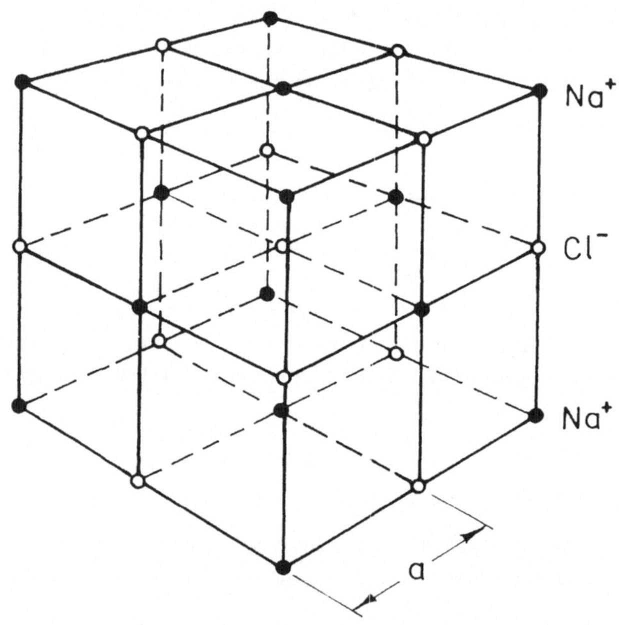

Fig. 1.11: *Kubisches Raumgitter von NaCl.*

Es wird zunächst der zum Davisson–Germer–Experiment analoge Versuch mit elektromagnetischen Wellen betrachtet. Es handelt sich hierbei um die Beugung von Röntgenstrahlen an Kristallgittern in Reflexion. Aus der Optik ist bekannt, daß sich Beugungserscheinungen von Wellen grundsätzlich dann beobachten lassen, wenn die Öffnung am beugenden Objekt die Größenordnung der Wellenlänge des verwendeten Lichtes hat. Für Röntgenstrahlen gibt es wegen der kleinen Wellenlänge (ca. $10^{-10}m$) kein mechanisch herstellbares Gitter. Nach einer Idee von Max von Laue lassen sich jedoch statt dessen Kristalle benutzen. Bei ihnen sind die Atome in regelmäßigen Strukturen angeordnet, deren Abstände die Größenordnung der Wellenlänge von Röntgenstrahlung haben. Fig. 1.11 zeigt als Beispiel das kubische Raumgitter von NaCl mit einem Atomabstand von $a = 2,8 \cdot 10^{-10}m$. Röntgenstrahlen von der gleichen Wellenlänge wie der Atomabstand hätten eine Energie von $E = hc/\lambda = 4,5keV$.

Während die ursprüngliche von Lauesche Methode der Transmission im Experiment Interferenzmaxima nur für bestimmte selektive Wellenlängen lieferte, konnte William Lawrence Bragg eine Beziehung herleiten, der eine konstruktive Interferenz aller Wellenlängen bei Beobachtung in Reflexion zugrunde lag.

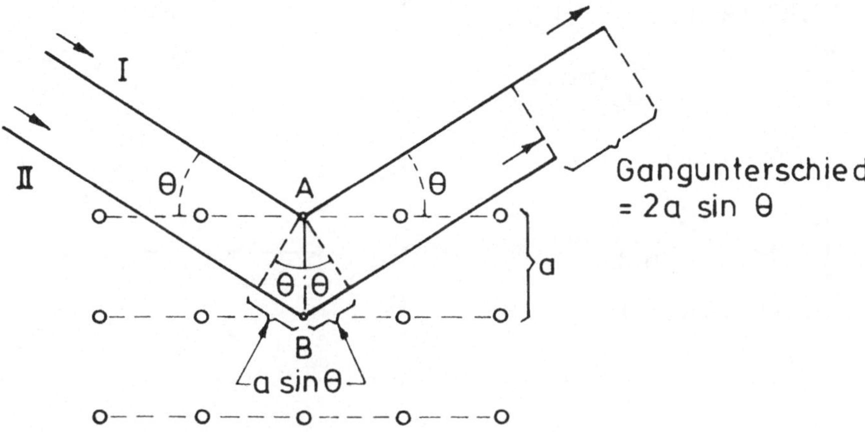

Fig. 1.12: *Bragg-Reflexion von Röntgenstrahlen.*

Jede regelmäßige, d.h. sich wiederholende Anordnung von Atomen definiert parallele äquidistante Ebenen vom Abstand a, in denen die Atome sitzen, sogenannte Netzebenen (Braggsche Ebenen, siehe Fig. 1.12). Monochromatische, auf die Netzebenen eines Kristalls unter dem Winkel θ einfallende Röntgenstrahlung wird an den Gitteratomen im Prinzip in alle Richtungen gestreut. Durch die regelmäßige Anordnung der Atome kommt es jedoch zu einer konstruktiven Interferenz der Teilstrahlen I und II nach der Streuung, wenn ihr Gangunterschied ein ganzes Vielfaches der Wellenlänge beträgt

$$(1.14) \qquad \boxed{2a \sin \theta \; = \; n\lambda} \qquad \text{Bragg-Bedingung.}$$

$$n = 1, 2, 3, \ldots$$

Es läßt sich zeigen, daß konstruktive Interferenz nur dann eintritt, wenn Einfallswinkel und Ausfallswinkel einander gleich sind. Alle anderen Teilstrahlen löschen sich gegenseitig aus. Der Winkel θ, der die Bragg-Bedingung Gl.(1.14) erfüllt, heißt Glanzwinkel.

Variiert man den Winkel θ, so können die Maxima und Minima der gestreuten Strahlung ausgemessen und daraus die Kristallstrukturen bestimmt werden.

Davisson und Germer führten den Nachweis von Materiewellen mit einer analogen Anordnung aus, verwendeten aber als Quelle einen Elektronenstrahl definierter Energie zwischen 40 eV und 68 eV. Sie schossen den Strahl senkrecht auf einen Nickelkristall und beobachteten die gestreuten Elektronen in Abhängigkeit vom Winkel ϕ zum einfallenden Strahl bei verschiedenen Einschußenergien (Fig. 1.13a).

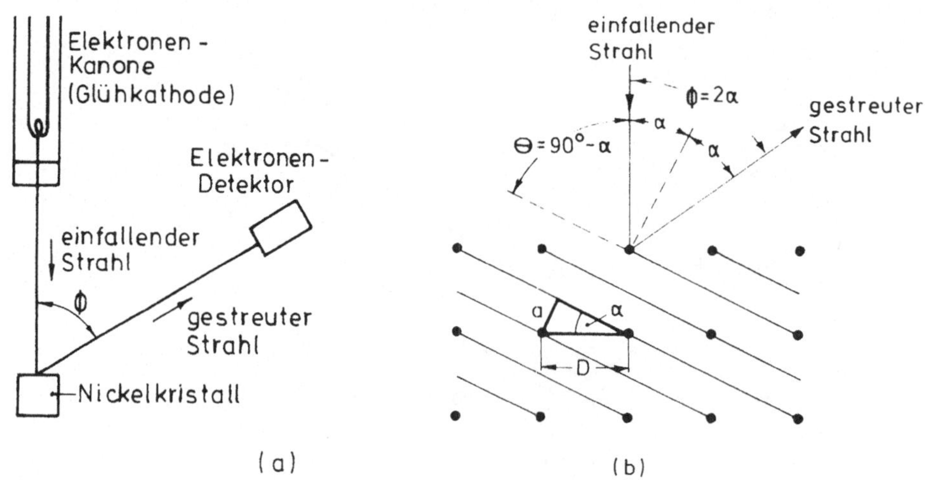

Fig. 1.13: *Das Experiment von Davisson und Germer. a) Versuchsanordnung, b) Geometrie der Streuung.*

Die Ergebnisse sind in Fig. 1.14 gezeigt. Die Kurven sind als Polardiagramme wiedergegeben. In diesen Diagrammen ist die Länge des Radiusvektors vom Streupunkt zu einem Kurvenpunkt proportional zur Intensität der gestreuten Elektronen, und der Winkel zwischen dem Radiusvektor und der Einschußrichtung ist gleich dem Meßwinkel ϕ. Während nach der klassischen Theorie nur eine schwache Abhängigkeit vom Streuwinkel zu erwarten war, erkennt man an den Meßkurven ausgeprägte Strukturen. Die Struktur in den Meßkurven zeigt sich in einem Intensitätsmaximum, das sich mit steigender Strahlenergie herausbildet, bei 54 V am größten ist und gegen 68 V wieder verschwindet. Das Maximum bei 54 V Strahlspannung ergibt sich bei einem Winkel von $\phi = 50°$.

Dieses Maximum kann als konstruktive Interferenz der $54eV$–Elektronen interpretiert werden, wie man anhand von Fig. 1.13b an der Geometrie der Streuung zeigen kann. Hier ist im Schnitt die regelmäßige Anordnung der Gitteratome des Ni–Kristalls wiedergegeben. Die durchgezogenen Linien stellen einen Satz von Netzebenen senkrecht zur Zeichenebene dar, die für konstruktive Interferenz verantwortlich sind. Sowohl der einfallende als auch der gestreute Elektronenstrahl haben einen Winkel von $\alpha = \phi/2$ zur Normalen der Netzebenen. Der Winkel θ in Gl.(1.14) bzw. in Fig. 1.12 ist der Winkel zwischen den Netzebenen und dem einfallenden bzw. getreuten Strahl (Glanzwinkel)

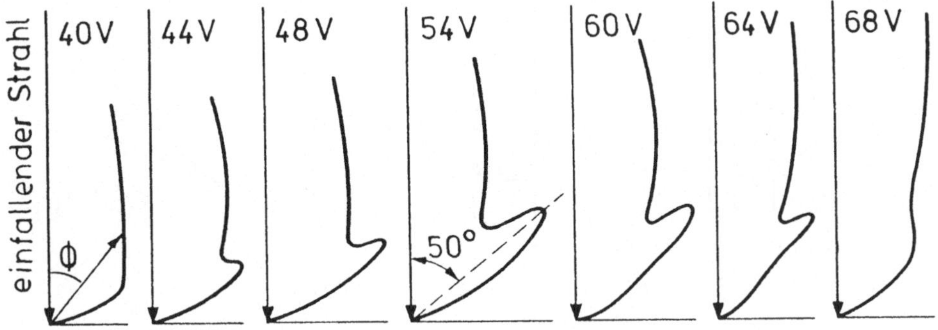

Fig. 1.14: *Ergebnisse des Davisson–Germer–Experimentes.*

und beträgt demnach

$$\theta = 90° - \alpha = 65°,$$

wenn für ϕ der Winkel für das Maximum des gestreuten Strahls eingesetzt wird, also $\alpha = \phi/2 = 25°$. Verwendet man den aus Röntgenstrukturanalysen ermittelten Gitterabstand der Atome von $D = 2,15 \cdot 10^{-10}m$, so läßt sich nach Fig. 1.13b der Abstand a der Netzebenen, die zu konstruktiver Interferenz führen, berechnen

$$a = D \cdot \sin \alpha = 0,91 \cdot 10^{-10}m.$$

Für die erste Ordnung der Streuung $n = 1$, liefert Gl.(1.14) dann die Wellenlänge

$$\lambda = 2a \sin \theta = 1,65 \cdot 10^{-10}m.$$

Nach der de Broglie-Beziehung Gl.(1.13) errechnet sich andererseits die Wellenlänge der Materiewelle mit $p = mv = \sqrt{2mT}$ für $T = 54eV$ zu $\lambda = 1,66 \cdot 10^{-10}m$ in bester Übereinstimmung mit dem Experiment.

Heutzutage hat die Bragg-Methode nicht nur in der Kristallographie ungeschmälerte Bedeutung, sondern sie liefert auch die Möglichkeit der Erzeugung monoenergetischer Neutronen niedriger Energie. Neutronen aus einem Reaktor besitzen ein breites Energiespektrum von Null bis zu mehreren MeV, d.h. ein entsprechend breites Spektrum von de Broglie-Wellenlängen. Läßt man einen kollimierten Neutronenstrahl unter dem Winkel θ auf einen Kristall fallen, so haben diejenigen Neutronen, die unter dem gleichen Winkel θ austreten, eine der Bragg-Bedingung Gl.(1.14) entsprechende, genau definierte Energie. Die Neutronen werden hierbei nicht an den ganzen Gitteratomen, sondern nur an den Kernen gestreut. Da die de Broglie – Wellenlänge der Neutronen wegen deren großen Masse sehr klein ist, fallen die Glanzwinkel entsprechend klein aus. In der Praxis wird der Neutronenstrahl fast streifend auf den Kristall geschossen. Eine solche Anordnung ist in Fig. 1.15 dargestellt und heißt Neutronen–Monochromator.

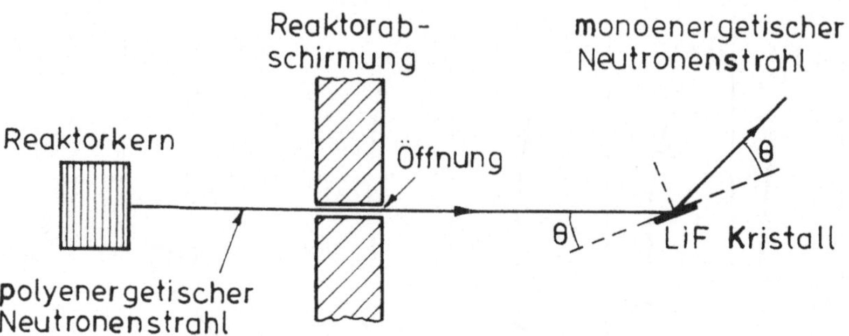

Fig. 1.15: *Neutronen–Monochromator.*

Die monochromatischen Neutronen ihrerseits können wiederum zu Strukturuntersuchungen von Festkörpern mittels des Bragg–Verfahrens verwendet werden. Die Neutronenmethode ist der Röntgenmethode in solchen Fällen überlegen, bei denen im Festkörper gleichzeitig schwere und leichte Atome vorhanden sind. Die Streuung von Neutronen an leichten Atomkernen ist vergleichsweise viel stärker als diejenige von Röntgenstrahlung. So liefert z.B. die Neutronenmethode bei der Untersuchung von NaH die Position beider Atome, wohingegen Röntgenstrahlen praktisch nur das Na-Atom sehen können.

1.2.3 Die Natur von Materiewellen

Der Wellencharakter von Teilchen ist aufgrund vieler Experimente heutzutage unbestritten. Es stellt sich die Frage, von welcher Natur diese Wellen sind. Eine schlüssige Antwort hiezu liefert erst der Formalismus der Quantenmechanik. Der Leser soll jedoch in diesem Abschnitt einen ersten Eindruck bekommen, was die Materiewelle bedeutet und wozu man sie braucht – ein Vorgriff auf spätere Kapitel, in denen viele Probleme und Anwendungen der Quantenmechanik im einzelnen diskutiert werden.

Wenn wir die Natur von Materiewellen verstehen wollen, so ist dies gleichbedeutend mit der Frage nach der physikalischen Bedeutung der sie bestimmenden Größen wie Amplitude, Frequenz, Wellenlänge und Fortpflanzungsgeschwindigkeit. Da die Phasengeschwindigkeit größer ist als die Lichtgeschwindigkeit im Vakuum, kann man die aus der klassischen Physik bekannten Wellen wie zum Beispiel akustische oder elektromagnetische Wellen als Natur der Materiewellen von vorne herein ausschließen. Von

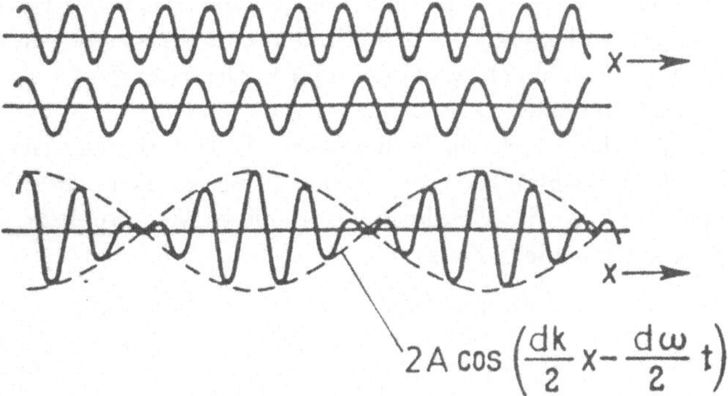

Fig. 1.16: *Überlagerung zweier monochromatischer Wellen.*

Bedeutung für die Materiewelle ist hingegen die Gruppengeschwindigkeit. Sie ist gleich der Teilchengeschwindigkeit, wie nachfolgend gezeigt wird.

Zur Wiederholung der Begriffe Phasengeschwindigkeit und Gruppengeschwindigkeit wird der einfache Fall der Schwebung betrachtet, die bei der Überlagerung zweier ebener Wellen gleicher Amplitude, aber geringfügig verschiedener Frequenz entsteht, eine Erscheinung, die dem Leser bereits aus der Wellenlehre bekannt ist. Beschreibt man die Welle durch

$$y \;=\; A\cos 2\pi\nu(\frac{x}{w} - t) \;=\; A\cos(kx - \omega t) \qquad \text{mit} \qquad \begin{aligned}&\omega = 2\pi\nu \text{ Kreisfrequenz}\\ &k = \frac{2\pi}{\lambda} = \frac{\omega}{w} \text{ Wellenzahl}\\ &w \text{ Phasengeschwindigkeit,}\end{aligned}$$

so ergibt die Überlagerung von

$$y_1 = A\cos(k_1 x - \omega_1 t) \qquad \text{und} \qquad y_2 = A\cos(k_2 x - \omega_2 t)$$

$$k_2 = k_1 + dk \qquad\qquad \omega_2 = \omega_1 + d\omega$$

die resultierende Welle

$$y = y_1 + y_2 = 2A\cos\frac{1}{2}[(2k_1 + dk)x - (2\omega_1 + d\omega)t]\cdot\cos\frac{1}{2}(dk\,x - d\omega\,t),$$

wobei der Cosinus–Satz: $\cos\alpha + \cos\beta = 2\cos\frac{1}{2}(\alpha+\beta)\cdot\cos\frac{1}{2}(\alpha-\beta)$ verwendet wurde. Wegen $d\omega \ll \omega$ bzw. $dk \ll k$ ergibt dies

$$y \;=\; 2A\,\cos(k_1 x - \omega_1 t)\,\cos\left(\frac{dk}{2}x - \frac{d\omega}{2}t\right).$$

Die Welle ist also mit der Amplitude $2A\cos(x\,dk/2 - t\,d\omega/2)$ moduliert (Fig. 1.16). Die Modulation stellt die periodische Formation von Wellengruppen dar, die sich mit der Gruppengeschwindigkeit $u = d\omega/dk$ fortpflanzen. Diese einfache Überlegung kann verallgemeinert werden, wenn wir unendlich viele ebene Wellen mit verschiedenen Frequenzen, Wellenlängen und geeigneten Amplituden und Phasen zu einem Wellenpaket endlicher Ausdehnung (Fig. 1.17) zusammensetzen. Dieses bewegt sich dann ebenfalls mit der Gruppengeschwindigkeit $u = d\omega/dk$.

Wird nun dem Teilchen solch ein Wellenpaket als Materiewelle zugeordnet — wie man dies macht, wird nachfolgend besprochen — so können wir mit Hilfe der de Broglie-Beziehung Gl.(1.13) die Geschwindigkeit dieses Wellenpakets, d.h. die Gruppengeschwindigkeit u berechnen. Es ist

$$\omega = 2\pi\nu = \frac{2\pi m c^2}{h} = \frac{2\pi m_0 c^2}{h\sqrt{1 - \dfrac{v^2}{c^2}}}, \qquad k = \frac{2\pi}{\lambda} = \frac{2\pi m v}{h} = \frac{2\pi m_0 v}{h\sqrt{1 - \dfrac{v^2}{c^2}}},$$

$$\frac{d\omega}{dv} = \frac{2\pi m_0 v}{h\left(1 - \dfrac{v^2}{c^2}\right)^{\frac{3}{2}}}, \qquad \frac{dk}{dv} = \frac{2\pi m_0}{h\left(1 - \dfrac{v^2}{c^2}\right)^{\frac{3}{2}}},$$

$$u = \frac{d\omega}{dk} = \frac{d\omega/dv}{dk/dv} = v.$$

Die Gruppengeschwindigkeit ist also gleich der Teilchengeschwindigkeit und es ist $w \cdot u = c^2$ (vgl. Abschn. 1.2.1)

Dieses Ergebnis ist insofern zufriedenstellend, als die Energie des Teilchens mit der Geschwindigkeit v transportiert wird und – soll unsere Zuordnung der Wellengruppe zum Teilchen vernünftig sein – auch im Bild der Materiewelle mit der gleichen Geschwindigkeit transportiert werden muß.

Wenden wir uns der Amplitude der Materiewelle zu. Im Gegensatz zu den klassischen Wellen wird die Materiewelle durch eine komplexe Funktion $\psi(\vec{r}, t)$ beschrieben. Man erhält sie als Lösung einer Differentialgleichung, der sogenannten Schrödinger-Gleichung, die im Kap. 3 ausführlich besprochen wird. Im einfachsten Fall, wenn sich das Teilchen im potentialfreien Raum bewegt, ist die Materiewelle eine ebene Welle. Die gewohnte Darstellung der klassischen ebenen Welle

$$y = A_0 \cos(kx - \omega t + \varphi)$$

wird ersetzt durch die komplexe Darstellung der ebenen Welle

$$\psi(x, t) = A \exp(i(kx - \omega t)) = A \exp(\frac{i}{\hbar}(px - Et)),$$

$$\text{wobei} \quad k = \frac{2\pi}{\lambda} = \frac{2\pi}{h} \cdot p = \frac{p}{\hbar},$$

$$\omega = 2\pi\nu = \frac{2\pi}{h} \cdot E = \frac{E}{\hbar},$$

$$A \qquad \text{komplexe Amplitude, die die Phase der Welle beinhaltet}.$$

Die Vorschrift, eine ebene Welle einem Teilchen zuzuordnen, bereitet uns insofern Schwierigkeiten, als die ebene Welle ins Unendliche ausgedehnt ist, wir jedoch aus der

Erfahrung die Vorstellung gewohnt sind, daß sich das Teilchen zu einer bestimmten Zeit an einem bestimmten Ort aufhält, der örtliche Aufenthaltsbereich des Teilchens also beschränkt sein sollte. Wir können diese gedankliche Schwierigkeit umgehen, wenn wir, wie oben angedeutet, die Überlagerung vieler ebener komplexer Wellen zu einem Wellenpaket nach Art der Fig. 1.17 betrachten

$$\psi(x,t) = \int A(k)\exp(i(kx - \omega t))dk \ .$$

Bei geeigneter Wahl der Amplitudenfunktion $A(k)$ erhält man nur in einem beschränkten Ortsbereich wesentliche Beiträge der Wellenfunktion $\psi(x,t)$. Es fällt uns gedanklich leichter, ein solches Wellenpaket einem Teilchen zuzuordnen, welches sich dann mit der Geschwindigkeit des Teilchens fortbewegt. Die Frage, welche Welle man einem Teilchen

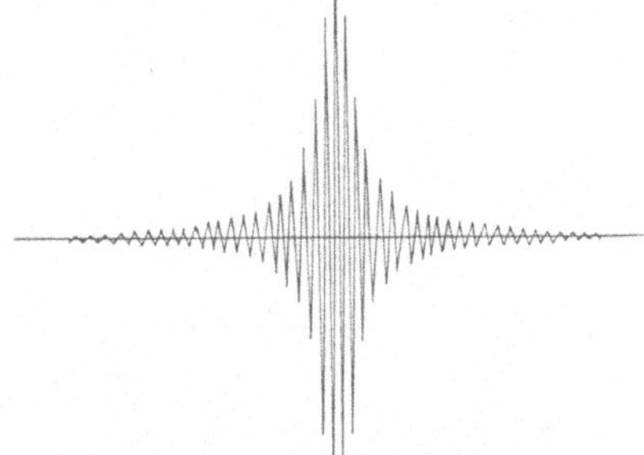

Fig. 1.17: *Wellenpaket.*

zuordnen darf, wenn es sich in einem Potential bewegt, wird durch die im allgemeinen komplexe Lösung der Wellengleichung der Quantenmechanik (Schrödinger–Gleichung) beantwortet. Sie richtet sich nach dem gestellten Problem und wird in erster Linie, wie wir in Abschn. 3.1 sehen werden, durch das Potential bestimmt, in dem sich das Teilchen bewegt.

Bis jetzt haben wir noch nichts darüber gesagt, wie man die Wellenfunktion physikalisch interpretieren und dementsprechend verstehen kann. Anders als bei den Wellen der klassischen Physik stellt die Wellenfunktion $\psi(x,t)$ selbst keine Meßgröße im eigentlichen Sinne dar. Es zeigt sich aber, daß in der komplexen Funktion $\psi(x,t)$ die gesamte physikalische Information über das Teilchen steckt. Wie man zu dieser Information kommt, wird später besprochen. Die entscheidende physikalische Deutung bezüglich der Wellenfunktion, die sich als richtig erwiesen hat, ist dem Physiker Max Born zu verdanken (1926) : $|\psi(x,t)|^2 dx$ gibt die Wahrscheinlichkeit an, das Teilchen, dem die Materiewelle zugeordnet ist, zur Zeit t im Ortsbereich zwischen x und $x + dx$ zu finden. Betrachten wir nicht nur die eindimensionale Bewegung, sondern die Bewegung im Raum, so ist $|\psi(\vec{r},t)|^2 d^3r$ die Wahrscheinlichkeit, das Teilchen zur Zeit t am Ort $\vec{r}$ im Volumenelement d^3r zu finden. Demnach ist $|\psi(\vec{r},t)|^2$ eine Wahrscheinlichkeit pro Volumenelement bzw. eine Wahrscheinlichkeitsdichte mit der Einheit m^{-3}. Obwohl wir festhalten wollen, daß die Wellenfunktion und damit auch das Absolutquadrat $|\psi(\vec{r},t)|^2$ sich über einen gewissen Raumbereich ausdehnt (Fig. 1.17), bedeutet diese Interpretation nicht, daß das Teilchen wie eine Wolke über diesen Raumbereich verschmiert ist. Wir finden an einem bestimmten Ort $\vec{r}$ stets das gesamte Teilchen, und nicht nur Bruchteile davon, aber wir finden es mit der Wahrscheinlichkeit, die durch $|\psi(\vec{r},t)|^2 d^3r$ gegeben ist.

Während die ebene Welle oder das Wellenpaket in Fig. 1.17 ein Teilchen beschreibt, das sich räumlich ungehindert fortbewegt, zeigt Fig. 1.18a als Beispiel die Wellenfunktion eines Teilchens, welches in einem begrenzten Ortsbereich zwischen A und B gefangen ist und sich dort hin- und herbewegt. Die entsprechende Aufenthaltswahrscheinlichkeit ist in Fig. 1.18b gezeigt. Man beachte, daß die Wellenfunktion jenseits der Grenzen A und B von Null verschieden ist, aber sehr rasch abnimmt und innerhalb der Bereichsgrenzen oszilliert. Entsprechend verhält sich die Aufenthaltswahrscheinlichkeit $|\psi(x)|^2$. Wir kommen auf dieses Verhalten in den Abschnitten 3.3.1 bis 3.3.4 zurück.

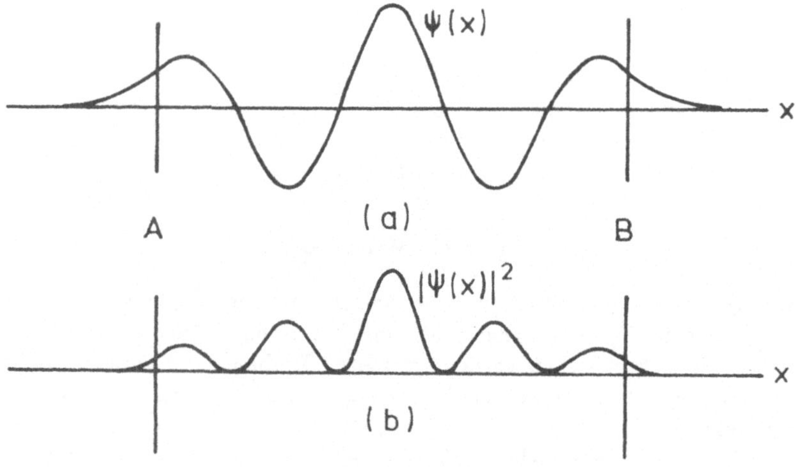

Fig. 1.18: *a) Wellenfunktion $\psi(x)$ und b) Wahrscheinlichkeitsverteilung $|\psi(x)|^2$ für ein Teilchen im Ortsbereich zwischen A und B.*

Die Frage nach der Natur der Materiewelle läßt sich also wie folgt beantworten:

Ein Teilchen wird durch eine Wellenfunktion $\psi(\vec{r},t)$ beschrieben, die als Wahrscheinlichkeitswelle interpretiert werden kann in dem Sinn, daß $|\psi(\vec{r},t)|^2 d^3r$ die Wahrscheinlichkeit darstellt, das Teilchen zur Zeit t am Ort $\vec{r}$ im Volumenelement d^3r zu finden. Die Wellenlänge λ bzw. die Frequenz ν der Welle ist durch die de Broglie–Beziehungen Gl.(1.13) mit dem Impuls $p = h/\lambda$ bzw. der Energie $E = h \cdot \nu$ verknüpft. Wellenlänge λ und Frequenz ν der Welle hängen über die Phasengeschwindigkeit w gemäß $\lambda\nu = w$ miteinander zusammen. Die Gruppengeschwindigkeit u der Welle hat jedoch die entscheidende Bedeutung und ist gleich der Teilchengeschwindigkeit v.

1.2.4   Das Doppelspaltexperiment

Wie zu Anfang dieses Kapitels gesagt wurde, sind die Beugungserscheinungen in der Optik typische Kennzeichen für den Wellencharakter des Lichts. Diese Eigenschaft gilt natürlich nicht nur für das Licht, sondern für jegliche Wellenerscheinung. Um den Wellencharakter der Materiewellen gegenüber dem gewohnten Korpuskelbild zu erhellen, läßt sich ein Gedankenexperiment durchführen, das die Beugung am Doppelspalt zum Gegenstand hat.

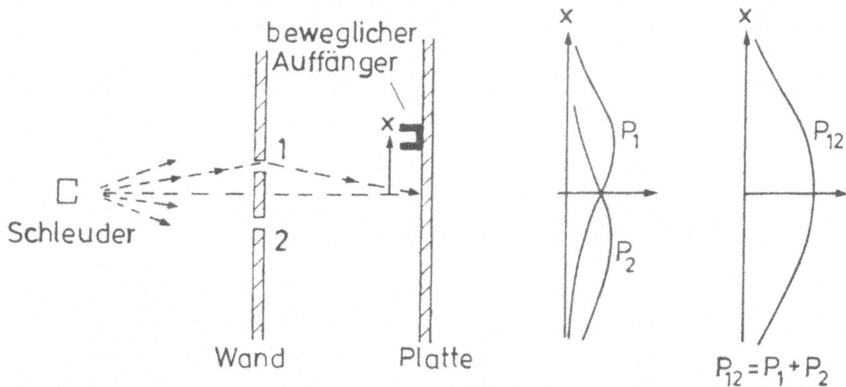

Fig. 1.19: *Doppelspaltexperiment mit Kugeln.*

Im ersten Teil des Gedankenexperiments betrachten wir zunächst einen Vorgang im klassischen Korpuskelbild (Fig. 1.19). Gegeben sei eine Schleuder, die gleichmäßig innerhalb eines begrenzten Winkelbereiches Kugeln gegen eine mit zwei Öffnungen versehene Wand schleudert. Jede Kugel, die durch eines der Löcher gelangt, wird dahinter mittels eines beweglichen Auffängers registriert, der die Koordinaten des Treffpunktes auf einer dahinterliegenden Platte festhält. Es können auch Kugeln an den Lochrändern eine Ablenkung erfahren, sodaß die gesamte Flugstrecke nicht gradlinig sein muß. Verschließt man Loch 2, so werden nur durch Loch 1 Kugeln fliegen, und es ist eine Häufigkeitsverteilung P_1 der Treffpunkte zu erwarten. Verschließt man umgekehrt Loch 1, so stellt sich die Häufigkeitsverteilung P_2 ein. Läßt man beide Löcher offen, so erhält man offensichtlich die Summe beider Häufigkeitsverteilungen $P_{12} = P_1 + P_2$, da eine Kugel entweder durch Loch 1 oder durch Loch 2 gelangt, und die Wahrscheinlichkeit des Auftreffortes ist gleich der Summe der Einzelwahrscheinlichkeiten.

Im zweiten Teil führen wir ein analoges Experiment mit Wellen durch, z.B. mit Wasserwellen, und erhalten ein völlig andersartiges Bild. In Fig. 1.20 breiten sich die Wellen von einer Punktquelle kugelförmig aus, pflanzen sich durch Loch 1 und Loch 2 nach dem Huygenschen Prinzip mit den komplexen Amplituden A_1 und A_2 fort und werden an einer Absorberplatte reflexionsfrei aufgefangen. Der Lochabstand liege in der Größenordnung der Wellenlänge, die Größe der Lochöffnungen sei jedoch erheblich kleiner, so daß Einzelspalt–Beugungsstrukturen nicht stören. Mit dem Detektor wird die Intensitätsverteilung der Welle entlang der Absorberplatte gemessen. Verschließt man abwechselnd Loch 1 bzw. Loch 2, so erhält man die Intensitätsverteilungen I_1 bzw. I_2, die nach der Wellenlehre proportional zum Quadrat der jeweiligen Amplituden A_1 bzw. A_2 sind. Sind beide Löcher geöffnet, so interferieren beide von Loch 1 und Loch 2 ausgehenden Wellen miteinander, und man erhält insgesamt eine Interferenzstruktur $I_{12} = |A_1 + A_2|^2$, die sich nicht mehr als algebraische Summe der beiden Intensitäten I_1 und I_2 erklären läßt. Es entstehen Maxima an den Stellen der Absorberplatte, bei denen sich die Phase der Amplituden A_1 und A_2 um ein gerades Vielfaches von π unterscheidet und Minima bei einem Phasenunterschied von einem ungeraden Vielfachen von π.

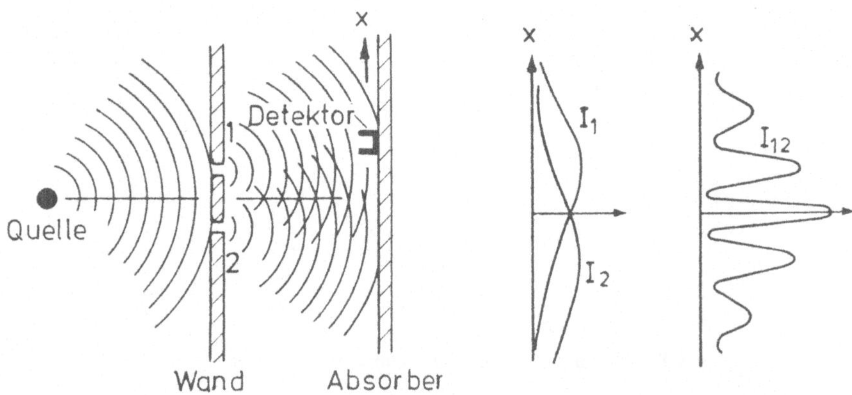

Fig. 1.20: *Doppelspaltexperiment mit Wasserwellen.*

Im dritten Teil führen wir das Experiment mit Materiewellen durch. Elektronen werden auf eine Wand mit zwei Löchern geschossen, deren Abstand in der Größenordnung der de Broglie–Wellenlänge der Elektronen liegt. Die Elektronen können etwa durch eine Glühkathode erzeugt und durch die Spannung einer nachfolgenden Elektrode auf die der de Broglie–Wellenlänge entsprechende Energie beschleunigt werden. Durch die Löcher hindurchgelangende Elektronen werden z.B. mit einem Geigerzähler an der Auffangplatte registriert (Fig. 1.21). Verschließt man abwechselnd Loch 1 bzw. Loch 2, so erhält man die jeweiligen Häufigkeitsverteilungen $P_1 = |\psi_1|^2$ bzw. $P_2 = |\psi_2|^2$, die man als Quadrat der betreffenden Wellenfunktionen ψ_1 bzw. ψ_2 schreiben kann. Bleiben beide Löcher geöffnet, so stellt sich eine Wahrscheinlichkeitsverteilung $P_{12} = |\psi_1 + \psi_2|^2$ ein, die eine ähnliche Interferenzstruktur haben muß wie diejenige des Experimentes mit Wasserwellen. Von der Vorstellung des Wellenbildes ist dieser Sachverhalt ohne weiteres einleuchtend. Die gedanklichen Schwierigkeiten stellen sich erst bei der Frage ein, durch welches der beiden Löcher nun wirklich ein jedes der Elektronen geflogen ist. Bei der Vorstellung, daß im Mittel die Hälfte der Elektronen durch Loch 1, die andere Hälfte durch Loch 2 fliegt, müßte man die Elektronen in diese 2 Kategorien

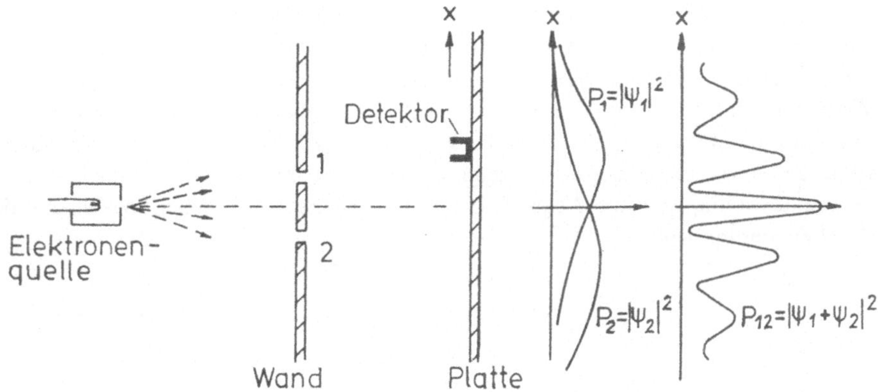

Fig. 1.21: *Doppelspaltexperiment mit Materiewellen.*

einteilen können mit der Folge, daß die gesamte Häufigkeitsverteilung sich als Summe der Einzelhäufigkeiten ergäbe. Dies würde jedoch zu einer Intensitätsverteilung nach Fig. 1.19 wie beim Experiment mit Kugeln führen, im Widerspruch zum Wellenbild. Das Gedankenexperiment läßt sich verfeinern durch einen experimentellen Aufbau, mit welchem festgestellt werden soll, durch welches der beiden Löcher ein jedes Elektron geflogen ist. Hierzu stelle man eine starke Lichtquelle hinter die Wand zwischen die beiden Löcher. Der Elektronenstrom werde zudem so stark gedrosselt, daß die Elektronen ungestört einzeln zeitlich hintereinander ankommen. Jedes Elektron unterliege durch die Photonen der Lichtquelle einer Compton–Streuung, so daß aus der Messung der gestreuten Photonen eine Zuordnung des Elektrons zu Loch 1 oder Loch 2 getroffen werden könnte. Dieses Verfahren ist im Prinzip schlüssig, jedoch ist dann nicht mehr die gleiche Häufigkeitsverteilung zu erwarten, wie es das Interferenzbild in Fig. 1.21 zeigt. Denn jedes Elektron würde in seinem Flug durch die Wechselwirkung mit einem Photon gestört und lieferte so einen veränderten Beitrag zur Häufigkeitsverteilung an der Auffangplatte. Diese Aussage der Störung trifft grundsätzlich für jedes Experiment zu, mit welchem festgestellt werden soll, durch welches der beiden Löcher das Elektron geflogen ist.

Die Lösung des Rätsels liegt darin, daß jedes einzelne zur Interferenz beitragende Elektron gleichzeitig durch beide Löcher gelangt und nur mit sich selbst interferiert. Unterschiedliche Elektronen stehen in keiner festen Phasenbeziehung zueinander, sie sind inkohärent und können daher nicht miteinander interferieren. Vom Standpunkt des Wellenbildes her gesehen verfügt das Elektron über einen Aufenthaltsbereich in der Größenordnung seiner de Broglie–Wellenlänge, so daß es in der Lage ist, beide Löcher gleichzeitig zu "sehen". Die Fragestellung, durch welches der beiden Löcher das Elektron gelangt ist, ist in diesem Sinne irrelevant. Das Elektron wird hinter den beiden Löchern nicht mehr durch eine einzige Welle, sondern durch zwei Anteile ψ_1 und ψ_2

beschrieben, die am Ort der Auffangplatte miteinander interferieren. Es läßt sich demnach prinzipiell nicht vorhersagen, durch welches der Löcher das Elektron geflogen ist, ebensowenig wie sich voraussagen läßt, an welcher Stelle der Auffangplatte das Elektron auftrifft. Voraussagbar ist nur die Häufigkeitsverteilung entlang der Auffangplatte, gegeben durch das Absolutquadrat der Amplitudensumme $P_{12} = |\psi_1 + \psi_2|^2$.

Wellenbild und Teilchenbild der Materiewellen schließen sich somit nicht gegenseitig aus, sondern ergänzen sich zur Gesamtbeschreibung des Elektrons. Die Teilcheneigenschaften treten vor allem bei der Erzeugung und dem Nachweis des Teilchens in den Vordergrund, wohingegen die Ausbreitung des Teilchens durch seinen Wellencharakter beschrieben werden kann.

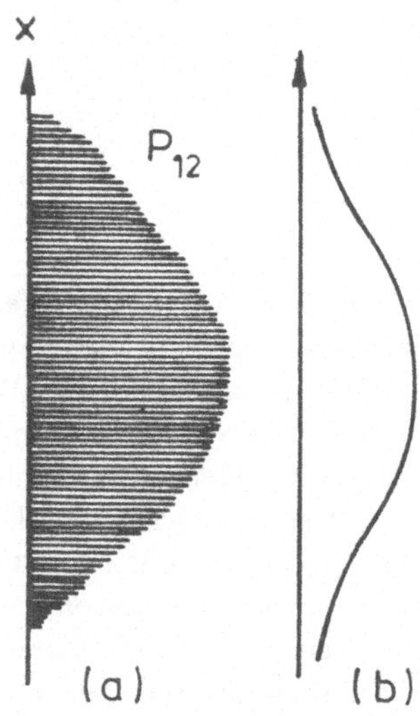

Fig. 1.22: *Interferenzfigur für Kugeln a) Interferenzstruktur theoretisch, b) beobachtbar.*

Kehren wir nun zum ersten Experiment mit Kugeln zurück, so stellt sich zwangsläufig die Frage, warum man hier aufgrund des Wellencharakters der Kugeln keine Interferenzerscheinungen beobachtet. Die Antwort liegt auf der Hand. Die Wellenlänge der Materiewelle ist für Kugeln so klein, daß die Interferenzstruktur bei der Beobachtung der Häufigkeitsverteilung örtlich nicht mehr aufgelöst werden kann. Beobachten läßt sich lediglich ein Mittelwertverhalten (Fig. 1.22). Verwendet man z.B. Kugeln von $1g$ Masse, die mit einer Geschwindigkeit von $100 m/s$ auf die Wand geschossen werden, so beträgt die Wellenlänge $\lambda = \dfrac{h}{p} = \dfrac{6,6 \cdot 10^{-34} kg\,m^2 s^{-1}}{10^{-1} kg m s^{-1}} = 6,6 \cdot 10^{-33} m.$

Dem Doppelspaltexperiment entsprechende realistische Versuche führten die Physiker Gottfried Möllenstedt und H.Düker im Jahr 1956 durch. Sie gingen vom Grundkonzept des Fresnelschen Biprismas der Lichtoptik aus, bei welchem ein ausgeblendeter

Lichtstrahl durch das Doppelprisma symmetrisch in zwei Teilstrahlen gebrochen wird, die für den Beobachter in der Beobachtungsebene von getrennten Lichtquellen S_1 und S_2 herzukommen scheinen, jedoch kohärent sind (Fig. 1.23a). In der Beobachtungsebene erscheinen daher Interferenzstreifen maximaler und minimaler Intensität.

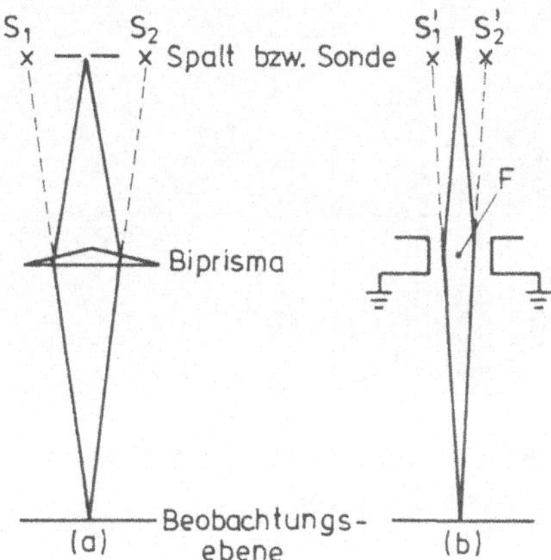

Fig. 1.23: *Versuch von Möllenstedt und Düker.*

Analog zu dieser Anordnung lenkten Möllenstedt und Düker einen Elektronenstrahl von 20 keV Strahlspannung auf einen $2\mu m$ dünnen metallisierten Quarzfaden F, der in der Mitte zwischen zwei symmetrisch angeordneten, geerdeten Elektroden angebracht — in Fig. 1.23b senkrecht zur Bildebene — und gegenüber jenen um einige Volt positiv vorgespannt war. Das elektrische Feld um den Quarzfaden hat die Wirkung einer fokussierenden Linse und bringt den durch den Quarzfaden in zwei Teilstrahlen aufgeteilten Elektronenstrahl auf der Photoplatte in der Beobachtungsebene zur Interferenz. Fig. 1.24 zeigt die beobachteten Interferenzstreifen bei Fadenspannungen von 4,0 V , 5,0 V und 5,8 V. Aus dem Interferenzbild und der Geometrie der Anordnung konnte die Wellenlänge der Elektronen mit einer Genauigkeit von 0,5% bestimmt und die de Broglie-Beziehung Gl.(1.13) bestätigt werden.

1.2.5 Die Heisenbergsche Unschärferelation

Der Wellencharakter der Materie bildete die Grundlage der Quantenmechanik, die in den zwanziger Jahren von Werner Heisenberg und unabhängig von Erwin Schrödinger entwickelt wurde. Eine der wichtigsten Aussagen der Quantenmechanik, basierend auf der Welleneigenschaft der Materie, hat Heisenberg folgendermaßen formuliert: Zwei kanonisch konjugierte Größen (z.B. Ort und Impuls, Energie und Zeit, Drehimpuls und

Fig. 1.24: *Interferenzmuster des elektrostatischen Biprismas. Aus G. Möllenstedt und H. Düker, Zeitschrift für Physik 145 (1956) 377.*

Winkel usw.) können grundsätzlich nie gleichzeitig beliebig genau gemessen werden. Wird eine der beiden Größen sehr genau gemessen, so bleibt die andere zwangsläufig unscharf. Dieses Ergebnis ist, wie sich an vielen Gedankenexperimenten zeigen läßt, nicht auf Unzulänglichkeiten oder Beschränkungen apparativer Art zurückzuführen, sondern offenbart ein grundsätzliches Verhalten der Natur, das allerdings erst im Bereich atomarer Dimensionen zum Tragen kommt, makroskopisch also keine Rolle spielt. Diese als Heisenbergsche Unschärferelation bekannte Aussage wird im folgenden an einigen Beispielen formuliert und erläutert.

Betrachten wir zunächst die Unschärfen von Ort und Impuls. Wir beschränken uns auf den eindimensionalen Fall und wählen die Überlagerung sehr vieler ebener Wellen unterschiedlicher Frequenzen zu einem räumlich begrenzten Wellenpaket (siehe Fig. 1.17). Betrachten wir die Überlagerung zu einer bestimmten Zeit, z.B. $t = 0$, so läßt sich die Wellenfunktion $\psi(x)$ bei Verwendung der richtigen Normierung wie folgt angeben

$$(1.15) \qquad \psi(x) = \frac{1}{(2\pi\hbar)^{1/2}} \int_{-\infty}^{+\infty} A(p) \exp(\frac{i}{\hbar}px)dp.$$

Die komplexe Funktion $A(p)$ gibt die Amplitude an, mit der sich die verschiedenen ebenen Wellen überlagern. Mathematisch stellt Gl. (1.15) die Fourier-Zerlegung des Wellenpakets $\psi(x)$ dar (siehe Band II, Anhang M). Die inverse Fourier-Transformierte ergibt sich dann zu

$$(1.16) \qquad A(p) = \frac{1}{(2\pi\hbar)^{1/2}} \int_{-\infty}^{+\infty} \psi(x) \exp(-\frac{i}{\hbar}px)dx.$$

Die Aufenthaltswahrscheinlichkeit des Teilchens ist durch $|\psi(x)|^2 dx$ gegeben. Da es mit Sicherheit an irgendeiner Stelle längs der x-Achse zu finden sein muß, können wir schreiben

$$\int_{-\infty}^{+\infty} |\psi(x)|^2 dx = 1.$$

Diese Gleichung bedeutet die Normierung der Wellenfunktion $\psi(x)$ auf 1. Setzt man hierin Gl. (1.15) ein, so führt das Integral auf

$$\int_{-\infty}^{+\infty} |A(p)|^2 dp = 1,$$

was die Interpretation rechtfertigt, daß die Größe $|A(p)|^2 dp$ die Wahrscheinlichkeit darstellt, das Teilchen mit einem Impuls zwischen p und $p + dp$ zu finden.

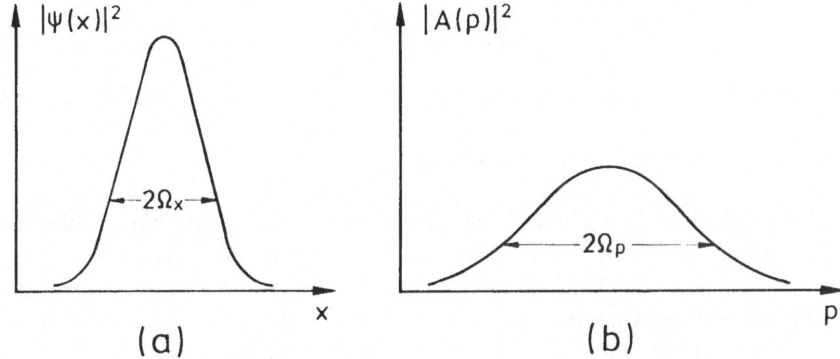

Fig. 1.25: *a) Die Aufenthaltswahrscheinlichkeit $|\psi(x)|^2$ für ein Wellenpaket mit Gaußscher Einhüllenden. b) Die zugehörige Impulsverteilung $|A(p)|^2$.*

Betrachten wir als Beispiel ein Wellenpaket der Form

$$\psi(x) = \exp\left(\frac{i}{\hbar}p_0 x\right) \cdot \exp\left(-\frac{(x - x_0)^2}{2\Omega_x^2}\right) .$$

Es besitzt eine Gaußsche Einhüllende um den Zentralwert x_0. Die Aufenthaltswahrscheinlichkeit $|\psi(x)|^2$ ist ebenfalls eine Gauß-Funktion um den Zentralwert x_0, aber mit der Varianz $\sigma_x^2 = \Omega_x^2/2$. Sie ist bei $|x - x_0| = \Omega_x$ auf $1/e$ abgesunken (Fig. 1.25a).

Die Berechnung der Impulsfunktion $A(p)$ nach Gl. (1.16) liefert das Ergebnis

$$A(p) = \frac{\Omega_x}{\sqrt{\hbar}} \exp\left(-\frac{i}{\hbar}x_0 (p - p_0)\right) \cdot \exp\left(-\frac{\Omega_x^2}{2\hbar^2} (p - p_0)^2\right) ,$$

also gleichfalls eine Welle mit Gaußscher Einhüllenden um den Zentralwert p_0. Die Impulswahrscheinlichkeitsdichte $|A(p)|^2$ ergibt sich dann als eine Gauß-Funktion um den Zentralwert p_0 mit der Varianz $\sigma_p^2 = \hbar^2/(2\Omega_x^2)$. Sie ist bei $|p - p_0| = \sqrt{2}\sigma_p = \Omega_p$ auf $1/e$ abgesunken (Fig. 1.25b).

Wir wollen die Aufenthaltsunschärfe Δx des Teilchens bzw. seine Impulsunschärfe Δp quantitativ fassen und für den allgemeinen Fall jeweils durch die Varianzen σ_x^2 und

σ_p^2 der Verteilungsfunktionen $|\psi(x)|^2$ bzw. $|A(p)|^2$ ausdrücken

$$\Delta x = \sqrt{\sigma_x^2} = \sqrt{<x^2> - <x>^2} \,,$$

$$\Delta p = \sqrt{\sigma_p^2} = \sqrt{<p^2> - <p>^2} \,,$$

wobei die Ausdrücke in spitzen Klammern jeweils die Mittelwerte der sie enthaltenden Größen sind.

In der Quantenmechanik läßt sich für den allgemeinen Fall zeigen, daß bei dieser Definition das Produkt beider Unschärfen zu folgender Ungleichung führt

$$\Delta x \cdot \Delta p \geq \frac{\hbar}{2} \,.$$

Im obigen speziellen Beispiel sieht man sofort, daß diese Beziehung erfüllt ist mit

$$\Delta x \cdot \Delta p = \sigma_x \cdot \sigma_p = \frac{\hbar}{2} \,.$$

Welcher Wert sich auf der rechten Seite der Ungleichung ergibt, hängt offensichtlich von der Definition der jeweiligen Bereiche Δx und Δp ab. Wir hätten z.B. genau so gut den doppelten Wert der Unschärfen wählen können, was jeweils einer Gesamtbreite der Verteilungsfunktionen entsprochen hätte. Für das grundsätzliche Verständnis der Unschärferelation ist die Wahl der Bereichsgrenzen jedoch ohne Belang. Es ist üblich, den Bereich so zu wählen, daß auf der rechten Seite der Gleichung der Wert $\hbar$ steht

(1.17) $\boxed{\Delta p \cdot \Delta x \geq \hbar}$ Heisenbergsche Unschärferelation
für Ort und Impuls.

Der Ort des Teilchens kann also höchstens auf $\Delta x = \dfrac{\hbar}{\Delta p}$ genau bestimmt werden, wenn der Impuls gleichzeitig mit der Genauigkeit Δp bekannt ist. Umgekehrt, ist z.B. der Impuls eines Teilchens exakt festgelegt ($\Delta p = 0$), so ist der Ort des Teilchens völlig unbekannt ($\Delta x = \infty$). Dieser Fall wird durch die ebene Welle

$$\psi(x,t) = A \cdot \exp(\frac{i}{\hbar}(px - Et))$$

dargestellt. Die Aufenthaltswahrscheinlichkeit des Teilchens für einen festen Impulswert p ist $|\psi(x,t)|^2 = |A|^2 = $ konstant, also an jedem Ort die gleiche.

Vom Standpunkt des Korpuskelbildes der klassischen Mechanik ist dieses Verhalten völlig unverständlich. Sind für einen Körper die Bewegungsgleichungen gelöst und ist $\vec{r}(t)$ bekannt, so läßt sich zu jedem Ort des Körpers auch exakt der Impuls $m d\vec{r}/dt$ angeben. Die Unschärferelation der Quantenmechanik ist ausschließlich eine logische Folgerung aus der Wellennatur der Materie. Daß diese Eigenschaft in der makroskopischen Welt nicht spürbar ist, liegt schlicht an den großen Massen der Körper, wie folgendes Beispiel verdeutlicht. Eine Kugel der Masse $1 mg$, die sich mit der Geschwindigkeit $v = 10 m/s$ längs der x- Achse bewegt und deren Ort zur Zeit t = 0 mit der

Genauigkeit von $\Delta x = \pm 1\mu m$ gemessen wird, hat nach der Unschärferelation eine Impulsungenauigkeit von

$$\Delta p = \frac{\hbar}{\Delta x} = \frac{1,05 \cdot 10^{-34} Js}{10^{-6} m} \approx 10^{-28} kg \frac{m}{s}.$$

Das bedeutet eine relative Impulsunschärfe von

$$\frac{\Delta p}{p} = \frac{10^{-28} kg m/s}{10^{-6} kg \cdot 10 m/s} = 10^{-23}.$$

Eine solch kleine Unschärfe ist jedoch keinem apparativen Mittel zugänglich und spielt daher in der makroskopischen Physik keine Rolle.

Eine zweite Unschärferelation bezieht sich auf die Größen Energie und Zeit

$$(1.18) \qquad \boxed{\Delta E \cdot \Delta t \geq \hbar.} \qquad \text{Heisenbergsche Unschärferelation für Energie und Zeit.}$$

Die Energie ist innerhalb eines Zeitintervalls Δt höchstens auf $\dfrac{\hbar}{\Delta t}$ genau bestimmt. Diese Aussage hat grundlegende Bedeutung im atomaren Bereich und besagt, daß innerhalb eines Zeitintervalls Δt die Verletzung des Energiesatzes um den Betrag ΔE zugelassen wird. In Abschn. 5.4 bei der Erläuterung der Experimente extrem großer Genauigkeit sowie in Band II bei der Erklärung der Kernkräfte greifen wir auf diese Aussage zurück. Die Form der Unschärferelation Gl.(1.18) hat einschneidende Konsequenzen auf die Breite von Spektrallinien und von Resonanzen, wie wir an typischen Beispielen gleich sehen werden.

Beispiele zur Unschärferelation

1. Die Frage nach Elektronen im Atomkern.

Aus der Unschärferelation kann geschlossen werden, daß der Atomkern keine Elektronen enthält. Die Abmessungen von Atomkernen sind von der Größenordnung $10^{-14} m$. Ein Elektron müßte sich also mindestens im Bereich von $\Delta x = 10^{-14} m$ aufhalten und hätte dann eine Impulsunschärfe von $\Delta p = \dfrac{\hbar}{\Delta x} = \dfrac{10^{-34} Js}{10^{-14} m} = 10^{-20} kg \dfrac{m}{s}$. Der Impuls des Elektrons muß jedoch mindestens so groß sein wie seine eigene Unschärfe

$$p \;\geq\; \Delta p = 10^{-20} kg \frac{m}{s},$$
$$pc \;\geq\; 3 \cdot 10^{-12} J = 18,8 MeV.$$

Mit $M_0 c^2 = 0,51$ MeV ist $E_{total} \geq \sqrt{p^2 c^2 + M_0^2 c^4} = 18,8$ MeV. Die kinetische Energie des Elektrons müßte also mindestens den Wert $T = E_{tot} - M_0 c^2 \geq 18,3$ MeV haben. Elektronen so hoher Energie können jedoch im Kern elektrostatisch nicht gebunden werden. Führt man analoge Überlegungen für die Nukleonen im Atomkern durch, so ergibt sich $T \geq 0,2 MeV$, ein Wert also, der geringer ist als die Bindungsenergie seitens der Kernkräfte von etwa 8 MeV pro Nukleon (s. Band II, Abschn. 8.2.1). Das Ergebnis der Unschärferelation widerspricht also nicht der Bindung von Nukleonen im Kern.

2. Elektronen in der Atomhülle.

Atome haben Ausmaße der Größenordnung $10^{-10} m$. Die Impulsunschärfe von Elektronen der Hülle ist demnach $\Delta p = \dfrac{\hbar}{\Delta x} \approx 10^{-24} kg \dfrac{m}{s}$. Wegen $T = \dfrac{p^2}{2m}$ und $p \geq \Delta p$ erhält man $T \approx 3 eV$. Die Bindungsenergien der Elektronen in der Hülle sind im allgemeinen größer als 3 eV, so daß das Ergebnis der Unschärferelation im Einklang mit der Bindung von Elektronen im Atom steht.

3. Unschärfe von Spektrallinien.

Spektrallinien haben von Natur aus eine Unschärfe, die auf die Unschärfe der bei der Lichtaussendung beteiligten Energieniveaus der Atome zurückzuführen ist. Sie kommen durch die Aussendung von Photonen aus Atomen zustande, welche eine bestimmte Anregungsenergie besitzen (siehe Kap. 2). Die mittlere Lebensdauer der Anregungszustände beträgt bei Atomen größenordnungsmäßig $\Delta t = 10^{-8}$ s. Nur innerhalb dieser Zeit verharrt das Atom im Mittel in diesem Zustand, d.h. ist seine Energie festgelegt. Aufgrund der Unschärferelation hat die Energie aber eine Unschärfe von $\Delta E \geq \hbar / \Delta t$. Die gleiche Energieunschärfe muß das ausgesandte Photon haben. Wegen $\Delta E = h \Delta \nu$ und $\lambda = c / \nu$ ist daher die Unschärfe der Frequenz bzw. der Wellenlänge des Lichts

$$\Delta \nu = \frac{1}{2\pi \Delta t}, \quad |\Delta \lambda| = \frac{\lambda^2}{2\pi c \Delta t}.$$

Die letztere der beiden Gleichungen erhält man durch Differenzieren von $\lambda = c / \nu$ und Übergang vom Differentialquotienten zu Differenzen. Die Spektrallinien sind also nicht beliebig scharf, sondern haben von Natur aus einen Wellenlängenbereich $\Delta \lambda$. Man nennt diese Größe daher die **natürliche Linienbreite**. Sie ist sehr klein und beträgt beispielsweise für grünes Licht von $\lambda = 500 nm$ bei $\Delta t = 10^{-8} s$ etwa $\Delta \lambda \approx 10^{-5} nm$. Die natürliche Linienbreite ist bei Atomen jedoch im allgemeinen durch andere Effekte überdeckt, die zu einer wesentlich stärkeren Verbreiterung der Spektrallinie führen. Als wichtigste Erscheinung sei die Doppler–Verbreiterung genannt, die dadurch zustande kommt, daß die thermische Bewegung der lichtaussendenden Atome in einem Gas durch den Doppler–Effekt jeweils eine Linienverschiebung der Spektrallinie hervorruft, was bei der ungeordneten Bewegung der Atome vom Beobachter als Verschmierung der Spektrallinie wahrgenommen wird. Wir werden diese Erscheinungen im Abschn. 6.6 noch genauer besprechen.

4. Die Breite von Resonanzen.

Eine praktische Anwendung der Heisenbergschen Unschärferelation findet sich in der Kernphysik bei der Bestimmung der extrem kurzen Lebensdauern angeregter Kernzustände.
Wie in Band II, Abschn. 8.3.6, genauer beschrieben wird, können Kerne durch Beschuß mit Teilchen, zum Beispiel mit Neutronen, in energetisch höhere Zustände versetzt werden. In vielen Fällen absorbiert der Kern das Neutron und verteilt dessen eingebrachte Energie auf die Nukleonen (Protonen und Neutronen) des Kerns. Dieser so gebildete Zwischenkern vermag eine Zeitlang von etwa 10^{-14} bis $10^{-16}s$ in diesem Zustand zu verweilen, bis durch die statistische Bewegung der Nukleonen die gesamte Anregungsenergie auf ein Nukleon vereinigt wird und dieses dann den Kern verläßt. Anstelle eines Teilchens kann aber auch ein Photon entsprechend hoher Energie emittiert werden, welches den Zwischenkern im Grundzustand zurückläßt. Da Kerne ähnlich wie Atome bestimmte Energiewerte für die Anregungszustände besitzen, ist die Wahrscheinlichkeit der Zwischenkernbildung besonders groß, wenn die kinetische Energie des einlaufenden Neutrons gerade zu einer Anregungsenergie des beschossenen Kerns paßt. In Fig. 1.26 ist die Reaktionswahrscheinlichkeit in barn ($1\,\mathrm{b} = 10^{-24}\,\mathrm{cm}^2$, s. Abschn. 2.2.2) für den Einfang eines Neutrons durch Indiumkerne mit nachfolgender Emission eines Photons in Abhängigkeit von der kinetischen Energie T des einlaufenden Neutrons gezeigt. Es sind deutlich mehrere Anregungsstufen des Zwischenkerns zu erkennen, die sich als ausgeprägte, schmale Spitzen im Kurvenverlauf bemerkbar machen. Man spricht von **Resonanzen**. Bemerkenswert ist, daß diese Resonanzen keine scharfen Linien darstellen, oder anders ausgedrückt, daß die Anregungsenergien der Zwischenkerne keine scharfen Werte annehmen. Die Breiten der Resonanzen sind über die Heisenbergsche Unschärferelation mit der mittleren Lebensdauer τ der Anregungsstufen des Zwischenkerns verknüpft

$$(1.19) \qquad \tau = \frac{\hbar}{\Gamma} \qquad
\begin{array}{l}
\Gamma \text{ Halbwertsbreite der Resonanz} \\
\text{(Breite der Spitze auf halber} \\
\text{Höhe des Maximums).}
\end{array}$$

Die stärkste Resonanz bei $T = 1,4\,eV$ in Fig. 1.26 hat eine Breite von $\Gamma = 1,1\,eV$. Dies ergibt nach Gl.(1.19) eine mittlere Lebensdauer von $\tau = 6 \cdot 10^{-16}$ Sekunden. Diese Zeit vergeht also durchschnittlich, bis der Indium-Zwischenkern nach dem Neutroneneinfang durch Emission eines Photons in den Grundzustand übergeht.

In gleicher Weise lassen sich die Lebensdauern von Resonanzen in der Elementarteilchenphysik bestimmen (Band II, Abschn. 9.2).

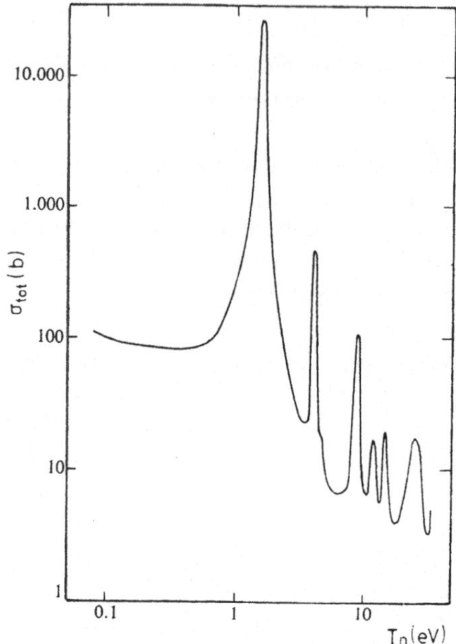

Fig. 1.26: *Reaktionswahrscheinlichkeit* σ_{tot} *für den Einfang von Neutronen durch Indium.*

1.3 Zusammenfassung

Das Licht zeigt sich in zwei scheinbar widersprüchlichen Erscheinungsformen. Zum einen als elektromagnetische Welle mit indifferentem Ort, wie es einer Welle zu eigen ist, zum anderen als Korpuskel (Photon), welches lokal mit Elektronen in Wechselwirkung tritt und dabei kinematisch wie ein Teilchen der klassischen Mechanik behandelt werden kann. Welche Erscheinungsform experimentell zu Tage tritt, hängt von den äußeren Versuchsbedingungen ab. Im allgemeinen läßt sich sagen, daß sich das Licht wie eine Welle verhält, wenn man Welleneigenschaften wie Brechung, Beugung und Interferenz untersucht und Teilchencharakter aufweist, wenn man Teilcheneigenschaften mißt. Historisch gesehen zeigte sich der Quantencharakter des Lichts erstmalig bei der Herleitung des Planckschen Strahlungsgesetzes, das die spektrale Energiedichteverteilung der Strahlung eines schwarzen Körpers mit der Temperatur als Parameter beschreibt. Der direkte experimentelle Nachweis für die Teilcheneigenschaft des Lichts fand sich im Photoeffekt und im Compton-Effekt. Der Prozeß des Photoeffektes besteht darin, daß ein Elektron durch ein einzelnes Photon von einer Metalloberfläche abgelöst wird, während beim Compton–Effekt die Streuung eines Photons an einem Elektron kinematisch wie beim analogen Vorgang mit Masseteilchen behandelt werden kann.

Die beiden Erscheinungsformen des Lichts stellen also keinen Widerspruch dar, sondern sind als zwei sich ergänzende Charakteristika zu verstehen, mit deren Hilfe das

Licht mathematisch–physikalisch beschrieben werden kann. Die wichtigsten Größen des Photons sind die Energie $E = h\nu$ und der Impuls $p = h\nu/c$.

Die Intensität des Lichts ist im Teilchenbild durch den Photonenstrom gegeben, d.h. durch die Anzahl der Photonen pro Zeit- und Flächeneinheit. Man kann den Photonen nach Einstein über die Beziehung $E = mc^2$ eine bewegte Masse von $m = h\nu/c^2$ zuschreiben. Die Ruhemasse m_0 des Photons ist jedoch Null. Die Vorstellung von der bewegten Masse des Photons läßt den Einfluß von Gravitationsfeldern auf Lichtquanten verstehen. Experimentell bestätigt wurde dies z.B. durch die gemessene Gravitationsrotverschiebung von Sternenlicht und durch den Versuch von Pound und Rebka unter Verwendung des Mößbauer–Effektes.

In Analogie zum Welle-Teilchen-Dualismus beim Licht zeigt sich, daß zur Beschreibung von Masseteilchen das Korpuskelbild nicht ausreicht, sondern in Ergänzung dazu auch das Wellenbild herangezogen werden muß. Wellenlänge und Frequenz sind durch die de Broglie–Beziehungen $\lambda = h/p$ und $\nu = E/h$ wie beim Photon gegeben. Die für Wellen charakteristische Gruppengeschwindigkeit ist gleich der Transportgeschwindigkeit des Teilchens. Die für Röntgenstrahlung bewährte Bragg–Beziehung ist für Teilchen gleichermaßen anwendbar und hat für die Neutronenphysik aktuelle Bedeutung. Die gleichlautende Bragg–Beziehung für Teilchen bewährte sich erstmalig im Davisson–Germer–Experiment, bei dem die an einem Ni–Kristall gestreuten Elektronen deutliche Interferenzstrukturen erzeugten. Die Streuung der Elektronen erfolgte hierbei kohärent an jeweils benachbarten Netzebenen des Kristallgitters.

Die Natur der Materiewellen erfährt durch Born eine Deutung dahingehend, daß $|\psi(\vec{r},t)|^2 d^3r$ die Aufenthaltswahrscheinlichkeit des Teilchens zur Zeit t im Volumenelement d^3r angibt. Die Materiewelle ist also eine Wahrscheinlichkeitswelle. Das Verständnis der Materiewellen läßt sich als Gedankenexperiment am Doppelspaltversuch erhellen, dessen experimentelle Verifizierung in analogen Anordnungen z.B. durch Möllenstedt und Düker gelungen ist. Im Experiment wird hierbei die Elektronenwelle durch ein elektrostatisches Biprisma in zwei Teilwellen aufgeteilt und danach zur Interferenz gebracht. Die de Broglie–Beziehung $p = h/\lambda$ konnte durch die Meßergebnisse bestätigt werden.

Die weitreichenden Folgerungen aus dem Wellenverhalten zeigen sich in der Heisenbergschen Unschärfebeziehung. Hiernach kann für ein Teilchen niemals gleichzeitig der Ort und der Impuls genau bestimmt werden. Die maßgebende Ungleichung hierzu lautet $\Delta p \cdot \Delta x \geq \hbar$. Die analoge Beziehung zwischen Energie und Zeit $\Delta E \cdot \Delta t \geq \hbar$ führt auf die natürliche Linienbreite von Spektrallinien. Umgekehrt lassen sich in der Kern- und Teilchenphysik die Zerfallszeiten von Resonanzen aus deren Energiebreiten bestimmen.

2 Klassische Atomphysik

2.1 Erste Hinweise auf Atome

Bekanntlich geht der Atombegriff auf den griechischen Philosophen Demokrit zurück (atomos = unteilbar), der jedoch sicherlich nur spekulative Vorstellungen von der diskreten Natur der Materie haben konnte. Erst das vergangene Jahrhundert lieferte wissenschaftlich fundierte Hinweise auf die Existenz von Atomen. Sie kamen aus der Chemie und basierten auf den Daltonschen Gesetzen der einfachen und multiplen Proportionen (1809/1810). Hiernach sind in einer chemischen Verbindung die relativen Gewichte der sie bildenden Elemente konstant. Können sich zwei Elemente in verschiedenen Gewichtsmengen vereinigen, so sind die Gewichte der darin enthaltenen Anteile des gleichen Elementes ganzzahlige Vielfache des geringsten Anteilgewichts. Beispielweise verhalten sich die Sauerstoffgewichte in den Verbindungen N_2O, NO, N_2O_3, NO_2 bezogen auf dieselbe Menge Stickstoff wie 1:2:3:4. Hieraus leitete Dalton die Vorstellung ab, daß die chemischen Elemente jeweils aus gleichen Grundbausteinen, den Atomen, bestehen, die sich in bestimmten geometrischen Anordnungen mit anderen Elementen zu Molekülen zusammensetzen können.

Einen weiteren Hinweis auf die Existenz von Atomen lieferte in der zweiten Hälfte des 19. Jahrhunderts die Bestätigung der von Maxwell und Boltzmann hergeleiteten Geschwindigkeits– und Energieverteilungen von Gasatomen.

Eine erste Abschätzung der Größe von Atomen folgte bereits aus der van der Waals–Gleichung für reale Gase

$$(P + \frac{a}{V^2})(V - b) = RT,$$

wobei die Konstante b (Kovolumen) hierin das vierfache Eigenvolumen eines Gasmoleküls bedeutet. Es ergaben sich ausnahmslos Atomradien der Größenordnung $10^{-10}m = 10^{-8}cm$. Spätere Versuche wie zum Beispiel die Beugung von Röntgenstrahlung an räumlichen Kristallgittern bestätigten diese Werte.

Die Entdeckung des Elektrons durch Joseph John Thomson und die Beobachtung, daß alle Atome Elektronen enthalten, führte sehr bald zu Modellvorstellungen von der Atomstruktur. Ein elektrisch neutrales Atom müßte ebensoviele positive Ladungen enthalten wie es Elektronen besitzt. Massenbestimmungen erbrachten eine ca. 10^3 mal so große Masse des leichtesten Atoms wie diejenige eines einzelnen Elektrons. Die Elektronen konnten also nicht die Masse eines Atoms ausmachen. Das erste Atommodell von Thomson bestand in der Vorstellung eines kugelförmigen, von einem positiv geladenen Massenkontinuum gebildeten Atoms mit eingebetteten Elektronen, so daß das ganze Gebilde elektrisch neutral ist. Diese Vorstellung wurde bereits durch die Kanalstrahlversuche von Philip Lenard (1903) widerlegt und ebenso schließlich durch

Ernest Rutherfords Analysen und Deutungen der Streuversuche mit α–Teilchen, die
Hans Geiger und Ernest Marsden 1911 auf Anregung Rutherfords durchgeführt hatten.

2.2   Die Rutherford–Streuung

2.2.1   Das Versagen des Thomson–Modells

Rutherfords experimentelle Anordnung war einfach (Fig. 2.1). α–Teilchen (doppelt ionisierte Heliumatome, d.h. He–Kerne) definierter Energie von einigen MeV aus einer
radioaktiven Quelle wurden im Vakuum mittels einer Blende (Bleikollimator) ausge-
blendet und auf eine sehr dünne Metallfolie aus Gold geschossen. Die durch die Folie
hindurch gelangten α–Teilchen erzeugten auf einem dahinterstehenden Zinksulfidschirm
Lichtblitze. Der jeweilige Auftreffort konnte visuell beobachtet werden. Die moderne
Kern– und Teilchenphysik greift bis heute bei Streuexperimenten an Beschleunigern auf
dieses einfache Prinzip zurück; lediglich die Technik der Teilchenstrahlerzeugung und
–führung sowie der Registrierung erfolgt heute mit modernen Mitteln.

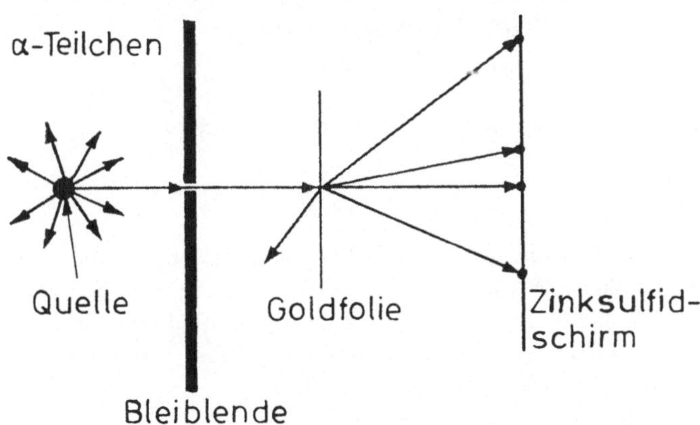

Fig. 2.1: *Streuexperiment nach Rutherford.*

Geiger und Marsden beobachteten, daß der größte Teil der α–Teilchen nahezu ungestört oder nur unter sehr kleinen Ablenkwinkeln gegenüber der Richtung der einfallenden Teilchen auf den Zinksulfidschirm gelangte. Sie stellten jedoch auch große

Streuwinkel fest, in seltenen Fällen sogar Rückwärtsstreuung.

Das letztere Verhalten ist nach der Thomsonschen Atomvorstellung absolut unverständlich, wie die nachfolgende Überlegung zeigt.

Das elektrische Feld der homogen geladenen Kugel des Thomson–Atoms ist, sieht man von dem Einfluß der Elektronen ab, nach Fig. 2.2 gegeben durch

$$E_i = \frac{1}{4\pi\epsilon_0}\frac{Qr}{R^3} \qquad \text{im Inneren der Kugel,}$$

$$E_0 = \frac{1}{4\pi\epsilon_0}\frac{Q}{r^2} \qquad \text{außerhalb der Kugel.}$$

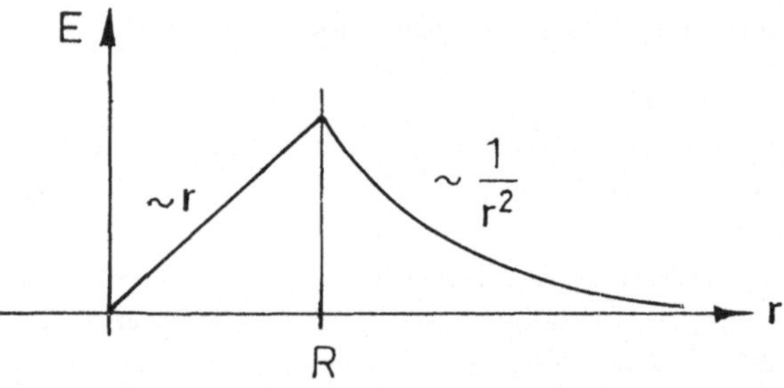

Fig. 2.2: *Elektrisches Feld innerhalb und außerhalb einer homogen geladenen Kugel.*

Hierbei ist

$Q =$ positive Gesamtladung der Kugel (des Atoms)

$R =$ Radius der Kugel (des Atoms)

$r =$ Abstand vom Atommittelpunkt.

Eine solche Feldverteilung hat ihr Maximum am Kugelrand

$$E_{max} = \frac{Q}{4\pi\epsilon_0 R^2}.$$

Für unsere Betrachtung genügt eine Abschätzung der Größenordnung des zu erwartenden Ablenkwinkels. Wir nehmen an, daß über eine Strecke von der Größe des Atomdurchmessers $2R$ das α–Teilchen die ablenkende Kraft durch die maximale Feldstärke erfährt, während wir die Kraftwirkung außerhalb dieser Strecke wegen des starken Abfalls mit $1/r^2$ vernachlässigen können (Fig. 2.3).
Die Kraft ist demnach

$$F = 2eE_{max} = \frac{2eQ}{4\pi\epsilon_0 R^2}\ .$$

Sie wirkt im wesentlichen während der Zeit $\Delta t = 2R/v_\alpha$ und erteilt dem α–Teilchen den transversalen Impuls

$$\Delta p \approx F\Delta t = \frac{4eQ}{4\pi\epsilon_0 Rv_\alpha}\ , \qquad v_\alpha \text{ Geschwindigkeit des } \alpha\text{–Teilchens.}$$

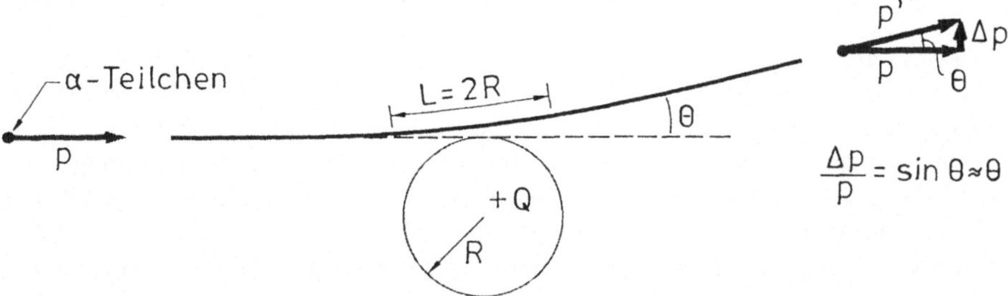

Fig. 2.3: *Ablenkung eines geladenen α–Teilchens an einer geladenen Kugel.*

Dies führt zum Ablenkwinkel

$$(2.1) \qquad \theta \approx \frac{\Delta p}{p} = \frac{4eQ}{4\pi\epsilon_0 R M_\alpha v_\alpha^2} = \frac{eQ}{2\pi\epsilon_0 R T} \; , \qquad \begin{array}{ll} M_\alpha & \text{Masse des } \alpha\text{–Teilchens} \\ T & \text{kinetische Energie.} \end{array}$$

Mit den Werten für Gold

$$\begin{aligned} Q &= Ze = 79e = 1,26 \cdot 10^{-17} \; C \; , \\ R &= 10^{-10} \; m \end{aligned}$$

und für das α-Teilchen mit $T = 5 \; MeV$ ergibt sich ein Ablenkwinkel von $\theta \approx 0,02°$. Dieser kleine Wert steht nicht im Einklang mit dem Experiment. Selbst die Streuung an mehreren Atomlagen hintereinander kann nicht die großen beobachteten Streuwinkel erklären.

Auch die Streuung von α–Teilchen an Elektronen liefert keine größeren Streuwinkel. Denkt man sich bestenfalls ein ruhendes, freies Elektron, das durch einen zentralen Stoß den maximal möglichen Impulsübertrag vom α Teilchen erhält, so ist die Geschwindigkeit des Elektrons nach dem Stoß gemäß den Gesetzen der klassischen Mechanik gegeben durch

$$v_e' = \frac{2M_\alpha v_\alpha}{M_\alpha + m} \approx 2v_\alpha, \quad m \;=\; \text{Masse des Elektrons} \; ,$$

$$v_\alpha \;=\; \text{Geschwindigkeit des } \alpha\text{-Teilchens vor dem Stoß.}$$

Der Streuwinkel des α –Teilchens kann bestenfalls durch den verlorenen Impuls erzeugt werden.

$$\theta_{max} \approx \frac{\Delta p}{p} < \frac{mv_e'}{M_\alpha v_\alpha} = \frac{2m}{M_\alpha} \approx 0,02° \; .$$

Selbst bei Mehrfachstreuung können keine großen Streuwinkel auftreten. Aufgrund dieser Überlegungen mußte das Thomsonsche Atommodell verworfen werden.

2.2.2 Das Rutherford–Atommodell

Nach Gl.(2.1) gelangt man zu wesentlich größeren Ablenkungen nur durch eine Streuung bei erheblich kleineren Abständen vom Kraftzentrum, verursacht durch erheblich größere ablenkende Feldstärken. Die entscheidende Idee Rutherfords bestand daher in der — aus heutiger Sicht plausiblen — Vorstellung, die gesamte positive Ladung sowie praktisch die gesamte Masse des Atoms seien auf einen äußerst kleinen Bereich, den Atomkern, konzentriert. Die Elektronen umlaufen den Kern auf Kreisen bzw. Ellipsenbahnen und sind für die räumliche Ausdehnung des gesamten Atoms verantwortlich. Sie bestimmen auch die chemischen und optischen Eigenschaften des Atoms. Die genaue Berechnung der Bahnablenkung des α-Teilchens aufgrund dieses Modells liefert die Rutherford–Streuformel, die wir nachfolgend herleiten wollen.

Die Geometrie der Bahnablenkung ist aus Fig. 2.4 zu ersehen. Die Größe b, der Stoßparameter, ist der senkrechte Abstand der Bahn im Unendlichen von der Bahn des zentralen Stoßes. θ ist der Streuwinkel gegenüber der Richtung des einlaufenden α-Teilchens. Es werden folgende vereinfachende Annahmen gemacht:

1. Sowohl der Kern als auch das α-Teilchen seien punktförmig.

2. Der Kern wird als ruhend angenommen. Diese Vorstellung ist nicht ganz richtig, da genaugenommen beide Teilchen wie bei den Gesetzen der Planetenbewegung in ihrem gemeinsamen Schwerpunktsystem Hyperbelbahnen durchlaufen. Da die Kernmasse (Gold) jedoch sehr viel größer ist als die Masse des α-Teilchens, ist diese Annahme in erster Näherung zulässig. Nach dieser Annahme durchläuft das α-Teilchen eine Hyperbel, in deren Brennpunkt sich der Kern befindet (Fig. 2.4).

3. Die Abschirmung durch Atomelektronen bleibe unberücksichtigt. Diese Annahme ist durchaus gerechtfertigt, denn die Elektronen befinden sich in diesem Modell weit außerhalb des Ablenkbereiches und bilden für das Atominnere lediglich einen einflußlosen Faraday–Käfig.

Die Ablenkung erfolgt durch die Coulomb–Kraft

$$F_c = \frac{1}{4\pi\epsilon_0}\frac{zZe^2}{r^2}$$

$$\begin{aligned}
ze = \quad & 2e && \text{Ladung des } \alpha - \text{Teilchens ,}\\
& Ze && \text{Ladung des Atomkerns ,}\\
& Z && \text{Ordnungszahl des Atoms ,}\\
& r && \text{Abstand des } \alpha - \text{Teilchens vom Kern .}
\end{aligned}$$

Das α-Teilchen wird von einer Anfangsgeschwindigkeit v_0 im Verlauf seiner Bahn durch die Coulomb–Kraft gebremst, nach Passieren des Feldmaximums beschleunigt und erreicht im Unendlichen infolge der Energieerhaltung wieder die Geschwindigkeit v_0.

Im ersten Gang der Rechnung wird ein Zusammenhang zwischen dem Stoßparameter b und dem Streuwinkel θ hergeleitet. Verwendet wird hierbei die Erhaltung des Bahndrehimpulses im Feld einer Zentralkraft.

Der Bahndrehimpuls des α–Teilchens relativ zum Kern ist im Unendlichen

$$l = M_\alpha v_0 b \ .$$

Zu jedem beliebigen Punkt der Bahn ist der Drehimpuls der gleiche (Fig. 2.4)

$$(2.2) \qquad l = M_\alpha r^2 \frac{d\vartheta}{dt} = M_\alpha v_0 b \ ,$$

wobei ϑ der momentane Ablenkwinkel von der Richtung aus dem Unendlichen bedeutet. Infolge der Coulomb–Kraft erhält die Geschwindigkeit eine transversale Komponente (d.h. senkrecht zur Anfangsrichtung)

$$M_\alpha \frac{dv_\perp}{dt} = F_\perp = F_c \sin\vartheta = \frac{1}{4\pi\epsilon_0} \frac{zZe^2}{r^2} \sin\vartheta \ .$$

Setzt man r^2 aus Gleichung (2.2) ein, so erhält man

$$\frac{dv_\perp}{dt} = \frac{1}{4\pi\epsilon_0} \frac{zZe^2}{M_\alpha} \frac{d\vartheta/dt}{v_0 b} \sin\vartheta \ .$$

Die Integration dieser Gleichung liefert

$$\int_0^{v_0 \sin\theta} dv_\perp = \frac{1}{4\pi\epsilon_0} \frac{zZe^2}{M_\alpha v_0 b} \int_0^{\pi-\theta} \sin\vartheta\, d\vartheta \ .$$

Die Integrationsgrenzen lassen sich hierbei aus Fig. 2.4 ablesen.

$$(2.3) \qquad v_0 \sin\theta = \frac{1}{4\pi\epsilon_0} \frac{zZe^2}{M_\alpha v_0 b} (1 + \cos\theta) \ .$$

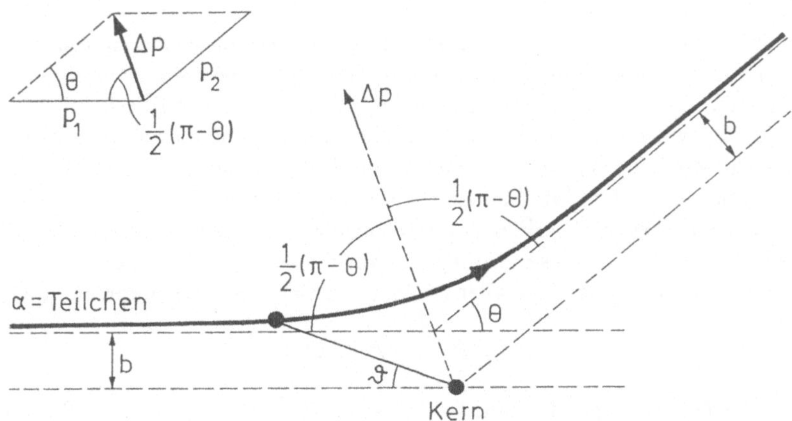

Fig. 2.4: *Geometrie der Rutherford–Streuung.*

Da $\sin\theta/(1+\cos\theta) = \tan\frac{\theta}{2}$, so ergibt sich schließlich

$$\tan\frac{\theta}{2} = \frac{1}{4\pi\epsilon_0}\frac{zZe^2}{M_\alpha v_o^2 b} = \frac{zZe^2}{8\pi\epsilon_0 T b} \ ,$$

(2.4)
$$\boxed{b = \frac{zZe^2}{8\pi\epsilon_0 T}\cot\frac{\theta}{2}}$$
T kinetische Energie des α–Teilchens.

Der Streuwinkel wächst also mit abnehmendem Stoßparameter und mit abnehmender Anfangsenergie.

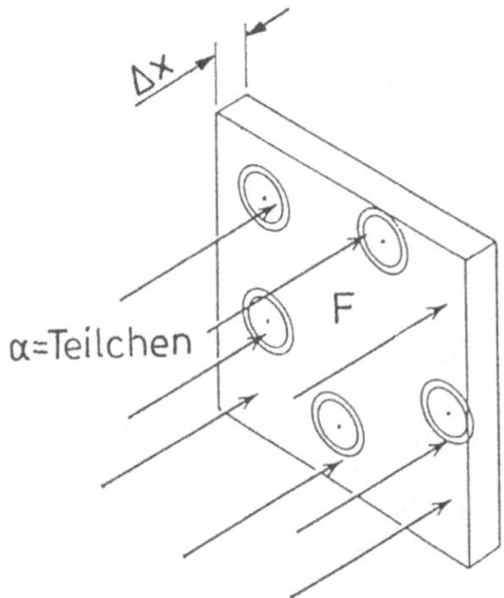

Fig. 2.5: *Streuzentren der Rutherford–Streuung.*

Für die Messung ist die Gleichung (2.4) nicht brauchbar, da sie die unbekannte Größe b enthält, die für jedes Ereignis einen anderen Wert hat. Beobachtet man jedoch sehr viele Ereignisse, so führt eine statistische Betrachtung zu einer Wahrscheinlichkeitsaussage für den Streuwinkel θ. Man beobachtet alle Streuzentren, die zu einer Streuung im Winkelbereich zwischen θ und $\theta + d\theta$ führen. Im Stoßparameterbild bedeutet dies, daß die zugehörigen α–Teilchen durch einen Kreisring um den jeweiligen Kern vom Radius b und der Dicke db fliegen. Die Fläche eines solchen Kreisringes ist $d\sigma = 2\pi\, b\, db$. Hat die Folie die Fläche F, die Dicke Δx und umfaßt N Kerne / Volumeneinheit, so ist die betrachtete Gesamtkreisringfläche aller Streuzentren zusammengenommen (Fig. 2.5)

$$d\Sigma = N \cdot F \cdot \Delta x \cdot d\sigma \ .$$

Hierbei sei die Folie genügend dünn, so daß sich die Kreisringe aus der Sicht der α–Teilchen nicht gegenseitig überlappen. Auf diese Weise wird eine mehrfache Streuung des α–Teilchens beim Durchqueren der Folie vermieden.

Treffen n α-Teilchen auf die Folie, so führt der Bruchteil

$$(2.5) \qquad \frac{dn}{n} = \frac{d\Sigma}{F} = N\Delta x\, d\sigma$$

zu einer Streuung im Winkelbereich zwischen θ und $\theta + d\theta$. Mit $d\sigma = 2\pi b\, db$ und $|db| = \dfrac{1}{16}\dfrac{zZe^2}{\pi\epsilon_0 T}\dfrac{d\theta}{\sin^2\theta/2}$, gewonnen aus Gleichung (2.4), erhält man die Zahl der gestreuten Teilchen

$$dn = Nn\Delta x\pi\Big(\frac{zZe^2}{8\pi\epsilon_0 T}\Big)^2 \frac{\cos\theta/2}{\sin^3\theta/2}\,d\theta\ .$$

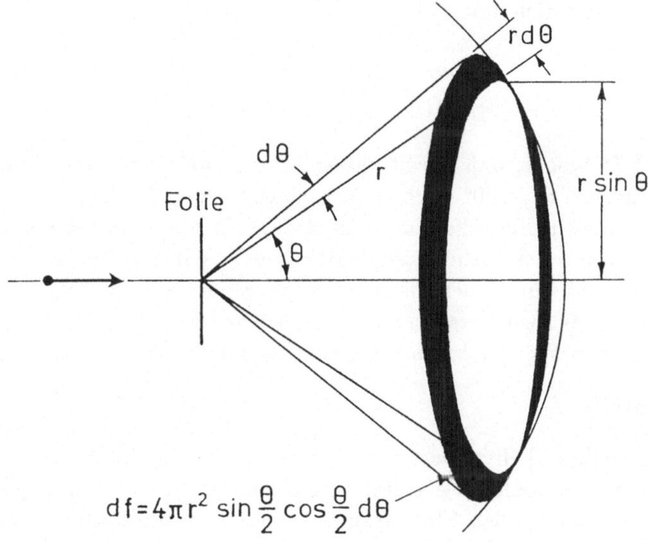

Fig. 2.6: *Zur Definition des Raumwinkels.*

Die in den Winkelbereich zwischen θ und $\theta + d\theta$ gestreuten Teilchen fliegen im Abstand r vom Target in eine Ringfläche (Fig. 2.6)

$$df = 2\pi(r\sin\theta)r\,d\theta = 4\pi r^2 \sin\frac{\theta}{2}\cos\frac{\theta}{2}\,d\theta.$$

dn/df ist dann die Zahl der unter dem Winkel θ gestreuten Teilchen pro Ringflächeneinheit auf dem Zinksulfidschirm

$$\frac{dn}{df} = \frac{Nn\Delta x}{r^2}\frac{1}{4}\Big(\frac{zZe^2}{8\pi\epsilon_0 T}\Big)^2\frac{1}{\sin^4\theta/2}\ .$$

Gebräuchlicher als dn/df ist der **differentielle Wirkungsquerschnitt** $d\sigma/d\Omega$, der die Wahrscheinlichkeit für die Streuung in das Raumwinkelelement $d\Omega$ angibt. Das

Raumwinkelelement ist definiert als $d\Omega = df/r^2$ (Fig. 2.6). Mit Gleichung (2.5) erhält man also

$$(2.6) \qquad \boxed{\frac{d\sigma}{d\Omega} = \frac{1}{4}\left(\frac{zZe^2}{8\pi\epsilon_0 T}\right)^2 \frac{1}{\sin^4\theta/2}} \qquad \text{Rutherfordsche Streuformel.}$$

Die Größe $d\sigma$ stellt eine sehr kleine Fläche dar und wird in Einheiten von $1\,\text{barn} = 10^{-24}\,\text{cm}^2$ (Abkürzung 1 b) gemessen. Der differentielle Wirkungsquerschnitt hat also die Einheit b/sr (bzw. mb/sr, μb/sr)[1].

Die Rutherfordsche Streuformel läßt sich, ausgedrückt durch den Impulsübertrag q, noch anders schreiben.

Der Impulsübertrag auf das α– Teilchen ist nach erfolgter Ablenkung gemäß eingefügter Darstellung in Fig. 2.4 $\Delta p \equiv q = 2p\sin\theta/2$, wobei $p_1 = p_2 = p$. Da $T = p^2/2M_\alpha$, so ergibt sich aus (2.6)

$$(2.7) \qquad \boxed{\frac{d\sigma}{d\Omega} = \left(\frac{M_\alpha zZe^2}{2\pi\epsilon_0}\right)^2 \frac{1}{q^4}.}$$

Gl.(2.6) bzw. (2.7) besagt, daß die Streuwahrscheinlichkeit steil mit dem Streuwinkel abfällt, aber selbst bei $\theta = 180°$ noch einen endlichen Wert behält.

In Fig. 2.7 ist die theoretische Kurve für dn/df zusammen mit den experimentellen Werten gezeigt. Der starke Abfall ist deutlich zu erkennen. Der Vergleich mit dem Experiment zeigt sehr gute Übereinstimmung ausgenommen für sehr kleine und sehr große Winkel, letzteres besonders bei hohen kinetischen Energien der α–Teilchen. Diese Abweichungen sind in Fig. 2.7 kaum erkennbar, werden aber im folgenden diskutiert.

Sehr kleine Winkel:

- Die Formel Gl.(2.6) divergiert für $\lim \theta \to 0$, d.h. für $\lim b \to \infty$. Die Ursache hierfür ist in den Coulomb–Kräften zu suchen, die wegen ihrer langen Reichweite selbst bei extrem großen Stoßparametern noch zu einer Ablenkung führen. In Wirklichkeit ist der Kern jedoch durch die Hülle der Atomelektronen abgeschirmt, d.h. nach außen neutral, so daß für sehr kleine Streuwinkel die Voraussetzungen für die Herleitung von Gl.(2.6) nicht mehr gegeben sind. Eine Korrektur zu Gl.(2.6) wird in Band II bei der Behandlung der sogenannten Formfaktoren erläutert (Abschn. 8.2.3).

Sehr große Winkel:

- Die räumliche Ausdehnung des Kerns führt bei sehr kleinen Stoßparametern und hinreichend hohen Energien dazu, daß das α–Teilchen in den Kern eindringt und nicht mehr die volle Ablenkung erfährt, da die Coulomb–Kraft F_c zum Inneren des Kerns nach dem Modell einer homogen geladenen Kugel mit r abnimmt (Fig. 2.2). Man mißt also bei großen Winkeln weniger Ereignisse als nach Gl.(2.6) zu erwarten wäre.

---

[1] sr (Steradiant) ist die Bezeichnung für die Einheit des Raumwinkels. 1 sr ist der Raumwinkel, der von einer $1\,\text{m}^2$ großen Fläche in 1 m Abstand vom Ursprung aufgespannt wird (s.Fig. 2.6).

Aus der Abweichung der experimentellen Kurve von der Rutherfordschen Streuformel bei sehr großen Winkeln, d.h. aus der Abweichung gegenüber dem punktförmigen Kern, kann der Kernradius abgeschätzt werden. Ermittelt man den Kernradius für eine große Zahl von Elementen, so ergibt sich der einfache Zusammenhang zwischen dem Radius R und der Massenzahl A der Kerne (Summe der Zahl von Protonen und Neutronen)

$$(2.8) \qquad R = R_0 \sqrt[3]{A} \,, \qquad \begin{aligned} R_0 &= 1,3 \cdot 10^{-15} m = 1,3\ Fermi \,, \\ 1\ Fermi &= 10^{-15} m \,. \end{aligned}$$

Hieraus sehen wir, daß Kerne eine Ausdehnung der Größenordnung von 10^{-14}–10^{-15} m haben.

Es mag verwundern, daß mit Gl.(2.6) auf rein klassischem Wege eine Streuformel gefunden wurde, die mit dem Experiment in bester Übereinstimmung ist. Vom Wellenbild der Teilchen wurde keinerlei Gebrauch gemacht. Die quantenmechanische Behandlung des Problems führt jedoch zu genau der gleichen Streuformel. Diese zufällig anmutende Übereinstimmmung stellt sich allerdings nur bei Potentialen der Gattung 1/r ein.

Die Untersuchung von Kernradien mittels der Rutherford–Streuung beschränkte sich historisch auf die von radioaktiven Quellen stammenden α–Teilchen der Energien zwischen 1 MeV und 5 MeV. Moderne systematische Untersuchungen der Kernstruktur

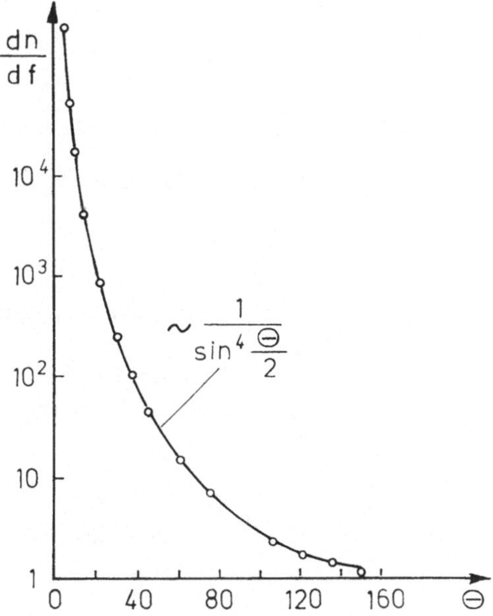

Fig. 2.7: *Graphische Darstellung der Meßergebnisse von Geiger und Marsden für die Rutherford–Streuung von α–Teilchen an einer Goldfolie. Aufgetragen ist die Streurate dn/df als Funktion des Streuwinkels θ. Die ausgezogene Kurve stellt den theoretischen Verlauf für Coulomb–Streuung dar.*

nach dem gleichen Prinzip wurden in den Jahren 1956/57 am Beschleuniger in Stanford mit Elektronen als Sonden bei Energien von 600 MeV durchgeführt (Band II, Abschn. 8.2.3) und führten zum Nobelpreis für den Physiker Robert Hofstadter (1961). Heute wendet man dieses Prinzip auf die Strukturuntersuchung von Elementarteilchen an und benutzt Elektronen oder andere Teilchen als Sonden bei Energien bis zum TeV–Bereich (1 TeV = 10^{12} eV).

Der Trend zu immer höheren Energien versteht sich aus der Tatsache, daß bei kleiner werdenden de Broglie–Wellenlängen der Sondenteilchen die Strukturen der beschossenen Targetteilchen immer besser auflösbar werden. So fand man bei sehr hohen Energien, daß auch die Protonen und Neutronen ihrerseits aus Komponenten bestehen. Beide Teilchen sind jeweils aus drei Quarks aufgebaut (Band II, Abschn. 9.2.2). Die für die Auflösung entscheidende Größe ist hierbei der Impulsübertrag q, der durch Impuls und Streuwinkel gegeben ist.

Die Tab. 2.1 gibt eine Übersicht über auflösbare Teilchenstrukturen im Zusammenhang mit erreichbaren Impulsüberträgen q. Da das Produkt qc die Einheit einer Energie hat, ist der Impulsübertrag in Einheiten von eV/c, MeV/c, GeV/c angegeben.

q	aufzulösende Strukturen	Teilchen	Streuexperiment
$1 - 5\,\mathrm{MeV}/c$	$10^{-14} - 10^{-15}$ m	Atomkern	Rutherford–Streuung
$200\,\mathrm{MeV}/c - 1\,\mathrm{GeV}/c$	$10^{-16} - 10^{-17}$ m	Protonen, Neutronen im Atomkern	Streuung von Elektronen an Kernen, Hofstadter – Experimente
$> 2\,\mathrm{GeV}/c$	$10^{-17} - 10^{-18}$ m	Quarks im Proton und Neutron	Streuung von Elektronen und Neutrinos als Sonden

Tab. 2.1 : *Übersicht über Streuexperimente.*

2.3 Durchgang geladener Teilchen durch Materie

Die Rutherford–Streuung hat uns gelehrt, daß die α–Teilchen gemäß dem $1/\sin^4\theta/2$–Gesetz überwiegend in Vorwärtsrichtung gestreut werden. Eine einfache Rechnung nach Gl.(2.6) zeigt beispielsweise, daß 5 MeV α–Teilchen, die auf eine $1\mu m$ dünne Kupferfolie geschossen werden, zu 99 % eine Winkelablenkung von weniger als $5°$ erleiden. Zusätzlich führt die abschirmende Wirkung der Elektronenhüllen gegenüber dem Einfluß des Coulomb–Feldes der Kerne dazu, daß α–Teilchen mit großen Stoßparametern nur unmerklich abgelenkt werden. Natürlich kommen auch Stöße der α–Teilchen mit Hüllenelektronen vor, aber diese verursachen nach den Überlegungen in Abschn. 2.2.1 praktisch keine Richtungsänderungen der α–Teilchen. Man kann also sagen, daß die α–Teilchen, von wenigen Fällen abgesehen, im wesentlichen in Vorwärtsrichtung weiterfliegen.

Bei der Herleitung der Streuformel Gl.(2.6) für den Wirkungsquerschnitt gingen wir von sehr geringen Schichtdicken der streuenden Substanz aus, um die Voraussetzung sicherzustellen, daß ein α–Teilchen nur eine einzige Streuung erleidet. Wir wollen in diesem Abschnitt den Fall untersuchen, bei dem die α–Teilchen erheblich dickere Schichten durchqueren. Wir können dieses Problem auch auf andere geladene Teilchen verallgemeinern, deren Masse viel größer ist als die Elektronenmasse. Wir lassen also zu, daß die Teilchen mehrere Male oder sogar in großer Zahl hintereinander Streuungen erleiden. Da die Teilchen bei jeder Streuung mit sehr hoher Wahrscheinlichkeit nur sehr kleine Ablenkungen von ihrer Flugrichtung erfahren, und diese Richtungsänderungen unabhängig voneinander sind, wird im statistischen Mittel insgesamt nur eine sehr geringe Abweichung von der Bahn erfolgen. Dies ist einleuchtend, denn die Abstände der Atomkerne voneinander in Materie sind etwa um den Faktor 10^3 größer als die Stoßparameter, unter denen die Rutherford–Streuung merkliche Ablenkungen hervorbringt. Das bedeutet, daß die Teilchen in den meisten Fällen ohne wesentliche Richtungsänderungen durch den Verband der Atomhüllen fliegen. Ist die Zahl der durchquerten Atomschichten allerdings sehr groß, so kann man die insgesamt resultierende Ablenkung von der Bahn nicht mehr vernachlässigen. Man spricht in diesem Fall von Vielfachstreuung (Abschn. 2.3.2).

Von dieser Vorstellung her ist es verständlich, daß ein Teilchen viel häufiger Wechselwirkungen mit den Elektronen der Atomhüllen als mit den Kernen eingeht, denn jeder Kern der Ordnungszahl Z ist mit Z Elektronen umgeben. Gehen wir davon aus, daß das Teilchen eine Energie der Größenordnung MeV hat, so sind vergleichsweise die Bindungsenergien der Elektronen an ihre Atome sehr viel kleiner. Ein durch die Materie fliegendes geladenes Teilchen ist demnach in der Lage, durch die Wirkung seines Coulomb–Feldes Elektronen in der Umgebung seiner Bahn aus den Atomen herauszustoßen oder im Fall nur geringer Energieüberträge die Atome in höhere Energiezustände anzuregen. Natürlich kann diese Ionisation und Anregung nur auf Kosten der kinetischen Energie des Teilchens gehen, so daß das Teilchen dauernd Energie verliert, gegebenenfalls so lange, bis es zur Ruhe gekommen ist.

Vergleichen wir das Verhalten eines schweren geladenen Teilchens beim Durchgang

durch eine Materieschicht mit dem Einzelvorgang der Rutherford–Streuung, so läßt sich
als Charakteristikum festhalten, daß das Teilchen in der Materie durch die Wechselwirkung mit vielen Elektronen ständig Energie abgibt, aber seine Flugrichtung im wesentlichen beibehält. Im Falle einer einzelnen Streuung am Kern kann das Teilchen aber
— wenn auch sehr selten — eine merkliche Ablenkung aus seiner Bahn erfahren, wird
jedoch seine momentane kinetische Energie beibehalten, sieht man von der geringfügigen Schwerpunktsbewegung ab. Dieses Verhalten trifft allerdings nicht mehr zu, wenn
Elektronen als Geschosse verwendet werden. Bei der Wechselwirkung von Elektronen
mit den Elektronen der Materie können wegen der gleichen Masse beider Stoßpartner
sehr wohl bei jedem Stoßprozeß erhebliche Streuwinkel auftreten. Wir behandeln diesen
Fall jedoch nicht, sondern betrachten nur den Durchgang von schweren Teilchen durch
Materie. In den folgenden beiden Abschnitten werden die beiden Prozesse, der Energieverlust schwerer geladener Teilchen durch Wechselwirkung mit Hüllenelektronen und
die Vielfachstreuung infolge Coulomb–Wechselwirkung mit den Kernen, im einzelnen
diskutiert.

2.3.1 Der spezifische Energieverlust geladener Teilchen

Der Energieverlust schwerer geladener Teilchen in Materie ist ein vielfältiger statistischer Prozeß, dessen genaue rechnerische Behandlung wegen der Berücksichtigung quantenmechanischer Effekte sehr kompliziert ist. Ein wesentlicher Teil der Charakteristik
läßt sich jedoch mit klassischen Mitteln richtig beschreiben.

Das Ziel der Betrachtung ist die Herleitung des Energieverlustes pro Weglängenein-
heit durchquerter Materie $-dE/dx$. Diese Größe wird als **spezifischer Energieverlust** bezeichnet und hängt sowohl von den Merkmalen der durchfliegenden Teilchen als
auch von den Eigenschaften der Materie ab.

Wir betrachten ein Elektron eines Atoms, das durch den Vorbeiflug eines geladenen
Teilchens von seinem Ort weggestoßen wird. Folgende Bezeichnungen werden verwendet:

- Schweres Teilchen: Masse M, Geschwindigkeit v, Ladung ze

- Elektron: Masse m, Impuls $\vec{p}$, kinetische Energie T, Ladung e, Stoßparameter b

- Materie: Ordnungszahl Z, Zahl der $Atome/m^3$ N

Auf das Elektron wirkt die Coulomb–Kraft des Teilchens (Fig. 2.8)

$$\vec{F}_c(t) = \frac{1}{4\pi\epsilon_0}\frac{ze^2}{r^2}\frac{\vec{r}}{r} = \frac{1}{4\pi\epsilon_0}\frac{ze^2}{b^2}\cos^2\alpha(t)\frac{\vec{r}}{r}.$$

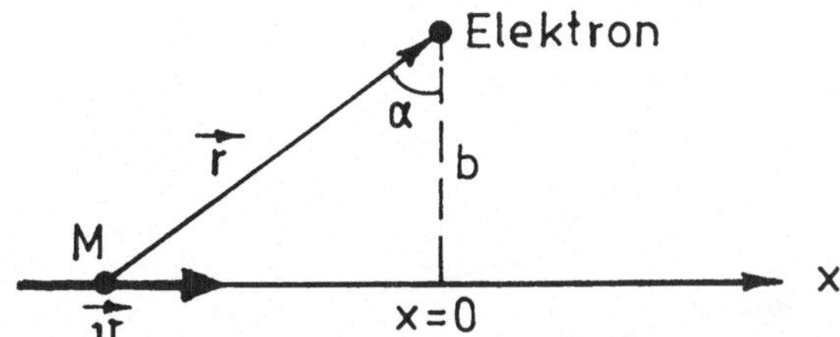

Fig. 2.8: *Bahn eines schweren geladenen Teilchens.*

Das Teilchen überträgt dem Elektron den Impuls

$$\vec{p} = \int_{-\infty}^{\infty} \vec{F}_c(t)\, dt.$$

Anstatt den veränderlichen Winkel $\alpha(t)$ zu ermitteln und über die Zeit t zu integrieren, ist es einfacher, den Winkel α als Integrationsvariable zu wählen.

Es ist $t = x/v = (b/v)\tan\alpha$. Hierbei wird v als konstant angenommen. Diese Annahme ist gerechtfertigt, da der Energieverlust des schweren Teilchens bei einem Einzelstoß vernachlässigbar klein ist gegenüber der Energie des Teilchens. Somit ist

$$dt = \frac{b}{v}\frac{1}{\cos^2\alpha}\, d\alpha.$$

Die Komponente des übertragenen Impulses längs der Teilchenbahn ist offensichtlich

$$p_\perp = \frac{1}{4\pi\epsilon_0}\frac{ze^2}{bv}\int_{-\pi/2}^{\pi/2}\sin\alpha\, d\alpha = 0.$$

Die Impulskomponente senkrecht zur Bahn des Teilchens ergibt sich zu

$$p_y = \frac{1}{4\pi\epsilon_0}\frac{ze^2}{bv}\int_{-\pi/2}^{\pi/2}\cos\alpha\, d\alpha = \frac{1}{4\pi\epsilon_0}\frac{2ze^2}{bv}.$$

Das weggestoßene Elektron hat demnach die kinetische Energie

$$(2.9)\qquad T = \frac{p^2}{2m} = \left(\frac{1}{4\pi\epsilon_0}\right)^2\frac{2z^2e^4}{b^2v^2m}.$$

Um die Wirkung vieler Stöße zu erfassen, denkt man sich die Teilchenbahn von einem Stoßparameterschlauch vom Radius b und der Dicke db umgeben (Fig. 2.9). Das Volumen dieses Schlauchmantels der Länge dx enthält offensichtlich $NZ2\pi b\, db\, dx$ Elektronen, von denen jedes einzelne die Energie T übertragen bekommt. Der Anteil des Energieverlustes des Teilchens zum Stoßparameters b ist daher

$$-dE = TNZ2\pi b\, db\, dx.$$

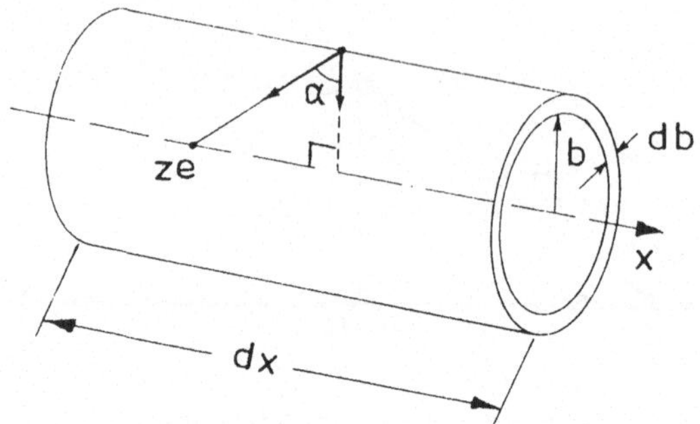

Fig. 2.9: *Impulsübertrag auf ein Elektron durch ein schweres geladenes Teilchen.*

Zum gesamten spezifischen Energieverlust $-dE/dx$ gelangt man durch Integration über alle Stoßparameter

$$-\frac{dE}{dx} = \int_{b_{min}}^{b_{max}} T N Z 2\pi b\, db$$

$$= \Big(\frac{1}{4\pi\epsilon_0}\Big)^2 \frac{4\pi N Z z^2 e^4}{mv^2} \int_{b_{min}}^{b_{max}} \frac{1}{b}\, db\ ,$$

$$(2.10) \qquad -\frac{dE}{dx} = \Big(\frac{1}{4\pi\epsilon_0}\Big)^2 \frac{4\pi N Z z^2 e^4}{mv^2} \ln\frac{b_{max}}{b_{min}}\ .$$

Hierbei wurde Gl.(2.9) verwendet und als Integrationsgrenzen der maximale bzw. minimale Stoßparameter eingesetzt. b_{max} ist so zu verstehen, daß das Coulomb–Feld des Teilchens in Abständen von seiner Bahn, die größer sind als b_{max}, keine Anregungen von Atomen mehr zu leisten vermag. b_{min} muß von Null verschieden sein, damit Gl.(2.10) nicht divergiert.

Die komplizierte, genaue quantenmechanische Näherungsrechnung von Hans Bethe (1930) und Felix Bloch (1933) liefert die verbesserte Version von Gl.(2.10)

$$(2.11) \qquad \boxed{\ -\frac{dE}{dx} = \Big(\frac{1}{4\pi\epsilon_0}\Big)^2 \frac{4\pi N Z z^2 e^4}{mv^2} \Big(\ln\frac{2mv^2\gamma^2}{\bar{I}} - \frac{v^2}{c^2}\Big)\ }\qquad \text{Bethe–Bloch–Gleichung .}$$

Hierbei ist γ der Lorentz–Faktor $\gamma = 1/\sqrt{1 - v^2/c^2}$. $\bar{I}$ bezeichnet man als mittleres Anregungspotential, eine Materialgröße, die durch Vergleich der experimentellen Daten mit Gl.(2.11) gewonnen wird.

Als wichtigste Merkmale von Gl.(2.11) wollen wir festhalten :

- Der spezifische Energieverlust fällt im wesentlichen Teil seines Verlaufes mit $1/v^2$ ab.

- Er ist unabhängig von der Masse M des Teilchens und hängt nur von dessen Ladung z und seiner Geschwindigkeit v ab. Langsame Teilchen verlieren also mehr Energie als schnelle. Ein Teilchen, das bereits einen großen Teil seiner Energie auf seinem Weg verloren hat, wird immer stärker gebremst und auf dem Rest seiner Bahn schnell gestoppt.

- Der spezifische Energieverlust ist proportional zur Elektronendichte NZ des Materials.

- Erreicht die Geschwindigkeit des Teilchens die Größenordnung der Lichtgeschwindigkeit, so steigt $-dE/dx$ wieder langsam mit der Energie an. Man nennt diesen Teil des Verlaufs den relativistischen Wiederanstieg. Maßgebend für dieses Verhalten ist der logarithmische Term in Gl.(2.11).

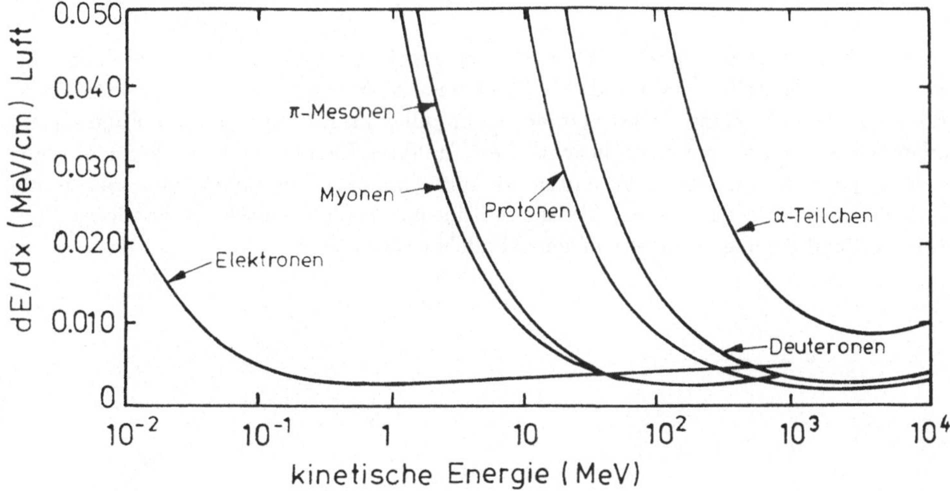

Fig. 2.10: *Spezifischer Energieverlust einiger Teilchen in Luft.*

Fig. 2.10 gibt den wesentlichen Teil des Verlaufs von $-dE/dx$ für eine Reihe geladener Teilchen in Luft wieder. Als unabhängige Variable ist die kinetische Energie aufgetragen, die man in Gl.(2.11) an Stelle der Geschwindigkeit einführen kann. Man erhält dann, wie in Fig. 2.10 gezeigt ist, verschiedene Kurven für verschiedene Massen der Teilchen. Würde man die Geschwindigkeit v als unabhängige Variable wählen, so ergäbe sich nach Gl.(2.11) nur eine einzige Kurve unabhängig von der Masse des durchfliegenden Teilchens.

Wie man aus der Abbildung erkennt, erreicht der spezifische Energieverlust für jedes Teilchen sein Minimum bei kinetischen Energien von der Größenordnung der Ruheenergie des jeweiligen Teilchens.

Die Bethe–Bloch–Gleichung hat große Bedeutung bei der Energiespektroskopie sowie bei der Identifikation von Teilchen in der Kern- und Teilchenphysik. Bei Kern-

oder Teilchenreaktionen treten nach der Reaktion häufig sekundäre Teilchen auf, die vor der Reaktion nicht vorhanden waren. Die Analyse solcher Reaktionen erfordert aber den Aufschluß über die Natur der sekundären Teilchen und in der Regel auch die Messung ihrer Energie. Wie man aus Fig. 2.10 erkennt, lassen sich in vielen Fällen leichte und schwere Teilchen bereits durch ihren unterschiedlichen spezifischen Energieverlust voneinander unterscheiden. Denn für den Verlauf der $1/v^2$-Abhängigkeit ist dE/dx für schwere Teilchen bei gleicher Energie um vieles größer als für leichte Teilchen. Sind die Massen der Teilchen bekannt, so genügt eine dE/dx-Messung, um nach Gl.(2.11) ihre Energie zu ermitteln. In der Regel kann man hierbei davon ausgehen, daß die Teilchen — ausgenommen das α-Teilchen — einfach geladen sind. Ist die Natur eines Teilchens nicht bekannt, so läßt sich zum Beispiel aus der Krümmung der Teilchenbahn in einem Magnetfeld der Impuls, sowie das Vorzeichen der Ladung bestimmen und zusammen mit der Messung von $-dE/dx$ seine Masse ermitteln, womit das Teilchen identifiziert ist.

In Fig. 2.10 ist die spezifische Ionisierung nicht nur für schwere Teilchen, sondern auch für leichte Teilchen wie z.B. für Elektronen aufgetragen. Obwohl Elektronen als Projektile beim Stoß mit Elektronen der Atomhüllen im Einzelprozeß ihre Flugrichtung erheblich verändern und einen beachtlichen Teil ihrer Energie einbüßen können, ergibt sich im gesamtstatistischen Verhalten ein sehr ähnlicher Verlauf für den spezifischen Energieverlust wie für schwere Teilchen. Die quantenmechanische Behandlung führt entsprechend zu einer Formel von sehr ähnlicher Struktur wie Gl.(2.11).

2.3.2 Die Vielfachstreuung

Durchquert ein geladenes Teilchen eine relativ dicke Materialschicht, so wird es sehr viele Streuungen an den Coulomb–Feldern der Kerne erleiden. Wie bereits zu Beginn des Abschnitts 2.3 erläutert wurde, kann in diesem Fall die insgesamt resultierende Richtungsänderung der Flugbahn nicht mehr vernachlässigt werden. Man nennt diesen Vorgang Vielfachstreuung. Gemäß der Rutherford–Streuformel Gl.(2.6) werden im einzelnen Streuakt sehr kleine Streuwinkel am häufigsten vorkommen, größere dagegen seltener. Das statistische Zusammenwirken aller Streuungen wirkt sich jedoch dahingehend aus, daß ein anfangs eng gebündelter Teilchenstrahl nach dem Austritt aus dem Material ein aufgeweitetes, um die Strahlachse rotationssymmetrisches Strahlprofil aufweist, charakterisiert durch einen mittleren Streuwinkel $< \theta >$ bzw. einen mittleren quadratischen Streuwinkel $< \theta^2 >$ der Vielfachstreuung (Fig. 2.11). Wir lassen bei dieser Betrachtung den Energieverlust durch Wechselwirkung mit den Hüllenelektronen außer acht und konzentrieren uns nur auf die Streuung an den Atomkernen.

Betrachten wir gemäß Fig. 2.12a eine y–z–Ebene senkrecht zu dem in x–Richtung einlaufenden Strahl. Die Ablenkung eines Strahlteilchens gegenüber der x–Richtung

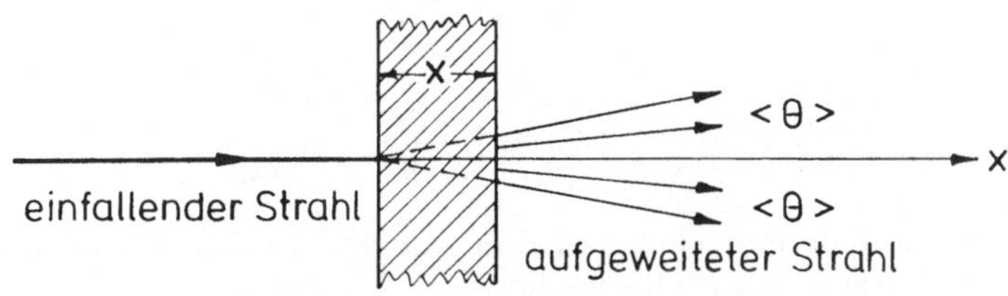

Fig. 2.11: *Vielfachstreuung.*

durch den ersten Streuakt sei θ_1. Beschränken wir uns auf sehr kleine Ablenkwinkel, so ist die Projektion des in Ablenkungsrichtung definierten Einheitsvektors $\vec{e_1}$ auf die y-z-Ebene gegeben durch $\vec{\theta_1}$, und es ist $|\vec{\theta_1}| = \theta_1$. Die Komponente von $|\vec{\theta_1}|$ in y- bzw. z-Richtung ist dann $\theta_y = \theta_1 \cos\phi_1$ bzw. $\theta_z = \theta_1 \sin\phi_1$, wenn ϕ_1 der in Fig. 2.12a definierte Winkel in der y-z-Ebene ist. Die Größen θ_y bzw. θ_z stellen die Projektion des Streuwinkels θ_1 auf die x-y- bzw. x-z-Ebene dar. Weil die Rutherford–Streuformel Gl. (2.6) nicht vom Azimutwinkel ϕ um die Einfallsrichtung abhängt, liegt der Vektor $\vec{e_1}$ mit gleicher Wahrscheinlichkeit irgendwo auf dem Kegelmantel in Fig. 2.12a.

Nach dem ersten Streuakt erfolgt die zweite Streuung um den Winkel θ_2 gegenüber der Richtung von $\vec{e_1}$. In Fig. 2.12b ist $\vec{\theta_2}$ entsprechend die Projektion des zugehörigen Einheitsvektors $\vec{e_2}$ auf die y-z-Ebene. Weil wir uns auf sehr kleine Streuwinkel beschränken, liegt $\vec{\theta_2}$ näherungsweise auf einem Kreis um die Spitze des Vektors $\vec{\theta_1}$. Für den gesamten Streuwinkel können wir $\vec{\theta_g} = \vec{\theta_1} + \vec{\theta_2}$ schreiben und es ist $\theta_g^2 = \theta_1^2 + \theta_2^2 - 2\theta_1\theta_2 \cos\phi_2$, wobei ϕ_2 der Azimutwinkel der zweiten Streuung ist. Da der Winkel ϕ_2 zwischen 0 und 2π gleichwahrscheinlich auftritt, gilt gemittelt $<\theta_g^2> = \theta_1^2 + \theta_2^2$. Dieser Sachverhalt kann sofort auf viele Streuungen um sehr kleine Winkel verallgemeinert werden. Die Gesamtstreuung an allen im Target beitragenden Kernen ist gegeben durch

$$\vec{\theta}_{\mathrm{ges}} = \sum \vec{\theta_i} \quad \text{bzw. für den Mittelwert} \quad <\theta^2> = \sum \theta_i^2 \, .$$

Im folgenden wollen wir den Mittelwert $<\theta^2>$ bestimmen. Wir greifen dazu auf den einzelnen Streuakt zurück und benutzen den Zusammenhang zwischen dem Stoßparameter b und dem Streuwinkel θ in Gl.(2.4), ersetzen aber $\tan\theta/2$ für kleine Streuwinkel durch $\theta/2$

$$(2.12) \qquad\qquad \theta \approx \frac{1}{4\pi\epsilon_0} \frac{2Zze^2}{vpb} \, .$$

Wir verwenden wiederum Fig. 2.9. Auf der Flugstrecke x des Strahlteilchens haben wir $2\pi N x b \, db$ Kerne mit dem Stoßparameter zwischen b und $b + db$, die mit dem Teilchen in Wechselwirkung treten und die Ablenkung verursachen. N ist die Zahl der Kerne pro

Volumen des Materials. Wir erhalten $< \theta^2 >$ durch Aufsummieren der Beiträge aller Kerne, d.h. mit Gl.(2.12) durch Integration über alle Stoßparameter

$$< \theta^2 > \;=\; \left(\frac{1}{4\pi\epsilon_0}\right)^2 2\pi N x \left(\frac{2zZe^2}{vp}\right)^2 \int_{b_{min}}^{b_{max}} \frac{1}{b^2} b\, db$$

$$=\; \left(\frac{1}{4\pi\epsilon_0}\right)^2 2\pi N x \left(\frac{2zZe^2}{vp}\right)^2 \ln \frac{b_{max}}{b_{min}} \;.$$

Die Aufweitung des Teilchenstrahls nach dem Austritt aus dem Material nimmt also mit wachsender Teilchenenergie ab. Zu beachten ist, daß die Ladung des Teilchens sowie die Ordnungszahl des Materials ebenfalls von Einfluß sind.

Im Grenzwert hoher Energien läßt sich die letzte Gleichung zu einer in der Praxis üblichen Formel nähern

$$< \theta^2 > \approx \frac{z^2 Z^2}{v^2 p^2} \cdot \frac{x}{x_0} \cdot (21[\mathrm{MeV}])^2 \;.$$

Somit ist

$$\sqrt{< \theta^2 >} = \frac{zZ}{vp} \cdot \sqrt{\frac{x}{x_0}} \cdot 21[\mathrm{MeV}].$$

Hierbei wird die Dicke x der Materie in Einheiten der sogenannten Strahlungslänge x_0 angegeben. Die Strahlungslänge bezieht sich auf den Durchgang von Elektronen durch Materie und bedeutet diejenige Strecke, die ein hochrelativistisches Elektron im Material zurücklegt, bis seine kinetische Energie durch Bremsstrahlungsverluste (Abschn. 6.3.4) auf den e–ten Teil abgesunken ist. Die zugeschnittene Größengleichung für $\sqrt{< \theta^2 >}$ ist so zu verstehen, daß das Produkt vp in Einheiten von MeV einzusetzen ist.

Im nächsten Schritt berechnen wir die Wahrscheinlichkeitsverteilung der Gesamtstreuung θ, die sogenannte Dichtefunktion $P(\theta)$. Dazu ermitteln wir zuerst die entsprechenden Verteilungen $P(\theta_y)$ bzw. $P(\theta_z)$ für die Projektion der Gesamtstreuung auf die x-y- bzw. x-z-Ebene (Fig. 2.12a). Infolge der verschiedenen θ- und der gleichverteilt auftretenden ϕ-Winkel können sich die einzelnen positiven und negativen θ_y- bzw. θ_z-Werte bei der Aufsummierung wegheben. Das hat zur Folge, daß für die Vielfachstreuung die zugehörigen Mittelwerte verschwinden

$$< \theta_y >=< \theta_z >= 0.$$

Natürlich gibt es viele Streuungen mit von Null verschiedenen θ_y- bzw. θ_z-Werten. Sie sind statistisch verteilt, wobei die Verteilung um den Mittelwert durch die Varianz σ^2 angegeben wird, die folgendermaßen definiert ist

$$\sigma_y^2 =< \theta_y^2 > - < \theta_y >^2 =< \theta_y^2 >,$$

$$\sigma_z^2 =< \theta_z^2 > - < \theta_z >^2 =< \theta_z^2 > \;.$$

$< \theta_y^2 >$ und $< \theta_z^2 >$ sind die Mittelwerte von θ_y^2 und θ_z^2. Da die Mittelung über $\sin^2 \phi$ bzw. $\cos^2 \phi$ jeweils den Wert $1/2$ ergibt, ist

$$< \theta_y^2 >=< \theta_z^2 >= \frac{1}{2} < \theta^2 > .$$

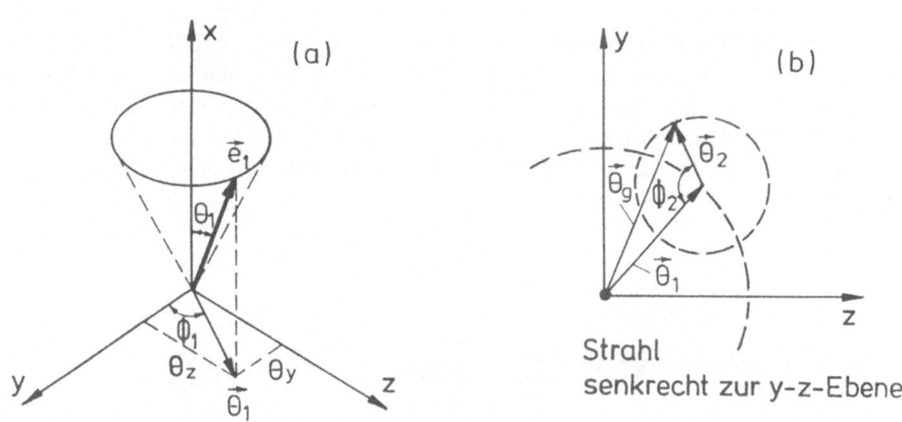

Fig. 2.12: *a) Erster Prozeß bei der Vielfachstreuung. b) Projektion der ersten beiden Streuungen auf die y-z-Ebene.*

Die Verteilungen der bei der Vielfachstreuung auftretenden Größen θ_y bzw. θ_z mit den angegebenen Mittelwerten und Varianzen sind infolge der vielen Wiederholungen von gleichartigen Streuungen jeweils Gauß–Verteilungen (zentraler Grenzwertsatz der Statistik) von folgender Gestalt

$$P(\theta_y)d\theta_y = \frac{1}{\sqrt{2\pi < \theta_y^2 >}} \exp\left(-\frac{\theta_y^2}{2 < \theta_y^2 >} \right) d\theta_y,$$

$$P(\theta_z)d\theta_z = \frac{1}{\sqrt{2\pi < \theta_z^2 >}} \exp\left(-\frac{\theta_z^2}{2 < \theta_z^2 >} \right) d\theta_z .$$

Da die beiden Verteilungen $P(\theta_y)$ und $P(\theta_z)$ voneinander unabhängig sind, ist die Wahrscheinlichkeit für eine resultierende Ablenkung des Teilchens um den Winkel im Bereich zwischen θ und $\theta + d\theta$ gleich dem Produkt beider Verteilungen und ergibt schließlich

$$(2.13) \qquad P(\theta)d\theta = \frac{2\theta}{< \theta^2 >} \exp\left(-\frac{\theta^2}{< \theta^2 >} \right) d\theta .$$

Hierbei wurde das Flächenelement $d\theta_y d\theta_z$ wegen der Rotationssymmetrie des Problems durch $2\pi\theta d\theta$ ersetzt. Gl.(2.13) besagt, daß die Teilchen stets eine von Null verschiedene Ablenkung erfahren. Wie man leicht nachrechnet, liegt der wahrscheinlichste Ablenkwinkel bei $\theta_w = \sqrt{< \theta^2 > /2}$ und der Mittelwert von θ bei $< \theta >= \sqrt{< \theta^2 >}\sqrt{\pi}/2$.

2.4 Atomspektren

2.4.1 Das Erscheinungsbild der Spektren

In Abschn. 1.1.2 wurde die Strahlungsintensität von Festkörpern behandelt, die für den Idealfall des schwarzen Körpers im thermodynamischen Gleichgewicht mit der Umgebung durch die Plancksche Strahlungsformel beschrieben wird (Gl.(1.4)). Ein besonderes Merkmal dieser Schwarzkörperstrahlung ist der kontinuierliche Charakter des Intensitätsverlaufes. Im Gegensatz dazu steht der diskrete Charakter des von freien Atomen oder Molekülen ausgesandten Lichts. In vielen Fällen hat das Licht atomarer Gase eine ganz charakteristische Färbung wie z.B. das tiefe Rot eines Wasserstoffgasentladungsrohres.

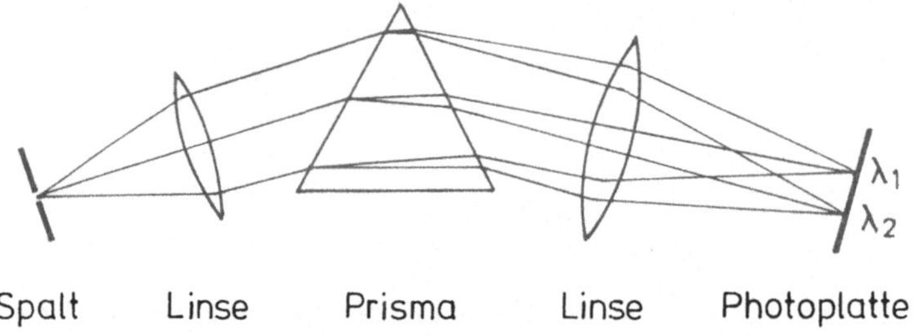

Fig. 2.13: *Prismenspektrometer.*

Die experimentelle Anordnung für die Spektralanalyse atomarer Gase ist denkbar einfach. Verdünntes Gas wird in einem abgeschlossenen Glaskolben mittels eingeführter Elektroden zur Entladung gebracht. Durch Elektronenstoß werden die Gasatome energetisch angeregt und geben Licht ab. Das Licht wird in einem üblichen Spektroskop analysiert. Für einfache Untersuchungen genügen Prismenspektrometer (Fig. 2.13), für höhere Auflösungen müssen Gitter oder Interferometer verwendet werden. Es zeigt sich, daß die Intensität in Abhängigkeit von der Wellenlänge einzelne, mehr oder weniger dicht beieinander liegende Linien aufweist fast ohne jegliches Kontinuum. Die Struktur dieses Emissionslinienspektrums ist für jede Atomart charakteristisch. In Fig. 2.14 sind als Beispiel Ausschnitte aus Emissionslinienspektren von Wasserstoff, Helium und Quecksilberdampf gezeigt.

Die Spektroskopie hat große technische Bedeutung bei der Untersuchung der Zusammensetzung von Gasgemischen oder von verdampfenden Substanzen. Die Gaschromatographie nutzt z.B. diese Möglichkeiten aus. Auch die Spektralanalyse des Lichts ferner Sterne läßt auf die Art und Häufigkeit vorkommender Elemente schließen.

Die Molekülspektren sind gegenüber Atomspektren erheblich komplizierter. Sie bestehen aus einer großen Zahl von Gruppen sehr dicht beieinander liegender Linien vorwiegend im sichtbaren Bereich. Man spricht von Bandenspektren (Fig. 2.15). Ursache und Entstehung der Bandenspektren werden in Band II, Abschn. 7.3, behandelt.

Zu den Emissionsspektren von Atomen zeigen die Absorptionsspektren des gleichen Elements eine direkte Verwandschaft. Man erhält sie, indem man in den Strahlengang

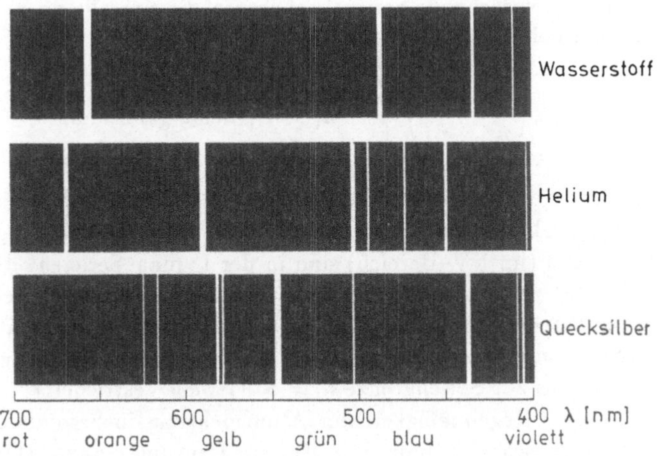

Fig. 2.14: *Emissionslinienspektren von Atomen.*

von weißem Licht, d.h. von einem kontinuierlichen Spektrum, einen Glaskolben mit
dem zu untersuchenden Gas einbringt. Im Spektrum des austretenden Lichts beobachtet man scharfe Unterbrechungen des Kontinuums. Es zeigt sich, daß die Wellenlängen
dieser dunklen Linien genau mit einzelnen Wellenlängen des Emissionsspektrums übereinstimmen. Allerdings werden erheblich weniger Absorptionslinien beobachtet, als
es Emissionslinien gibt (Fig. 2.16). Ein bekanntes Beispiel für Absorptionslinien sind
die Fraunhoferschen Linien im Sonnenspektrum, die infolge der Absorption des Sonnenlichts durch die Elemente der umgebenden Sonnenhülle auf der Erde beobachtet
werden.

Die Eigenschaften diskreter Spektren leuchtender Gase wurden bereits im vorigen
Jahrhundert beobachtet. Die im sichtbaren Bereich ausgemessenen Wellenlängen λ der
Spektrallinien des Wasserstoffatoms wurden von Johann Jakob Balmer im Jahr 1885
durch seine bekannte, empirisch gewonnene Balmer–Formel richtig beschrieben

$$(2.14) \qquad \frac{1}{\lambda} = R \cdot \left(\frac{1}{2^2} - \frac{1}{n^2} \right) \qquad n = 3, 4, 5 \ldots \text{ ganzzahlig} ,$$

$$R = 1,097 \cdot 10^7 m^{-1} \quad \text{Rydberg–Konstante.}$$

Die Spektrallinien werden nach den Parameterwerten $n = 3, 4 \ldots$ jeweils mit H_α,
H_β, $H_\gamma \ldots$ bezeichnet (Balmer–Serie). In anderen Wellenlängenbereichen wurden für

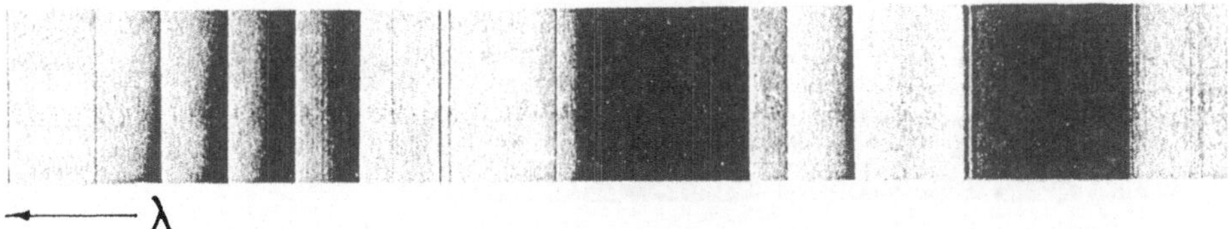

Fig. 2.15: *Bandenspektrum des Jodmoleküls (J_2).*

das Wasserstoffatom entsprechende Serien beobachtet, die sich alle durch eine verallgemeinerte Balmer–Formel beschreiben lassen

$$(2.15) \qquad \boxed{\frac{1}{\lambda} = R \left(\frac{1}{n_j^2} - \frac{1}{n_i^2} \right)} \qquad n_i > n_j, \text{ beide ganzzahlig .}$$

In Fig. 2.17 sind die Spektrallinien der Serien des Wasserstoffatoms für $n_j = 1$ bis $n_j = 5$ entlang der in Wellenlängen ausgedrückten Energieskala eingetragen. Die kürzesten Wellenlängen (im UV–Bereich) sind in der Lyman–Serie ($n_j = 1$) zu finden. Die drei Serien zu $n_j = 3, 4$ und 5 (Paschen-, Brackett- und Pfund–Serie) liegen im Infraroten und überlappen sich gegenseitig. Innerhalb jeder Serie beginnt der jeweilige Parameter n_i mit $n_i = n_j + 1$ und kennzeichnet die Emissionslinien in Fig. 2.17 jeweils von oben nach unten bis zur Seriengrenze $n_i = \infty$ (jeweils gestrichelt).

Die bemerkenswerte Regelmäßigkeit der Atomspektren, insbesondere des Wasserstoffspektrums, forderte schon früh die Physiker zur Deutung heraus. Der erste Durchbruch gelang Niels Bohr 1913 mit seinem Atommodell, einer konsequenten Weiterentwicklung des Rutherfordschen Atommodells. Es wird in Abschnitt 2.5 genauer diskutiert.

2.4.2   Experimentelle Methoden

Die experimentellen Methoden sind diejenigen der optischen Spektroskopie, wie bereits in Abschn. 2.4.1 vom Prinzip her erläutert wurde. Man muß allerdings in den verschiedenen Wellenlängenbereichen je nach den optischen Eigenschaften unterschiedliche Meßgeräte einsetzen. Die detaillierte Besprechung der optischen Instrumente ist Gegenstand des Gebietes der Optik. Wir wollen uns hier nur auf eine kurze Übersicht unter Angabe der wichtigsten Instrumente beschränken.

Die Messung der Linien geschieht im sichtbaren Bereich $400nm < \lambda < 700nm$ (beim H- Atom die Balmer–Serie) im einfachsten Fall mit Prismen – oder Gitterspektrometern, heute allgemein Monochromatoren genannt. Beim Prismenspektrometer nutzt man die Dispersion des Lichts in einem Prisma aus. Mit der Auflösung kommt man

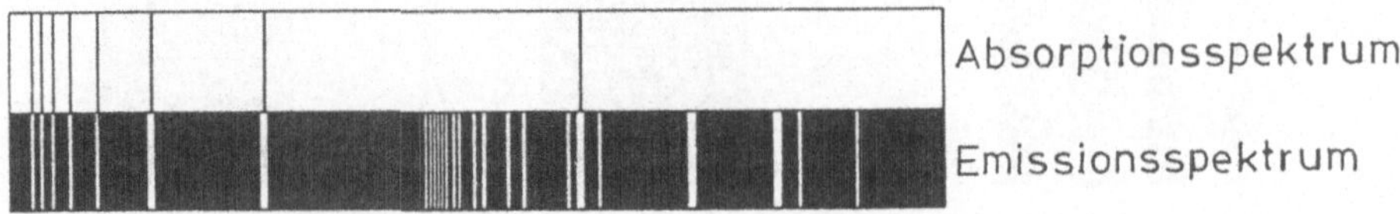

Fig. 2.16: *Emissions– und Absorptionsspektrum von Natriumdampf.*

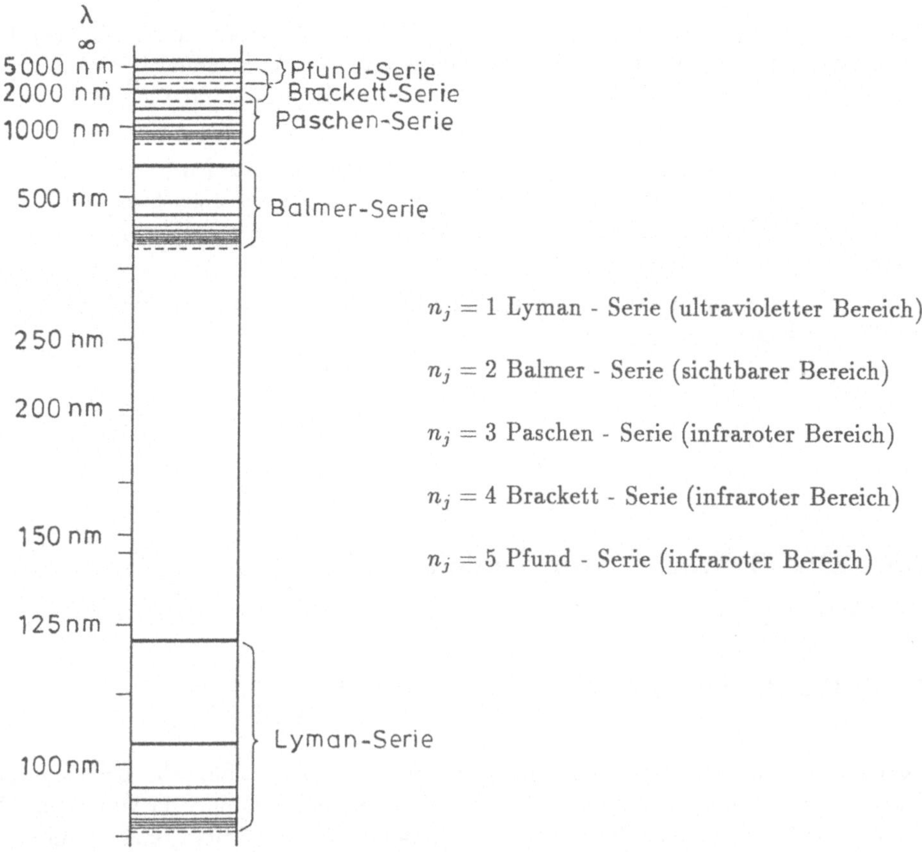

$n_j = 1$ Lyman - Serie (ultravioletter Bereich)

$n_j = 2$ Balmer - Serie (sichtbarer Bereich)

$n_j = 3$ Paschen - Serie (infraroter Bereich)

$n_j = 4$ Brackett - Serie (infraroter Bereich)

$n_j = 5$ Pfund - Serie (infraroter Bereich)

Fig. 2.17: *Spektrallinien des Wasserstoffatoms.*

zwar kaum über $\lambda/\Delta\lambda = 10^4$ hinaus. Bessere Auflösung ($\lambda/\Delta\lambda \approx 10^5$) erreicht man mit dem Gitterspektrometer. Hierbei wird die unterschiedliche Beugung von Licht verschiedener Wellenlänge genutzt. Die Auflösung hängt von der Ordnung des Interferenzbildes und von der Gesamtzahl der Gitterstriche ab. Um feinere Strukturen aufzulösen, muß man auf Interferometer zurückgreifen, bei denen ein möglichst großer Gangunterschied zweier Teilstrahlen zu Auflösungen bis zu $\lambda/\Delta\lambda \approx 10^7$ führt. Genannt seien hier das Michelson–Interferometer, das Fabry–Perot–Interferometer oder die Lummer–Gehrcke–Platte. Die Registrierung im sichtbaren Bereich geschieht in der Regel photographisch oder photoelektrisch.

Im ultravioletten Bereich $\lambda < 400nm$ (beim H-Atom die Lyman–Serie) verwendet man ebenfalls Gitter, meist jedoch in Reflexion. Man muß allerdings mit Quarzlinsen arbeiten, da normales Glas das UV-Licht absorbiert. Registriert wird mit Photoplatten, heutzutage mit Photodioden. Bei kleinen Wellenlängen bedient man sich des Rowlandschen Konkavgitters, ein Reflexionsgitter, durch dessen Wölbung die erforderliche Fokussierung ohne Verwendung von Linsen erreicht wird. Zur Vermeidung der Absorption in Luft betreibt man häufig die gesamte Apparatur im Hochvakuum. Die Registrierung geschieht photoelektrisch.

Im infraroten Bereich, $\lambda > 700nm$ (beim H-Atom die Paschen-, Brackett- und Pfundserie), verwendet man die gleichen Spektrometertypen wie im sichtbaren Bereich. Die Registrierung geschieht auf photoelektrischem Wege, aber auch mit infrarot sensibilisierten Photoschichten.

Zur genaueren Information über optische Instrumente für die Spektroskopie wird auf die einschlägige Literatur verwiesen.

2.5 Das Bohrsche Atommodell

2.5.1 Das Bohrsche Atommodell des Wasserstoffatoms

Dem Rutherfordschen Atommodell liegt eine positiv geladene, auf sehr kleinen Raum konzentrierte Kernmasse zugrunde, in welchem sich die Elektronen im jeweiligen Abstand r_i auf Kreisbahnen bewegen. Der Vergleich mit der Bewegung in unserem Planetensystem liegt nahe, zumal sich hier wie dort die Massen in einem Potential der Abhängigkeit $1/r$ bewegen. Eine Beschränkung hinsichtlich des Abstandes r besteht nicht. Im einfachsten Fall des Wasserstoffatoms (Z=1) wirken folgende Kräfte (Fig. 2.18)

$$(2.16) \quad \begin{aligned} F_z &= \frac{mv^2}{r} \qquad &\text{Zentrifugalkraft} \qquad & m = \text{Masse des Elektrons,} \\ F_c &= \frac{1}{4\pi\epsilon_0}\frac{e^2}{r^2} \qquad &\text{Coulomb-Kraft} \qquad & v = \text{Bahngeschwindigkeit.} \end{aligned}$$

Die Masse des Protons ist um den Faktor 1836 größer als die Elektronenmasse; wir können also vereinfachend das Proton als ruhend ansehen. Andernfalls müßte die Rechnung im gemeinsamen Schwerpunktsystem durchgeführt werden. Das Kräftegleichgewicht $F_z = F_c$ liefert

$$(2.17) \quad r = \frac{e^2}{4\pi\epsilon_0}\frac{1}{mv^2} \; .$$

Berechnen wir die Energie des Elektrons

$$E = T + V \qquad \begin{aligned} T &\quad \text{kinetische Energie} \\ V &\quad \text{potentielle Energie} \end{aligned}$$

$$= \frac{mv^2}{2} - \frac{e^2}{4\pi\epsilon_0 r} \; .$$

Mit Hilfe von Gl.(2.17) ergibt sich

$$E \;=\; \frac{e^2}{8\pi\epsilon_0 r} - \frac{e^2}{4\pi\epsilon_0 r} \; ,$$

(2.18)
$$=\; -\frac{e^2}{8\pi\epsilon_0} \frac{1}{r} \; .$$

Die Gesamtenergie erweist sich als negativ. Diese Eigenschaft ist typisch für alle gebundenen Systeme, wenn man das Potential im Unendlichen zu Null definiert. Im vorliegenden Fall ist die Gesamtenergie halb so groß wie die potentielle Energie und betragsmäßig gleichgroß wie die kinetische Energie. Das Elektron ist um so stärker gebunden, je näher es sich am Proton befindet.

Es gibt allerdings einige experimentelle Ergebnisse, die mit dieser sehr einfachen Modellvorstellung in Widerspruch stehen.

1. Die Ionisierungsenergie, also die Mindestenergie, die zum Ablösen des Elektrons vom Proton benötigt wird, beträgt $E_1 = 13{,}6 eV$. Das bedeutet umgekehrt, daß die Bindungsenergie des Elektrons $E_B = -13{,}6 eV$ beträgt. Der zugehörige Bahnradius berechnet sich nach Gl.(2.18) zu

$$a_0 = -\frac{e^2}{8\pi\epsilon_0} \frac{1}{E_B} = 5{,}3 \cdot 10^{-11} m.$$

Man nennt ihn den **Bohrschen Radius**. Offensichtlich paßt dieser Wert zur bekannten Größenordnung von Atomdimensionen (s. Abschn. 2.1). Da als Ionisierungsenergie bei allen Experimenten stets der gleiche Wert gefunden wurde, muß offensichtlich der Bahnradius des Elektrons auf den Wert a_0 beschränkt sein. Eine solche Beschränkung enthält das Modell jedoch nicht.

2. Die Tatsache, daß die Atomspektren für jedes Element spezifisch sind, führte zu der richtigen Schlußfolgerung, daß die Elektronen des Atoms für die Emission der

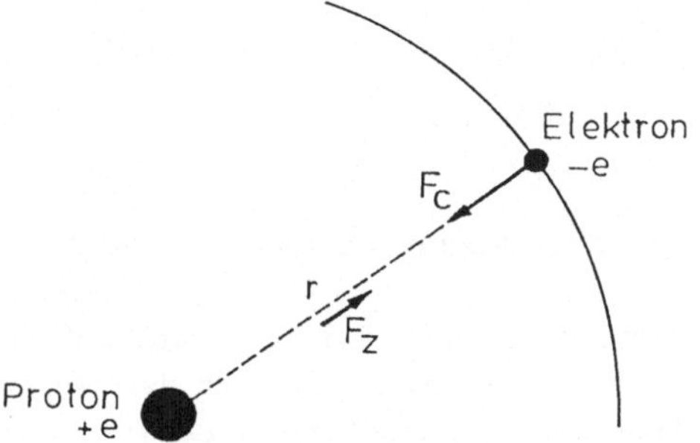

Fig. 2.18: *Rutherford–Modell des H–Atoms.*

Spektren verantwortlich sind. Es bestand die Vorstellung, daß die Emission auf die Kreisbewegung der Elektronen zurückzuführen sei. Dieses Bild kann aber das Auftreten einzelner Spektrallinien nicht erklären.

3. Die Energieabstrahlung infolge der beschleunigten Bewegung auf der Kreisbahn müßte ständig auf Kosten der Energie des Elektrons gehen. Es läßt sich abschätzen, daß hiernach das Elektron bereits nach ca. 10^{-16}s spiralförmig in das Proton stürzen müße.

Die rettende Idee kam Bohr im Jahr 1913, indem er einen damals nicht verstandenen Mechanismus postulierte, der dafür sorgt, daß

1) für die Elektronen immer nur bestimmte Bahnen erlaubt sind und

2) die Elektronen bei ihrer Bewegung überhaupt keine Energie abstrahlen.

Die Abstrahlung von Licht erfolgt nach der Bohrschen Vorstellung durch Bahnwechsel der Elektronen von einem Radius r_i zu einem tiefer gelegenem r_j. Nach Gl.(2.18) entspricht diesem Wechsel eine positive Energiedifferenz. Sie wird in Form eines Photons emittiert.

(2.19)
$$h\nu = E_i - E_j \, ,$$

wobei E_i, bzw. E_j die Energie des Elektrons auf der entsprechenden Bahn ist.

Mit diesem Modell war Bohr in der Lage, zumindest die Spektren der einfachsten Atome zu erklären: des H–Atoms und aller wasserstoffartigen Atome bzw. Ionen wie He^+, Li^{++}.... Es versagte jedoch bereits bei der Erklärung des einfachsten 2–Elektronen–Atoms Helium.

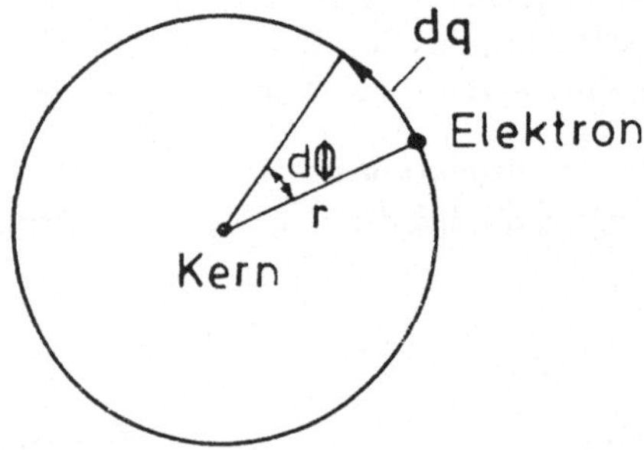

Fig. 2.19: *Bewegung des Elektrons um den Kern.*

Die quantitative Behandlung dieses Modells fußt auf dem Rutherford–Modell Gl.(2.17) und (2.18). Bohr setzte intuitiv an, daß das Wegintegral des Elektronenimpulses längs seiner Kreisbahn gequantelt sein müsse

(2.20)
$$\oint p\,dq = nh \qquad n = 1,2,3\ldots \text{ ganzzahlig.}$$

Eine tiefe physikalische Begründung konnte er nicht geben; der Ansatz führte jedoch zum richtigen Ergebnis.

Berücksichtigt man $dq = r\,d\phi$ (Fig. 2.19), so ergibt sich aus Gl.(2.20) $\oint p \cdot r\,d\phi = mvr\oint d\phi = nh$,

$$(2.21) \qquad v_n = \frac{h}{2\pi m r_n} n \qquad n = 1,2,3\ldots$$

Zusammen mit Gl.(2.17) erhält man schließlich

$$(2.22) \qquad \boxed{r_n = \frac{\epsilon_0 h^2}{e^2 \pi m} \cdot n^2} \qquad n = 1,2,3\ldots$$

Gl.(2.22) drückt unmittelbar eines der Bohrschen Postulate aus, nämlich die Beschränkung der Bahnradien auf gequantelte Werte r_n. Der kleinste Wert ist $r_1 = a_0 = \epsilon_0 h^2/e^2 \pi m = 5,3 \cdot 10^{-11} m$, wie bereits berechnet wurde. Für alle anderen Radien ist $r_n = n^2 a_0$. Mit Gl.(2.18) läßt sich die gequantelte Energie des Elektrons auf den verschiedenen Bahnen berechnen

$$(2.23) \qquad \boxed{E_n = -\frac{me^4}{8\epsilon_0^2 h^2}\frac{1}{n^2}} \qquad n = 1,2,3\ldots$$

Die Energie der ersten Bohrschen Bahn n=1 zum Radius $r_1 = a_0$ ergibt sich zahlenmäßig zu

$$E_1 = -\frac{me^4}{8\epsilon_0^2 h^2} = -13,6eV$$

in Übereinstimmung mit dem Experiment. Der Zustand des H–Atoms läßt sich also durch eine Quantenzahl n beschreiben, wobei $n = 1$ den Grundzustand angibt und alle anderen Zustände $n = 2,3\ldots$ angeregte Zustände sind, deren Energie E_n über derjenigen des Grundzustandes E_1 liegt. Der Wechsel von einem höheren zu einem tieferen Niveau führt zur Emission von Photonen der Wellenzahl

$$\frac{1}{\lambda} = \frac{\nu}{c} = \frac{E_i - E_j}{hc} = \frac{me^4}{8\epsilon_0^2 ch^3}\left(\frac{1}{n_j^2} - \frac{1}{n_i^2}\right),$$

$$(2.24) \qquad \boxed{\frac{1}{\lambda} = R_H\left(\frac{1}{n_j^2} - \frac{1}{n_i^2}\right)} \qquad n_i > n_j, \text{ beide ganzzahlig },$$

$$R_H = \frac{me^4}{8\epsilon_0^2 ch^3}.$$

Diese Formel ist identisch mit der empirisch gefundenen verallgemeinerten Balmer-Formel Gl.(2.15), wobei das Bohrsche Modell zusätzlich den Zahlenwert der Rydberg-Konstante $R_H = 1,097 \cdot 10^7 m^{-1}$ liefert. Die in Abschn. 2.4 erläuterten Spektralserien des H–Atoms lassen sich gleichfalls mühelos erklären.

In Fig. 2.20 sind die Energiezustände des H–Atoms in Form eines sogenannten **Termschemas** wiedergegeben samt den Übergängen, die zur Emission der Spektralserien führen. In einem Termschema wird der Energiezustand des Atoms auf einer vertikalen Energieskala durch waagerechte Linien gekennzeichnet. Wie man sieht, endet das

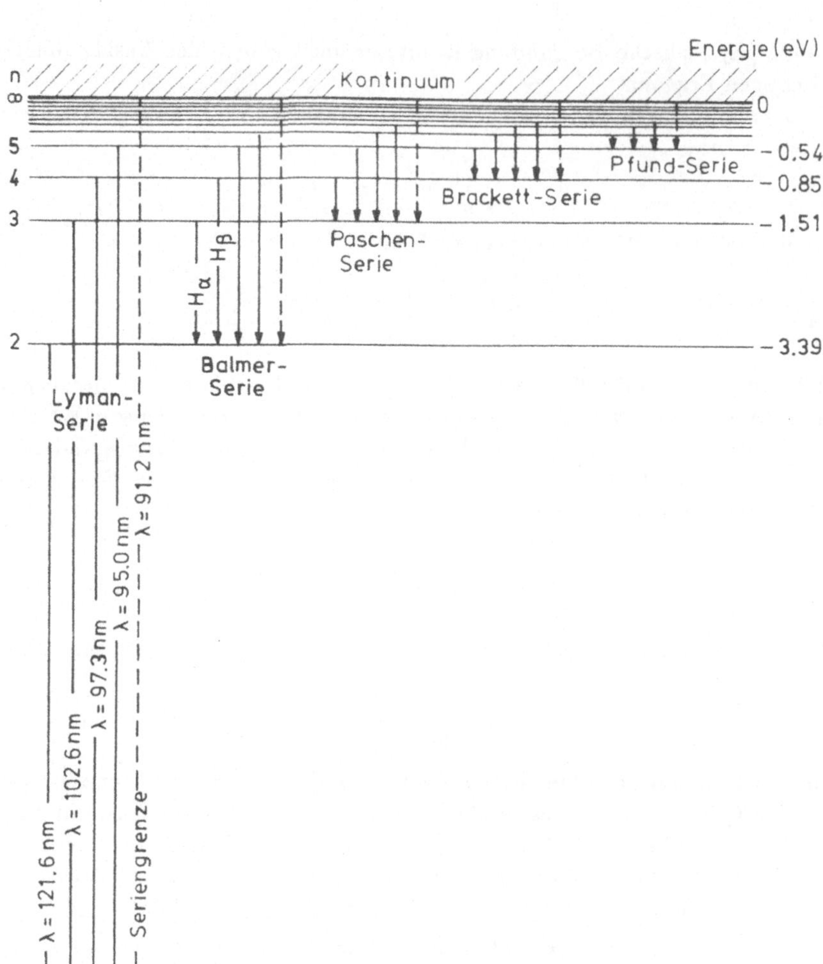

Fig. 2.20: *Termschema und Spektralserien des H–Atoms.*

Schema bei den Seriengrenzen $n = \infty$, also bei der Quantenzahl, die die vollständige Ablösung des Elektrons vom Proton kennzeichnet. $E > 0$ bedeutet demnach, daß das Elekron nicht mehr an ein Proton gebunden, also frei ist. Die Energie ist von da an nicht mehr quantisiert, das Termschema ist also nach oben durch ein Kontinum gekennzeichnet.

Auch wenn das Bohrsche Atommodell aus der Sicht der Quantenmechanik falsch ist, so läßt sich doch immerhin im nachhinein das Quantenpostulat Gl.(2.20) aufgrund des Wellenbildes plausibel machen. Mit der de Broglie–Wellenlänge $\lambda = h/p$ ergibt

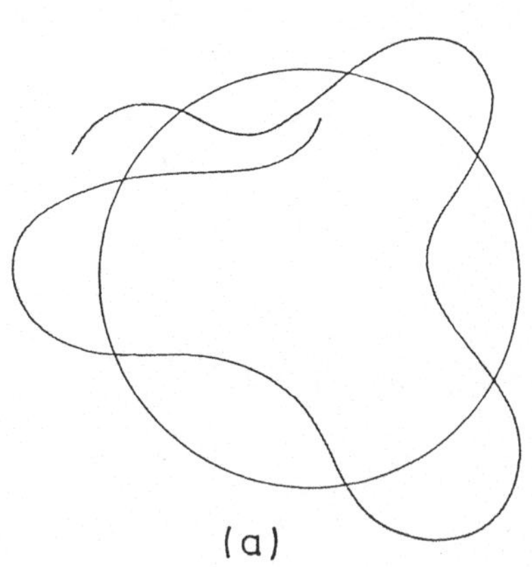

Fig. 2.21: *Wellenbild des Elektrons im H–Atom. a) $3 < n < 4$, stationärer Zustand nicht möglich. b) $n = 8$, stationärer Zustand.*

sich für das Wegintegral

$$\oint p\,dq = p2\pi r \;=\; nh \;,$$
$$2\pi r \;=\; n\lambda \qquad n = 1,2,3\ldots .$$

Das bedeutet ganzzahlige Vielfache der Wellenlänge des Elektrons auf jeder Umlaufbahn. Hiernach sind die Bahnen als stehende Wellen des Elektrons um das Proton anzusehen, was implizit den Charakter des strahlungslosen Umlaufes verständlich macht. Für andere als die Bohrschen Radien ist n nicht ganzzahlig, und alle Wellen interferieren sich gegenseitig weg (Fig. 2.21).

2.5.2 Verfeinerungen des Bohrschen Atommodells

Wie bereits in Abschn. 2.5.1 erwähnt, läßt sich das Bohrsche Atommodell auch auf wasserstoffartige Spektren erfolgreich anwenden, also auf Spektren von Ionen, die nur ein einziges Elektron besitzen. Hierzu zählen z.B.

- das einfach ionisierte He–Ion: He^+ Kernladung 2e,

- das zweifach ionisierte Li–Ion: Li^{++} Kernladung 3e,

- das dreifach ionisierte Be–Ion: Be^{+++} Kernladung 4e.

Bei der entsprechenden Herleitung der Gln.(2.22) bis (2.24) für die Radien und die Energien bzw. für die Wellenlängen muß lediglich die Größe e^2 durch Ze^2 ersetzt werden

$$(2.25) \qquad r_n \;=\; \frac{\epsilon_0 h^2}{Ze^2 \pi m} n^2 \qquad n = 1, 2, 3 \ldots ,$$

$$(2.26) \qquad E_n \;=\; -\frac{mZ^2 e^4}{8\epsilon_0^2 h^2} \frac{1}{n^2} ,$$

$$(2.27) \qquad \frac{1}{\lambda} \;=\; \frac{mZ^2 e^4}{8\epsilon_0^2 ch^3} \left(\frac{1}{n_j^2} - \frac{1}{n_i^2}\right) \qquad n_i > n_j, \quad n_j = 1, 2, 3 \ldots .$$

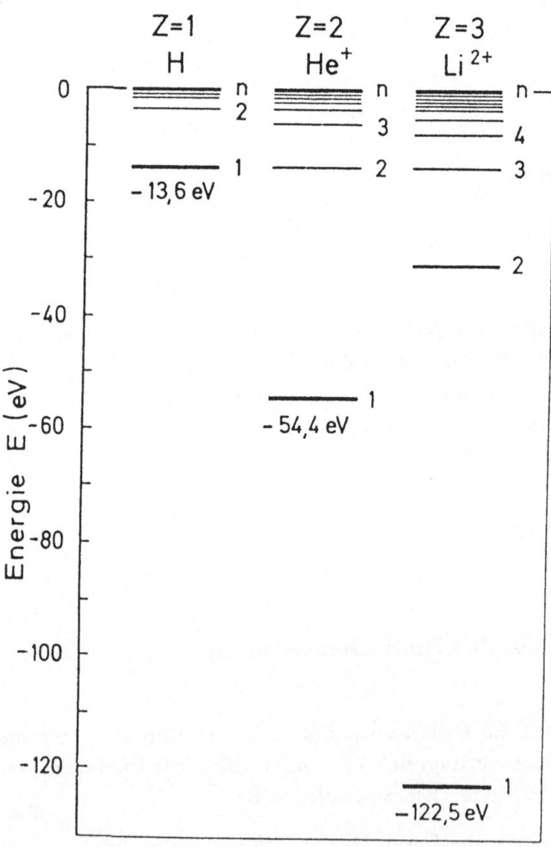

Fig. 2.22: *Termschema des H–Atoms in Vergleich zu den Termschemata der Ionen He$^+$ und Li^{++}.*

In Fig. (2.22) sind die Termschemata von H, He^+ und Li^{++} zum Vergleich nebeneinander gezeigt.

Die spektroskopisch sehr genau gemessenen Linien des H-Atoms zeigen Abweichungen zu den nach Gl.(2.24) berechneten Wellenlängen. Ursache hierfür ist die vereinfachende Annahme zu Beginn von Abschn. 2.5.1, wonach sich das Elektron um das ruhende, d.h. als unendlich schwer gedachte Proton bewegt. In Wirklichkeit muß die Mitbewegung des Protons berücksichtigt werden. Beide Teilchen bewegen sich um den gemeinsamen Schwerpunkt (Fig. 2.23).

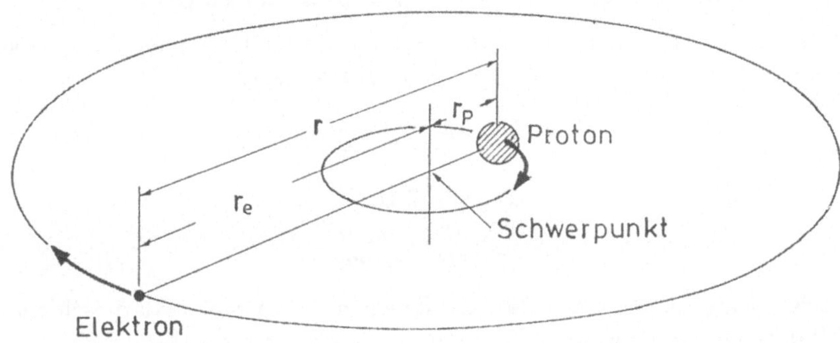

Fig. 2.23: *Bewegung von Elektron und Proton des H-Atoms im Schwerpunktsystem.*

Die quantitative Behandlung dieses Falles geht vom Zweikörperproblem aus, welches sich jedoch bei Vorliegen eines Zentralfeldes stets auf ein Einkörperproblem zurückführen läßt, charakterisiert durch Relativkoordinaten und durch die reduzierte Masse

$$(2.28) \qquad m' = \frac{mM}{m + M}$$

m Masse des Elektrons,

M Masse des Protons.

Hiernach ergibt sich anstelle der Gln. (2.23) und (2.24)

$$(2.29) \qquad E_n = -\frac{m'e^4}{8\epsilon_0^2 h^2}\frac{1}{n^2} \qquad n = 1,2,3\dots ,$$

$$(2.30) \qquad \frac{1}{\lambda} = R'\Big(\frac{1}{n_j^2} - \frac{1}{n_i^2}\Big) \qquad 1,2,3\dots , \; n_i > n_j ,$$

$$(2.31) \qquad R' = \frac{m'e^4}{8\epsilon_0^2 ch^3} .$$

Der zahlenmäßige Unterschied zwischen den Rydberg-Konstanten R_H aus Gl.(2.24) und R' ist sehr gering

$$R_H = 10973731,6 \; m^{-1} ,$$
$$R' = 10967758,3 \; m^{-1} .$$

Dementsprechend gering ist die Verschiebung der Spektrallinien. Die Kenntnis dieser Verschiebung erwies sich historisch bei der Entdeckung des schweren Wasserstoffs, **Deuterium** genannt, im Jahr 1931 als bedeutungsvoll. Neben den Linien des H-Atoms wurden mit erheblich geringerer Intensität Linien gefunden, die dem Deuterium zugeschrieben werden konnten. Der Unterschied der Wellenlängen ist sehr gering, wie die unten stehende Tabelle zeigt. Die zugehörige Rydberg–Konstante $R_D = 10970742,7 \ m^{-1}$ erhält man aus Gl.(2.31) durch Einsetzen der Masse M_D des Deuteriumkerns (Deuteron) in die reduzierte Masse m' Gl.(2.28) anstelle der Protonenmasse M. Es ist

$$M_D = 3670,5 \cdot m, \qquad m = \text{Masse des Elektrons.}$$

In der nachfolgenden Tabelle sind die ersten drei Linien der Lyman–Serie des leichten und schweren Wasserstoffatoms einander gegenübergestellt.

λ_H/nm	λ_D/nm
$121,566$	$121,531$
$102,572$	$102,542$
$97,253$	$97,225$

Die sehr viel geringere Intensität der Linien des D-Atoms erklärt sich durch die geringe Häufigkeit des Deuteriums im natürlichen Wasserstoffvorkommen.

Es gibt ein weiteres Wasserstoffisotop: das **Tritium**. Isotope nennt man Elemente mit der gleichen Ordnungszahl (Kernladungszahl), aber unterschiedlichen Massen. Letzteres rührt von der unterschiedlichen Anzahl an Neutronen im Kern her. Nachfolgend sind die Isotope des Wasserstoffatoms aufgeführt.

Atom	Protonenzahl	Neutronenzahl
H	1	0
D (Deuterium)	1	1
T (Tritium)	1	2

2.5.3 Das Korrespondenzprinzip

Die Charakterisierung von Energien durch Quantenzahlen nach Gl.(2.23) läßt sich mit den Mitteln der klassischen Physik nicht interpretieren. Soll diese Beschreibung richtig sein, so muß es jedoch einen Zusammenhang mit der klassischen Physik geben. Bereits Bohr beschäftigte sich mit der Frage, wie die Beschreibung der Atomphysik in die Gesetzmäßigkeiten der klassischen Physik übergeht. Das von ihm aufgestellte Korrespondenzprinzip besagt, daß sich die quantenmechanische Beschreibung eines Atoms im

Fall sehr hoher Quantenzahlen der klassischen Beschreibung nähert. Dieses Verhalten sei am Beispiel der Umlauffrequenz des Elektrons im H-Atom im Vergleich zur Frequenz des Lichts gezeigt, das durch den Übergang des Elektrons zwischen Energieniveaus hoher Quantenzahlen n_i, n_j entsteht.

Die klassische Umlauffrequenz eines Elektrons auf einer Kreisbahn ist gegeben durch

$$\nu_{kl} = \frac{v}{2\pi r}.$$

Entnimmt man die Umlaufgeschwindigkeit v der Gl.(2.21) und den Radius r der Gl.(2.22), so erhält man

$$\nu_{kl} = \frac{me^4}{4\epsilon_0^2 h^3 n^3}.$$

Nach der klassischen Vorstellung strahlt das Elektron Licht dieser Grundfrequenz sowie Oberwellen der Frequenz $2\nu_{kl}$, $3\nu_{kl} \ldots$ aus. Aus dem Bohrschen Modell folgt andererseits nach Gl.(2.24)

$$\nu = \frac{me^4}{8\epsilon_0^2 h^3}\left(\frac{1}{n_j^2} - \frac{1}{n_i^2}\right) \qquad n_i = n_j + 1, n_j + 2, n_j + 3, \ldots$$

Mit $n_i - n_j \equiv \Delta n = 1, 2, 3 \ldots$, aber $n_i \gg \Delta n$ und $n_j \gg \Delta n$ ist

$$\frac{1}{n_j^2} - \frac{1}{n_i^2} = \frac{1}{n_i^2 - 2n_i\Delta n + (\Delta n)^2} - \frac{1}{n_i^2} \approx \frac{2n_i\Delta n}{n_i^4} = \frac{2\Delta n}{n_i^3}.$$

Somit wird

$$\nu = \frac{me^4}{4\epsilon_0^2 h^3 n_i^3}\Delta n.$$

Mit $\Delta n = 1$ (Grundwelle) bzw. $\Delta n = 2, 3 \ldots$ (Oberwellen) erhält man den gleichen Ausdruck wie im klassischen Bild.
Die Nützlichkeit des Korrespondenzprinzips läßt sich noch an anderen Beispielen zeigen (vgl. Abschn. 3.3.6 zum harmonischen Oszillator).

2.5.4 Kritik am Bohrschen Atommodell

Aus der heutigen Sicht des Wellenbildes der Teilchen bzw. der Quantenmechanik ist das Bohrsche Atommodell falsch. Obwohl die Vorstellung des Elektrons als stehende Welle auf der Umlaufbahn die Bohrschen Postulate verständlich macht, läuft die dem Modell zugrunde liegende Annahme definierter, dem Planetenmodell gleichender Bahnen dem Wellenbild der Teilchen zuwider. Das Wellenbild ist untrennbar mit der Heisenbergschen Unschärferelation verknüpft. Exakt scharfe Bahnradien würden hiernach eine unendlich hohe radiale Impulsunschärfe zur Folge haben, was für das Modell sicher nicht zutrifft.

Da das Bohrsche Modell das Wellenbild zunächst nicht kennt, findet sich keine einsichtige Erklärung für die Bohrschen Postulate, ein Umstand, der für Bohr selbst eines der größten Rätsel seines Modells darstellte. Darüber hinaus ist das Modell nur für Einelektronenatome anwendbar. Bereits das Heliumatom kann es nicht mehr beschreiben. Auch für die Alkaliatome, die neben dem Atomrumpf ein ziemlich locker gebundenes Elektron haben, und deren Linien sich durch Balmer–ähnliche Formeln darstellen lassen, liefert das Bohrsche Modell keine brauchbare Beschreibung. Daran änderten im Prinzip auch nichts die Verfeinerungen von Arnold Sommerfeld durch die Einführung einer weiteren Quantenzahl für den Drehimpuls (Ellipsenbahnen) sowie durch relativistische Korrekturen des Modells (Rosettenbahnen).

Die entscheidene Entwicklung zur Behandlung atomarer Systeme wurde erst in den Jahren 1925/26 durch Werner Heisenberg und unabhängig von ihm durch Erwin Schrödinger (1925) eingeleitet.

Heutzutage hat das Bohrsche Modell keine Bedeutung mehr. Alle Informationen über das Atom oder über atomare Systeme lassen sich über die wellenmechanische Beschreibung gewinnen, wie wir noch in späteren Kapiteln sehen werden. Aus historischer Sicht bildete das Bohrsche Modell jedoch eine wichtige Etappe in der zeitlichen Entwicklung des Verständnisses vom H-Atom und von wasserstoffartigen Atomen. Nur dieser Aspekt rechtfertigt hier die relativ ausführliche Behandlung.

2.6 Anregung von Atomen und Messung der Atomspektren

2.6.1 Methoden der Anregung

Das Bohrsche Modell liefert eine richtige Beschreibung für die Energieniveaus des Wasserstoffatoms. Insbesondere zeigt sich, daß die Energie ausgesandter Photonen nach Gl.(2.19) aus der Differenz zweier Energieniveaus des Atoms resultiert

$$h\nu = E_i - E_j \qquad \text{mit} \qquad E_i > E_j.$$

Umgekehrt sollte es auch möglich sein, ein Atom vom Zustand der Energie E_j in den Energiezustand E_i durch Zufuhr von Energie der Größe $h\nu$ zu bringen, insbesondere wenn sich das Atom im Grundzustand befindet. Man nennt diesen Vorgang Anregung von Atomen.

Es gibt verschiedene Möglichkeiten, Atome von ihrem Grundzustand auf höhere Energieniveaus anzuregen . Strahlt man z.B. Licht einer Frequenz ein, die genau dem Energieunterschied zum Grundzustand entspricht, so können Atome durch die Absorption von Photonen angeregt werden (Fig. 2.24)

$$h\nu = E_i - E_1 \ .$$

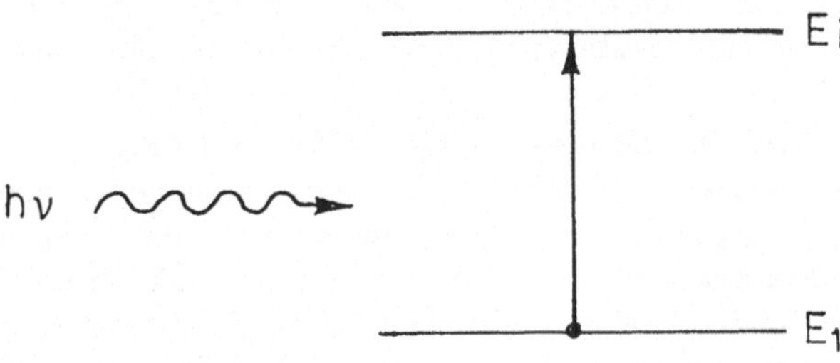

Fig. 2.24: *Schematische Darstellung der Photonabsorption.*

Diese Erscheinung wurde bereits in Abschn. 2.4 bei der Behandlung der Absorptionsspektren festgestellt. Man nennt einen Vorgang dieser Art **induzierte Absorption**.
Der nachfolgende Übergang des Atoms von E_i nach E_j führt zur Wiederaussendung
des Photons. Die Emissionsrichtung gegenüber der Richtung des einlaufenden Photons
ist dabei beliebig.

Eine andere Möglichkeit der Anregung bieten hohe Temperaturen von Gasen. Der
hochenergetische Teil der Maxwell-Boltzmannschen Energieverteilung beinhaltet Atome
genügend hoher kinetischer Energie, so daß inelastische Stöße zu Anregungen führen,
deren Anteil leicht berechnet werden kann. Die Besetzungszahl N_i des Zustandes i ist
proportional zum Boltzmann-Faktor

$$(2.32) \qquad \frac{N_i}{N_1} = \exp\left(-\frac{E_i - E_1}{kT}\right) \qquad \begin{array}{l} N_1 \text{ Anzahl der Atome im} \\ \text{Grundzustand der Energie } E_1 \ . \end{array}$$

So befinden sich z.B. auf der Sonnenoberfläche 10^{-8} der H-Atome bei T = 6000 K im
Zustand $n_i = 2$, bezogen auf den Rest der Atome im Grundzustand.

Die weitesten verbreitete Methode der Anregung bedient sich des Elektronenstoßes
in Gasentladungen bei niedrigen Gasdrücken. Im elektrischen Feld werden Elektronen
und Atomionen beschleunigt und geben durch Stöße ihre Energie an Atome ab, sodaß
die Stoßpartner in angeregte Zustände gelangen. Es findet also eine Umwandlung von
kinetischer Energie in Anregungsenergie statt. Von dieser Methode wird im nachfolgend
beschriebenen Experiment Gebrauch gemacht.

2.6.2 Das Experiment von Franck und Hertz

Wenn auch dieser Versuch mangels ausreichender Meßgenauigkeit weniger der Bestimmung von Energieniveaus dient, verglichen mit der von der Spektroskopie gewohnten Genauigkeit, so liegt seine Bedeutung mehr im demonstrativen Charakter der Messung, die beeindruckend die Existenz diskreter stationärer Energiezustände der Atome zeigt. Der Versuch wurde erstmals im Jahr 1913 von James Franck und Gustav Hertz durchgeführt.

In Fig. 2.25a wird eine mit Hg-Dampf bei niedrigem Druck gefüllte Diode verwendet. Zwischen der Glühkathode und dem Gitter wird eine variable Spannung V angelegt. Die Anode hingegen ist gegenüber dem Gitter um die negative feste Spannung $V_0 \approx -0,5V$ vorgespannt. Gemessen wird der Anodenstrom I als Funktion der Gitterspannung V. Wäre die Diode evakuiert, so würde sie für $V > |V_0|$ eine typische, monoton steigende Diodencharakteristik aufweisen. Im Fall der Hg-Gasfüllung steigt der Strom zunächst zwar an, fällt aber zwischen 4V und 5V spontan ab (Fig. 2.25b).

Sobald nämlich $V > |V_0|$, erhalten die durch die Gitterspannung beschleunigten Elektronen genügend Energie, um nach dem Passieren des Gitters die Anode zu erreichen. Sie erleiden zwar Stöße mit den Hg-Atomen; solange aber ihre maximale kinetische Energie kleiner ist als die Differenz zwischen dem ersten Anregungsniveau E_2 und dem Grundzustand E_1 der Atome, sind die Stöße rein elastischer Natur. Wegen des sehr kleinen Massenverhältnisses zum Stoßpartner verlieren die Elektronen praktisch keine Energie, sie erleiden höchstens Richtungsänderungen von Stoß zu Stoß. Ist die kinetische Energie der Elektronen gerade etwas größer als das erste Anregungsniveau, d.h. ist $eV > E_2 - E_1$, so haben die Elektronen kurz vor dem Gitter gerade ausreichend kineti-

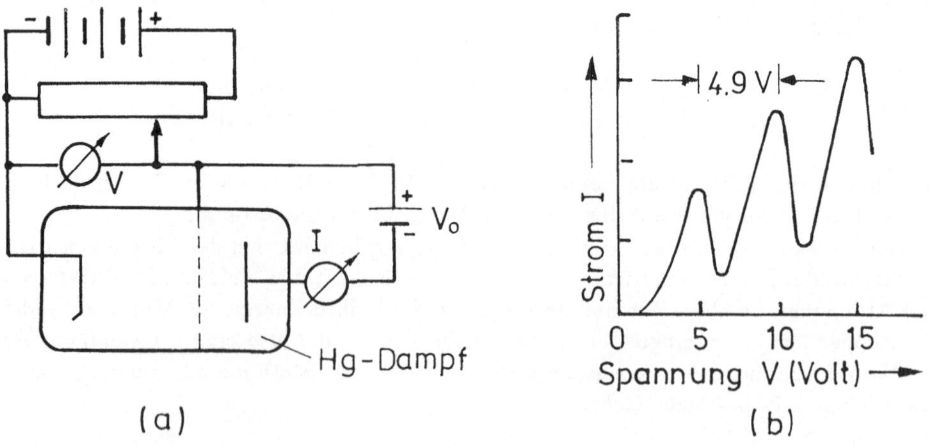

Fig. 2.25: *Franck–Hertz–Versuch. a)Versuchsanordnung, b)Strom–Spannungscharakteristik.*

sche Energie, um jeweils durch einen inelastischen Stoß Hg-Atome anzuregen. Mangels genügender Energie können sie nun nicht mehr gegen das Bremsfeld bis zur Anode gelangen, sondern kehren zum Gitter zurück. Der Anodenstrom fällt also ab. Wird die Gitterspannung weiter gesteigert, so wird die Zone inelastischer Stöße in Richtung Kathode verlagert. Die restliche Strecke bis zum Gitter verleiht den Elektronen dann genügende Beschleunigung, um zur Anode zu gelangen. Der Strom steigt also wieder an. Ist $eV = 2(E_2 - E_1)$, so können zwei inelastische Stöße auftreten. Die erste Zone befindet sich auf halber Strecke zwischen Kathode und Gitter, die zweite Zone direkt am Gitter, so daß die Elektronen wiederum nicht zur Anode gelangen können. Der Strom sinkt zum zweiten Mal. Dieser Vorgang wiederholt sich mit steigender Spannung, so daß die Charakteristik schließlich eine Reihe äquidistanter Maxima aufweist, deren Abstände 4,9V betragen (in Fig.2.25b schematisch gezeichnet).

Die Energieanregung der Hg-Atome wird durch spektroskopische Beobachtung der Lichtemission bestätigt, die mit dem Erreichen des ersten Maximums einsetzt und mit wachsendem V an Intensität zunimmt. Die Messung liefert $\lambda = 253,7nm$. Diese Wellenlänge entspricht einer Quantenenergie von $h\nu = hc/\lambda = 4,9eV$ in zahlenmäßiger Übereinstimmung mit dem gemessenen Abstand der Maxima.

Der Franck-Hertz-Versuch liefert somit eine Möglichkeit, um auf elektrischem Wege die diskrete Energieanregung von Atomen direkt nachzuweisen.

2.7 Zusammenfassung

Die Rutherford–Experimente waren die Schlüsselversuche, um Aufschluß über die Struktur von Atomen zu erhalten. Die Beobachtung großer Streuwinkel bei der Streuung von α–Teilchen an schweren Atomen brachte die Erkenntnis, daß die Masse des Atoms nicht im Atom verteilt sein kann, sondern praktisch vollständig in einem Kern sehr kleiner Dimension im Atommittelpunkt konzentriert sein muß, während die Elektronen das Atom umgeben und nicht nur von ihrer Anzahl her dieses zu einem neutralen Gebilde machen, sondern auch das eigentliche Volumen des Atoms ausfüllen. Aufgrund dieser Vorstellung konnte die Streuung des α–Teilchens als Ablenkung im Coulomb–Feld des Kerns beschrieben werden, wobei für den einzelnen Streuakt der Ablenkwinkel θ mit dem Stoßparameter b der Streuung verknüpft ist. Die experimentellen Ergebnisse zeigten sich in bestem Einklang mit dieser Beschreibung, die die Wahrscheinlichkeit der Streuung in den Raumwinkelbereich $d\Omega$ in Abhängigkeit vom Streuwinkel θ angibt. Die steile $1/\sin^4 \theta/2$–Charakteristik betont zwar extrem die Vorwärtsstreuung, läßt aber auch große Streuwinkel bis 180° zu. Für sehr kleine Winkel bzw. große Stoßparameter ist diese Charakteristik nicht mehr gültig, weil die die Kernladung abschirmenden Elektronen der Atomhülle nicht in der Theorie berücksichtigt wurden. Experimentelle Abweichungen von der Theorie bei sehr großen Winkeln θ konnten mit der endlichen

Ausdehnung des Kerns erklärt werden, was zu den ersten Abschätzungen von Kernabmessungen führte.

Die Experimente vom Typ der Rutherford–Streuung erweisen sich methodisch gesehen bis heute als die geeignetsten Verfahren zur Untersuchung der Struktur von Teilchen. Mit den Ergebnissen der Rutherford–Streuung wurden alle früheren Vorstellungen vom Atom wie z.B. das Thomsonsche Atommodell hinfällig.

Das Bohrsche Atommodell brachte die Erkenntnisse über die Atomstruktur und über den Mechanismus der Elektronenbewegung einen Schritt weiter. Die große Zahl der experimentell beobachteten diskreten Linienspektren der Atome war als klarer Beweis für den diskreten Charakter der Energiezustände der Atome zu werten. Darüber hinaus zeigte das Experiment von Franck und Hertz in überzeugender Weise, daß man auf direktem Wege makroskopisch den diskreten Charakter der Energiezustände des Atoms nachweisen konnte.

Fußend auf dem Rutherford–Atommodell vermag das Bohrsche Modell, das in Anlehnung an die Planetenbewegung der Astronomie die Bewegung eines Elektrons um den Atomkern beschreibt, die Energiezustände für das Wasserstoffatom und für wasserstoffartige Atome richtig anzugeben. Die quantitative Formulierung war jedoch nur mit Hilfe von Postulaten möglich, die – ohne physikalisch erklärbar zu sein – für den diskreten Charakter der Energiezustände bzw. Bahnradien des Elektrons sorgte und die strahlungsfreie Bewegung des Elektrons forderte. Erstmals tritt eine Quantenzahl n auf, die den Energiezustand des Atoms kennzeichnet. Die experimentell beobachteten Spektrallinien werden durch die Emission von Photonen erzeugt, die beim Übergang des Elektrons in eine energetisch niedrigere Bahn entstehen. Es zeigt sich, daß die Gleichung für die Bestimmung der Wellenlängen der Spektrallinien mit der bereits früher gefundenen Formel übereinstimmt.

Das Bohrsche Modell wurde verfeinert und führte damit zu einer besseren Übereinstimmung mit den experimentell sehr genau meßbaren Spektrallinien, zum Beispiel durch die Berücksichtigung der Mitbewegung des Kerns. Es zeigte sich jedoch, daß eine Erweiterung des Modells auf Atome mit zwei oder mehreren Elektronen nicht möglich war.

Aus der Sicht der heutigen Quantenmechanik ist das Bohrsche Atommodell falsch. Abgesehen davon, daß die eingeführten Postulate physikalisch nicht begründet werden können, ignoriert das Modell vom Ansatz her den Wellencharakter der Teilchen und legt der Elektronenbewegung scharf definierte Bahnen zugrunde im Widerspruch zur Unschärferelation.

Anknüpfend an die Rutherford–Streuung wurde der Durchgang schwerer geladener Teilchen durch Materie behandelt. Es zeigte sich, daß nicht die Streuung an den Coulomb–Feldern der Kerne das durchfliegende Teilchen am stärksten beeinflußt, sondern die bei weitem häufigeren Wechselwirkungen mit den Elektronen der Atome. Das schwere geladene Teilchen wird aus seiner Flugbahn praktisch nicht abgelenkt, gibt aber ständig Energie ab infolge der Ionisation und Anregung der Atome in der Bahnumgebung. Der hieraus hergeleitete spezifische Energieverlust $-dE/dx$ hängt nur von der Geschwindigkeit des Teilchens ab, nicht von seiner Masse. Die Bethe–Bloch–Formel ist der gängige Ausdruck für die Größe $-dE/dx$. Die unabhängige Bestimmung der Energie und des spezifischen Energieverlustes bei unbekannten Teilchen läßt ihre experimentelle Identifizierung zu, eine wichtige Methode der Kern- und Teilchenphysik.

Durchquert ein Teilchenstrahl eine dickere Materialschicht, so kommt die Coulomb-Streuung an Kernen wiederum zum Tragen und führt zur Vielfachstreuung. Dieser Effekt hat die Aufweitung eines anfangs gebündelten Strahls zur Folge. Mit Hilfe statistischer Überlegungen lassen sich Aussagen über das Strahlprofil machen und ein mittlerer Winkel der Vielfachstreuung angeben.

3 Die Schrödinger–Gleichung

3.1 Die zeitabhängige Schrödinger–Gleichung

Aufgrund der beobachteten Welleneigenschaften eines Teilchens stellt sich die Frage, wie sich das Teilchen beschreiben läßt. In Abschn. 1.2.3 wurde bereits erläutert, daß dem Teilchen eine Wellenfunktion $\psi(\vec{r}, t)$ zugeordnet wird, deren Absolutquadrat nach der Deutung von Max Born die Aufenthaltswahrscheinlichkeit des Teilchens angibt. Von welcher Gestalt diese Welle ist, ob es sich z.B. um eine ebene Welle, eine Kugelwelle oder um andere Wellen handelt, hängt sicher vom jeweils gestellten physikalischen Problem ab. In der klassischen Physik werden Wellenphänomene durch Lösungen einer Differentialgleichung – Wellengleichung – beschrieben. So ist es plausibel, daß auch in der Quantenphysik eine Differentialgleichung, nämlich die Schrödinger-Gleichung, die Ausgangsbasis für eine Materiewelle ist. Sie wurde von Schrödinger 1925 aufgrund der allgemeinen Eigenschaften der Materiewellen aufgestellt. Die Schrödinger-Gleichung läßt sich nicht herleiten, sondern nur plausibel machen. Diese Eigenschaft hat sie mit allen grundlegenden Gleichungen der Physik, z.B. mit den Maxwell-Gleichungen der Elektrodynamik gemeinsam. Die Bedeutung der Schrödinger-Gleichung liegt ebenso wie bei den Maxwell-Gleichungen darin, daß die aus ihr hergeleiteten Ergebnisse mit den Experimenten übereinstimmen.

Da sich diese Gleichung als komplex erweist, muß die Lösung $\psi(\vec{r}, t)$ im allgemeinen ebenfalls eine komplexe Größe sein. Sämtliche Eigenschaften des Teilchens lassen sich aus dieser Lösung ableiten. Die Wellenfunktion beschreibt das Teilchen vollkommen. So kann daraus z.B. nicht nur der Ort des Teilchens, sondern auch seine Energie, sein Impuls, sein Drehimpuls usw. bestimmt werden. Alle Aussagen sind aber, wie immer in der Quantenphysik, nur Wahrscheinlichkeitsaussagen.

3.1.1 Die Formulierung der Schrödinger–Gleichung

Betrachten wir den einfachsten Fall einer ebenen Welle, die ein im potentialfreien Raum laufendes Teilchen beschreibt,

$$\psi = A \exp(i(\vec{k}\vec{r} - \omega t)) = A \exp\left(\frac{i}{\hbar}(\vec{p}\vec{r} - E_g t)\right) ,$$

mit

$$\vec{k} \text{ Wellenzahlvektor } |\vec{k}| = \frac{2\pi}{\lambda} = \frac{|\vec{p}|}{\hbar} \text{ und } \hbar = \frac{h}{2\pi} \ ,$$

$\vec{k}$ weist in Ausbreitungsrichtung der Welle ,

ω Kreisfrequenz ,

$$\omega = 2\pi\nu = 2\pi\frac{E_g}{h} = \frac{E_g}{\hbar} \ ,$$

$\vec{p}\,\vec{r} = p_x x + p_y y + p_z z$ Skalarprodukt von Impuls und Ort,

$A =$ komplexe Amplitude.

In dieser Schreibweise ist der Charakter der de Broglie–Welle Gl.(1.13) bereits enthalten. Die Gesamtenergie E_g ist

$$E_g = Mc^2 + E_{kin} \qquad \begin{array}{l} M \text{ Ruhemasse des Teilchens} \\ E_{kin} \text{ kinetische Energie} \end{array}$$

$$\psi = A \exp(-i\frac{Mc^2}{\hbar}t) \cdot \exp(\frac{i}{\hbar}(\vec{p}\vec{r} - E_{kin}t)) \ .$$

Der abgespaltene Faktor $\exp(-(i/\hbar)Mc^2t)$ ist ein vom Ort unabhängiger Phasenfaktor. Er hat für die weitere Betrachtung keine Bedeutung und wird daher weggelassen ($|\exp(-(i/\hbar)Mc^2t)|^2 = 1$). Wir setzen weiterhin E als die um die Ruheenergie verminderte relativistische Gesamtenergie, die im potentialfreien Raum gleich der kinetischen Energie ist: $E = E_g - Mc^2 = E_{kin}$, und schreiben die ebene Welle

$$(3.1) \qquad\qquad \psi = A \exp\frac{i}{\hbar}(\vec{p}\vec{r} - Et) \ .$$

Es läßt sich nun leicht eine Differentialgleichung angeben, nämlich die Schrödinger–Gleichung, die ebene Wellen der Form Gl.(3.1) als Lösungen hat. Man bildet folgende partielle Ableitungen von $\psi(\vec{r},t)$

$$(3.2) \qquad i\hbar\frac{\partial}{\partial t}\psi = i\hbar\left(-\frac{i}{\hbar}E\right)A\exp(\frac{i}{\hbar}(\vec{p}\vec{r} - Et)) = E\psi,$$

sowie

$$-i\hbar\frac{\partial}{\partial x}\psi = p_x\psi \qquad -\hbar^2\frac{\partial^2}{\partial x^2}\psi = p_x^2\psi$$

$$(3.3) \qquad -i\hbar\frac{\partial}{\partial y}\psi = p_y\psi \qquad -\hbar^2\frac{\partial^2}{\partial y^2}\psi = p_y^2\psi$$

$$-i\hbar\frac{\partial}{\partial z}\psi = p_z\psi \qquad -\hbar^2\frac{\partial^2}{\partial z^2}\psi = p_z^2\psi \ ,$$

in der vereinfachten Schreibweise

$$-\hbar^2\left(\frac{\partial^2\psi}{\partial x^2} + \frac{\partial^2\psi}{\partial y^2} + \frac{\partial^2\psi}{\partial z^2}\right) \;\equiv\; -\hbar^2\vec{\nabla}^2\psi \;,$$

wobei

$$\vec{grad} = \left(\frac{\partial}{\partial x},\frac{\partial}{\partial y},\frac{\partial}{\partial z}\right) \;\equiv\; \vec{\nabla} \quad \text{Nabla-Operator,}$$

$$\vec{\nabla}^2 = \left(\frac{\partial^2}{\partial x^2} + \frac{\partial^2}{\partial y^2} + \frac{\partial^2}{\partial x^2}\right) \;\equiv\; \Delta \quad \text{Laplace-Operator,}$$

so daß

$$(3.4) \qquad -\hbar^2\vec{\nabla}^2\psi = (\vec{p})^2\psi \qquad\qquad (\vec{p})^2 = p_x^2 + p_y^2 + p_z^2 \;.$$

Legt man die nichtrelativistische Energie–Impuls–Beziehung zugrunde

$$E = \frac{(\vec{p})^2}{2M}$$

– und nur dafür wollen wir die Probleme untersuchen –, so folgt aus den Gl.(3.2) bis (3.4)

$$(3.5) \qquad \boxed{\; i\hbar\frac{\partial\psi(\vec{r},t)}{\partial t} = -\frac{\hbar^2}{2M}\Delta\psi(\vec{r},t) \;} \qquad \text{Schrödinger-Gleichung für den}$$
potentialfreien Raum.

Ebene Wellen sind augenscheinlich Lösungen dieser Gleichung, aber sicher nicht die einzigen.

Man kann also die Schrödinger-Gleichung aufstellen, indem man in der Energie-Impulsbeziehung die Ersetzungen

$$(3.6) \qquad \begin{aligned} E &\;\rightarrow\; i\hbar\frac{\partial}{\partial t} \\ \vec{p} &\;\rightarrow\; -i\hbar(\vec{grad}) \\ (\vec{p})^2 &\;\rightarrow\; -\hbar^2\Delta \end{aligned}$$

einführt und die so gewonnene Operatorgleichung von links auf die Wellenfunktion $\psi(\vec{r},t)$ anwendet.

Die Schrödinger-Gleichung für Fälle mit anwesendem Potential $V(\vec{r})$ gewinnt man über die Gesamtenergie auf die gleiche Weise

$$(3.7) \qquad E = E_{kin} + V(\vec{r}) = \frac{(\vec{p})^2}{2M} + V(\vec{r}) \;,$$

$$(3.8) \qquad \boxed{\; i\hbar\frac{\partial\psi(\vec{r},t)}{\partial t} = -\frac{\hbar^2}{2M}\Delta\psi(\vec{r},t) + V(\vec{r})\psi(\vec{r},t) \;} \qquad \text{zeitabhängige}$$
Schrödinger-Gleichung

Diese Herleitung ist nur als Plausibilitätsbetrachtung zu werten. Sie erhält einen systematischeren Hintergrund in Abschn. 3.4.2.

Für den allgemeinen Fall wird in der klassischen Mechanik die Hamilton-Funktion $\mathcal{H}(\vec{p}, \vec{r})$ angegeben, so daß die Schrödinger-Gleichung für das physikalische System, das durch $\psi(\vec{r}, t)$ beschrieben werden soll, in allgemeiner Schreibweise lautet

$$(3.9) \qquad \boxed{\; i\hbar \frac{\partial \psi(\vec{r}, t)}{\partial t} = \mathcal{H}(-i\hbar\,\vec{grad}, \vec{r})\psi(\vec{r}, t) \;}$$

allgemeine Form der zeitabhängigen Schrödinger-Gleichung.

Aus der Struktur der Schrödinger-Gleichung lassen sich bereits einige wichtige Eigenschaften ablesen.

1. Die Schrödinger-Gleichung enthält nur die erste Ableitung nach der Zeit und unterscheidet sich hierin von den Wellengleichungen der klassischen Mechanik. Gl.(3.9) besagt, daß die zeitliche Änderung des Systems zu einem bestimmten Zeitpunkt durch die Wellenfunktion in diesem Zeitpunkt selbst eindeutig festgelegt ist. Die Größe $\mathcal{H}$ ist als Operator in dem Sinne anzusehen, als die Anwendung dieses Operators auf die Wellenfunktion den Wert der zeitlichen Änderung von $\psi(\vec{r}, t)$ und somit das Verhalten des Systems zu allen künftigen Zeitpunkten liefert. Das Vorkommen einer zweiten Ableitung nach der Zeit würde diese grundlegende Eigenschaft nicht erbringen können.

2. Die Schrödinger-Gleichung enthält komplexe Funktionen. Die Lösungen, d.h. die Wellenfunktionen der Materiewellen, sind daher im allgemeinen auch komplex zu erwarten.

3. Gl.(3.8) bzw. Gl.(3.9) ist eine lineare homogene Differentialgleichung. Die verschiedenen Lösungen können daher linear überlagert werden. Sind $\psi_1(\vec{r}, t)$ und $\psi_2(\vec{r}, t)$ Lösungen der Schrödinger-Gleichung, so ist es auch $\psi(\vec{r}, t) = a\psi_1(\vec{r}, t) + b\psi_2(\vec{r}, t)$, wo a und b beliebige komplexe Konstanten sind. Dieses Verhalten ist als **Superpositionsprinzip** bekannt. Es gestattet z.B. auch die Angabe von Wellenpaketen als Lösung (Abschn. 1.2.3). Wären Gl.(3.8) bzw. (3.9) nicht homogen, so wäre, wie man zeigen kann, die Normierung der Wellenfunktion (siehe Punkt 4) eine zeitabhängige Größe.

4. Das Absolutquadrat $|\psi(\vec{r}, t)|^2 d^3r$ gibt die Wahrscheinlichkeit dafür an, daß das Teilchen am Ort $\vec{r}$ zur Zeit t im Volumenelement d^3r zu finden ist. $|\psi(\vec{r}, t)|^2$ ist also eine räumliche Wahrscheinlichkeitsdichte der Dimension m^{-3}. Da sich das Teilchen mit der Wahrscheinlichkeit 1 (d.h. mit 100%) irgendwo im Raum befinden muß, ist die folgende Normierung der ψ-Funktion sinnvoll und auch üblich

$$(3.10) \qquad \int\!\!\int\!\!\int_{Raum} |\psi(\vec{r}, t)|^2 d^3r = 1 \; .$$

Für die ebene Welle Gl.(3.1) würde das Integral allerdings divergieren. Für diesen Fall müssen die Integrationsgrenzen auf einen endlichen Raumbereich beschränkt werden.

5. Das jeweilige Problem in der Schrödinger-Gleichung ist entscheidend durch das Potential $V(\vec{r})$ charakterisiert. Die Differentialgleichung für den jeweiligen Einzelfall bestimmt also zusammen mit den Anfangs- bzw. Randbedingungen die Lösungen $\psi(\vec{r}, t)$.

6. In Bereichen, in denen die klassische Mechanik ihre Gültigkeit hat, liefert auch die Schrödinger-Gleichung praktisch die Ergebnisse der klassischen Mechanik. Diese Eigenschaft läßt sich zwar nicht unmittelbar aus Gl.(3.8) ablesen, wurde aber bereits in Abschn. 2.5.3 als Ausdruck des Korrespondenzprinzips erläutert.

Die Schrödinger-Gleichung läßt sich ohne Schwierigkeit auch auf die Beschreibung von zwei oder mehreren Teilchen erweitern. Grundsätzliches zum Zweiteilchenproblem betrachten wir in Abschn. 3.2. Die Erweiterung auf mehrere Teilchen wird in Kap. 6 bei der Behandlung der Mehrelekronenatome besprochen. Entscheidend für die Lösung der Schrödinger-Gleichung für mehrere Teilchen ist jedoch stets die Kenntnis des Potentials $V(\vec{r_1}, \ldots, \vec{r_n})$.

Wir haben die Gestalt der Schrödinger-Gleichung Gl.(3.5) lediglich anhand der ebenen Welle, also am denkbar einfachsten Beispiel einer Welle plausibel gemacht und in Gl.(3.8) durch den Potentialterm für solche Fälle erweitert, bei denen sich das Teilchen in einem Potential $V(\vec{r})$ befindet. Seitdem Gl.(3.8) durch Schrödinger aufgestellt wurde, haben ihre vielfältigen Anwendungen auf Probleme im atomaren Bereich gezeigt, daß die aus ihr als Lösungen gefundenen Wellenfunktionen die betrachteten Erscheinungen der Natur stets richtig beschreiben, solange relativistische Effekte keine Rolle spielen. Man schreibt daher der Schrödinger-Gleichung Gl.(3.8) einen allgemeinen Gültigkeitscharakter für den Bereich nichtrelativistischer Probleme zu.

3.1.2 Der Aharonov–Bohm–Effekt

Der Unterschied in der Behandlungsweise von Problemen in der Quantenmechanik einerseits und der klassischen Physik andererseits liegt zum einen darin, daß wir bei der quantenmechanischen Beschreibung eines Teilchens von seinem Wellencharakter ausgehen, während bei der Behandlung in der klassischen Mechanik nur die Teilchennatur eine Rolle spielt. Einen weiteren Unterschied erkennt man aber auch darin, daß im quantenmechanischen Fall das Problem durch das Potential $V(\vec{r})$ gekennzeichnet wird, während man in der klassischen Physik die Möglichkeit hat, das Problem mit Hilfe der wirkenden Kraft $\vec{K}(\vec{r})$ durch die Bewegungsgleichung

$$\vec{K}(\vec{r}) = \frac{d\vec{p}}{dt}$$

oder auch durch die Energiegleichung, also mit Hilfe von Potentialen, zu lösen. Vom physikalischen Verständnis her wird man im klassischen Fall der Bewegungsgleichung als

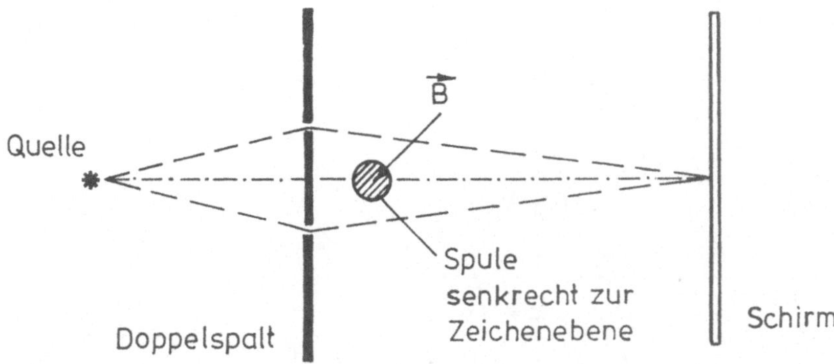

Fig. 3.1: *Der Aharonov–Bohm–Effekt.*

dem zweiten Newtonschen Gesetz den grundlegenderen Charakter zuschreiben, während die Energiegleichung lediglich in bestimmten Fällen den eleganteren Lösungsweg anbietet. Das wirft die Frage auf, ob in der Quantenmechanik wirklich das Potential die bestimmende Größe ist und nicht etwa auch die Kraft. Wäre letzteres der Fall, so sollte sich auch in der Quantenmechanik eine zur Schrödinger-Gleichung äquivalente Gleichung finden lassen, die durch die Kraft charakterisiert wird und deren Lösungen die Bewegung des Teilchens genauso beschreiben wie die Lösungen von Gl.(3.8).

Dieses Problem war lange bekannt. Die Physiker Yakir Aharonov und David Bohm schlugen im Jahr 1959 schließlich ein Experiment vor, das diese grundlegende Frage beantworten sollte. Vom Gedanken her war der Vorschlag einfach: Teilchen definierter Energie durchlaufen einen räumlichen Bereich, der von einem Potential erfüllt ist, das sich von außen in seiner Stärke variieren läßt, bei dem jedoch die auf das Teilchen wirkende Kraft trotz Veränderung des Potentials unverändert bleibt. Wenn die Kraft in der Natur die entscheidende Größe darstellt, dann sollte das Ergebnis des Experiments trotz der Variation des Potentials unverändert bleiben. Ist aber das Potential für die Bewegung des Teilchens maßgebend, wie es die Schrödinger-Gleichung (3.8) verlangt, so müßte sich bei Variation des Potentials auch die Wellenfunktion ändern, obwohl die wirkende Kraft stets die gleiche bleibt.

Die Verifizierung dieses Gedankens von Aharonov und Bohm schließt an das Doppelspaltexperiment Abschn. 1.2.4 an. Wir gehen von Fig. 1.21 aus und installieren, wie in Fig. 3.1 gezeigt, in der Mitte hinter dem Doppelspalt senkrecht zum Elektronenstrahl eine sehr lange Spule, die sehr dünn und so angeordnet ist, daß sie den durch den Doppelspalt fliegenden Elektronen nicht im Wege steht und darüber hinaus nach außen magnetisch völlig abgeschirmt ist. Die magnetische Induktion $\vec{B}$ wird also nur im Innenraum der Spule erzeugt, während der Außenraum vollkommen kräftefrei ist. Vom Standpunkt des Einflusses durch die Kraft ist es also für die Elektronen völlig unerheblich, ob der Strom in der Spule eingeschaltet oder ausgeschaltet ist. Da der Weg,

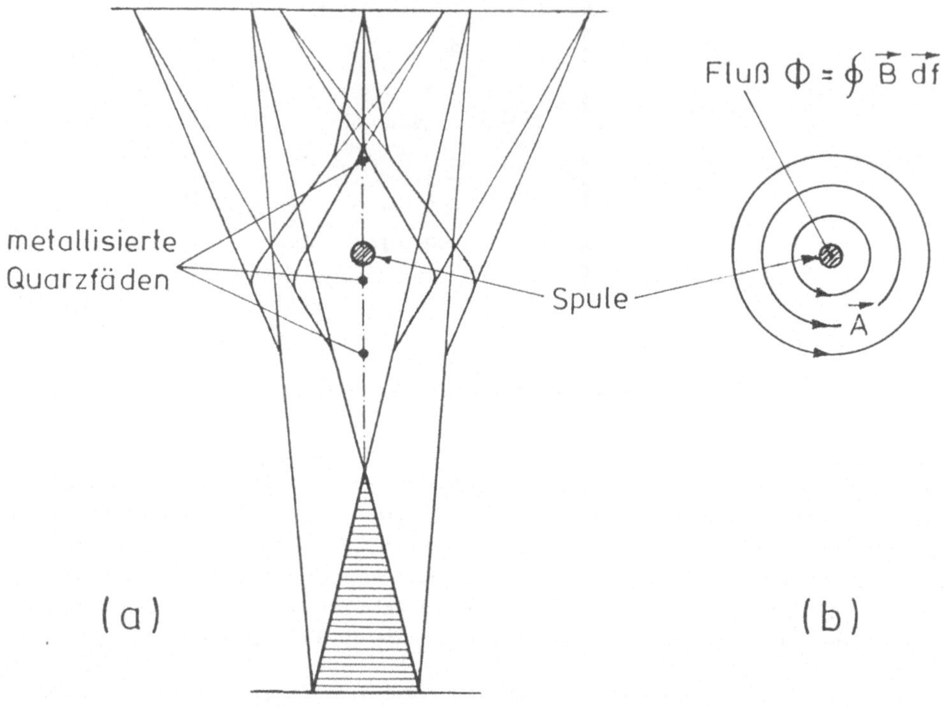

Fig. 3.2: *Nachweis des Aharonov–Bohm–Effekts. a) Experimentelle Anordnung, b) Verlauf des Vektorpotentials $\vec{A}$.*

den sie durchlaufen, in jedem der beiden Fälle kräftefrei ist, unterliegen sie scheinbar keinem Einfluß.

Nun erzeugt das $\vec{B}$–Feld aber ein Vektorpotential $\vec{A}$, welches gemäß

$$\vec{B} = rot\ \vec{A}$$

im Außenraum der Spule nicht verschwindet, sondern dort in jedem Raumpunkt einen von Null verschiedenen Wert hat. In der Quantenmechanik geht bei der Wechselwirkung von Teilchen mit elektromagnetischen Feldern gerade dieses Vektorpotential in die Schrödinger-Gleichung ein und nicht die Feldgröße selbst (Anhang H). Löst man die Schrödinger-Gleichung für das Doppelspaltexperiment, so zeigt sich, daß die dort erläuterten Interferenzeffekte vom Vektorpotential abhängen. Wegen der Kräftefreiheit des Raumes außerhalb der Spule erfahren die Elektronen zwar keine Ablenkung, aber die Phasen der beiden kohärenten Teilwellen ändern sich unterschiedlich aufgrund der Wirkung des Vektorpotentials, was zu einer Änderung der Interferenzfiguren auf dem Schirm führt, wenn der Strom in der Spule variiert wird.

Es gibt eine Reihe von Experimenten zu diesem Aharonov–Bohm–Effekt genannten Sachverhalt. Den dem Doppelspaltexperiment am nächsten kommenden Nachweis des Effektes erbrachten Gottfried Möllenstedt und Werner Bayh im Jahr 1962. Sie verwendeten eine Folge von drei elektrostatischen Biprismen an Stelle von nur einem Biprisma der in Abschn. 1.2.4 beschriebenen Anordnung von Möllenstedt und Düker. In Fig. 3.2 ist die Anordnung skizziert. Hierbei befinden sich das erste und das dritte Biprisma auf negativem, das zweite auf positivem Potential. Auf diese Weise gelingt eine Spreizung der beiden Teilstrahlen auf einen Abstand von $60\mu m$ mit nachfolgender Fokussierung auf den Schirm.

Knapp oberhalb des zweiten Biprismas wird eine $5mm$ lange Spule von $20\mu m$ Durchmesser eingebracht, deren Magnetfeld im Außenraum infolge der hohen Windungsdichte hinreichend gut abgeschirmt ist. Die Spreizung der beiden Teilstrahlen ist groß genug, daß die Teilstrahlen die Spule in weitem Bogen umfliegen können.

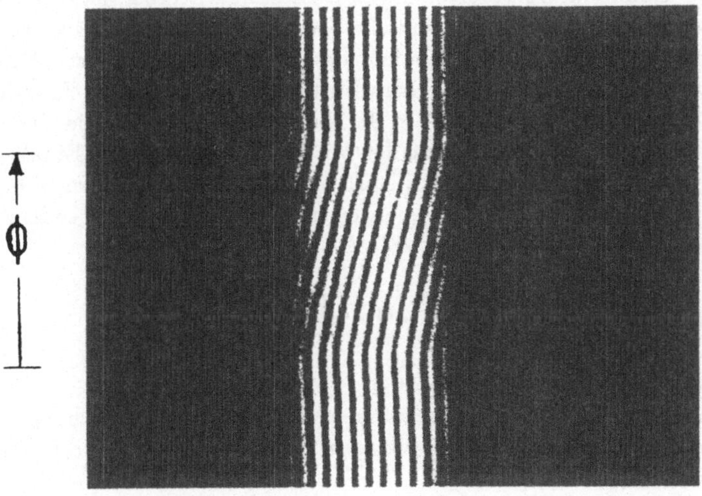

Fig. 3.3: *Verschiebung des Interferenzmusters durch das Vektorpotential beim Aharonov–Bohm–Effekt. Nach oben variiert der Fluß ϕ der Spule im mittleren Drittel des Bildes. W. Bayh, Zeitschr. für Physik 169(1962)508.*

Fig. 3.3 zeigt von unten nach oben betrachtet, wie das gemessene Interferenzmuster im mittleren Bereich synchron mit dem magnetischen Fluß in der Spule verschoben wird, in seiner Struktur aber sonst erhalten bleibt. Im oberen und unteren Drittel des Bildes ist der Fluß jeweils konstant. Die Größe der Verschiebung entspricht genau der quantenmechanischen Vorhersage.

Modernere Experimente zum Aharonov–Bohm–Effekt arbeiten mit supraleitendem Material zur Abschirmung des $\vec{B}$–Feldes und sollen hier nicht besprochen werden.

Somit ist also gezeigt, daß in der Quantenmechanik die Potentiale die bestimmenden Größen sind und nicht die wirkenden Kräfte.

3.2   Die Schrödinger–Gleichung für stationäre Probleme

In vielen Fällen befindet sich das betrachtete System in einem räumlich veränderlichen, aber zeitlich konstanten Feld. In diesen Fällen hängt, wie man aus der klassischen Mechanik weiß, die Hamilton–Funktion explizit nicht von der Zeit ab. Das gleiche gilt dann auch für den Hamilton–Operator in Gl.(3.9). Dieser Sachverhalt ist einleuchtend, denn bei einem zeitlich konstanten Feld sind alle Zeitpunkte bezüglich des betrachteten Systems gleichwertig, so daß sich der Zustand des Systems nicht ändert. Man sagt, das System befindet sich in einem stationären Zustand. Eine Hamilton–Funktion, die explizit nicht von der Zeit abhängt, stellt in der klassischen Mechanik die Energie des Systems dar, wobei die Unabhängigkeit von der Zeit ein Ausdruck für die Erhaltung der Energie ist. Auf die Schrödinger–Gleichung Gl.(3.8) bzw. Gl.(3.9) übertragen bedeutet dies, daß eine Lösung mit konstanter Energie wegen $E = \hbar\omega$ eine feste Frequenz haben muß. Folglich muß hierfür gelten

$$(3.11) \qquad \psi(\vec{r},t) = \phi(\vec{r}) \cdot \exp(-i\omega t) = \phi(\vec{r})\exp(-\frac{i}{\hbar}Et) \, ,$$

wobei die Funktion $\phi(\vec{r})$ nur vom Ort abhängt.

Wird der Ausdruck Gl.(3.11) in die zeitabhängige Schrödinger–Gleichung Gl.(3.8) bzw. Gl.(3.9) eingesetzt, so erfüllt $\phi(\vec{r})$, wie man leicht nachrechnet, die Differentialgleichung

$$(3.12) \qquad \boxed{-\frac{\hbar^2}{2M}\Delta\phi(\vec{r}) + V(\vec{r})\phi(\vec{r}) = E\phi(\vec{r})} \qquad \text{zeitunabhängige Schrödinger-Gleichung,}$$

bzw. in allgemeiner Form ausgedrückt

$$(3.13) \qquad \boxed{\mathcal{H}(-i\hbar\vec{\mathrm{grad}},\vec{r})\phi(\vec{r}) = E\phi(\vec{r}).}$$

Die Differentialgleichung Gl.(3.12) bzw. Gl.(3.13) ist die Bestimmungsgleichung für die Energie E und für die Wellenfunktion $\phi(\vec{r})$ des betrachteten Systems und heißt **zeitunabhängige Schrödinger–Gleichung**. Sie hat im allgemeinen nicht für jeden

Energiewert E eine Lösung. Die brauchbaren Energiewerte E_n heißen **Energieeigen-werte**. Die zugehörigen Lösungen für die Wellenfunktionen $\phi_n(\vec{r})$ nennt man **Eigen-funktionen** der Schrödinger–Gleichung.

Ohne Beweis seien hier folgende Eigenschaften der Energieeigenwerte aufgeführt

- Für gebundene Zustände liefern Gl.(3.12) oder Gl.(3.13) ein diskretes Energie-eigenwertspektrum E_n und zugehörige Eigenfunktionen $\phi_n(\vec{r})$. Dies ist z.B. bei den Elektronen im Potentialtopf des Metalls (Fig. 1.5) oder beim Wasserstoffatom (Kap. 5) der Fall.

  Da das System noch durch weitere Größen wie z.B. durch den Drehimpuls, be-stimmt werden kann, kommt es vor, daß zu einem bestimmten Wert E_n meh-rere Eigenfunktionen $\phi_{nk}(\vec{r}), k = 1\ldots f$ existieren. Man spricht in diesem Fall von einer Entartung der Lösung und nennt den betreffenden, durch den Index n charakterisierten Zustand f-fach entartet. Das Wasserstoffatom wird sich als entartetes Problem erweisen.

- Für nicht gebundene Zustände bilden die Energieeigenwerte ein kontinuierliches Spektrum. Dies gilt z.B. für Streuexperimente, bei denen das Projektil im feld-freien Raum vor bzw. nach der Streuung eine beliebig einstellbare Energie E haben kann.

Unter Berücksichtigung des Superpositionsprinzips läßt sich die allgemeine Lösung der Schrödinger–Gleichung Gl.(3.8) bzw. Gl.(3.9) schreiben[2]

$$\psi(\vec{r}, t) = \sum_n a_n exp(-\frac{i}{\hbar}E_n t)\phi_n(\vec{r}) \ .$$

---

[2]Eine formale Herleitung der allgemeinen Lösung der zeitabhängigen Schrödinger–Gleichung Gl.(3.8) bzw. Gl.(3.9) läßt sich folgendermaßen zeigen:

Die zeitabhängige Schrödinger–Gleichung

$$i\hbar\frac{\partial \psi}{\partial t} \ = \ \mathcal{H}(-i\hbar \vec{grad}, \vec{r})\psi(\vec{r}, t)$$

hat formale Lösungen

$$\psi(\vec{r}, t) = \exp(-i\frac{t}{\hbar}\mathcal{H}(-i\hbar \vec{grad}, \vec{r})) \cdot \psi(\vec{r}, t = 0).$$

Da die Eigenfunktionen $\phi_n(\vec{r})$ von Gl.(3.12) bzw. Gl.(3.13) ein vollständiges System bilden (s. Ab-schn. 3.4.2), kann $\psi(\vec{r}, t = 0)$ nach diesem System entwickelt werden

$$\psi(\vec{r}, t = 0) = \sum_n a_n \phi_n(\vec{r}).$$

Diese Entwicklung in die vorangehende Gleichung eingesetzt liefert

$$\begin{aligned}
\psi(\vec{r}, t) \ &= \ \sum_n a_n \exp(-i\frac{t}{\hbar}\mathcal{H}(-i\hbar \vec{grad}, \vec{r}))\phi_n(\vec{r}) \\
&= \ \sum_n a_n \exp(-\frac{i}{\hbar}E_n t)\phi_n(\vec{r}).
\end{aligned}$$

a_n sind komplexe Zahlen, die durch die Anfangs- und Randbedingungen festgelegt werden. Die Summe läuft über alle möglichen Lösungen n. Im Falle eines kontinuierlichen Spektrums muß die Summe durch ein Integral ersetzt werden.

Bevor wir zu Anwendungen übergehen, wollen wir noch die Schrödinger-Gleichung für zwei Teilchen betrachten. Das Zweiteilchenproblem kommt in der Physik sehr häufig vor. Einfachste Beispiele sind das Wasserstoffatom, Rotation und Schwingung bei zweiatomigen Molekülen und das Deuteron.

Für unsere Zwecke genügt die Beschränkung auf stationäre Probleme. Wir gehen davon aus, daß die Wechselwirkung nur vom Abstandsvektor $\vec{r}_1 - \vec{r}_2$ der beiden betrachteten Teilchen der Massen M_1 und M_2 abhängt, was in der Regel der Fall ist. Die Schrödinger-Gleichung lautet dann

$$\left(-\frac{\hbar^2}{2M_1}\Delta_1 - \frac{\hbar^2}{2M_2}\Delta_2 + V(\vec{r}_1 - \vec{r}_2)\right)\phi(\vec{r}_1,\vec{r}_2) = E\phi(\vec{r}_1,\vec{r}_2).$$

Die Laplace-Operatoren Δ_1 bzw. Δ_2 beziehen sich dabei jeweils auf die Koordinaten $\vec{r}_1 = (x_1,y_1,z_1)$ bzw. $\vec{r}_2 = (x_2,y_2,z_2)$.

Wie in der klassischen Physik läßt sich die Bewegung der beiden Teilchen in ihre Relativbewegung und die Bewegung ihres gemeinsamen Schwerpunktes zerlegen. Wir führen daher die Relativkoordinate $\vec{r} = (x,y,z)$ und die Schwerpunktskoordinate $\vec{R} = (X,Y,Z)$ ein

$$\vec{r} = \vec{r}_1 - \vec{r}_2 \quad , \quad \vec{R} = \frac{M_1\vec{r}_1 + M_2\vec{r}_2}{M_S}, \qquad M_S = M_1 + M_2 \text{ Schwerpunktsmasse.}$$

Betrachten wir die partiellen Ableitungen für die Koordinaten x_i der Teilchen

$$\frac{\partial}{\partial x_1} = \frac{\partial X}{\partial x_1}\frac{\partial}{\partial X} + \frac{\partial x}{\partial x_1}\frac{\partial}{\partial x} = \frac{M_1}{M_S}\frac{\partial}{\partial X} + \frac{\partial}{\partial x},$$

$$\frac{\partial}{\partial x_2} = \frac{M_2}{M_S}\frac{\partial}{\partial X} - \frac{\partial}{\partial x},$$

so folgt nach nochmaligem Differenzieren für die Summe der x–Komponenten der ersten beiden Terme der Schrödinger-Gleichung

$$\frac{1}{M_1}\frac{\partial^2}{\partial x_1^2} + \frac{1}{M_2}\frac{\partial^2}{\partial x_2^2} = \frac{1}{M_1}\left(\frac{M_1}{M_S}\frac{\partial}{\partial X} + \frac{\partial}{\partial x}\right)^2 + \frac{1}{M_2}\left(\frac{M_2}{M_S}\frac{\partial}{\partial X} - \frac{\partial}{\partial x}\right)^2$$

$$= \frac{1}{M_S}\frac{\partial^2}{\partial X^2} + \frac{1}{M_0}\frac{\partial^2}{\partial x^2},$$

wobei M_0 die reduzierte Masse bedeutet

$$\frac{1}{M_0} = \frac{1}{M_1} + \frac{1}{M_2} \quad , \quad M_0 = \frac{M_1 M_2}{M_S}.$$

Entsprechend ist mit den y– und z–Komponenten zu verfahren. Die Schrödinger-Gleichung lautet dann

$$\left(-\frac{\hbar^2}{2M_S}\Delta_R - \frac{\hbar^2}{2M_0}\Delta_r + V(\vec{r})\right)\phi(\vec{r},\vec{R}) = E\phi(\vec{r},\vec{R}).$$

Da das Potential nur von $\vec{r}$ abhängt, die Bewegung des Schwerpunktes also nicht einschließt, können wir einen Separationsansatz machen, bei dem sich der Schwerpunkt wie eine ebene Welle verhält

$$\phi(\vec{r}, \vec{R}) = e^{i\vec{k}_S \vec{R}}\,\bar{\phi}(\vec{r}) \qquad \vec{k}_S \quad \text{Wellenzahlvektor des Schwerpunkts.}$$

Durch Einsetzen dieses Ansatzes geht die Schrödinger–Gleichung über in

$$\left(-\frac{\hbar^2}{2M_0}\Delta_r + V(\vec{r})\right)\bar{\phi}(\vec{r}) = \bar{E}\bar{\phi}(\vec{r})$$

mit den Energieeigenwerten

$$\bar{E} = E - \frac{\hbar^2}{2M_S}\vec{k}_S^2 = E - \frac{\vec{P}_S^2}{2M_S}, \qquad \vec{P}_S \text{ Impuls des Schwerpunktes,}$$

bzw.

$$E = \bar{E} + E_S, \qquad E_S \text{ kinetische Energie des Schwerpunktes.}$$

Die Energie E setzt sich also zusammen aus der kinetischen Energie E_S des Schwerpunktes und der Energie $\bar{E}$ der beiden Teilchen in ihrem Schwerpunktsystem.

Die zuletzt gewonnene Gleichung stellt die Schrödinger–Gleichung der beiden Teilchen in ihrem Schwerpunktsystem dar. Wir haben somit das Zweiteilchenproblem auf das Einteilchenproblem zurückgeführt und eine zu Gl.(3.12) formgleiche Schrödinger–Gleichung erhalten, welche die Bewegung der Masse M_0 im Potential $V(\vec{r})$ beschreibt. Wir können also für die Betrachtungen der Zweiteilchenprobleme auf Gl.(3.12) zurückgreifen, wenn wir dort für M die reduzierte Masse M_0 setzen und $\vec{r}$ als Relativkoordinate interpretieren.

3.3 Anwendungen

In den folgenden Abschnitten werden einfache Anwendungen unter stark idealisierten Voraussetzungen durchgerechnet. Es handelt sich hierbei um grundlegende Aufgabenstellungen, die in abgewandelten Formen im Bereich atomarer Dimensionen häufig wiederkehren. Die Idealisierungen bedeuten hierbei keine prinzipiellen Einschränkungen, da die Lösungen jeweils das wesentliche Verhalten richtig wiedergeben.

3.3.1 Das Teilchen im Potentialkasten

Wir betrachten ein Teilchen, z.B. ein Elektron, in einem eindimensionalen Kasten der Breite L mit unendlich harten Wänden, zwischen denen es sich bewegt und an denen es vollkommen elastisch reflektiert wird (Fig. 3.4). Physikalisch wird diese Aufgabenstellung näherungsweise z.B. durch ein freies Elektron innerhalb eines Metallstücks realisiert, wenn man von der Wechselwirkung mit den positiven Ionen und den übrigen Elektronen des Metalls absieht und wenn seine kinetische Energie im Metall kleiner ist als die Tiefe des Potentialtopfes. Das Elektron kann sich frei im Metall bewegen, vermag das Metall aber nicht zu verlassen. Die Idealisierung der unendlich harten Wände wird durch ein unendlich hohes Potential ausgedrückt. Die Fragestellung lautet: Durch welche Wellenfunktion wird das Teilchen beschrieben und welches sind seine möglichen Energiewerte?

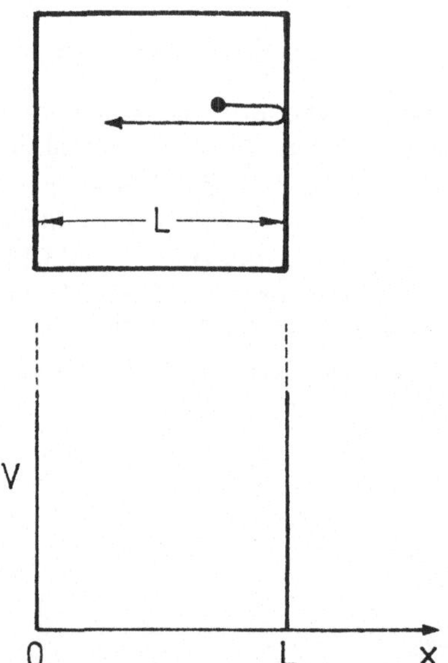

Fig. 3.4: *Das Teilchen im Potentialkasten.*

Das Potential hat folgende Gestalt

$$V(x) = \begin{cases} 0 & \text{für} \quad 0 < x < L \quad \text{innerhalb des Kastens} \\ \infty & \text{für} \quad x \leq 0 \quad \text{und } x \geq L. \end{cases}$$

Da es sich um ein stationäres Problem handelt, geht man von Gl.(3.12) aus. Sie lautet im Bereich $0 < x < L$ für den eindimensionalen Fall

$$\frac{d^2\phi(x)}{dx^2} + \frac{2M_e}{\hbar^2} E\phi(x) = 0, \quad M_e \text{ Masse des Elektrons.}$$

Die Lösungen sind, wie sich durch Einsetzen leicht verifizieren läßt,

$$\phi(x) = A\exp(ikx) + B\exp(-ikx) \qquad \text{mit } k = \frac{p}{\hbar} = \sqrt{\frac{2M_eE}{\hbar^2}} \ .$$

Die Koeffizienten werden durch die Randbedingungen ermittelt. Da im Bereich außerhalb des Kastens $V(x) = \infty$, kann die Schrödinger–Gleichung (3.12) nur erfüllt werden, wenn dort $\phi(x)$ verschwindet.
$\phi(x = 0) = 0$ führt zu $A = -B$ also,

$$\begin{aligned}
\phi(x) &= A(\exp(ikx) - \exp(-ikx)) = 2Ai\sin kx \\
&= 2Ai\sin\left(\sqrt{\frac{2M_eE}{\hbar^2}}x\right) \ .
\end{aligned}$$

$\phi(x = L) = 0$ bedeutet $\sin(\sqrt{2M_eE/\hbar^2}L) = 0$. Hieraus folgt

$$\sqrt{\frac{2M_eE}{\hbar^2}}L = n\pi \ , \qquad\qquad n = 1,2,3\ldots$$

Man nennt die Größe n eine Quantenzahl. Der Wert $n = 0$ kommt nicht vor, da er zu $\phi(x)$ identisch Null führen würde. Somit ergeben sich die Energieeigenwerte zu

$$(3.14) \qquad \boxed{E_n = \frac{n^2\pi^2\hbar^2}{2M_eL^2} = \frac{n^2h^2}{8M_eL^2} \ , \qquad n = 1,2,3\ldots}$$

Es sind nur gequantelte Energiewerte zugelassen. Auffallend ist, daß die minimale Energie des Teilchens nicht Null ist, sondern einen endlichen Wert hat

$$E_1 = \frac{\hbar^2\pi^2}{2M_eL^2}\ .$$

Dieses Ergebnis ist als Ausdruck der Unschärferelation zu deuten, wonach das auf den Raumbereich $\Delta x = L$ beschränkte Teilchen einen Impuls haben muß, der mindestens gleich seiner Impulsunschärfe Δp ist. Das Teilchen besitzt eine sogenannte **Nullpunktsenergie**, die umso größer wird, je kleiner der begrenzende Raumbereich ist.

Die zugehörigen Eigenfunktionen lassen sich schreiben

$$\phi_n(x) = 2Ai\sin\left(\frac{n\pi}{L}x\right) \ , \qquad n = 1,2,3\ldots$$

Die Normierung legt die Konstante A fest

$$\int_0^L |\phi_n(x)|^2 dx = 4|A|^2 \int_0^L \sin^2\left(\frac{n\pi}{L}x\right)dx = 1 \ .$$

Da

$$\int_a^b \sin^2(\lambda x)dx = \frac{1}{2\lambda}(\lambda x - \sin\lambda x \cdot \cos\lambda x)\big|_a^b \ ,$$

ergibt sich

$$4|A|^2 \int_0^L \sin^2(\frac{n\pi}{L}x)dx = 4|A|^2\frac{L}{2} = 1 \ .$$

Abgesehen von einem unwichtigen Phasenfaktor sind die Eigenfunktionen

$$(3.15) \qquad \boxed{\phi_n(x) = \sqrt{\frac{2}{L}} \sin(\frac{n\pi}{L}x) \qquad n = 1,2,3,\ldots}$$

Unter Hinzunahme der Zeitabhängigkeit haben wir schließlich

$$(3.16) \qquad \boxed{\psi_n(x,t) = \sqrt{\frac{2}{L}} \sin(\frac{n\pi}{L}x) \cdot \exp(-\frac{i}{\hbar}E_n t) \ .}$$

Die Wellenfunktionen $\phi_n(x)$ gleichen dem klassischen Fall stehender Wellen. Im Grundzustand hält sich das Teilchen am häufigsten in der Kastenmitte auf, während es in hochangeregten Zuständen n über die Kastenbreite äquidistant verteilte Maxima der Aufenthaltswahrscheinlichkeit gibt (Fig. 3.5).

Die Eigenschaft der Energiequantelung ist keine Eigentümlichkeit des speziell vorliegenden Problems, sondern tritt immer dann auf, wenn das Teilchen durch ein Potential gefangengehalten wird, klassisch gesprochen also sein Aufenthaltsbereich räumlich beschränkt ist. Im vorliegenden Beispiel ist mit der Energie auch der Impuls gequantelt.

Ein abgewandeltes, mathematisch aber aufwendigeres Beispiel ist das Teilchen in einem Potentialkasten mit endlich hohen Wänden. Dieser Fall beträfe z.B. den eingangs erwähnten realistischen Fall des Elektrons im Potentialkasten, oder ein in einem Kern gebundenes Proton bzw. Neutron. Wir kommen in Band II, Abschn. 8.2.6, beim Deuteron hierauf zurück.

3.3.2 Das klassische Analogon zum Potentialkasten

Das Beispiel Abschn. 3.3.1 läßt sich sowohl von seiner Problemstellung her als auch hinsichtlich der Lösung mit dem klassischen Fall der schwingenden Saite vergleichen. Die transversale Auslenkung y einer an zwei Enden fest eingespannten Saite wird durch die Wellengleichung beschrieben

$$\frac{\partial^2 y}{\partial x^2} = \frac{1}{v^2}\frac{\partial^2 y}{\partial t^2} \ ,$$

wobei $\quad v = \sqrt{\dfrac{F}{M}}$

F Kraft, mit der die Saite gespannt ist
M Masse der Saite pro Längeneinheit
v Geschwindigkeit der Welle.

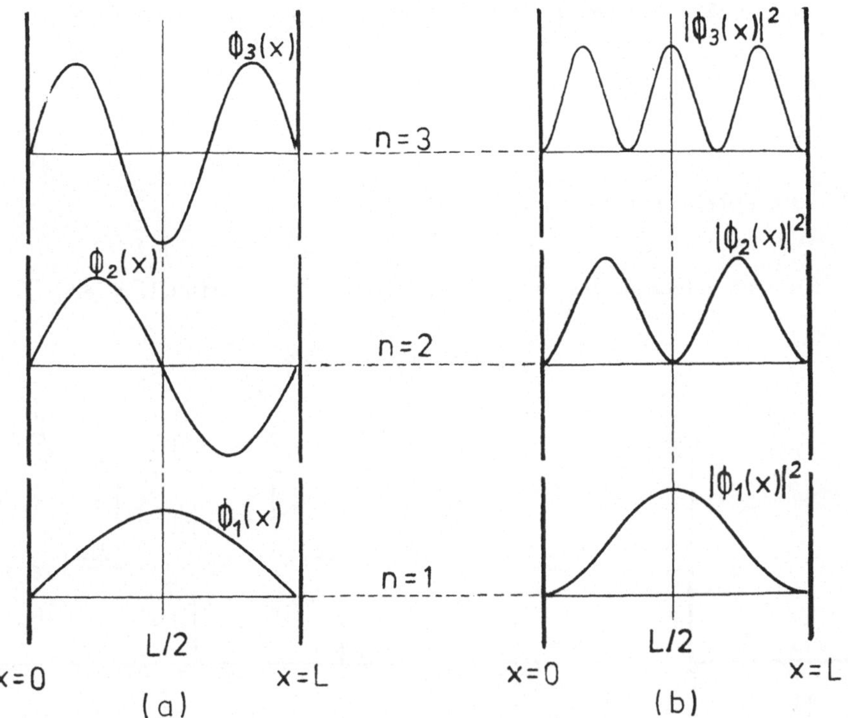

Fig. 3.5: *a) Wellenfunktionen $\phi_n(x)$ und b) Wahrscheinlichkeitsdichten $|\phi_n(x)|^2$ eines Teilchens in einem Potentialkasten für $n = 1, 2$ und 3.*

Die Lösung ist eine stehende Welle

$$y = y_0(\sin(kx - \omega t) + \sin(kx + \omega t)) \qquad k = \frac{\omega}{v} = \frac{2\pi}{\lambda} \,,$$

wobei der erste Term die Fortschreitung in positiver, der zweite Term diejenige in negativer x-Richtung darstellt. Die Zusammenfassung ergibt

$$y = 2y_0 \cos \omega t \cdot \sin kx \,.$$

Die Auslenkung muß an den Enden der Saite verschwinden

$$y(x = 0) = y(x = L) = 0, \qquad\qquad L \text{ Länge der Saite.}$$

Dies liefert

$$kL = n\pi \qquad\qquad n = 1, 2, 3 \ldots$$

Mit $v = \lambda \nu$ erhält man zusammmen mit der Definition der Wellenzahl k

$$(3.17) \qquad\qquad \nu = \sqrt{\frac{F}{M}}\frac{n}{2L}.$$

Die Frequenz der schwingenden Saite hat also diskrete Werte wie bei Problemen der Quantenmechanik. $n = 1$ liefert den Grundton, $n = 2, 3, \ldots$ die zugehörigen Obertöne.

3.3.3 Die Potentialstufe

Der Natur etwas näher als das vorige Beispiel ist die Potentialstufe (Fig. 3.6).

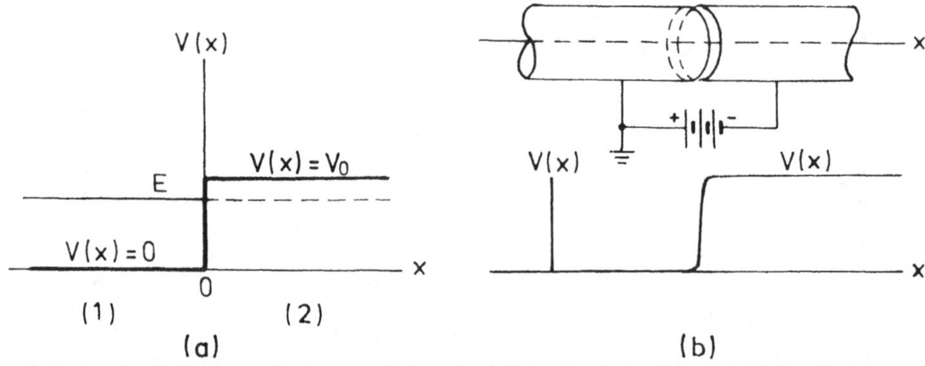

Fig. 3.6: *a) Die Potentialstufe   b) Beispiel der Elektrostatik.*

Ein Teilchen der kinetischen Energie E läuft von links an der Stelle $x = 0$ gegen eine Potentialstufe der Höhe V_0 an. Die Stufe sei nach rechts unendlich weit ausgedehnt. In der klassischen Physik ließe sich ein solcher Fall durch ein in einer metallischen Driftröhre laufendes Elektron realisieren, welches bei $x = 0$ plötzlich ein Bremspotential vorfindet (Fig. 3.6b). Wir unterscheiden die beiden Fälle $E > V_0$ und $E < V_0$ und verwenden wieder die zeitunabhängige Schrödinger–Gleichung Gl.(3.12), da wir uns von links kommend einen stationären Strom von Teilchen denken können. Der Potentialverlauf legt eine getrennte Behandlung der beiden Bereiche (1) und (2) nahe (Fig. 3.6a)

$$\begin{aligned} V(x) &= 0 && \text{für} \quad x \leq 0 && \text{Bereich (1) ,} \\ V(x) &= V_0 && \text{für} \quad x > 0 && \text{Bereich (2) .} \end{aligned}$$

a) $E > V_0$.   Die Schrödinger–Gleichung in den zwei Bereichen lautet

$$\frac{d^2\phi_1}{dx^2} + \frac{2M}{\hbar^2} E\phi_1 = 0 \qquad \text{Bereich (1) ,}$$

$$\frac{d^2\phi_2}{dx^2} + \frac{2M}{\hbar^2}(E - V_0)\phi_2 = 0 \qquad \text{Bereich (2) .}$$

Dies sind zwei Differentialgleichungen vom gleichen Typ

$$\frac{d^2\phi}{dx^2} + k^2\phi = 0 \ ,$$

deren Lösungen fortlaufende Wellen $\exp(\pm ikx)$ sind. Wir definieren die Wellenzahlen k_1 und k_2 durch

$$k_1^2 = \frac{p_1^2}{\hbar^2} = \frac{2ME}{\hbar^2} \qquad \text{Bereich (1)},$$

$$k_2^2 = \frac{p_2^2}{\hbar^2} = \frac{2M(E - V_0)}{\hbar^2} \qquad \text{Bereich (2)}, \quad E - V_0 = \ \text{kinet. Energie des Teilchens.}$$

Aus der Mechanik und aus der Optik ist bekannt, daß fortlaufende Wellen bei einer Änderung des umgebenden Mediums teilweise eine Reflexion erfahren und teilweise im neuen Medium weiterlaufen. Wir müssen daher für das von links kommende Teilchen auch einen über die Potentialstufe hinweglaufenden Wellenteil zulassen, wohingegen im Bereich (2) keine von rechts kommende Welle vorkommen kann. Der Lösungsansatz lautet daher

$$\phi_1(x) = A\exp(ik_1 x) + B\exp(-ik_1 x) \ ,$$
$$\phi_2(x) = C\exp(ik_2 x) \ , \qquad A, \ B, \ \text{und } C \text{ Konstante.}$$

So wie bei allen Wellen müssen die Wellenfunktionen an der Grenze zweier Bereiche stetig differenzierbar ineinander übergehen. Es wird also ein stetige Verbindung bei x=0 verlangt. Das sind die Grenzbedingungen, die zur Bestimmung der komplexen Konstanten A,B und C führen.

$$\phi_1(x = 0) = \phi_2(x = 0) \qquad \text{führt zu} \qquad A + B - C \ ,$$

(3.18)

$$\frac{d\phi_1}{dx}(x = 0) = \frac{d\phi_2}{dx}(x = 0) \qquad \text{führt zu} \qquad ik_1 A - ik_1 B = ik_2 C \ .$$

Dies ergibt

$$B = \frac{k_1 - k_2}{k_1 + k_2}A \qquad ; \qquad C = \frac{2k_1}{k_1 + k_2}A \ .$$

Wir erhalten also, von der Zeitabhängigkeit abgesehen, die Lösungen

(3.19)
$$\phi(x) = \begin{cases} A\left(\exp(ik_1 x) + \dfrac{k_1 - k_2}{k_1 + k_2}\exp(-ik_1 x)\right) & \text{für} \quad x \leq 0 \\[2ex] A\dfrac{2k_1}{k_1 + k_2}\exp(ik_2 x) & \text{für} \quad x > 0 \ . \end{cases}$$

Die Konstante A wird durch die Normierung der Wellenfunktion festgelegt, die uns weiter nicht interessiert. Der reflektierende Anteil verschwindet für $k_1 = k_2$, d.h. für $V_0 = 0$; für $V_0 > 0$ ist also stets eine reflektierte Welle vorhanden. Analog zur klassischen Physik läßt sich ein Reflexionskoeffizient R und ein Durchlässigkeitskoeffizient D angeben. R bzw. D ist jeweils das Verhältnis des rücklaufenden bzw. weiterlaufenden zum einlaufenden Fluß, wobei der Fluß jeweils durch das Produkt von Aufenthaltswahrscheinlichkeit und Geschwindigkeit v_1 bzw. v_2 des Teilchens gegeben ist

$$R \; = \; \frac{v_1 |B|^2}{v_1 |A|^2} = \frac{|B|^2}{|A|^2} = \frac{(k_1 - k_2)^2}{(k_1 + k_2)^2} \; ;$$

$$(3.20) \qquad D \; = \; \frac{v_2 |C|^2}{v_1 |A|^2} = \frac{k_2 |C|^2}{k_1 |A|^2} = \frac{4 k_1 k_2}{(k_1 + k_2)^2} \; ;$$

$$R + D \; = \; 1 \; .$$

Die Ausdrücke Gl.(3.20) sind bereits aus der Optik bekannt. Sie geben die Reflexion und die Transmission von senkrecht auf die Grenze zweier Medien einfallendem Licht wieder, wenn man in den Gl.(3.20) die Wellenzahlen durch die Brechungsindizes der beiden Medien ersetzt.

b) $E < V_0$.   Dieser Fall ist zweifellos interessanter, denn er bildet die Vorstufe zu dem im nächsten Abschnitt behandelten Beispiel des Tunneleffekts, der in atomaren Bereichen je nach den Gegebenheiten der Potentialformen ziemlich oft vorkommt. Ein anschauliches Beispiel stellen die freien Elektronen in einem einseitig unendlich langem Metalldraht dar (vgl. Fig. 1.5, Potentialtopfmodell des Metalls).   Ein von links im Draht laufendes Elektron muß am Drahtende bei x=0 nach klassischer Vorstellung unweigerlich umkehren, d.h. an der Potentialstufe total reflektiert werden, und hat keinerlei Chance, in Bereiche außerhalb des Drahtes zu gelangen. Um das Elektron vom Draht abzulösen, müßte ihm von außen mindestens die Austrittsarbeit B_0 zugeführt werden (Gl.(1.2)). Die Wellenvorstellung läßt jedoch grundsätzlich auch ein Eindringen in den Bereich (2) zu, ohne daß die Austrittsarbeit B_0 geleistet werden muß. Die Welle kann sich über das Drahtende hinaus ausdehnen, ein Ablösen des Elektrons findet jedoch nicht statt. Es ist dann lediglich die Frage, wie groß die Wahrscheinlichkeit für dieses Eindringen ist. Die Schrödinger-Gleichung für die beiden Bereiche ist die gleiche wie in Beispiel (a)

$$\frac{d^2 \phi_1}{dx^2} + \frac{2M}{\hbar^2} E \phi_1 \; = \; 0 \qquad \text{Bereich (1) ,}$$

$$\frac{d^2 \phi_2}{dx^2} + \frac{2M}{\hbar^2} (E - V_0) \phi_2 \; = \; 0 \qquad \text{Bereich (2) .}$$

Die entsprechenden Wellenzahlen sind definiert durch

$$k_1^2 \; = \; \frac{2ME}{\hbar^2} \qquad\qquad \text{Bereich (1) ,}$$

$$k_2^2 \; = \; \frac{2M(E - V_0)}{\hbar^2} = - \frac{2M(V_0 - E)}{\hbar^2} \qquad \text{Bereich (2) .}$$

Offensichtlich ist die Wellenzahl k_2 keine reelle Größe. Wir definieren daher

$$(3.21) \qquad\qquad k_2 = i\kappa \qquad \text{mit } \kappa = \sqrt{\frac{2M(V_0 - E)}{\hbar^2}} \text{ (reell).}$$

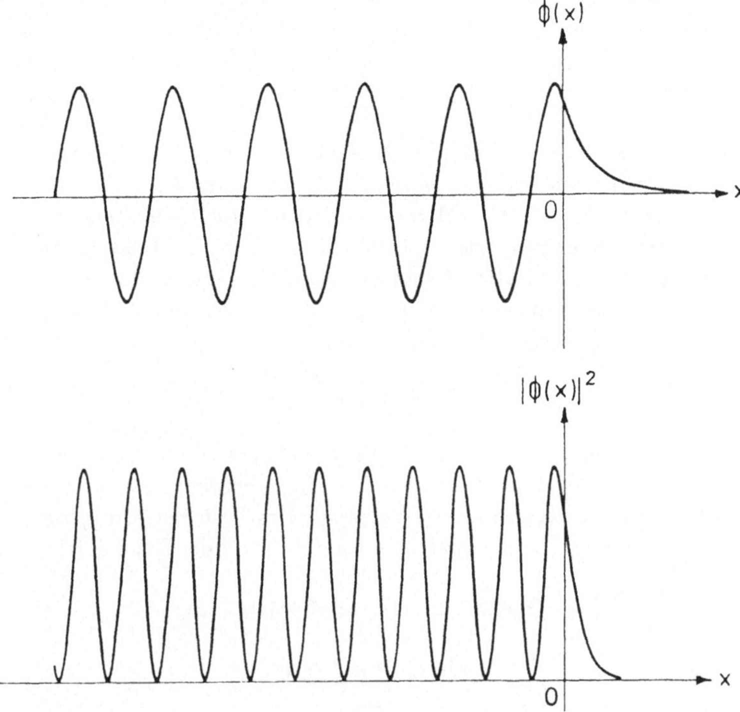

Fig. 3.7: $\phi(x)$ *und* $|\phi(x)|^2$ *für die Potentialstufe im Fall* $E < V_0$.

Für den Lösungsansatz setzen wir wie in Beispiel (a)

$$\begin{aligned}
\phi_1(x) &= A\exp(ik_1x) + B\exp(-ik_1x) \\
\phi_2(x) &= C\exp(ik_2x) \\
&= C\exp(-\kappa x) .
\end{aligned}$$

Wir haben im Bereich (1) wieder eine hin– und zurücklaufende Welle und im Bereich (2) eine exponentiell abnehmende Funktion.

Die Stetigkeitsbedingungen Gl.(3.18) ergeben für dieses Beispiel

$$B = \frac{ik_1 + \kappa}{ik_1 - \kappa}A \quad ; \quad C = \frac{2ik_1}{ik_1 - \kappa}A .$$

Die Lösung lautet dann abgesehen von der Zeitabhängigkeit

$$(3.22) \qquad \phi(x) = \begin{cases} A\left(\exp(ik_1x) + \dfrac{ik_1 + \kappa}{ik_1 - \kappa}\exp(-ik_1x)\right) & \text{für} \quad x \leq 0 \\[3mm] A\dfrac{2ik_1}{ik_1 - \kappa}\exp(-\kappa x) & \text{für} \quad x > 0 . \end{cases}$$

Die beiden Lösungen lassen sich besser vergleichen, wenn man die erste Zeile anders schreibt. Es läßt sich leicht umrechnen

$$\phi(x) = A\frac{2ik_1}{ik_1 - \kappa}(\cos k_1 x - \frac{\kappa}{k_1}\sin k_1 x) \qquad \text{für } x \leq 0 \ .$$

Abgesehen von dem konstanten Faktor vor der Klammer ist die Funktion reell. Das gleiche gilt für die Funktion $\phi(x)$ im Bereich (2). Im Bereich (1) liegt eine stehende Welle vor, gebildet durch die hin- und rücklaufenden Anteile, im Bereich (2) fällt die Funktion exponentiell ab, charakterisiert durch die Größe κ. Die Funktionen $\phi(x)$ (ohne den komplexen Vorfaktor) und $|\phi(x)|^2$ sind in Fig. (3.7) dargestellt.

Das Teilchen kann in den Bereich (2) eindringen, aber nicht sehr weit. Definiert man

$$\Delta x = \frac{1}{\kappa} = \frac{\hbar}{\sqrt{2M(V_0 - E)}}$$

als mittlere Eindringtiefe, setzt für M die Elektronenmasse ein und rechnet mit der Größenordnung 1eV für die Energiedifferenz $V_0 - E$, so ergeben sich typische Eindringtiefen von $2 \cdot 10^{-10}m$, also atomare Dimensionen. Das Teilchen dringt umso tiefer in den Bereich (2) ein, je näher seine kinetische Energie E an die Höhe der Potentialstufe V_0 herankommt.

Berechnen wir den Reflexionskoeffizienten, so ergibt sich

$$R = \frac{v_1|B|^2}{v_1|A|^2} = \left|\frac{ik_1 + \kappa}{ik_1 - \kappa}\right|^2 = 1 \ .$$

Die einfallende und die reflektierte Welle haben die gleiche Intensität. Es werden also alle Teilchen, die die Potentialstufe erreichen, zurückreflektiert, ungeachtet der Wahrscheinlichkeit, auch in den Bereich (2) eindringen zu können.

3.3.4 Der Tunneleffekt

Der Tunneleffekt ist eine wichtige Variante des letzten Beispiels, die für das Verständnis einer Reihe von Erscheinungen von großer Bedeutung ist. Wir werden im nächsten Abschnitt einige Fälle dazu diskutieren. Im Idealbild des Tunneleffektes trifft ein Teilchen von links kommend (Fig. 3.8) auf einen rechteckigen Potentialwall der Höhe V_0 und der Breite a.

Es liegt nahe, drei Bereiche getrennt zu betrachten

$$V(x) = \begin{cases} 0 & \text{für } x < 0 & \text{Bereich (1) ,} \\ V_0 & \text{für } 0 \leq x \leq a & \text{Bereich (2) ,} \\ 0 & \text{für } x > a & \text{Bereich (3) .} \end{cases}$$

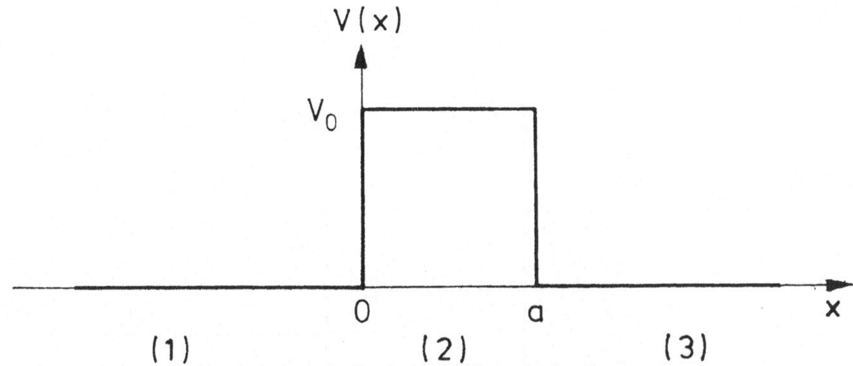

Fig. 3.8: *Potential des Tunneleffektes.*

Zur Behandlung des Problems müssen wir wieder zwischen den beiden Fällen $E <
V_0$, $E > V_0$ unterscheiden, wenn E die kinetische Energie des Teilchens ist. Nach den
Ergebnissen der vorigen Beispiele ist zu erwarten, daß die Welle im Fall $E > V_0$ aus
einem reflektierten und einem über den Potentialwall hinweglaufenden Anteil besteht.
Wir wollen nur den bedeutsamen Fall $E < V_0$ behandeln.

Die Wellenzahlen k_1 und $k_2 = i\kappa$ seien wie im vorigen Beispiel gemäß Gl.(3.21)
definiert. Für den Bereich (3), in dem man lediglich eine auslaufende Welle erwartet,
ist $k_3 = k_1$. Da im Bereich (1) $E = E_{kin}$ ist, so haben wir in Bereich (2) $E = E_{kin}(2)+V_0$.
Die kinetische Energie in Bereich (2) wäre also negativ $E_{kin}(2) = E - V_0 < 0$. Nach
der klassischen Vorstellung könnte das Teilchen den Potentialwall nie überwinden. Daß
quantenmechanisch das Teilchen dennoch mit einer gewissen Wahrscheinlichkeit das
Potential "durchtunneln" kann, ist wiederum der Heisenbergschen Unschärferelation zu
verdanken

$$\Delta E \cdot \Delta t \sim \hbar.$$

Wie bereits in Abschn. 1.2.5 erwähnt wurde, darf der Energiesatz um ΔE in der Zeit
Δt verletzt werden, d.h. innerhalb der Zeit Δt muß das Teilchen den Wall durchquert
haben.

Zur Lösung des Problems machen wir Ansätze, die sich aus dem vorigen Beispiel
von selbst verstehen:

$$\begin{array}{llll}
\phi_1 &= A\exp(ik_1 x) + B\exp(-ik_1 x) & k_1 = \sqrt{2ME/\hbar^2} & \text{Bereich 1} \\
\phi_2 &= C\exp(-\kappa x) + D\exp(\kappa x) & \kappa = \sqrt{2M(V_0 - E)/\hbar^2} & \text{Bereich 2} \\
\phi_3 &= E\exp(ik_3 x) & k_3 = k_1 & \text{Bereich 3.}
\end{array}$$

Die Stetigkeitsbedingungen an den Stellen x=0 und x=a liefern wiederum vier Be-
dingungsgleichungen für die fünf Koeffizienten A bis E. Die Normierung legt den restlichen Koeffizienten fest. Wir wollen die etwas längliche Berechnung hier nicht ausführen,
sondern das Ergebnis anhand von Fig. 3.9 diskutieren.

Die Welle nähert sich von links dem Wall und bildet zusammen mit dem zurück-
laufenden Teil eine stehende Welle. Der den Wall durchdringende Anteil besteht aus

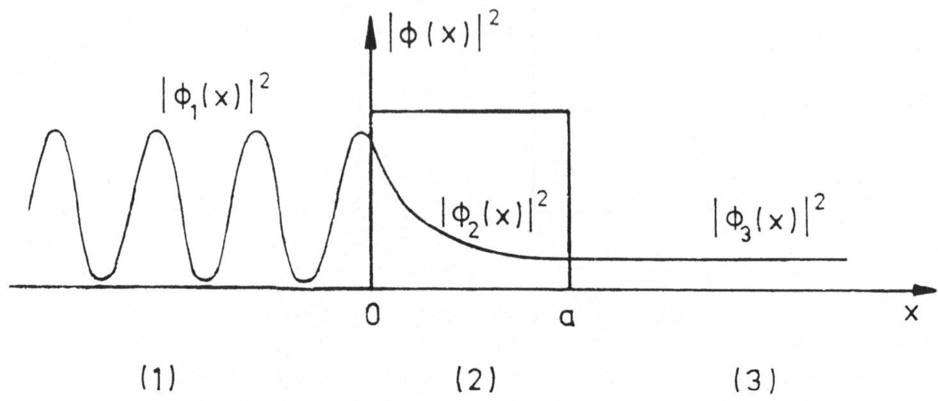

Fig. 3.9: *Die Aufenthaltswahrscheinlichkeit beim Tunneleffekt.*

der Überlagerung einer exponentiell mit x abfallenden und ansteigenden Funktion. Er verläßt den Potentialwall an der Stelle $x = a$ amplitudengeschwächt, hat aber die gleiche Wellenlänge wie in Bereich (1). Das bedeutet, daß das Teilchen mit endlicher Wahrscheinlichkeit den Potentialwall durchqueren und mit unverminderter Energie weiterfliegen kann. Die Durchdringungswahrscheinlichkeit ist offensichtlich umso größer, je schmaler der Potentialwall und je geringer die Energiedifferenz $V_0 - E$ ist.

Berechnet man den Transmissionskoeffizienten, also das Verhältnis der Intensitäten der auslaufenden Welle in Bereich (3) zur einlaufenden Welle in Bereich (1), so ergibt sich

$$(3.23) \qquad T = \frac{v_1 |E|^2}{v_1 |A|^2} = \left(1 + \frac{\sinh^2(\kappa a)}{4 \dfrac{E}{V_0}\left(1 - \dfrac{E}{V_0}\right)} \right)^{-1} .$$

Fig. 3.10 gibt die Größe T sowie in Ergänzung dazu den Reflexionskoeffizienten $R = 1 - T$ (gestrichelt) in Abhängigkeit von E/V_0 wieder. V_0 und a sind hierbei so gewählt, daß $2MV_0 a^2/\hbar^2 = 9$. Nach der Definition von κ in Gl.(3.21) bedeutet dies, daß im Fall $E/V_0 \ll 1$ die (imaginäre) Wellenlänge innerhalb des Walls etwa doppelt so groß ist wie die Wallbreite, wie sich leicht nachprüfen läßt.

Für $\kappa a \gg 1$, also für große Wallbreiten, läßt sich Gl.(3.23) zu dem einfachen Ausdruck

$$(3.24) \qquad T \approx 16 \frac{E}{V_0}\left(1 - \frac{E}{V_0}\right) \exp(-2\kappa a) \qquad \kappa a \gg 1$$

nähern. Die Durchdringwahrscheinlichkeit des Walls fällt in diesem Fall exponentiell mit der Wallbreite.

In Fig. 3.10 ist der hier nicht behandelte Fall $E > V_0$ gleichfalls wiedergegeben

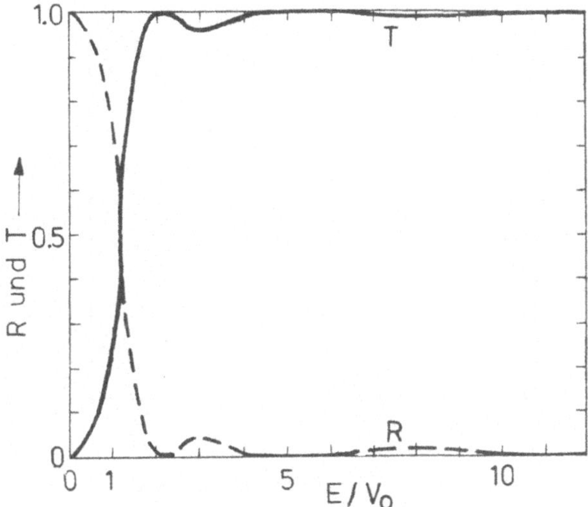

Fig. 3.10: *Transmissionskoeffizient T und Reflexionskoeffizient R (gestrichelt) beim Tunneleffekt.*

(Bereich der Kurven für $E/V_0 > 1$). Hierfür ist

$$(3.25) \qquad T = \left(1 + \frac{\sin^2 k_2 a}{4\dfrac{E}{V_0}\left(\dfrac{E}{V_0} - 1\right)}\right)^{-1} \qquad k_2 = \sqrt{\frac{2M(E - V_0)}{\hbar^2}} \qquad E > V_0 \; .$$

Wie man am Verlauf der Kurven in Fig. 3.10 erkennt, wird für $E = V_0$ bei der getroffenen Wahl von a noch ein erheblicher Teil der Welle zurückreflektiert. Die Reflexion verschwindet im wesentlichen erst, wenn die kinetische Energie des Teilchens etwa doppelt so groß ist wie die Höhe des Potentialwalls. Der Potentialwall ist dann für das Teilchen durchsichtig.

Das spiegelbildliche Beispiel zum Potentialwall ist der Potentialtopf. Er unterscheidet sich vom Potentialwall nur im Vorzeichen von V_0. Dieser Fall spielt in der Physik atomarer Dimensionen überall dort eine Rolle, wo Teilchen an attraktiven Potentialen gestreut werden. Typisches Beispiel ist der **Ramsauer–Effekt**: Der Wirkungsquerschnitt für die Streuung von Elektronen an Atomen durchläuft bei langsamen Elektronen ein Minimum, ein klassisch nicht erklärbares Verhalten. Fig. 3.11 zeigt dieses Verhalten am Beispiel von Argon. Der Wirkungsquerschnitt hat bei $0,3 eV$ Elektronenenergie ein sehr ausgeprägtes Minimum. Die quantenmechanische Behandlung, idealisiert durch das Potentialbild eines rechteckigen Topfes atomarer Breite, liefert einen Transmissionskoeffizienten, der den Wert 1 erreicht, wenn die de Broglie–Wellenlänge des Teilchens innerhalb des Topfes ein ganzes Vielfaches der Topfbreite ist. Das bedeutet, daß in diesem Fall die Atome für die Elektronen durchsichtig werden und keine Streuung stattfindet.

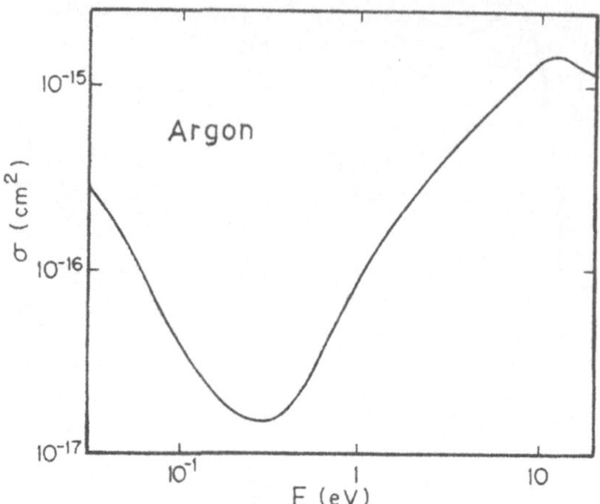

Fig. 3.11: *Der Ramsauer–Effekt.*

Man beachte, daß das Problem des Potentialtopfes für $E > 0$, also für Streuprobleme, ein ganz anderes Lösungsverhalten hat als für $E < 0$, d.h. für gebundene Systeme. In jenen Fällen sind diskrete Energien zu erwarten während im Fall $E > 0$ das Energiespektrum kontinuierlich ist.

3.3.5 Experimentelle Beispiele zum Tunneleffekt

Der Tunneleffekt der Optik
Im Grunde genommen ist der Tunneleffekt bereits aus der Optik bekannt. Er läßt sich leicht als Demonstrationsversuch vorführen (Fig. 3.12).

Ein Klystron erzeugt elektromagnetische Wellen im cm–Bereich, die an der Basis eines Plexiglasprismas total reflektiert und im Detektor (1) registriert werden. Nähert man der reflektierenden Fläche ein zweites Prisma, so gibt der Detektor (2), in Richtung des einlaufenden Strahls aufgestellt, gleichfalls ein Signal ab, sobald der Spalt zwischen beiden Prismen in der Größenordnung der Wellenlänge liegt. Das elektromagnetische Feld der Welle greift über die reflektierende Fläche hinaus in das gegenüberliegende Medium. Dieses Beispiel zeigt deutlich, daß der Tunneleffekt eine Erscheinung ist, die auf dem Wellenbild beruht.

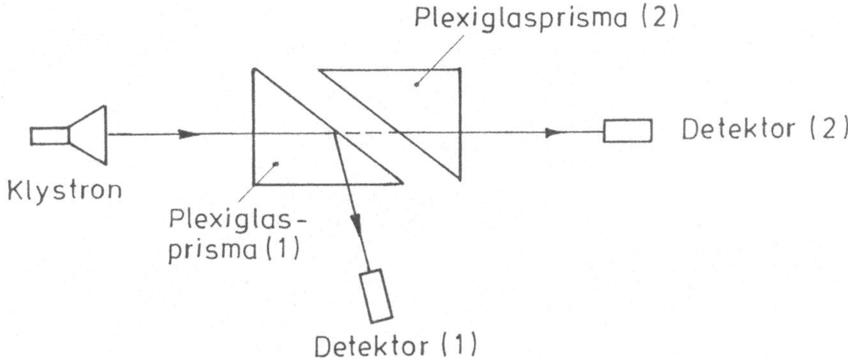

Fig. 3.12: *Anordnung zum optischen Tunneleffekt.*

Die Feldemission

Den Austritt von Elektronen aus Metallen erreicht man entweder durch Erhitzen des Metalls (z.B. in Elektronenröhren) oder durch den Photoeffekt. Es gibt jedoch auch eine Emission aus kalten Metallen ohne Lichteinwirkung, die dann entsteht, wenn an der Metalloberfläche genügend starke elektrostatische Felder herrschen ($> 10^9 V/m$). Experimentell läßt sich dieser Fall leicht realisieren durch eine Metallspitze auf negativer Hochspannung, die im Vakuum einer geerdeten Metallplatte gegenübersteht. In Fig. 3.13a ist das Potentialtopfmodell des Metalls gemäß Fig. 1.5 ohne äußeres elektrisches Feld wiedergegeben. Fig. 3.13b zeigt den Verlauf der potentiellen Energie in Anwesenheit eines starken äußeren elektrischen Feldes. Die vorher im Außenraum in die Nullinie einmündende Potentialkurve wird durch das äußere Feld nach unten abgebogen, so daß an der Oberfläche des Metalls eine dünne Tunnelzone entsteht, welche die freien Elektronen des Metalls durchdringen können. Die Breite der Tunnelzone fällt mit wachsender Feldstärke. Es können ohne weiteres Ströme der Größenordnung von Ampere erreicht werden.

Eine moderne Anwendung der Feldemission ist das Raster-Tunnel-Mikroskop zur Untersuchung von Oberflächenstrukturen (Band II, Abschn. 7.1.1).

Der α–Zerfall schwerer Kerne

Ein bekanntes Beispiel aus der Kernphysik zum Tunneleffekt ist der α–Zerfall schwerer Kerne. α–Teilchen sind doppelt ionisierte He-Atome. Man nennt α–Zerfall die Erscheinung, daß α–Teilchen aus dem Nukleonenverband eines Kernes ausgestoßen werden, wobei sich letzterer in einen anderen Kern umwandelt (Band II, Abschn. 8.3). Der α–Zerfall läßt sich am Potentialbild erklären. In Fig. 3.14 ist die potentielle Energie des α–Teilchens in Abhängigkeit vom Abstand zum Kernmittelpunkt wiedergegeben. Den Verlauf versteht man am leichtesten, wenn man umgekehrt ein α–Teilchen aus großer Entfernung auf den Kern schießt. Enthält der Kern Z Protonen, so muß das

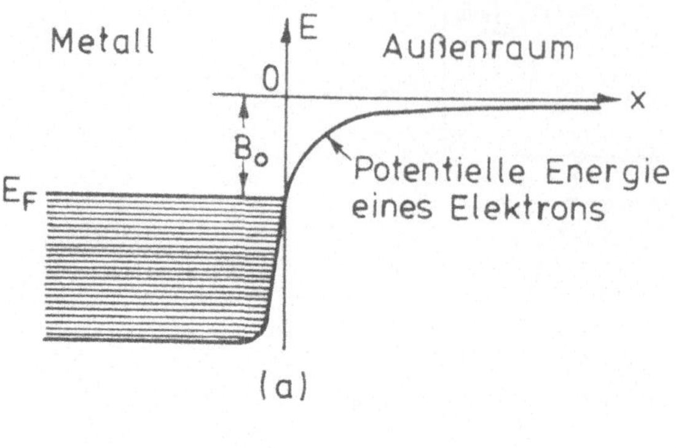

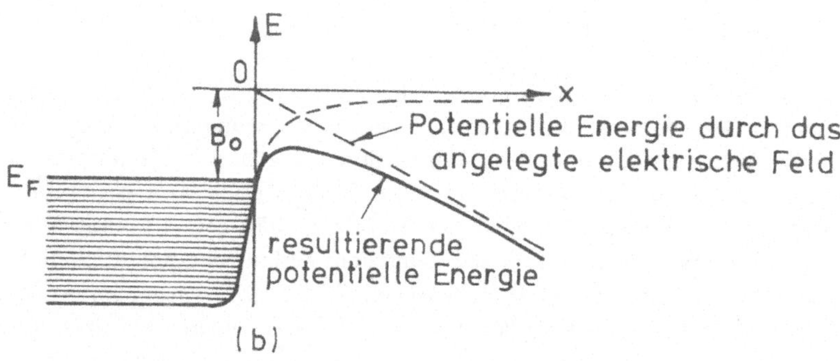

Fig. 3.13: *Mechanismus der Feldemission. a) Potentielle Energie ohne elektrisches Feld. b) Potentielle Energie mit äußerem elektrischen Feld.*

α–Teilchen zuerst gegen den Coulomb–Potentialwall des Z-fach positiv geladenen Kerns anlaufen, um schließlich am Kernrand bei $r = R_0$ von den Kernkräften in den Potentialtopf des Kerns eingefangen zu werden. Beim α–Zerfall verbinden sich zwei Protonen und zwei Neutronen innerhalb des Kernvolumens zu einem α–Teilchen, welches durch die Freigabe seiner eigenen Bindungsenergie auf eine Potentialhöhe oberhalb der Null-linie gelangt (horizontale Linie in Fig. 3.14). Aufgrund der heftigen Bewegungen der Nukleonen innerhalb des Kerns ist es nur eine Frage der Wahrscheinlichkeit, wann das α–Teilchen gebildet wird, jenseits der Kernoberfläche den Potentialwall der Breite $r - R_0$ durchdringt und im Außenbereich vom Coulomb–Feld des Kerns ausgestoßen wird.

Die quantenmechanische Behandlung des α–Zerfalls und seine exzellente Überein-stimmung mit allen bekannten experimentellen Daten war historisch eines der überzeu-gendsten Beweise für die Richtigkeit des quantenmechanischen Konzepts.

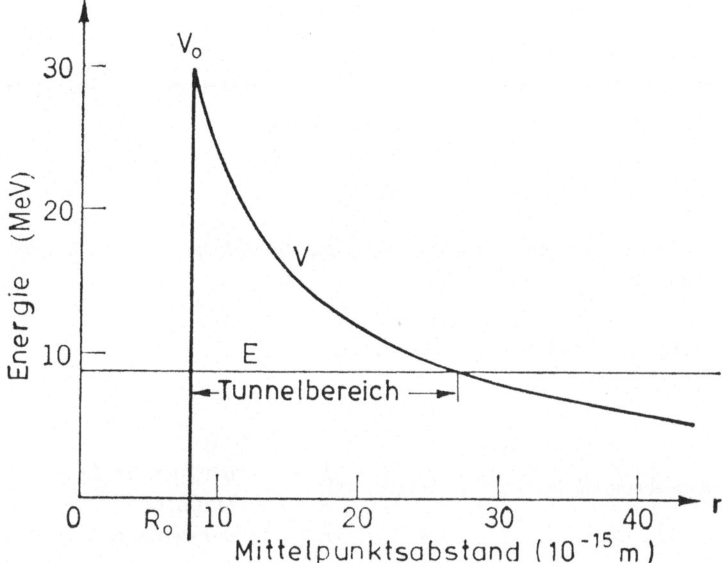

Fig. 3.14: *Der α-Zerfall von Kernen. R_0 ist der Kernradius.*

3.3.6 Der eindimensionale harmonische Oszillator

Der harmonische Oszillator ist eine der wichtigsten Bewegungsformen der Physik und kommt in allen Bereichen vor. Im atomaren Bereich wird beispielsweise hiermit die Schwingung der Atome gegeneinander, etwa diejenige eines zweiatomigen Moleküls, und in Festkörpern die Schwingung der Atome um die Ruhelage infolge thermischer Energie beschrieben. Das quantenmechanische Bild des harmonischen Oszillators weicht von der klassischen Vorstellung zum Teil allerdings erheblich ab. Daher seien hier beide Fälle einander gegenübergestellt, der Einfachheit halber nur für die eindimensionale Bewegung.

a) Klassische Mechanik

Ein Teilchen der Masse M schwingt aufgrund einer vorhandenen Federkraft reibungslos um seine Ruhelage $x_0 = 0$ (Fig. 3.15a). Wir können auch zwei durch eine Feder miteinander verbundene Massen M_1, M_2 zugrunde legen, die gegeneinander um ihre Gleichgewichtslage schwingen (Fig. 3.15b), und dann das Zweikörperproblem auf das Einkörperproblem reduzieren. Die Bewegungsgleichung

$$M \frac{d^2 x}{dt^2} + K x = 0$$

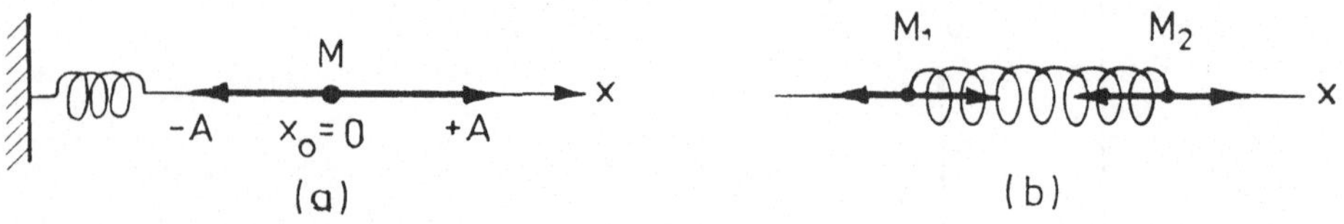

Fig. 3.15: *a) Eine um die Ruhelage schwingende Masse. b) Zwei gegeneinander schwingende Massen.*

liefert als Lösung die harmonische Schwingung

$$x = A\cos(\omega t + \varphi) \qquad \text{mit} \qquad \begin{array}{ll} \omega = \sqrt{\dfrac{K}{M}} = \dfrac{2\pi}{T} & \\[2mm] T & \text{Schwingungsdauer} \\ A & \text{Amplitude} \\ K & \text{Federkonstante} \\ \varphi & \text{Phasenwinkel.} \end{array}$$

Im Fall von zwei Massen ist x die Relativkoordinate und M die reduzierte Masse M_0.

Die Bewegung erfolgt zwischen den Grenzen $x = -A$ und $x = +A$. Um die klassische mit der quantenmechanischen Fragestellung zu vergleichen, wollen wir nach der Aufenthaltswahrscheinlichkeit der Masse in Abhängigkeit von der Auslenkung fragen. Die Ortsintervallgrenzen sind durch die Amplitude $\pm A$ gegeben. Die Aufenthaltswahrscheinlichkeit ist sicher proportional zum Zeitintervall dt, währenddessen die Masse eine Strecke dx durchläuft

$$dW = R\,dt\;.$$

R ist ein Proportionalitätsfaktor, der durch die Normierung

$$1 = \int_0^1 dW = \int_0^{T/2} R\,dt = R\frac{T}{2} = R\frac{\pi}{\omega}$$

festgelegt ist. Die Integrationsgrenzen ergeben sich aus der Tatsache, daß die Masse den gesamten Aufenthaltsbereich in einer halben Periodendauer durchläuft. Mit $R = \omega/\pi$ ist also

$$dW = \frac{\omega}{\pi}dt = \frac{\omega}{\pi}\left|\frac{dx}{dx/dt}\right| = \frac{dx}{\pi A\sin(\omega t + \varphi)} = \frac{dx}{\pi\sqrt{A^2 - x^2}}$$

(3.26)
$$\frac{dW}{dx} = \frac{1}{\pi\sqrt{A^2 - x^2}}\;.$$

Die Wahrscheinlichkeitsdichte dW/dx ist minimal in der Ruhelage $x = 0$ und wird unendlich groß an den Intervallgrenzen (Fig. 3.16).

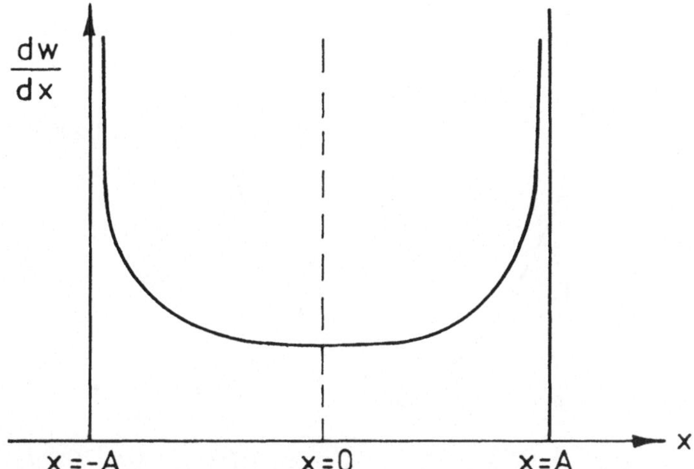

Fig. 3.16: *Aufenthaltswahrscheinlichkeit für den klassischen harmonischen Oszillator.*

Die Gesamtenergie ist gegeben durch

$$E = E_{kin} + E_{pot} \;=\; \frac{M}{2}\left(\frac{dx}{dt}\right)^2 + \frac{1}{2}Kx^2$$

$$=\; \frac{M}{2}\omega^2(A^2 - x^2) + K\frac{x^2}{2} = \frac{M}{2}\omega^2 A^2 \;=\; konstant.$$

Die Energie kann kontinuierlich erhöht werden durch stetige Vergrößerung der Amplitude.

b) Quantenmechanik

Wir betrachten zwei gegeneinander schwingende Teilchen der reduzierten Masse M_0 und vom Relativabstand x. Ausgehend von der Energiegleichung

$$(3.27) \qquad E = \frac{p^2}{2M_0} + \frac{1}{2}Kx^2 \;,$$

welche die Parabelform des Oszillatorpotentials enthält (Fig. 3.17), lautet hiernach die zeitunabhängige Schrödinger–Gleichung.

$$(3.28) \qquad \boxed{-\frac{\hbar^2}{2M_0}\frac{d^2\phi}{dx^2} + \frac{1}{2}Kx^2\phi = E\phi(x)\;.}$$

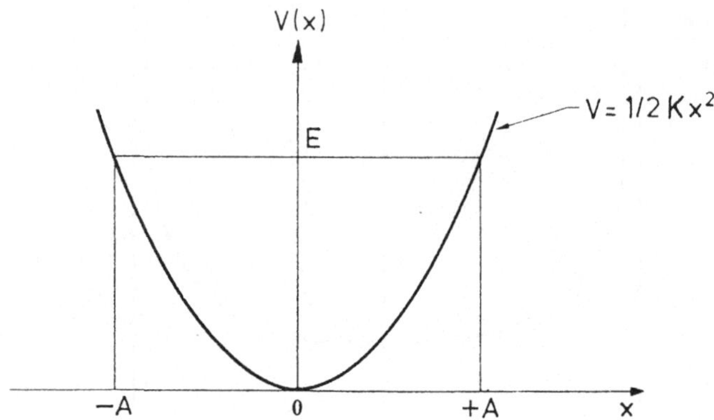

Fig. 3.17: *Potential des harmonischen Oszillators.*

Mit den Abkürzungen

$$a^2 = \frac{M_0 K}{\hbar^2} \quad , \quad a = \frac{\sqrt{M_0 K}}{\hbar} = \frac{M_0 \omega}{\hbar} \quad , \quad b = \frac{2 M_0 E}{\hbar^2}$$

erhält man

$$(3.29) \qquad \left(\frac{d^2}{dx^2} - a^2 x^2 \right) \phi(x) = -b \phi(x) \ .$$

Eine andere Schreibweise ist, wie man leicht nachrechnet,

$$\left(\frac{d}{dx} - ax \right) \left(\frac{d}{dx} + ax \right) \phi(x) = -(b - a)\phi(x) \ .$$

Multipliziert man von links mit $(d/dx + ax)$ und setzt als Abkürzung $\bar{\phi}(x) = (d/dx + ax)\phi(x)$, so bleibt

$$\left(\frac{d^2}{dx^2} - a^2 x^2 \right) \bar{\phi}(x) = -(b - 2a)\bar{\phi}(x) \ .$$

Dies ist wiederum die Gleichung (3.29) des harmonischen Oszillators, wenn wir $\bar{b} = b - 2a$ an Stelle von b setzen. Das bedeutet aber, ordnet man die Energie $\bar{E}$ der Größe $\bar{b}$ zu,

$$\bar{b} = \frac{2 M_0 \bar{E}}{\hbar^2} = b - 2a = \frac{2 M_0 E}{\hbar^2} - \frac{2 M_0 \omega}{\hbar} \ ,$$

$$(3.30) \qquad \bar{E} = E - \hbar \omega \ .$$

Die Anwendung des Operators $(d/dx + ax)$ hat offensichtlich zur Folge, daß die Energie E um die Einheit $\hbar\omega$ vermindert wird, und daß aus der Lösung $\phi(x)$ zur Energie E eine

neue Lösung $\bar{\phi}(x) = (d/dx + ax)\phi(x)$ zur Energie $\bar{E} = E - \hbar\omega$ erzeugt wird.
Die Erzeugung einer Lösung zu einem positiven Energiesprung $\tilde{E} = E + \hbar\omega$ geschieht
mit dem Operator $(d/dx - ax)$, wie sich leicht nachrechnen läßt: $\tilde{\phi}(x) = (d/dx - ax)\phi(x)$.

Das Verfahren mit positiv wachsender Energie läßt sich beliebig wiederholen, dasjenige mit absteigender Energie jedoch nur so lange, wie die Energie selbst nicht negativ wird. Die Lösung zum kleinsten Energiewert E_0 sei $\phi_0(x)$. Eine weitere Energieverminderung um $\hbar\omega$ würde zu negativen Energien führen, also zu einem unphysikalischen Wert, denn die Energie muß nach dem Ausgangspunkt der Energiegleichung (3.27) positiv definit bleiben. Zu diesem negativen Energiewert kann es also keine sinnvolle Lösung der Schrödinger-Gleichung geben. Die letzte erzeugte Funktion muß also identisch verschwinden. Das bedeutet

$$\left(\frac{d}{dx} + ax\right)\phi_0(x) = 0 \ .$$

Die Lösung dieser einfachen Differentialgleichung lautet

$$(3.31) \qquad\qquad \phi_0(x) = B\exp(-a\frac{x^2}{2}) \qquad\qquad B \ \text{Konstante.}$$

Setzt man diese Lösung in die Gleichung (3.29) des harmonischen Oszillators ein

$$\frac{d^2\phi_0(x)}{dx^2} - a^2 x^2 \phi_0(x) = -b_0\phi_0(x) \ ,$$

und berechnet aus Gl.(3.31)

$$\frac{d^2\phi_0(x)}{dx^2} = a^2 x^2 \phi_0(x) - a\phi_0(x) \ ,$$

so ergibt sich $a = b_0$ und somit die Energie des Grundzustandes

$$(3.32) \qquad\qquad E_0 = \frac{\hbar\omega}{2} \ .$$

Aus dieser Herleitung für die Energie ergeben sich zwei wesentliche Merkmale des quantenmechanischen Oszillators, die im Gegensatz zur klassischen Mechanik stehen.

- Die kleinste Energie ist nicht Null, sondern hat den Wert $\hbar\omega/2$.

- Die Energie kann nicht kontinuierlich geändert werden, sondern nur in äquidistanten Stufen vom Betrag $\hbar\omega$.

Das Termschema des harmonischen Oszillators ist in Fig. 3.18 dargestellt.

Daß der kleinste Energiewert von Null verschieden ist, deckt sich mit der Aussage der Heisenbergschen Unschärferelation für den Ort und den Impuls, $\Delta x\,\Delta p = \hbar$. Die Energie $E = 0$ bedeutet im klassischen Fall nach Gl.(3.27) gleichzeitig $p = 0$ und $x = 0$. Die Unschärferelation schließt jedoch aus, daß Ort und Impuls gleichzeitig scharf gemessen werden können. Man nennt die niedrigste Energie E_0 auch Nullpunktsenergie. In dieser Bezeichnung kommt zum Ausdruck, daß die Atome eines Festkörpers selbst

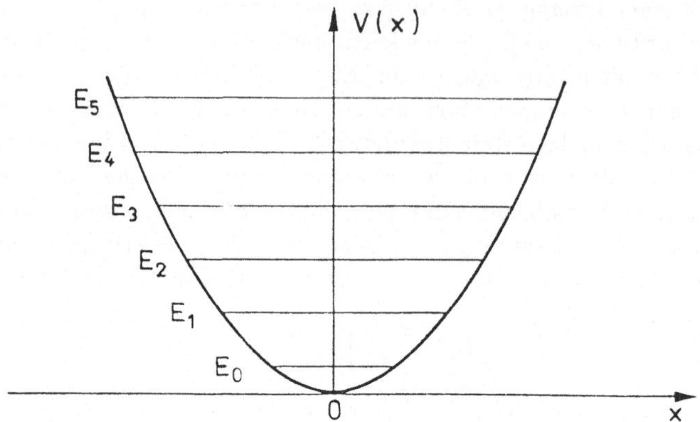

Fig. 3.18: *Termschema des harmonischen Oszillators.*

beim absoluten Nullpunkt der Temperatur eine Restenergie $\hbar\omega/2$ besitzen und dementsprechend Schwingungen um die Ruhelage ausführen.

Die Lösungen für eine beliebige Energiestufe E_n lassen sich aus der Lösung für den Grundzustand aufbauen

$$\phi_1(x) = \left(\frac{d}{dx} - ax\right)\phi_0(x) \qquad E_1 = E_0 + \hbar\omega \quad ; \quad E_0 = \frac{\hbar\omega}{2}$$

$$\vdots \qquad\qquad\qquad\qquad\qquad \vdots$$

$$\phi_n(x) = \left(\frac{d}{dx} - ax\right)^n\phi_0(x) \qquad E_n = E_0 + n\hbar\omega = \hbar\omega\left(n + \frac{1}{2}\right) \ .$$

Führt man die Differentiationen aus, so bleibt die Grundzustandsfunktion $\phi_0(x)$ stehen, multipliziert mit einem Polynom n-ter Ordnung

$$(3.33) \qquad \boxed{\begin{aligned} \phi_n(x) &= \left(\frac{\sqrt{a}}{\sqrt{\pi}2^n n!}\right)^{1/2} \cdot H_n(\sqrt{a}\,x) \cdot \exp\left(-\frac{ax^2}{2}\right) \qquad n = 0, 1, \ldots \\ E_n &= \hbar\omega(n + \tfrac{1}{2}) \end{aligned}}$$

Die Funktionen $H_n(\xi)$ mit $\xi = \sqrt{a}\,x$ heißen **Hermite–Polynome**. In Tabelle 3.1 ist $H_n(\xi)$ bis zur 5. Ordnung aufgeführt. Fig. 3.19 zeigt die zugehörigen Wahrscheinlichkeitsverteilungen $|\phi_n(x)|^2$ für die Quantenzahlen $n = 0$, $n = 1$ und $n = 10$ zusammen mit den klassischen Aufenthaltswahrscheinlichkeiten (gestrichelt). Die Unterschiede zwischen klassischer Mechanik und Quantenmechanik sind erheblich.

1. Im Grundzustand ist $|\phi_0(\xi)|^2$ maximal bei $\xi = 0$. Der Aufenthalt am Ort der Ruhelage ist also der wahrscheinlichste.

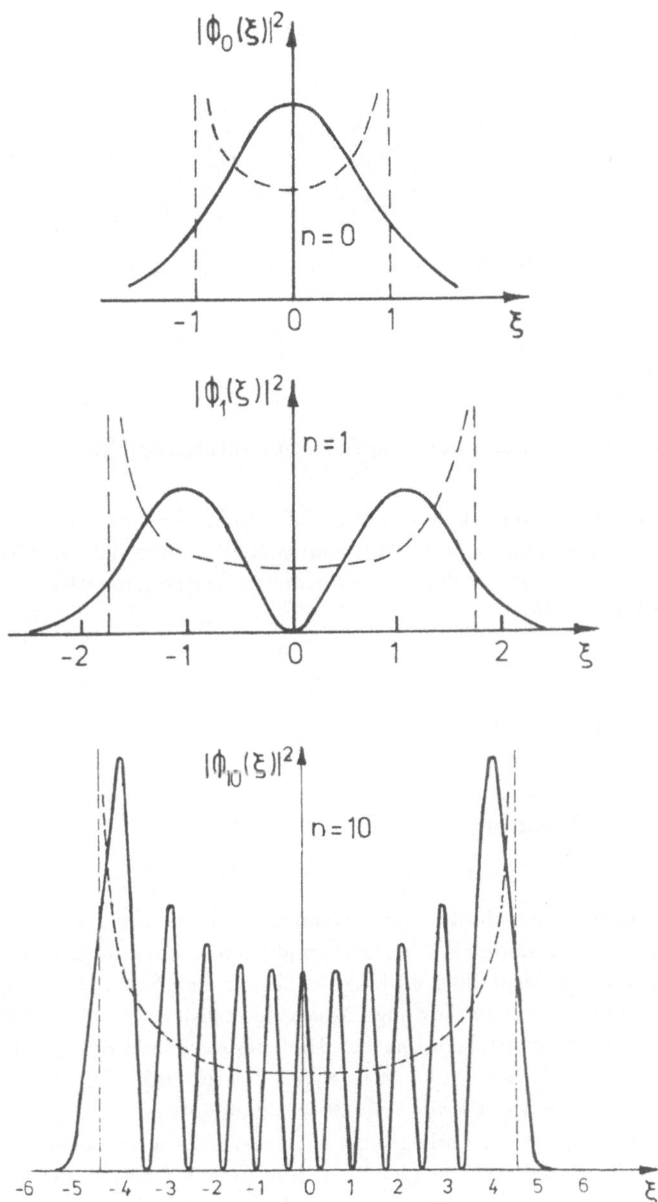

Fig. 3.19: *Wahrscheinlichkeitsdichteverteilungen für den harmonischen Oszillator zu den Quantenzahlen $n = 0, 1$ und 10 mit $\xi = \sqrt{a}x$. Durchgezogene Kurven für den quantenmechanischen, gestrichelte für den klassischen Oszillator.*

n	$H_n(\xi)$	E_n
0	1	$1/2\,\hbar\omega$
1	2ξ	$3/2\,\hbar\omega$
2	$4\xi^2 - 2$	$5/2\,\hbar\omega$
3	$8\xi^3 - 12\xi$	$7/2\,\hbar\omega$
4	$16\xi^4 - 48\xi^2 + 12$	$9/2\,\hbar\omega$
5	$32\xi^5 - 160\xi^3 + 120\xi$	$11/2\,\hbar\omega$

Tab. 3.1 : *Hermite–Polynome, $\xi = \sqrt{a}\,x$.*

2. Die Aufenthaltswahrscheinlichkeit fällt exponentiell über den klassisch erlaubten Bereich hinaus.

3. $\phi_n(\xi)$ oszilliert innerhalb des klassischen Aufenthaltsbereiches mit n Minima.

Andererseits kommt bei hohen Quantenzahlen das Bohrsche Korrespondenzprinzip zum Tragen: Der quantenmechanische Verlauf von $|\phi_n(x)|^2$ nähert sich im mittleren Verhalten für hohe n–Werte recht gut der Kurve für die klassische Aufenthaltswahrscheinlichkeit (Fig. 3.19 für $n = 10$).

3.3.7 Der starre Rotator

Beim starren Rotator, auch Hantelmodell genannt, rotieren zwei starr verbundene Massen M_1 und M_2 mit konstanter Winkelgeschwindigkeit ω um eine Drehachse, die durch ihren gemeinsamen Schwerpunkt geht (Fig. 3.20a). In der Natur wird dieses einfachste Modell z.B. recht gut durch zweiatomige Moleküle realisiert (H_2, O_2, HCl usw.).
Wir rechnen wieder in Relativkoordinaten. Die entsprechende Bewegung der reduzierten Masse M_0 um den Schwerpunkt ist in Fig. 3.20b gezeigt. $\vec{v} = d\vec{r}_1/dt - d\vec{r}_2/dt$ ist die Relativgeschwindigkeit der beiden Massen zueinander.

Da kein äußeres Kraftfeld vorliegt, ist die potentielle Energie für dieses Problem gleich Null. Die Gesamtenergie ist gleich der kinetischen Energie, die nach der klassischen Mechanik als Rotationsenergie ausgedrückt werden kann

$$(3.34) \qquad E = \frac{T\omega^2}{2} = \frac{\vec{l}^2}{2T} = \frac{M_0}{2}v^2 = \frac{p^2}{2M_0} \; .$$

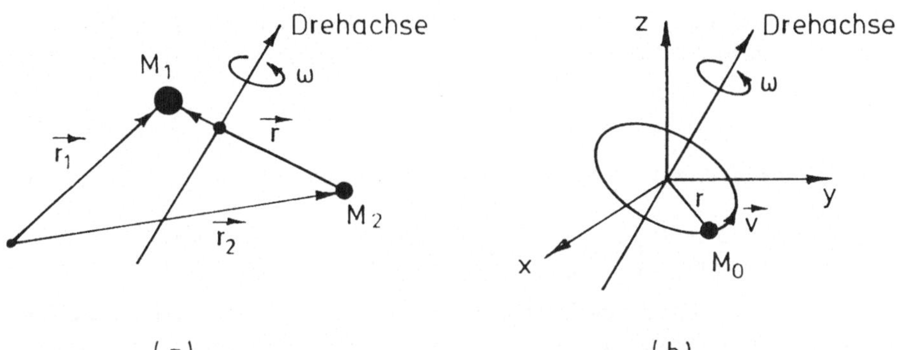

(a)   (b)

Fig. 3.20: *Der starre Rotator. a) Hantelmodell, b) Relativkoordinaten.*

Hierbei ist

$$
\begin{aligned}
T &= M_0 r^2 && \text{das Trägheitsmoment} \\
\omega &= |\vec{\omega}| = v/r && \text{die Winkelgeschwindigkeit} \\
\vec{l} &= \vec{\omega} T && \text{der Drehimpuls} \\
\vec{p} &= M_0 \vec{v} && \text{der relative Impuls.}
\end{aligned}
$$

Die Schrödinger–Gleichung Gl.(3.12) für den stationären Fall kann sofort hingeschrieben werden

$$(3.35) \qquad \boxed{\; \Delta \phi(\vec{r}) + \frac{2 M_0 E}{\hbar^2} \phi(\vec{r}) = 0 \; .}$$

Die Problemstellung legt es nahe, die Schrödinger–Gleichung explizit in Kugelkoordinaten anzugeben. Die etwas längliche Umrechnung des Laplace–Operators Δ in Kugelkoordinaten ergibt

$$
\begin{aligned}
\Delta &= \frac{\partial^2}{\partial x^2} + \frac{\partial^2}{\partial y^2} + \frac{\partial^2}{\partial z^2} \\
(3.36) \qquad &= \frac{1}{r^2}\frac{\partial}{\partial r}\left(r^2\frac{\partial}{\partial r}\right) + \frac{1}{r^2 \sin\vartheta}\frac{\partial}{\partial \vartheta}\left(\sin\vartheta\frac{\partial}{\partial \vartheta}\right) + \frac{1}{r^2 \sin^2\vartheta}\frac{\partial^2}{\partial \varphi^2} \; .
\end{aligned}
$$

ϑ ist der Winkel des Vektors $\vec{r}$ zur z-Achse und φ der Azimutwinkel in der x-y-Ebene. Beim Rotator ist der Abstand r fest. Die r–Abhängigkeit des Laplace–Operators entfällt, und es bleiben nur die ϑ, φ– Winkelanteile:

$$(3.37) \qquad \Delta_{\vartheta,\varphi} = \frac{1}{r^2}\frac{1}{\sin\vartheta}\frac{\partial}{\partial \vartheta}\left(\sin\vartheta\frac{\partial}{\partial \vartheta}\right) + \frac{1}{r^2 \sin^2\vartheta}\frac{\partial^2}{\partial \varphi^2} \; .$$

Explizit ausgeschrieben lautet Gl.(3.35)

$$(3.38) \qquad \left(\frac{1}{\sin\vartheta}\frac{\partial}{\partial \vartheta}\left(\sin\vartheta\frac{\partial}{\partial \vartheta}\right) + \frac{1}{\sin^2\vartheta}\frac{\partial^2}{\partial \varphi^2}\right)\phi(\vartheta,\varphi) + \frac{2TE}{\hbar^2}\phi(\vartheta,\varphi) = 0 \; .$$

Da die Winkelvariablen ϑ und φ voneinander unabhängig sind, läßt sich Gl.(3.38) durch einen einfachen Produktansatz separieren

$$\phi(\vartheta,\varphi) = F(\vartheta) \cdot G(\varphi) \; .$$

Setzt man diesen Ansatz in Gl.(3.38) ein und multipliziert mit $\dfrac{\sin^2 \vartheta}{F(\vartheta)G(\varphi)}$, so erhält man

$$\frac{\sin \vartheta}{F(\vartheta)} \frac{d}{d\vartheta} \left(\sin \vartheta \frac{d}{d\vartheta} \right) F(\vartheta) + \frac{2TE \sin^2 \vartheta}{\hbar^2} = -\frac{1}{G(\varphi)} \frac{d^2 G}{d\varphi^2} \; .$$

Beide Seiten dieser Gleichung hängen jeweils nur von einer der beiden Variablen ϑ, φ ab. Da die Gleichung für alle Werte beider Variablen gültig sein muß, können beide Seiten nur dann einander gleich sein, wenn sie konstant sind

$$(3.39) \qquad\qquad -\frac{1}{G(\varphi)} \frac{d^2 G}{d\varphi^2} = konst. = m^2 \; ,$$

wobei m^2 eine zunächst noch nicht festgelegte Zahl ist.
Die Lösung dieser Differentialgleichung läßt sich sofort angeben

$$G(\varphi) = Ae^{im\varphi} \; .$$

Die physikalische Bedeutung der Funktion $G(\varphi)$ knüpft an die Bornsche Interpretation der Wellenfunktion an. $|G(\varphi)|^2 d\varphi$ ist die Wahrscheinlichkeit dafür, daß sich die Masse M_0 im Winkelbereich zwischen φ und $\varphi + d\varphi$ aufhält. Daß sich hierfür eine Konstante ergibt,

$$|G(\varphi)|^2 d\varphi = A^2 d\varphi,$$

ist einleuchtend und bedeutet, daß kein Wert des Azimutwinkels φ bevorzugt ist. Die Forderung der Eindeutigkeit von $G(\varphi)$ verlangt jedoch

$$
\begin{aligned}
G(\varphi) &= G(\varphi + 2\pi) \\
Ae^{im\varphi} &= Ae^{im(\varphi + 2\pi)} = Ae^{im2\pi} e^{im\varphi} \\
\text{also} \quad e^{im2\pi} &= 1 \; .
\end{aligned}
$$

Hiernach kann m nur ganzzahlig sein

$$(3.40) \qquad\qquad m = 0, \pm 1, \pm 2, \dots$$

Die zweite Differentialgleichung ergibt sich zu

$$(3.41) \qquad \sin \vartheta \frac{d}{d\vartheta} \left(\sin \vartheta \frac{dF(\vartheta)}{d\vartheta} \right) + \left(\frac{2TE}{\hbar^2} \sin^2 \vartheta - m^2 \right) F(\vartheta) = 0 \; .$$

Diese Differentialgleichung ist in der Mathematik bekannt und wird im Anhang A genauer behandelt. Sie hat nur Lösungen, wenn

$$
\frac{2TE}{\hbar^2} = l(l+1) \qquad\qquad
\begin{aligned}
\text{mit} \quad & l = 0, 1, 2, 3, \dots \\
\text{und} \quad & -l \leq m \leq l.
\end{aligned}
$$

Das bedeutet, daß die Rotationsenergie des starren Rotators gequantelt ist

$$(3.42) \qquad \boxed{E_l = \frac{l(l+1)\hbar^2}{2T}} \qquad \text{mit } l = 0,1,2,3\ldots$$

Die Lösungen von Gl.(3.41) heißen zugeordnete Legendre–Polynome

$$(3.43) \qquad F(\vartheta) = P_l^m(\cos\vartheta) \, .$$

Zu jedem Wert von l gibt es $2l+1$ verschiedene Lösungen $m = -l, -l+1, \ldots, 0, 1, \ldots l$. Die Lösung von Gl. (3.35) lautet demnach

$$(3.44) \qquad \boxed{\phi(\vartheta,\varphi) \equiv Y_l^m(\varphi,\vartheta) = N P_l^m(\vartheta) e^{im\varphi}} \qquad \text{mit} \quad \begin{aligned} l &= 0,1,2\ldots \\ -l &\leq m \leq l \, . \end{aligned}$$

Hierbei sind die Funktionen $Y_l^m(\varphi,\vartheta)$ die in der Mathematik wohlbekannten Kugelflächenfunktionen (englisch spherical harmonics), im vereinfachten Sprachgebrauch meistens als **Kugelfunktionen** bezeichnet.
Der Faktor N ist durch die Normierung festgelegt

$$(3.45) \qquad \int\int |Y_l^m(\varphi,\vartheta)|^2 \, d\Omega = 1 \qquad d\Omega = \sin\vartheta \, d\vartheta \, d\varphi \text{ Raumwinkelelement.}$$

Ein Blick auf Gl.(3.42) zeigt, daß die Energie des starren Rotators nur von l, nicht aber von der Quantenzahl m abhängt. Zu jeder durch die Quantenzahl l gekennzeichneten Energie gibt es $2l+1$ Lösungen $Y_l^m(\varphi,\vartheta)$ der Schrödingergleichung, die sich in der Quantenzahl m unterscheiden. Die Energie ist also $2l+1$fach entartet.
Tabelle 3.2 enthält die Kugelfunktionen bis zur Ordnung l=2.

In Fig. 3.21 sind die Polardiagramme von den Absolutquadraten einiger Kugelfunktionen wiedergegeben. Bevor wir sie diskutieren, wollen wir zunächst untersuchen, welche Auswirkung die Quantisierung der Rotationsenergie auf den Drehimpuls des starren Rotators hat. Hierzu brauchen wir nur die Gl.(3.34) und (3.42) miteinander zu verknüpfen und sehen sofort, daß das Quadrat des Drehimpulses, das heißt aber auch der Betrag des Drehimpulsvektors quantisiert ist

$$(3.46) \qquad \boxed{|\vec{l}| = \hbar \cdot \sqrt{l(l+1)}} \qquad \text{mit } l = 0,1,2\ldots \, ,$$

gemessen in Einheiten von $\hbar$. l ist demnach eine Quantenzahl, die den Wert des Drehimpulses bestimmt. Da die Größe $\vec{l}$ den Drehimpuls der Masse M_0 auf seiner Bahn um den Schwerpunkt beschreibt, also seinen Drehimpuls darstellt, nennt man l die **Bahndrehimpulsquantenzahl**. Wenn der Betrag des Bahndrehimpulsvektors quantisiert ist, können wir danach fragen, ob auch eine Quantisierung seiner Komponenten vorliegt. In Abschn. 4.1 wird gezeigt, daß in der Tat die Komponente des Drehimpulses längs einer vorgegebenen Achse quantisiert ist. Man bezeichnet die so gewählte Achse als **Quantisierungsachse**. Dabei ist die Wahl der Achse willkürlich, wird aber meistens durch das physikalisch gestellte Problem vorgegeben. Wir wählen die z–Achse, ein Vorzug, dem im Hinblick auf die Vorgabe von Polarkoordinaten ein rein rechnerischer

l	m	Kugelfunktionen
0	0	$Y_0^0 = 1/\sqrt{4\pi}$
1	0	$Y_1^0 = \sqrt{3/4\pi}\,\cos\vartheta$
	± 1	$Y_1^{\pm 1} = \mp\sqrt{3/8\pi}\,\sin\vartheta\,\exp(\pm i\varphi)$
2	0	$Y_2^0 = (1/2)\sqrt{5/4\pi}(3\cos^2\vartheta - 1)$
	± 1	$Y_2^{\pm 1} = \mp\sqrt{15/8\pi}\,\sin\vartheta\,\cos\vartheta\,\exp(\pm i\varphi)$
	± 2	$Y_2^{\pm 2} = (1/4)\sqrt{15/2\pi}\,\sin^2\vartheta\,\exp(\pm 2i\varphi)$

Tab. 3.2 : *Kugelfunktionen bis zur Ordnung $l = 2$.*

Vorteil zugrunde liegt. Es zeigt sich, daß die Komponente l_z mit der Quantenzahl m von Gl.(3.40) zusammenhängt

$$(3.47) \qquad \boxed{l_z = m\hbar} \qquad \text{mit} -l \leq m \leq l\,.$$

Die Komponente des Drehimpulses längs einer Achse hat also stets ganzzahlige Werte, gemessen in Einheiten von $\hbar$. Aus Gründen, die wir erst in Abschn. 5.3 verstehen werden, nennt man m häufig auch **magnetische Quantenzahl**.

Da es für einen vorgegebenen Wert von l insgesamt $2l + 1$ verschiedene m-Werte gibt, hat der Drehimpuls bezüglich der vorgegebenen Achse $2l+1$ Einstellmöglichkeiten. Aus dem Vergleich der Gl.(3.46) und (3.47) erkennt man, daß l_z immer kleiner ist als der Betrag des Drehimpulses

$$(3.48) \qquad m_{\mathrm{max}}\hbar = l\hbar < \hbar\sqrt{l(l+1)}.$$

Räumlich gesehen bedeutet dies, daß der Drehimpuls niemals parallel zu der vorgegebenen Achse liegen kann, längs der man die Komponente angibt. In Fig. 3.22 ist die räumliche Quantisierung des Bahndrehimpulses für den Fall $l = 2$ dargestellt. In diesem Fall hat $|\vec{l}|$ den Wert $\hbar\sqrt{l(l+1)} = \sqrt{6}\hbar$, während l_z die Werte $2\hbar, \hbar, 0, -\hbar, -2\hbar$ annehmen kann. Der Bahndrehimpulsvektor bildet mit der z-Achse einen Winkel α, dessen Wert durch die Quantenzahlen l und m gegeben ist

$$(3.49) \qquad \cos\alpha = \frac{l_z}{|\vec{l}|} = \frac{m}{\sqrt{l(l+1)}}.$$

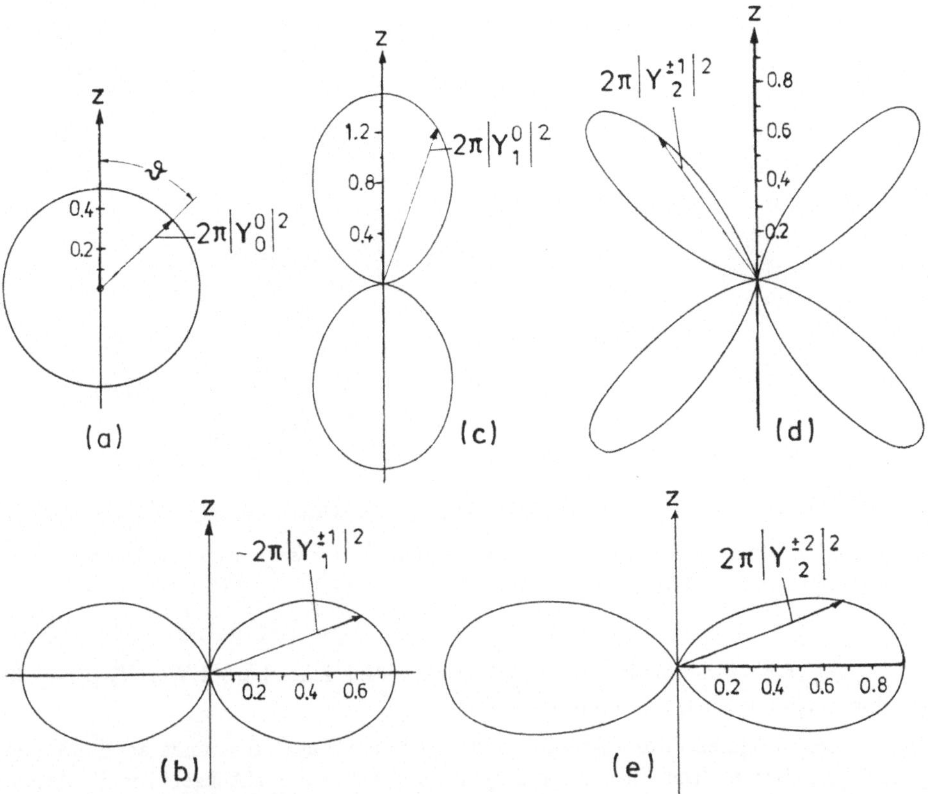

Fig. 3.21: *Polardiagramm einiger Kugelflächenfunktionen* $Y_l^m(\varphi, \vartheta)$. *Aufgetragen ist jeweils* $2\pi|Y_l^m(\varphi,\vartheta)|^2$. *Die Figuren sind rotationssymmetrisch um die z–Achse.* a) $l = m = 0$, b) $l = 1, m = \pm 1$, c) $l = 1, m = 0$, d) $l = 2, m = \pm 1$, e) $l = m = 2$.

Fragen wir nach dem Wert der beiden anderen Bahndrehimpulskomponenten, l_x und l_y, so können wir das Ergebnis der Überlegungen aus Abschn. 4.1 hier vorwegnehmen. Es ist niemals möglich, die drei Komponenten l_x, l_y, l_z gleichzeitig anzugeben. Hat man den Betrag des Bahndrehimpulsvektors sowie eine Komponente festgelegt, so sind die beiden anderen Komponenten völlig unbestimmt. Diesem Sachverhalt liegt die Unschärferelation zwischen der längs einer Achse festgelegten Komponente und dem Drehwinkel φ um diese Achse zugrunde. Ist die Komponente scharf gemessen, so ist φ völlig unbekannt. In Fig. 3.22b ist φ der Drehwinkel für die Projektion von $\vec{l}$ auf die x,y–Ebene. Hiernach liegt $\vec{l}$ bei festem l_z in einer beliebigen Stellung auf einem Kegelmantel um die z–Achse. Die Unschärferelation ist dann gleichbedeutend damit, daß die Komponenten l_x und l_y völlig unbestimmt sind. Nach dieser Überlegung wird auch verständlich, warum der Bahndrehimpulsvektor $\vec{l}$ nicht entlang der Achse liegen kann, längs derer die Komponente gemessen wird, nach unserer Wahl längs der z–Achse.

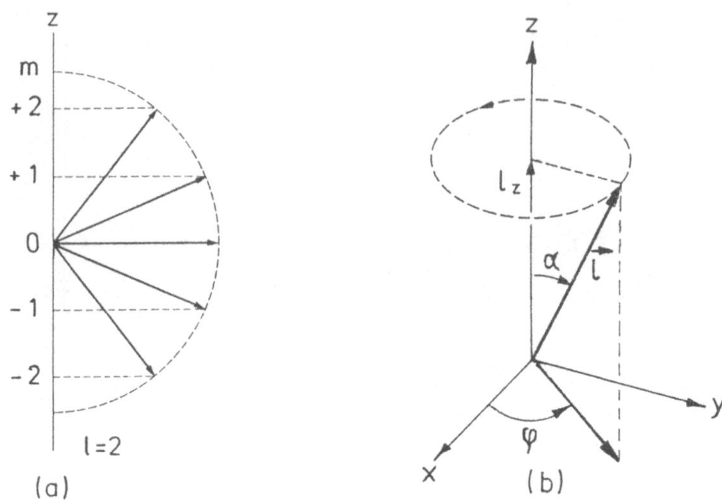

Fig. 3.22: *Räumliche Quantisierung des Bahndrehimpulses. a) Quantisierung für $l = 2$, b) Lage von $\vec{l}$ im Raum.*

Dann hätten nämlich die beiden anderen Komponenten den scharfen Wert $l_x = l_y = 0$ im Widerspruch zur Unschärferelation.

Wir wollen anschließend die Absolutquadrate einiger Kugelfunktionen an Hand von Fig. 3.21 diskutieren. Die Figuren sind symmetrisch um die z-Achse. Die Funktion niedrigster Ordnung $|Y_0^0(\varphi, \vartheta)|^2$ weist Isotropie im Raum auf (Fig. 3.21a). Besondere Merkmale haben die Funktionen mit maximalem m–Wert $m = l$ und solche mit $m = 0$. Maximaler m–Wert bedeutet, daß der Drehimpulsvektor den kleinstmöglichen Winkel mit der z-Achse einschließt, was im wesentlichen eine Bewegung der Masse M_0 in der x-y-Ebene bedeutet. Dies drückt sich in Fig. 3.21 an den Beispielen von $|Y_1^{\pm 1}(\varphi, \vartheta)|^2$ und $|Y_2^{\pm 2}(\varphi, \vartheta)|^2$ darin aus, daß die Aufenthaltswahrscheinlichkeit jeweils in der x-y-Ebene den größten Wert annimmt. Im Fall $m = 0$ liegt der Bahndrehimpulsvektor in der x-y–Ebene. Dementsprechend ist die Aufenthaltswahrscheinlichkeit entlang der z-Achse am größten, wie es in Fig. 3.21c das Beispiel $|Y_1^0(\varphi, \vartheta)|^2$ wiedergibt.

Der starre Rotator wird uns in Kap. 5 beim Wasserstoffatom wieder begegnen. Es zeigt sich dort, daß die Drehbewegung des Elektrons um das Proton genau diesem Problem entspricht. $\vec{l}$ ist dann der Bahndrehimpuls des Elektrons mit dem oben erläuterten Quanteneigenschaften. Es zeigt sich allerdings, daß die Drehimpulszustände des Wasserstoffatoms komplizierter sind, weil sie nicht nur durch den Bahndrehimpuls, sondern auch durch den **Spin** des Elektrons bestimmt werden. Der Spin ist eine Eigenschaft, die man als eine Art Eigendrehimpuls des Elektrons interpretieren kann. Er hat ein ähnliches Quantisierungsverhalten wie der Bahndrehimpuls. Der Betrag $|\vec{s}|$ des Spins ist gegeben durch $\hbar\sqrt{s(s+1)}$. Die Größe s heißt Spinquantenzahl und hat den Wert

$s = 1/2$. Demnach ist $|\vec{s}| = \hbar\sqrt{3/4}$. Die Komponenten des Spins längs einer Quantisierungsachse (z-Achse) sind $s_z = \hbar m_s$ und können nur die beiden Werte $m_s = +1/2$ und $m_s = -1/2$ annehmen. Man sagt hierzu abkürzend, der Spin stellt sich parallel bzw. antiparallel zur z-Achse ein. Fig. 3.23 zeigt das zu Fig. 3.22 analoge Bild der Quantisierung des Spins. In Kap. 4 wird der Spin des Elektrons quantenmechanisch behandelt.

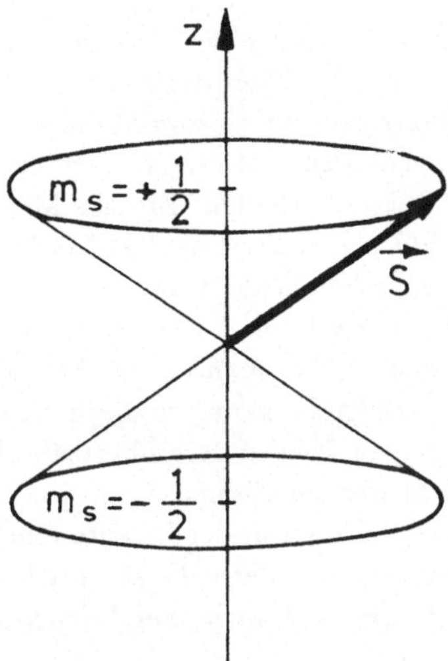

Fig. 3.23: *Räumliche Quantisierung des Elektronenspins.*

3.4   * Operatoren

3.4.1   * Observable

Die bisher behandelten Beispiele und Anwendungen legen es nahe, in diesem Abschnitt Grundsätzliches zum mathematischen Konzept der Quantenmechanik zu erläutern, welches sich von demjenigen der klassischen Mechanik sehr stark unterscheidet. In der klassischen Physik sind wir es gewohnt, eine physikalische Größe durch eine Meßvorschrift zu definieren und gleichzeitig auch die Einheit festzulegen, in welcher die betreffende Größe gemessen werden soll, wie z.B. der Ort [m], die Zeit [s], die Kraft [N],die Energie [J] usw. Eine physikalische Größe ist um so besser bekannt, je genauer sie gemessen wird. Die Genauigkeit einer Messung kann man daher als Gütezeichen für die jeweilige Meßgröße ansehen. Mit verbesserter Meßtechnik und verbesserter Apparatur sollte sich die Genauigkeit aus dem Blickwinkel der klassischen Physik beliebig steigern lassen. Hiernach ist die Genauigkeit der Messung lediglich apparativ oder durch das Meßobjekt bedingt. In der Quantenmechanik haben wir jedoch vom Grundsätzlichen her Beschränkungen der Genauigkeit, wie wir bei der Behandlung der Heisenbergschen Unschärferelation gesehen haben. Will man etwa mit einem hochauflösenden Interferometer die Wellenlänge λ einer Spektrallinie möglichst genau messen, so stößt man auf die natürliche Linienbreite $\Delta\lambda$ als Grenze der Genauigkeit, die sich durch keine verbesserte Meßtechnik überschreiten läßt. Oder versucht man beim Doppelspaltexperiment den Auftreffort einzelner Elektronen durch sorgfältige Positionierung des Detektors an der Auffangplatte möglichst genau zu bestimmen, so stellt man fest, daß die Elektronen in den meisten Fällen den Detektor verfehlen. Erst die Messungen von vielen Elektronen geben Auskunft über die möglichen Auftrefforte und liefern damit Wahrscheinlichkeitsaussagen. Die Quelle der Wahrscheinlichkeitsaussage ist die Wellenfunktion $\psi(\vec{r}, t)$ des physikalischen Systems, die, ist sie einmal gewonnen, die **gesamte** Information über das System enthält. Das bedeutet, daß man aus $\psi(\vec{r}, t)$ nicht nur die Aufenthaltswahrscheinlichkeit des Teilchens ermitteln kann, sondern daß mittels der Wellenfunktion auch Wahrscheinlichkeitsaussagen über andere physikalische Größen wie Impuls, Energie, Drehimpuls usw. gemacht werden können.

Der Weg zu solchen Aussagen führt in der Quantenmechanik über Operatoren. Für jede in der klassischen Mechanik definierte Größe muß in der Quantenmechanik ein Operator A gefunden werden, der nach folgender Vorschrift zum Meßwert a führt

$$A\chi = a \cdot \chi,$$

in Worten: Zum Operator A, der eine meßbare Größe im klassischen Sinne verkörpert, sucht man Funktionen χ, die sich durch die Wirkung des Operators selbst reproduzieren und als Faktor die meßbare Größe a liefern. Das Beispiel des Hamilton–Operators, der die Energieeigenwerte des Systems liefert, wurde bereits in Abschn. 3.1 bei der Erläuterung der zeitunabhängigen Schrödinger–Gleichung benutzt (Gl.(3.12) bzw. Gl(3.13)). Man nennt diese Gleichung eine **Eigenwertgleichung**, die Funktionen χ, die diese Gleichung erfüllen, **Eigenfunktionen** und die Größen a **Eigenwerte**. Operatoren, die in diesem Sinne eine meßbare Größe verkörpern, heißen **Observable**. Eine Observable kann mehrere, meistens sogar unendlich viele Eigenwerte a_i, also ein ganzes Eigenwertspektrum haben. Das Spektrum kann diskret oder kontinuierlich sein. Untersucht man zwei Meßgrößen a und b gleichzeitig, so erfüllt jede für sich eine Eigenwertgleichung, wobei die beiden Eigenfunktionen im allgemeinen nicht dieselben sein müssen.

In Abschn. 3.1.1 hatten wir die Observablen Impuls und Energie als Differentialoperatoren kennengelernt, jedoch gibt es auch Matrizen, die Observablen sind (Kap.4). Ist A ein Differentialoperator, so ist χ eine Funktion von kontinuierlichen Variablen. Ist A eine Matrix der Dimension n, so ist χ ein n–komponentiger Vektor. In jedem Fall aber ist der Eigenwert a eine reelle Zahl, die den im klassischen Sinn definierten physikalischen Meßwert repräsentiert. Diese letzte Aussage bedingt ganz bestimmte Eigenschaften der Operatoren, die im nächsten Abschnitt erläutert werden.

Tabelle 3.3 enthält einige Beispiele für die Zuordnung von Operatoren und

	klassische Größe	quantenmechanische Observable
Ort	$\vec{r}$	$\vec{r}$
Impuls	$\vec{p}$	$-i\hbar\vec{\mathrm{grad}}$
Energie	$E = \mathcal{H}(\vec{p},\vec{r}) = \dfrac{(\vec{p})^2}{2M} + V(\vec{r})$ (Hamilton–Funktion)	$\mathcal{H}(-i\hbar\vec{\mathrm{grad}},\vec{r}) = -\dfrac{\hbar^2}{2M}\Delta + V(\vec{r})$ (Hamilton–Operator)
Allgemeine Physikalische Größe	$A(\vec{p},\vec{r})$	$A(-i\hbar\vec{\mathrm{grad}},\vec{r})$

Tab. 3.3 : *Beispiele für Operatoren.*

Meßgrößen. Wie man sieht, ist der Operator des Ortes der Ort selbst. Man nennt
die in Tab. 3.3 angeführte Darstellung der Observablen die Ortsdarstellung der Operatoren. Gelegentlich sind andere Darstellungen zweckmäßig, z.B. die Impulsdarstellung,
bei welcher der Operator des Impulses der Impuls selbst ist, aber der Ortsoperator sowie die übrigen Operatoren dann eine entsprechend andere Gestalt haben. Es soll hier
nicht näher darauf eingegangen werden.

Beispiele von Operatoren und Eigenwertgleichungen in der Ortsdarstellung

Man findet den Operator zu einer Meßgröße dadurch, daß man in der klassischen Beziehung der Meßgröße die Variablen durch Operatoren ersetzt. Man nennt dies eine
Quantisierungsvorschrift.

Impuls. Der Operator des Impulses wurde bereits in Abschn. 3.1.1 erläutert. Die
Eigenwertgleichung lautet

$$-i\hbar\vec{\mathrm{grad}}\,\varphi(\vec{r}) \;=\; \vec{p}\,\varphi(\vec{r})$$

$$\text{Eigenfunktion} \qquad \varphi(\vec{r}) \;=\; (2\pi\hbar)^{-\frac{3}{2}} \cdot \exp\left(i\frac{\vec{p}\vec{r}}{\hbar}\right)$$

$$\text{Eigenwert} \qquad \vec{p}\,.$$

Energie. In der klassischen Hamilton–Funktion $\mathcal{H}(\vec{p},\vec{r})$ werden $\vec{p}$ und $\vec{r}$ durch
die entsprechenden Operatoren ersetzt. Die Eigenwertgleichung lautet dann

$$\mathcal{H}(-i\hbar\vec{\mathrm{grad}},\vec{r})\phi(\vec{r}) = E\phi(\vec{r})$$

bzw. im Fall diskreter Eigenwerte E_n

$$\mathcal{H}(-i\hbar grad, \vec{r})\phi_n(\vec{r}) = E_n\phi_n(\vec{r}) \ .$$

Die zeitunabhängige Schrödinger–Gleichung Gl.(3.12) bzw. Gl(3.13) stellt also die Energieeigenwertgleichung des Problems dar. Im allgemeinen sind die Eigenwerte E_n voneinander verschieden. Es gibt aber auch Fälle, bei denen mehrere Eigenwerte E_n, E_m, $n \neq m$, einander gleich sind, obwohl die Eigenfunktionen $\phi_n(\vec{r}), \phi_m(\vec{r})$ voneinander verschieden sind. Dieser Fall der Entartung wurde bereits in Abschn. 3.2 erwähnt.

Allgemeine Observable A. Ist die klassische Größe durch $A(\vec{p}, \vec{r})$ gegeben, so lautet die Eigenwertgleichung

$$
\begin{aligned}
A(-i\hbar \vec{grad}, \vec{r})\varphi_n(\vec{r}) &= a_n\varphi_n(\vec{r}) \\
\text{Eigenfunktionen} &\quad \varphi_n(\vec{r}) \\
\text{Eigenwerte} &\quad a_n \ .
\end{aligned}
$$

Neben den Observablen kommen in der Quantenmechanik auch Operatoren vor, die nichts mit Meßgrößen zu tun haben. Sie werden uns aber im weiteren nicht interessieren.

Wir haben oben gesagt, daß die Wellenfunktion $\psi(\vec{r}, t)$ eines Teilchens die gesamte Information über das Teilchen enthält. Um die meßbaren physikalischen Größen herauszufinden, müssen wir eine Verknüpfung von $\psi(\vec{r}, t)$ mit den Eigenfunktionen des betrachteten Operators finden. Dazu benutzen wir die Eigenschaft, daß die Eigenfunktionen $\varphi_n(\vec{r})$ von Observablen ein vollständiges System bilden (siehe Abschn. 3.4.2). Es läßt sich daher **jede** Funktion nach diesen Eigenfunktionen entwickeln, also auch die Wellenfunktion $\psi(\vec{r}, t)$

$$\psi(\vec{r}, t) = \sum_{n=0}^{\infty} b_n(t)\varphi_n(\vec{r}) \qquad b_n(t) \ \text{Entwicklungskoeffizienten.}$$

Das Betragsquadrat der Entwicklungskoeffizienten $|b_n(t)|^2$ gibt die Wahrscheinlichkeit an, mit der bei einer Messung der betreffenden physikalischen Größe der Eigenwert a_n, der zur Eigenfunktion $\varphi_n(\vec{r})$ gehört, gefunden wird. Im Falle eines kontinuierlichen Eigenwertspektrums tritt an die Stelle der Summe ein Integral. Falls nur ein einziger Entwicklungskoeffizient von Null verschieden ist, etwa $b_m(t) \neq 0$, so ist

$$\psi(\vec{r}, t) = b_m(t)\varphi_m(\vec{r}),$$

und der entsprechende Eigenwert a_m wird mit der Wahrscheinlichkeit $|b_m(t)|^2 = 1$, also mit Sicherheit gemessen. Der Eigenwert a_m ist in diesem Fall ein scharfer Wert.

Als Beispiel sei der eindimensionale harmonische Oszillator betrachtet (Abschn. 3.3.6).

Will man etwa wissen, mit welcher Wahrscheinlichkeit bestimmte Energiewerte vorkommen, so entwickelt man die Wellenfunktion nach Eigenfunktionen des Hamilton-Operators $\mathcal{H}(-i\hbar \vec{grad}, \vec{r})$

$$\psi(x, t) \equiv \sum_i a_i \exp(-\frac{i}{\hbar}E_i t)\phi_i(x) = \sum_i b_i(t)\phi_i(x) \ ,$$

wo die Funktionen $\phi_i(x)$ durch Gl.(3.33) gegeben sind. Die $|b_i(t)|^2$ geben die gesuchten Wahrscheinlichkeiten an. Ist nur der Term für i=n von Null verschieden, d.h. $|b_n(t)|^2 = 1$ und alle übrigen $b_i(t) = 0$, $i \neq n$, so befindet sich der harmonische Oszillator mit der Wahrscheinlichkeit 1, d.h. mit Sicherheit im Energiezustand E_n. Von der Entwicklung bleibt dann übrig

$$\psi(x,t) = \exp\left(-\frac{iE_n t}{\hbar}\right)\phi_n(x) \ .$$

Will man hingegen herausfinden, mit welcher Wahrscheinlichkeit bestimmte Impulswerte vorkommen, so entwickelt man die Wellenfunktion $\psi(x,t)$ nach Eigenfunktionen des Impulsoperators, $\varphi(x) = \dfrac{1}{\sqrt{2\pi\hbar}}\exp(ipx/\hbar)$ mit den Eigenwerten p

$$\psi(x,t) = \int_{-\infty}^{+\infty} b(p,t)\frac{1}{\sqrt{2\pi\hbar}}\exp\left(\frac{ipx}{\hbar}\right) dp \ .$$

Da der Impuls eine kontinuierliche Variable darstellt, muß die Entwicklung hier durch ein Integral ausgedrückt werden.

Nutzt man die für Hermite-Polynome bekannte mathematische Beziehung

$$i^n \exp\left(-\xi^2/2\right) H_n(\xi) = \int \frac{\exp(i\xi\eta)}{\sqrt{2\pi}} \exp\left(-\eta^2/2\right) H_n(\eta)\, d\eta$$

und setzt $\psi(x,t) = \exp(-iE_n t/\hbar)\phi_n(x)$ ein mit $\phi_n(x)$ aus Gl.(3.33), so erhält man den Koeffizienten $b(p,t)$

$$(3.50) \qquad b(p,t) = \exp\left(-i\frac{E_n t}{\hbar}\right) i^{-n} \left(\frac{\alpha}{\pi}\right)^{1/4} \frac{1}{\sqrt{2^n n!}} H_n\left(\sqrt{\alpha}p\right) \exp\left(-\frac{\alpha p^2}{2}\right) \ ,$$

wobei $\alpha = \dfrac{1}{a\hbar^2} = \dfrac{1}{M\omega\hbar}$ gesetzt wurde und a in Abschn. 3.3.6 definiert ist. $|b(p,t)|^2$ gibt die Wahrscheinlichkeit dafür an, daß der Impuls im Zeitpunkt t den Wert p hat.

Man erhält also auch für die Impulsverteilung die Hermite-Polynome, und speziell für n=0 die Gauß-Verteilung (Fig. 3.24).

3.4.2   * Eigenschaften der Observablen

Wir wollen uns hier auf die wichtigsten Eigenschaften von Observablen (Differential- und Matrixoperatoren) beschränken.

1) Die Heisenbergsche Unschärferelation sagt aus, daß der Impuls und der Ort des Teilchens nicht gleichzeitig scharf gemessen werden können. Quantenmechanisch bedeutet

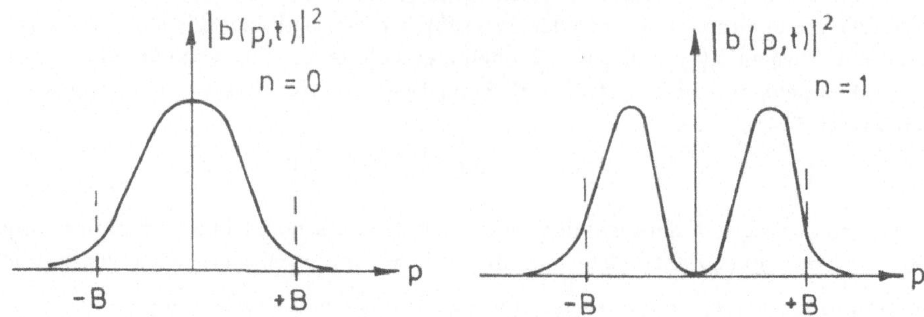

Fig. 3.24: *Impulsverteilung (Wahrscheinlichkeitsdichteverteilung) für n=0 und n=1 beim harmonischen Oszillator. ±B sind die Impulsgrenzen für den klassischen harmonischen Oszillator.*

dies, daß die Funktion $\varphi(\vec{r})$ als Eigenfunktion zum Impulsoperator nicht auch zugleich Eigenfunktion zum Ortsoperator sein kann. Wäre dies nämlich der Fall, so müßte es für den Ortsoperator eine Eigenwertgleichung mit dieser Funktion $\varphi(\vec{r})$ geben, die dann den Ort $\vec{r}$ als scharfen Eigenwert liefern müßte, im Widerspruch zur Unschärferelation. Das prüfbare Kriterium für die gleichzeitige Meßbarkeit von zwei Operatoren orientiert sich an der Vertauschbarkeit der zugehörigen Observablen.

Wenn zwei physikalische Größen gleichzeitig scharf gemessen werden können, kommutieren ihre Observablen.   Denn dann haben sie gleiche Eigenfunktionen.

Seien A und B zwei Observable, deren Eigenwerte gleichzeitig scharf meßbar sind, so lautet die Vertauschungsrelation der Observablen (auch Kommutationsrelation genannt)

$$\boxed{[A, B] \equiv AB - BA = 0 \qquad \textbf{Vertauschungsrelation.}}$$

Der eckige Klammerausdruck (auch Kommutator genannt) dient üblicherweise als abgekürzte Schreibweise für die Vertauschung zweier Observablen A und B. Rechts vom Klammersymbol ist eine beliebige Funktion ϕ zu denken. Die Vertauschbarkeit der beiden Operatoren bedeutet dann, daß das Ergebnis unabhängig davon ist, ob man die Operatoren in der Reihenfolge AB oder BA auf die Funktion ϕ anwendet. Der Beweis dieses Kriteriums ist einfach. Wegen der gleichen Eigenfunktionen φ_n gilt

$$A\varphi_n = a_n\varphi_n \qquad \text{und} \qquad B\varphi_n = b_n\varphi_n \; .$$

Die erste Gleichung von links mit B, die zweite mit A multipliziert ergibt

$$\begin{aligned}
BA\varphi_n &= Ba_n\varphi_n = a_nb_n\varphi_n \\
AB\varphi_n &= Ab_n\varphi_n = a_nb_n\varphi_n \; .
\end{aligned}$$

Die Differenz beider Gleichungen liefert für jedes φ_n

$$(AB - BA)\varphi_n \equiv [A, B]\varphi_n = 0$$

bzw., da die Funktionen $\varphi_n(x)$ vollständig sind, allgemein

$$[A, B] = 0 \ .$$

Beispiel

Die Orts- und Impulsobservablen kommutieren nicht, sie sind nicht gleichzeitig scharf meßbar.

Beweis z.B. für die x-Komponente, wenn $\varphi(x)$ eine beliebige Funktion ist,

$$
\begin{aligned}
[x, p_x]\varphi(x) &= \left(x \left(-i\hbar \frac{\partial}{\partial x} \right) - \left(-i\hbar \frac{\partial}{\partial x} \right) x \right) \varphi(x) \\
&= -i\hbar x \frac{\partial \varphi}{\partial x} + i\hbar \frac{\partial}{\partial x} (x\varphi(x)) = i\hbar\varphi(x) \neq 0 \ .
\end{aligned}
$$

Demnach

$$[x, p_x] = i\hbar \ .$$

2) Da die physikalischen Meßwerte reelle Größen sind, müssen alle Eigenwerte einer Observablen reell sein. Operatoren, welche **hermitesch** sind, haben reelle Eigenwerte. Der Begriff "hermitesch" wird im folgenden erklärt. Hierzu ist es zweckmäßig, zunächst den zu einem Operator A transponierten Operator $\tilde{A}$ zu definieren.

Sind $\phi(\vec{r})$ und $\psi(\vec{r})$ zwei beliebige Ortsfunktionen, die im Unendlichen verschwinden, so ist der **transponierte** Operator $\tilde{A}$ definiert durch

$$\int \psi(\vec{r}) \left(\tilde{A}\phi(\vec{r}) \right) d^3r = \int \phi(\vec{r}) \left(A\psi(\vec{r}) \right) d^3r \ .$$

Die Klammersetzung ist so zu verstehen, daß der Operator jeweils nur auf die in der Klammer stehende Funktion wirken soll. Mit der Definition des zum Operator A komplexen Operators A^*

$$A\phi(\vec{r}) = \chi(\vec{r}) \qquad A^*\phi^*(\vec{r}) = \chi^*(\vec{r})$$

wird der Operator hermitesch genannt, wenn gilt

$$(3.51) \qquad \tilde{A} = A^* \qquad \text{bzw.} \qquad A = \tilde{A}^* \equiv A^+ \ .$$

A^+ heißt **adjungierter** Operator zu A.

Ausführlich geschrieben bedeutet die Eigenschaft der Hermitezität

$$(3.52) \quad
\begin{aligned}
\int \psi(\vec{r}) \left(A^+ \phi(\vec{r}) \right) d^3r &= \int \psi(\vec{r}) \left(A\phi(\vec{r}) \right) d^3r &= \int \phi(\vec{r}) \left(\tilde{A}\psi(\vec{r}) \right) d^3r \\
\text{bzw.} \quad \int \psi(\vec{r}) \left(A^* \phi(\vec{r}) \right) d^3r &= \int \psi(\vec{r}) \left(\tilde{A}\phi(\vec{r}) \right) d^3r &= \int \phi(\vec{r}) \left(A\psi(\vec{r}) \right) d^3r \ .
\end{aligned}
$$

Behauptung
Hermitesche Operatoren haben reelle Eigenwerte.

Beweis
Seien $\varphi_n(\vec{r})$ die Eigenfunktionen des hermiteschen Operators A, dann gilt

$$A\varphi_n = a_n\varphi_n \ .$$

Gl.(3.52) liefert mit $\psi(\vec{r}) = \varphi_n(\vec{r})$ und $\phi(\vec{r}) = \varphi_n^*(\vec{r})$

$$\int \varphi_n(\tilde{A}\varphi_n^*)d^3r \equiv \int \varphi_n^*(A\varphi_n)d^3r = a_n \int |\varphi_n|^2 d^3r \ .$$

Andererseits

$$\int \varphi_n(\tilde{A}\varphi_n^*)d^3r = \int \varphi_n(A^*\varphi_n^*)d^3r = a_n^* \int |\varphi_n|^2 d^3r \ .$$

Das bedeutet $a_n = a_n^*$ bzw. a_n reell.

3) Die Eigenfunktionen von Observablen sind orthonormal.

Beweis
Die Eigenwertgleichung und die dazu konjugiert komplexe sind

$$\begin{aligned} A\varphi_n &= a_n\varphi_n \\ A^*\varphi_m^* &= a_m\varphi_m^* \ . \end{aligned}$$

Man multipliziert die erste Gleichung von links mit φ_m^*, die zweite von links mit φ_n, und bildet die Differenz

$$\varphi_m^* A\varphi_n - \varphi_n A^*\varphi_m^* = (a_n - a_m)\varphi_n\varphi_m^* \ .$$

Die Integration über den Raum liefert für die linke Seite

$$\int \varphi_m^*(A\varphi_n)d^3r - \int \varphi_n(A^*\varphi_m^*)d^3r = 0,$$

wie sich leicht zeigen läßt. Wegen der Hermitezität von A ist nämlich

$$\int \varphi_n(A^*\varphi_m^*)d^3r = \int \varphi_n(\tilde{A}\varphi_m^*)d^3r = \int \varphi_m^*(A\varphi_n)d^3r.$$

Somit ergibt sich

$$(a_n - a_m)\int \varphi_n\varphi_m^* d^3r = 0 \ .$$

Die Eigenwerte seien nicht entartet, d.h. $a_n \neq a_m$; das bedeutet für $n \neq m$

$$\int \varphi_n\varphi_m^* d^3r = 0 \qquad \text{(Orthogonalität)} \ .$$

Für $n = m$ ist $a_n = a_m$, läßt also

$$\int \varphi_n \varphi_n^* d^3r = \int |\varphi_n|^2 d^3r > 0$$

zu. Die Eigenfunktionen sollen auf 1 normiert sein

$$\int |\varphi_n|^2 d^3r = 1 \ .$$

Die Orthonormalität läßt sich also schreiben

$$(3.53) \qquad \boxed{\int \varphi_n(\vec{r})\varphi_m^*(\vec{r})d^3r = \delta_{nm} \ .}$$

Die Größe δ_{nm} ist als Kronecker–Symbol bekannt und hat den Wert 1 für $n = m$ und Null für $n \neq m$.

4) Die Eigenfunktionen einer Observablen bilden ein vollständiges System. Der Beweis wird hier nicht gezeigt. Jede Funktion $f(\vec{r})$ kann also nach dem System der Eigenfunktionen entwickelt werden

$$(3.54) \qquad \boxed{f(\vec{r}) = \sum_n g_n \varphi_n(\vec{r})} \qquad\qquad g_n \quad \text{Entwicklungskoeffizienten.}$$

Die Bestimmung der Koeffizienten geschieht nach der in der Mathematik üblichen Methode

$$\int f(\vec{r})\varphi_i^*(\vec{r})d^3r = \sum_n g_n \int \varphi_n(\vec{r})\varphi_i^*(\vec{r})d^3r = g_i \ .$$

wobei im letzten Schritt Gl.(3.53) benutzt wurde. Wir haben dies bereits am Ende des vorigen Abschnitts am Beispiel des harmonischen Oszillators benutzt.
Liegt ein kontinuierlicher Satz von Eigenfunktionen $\varphi(\vec{r})$ vor so ist die Summe durch ein Integral zu ersetzen

$$(3.55) \qquad f(\vec{r}) = \int g(p) \cdot \varphi(\vec{r})dp \ ,$$

wobei p der kontinuierliche Satz von Eigenwerten ist.

Differentialoperatoren sind nicht immer für die Darstellung von Meßgrößen geeignet. Wie wir in Kap.4 bei der Beschreibung des Spins von Teilchen sehen werden, müssen wir dort Matrizen als Observable verwenden. Es sind hermitesche Matrizen. Hierzu lassen sich die gleichen Eigenschaften wie bei Differentialoperatoren angeben.
Sei M die Operatormatrix der Dimension n und $|m >$ das Symbol für einen n–komponentigen Eigenvektor (Spaltenvektor), gekennzeichnet durch den Eigenwert m. $|m >$ heißt Ket–Vektor.

   1. Die Eigenwertgleichung lautet dann

$$(3.56) \qquad M|m_i >= m_i|m_i > , \qquad i = 1,2\ldots n$$

Es gibt n verschiedene Eigenvektoren.

2. Zwei hermitesche Matrizen M_1 und M_2 der gleichen Dimension haben dieselben Eigenvektoren, wenn M_1 und M_2 kommutieren, d.h. wenn $[M_1, M_2] \equiv M_1 M_2 - M_2 M_1 = 0$.

3. Die Eigenvektoren von hermiteschen Matrizen sind orthonormal.

$$\text{Sei} \qquad M|m_i > \;=\; m_i|m_i >$$
$$\text{und} \qquad M|m_j > \;=\; m_j|m_j > \;.$$

Definiert man durch das Symbol $< m|$ (sog. Bra–Vektor) den zu $|m >$ konjugiert komplexen Zeilenvektor, d.h. den zu $|m >$ adjungierten Vektor, so läßt sich die Orthonormalität durch das Skalarprodukt beider Vektoren ausdrücken[3]

$$(3.57) \qquad\qquad\qquad < m_i|m_j >= \delta_{ij} \;.$$

4. Die Eigenschaft der Vollständigkeit eines Systems von n Eigenvektoren einer hermiteschen Operatormatrix hat eine tiefere Konsequenz. Mit ihnen läßt sich der n–dimensionaler Raum aufspannen, und jeder beliebige Vektor $|V >$ in diesem Raum kann aus diesen Eigenvektoren linear aufgebaut werden

$$(3.58) \qquad |V >= \sum_n g_n|m_n > \qquad g_n \ldots \text{Entwicklungskoeffizienten.}$$

3.4.3 * Erwartungswerte

Wir haben am Beispiel des harmonischen Oszillators gelernt, wie man die Wahrscheinlichkeit für einen bestimmten Wert einer physikalischen Größe ermittelt. Wir können aus $\psi(\vec{r}, t)$ aber auch herausfinden, welchen mittleren Wert eine physikalische Größe annimmt, die zum Operator B gehört. Diese Aussage ist durch den Erwartungswert von B gegeben, der folgendermaßen definiert ist

$$(3.59) \qquad \boxed{\; < B(t) >= \frac{\int \psi^*(\vec{r}, t) B\psi(\vec{r}, t) d^3r}{\int |\psi(\vec{r}, t)|^2 d^3r} \qquad \textbf{Erwartungswert.} \;}$$

Ist die Wellenfunktion $\psi(\vec{r}, t)$ auf 1 normiert, so entfällt der Nenner. Der Integrand in der Definition Gl.(3.59) ist so zu verstehen, daß der Operator B auf die Wellenfunktion $\psi(\vec{r}, t)$ anzuwenden ist. Da wir nur hermitesche Operatoren betrachten, ist $< B(t) >$ eine reelle Größe.

---

[3]Die Bra–Ket (vom Englischen bracket) – Schreibweise wurde von Dirac eingeführt und hat sich als elegant erwiesen, da sie unabhängig von der Dimension des Vektorraumes ist.

Im einfachen Fall des Ortsoperators ist der Erwartungswert

$$< \vec{r}(t) > = \int |\psi(\vec{r}, t)|^2 \vec{r} d^3 r \ .$$

Aus diesem Beispiel ist ersichtlich, daß der quantenmechanisch definierte Erwartungswert (3.59) der klassischen Mittelwertbildung entspricht. Denn $|\psi(\vec{r}, t)|^2$ ist die Wahrscheinlichkeitsdichte dafür, das Teilchen am Ort $\vec{r}$ zu finden. Der Mittelwert einer Funktion $F(\vec{r})$ ist dementsprechend

$$< F(t) > = \int \psi(\vec{r}, t)^* F(\vec{r}) \psi(\vec{r}, t) d^3 r.$$

Der Erwartungswert für den Impuls ist

$$< \vec{p}(t) > = - \int \psi^*(\vec{r}, t) i\hbar (\vec{grad}\, \psi(\vec{r}, t)) d^3 r \ .$$

Ist $\psi(\vec{r}, t)$ Eigenfunktion zum betrachteten Operator B, so erhält man für den Erwartungswert den Eigenwert b

$$< B(t) > = \int \psi^*(\vec{r}, t) B \psi(\vec{r}, t) d^3 r = b \int |\psi(\vec{r}, t)|^2 d^3 r = b \ .$$

3.5   * Die zeitunabhängige Störungsrechnung.

Wir kehren zur zeitunabhängigen Schrödinger–Gleichung (3.12) zurück. Wie wir bereits betont haben, hängt die Lösung der Gleichung von der Struktur des Hamilton–Operators ab. In Abschn. 3.3 haben wir eine Reihe verschiedenartiger, analytisch lösbarer Beispiele kennengelernt. Es zeigt sich aber bei den meisten Problemen der Quantenphysik, daß die Schrödinger–Gleichung exakt nicht lösbar ist. Es müssen Näherungsverfahren entwickelt werden. Wir wollen uns in diesem Abschnitt mit einer Methode beschäftigen, die sich in vielen Fällen der Atom–, Molekül– und Kernphysik anwenden läßt. Diese Methode ist immer dann geeignet, wenn der Hamilton–Operator unterteilbar ist in einen hauptsächlich wirkenden Anteil, zu dem die Lösungen bekannt sind, und einen Term, der nur eine geringe Störung ausmacht in dem Sinne, daß diese Störung nur eine geringfügige Änderung der Energie und Wellenfunktion bewirkt. Man unterscheidet zwischen der zeitabhängigen und der zeitunabhängigen Störungsrechnung. Es soll hier nur die letztere erläutert werden.

Wir wollen untersuchen, wie sich die Wellenfunktionen und die Energien eines Systems ändern, wenn zu dem Hauptanteil $\mathcal{H}_0$ des Hamilton–Operators ein kleiner Störterm $\mathcal{H}^s$ hinzutritt[4]. Für den Operator $\mathcal{H}_0$ sei die Schrödinger–Gleichung gelöst und die Energieeigenwerte E^0 bekannt

$$(3.60) \qquad \mathcal{H}_0\phi^0 = E^0\phi^0 \qquad \phi^0 = \phi^0(\vec{r}) \text{ Eigenfunktion zu } \mathcal{H}_0 \ .$$

Die Schrödinger–Gleichung für unser Problem lautet

$$(3.61) \qquad \mathcal{H}\phi = E\phi \qquad \mathcal{H} = \mathcal{H}_0 + \mathcal{H}^s \quad \phi = \phi(\vec{r}) \ .$$

Wir machen den Ansatz

$$\begin{aligned} \phi &= \phi^0 + \phi' + \phi'' + \ldots \\ E &= E^0 + E' + E'' + \ldots \end{aligned}$$

wobei ϕ' bzw. E' klein sei von erster Ordnung, ϕ'' bzw. E'' klein von zweiter Ordnung usw.

Wir beschränken uns auf die Störungsrechnung erster Ordnung. Hierfür lautet Gl.(3.61) dann

$$(3.62) \qquad (\mathcal{H}_0 + \mathcal{H}^s)(\phi^0 + \phi') = (E^0 + E')(\phi^0 + \phi') \ .$$

Wir vernachlässigen Glieder höherer als erster Ordnung, sodaß von Gl.(3.62) bleibt

$$(3.63) \qquad (\mathcal{H}_0 - E^0)\phi' + (\mathcal{H}^s - E')\phi^0 = 0 \ ,$$

wobei wir Gl.(3.60) benutzt haben.

Wir machen von der Vollständigkeit der Eigenfunktionen ϕ^0 Gebrauch und entwickeln ϕ' nach ihnen.

$$(3.64) \qquad \phi' = \sum_{n'=1}^{\infty} c_{n'}\phi_{n'}^0 \qquad \begin{array}{ll} c_{n'} & \text{Entwicklungskoeffizienten} \\ \phi_{n'}^0 & \text{Eigenfunktionen zu } \mathcal{H}_0 \end{array}$$

Einsetzen von Gl.(3.64) in Gl.(3.63) liefert

$$(3.65) \qquad \sum_{n'=1}^{\infty} c_{n'}\left(E_{n'}^0 - E_n^0\right)\phi_{n'}^0 = -\left(\mathcal{H}^s - E_n'\right)\phi_n^0 \ .$$

Hierbei haben wir jetzt einen bestimmten Zustand ϕ_n^0 des ungestörten Problems mit der Energie E_n^0 ausgewählt.

Zum weiteren Verfahren müssen wir unterscheiden, ob die Lösungen zu $\mathcal{H}_0$ entartet sind oder nicht.

1. Nicht entartete Lösungen zu $\mathcal{H}_0$.
Nicht entartet bedeutet, daß jedem Energiewert E_n^0 eindeutig eine Eigenfunktion ϕ_n^0 von $\mathcal{H}_0$ zugeordnet ist.

---

[4] Kennzeichnung der Störung durch den Index s rechts oben am Operator

Wir multiplizieren Gl.(3.65) von links mit ϕ_n^{0*} und integrieren über den Raum

$$(3.66) \qquad \sum_{n'=1}^{\infty} c_{n'} \left(E_{n'}^0 - E_n^0 \right) \delta_{n,n'} = E_n' - \int \phi_n^{0*} \mathcal{H}^s \phi_n^0 d^3r \; ,$$

wobei wir von der Orthonormalität der Eigenfunktionen

$$\int \phi_n^{0*} \phi_{n'}^0 d^3r = \delta_{n,n'}$$

Gebrauch gemacht haben. Die linke Seite von Gl.(3.66) verschwindet identisch. Es bleibt

$$(3.67) \qquad \boxed{E_n' = \mathcal{H}_{n,n}^s \equiv \int \phi_n^{0*} \mathcal{H}^s \phi_n^0 d^3r \; .}$$

Die Zusatzenergie E_n' läßt sich also aus dem Störoperator $\mathcal{H}^s$ bestimmen, wenn die Lösungen ϕ_n^0 bekannt sind.

Um die Koeffizienten $c_{n'}$ in Gl.(3.64) zu berechnen, multiplizieren wir Gl.(3.65) von links mit $\phi_{n'}^{0*}$ für $n' \neq n$ und integrieren über den Raum

$$(3.68) \qquad \sum_{n''=1}^{\infty} c_{n''} \left(E_{n''}^0 - E_n^0 \right) \int \phi_{n'}^{0*} \phi_{n''}^0 d^3r = - \int \phi_{n'}^{0*} \mathcal{H}^s \phi_n^0 d^3r \equiv -\mathcal{H}_{n',n}^s \; .$$

Wir haben dabei den Summationsindex von n' nach n'' gewechselt. Wegen der Orthonormalitätsbedingung bleibt links nur der Term für $n' = n''$ stehen, sodaß man letztlich erhält

$$(3.69) \qquad c_{n'} = \frac{\mathcal{H}_{n',n}^s}{E_n^0 - E_{n'}^0} \qquad \text{für } n' \neq n \; .$$

Für $n' = n$ ist $c_{n'} = 0$. Wir fassen das Ergebnis der Störungsrechnung 1.Ordnung für nicht entartete Zustände zusammen

$$(3.70) \qquad \boxed{\begin{aligned} \phi_n &= \phi_n^0 + \sum_{n' \neq n} \frac{\mathcal{H}_{n',n}^s}{E_n^0 - E_{n'}^0} \phi_{n'}^0 \\ E_n &= E_n^0 + \mathcal{H}_{n,n}^s \; . \end{aligned}}$$

2. Entartete Lösungen zu $\mathcal{H}_0$.

Wir betrachten nun den entarteten Fall, bei dem j Eigenfunktionen $\phi^0_{n,1}, \phi^0_{n,2}, \ldots \phi^0_{n,j}$ von $\mathcal{H}_0$ ein und denselben Energiewert E^0_n haben. Dieser Fall ist häufig der Normalfall, wie z.B. beim Wasserstoffatom, ist aber komplizierter zu berechnen als der nicht entartete Fall.

Jede Kombination der $\phi_{n,i}$,

$$(3.71) \qquad \phi^0_n = \sum_{i=1}^{j} c^0_i \phi^0_{n,i} \,,$$

ist eine Lösung der Schrödinger-Gleichung mit $\mathcal{H}_0$ und gehört zum Energiewert E^0_n

$$\mathcal{H}_0 \phi^0_n = E^0_n \phi^0_n \,.$$

Durch die Störung verschwindet im allgemeinen die Entartung, was zur Folge hat, daß die Koeffizienten c^0_i nicht mehr beliebig gewählt werden können.

Wir beschränken uns auf die Störungsrechnung 1.Ordnung. Unsere Aufgabe ist es, die Koeffizienten c^0_i in Gl.(3.71) sowie den zusätzlichen Energieterm E'_n durch die Störung zu finden.

Wir gehen wiederum von Gl.(3.63) aus, ersetzen dort ϕ^0 durch den Ausdruck Gl.(3.71), multiplizieren von links mit $\phi^{0*}_{n,i}$ und intergrieren über den Raum

$$(3.72) \qquad \int \phi^{0*}_{n,i} \left(\mathcal{H}_0 - E^0_n \right) \phi'_n d^3r = - \int \phi^{0*}_{n,i} \left(\mathcal{H}^s - E'_n \right) \sum_{i'=1}^{j} c^0_{i'} \phi^0_{n,i'} d^3r \,.$$

Da $\mathcal{H}_0$ ein hermitescher Operator ist, können wir die linke Seite von Gl.(3.72) schreiben

$$\left(\int \phi'^*_n \mathcal{H}_0 \phi^0_{n,i} d^3r \right)^* - \int \phi^{0*}_{n,i} E^0_n \phi'_n d^3r.$$

Dieser Ausdruck verschwindet jedoch, weil die Funktionen $\phi^0_{n,i}$ Lösungen des ungestörten Problems sind. Somit bleibt

$$(3.73) \qquad \int \phi^{0*}_{n,i} \left(\mathcal{H}^s - E'_n \right) \sum_{i'=1}^{j} c^0_{i'} \phi^0_{n,i'} d^3r = 0 \,.$$

Wegen der Orthonormalität der Lösungen $\phi^0_{n,i}$ reduziert sich diese Gleichung auf

$$(3.74) \qquad \boxed{\sum_{i'=1}^{j} c^0_{i'} \mathcal{H}^s_{i,i'} - c^0_i E'_n = 0} \qquad \text{mit} \, \mathcal{H}^s_{i,i'} = \int \phi^{0*}_{n,i} \mathcal{H}^s \phi^0_{n,i'} d^3r \,.$$

Gl.(3.74) ist die Bestimmungsgleichung für E'_n und für die Koeffizienten c^0_i. Die Größen $\mathcal{H}^s_{i,i'}$ sind Elemente einer Matrix der Dimension j. Man nennt sie die Matrixelemente des Störoperators.

Wir wollen Gl.(3.74) ausfürlich ausschreiben

$$(3.75) \quad \begin{aligned}
+c_1^0\left(E_n' - \mathcal{H}_{1,1}^s\right) \quad -c_2^0\mathcal{H}_{1,2}^s \qquad\qquad -c_3^0\mathcal{H}_{1,3}^s \ \cdots \ -c_j^0\mathcal{H}_{1,j}^s &= 0 \\
-c_1^0\mathcal{H}_{2,1}^s \qquad\qquad +c_2^0\left(E_n' - \mathcal{H}_{2,2}^s\right) \quad -c_3^0\mathcal{H}_{2,3}^s \ \cdots \ -c_j^0\mathcal{H}_{2,j}^s &= 0 \\
\vdots \qquad\qquad\qquad\qquad \vdots \qquad\qquad\qquad \vdots \qquad\qquad \vdots \qquad\qquad \vdots \quad & \\
-c_1^0\mathcal{H}_{j,1}^s \qquad\qquad -c_2^0\mathcal{H}_{j,2}^s \qquad\qquad -c_3^0\mathcal{H}_{j,3}^s \ \cdots \ +c_j^0\left(E_n' - \mathcal{H}_{j,j}^s\right) &= 0 \ .
\end{aligned}$$

Dieses homogene Gleichungssystem für die c_i^0 hat nur dann nichttriviale Lösungen, wenn die folgende Determinante verschwindet

$$(3.76) \quad \begin{vmatrix}
E_n' - \mathcal{H}_{1,1}^s & -\mathcal{H}_{1,2}^s & \cdots & -\mathcal{H}_{1,j}^s \\
-\mathcal{H}_{2,1}^s & E_n' - \mathcal{H}_{2,2}^s & \cdots & -\mathcal{H}_{2,j}^s \\
\vdots & \vdots & & \vdots \\
-\mathcal{H}_{j,1}^s & -\mathcal{H}_{j,2}^s & \cdots & E_n' - \mathcal{H}_{j,j}^s
\end{vmatrix} = 0 \ .$$

Gl.(3.76) bezeichnet man als **Säkulargleichung**. Die Berechnung liefert ein Polynom j-ten Grades in der Energie E_n'. Somit erhält man j im allgemeinen verschiedene Energiewerte $E_{n,k}'$ für die Störungstheorie 1.Ordnung beim entarteten System

$$(3.77) \quad \boxed{E_{n,k} = E_n^0 + E_{n,k}'} \qquad k = 1,2,\ldots,j \ .$$

Aus dem Gleichungssystem (3.75) können nach Einsetzen der Energiewerte $E_{n,k}'$ die Koeffizienten c_i^0 bestimmt werden. Damit ist die Wellenfunktion Gl.(3.71) in Störungstheorie 1.Ordnung gegeben. Wir verzichten hier auf die Ausführung dieses Schrittes.

Falls die Funktionen $\phi_{n,i}^0$ nicht nur Eigenfunktionen von $\mathcal{H}_0$ sondern auch von $\mathcal{H}^s$ sind, so ist

$$\mathcal{H}_{i,i'}^s = \mathcal{H}_{i,i}^s \delta_{i,i'} \ ,$$

d.h. die Matrix des Störoperators ist diagonal. Die aus Gl.(3.76) resultierende Störenergie ist dann

$$E_{n,k}' = \mathcal{H}_{k,k}^s \qquad k = 1,2,\ldots,j \ .$$

Bei den Anwendungen werden wir hauptsächlich von dieser Möglichkeit Gebrauch machen.

3.6 Relativistische Verallgemeinerung

3.6.1 Die Dirac–Gleichung

Die Schrödinger–Gleichung (3.8) gilt nur für nichtrelativistische Fälle. Sie ergibt sich für den potentialfreien Raum aus dem nichtrelativistischen Ausdruck für die Energie

$E = (\vec{p})^2/2M$ nach Ersetzen der Größen E und $\vec{p}$ durch die entsprechenden Operatoren. Es soll hier nur die Idee der relativistischen Verallgemeinerung vorgestellt werden ohne näher darauf einzugehen. Für die relativistische Wellengleichung wäre es naheliegend, im relativistischen Energiesatz

$$(3.78) \qquad\qquad E^2 = (\vec{p})^2 c^2 + M^2 c^4$$

die Energie und den Impuls durch die entsprechenden Operatoren zu ersetzen. Geht man jedoch davon aus, daß die Wellengleichung nur die erste Ableitung nach der Zeit haben soll (s. Diskussion der Schrödinger-Gleichung in Abschn. 3.1.1), also

$$i\hbar \frac{\partial \psi(\vec{r},t)}{\partial t} = \mathcal{H}\psi(\vec{r},t),$$

so müßte man für $\mathcal{H}$ die positive Quadratwurzel der rechten Seite von Gl.(3.78) einsetzen und $\vec{p}$ durch $-i\hbar\vec{\mathrm{grad}}$ ersetzen. Die resultierende Differentialgleichung ist jedoch nicht symmetrisch hinsichtlich der Orts- und Zeitableitungen und daher relativistisch nicht richtig. Paul Dirac zeigte im Jahr 1928 den richtigen Weg. Er fand eine in den Orts- und Zeitableitungen symmetrische Differentialgleichung durch einen linearen Ansatz für die Energie

$$(3.79) \qquad \begin{aligned} E &= \sqrt{(\vec{p})^2 c^2 + M^2 c^4} \\ &= c\vec{\alpha}\vec{p} + \beta M c^2. \end{aligned}$$

Der Übergang von der ersten zur zweiten Zeile in Gl.(3.79) kann nicht durch normale Zahlen α_x, α_y, α_z und β, sondern nur durch Matrizen geleistet werden. Es zeigt sich, daß die Komponenten von $\vec{\alpha}$ sowie die Größe β jeweils 4×4 Matrizen sind mit den Eigenschaften $(\alpha_x)^2 = (\alpha_y)^2 = (\alpha_z)^2 = \beta^2 = 1$ und $\alpha_i\alpha_j + \alpha_j\alpha_i = \alpha_i\beta + \beta\alpha_i = 0$ für $i \neq j$. Setzt man für E und $\vec{p}$ die entsprechenden Operatoren ein, so bedeutet deren Anwendung auf eine Wellenfunktion ψ zwangsläufig, daß ψ ein 4–komponentiger Vektor $\psi(\vec{r},t) = (\psi_1, \psi_2, \psi_3, \psi_4)$ sein muß. Gl.(3.79) entpuppt sich somit als gekoppeltes Differentialgleichungssystem, welches allein seiner äußeren Struktur nach erheblich komplizierter ist als die Schrödinger–Gleichung (3.5)

$$(3.80) \quad \begin{aligned} \left(i\hbar\frac{\partial}{\partial t} + Mc^2\right)\psi_1 - ic\hbar\left(\frac{\partial\psi_4}{\partial x} - i\frac{\partial\psi_4}{\partial y} + \frac{\partial\psi_3}{\partial z}\right) &= 0 \\[2ex] \left(i\hbar\frac{\partial}{\partial t} + Mc^2\right)\psi_2 - ic\hbar\left(\frac{\partial\psi_3}{\partial x} + i\frac{\partial\psi_3}{\partial y} - \frac{\partial\psi_4}{\partial z}\right) &= 0 \\[2ex] \left(i\hbar\frac{\partial}{\partial t} - Mc^2\right)\psi_3 - ic\hbar\left(\frac{\partial\psi_2}{\partial x} - i\frac{\partial\psi_2}{\partial y} + \frac{\partial\psi_1}{\partial z}\right) &= 0 \\[2ex] \left(i\hbar\frac{\partial}{\partial t} - Mc^2\right)\psi_4 - ic\hbar\left(\frac{\partial\psi_1}{\partial x} + i\frac{\partial\psi_1}{\partial y} - \frac{\partial\psi_2}{\partial z}\right) &= 0 \, . \end{aligned}$$

Gl.(3.80) ist die Dirac–Gleichung für den potentialfreien Raum. Sie gilt für Spin $\frac{1}{2}$–Teilchen, zum Beispiel für Elektronen. Sie hat stets Lösungen für positive und negative Energien. Letzteres erscheint zunächst fremdartig, da nach bisherigem Verständnis die Energie eines Systems im potentialfreien Fall immer als positiv anzusehen war. Hiernach wäre aber der Grundzustand, also die niedrigste mögliche Energie, bei $-\infty$ angesiedelt. Dirac erklärte diese scheinbare Diskrepanz dadurch, daß er dem Vakuum in der Weise Energiezustände zuordnet, daß alle Zustände mit negativer Energie durch Elektronen vollständig besetzt, diejenigen mit positiver Energie jedoch leer sind. Das Vakuum erweist sich hiermit als Vielteilchensystem, also als hochkompliziertes Gebilde.

3.6.2 Paarerzeugung und Paarvernichtung

Die Vorstellung vom Vielteilchenvakuum führte im Jahr 1928 zur Voraussage des Positrons, welches dann auch vier Jahre später von Carl David Anderson in Nebelkammeraufnahmen der kosmischen Strahlung entdeckt wurde. Das **Positron** gilt heute als das Antiteilchen des Elektrons. Es hat mit Ausnahme einiger Größen wie z.B. der positiven elektrischen Ladung, die gleichen Eigenschaften wie das Elektron. Die einfachste Möglichkeit, Positronen zu erzeugen, ist die Paarbildung (oder Paarerzeugung, Fig. 3.25). Bei diesem Prozeß wird ein γ–Quant der Energie E_γ im Coulomb–Feld eines geladenen Teilchens, z.B. eines Kerns, in ein Elektron und ein Positron mit den kinetischen Energien $E_{kin}(e^-)$ bzw. $E_{kin}(e^+)$ umgewandelt. Die Energie E_γ ist hierbei die Summe aus den Ruheenergien und den kinetischen Energien des Elektrons und des Positrons, wenn man die geringe Rückstoßenergie des Kerns vernachlässigt,

$$E_\gamma = 2M_e c^2 + E_{kin}(e^-) + E_{kin}(e^+).$$

Nach der Diracschen „Löchertheorie" wird die Paarerzeugung dahingehend interpretiert, daß ein Elektron negativer Energie des Vakuums das Quant der Energie $h\nu$ absorbiert, in einen Zustand positiver Energie übergeht, und im See der Elektronen des Vakuums ein Loch hinterläßt, das relativ zum Vakuum eine positive Ladung besitzt (Fig. 3.25b). Die Produktionsschwelle von $2M_e c^2 = 1,02 MeV$ läßt sich als verbotener Energiebereich zwischen den Zuständen positiver und negativer Energie verstehen. Das Loch seinerseits ist in diesem Bild dadurch beweglich, als Elektronen des Sees sukzessive nachrücken können. Die Eigenschaften des Lochs sind somit, abgesehen von der elektrischen Ladung, die gleichen wie die eines Elektrons. Es liegt daher nahe, das Loch (Fehlen eines Elektrons negativer Energie) mit dem Positron der positiven Energie $+|E|$ relativ zum Vakuum zu identifizieren.

Die Paarbildung vollzieht sich nur in Gegenwart eines dritten Partners, entweder eines Kerns oder eines Elektrons. Die freie Materialisation des Photons $\gamma \longrightarrow e^+ e^-$ ist mit dem Energie- und Impulserhaltungssatz nicht vereinbar wie sich leicht zeigen läßt.

Angenommen, es gäbe den freien Prozess $\gamma \longrightarrow e^+ e^-$ (Fig. 3.26), so lauten Energie und Impulssatz bei Betrachtung des Vorgangs im Ruhesystem des Elektrons

$$E_\gamma \;=\; E_{e^-} + E_{e^+}$$
$$p_\gamma \;=\; p_{e^+} \; .$$

Energie und Impuls des Photons sind gegeben durch

$$E_\gamma = h\nu \qquad p_\gamma = \frac{h\nu}{c} \; .$$

Die Energie des Elektrons ist im Elektron–Ruhesystem

$$E_{e^-} \;=\; M_e c^2 \; .$$

Die Energie des Positrons ist nach der relativistischen Energiebeziehung

$$E_{e^+} \;=\; \sqrt{p_{e^+}^2 c^2 + M_e^2 c^4} \; .$$

Diese Größen in den Energiesatz eingesetzt ergibt

$$h\nu \;=\; M_e c^2 + \sqrt{(h\nu)^2 + M_e^2 c^4} \; .$$

Diese Gleichung kann jedoch nur durch $\nu = \infty$ erfüllt werden, d.h. es gibt kein γ-Quant, das die freie Materialisation in ein Elektron – Positron – Paar leisten kann. Die Paarbildung kommt nur dann zustande, wenn der entsprechende Impulsüberschuß von einem dritten Partner, d.h. von einem Kern oder einem Elektron, übernommen wird. Es läßt sich zeigen, daß die Produktionsschwelle wie folgt gegeben ist

$$(3.81) \qquad\qquad h\nu \geq 2 M_e c^2 \left(1 + \frac{M_e}{M_S} \right) \; .$$

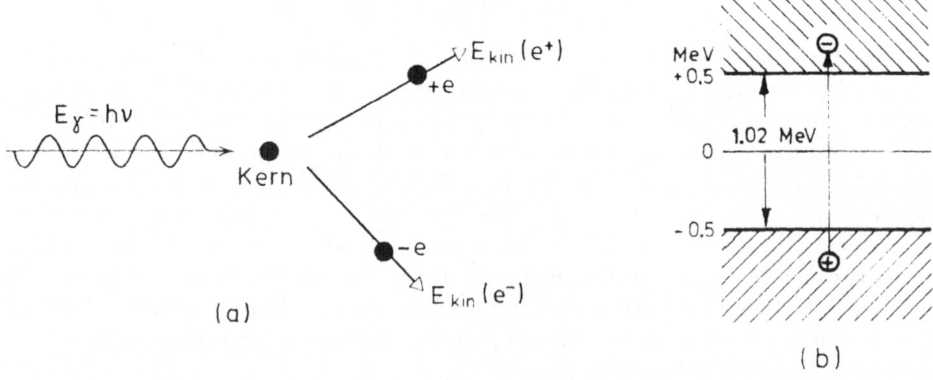

Fig. 3.25: a) Die Elektron – Positron – Paarerzeugung am Kern. b) Der Prozess nach der Diracschen Löchertheorie.

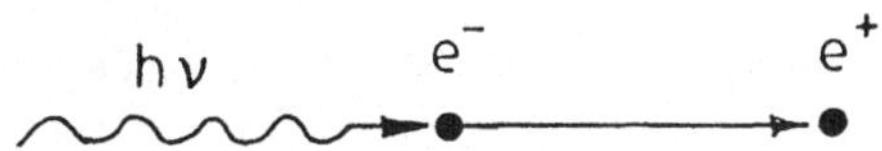

Fig. 3.26: *Freie Materialisation des Photons.*

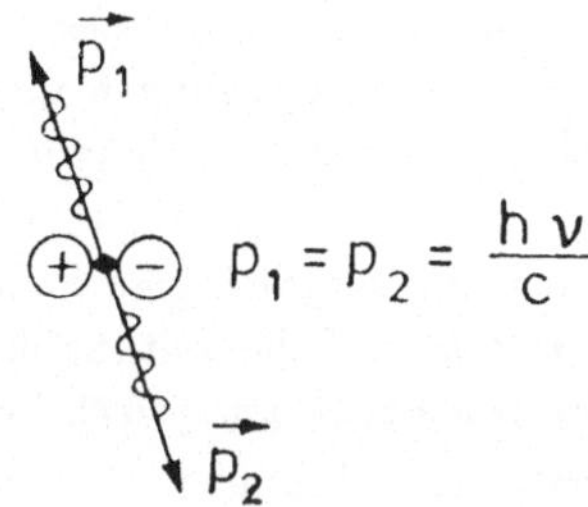

Fig. 3.27: *Vernichtung eines Elektron – Positron – Paares.*

Hierbei ist M_S die Masse des dritten Stoßpartners. Der Klammerterm ist der mit dem Impulsübertrag auf die Masse M_S verbundene Energieanteil.

Das Positron selbst ist genau wie das Elektron ein stabiles Teilchen mit unendlich langer Lebensdauer, allerdings nur im freien Zustand. Gelangt es in Materie, so wird es durch die Wechselwirkung seines Feldes mit den Atomen der Materie abgebremst und kann zusammen mit einem Elektron einen gebundenen Zustand, das sogenannte Positronium, bilden (Abschn. 6.5.2). Dieses Gebilde ist jedoch instabil und zerstrahlt nach etwa 10^{-10} Sekunden in zwei γ-Quanten entgegengesetzter Richtung von je $M_e c^2 = 0,51 MeV$ Energie. Ein solcher Vorgang, auch Paarvernichtung oder Annihilation genannt, findet vorzugsweise erst nach vollständigem Abbremsen des Positrons statt, so daß die beiden Quanten meistenteils exakt unter 180° gegeneinander emittiert werden (Fig. 3.27).
Die Paarvernichtung kann auch im Rahmen der Diracschen Löchertheorie interpretiert werden.

3.7 Zusammenfassung

Die Beschreibung von Teilchen oder Teilchensystemen im atomaren Bereich knüpft an ihren Wellencharakter an, wie er zum Beispiel durch das Experiment von Davisson und

Germer erhärtet wurde. Auf der Suche nach einer Differentialgleichung stellt Schrödinger für nichtrelativistische Probleme die nach ihm benannte Gleichung (zeitabhängige Schrödinger-Gleichung) auf, die sich als komplexe Eigenwertgleichung erweist mit der Energie E als Eigenwert und der Wellenfunktion $\psi(\vec{r}, t)$ als Eigenfunktion. Während in der klassischen Physik die Kraft Ausgangspunkt für jede Bewegungsgleichung ist, liegt der Schrödinger-Gleichung das Potential $V(\vec{r})$ als bestimmende Größe für den Teilchenzustand zugrunde (Aharonov–Bohm–Effekt). Die Aufgabe der Quantenmechanik ist also in erster Linie, durch Lösen der Schrödinger-Gleichung die Eigenfunktionen $\psi(\vec{r}, t)$ zu finden und das Energie-Eigenwertspektrum zu ermitteln.

Die Schrödinger-Gleichung läßt sich wie alle Grundgleichungen der Physik nicht herleiten. Sie läßt sich lediglich anhand exemplarischer Fälle plausibel machen, besitzt aber im Bereich der nichtrelativistischen Bewegungen allgemeingültigen Charakter. Ihre Rechtfertigung hat sie letztlich nur durch die Übereinstimmung ihrer Ergebnisse mit den Experimenten.

Für stationäre Fälle läßt sich die zeitabhängige Schrödinger-Gleichung durch Abspalten des Zeitfaktors $\exp(-iEt/\hbar)$ auf die zeitunabhängige Schrödinger-Gleichung vereinfachen, die für eine Reihe von Fällen analytisch lösbar ist.

Eine wesentliche Eigenschaft der Lösungen ist das Superpositionsprinzip. Hat man Lösungen gefunden, so bildet die lineare Überlagerung dieser Lösungen wiederum eine Lösung derselben. Der Satz von Eigenfunktionen zu einer Lösung bildet einen vollständigen orthonormalen Satz von Funktionen. Jede beliebige Funktion läßt sich nach diesem Satz von Eigenfunktionen entwickeln.

Als einfachstes Anwendungsbeispiel wird das Teilchen in einem Kasten mit unendlich harte Wänden behandelt. Dies ist der idealisierte Fall für ein Nukleon im Potentialtopf des Atomkerns. Als besondere Eigenschaft zeigt sich, daß das Energie-Eigenwertspektrum diskret ist. Die weiteren Beispiele, wie die Reflexion eines Teilchens an einer Potentialstufe und der Durchgang von Teilchen durch eine Potentialbarriere beinhalten ebenfalls idealisierte Potentialformen, die aber im Prinzip das Teilchenverhalten realistischer Fälle richtig wiedergeben, wie der Tunneleffekt bei einer Reihe von Phänomenen wie z.B. bei der Feldemission und beim α–Zerfall von Kernen zeigt.

Von fundamentaler Bedeutung für das Verhalten von Teilchen in atomaren Bereichen ist der harmonische Oszillator. Ausgehend von dem aus der klassischen Mechanik bekannten Potentialverlauf liefert die Schrödinger-Gleichung ein äquidistantes Energiespektrum und als Lösungen Eigenfunktionen, die bei Betrachtung des Absolutquadrates, $|\phi_n(\vec{r})|^2$, für beliebige Werte der Quantenzahl n von der klassischen Vorstellung der Aufenthaltswahrscheinlichkeit völlig abweichen. Insbesondere liefert der Grundzustand am Ort der Gleichgewichtslage ein Maximum der Aufenthaltswahrscheinlichkeit im Gegensatz zum klassischen Bild, bei dem sich das Teilchen beim Durchlaufen des Gleichgewichtspunktes dort den geringsten Teil seiner Zeit aufhält. Das Korrespondenzprinzip liefert aber auch in diesem Fall den Übergang zur klassischen Vorstellung dadurch, daß die Lösungen für hohe Werte von n um den klassischen Wahrscheinlichkeitsverlauf herum oszillieren. Ein weiteres Merkmal für alle Zustände ist die Möglichkeit, daß sich das Teilchen auch außerhalb des durch die klassischen Parameter streng festgelegten Aufenthaltsbereiches aufhalten kann. Dieses Verhalten deckt sich mit dem Eindring-

vermögen eines Teilchens in eine Potentialstufe. Hervorzuheben ist, daß der niedrigste
mögliche Energiezustand des harmonischen Oszillators von Null verschieden ist. Er hat
den Wert $\hbar\omega/2$. Dieses Ergebnis spiegelt die Heisenbergsche Unschärferelation wider
und führt zu entscheidenden Konsequenzen für alle schwingungsfähigen Gebilde. Zum
Beispiel ist hierin die Ursache für die Nullpunktsenergie der Atome in Molekülen und
in festen Körpern zu suchen.

Von gleicher Bedeutung wie der harmonische Oszillator erweist sich der starre Rotator. Es zeigt sich, daß das Problem eng mit dem Bahndrehimpuls verknüpft ist. Das
Ergebnis führt zu einer Quantisierung sowohl des Betrages des Bahndrehimpulses als
auch einer Komponente längs einer vorgegebenen Bezugsrichtung. Üblicherweise wählt
man die z–Koordinate des Koordinatensystems als Bezugsrichtung. Als bestimmende
Quantenzahl für den Bahndrehimpulsbetrag ergibt sich die Bahndrehimpulsquantenzahl l und für die z–Komponente die magnetische Quantenzahl m. Die Lösungen des
Problems sind die Kugelfunktionen $Y_l^m(\varphi,\vartheta)$. Neben dem Bahndrehimpuls gibt es den
Spin, eine Art Eigendrehimpuls des Teilchens. In vielen Bereichen der Atom–, Molekül–
und Kernphysik spielen Bahndrehimpuls und Spin eine fundamentale Rolle.

Eine konsequente Fassung der Quantenmechanik wird erst mit Hilfe von Operatoren
möglich. Von grundlegender Bedeutung sind die Kommutationsrelationen zwischen zwei
Operatoren. Sind zwei Operatoren miteinander vertauschbar, so besitzen sie gemeinsame Eigenfunktionen. Die zugehörigen physikalischen Größen können dann gleichzeitig
scharf gemessen werden, was nicht mehr der Fall ist, wenn die Operatoren nicht vertauschbar sind. Die physikalisch relevanten Operatoren besitzen die Eigenschaft der
Hermitezität. Hermitesche Operatoren liefern stets reelle Eigenwerte. Die Eigenfunktionen zu hermiteschen Operatoren (Observablen) sind orthonormal und liefern einen
vollständigen Satz von Funktionen.

Handelt es sich bei der Observablen um einen Matrixoperator der Dimension n, so
liefert die Lösung der Eigenwertgleichung n Eigenwerte und n Eigenvektoren. Die Eigenvektoren sind orthonormal und vollständig. Mit ihnen läßt sich ein n–dimensionaler
Raum aufspannen und jeder Vektor als lineare Superposition der Eigenvektoren darstellen. Fallen k Eigenwerte zusammen, so ist das Problem k–fach entartet.

Aus der in der Wellenfunktion steckenden Information läßt sich über jede physikalische Größe, die dem betrachteten Teilchen zu eigen ist, durch Bildung des Erwartungswertes eine Aussage machen. Der Erwartungswert hat die Bedeutung eines Mittelwertes
und gibt das mittlere Verhalten des Teilchens bezüglich dieser Größe an.

Als oft angewandtes und praktisches Verfahren zur Lösung der Schrödinger-
Gleichung erweist sich die Störungsrechnung. Sie bewährt sich in solchen Fällen, bei
denen der Hamilton–Operator einen separablen Anteil enthält, der nur eine sehr geringfügige Änderung der Energie und der Wellenfunktion bewirkt. Man nennt diesen
Anteil den Störoperator. Es wird nur die Störungsrechnung erster Ordnung für stationäre Probleme betrachtet. Der Formalismus zeigt, wie man den zusätzlichen Anteil
der Energie und der Wellenfunktion aus dem Störoperator und den Wellenfunktionen
des störungsfreien Problems berechnen kann und zwar für den Fall entarteter Zustände
wie auch für den Fall nichtentarteter Zustände. Dieses Verfahren findet in den Kap. 5
und 6 vielfache Anwendung.

Die relativistische Verallgemeinerung der Schrödinger–Gleichung ist nur kurz angedeutet. Sie findet ihre Bedeutung in der Dirac–Gleichung. Als Beispiel zur relativistischen Bewegung von Teilchen wurde die Paarerzeugung erläutert. Photonen genügender Energie können in Gegenwart eines Partners ein Elektron–Positronpaar erzeugen. Der Partner hat die Aufgabe, den überschüssigen Impuls aufzunehmen. Die erzeugten Positronen sind Antiteilchen der Elektronen und unterscheiden sich von jenen durch das andere Vorzeichen der elektrischen Ladung. Obwohl freie Positronen genauso stabil sind wie Elektronen, verschwinden sie in Materie durch einen Annihilationsprozeß. Nach Abbremsen auf Ruhe können sie zusammen mit einem Elektron einen gebundenen Zustand sehr kurzer Lebensdauer, das Positronium, bilden und zerstrahlen dann in zwei Photonen gleicher Energie und entgegengesetzter Flugrichtung. Paarerzeugung und Paarvernichtung stehen somit exemplarisch für die Umwandlung von Energie in Masse und umgekehrt nach der Einsteinschen Gleichung $E = Mc^2$.

4 Drehimpulse der Quantenphysik

Der Drehimpuls hat in der Physik die gleiche fundamentale Bedeutung wie der lineare Impuls und die Energie. Ebenso wie jene Größen ist er bereits in der klassischen Mechanik durch einen Erhaltungssatz ausgezeichnet, und zwar dann, wenn das entsprechende physikalische Problem rotationssymmetrisch ist. Für den atomaren Bereich gilt das gleiche. Jedoch müssen wir den Drehimpuls mit quantenmechanischen Methoden behandeln. Wir unterscheiden hierbei zwischen dem Bahndrehimpuls, der die Bahnbewegung eines Teilchens um eine feste Achse beschreibt, und einem inneren Drehimpuls, den viele Teilchen besitzen und den man Spin nennt. Der Spin eines Teilchens läßt sich von der Vorstellung her als eine Art Eigenrotation des Teilchens deuten. Es ist jedoch nicht möglich, ihn mit klassischen Methoden zu beschreiben, wie etwa die Eigenrotation der Erde. Im Rahmen der nichtrelativistischen Quantenmechanik muß er zusätzlich eingeführt werden, wie in den nachfolgenden Abschnitten gezeigt wird. Erst in der relativistischen Quantenmechanik folgt er zwanglos aus deren Formalismus. Wir werden in Kap.5 sehen, daß der Spin des Elektrons für die Erklärung einer ganzen Reihe von Erscheinungen beim Wasserstoffatom eine entscheidende Roll spielt. Dasselbe gilt für die Mehrelektronenatome in Kap. 6.

Drehimpulse sind in der klassischen Physik räumliche Vektoren[5]. In der Quantenmechanik werden daraus Vektoroperatoren. Die Lösungen der Eigenwertgleichungen liefern wie üblich die meßbaren Größen für die Drehimpulse. Es zeigt sich, daß die Eigenwerte gequantelt sind und stets nur halb– oder ganzzahlige Werte von $\hbar$ annehmen können. Das gleiche gilt für Drehimpulse, die aus zwei oder mehreren Bahndrehimpulsen oder Spins zusammengesetzt sind. Diese Zusammensetzung ist allerdings nicht so einfach wie die vektorielle Addition der Drehimpulse, wie wir sie aus der klassischen Mechanik gewohnt sind.

Wegen der Komplexität dieser Zusammenhänge soll daher der quantenmechanischen Behandlung der Drehimpulse ein eigenes Kapitel gewidmet werden, bevor wir zu den eigentlichen physikalischen Problemstellungen der Atomphysik kommen.

4.1   * Die Operatoren des Bahndrehimpulses

In der klassischen Mechanik wird der Vektor des Bahndrehimpulses als Kreuzprodukt aus Orts- und Impulsvektor definiert

$$(4.1) \qquad\qquad \vec{l} = \vec{r} \times \vec{p} \; .$$

---

[5]Sie sind genau genommen Axialvektoren.

In der Quantenmechanik wird die gleiche Definition zu Grunde gelegt. Der Bahndrehimpuls ist somit der Vektoroperator

$$\vec{l} = \vec{r} \times (-i\hbar\,\vec{grad}),$$

dessen 3 Komponenten in kartesischen bzw. in Kugelkoordinaten folgende Form haben

$$
\begin{aligned}
l_x &= -i\hbar\,(y\partial/\partial z - z\partial/\partial y) &= -i\hbar\,(-\sin\varphi\,\partial/\partial\vartheta - ctg\vartheta\,\cos\varphi\,\partial/\partial\varphi) \\[2mm]
(4.2)\quad l_y &= -i\hbar\,(z\partial/\partial x - x\partial/\partial z) &= -i\hbar\,(\cos\varphi\,\partial/\partial\vartheta - ctg\vartheta\,\sin\varphi\,\partial/\partial\varphi) \\[2mm]
l_z &= -i\hbar\,(x\partial/\partial y - y\partial/\partial x) &= -i\hbar\,(\partial/\partial\varphi)\ .
\end{aligned}
$$

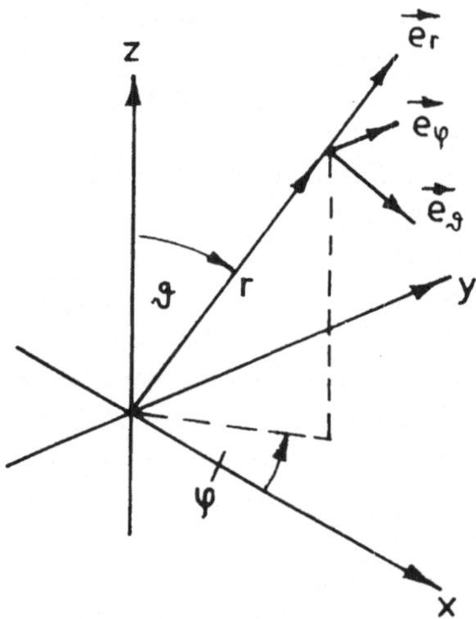

Fig. 4.1: *Kugelkoordinaten.*

Hierbei sind die Kugelkoordinaten (auch sphärische Polarkoordinaten genannt, siehe Fig. 4.1)

$$
\begin{aligned}
x &= r\sin\vartheta\cos\varphi \\
y &= r\sin\vartheta\sin\varphi \\
z &= r\cos\vartheta\ .
\end{aligned}
$$

Ferner ist

$$\vec{r} = r\vec{e}_r$$

$$\vec{grad} = \vec{e}_r\frac{\partial}{\partial r} + \vec{e}_\vartheta\frac{1}{r}\frac{\partial}{\partial\vartheta} + \vec{e}_\varphi\frac{1}{r\sin\vartheta}\frac{\partial}{\partial\varphi}$$

mit $\vec{e}_r$, $\vec{e}_\vartheta$, $\vec{e}_\varphi$ als Einheitsvektoren gemäß Fig. 4.1.

Das Quadrat des Bahndrehimpulsoperators ergibt sich somit zu

$$(4.3) \qquad \vec{l}^{\,2} = l_x^2 + l_y^2 + l_z^2 = -\hbar^2 \left[\frac{1}{\sin\vartheta} \frac{\partial}{\partial\vartheta} \left(\sin\vartheta \frac{\partial}{\partial\vartheta} \right) + \frac{1}{\sin^2\vartheta} \frac{\partial^2}{\partial\varphi^2} \right] \; .$$

Die fundamentalen Eigenschaften des Bahndrehimpulses zeigen sich in den Vertauschungsrelationen. Durch Nachrechnen findet man leicht

$$(4.4) \qquad \left.
\begin{array}{rcccl}
[l_x, l_y] & \equiv & l_x l_y - l_y l_x & = & i\hbar l_z \\
[l_y, l_z] & \equiv & l_y l_z - l_z l_y & = & i\hbar l_x \\
[l_z, l_x] & \equiv & l_z l_x - l_x l_z & = & i\hbar l_y
\end{array}
\right\}
\text{zusammengefaßt: } \; \vec{l} \times \vec{l} = i\hbar\vec{l} \; .$$

Die Komponenten des Bahndrehimpulses können also nicht gleichzeitig bestimmt werden. Hingegen läßt sich zeigen, daß

$$(4.5) \qquad \boxed{\; [l_x, \vec{l}^{\,2}] = [l_y, \vec{l}^{\,2}] = [l_z, \vec{l}^{\,2}] = 0 \; .}$$

Das Quadrat und eine der drei Komponenten des Bahndrehimpulses lassen sich demnach gleichzeitig scharf messen. Wir wählen $\vec{l}^{\,2}$ und l_z. Wegen der Vertauschbarkeit haben die beiden Operatoren gemeinsame Eigenfunktionen. Wir wollen die Eigenfunktionen mit Hilfe der Eigenwertgleichungen untersuchen

$$(4.6) \qquad
\begin{aligned}
\vec{l}^{\,2} \cdot \phi(\vec{r}) &= \alpha \cdot \phi(\vec{r}) \; , \\
l_z \cdot \phi(\vec{r}) &= \beta \cdot \phi(\vec{r}) \; .
\end{aligned}
\qquad \alpha, \beta \; \text{Eigenwerte}$$

Mit den Operatoren Gl.(4.2) und (4.3) lauten sie

$$(4.7) \qquad -\hbar^2 \left[\frac{1}{\sin\vartheta} \frac{\partial}{\partial\vartheta} \left(\sin\vartheta \frac{\partial}{\partial\vartheta} \right) + \frac{1}{\sin^2\vartheta} \frac{\partial^2}{\partial\varphi^2} \right] \phi(\vec{r}) = \alpha\phi(\vec{r}) \; ,$$

$$(4.8) \qquad -i\hbar \frac{\partial}{\partial\varphi} \phi(\vec{r}) = \beta\phi(\vec{r}) \; .$$

Gl.(4.7) ist uns bereits beim starren Rotator begegnet und erwies sich dort als Schrödinger–Gleichung für jenes Problem. Vergleichen wir den Laplace–Operator $\Delta_{\vartheta,\varphi}$ in Kugelkoordinaten bei festem r, Gl.(3.37), mit dem Operator des Drehimpulsquadrates, Gl.(4.3), so finden wir

$$(4.9) \qquad \vec{l}^{\,2} = -\hbar^2 r^2 \Delta_{\vartheta,\varphi} \qquad r = \text{konstant.}$$

Die in Abschn. 3.3.7 behandelte Schrödinger–Gleichung für den starren Rotator entpuppt sich somit bis auf eine Konstante als Eigenwertgleichung für das Quadrat des Bahndrehimpulses. Die Eigenfunktionen sind daher die Kugelfunktionen Gl.(3.44)

$$(4.10) \qquad \phi(\vec{r}) = Y_l^m(\varphi, \vartheta).$$

Durch Vergleich von Gl.(4.7) mit den Gl.(3.38) und (3.42) finden wir sofort die Eigenwerte

$$(4.11) \qquad \alpha = l(l+1)\hbar^2 \qquad l = 0, 1, 2, \ldots$$

Setzen wir die Kugelfunktionen $Y_l^m(\varphi,\vartheta)$ in die Eigenwertgleichung für l_z, Gl.(4.8), ein, so ergibt sich unmittelbar der Eigenwert

$$(4.12) \qquad\qquad \beta = m\hbar,$$

ein Ergebnis, das wir bereits in Gl.(3.47) beim starren Rotator vorweggenommen hatten. Wir fassen das Ergebnis der Eigenwertgleichungen zusammen

$$(4.13) \qquad \boxed{\begin{array}{rcl} \vec{l}^{\,2}Y_l^m(\varphi,\vartheta) &=& l(l+1)\hbar^2 Y_l^m(\varphi,\vartheta) \\ l_z Y_l^m(\varphi,\vartheta) &=& m\hbar Y_l^m(\varphi,\vartheta) \end{array}}$$

$$\begin{array}{rcl} l &=& 0,1,2,\ldots \quad \text{Bahndrehimpulsquantenzahl} \\ -l &\leq& m \leq l \qquad \text{magnetische Quantenzahl.} \end{array}$$

Zur Diskussion der gewonnenen Eigenwerte und Eigenfunktionen verweisen wir auf Abschn. 3.3.7 und Anhang A. Es sei ergänzend dazu auf einen Sprachgebrauch hingewiesen, der sich eingebürgert hat. Die oft benutzte Ausdrucksweise "der Bahndrehimpuls hat den Wert 1 " bedeutet, daß der Eigenwert des Bahndrehimpulsquadrates nach Gl.(4.11) durch die Quantenzahl 1 gegeben ist.

Die Achse, längs derer die Drehimpulskomponente l_z scharf gemessen wird, bezeichnet man als Quantisierungsachse. Die physikalische Vorgabe der Quantisierungsachse hängt von der Meßanordnung ab. Sie kann z.B. durch die Richtung eines Magnetfeldes vorgegeben sein. Im vereinfachten physikalischen Sprachgebrauch spricht man oft vom Drehimpuls "parallel" bzw. "antiparallel" zur Quantisierungsachse (z.B. zur z–Achse) und meint damit die Einstellung des Drehimpulses mit dem maximal bzw. minimal möglichen Werten der z–Komponente $+l\hbar$ bzw. $-l\hbar$.

Die Kugelfunktionen $Y_l^m(\varphi,\vartheta)$ sind für viele quantenmechanische Beschreibungen von so fundamentaler Bedeutung, daß im Zusammenhang mit dem Bahndrehimpuls einige Eigenschaften hier aufgelistet werden sollen.

1. Als Eigenfunktionen der hermiteschen Operatoren $\vec{l}^{\,2}$ und l_z bilden sie ein vollständiges, orthonormales System

$$(4.14) \qquad \int\limits_{-1}^{+1}\int_0^{2\pi} Y_l^m(\varphi,\vartheta)\left(Y_{l'}^{m'}(\varphi,\vartheta)\right)^* d\cos\vartheta\, d\varphi = \delta_{ll'}\delta_{mm'} \ .$$

2. Es gilt die Beziehung

$$Y_{l_1}^{m_1}(\varphi,\vartheta)Y_{l_2}^{m_2}(\varphi,\vartheta) = \sum_{l=|l_1-l_2|}^{l_1+l_2}\sqrt{\frac{(2l_1+1)(2l_2+1)}{4\pi(2l+1)}} <l_1 m_1, l_2 m_2|lm>$$

$$(4.15) \qquad\qquad \cdot <l_1 0, l_2 0|l0> Y_l^{m_1+m_2}(\varphi,\vartheta),$$

wobei die Ausdrücke in spitzen Klammern Clebsch–Gordan–Koeffizienten heißen. Ihre Bedeutung und ihre Werte werden in Abschnitt 4.5.1 erläutert.

3. Es gilt

$$(4.16) \qquad (\mathrm{Y}_l^m(\varphi,\vartheta))^* = (-1)^m \mathrm{Y}_l^{-m}(\varphi,\vartheta) \, .$$

Zusammen mit den Eigenschaften (1) und (2) ergibt sich hieraus

$$(4.17) \qquad \int \mathrm{Y}_{l_1}^{m_1}(\varphi,\vartheta)\mathrm{Y}_{l_2}^{m_2}(\varphi,\vartheta)\mathrm{Y}_{l_3}^{m_3}(\varphi,\vartheta)\, d\cos\vartheta\, d\varphi =$$

$$(-1)^{m_3}\sqrt{\frac{(2l_1+1)(2l_2+1)}{4\pi(2l_3+1)}}$$

$$\cdot < l_1 m_1, l_2 m_2 | l_3 - m_3 > < l_1 0, l_2 0 | l_3 0 > \, .$$

4. Die Kugelfunktionen sind Eigenfunktionen des **Paritätsoperators**. Der Paritätsoperator $\mathcal{P}$ ist ein Operator, der in einer Wellenfunktion die Ortskoordinaten am Nullpunkt spiegelt

$$\mathcal{P}\psi(\vec{r}) = \psi(-\vec{r}) \, .$$

Auf den Raumvektor $\vec{r}$ beispielsweise angewendet, hat er den Eigenwert -1

$$\mathcal{P}\vec{r} = -\vec{r} \, .$$

Wenn $\psi(\vec{r})$ Eigenfunktion des Paritätsoperators ist

$$\mathcal{P}\psi(\vec{r}) = \eta\psi(\vec{r}),$$

so kann η nur die Eigenwerte ± 1 annehmen. Das folgt aus

$$\mathcal{P}^2\psi(\vec{r}) = \mathcal{P}(\psi(-\vec{r})) = \psi(\vec{r})$$

und

$$\mathcal{P}^2\psi(\vec{r}) = \eta^2\psi(\vec{r}) \, .$$

Es läßt sich leicht überlegen, daß die Raumspiegelung bei Verwendung von Kugelkoordinaten die Wirkung hat

$$\mathcal{P}(r,\vartheta,\varphi) = (r, \pi - \vartheta, \pi + \varphi) \, .$$

Da die Kugelfunktionen die Eigenschaft haben

$$(4.18) \qquad \mathrm{Y}_l^m(\pi+\varphi, \pi-\vartheta) = (-1)^l \mathrm{Y}_l^m(\varphi,\vartheta) \, ,$$

so ist die Kugelfunktion Eigenfunktion des Paritätsoperators mit dem Eigenwert $(-1)^l$

$$(4.19) \qquad \mathcal{P}\mathrm{Y}_l^m(\varphi,\vartheta) = (-1)^l \mathrm{Y}_l^m(\varphi,\vartheta) \, .$$

5. Definiert man die **Schiebeoperatoren**

$$(4.20) \qquad\qquad l_\pm = l_x \pm i l_y \,,$$

so gilt für ihre Wirkung auf die Kugelfunktionen

$$
\begin{aligned}
l_\pm Y_l^m(\varphi,\vartheta) &= \hbar\sqrt{l(l+1)-m(m\pm 1)}\, Y_l^{m\pm 1}(\varphi,\vartheta)\\
(4.21)\qquad &= \hbar\sqrt{(l\mp m)(l\pm m+1)}\, Y_l^{m\pm 1}(\varphi,\vartheta)\,.
\end{aligned}
$$

Die Schiebeoperatoren $l_\pm$ auf die Eigenfunktionen zu $\vec{l}^{\,2}$ und l_z angewandt verschieben also die m–Komponente in der Eigenfunktion um eine Einheit.

6. Die Kugelfunktionen $Y_l^m(\varphi,\vartheta)$ sind bis auf eine Normierung die $(2l+1)$ unabhängigen Komponenten des spurlosen symmetrischen Tensors l–ter Ordnung in sphärischer Basis, der aus dem Einheitsortsvektor $\vec{r}/r$ aufgebaut wird. Die sphärische Basis wird durch Gl.(4.52) definiert (s. auch Band II, Anhang P, Fußnote 180).

• Tensor 0. Ordnung (Skalar)

$$1 \;=\; \sqrt{4\pi}\, Y_0^0(\varphi,\vartheta).$$

• Tensor 1.Ordnung (Vektor $\vec{r}$ mit den Komponenten (x,y,z))
Die Komponenten des Spaltenvektors in sphärischer Basis (vgl. Gl.(4.55)) sind

$$
\begin{pmatrix} r_+ \\[4pt] r_0 \\[4pt] r_- \end{pmatrix}
=
\begin{pmatrix} -\dfrac{1}{\sqrt{2}}(x-iy) \\[6pt] z \\[6pt] \dfrac{1}{\sqrt{2}}(x+iy) \end{pmatrix}
= r \cdot
\begin{pmatrix} -\dfrac{1}{\sqrt{2}}\sin\vartheta\, e^{-i\varphi} \\[6pt] \cos\vartheta \\[6pt] \dfrac{1}{\sqrt{2}}\sin\vartheta\, e^{i\varphi} \end{pmatrix}
= r\cdot\sqrt{\dfrac{4\pi}{3}}
\begin{pmatrix} -Y_1^{-1} \\[6pt] Y_1^0 \\[6pt] -Y_1^1 \end{pmatrix}
$$

• Spurloser symmetrischer Tensor 2.Ordnung

$$
T_{ij} =
\begin{pmatrix}
x^2-\tfrac{1}{3}r^2 & xy & xz \\[6pt]
xy & y^2-\tfrac{1}{3}r^2 & yz \\[6pt]
xz & yz & z^2-\tfrac{1}{3}r^2
\end{pmatrix}.
$$

In sphärischer Basis ergibt sich für diesen Tensor

$$
T_{ij} \;=\; \begin{pmatrix} T_{++} & T_{+0} & T_{+-} \\ T_{0+} & T_{00} & T_{0-} \\ T_{-+} & T_{-0} & T_{--} \end{pmatrix}
$$

$$
=\; \begin{pmatrix} -\tfrac{1}{2}(z^2 - \tfrac{1}{3}r^2) & -\tfrac{1}{\sqrt{2}}z(x-iy) & -\tfrac{1}{2}(x-iy)^2 \\[4pt] -\tfrac{1}{\sqrt{2}}z(x+iy) & z^2 - \tfrac{1}{3}r^2 & \tfrac{1}{\sqrt{2}}z(x-iy) \\[4pt] -\tfrac{1}{2}(x+iy)^2 & \tfrac{1}{\sqrt{2}}z(x+iy) & -\tfrac{1}{2}(z^2-\tfrac{1}{3}r^2) \end{pmatrix}
$$

$$
=\; -r^2\sqrt{\frac{4\pi}{15}}\; \begin{pmatrix} \dfrac{1}{\sqrt{3}}\mathrm{Y}_2^0 & \mathrm{Y}_2^{-1} & \sqrt{2}\,\mathrm{Y}_2^{-2} \\[8pt] -\mathrm{Y}_2^1 & -\dfrac{2}{\sqrt{3}}\mathrm{Y}_2^0 & -\mathrm{Y}_2^{-1} \\[8pt] \sqrt{2}\,\mathrm{Y}_2^2 & \mathrm{Y}_2^1 & \dfrac{1}{\sqrt{3}}\mathrm{Y}_2^0 \end{pmatrix}\; .
$$

Die fünf unabhängigen Komponenten des spurlosen symmetrischen Tensors sind bis auf jeweils einen konstanten Faktor die fünf Kugelfunktionen Y_2^0, $\mathrm{Y}_2^{\pm 1}$, $\mathrm{Y}_2^{\pm 2}$.

7. Aus der Ableitung der Kugelfunktionen in Anhang A ergibt sich speziell für die Vorwärtsrichtung

$$
\mathrm{Y}_l^m(\vartheta = 0) = 0 \quad \text{für } m \neq 0.
$$

Die Kugelfunktionen für $m = 0$ sind bis auf einen Faktor $\sqrt{(2l+1)/4\pi}$ die Legendre–Polynome $P_l(\cos\vartheta)$. Insbesondere ist

$$
\mathrm{Y}_l^0(\vartheta = 0) = \sqrt{\frac{2l+1}{4\pi}}\, P_l(\vartheta = 0) = \sqrt{\frac{2l+1}{4\pi}}\, .
$$

4.2 * Die Spin–Operatoren

Es ist einleuchtend, daß die Gesetzmäßigkeiten der Physik unverändert bleiben, wenn die betrachtete Meßapparatur um eine feste Achse um einen beliebigen Winkel gedreht wird. Man sagt, die Physik ist invariant gegenüber einer Rotation im dreidimensionalen Raum. Die moderne Physik spricht allgemein von Invarianzen gegenüber Symmetrien, wobei im betrachteten Beispiel die Rotation im Raum die betreffende Symmetrie darstellt. Es läßt sich zeigen, daß aus der Invarianz gegenüber einer Symmetrie ein Erhaltungssatz der Physik folgt [6]. So folgt der Erhaltungssatz des Impulses aus der Invarianz der physikalischen Gesetze gegenüber Ortstransformationen, der Erhaltungssatz

---

[6]Es gibt Ausnahmen, wie zum Beispiel die Invarianz gegenüber der Zeitumkehr, aus der sich kein Erhaltungssatz herleiten läßt. Der Zeitumkehroperator ist in der Quantentheorie ein antiunitärer Operator.

der Energie aus der Invarianz gegenüber Zeitverschiebungen und der Erhaltungssatz des Drehimpulses aus der Invarianz gegenüber Rotationen im dreidimensionalen Raum.

Der Drehimpuls — und hier ist nicht nur der Bahndrehimpuls gemeint —, für den ja der Erhaltungssatz gilt, ist also mit Rotationen im Raum eng verknüpft. Dieser Zusammenhang ist fundamental. Wir wollen ihn herleiten und werden dabei auf eine Darstellung des Drehimpulses stoßen, die man als Spin der Teilchen interpretieren kann, eine innere Eigenschaft der Teilchen, die sich als unabhängig von ihrem Ort und ihrem Bewegungszustand erweist. Das bedeutet zum Beispiel, daß diese Eigenschaft einem Teilchen auch dann zu eigen ist, wenn es ruht. Die Herleitung der Darstellung ist zunächst rein formal und scheint mit der Natur der Teilchen nichts zu tun zu haben. Die Merkmale der Darstellung gestatten jedoch eine Zuordnung zu den in der Natur bekannten Teilchen und machen es möglich, den Spin der Teilchen daraus abzulesen und eine Wellenfunktion anzugeben, die den Spinzustand beschreibt.

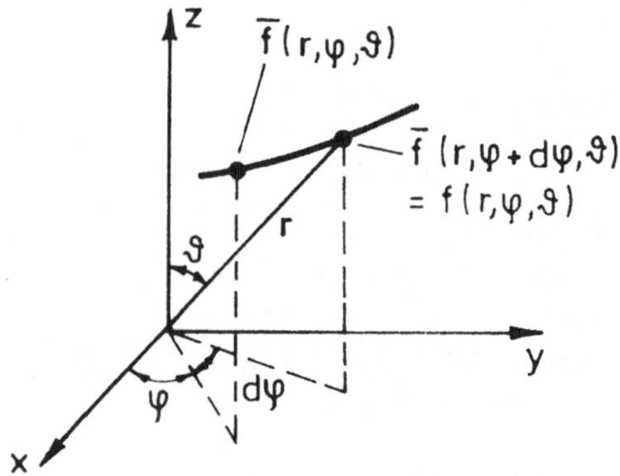

Fig. 4.2: *Die Rotation einer Funktion $f(r,\varphi,\vartheta)$.*

Beginnen wir zunächst mit der Verknüpfung zwischen Rotation und Bahndrehimpuls. Es sei eine stetige Funktion $f(r,\varphi,\vartheta)$ gegeben. Rotiert man die Funktion infinitesimal um die z-Achse um den Winkel $d\varphi$, so ist offensichtlich der rotierte Funktionswert nach Fig. 4.2

$$\bar{f}(r,\varphi+d\varphi,\vartheta) \;=\; f(r,\varphi,\vartheta)\,, \quad \text{bzw.}$$
$$\bar{f}(r,\varphi,\vartheta) \;=\; f(r,\varphi-d\varphi,\vartheta)\,.$$

Die Entwicklung ohne Berücksichtigung der Glieder höherer Ordnung liefert

$$\bar{f}(r,\varphi,\vartheta) = f(r,\varphi,\vartheta) - \frac{\partial f}{\partial \varphi}d\varphi.$$

Nehmen wir den Ausdruck Gl.(4.2) für den Operator l_z zur Hilfe, so haben wir in diesem Fall bereits eine Verknüpfung von infinitesimalen Rotationen mit dem quantenmechanischen Bahndrehimpuls gefunden

$$\bar{f}(r,\varphi,\vartheta) = \left(1 - \frac{i}{\hbar}d\varphi\, l_z\right) f(r,\varphi,\vartheta) \ .$$

Ähnliche Zusammenhänge lassen sich bei infinitesimaler Rotation um die x- bzw. y-Achse mit l_x bzw. l_y finden.

Da Bahndrehimpuls und Rotation so eng miteinander verknüpft sind, stellt sich die Frage, ob es noch andere Möglichkeiten gibt, räumliche Drehungen zu vollziehen und dabei einen Zusammenhang zwischen der Rotation und einem Drehimpuls zu finden.

Betrachten wir zum Beispiel die Rotation eines einzelnen Vektors $\vec{V}$ im Raum. Der rotierte Vektor läßt sich bekanntermaßen schreiben

$$\vec{V}' = R\vec{V} \ ,$$

wobei R die der Rotation entsprechende Rotationsmatrix ist.
Wählt man als Rotationsachsen jeweils die kartesischen Koordinatenachsen, so lassen sich die Rotationsmatrizen sofort angeben

$$\mathcal{R}^{(x)}(\varphi) \ = \ \begin{pmatrix} 1 & 0 & 0 \\ 0 & \cos\varphi & -\sin\varphi \\ 0 & \sin\varphi & \cos\varphi \end{pmatrix} \ ;$$

$$(4.22) \qquad \mathcal{R}^{(y)}(\varphi) \ = \ \begin{pmatrix} \cos\varphi & 0 & \sin\varphi \\ 0 & 1 & 0 \\ -\sin\varphi & 0 & \cos\varphi \end{pmatrix} \ ;$$

$$\mathcal{R}^{(z)}(\varphi) \ - \ \begin{pmatrix} \cos\varphi & -\sin\varphi & 0 \\ \sin\varphi & \cos\varphi & 0 \\ 0 & 0 & 1 \end{pmatrix} \ .$$

Geht man, wie im ersten Beispiel, nur von infinitesimalen Rotationen aus, so ist z.B. für die x-Achse

$$(4.23) \qquad \mathcal{R}^{(x)}(d\varphi) = \begin{pmatrix} 1 & 0 & 0 \\ 0 & 1 & -d\varphi \\ 0 & d\varphi & 1 \end{pmatrix} = \mathbb{1} - \frac{i}{\hbar}d\varphi s_x \ ,$$

wobei

$$\mathbb{1} = \begin{pmatrix} 1 & 0 & 0 \\ 0 & 1 & 0 \\ 0 & 0 & 1 \end{pmatrix}$$

die Einheitsmatrix ist und s_x, wie man sofort verifiziert, die Gestalt hat

$$(4.24) \qquad s_x = \hbar \begin{pmatrix} 0 & 0 & 0 \\ 0 & 0 & -i \\ 0 & i & 0 \end{pmatrix} \ .$$

Auf analoge Art lassen sich die Größen s_y und s_z durch infinitesimale Rotationen um die entsprechenden Achsen angeben

$$(4.25) \qquad s_y = \hbar \begin{pmatrix} 0 & 0 & i \\ 0 & 0 & 0 \\ -i & 0 & 0 \end{pmatrix} , \qquad s_z = \hbar \begin{pmatrix} 0 & -i & 0 \\ i & 0 & 0 \\ 0 & 0 & 0 \end{pmatrix} .$$

Alle drei Matrizen s_x, s_y, s_z sind hermitesch (s. Anhang B). Das Quadrat des Matrixoperators $\vec{s} = (s_x, s_y, s_z)$ ist

$$(4.26) \qquad \vec{s}^{\,2} = s_x^2 + s_y^2 + s_z^2 = 2\hbar^2 \begin{pmatrix} 1 & 0 & 0 \\ 0 & 1 & 0 \\ 0 & 0 & 1 \end{pmatrix} .$$

Man nennt die Größen s_x, s_y, s_z die Generatoren der Drehung.

Die Prüfung der Vertauschungsrelationen Gl.(4.4) und (4.5) ergibt

$$(4.27) \qquad \boxed{\begin{array}{rcl} \vec{s} \times \vec{s} &=& i\hbar\vec{s} \\ [s_x, \vec{s}^{\,2}] = [s_y, \vec{s}^{\,2}] &=& [s_z, \vec{s}^{\,2}] = 0 . \end{array}}$$

Es sind also die gleichen Vertauschungsrelationen wie für den Bahndrehimpuls Gl.(4.4) und Gl.(4.5). Wir wollen diese besondere Eigenschaft im Gedächtnis behalten.

Wir stellen zunächst fest, daß die Matrizen s_x, s_y, s_z im Gegensatz zum Bahndrehimpuls nicht vom Ort und auch nicht von kinematischen Variablen abhängen. Ferner sehen wir, daß die physikalische Dimension von $\vec{s}^{\,2}$ in Gl.(4.26) diejenige von $\hbar^2$, also auch diejenige des Quadrates eines Drehimpulses ist. Inwiefern ein Zusammenhang mit dem Spin eines Teilchens besteht, wollen wir erst später untersuchen.

Zuerst ermitteln wir die Eigenvektoren. Wir interessieren uns nur für diejenigen zu $\vec{s}^{\,2}$ und s_z. Da beide Matrizen $\vec{s}^{\,2}$ und s_z miteinander vertauschbar sind, haben sie gemeinsame Eigenvektoren. Diese haben, wie man durch Nachrechnen leicht verifiziert, folgende Gestalt

$$(4.28) \qquad -\frac{1}{\sqrt{2}} \begin{pmatrix} 1 \\ i \\ 0 \end{pmatrix} , \quad \begin{pmatrix} 0 \\ 0 \\ 1 \end{pmatrix} , \quad \frac{1}{\sqrt{2}} \begin{pmatrix} 1 \\ -i \\ 0 \end{pmatrix} .$$

Sie sind orthonormal und spannen einen dreidimensionalen Raum auf. Die zugehörigen Eigenwerte zu s_z sind $+\hbar, 0, -\hbar$. Die Eigenwerte zu $\vec{s}^{\,2}$ sind für alle Eigenvektoren gleich $2\hbar^2$.

Als nächstes untersuchen wir, ob es außer den Matrizen Gl.(4.24) bis (4.26) noch weitere Matrizen mit den gleichen Vertauschungseigenschaften gibt. Dazu nutzen wir die Tatsache, daß alle Rotationsmatrizen R, die aus den Rotationen Gl.(4.22) hergeleitet werden können, einen Satz von Elementen einer Gruppe bilden, der sogenannten **Drehgruppe**. Das bedeutet für die Elemente $\mathcal{R}$ im einzelnen

1. Es existiert ein Einheitselement, die Einheitsmatrix $\mathbb{1}$. Sie bedeutet eine Rotation um $0°$.

2. Die Ausführung zweier aufeinander folgender Rotationen kann durch eine einzige ersetzt werden; d.h. das Produkt zweier Rotationsmatrizen $\mathcal{R}_1$ und $\mathcal{R}_2$ ist wieder eine Rotationsmatrix.

3. Zu jeder Rotation existiert die inverse Rotation $\mathcal{R}^{-1}$.

4. Die Rotationen müssen das assoziative Gesetz erfüllen

$$\mathcal{R}_1 \cdot (\mathcal{R}_2 \mathcal{R}_3) = (\mathcal{R}_1 \mathcal{R}_2) \cdot \mathcal{R}_3.$$

Die Rotationsmatrizen besitzen noch weitere wichtige Eigenschaften

1. Sie sind reell, $\mathcal{R} = \mathcal{R}^*$.

2. Sie sind unimodular, $\det(\mathcal{R}) = 1$.

3. Es gilt die Orthogonalitätsrelation $\mathcal{R}\tilde{\mathcal{R}} = \tilde{\mathcal{R}}\mathcal{R} = 1$, wobei $\tilde{\mathcal{R}}$ die zu $\mathcal{R}$ transponierte Matrix ist (vgl.Anhang B).
   Diese Eigenschaft folgt aus der Erhaltung der Länge des rotierten Vektors bei der Rotation

$$\vec{V}'^2 = \sum_k V'_k V'_k = \sum_{ikl} \mathcal{R}_{ki} V_i \cdot \mathcal{R}_{kl} V_l = \sum_i V_i V_i = \vec{V}^2 \, ,$$

d.h.

$$\sum_k \mathcal{R}_{ki} \mathcal{R}_{kl} = \sum_k \tilde{\mathcal{R}}_{ik} \mathcal{R}_{kl} = \delta_{il} \, .$$

Die Gruppe der Rotationen mit diesen Eigenschaften wird mit R(3) bezeichnet.

In der Mathematik läßt sich zeigen, daß jeder Rotation $\mathcal{R}$ unitäre $n \times n$ Matrizen $\mathcal{U}(\mathcal{R})$ beliebiger Dimension n ($n > 0$ ganzzahlig) zugeordnet werden können, die dieselben Gruppeneigenschaften besitzen, wie die Elemente der ursprünglichen Gruppe, also der Drehgruppe. Das bedeutet zum Beispiel, daß man zwei Transformationen $\mathcal{U}(\mathcal{R}_1)$und $\mathcal{U}(\mathcal{R}_2)$ durch eine einzige $\mathcal{U}(\mathcal{R})$ ersetzen kann, wenn man die Rotationen $\mathcal{R}_1$ und $\mathcal{R}_2$ durch eine einzige, $\mathcal{R}$, ersetzt. Man sagt, die Transformationsmatrizen $\mathcal{U}(\mathcal{R})$ bilden eine n-dimensionale Matrixdarstellung der Drehgruppe R(3). Wir können daher sämtliche Gruppeneigenschaften der Drehgruppe R(3) auf die Darstellungen $\mathcal{U}(\mathcal{R})$ übertragen.

$$
\begin{array}{rcl}
\multicolumn{1}{c}{\text{3–dimensionale Rotation}} & & \multicolumn{1}{c}{\text{n–dimensionale Darstellung}} \\
\hline
\mathcal{R}(\varphi) & \Longrightarrow & \mathcal{U}(\mathcal{R}(\varphi)) \equiv \mathcal{U}(\varphi) \\
\mathcal{R} = \mathcal{R}_1 \cdot \mathcal{R}_2 & \Longrightarrow & \mathcal{U}(\mathcal{R}) = \mathcal{U}(\mathcal{R}_1) \cdot \mathcal{U}(\mathcal{R}_2) \\
\mathcal{R}^{-1} & \Longrightarrow & \mathcal{U}(\mathcal{R}^{-1}) = \mathcal{U}^{-1}(\mathcal{R}) \\
\mathbb{1} & \Longrightarrow & \mathbb{1} \\
\mathcal{R}\tilde{\mathcal{R}} = \tilde{\mathcal{R}}\mathcal{R} = \mathbb{1} & \Longrightarrow & \mathcal{U}\mathcal{U}^+ = \mathcal{U}^+\mathcal{U} = \mathbb{1} \ \text{Unitarität} \\
\det \mathcal{R} = 1 & \Longrightarrow & \det \mathcal{U} = 1 \, .
\end{array}
$$

(4.29)

Betrachten wir zunächst die 2–dimensionale Darstellung und beginnen mit den infinitesimalen Transformationen, die wir mit Hinweis auf die Gruppeneigenschaften sofort hinschreiben können

$$
\begin{aligned}
\mathcal{U}_x^{(2)}(d\varphi) &= \mathbb{1} - \frac{i}{\hbar} d\varphi s_x^{(2)} \,, \\
\mathcal{U}_y^{(2)}(d\varphi) &= \mathbb{1} - \frac{i}{\hbar} d\varphi s_y^{(2)} \,, \\
\mathcal{U}_z^{(2)}(d\varphi) &= \mathbb{1} - \frac{i}{\hbar} d\varphi s_z^{(2)} \,.
\end{aligned}
\tag{4.30}
$$

Die Transformationen Gl.(4.30) spielen sich in einem 2–dimensionalen komplexen Raum ab. Die Dimension der Darstellung $\mathcal{U}(\mathcal{R})$ ist rechts oben als Index in Klammern gekennzeichnet.

Die Generatoren $\vec{s}^{(2)}$ müssen wiederum die gleichen Kommutationsrelationen erfüllen wie diejenigen der Drehgruppe

$$
\vec{s}^{(2)} \times \vec{s}^{(2)} = i\hbar \vec{s}^{(2)}
\tag{4.31}
$$

$$
[s_x^{(2)}, \vec{s}^{(2)^2}] = \left[s_y^{(2)}, \vec{s}^{(2)^2}\right] = \left[s_z^{(2)}, \vec{s}^{(2)^2}\right] = 0 \,.
\tag{4.32}
$$

Aus den Gl.(4.31) und (4.32) lassen sich die Generatoren leicht herleiten. Wenn $s_z^{(2)}$ als Diagonalmatrix gewählt wird, haben sie die Gestalt

$$
s_x^{(2)} = \frac{\hbar}{2}\begin{pmatrix} 0 & 1 \\ 1 & 0 \end{pmatrix} \quad ; \quad s_y^{(2)} = \frac{\hbar}{2}\begin{pmatrix} 0 & -i \\ i & 0 \end{pmatrix} \quad ; \quad s_z^{(2)} = \frac{\hbar}{2}\begin{pmatrix} 1 & 0 \\ 0 & -1 \end{pmatrix} \quad ;
\tag{4.33}
$$

$$
\vec{s}^{(2)^2} = \frac{3}{4}\hbar^2 \begin{pmatrix} 1 & 0 \\ 0 & 1 \end{pmatrix} = \frac{3}{4}\hbar^2 \mathbb{1} \,.
\tag{4.34}
$$

Die drei Matrizen

$$
\boxed{\;\sigma_x = \begin{pmatrix} 0 & 1 \\ 1 & 0 \end{pmatrix} \;;\; \sigma_y = \begin{pmatrix} 0 & -i \\ i & 0 \end{pmatrix} \;;\; \sigma_z = \begin{pmatrix} 1 & 0 \\ 0 & -1 \end{pmatrix}\;}
\tag{4.35}
$$

sind allgemein unter dem Namen **Pauli–Matrizen** bekannt. Jede 2–dimensionale Matrix kann nach ihnen und der Einheitsmatrix zerlegt werden.

Aus den infinitesimalen Transformationen Gl.(4.30) kann die 2–dimensionale Darstellung der Drehgruppe für eine Drehung um den endlichen Winkel φ hergeleitet werden. Wählen wir die Transformation $\mathcal{U}_x^{(2)}(d\varphi)$ und verfahren wie folgt

$$
\begin{aligned}
\mathcal{U}_x^{(2)}(\varphi + d\varphi) &= \mathcal{U}_x^{(2)}(d\varphi) \cdot \mathcal{U}_x^{(2)}(\varphi) \\
&= \left(\mathbb{1} - \frac{i}{\hbar} d\varphi s_x^{(2)}\right) \mathcal{U}_x^{(2)}(\varphi) \,.
\end{aligned}
$$

$$\frac{d}{d\varphi}\mathcal{U}_x^{(2)}(\varphi) \;=\; -\frac{i}{\hbar}s_x^{(2)}\mathcal{U}_x^{(2)}(\varphi)$$

$$(4.36) \qquad \mathcal{U}_x^{(2)}(\varphi) \;=\; \exp\left(-\frac{i}{\hbar}\varphi s_x^{(2)}\right) \quad \text{mit } \mathcal{U}_x^{(2)}(0) = \mathbb{1}\,.$$

Die Exponentialfunktion mit dem Generator $s_x^{(2)}$ im Argument ist hierbei nur als Abkürzung zu verstehen und explizit als Reihenentwicklung geschrieben zu denken. Entsprechend läßt sich mit $\mathcal{U}_y^{(2)}(\varphi)$ und $\mathcal{U}_z^{(2)}(\varphi)$ verfahren. Unter Verwendung der Generatoren Gl.(4.33) lassen sich dann die Darstellungen ermitteln

$$(4.37) \qquad \begin{aligned}
\mathcal{U}_x^{(2)}(\varphi) &= \begin{pmatrix} \cos\varphi/2 & -i\sin\varphi/2 \\ -i\sin\varphi/2 & \cos\varphi/2 \end{pmatrix}, \\[2mm]
\mathcal{U}_y^{(2)}(\varphi) &= \begin{pmatrix} \cos\varphi/2 & -\sin\varphi/2 \\ \sin\varphi/2 & \cos\varphi/2 \end{pmatrix}, \\[2mm]
\mathcal{U}_z^{(2)}(\varphi) &= \begin{pmatrix} \exp(-i\varphi/2) & 0 \\ 0 & \exp(i\varphi/2) \end{pmatrix}.
\end{aligned}$$

Aus den Gl.(4.37) läßt sich eine auffallende Eigenschaft der zweidimensionalen Darstellung ablesen. Wird im Ortsraum eine Rotation $\mathcal{R}(\varphi)$ um den Winkel φ vollzogen, so wird in der Darstellung nur um den halben Winkel transformiert. Dieses ungewöhnliche Verhalten hat in der Physik der Teilchen tiefgreifende Konsequenzen. Wir kommen in Abschn. 4.4 bei der Besprechung der physikalischen Realisierung darauf zurück.

Wir können nun nach diesem Verfahren die Darstellung der Drehgruppe in jeder beliebigen Dimension ermitteln. Bevor wir jedoch den Zusammenhang mit der Natur der Teilchen suchen, wollen wir wiederum erst einige wichtige allgemeine Eigenschaften diskutieren. Wir bleiben der Einfachheit halber bei der 2-dimensionalen Darstellung und suchen die zwei gemeinsamen Eigenvektoren zu $\vec{s}^{(2)^2}$ und $s_z^{(2)}$. Wir können sie sofort angeben

$$(4.38) \qquad \begin{pmatrix} 1 \\ 0 \end{pmatrix} \;,\; \begin{pmatrix} 0 \\ 1 \end{pmatrix} \;,$$

wie man durch Einsetzen leicht nachrechnet. Die Eigenwerte ergeben sich mit Hilfe der Gln.(4.33) und (4.34)

$$s_z^{(2)} \begin{pmatrix} 1 \\ 0 \end{pmatrix} = \tfrac{1}{2}\hbar \begin{pmatrix} 1 \\ 0 \end{pmatrix},$$

$$s_z^{(2)} \begin{pmatrix} 0 \\ 1 \end{pmatrix} = -\tfrac{1}{2}\hbar \begin{pmatrix} 0 \\ 1 \end{pmatrix},$$

$$\vec{s}^{(2)^2} \begin{pmatrix} 1 \\ 0 \end{pmatrix} = \tfrac{3}{4}\hbar^2 \begin{pmatrix} 1 \\ 0 \end{pmatrix} = \tfrac{1}{2}(\tfrac{1}{2}+1)\hbar^2 \begin{pmatrix} 1 \\ 0 \end{pmatrix},$$

$$\vec{s}^{(2)^2} \begin{pmatrix} 0 \\ 1 \end{pmatrix} = \tfrac{3}{4}\hbar^2 \begin{pmatrix} 0 \\ 1 \end{pmatrix} = \tfrac{1}{2}(\tfrac{1}{2}+1)\hbar^2 \begin{pmatrix} 0 \\ 1 \end{pmatrix}.$$

(4.39)

In der 2–dimensionalen Darstellung sind die Eigenwerte von $\vec{s}^{(2)^2}$ durch die Zahl $s = \tfrac{1}{2}$, diejenigen von $s_z^{(2)}$ durch die Zahlen $m_s = \pm\tfrac{1}{2}$ gekennzeichnet. Wir greifen die in Abschn. 3.4.2 eingeführte bracket–Schreibweise für die Eigenvektoren auf und setzen zur Charakterisierung die Eigenwerte s und m_s in die Symbole ein,

$$\text{Ket–Vektor} \quad |s,m_s> = |\tfrac{1}{2},\tfrac{1}{2}> \; \equiv \; \begin{pmatrix} 1 \\ 0 \end{pmatrix},$$

$$|s,m_s> = |\tfrac{1}{2},-\tfrac{1}{2}> \; \equiv \; \begin{pmatrix} 0 \\ 1 \end{pmatrix}.$$

(4.40)

Der Bra–Vektor ist der hermitesch konjugierter Zeilenvektor des Ket–Vektors.

$$\text{Bra–Vektor} \quad <s,m_s| \; = <\tfrac{1}{2},\tfrac{1}{2}| \; \equiv \; (1,0),$$

$$<s,m_s| \; = <\tfrac{1}{2},-\tfrac{1}{2}| \; \equiv \; (0,1).$$

(4.41)

Die Orthonormierung lautet

(4.42)
$$<s',m_{s'}|s,m_s> = \delta_{ss'}\delta_{m_s m_{s'}}.$$

Wir definieren die Schiebeoperatoren

(4.43)
$$s_\pm = s_x \pm is_y$$

mit der Wirkung (vgl.Gl.(4.21))

$$s_\pm|s,m_s> = \hbar\sqrt{s(s+1)-m_s(m_s\pm 1)}\,|s,m_s\pm 1>.$$

$$s_+|\tfrac{1}{2},\tfrac{1}{2}> \; = \; 0 \; ; \; s_+|\tfrac{1}{2},-\tfrac{1}{2}> = \hbar|\tfrac{1}{2},\tfrac{1}{2}>$$

(4.44)
$$s_-|\tfrac{1}{2},\tfrac{1}{2}> \; = \; \hbar|\tfrac{1}{2},-\tfrac{1}{2}> \; ; \; s_-|\tfrac{1}{2},-\tfrac{1}{2}> = 0 \;.$$

Die Schiebeoperatoren gestatten den Wechsel von einem Eigenvektor zum benachbarten mit dem um ± 1 verschiedenen m_s–Wert.

Wir gehen nun zur 3–dimensionalen Darstellung über. Im Prinzip könnten wir auf die Rotationsmatrizen Gl.(4.22) zurückgreifen und die daraus hergeleiteten Generatoren und Eigenvektoren zugrundelegen. Es erweist sich jedoch als zweckmäßig, eine Darstellung zu wählen, in der $s_z^{(3)}$ diagonal ist, eine Wahl, die wir auch bei der zweidimensionalen Darstellung getroffen haben.

$$s_x^{(3)} = \frac{\hbar}{\sqrt{2}} \begin{pmatrix} 0 & 1 & 0 \\ 1 & 0 & 1 \\ 0 & 1 & 0 \end{pmatrix},$$

$$(4.45) \qquad s_y^{(3)} = \frac{\hbar}{\sqrt{2}} \begin{pmatrix} 0 & -i & 0 \\ i & 0 & -i \\ 0 & i & 0 \end{pmatrix},$$

$$s_z^{(3)} = \hbar \begin{pmatrix} 1 & 0 & 0 \\ 0 & 0 & 0 \\ 0 & 0 & -1 \end{pmatrix}.$$

Das Quadrat des Matrixoperators $\vec{s}^{(3)}$ lautet wie in Gl.(4.26)

$$(4.46) \qquad \vec{s}^{(3)2} = s_x^{(3)2} + s_y^{(3)2} + s_z^{(3)2} = 2\hbar^2 \begin{pmatrix} 1 & 0 & 0 \\ 0 & 1 & 0 \\ 0 & 0 & 1 \end{pmatrix}.$$

Die Kommutationsrelationen sind die gleichen wie diejenigen der Matrizen Gln.(4.24) bis (4.26)

$$(4.47) \qquad \vec{s}^{(3)} \times \vec{s}^{(3)} = i\hbar \vec{s}^{(3)}$$

$$(4.48) \qquad [s_x^{(3)}, \vec{s}^{(3)2}] = [s_y^{(3)}, \vec{s}^{(3)2}] = [s_z^{(3)}, \vec{s}^{(3)2}] = 0.$$

Wir verzichten auf die explizite Berechnung der Eigenschaften im einzelnen und fassen sofort die Ergebnisse zusammen. Die Eigenvektoren zu den Generatoren $\vec{s}^{(3)2}$ und $s_z^{(3)}$, sind

$$(4.49) \qquad |s, m_s> = \begin{pmatrix} 1 \\ 0 \\ 0 \end{pmatrix}, \begin{pmatrix} 0 \\ 1 \\ 0 \end{pmatrix}, \begin{pmatrix} 0 \\ 0 \\ 1 \end{pmatrix}.$$

Die Eigenwerte ergeben sich aus

$$(4.50) \qquad \begin{aligned} \vec{s}^{(3)2}|s, m_s> &= s(s+1)\hbar^2|s, m_s> \quad \text{mit } s = 1 \\ &= 2\hbar^2|s, m_s>, \\ s_z^{(3)}|s, m_s> &= m_s\hbar|s, m_s> \quad \text{mit } m_s = -1, 0, 1. \end{aligned}$$

Mit der gleichen Wirkung wie in Gl.(4.43) lauten die Schiebeoperatoren

$$(4.51) \qquad s_+^{(3)} = \sqrt{2}\hbar \begin{pmatrix} 0 & 1 & 0 \\ 0 & 0 & 1 \\ 0 & 0 & 0 \end{pmatrix} \; ; \; s_-^{(3)} = \sqrt{2}\hbar \begin{pmatrix} 0 & 0 & 0 \\ 1 & 0 & 0 \\ 0 & 1 & 0 \end{pmatrix}.$$

Wir wollen noch eine Besonderheit der dreidimensionalen Darstellung besprechen, die mit dem dreidimensionalen kartesischen System im Zusammenhang steht. Wir hatten für die Gl.(4.45) bis (4.49) eine Darstellung gewählt, in der die Matrix s_z diagonal ist. Wir hätten genau so gut, wie bereits erwähnt, die Darstellung Gl.(4.24) bis (4.28) wählen können, die wir ursprünglich aus der infinitesimalen Rotation im Ortsraum gewonnen hatten. Beide Darstellungen sind einander äquivalent und man gelangt von der einen zur anderen durch eine unitäre Transformation, wie der Leser ohne Schwierigkeiten als Übungsaufgabe nachrechnen kann (s.Anhang B). Die beiden Darstellungen unterscheiden sich durch ihre unterschiedlichen Basisvektoren, auf die sich die Matrizen und ihre Eigenvektoren beziehen. Im Fall der Gl.(4.24) bis (4.28) spannen die kartesischen Einheitsvektoren in Achsenrichtung, $\vec{e}_x, \vec{e}_y, \vec{e}_z$, den Raum auf. Man spricht daher vom **kartesischen Basissystem**. Im Fall der Darstellungen Gl.(4.45) bis (4.49) spannen die Eigenvektoren zu $\vec{s}^2$ und s_z den Raum auf, also die Vektoren $|1,1>, |1,0>, |1,-1>$. Man spricht hier vom **sphärischen Basissystem** und bezeichnet diese Basisvektoren als sphärische Basisvektoren. Der Zusammenhang zwischen beiden Basissystemen ergibt sich aus den Ausdrücken (4.28)

$$(4.52) \qquad |1,1> = -\frac{1}{\sqrt{2}}(\vec{e}_x + i\vec{e}_y), \quad |1,0> = \vec{e}_z, \quad |1,-1> = \frac{1}{\sqrt{2}}(\vec{e}_x - i\vec{e}_y),$$

bzw. den Umkehrungen

$$(4.53) \qquad \vec{e}_x = \frac{1}{\sqrt{2}}(|1,-1> - |1,1>), \quad \vec{e}_y = \frac{i}{\sqrt{2}}(|1,-1> + |1,1>), \quad \vec{e}_z = |1,0>.$$

Die Vektoren Gl.(4.49) sind also Eigenvektoren des Drehimpulses in der sphärischen Basis. Da sie besonders einfach sind, wird bei Rechnungen mit Drehimpulsen gerne die sphärische Basis benutzt. Wir wollen daher noch angeben, wie sich die Komponenten eines beliebigen Vektors $\vec{f}$ von dem einen auf das andere System umrechnen lassen. Es ist

$$(4.54) \qquad \vec{f} = f_+|1,1> + f_0|1,0> + f_-|1,-1> = f_x\vec{e}_x + f_y\vec{e}_y + f_z\vec{e}_z.$$

Hieraus ergeben sich sofort die Komponenten

in kartesischer Basis: in sphärischer Basis:

$$(4.55) \qquad
\begin{aligned}
f_x &= -\frac{1}{\sqrt{2}}f_+ + \frac{1}{\sqrt{2}}f_- & \qquad f_+ &= -\frac{1}{\sqrt{2}}f_x + \frac{i}{\sqrt{2}}f_y \\[2mm]
f_y &= -\frac{i}{\sqrt{2}}f_+ - \frac{i}{\sqrt{2}}f_- & \qquad f_0 &= f_z \\[2mm]
f_z &= f_0 & \qquad f_- &= \frac{1}{\sqrt{2}}f_x + \frac{i}{\sqrt{2}}f_y\,.
\end{aligned}$$

Wir wollen schließlich die Gleichungen für die n-dimensionale Darstellung besprechen. Über die infinitesimalen Transformationen gelangt man, die Kommutationsrelationen nutzend, zu den Generatoren, wobei man zweckmäßigerweise eine Form der

Generatoren wählt, in der wiederum $s_z^{(n)}$ und $\vec{s}^{(n)^2}$ diagonal sind. Die Eigenvektoren können dann sofort angeschrieben werden

$$(4.56) \qquad |s, m_s> = \begin{pmatrix} 1 \\ 0 \\ 0 \\ \vdots \end{pmatrix}, \begin{pmatrix} 0 \\ 1 \\ 0 \\ \vdots \end{pmatrix}, \ldots, \begin{pmatrix} 0 \\ 0 \\ \vdots \\ 1 \end{pmatrix}.$$

Die Eigenwerte von $\vec{s}^{(n)^2}$ und von $s_z^{(n)}$ ergeben sich aus den Eigenwertgleichungen [7]

$$\vec{s}^{(n)^2}|s, m_s> \ = \ s(s+1)\hbar^2|s, m_s> \quad \text{mit } s = \frac{n-1}{2},$$

$$(4.57) \quad s_z^{(n)}|s, m_s> \ = \ m_s\hbar|s, m_s>, \ -s \leq m_s \leq s \text{ in ganzzahligen Abstufungen}.$$

Es gibt demnach $n = 2s + 1$ verschiedene orthonormale Eigenvektoren.

Die Schiebeoperatoren berechnen sich aus

$$(4.58) \qquad s_\pm^{(n)} = s_x^{(n)} \pm i s_y^{(n)}.$$

Wir haben jetzt die Voraussetzungen geschaffen, die uns erlauben, die Verknüpfung des gefundenen Formalismus mit der Physik der Teilchen herzustellen. Vom Experiment her wissen wir, daß viele Teilchen jeweils eine von ihrem Ort und ihrem Bewegungszustand unabhängige, das heißt eine innere Eigenschaft besitzen, welche Drehimpulscharakter hat, nämlich den Spin. Er entspricht von der anschaulichen Vorstellung her einer Eigenrotation des Teilchens. Von der quantenmechanischen Beschreibung her identifizieren wir den hergeleiteten Formalismus mit dem Spin in dem Sinne, daß das Quadrat des Spins durch die Größe $s(s+1)\hbar^2$ gegeben ist, wobei die Quantenzahl s nur die Werte

$$s = 0, \frac{1}{2}, 1, \frac{3}{2}, 2 \ldots$$

haben kann. Andere Werte gibt es nicht. Abkürzend sagt man, das Teilchen hat den Spin s. Die Komponenten des Spins bezüglich einer festen Achse können alle ganzzahlig abgestuften Werte m_s zwischen $-s$ und $+s$ annehmen, gemessen in Einheiten von $\hbar$.

Die Parallelität zwischen den im Experiment gefundenen Quantenzahlen s, m_s und den Eigenwerten der Matrizen $\vec{s}^2$, s_z berechtigt uns zu folgenden Zuordnungen:

1. Die Generatoren der n–dimensionalen Darstellung der Drehgruppe $s_x^{(n)}, s_y^{(n)}, s_z^{(n)}$ sowie $\vec{s}^{(n)^2}$ stellen die Drehimpulsoperatoren für die in der Natur vorkommenden Spins dar.

2. Aus den Vertauschungsrelationen der Spinoperatoren folgt, daß nur der Betrag und eine Komponente des Spins gleichzeitig scharf meßbar sind.

---

[7]Hier sei auf die Nützlichkeit der bracket-Schreibweise hingewiesen. Die Ket- und Bra-Vektoren $|s, m_s>$ bzw. $< s, m_s|$ lassen sich als Rechengrößen verwenden, ohne explizit auf die spezielle Darstellung achten zu müssen.

3. Die Eigenwerte von $\vec{s}^{(n)^2}$ liefern das Quadrat des Spins, $s(s+1)\hbar^2$, wobei s die Spinquantenzahl ist und den Wert $s = (n-1)/2$ hat.

4. Die Eigenwerte von $s_z^{(n)}$ liefern die möglichen Werte der z–Komponente des Spins, $m_s\hbar$, bezüglich der Quantisierungsachse z, wobei $-s \leq m_s \leq s$ in ganzzahligen Abstufungen .

5. Die n orthonormalen Eigenvektoren $|s, m_s >$, die $\vec{s}^{(n)^2}$ und $s_z^{(n)}$ gemeinsam haben, sind den $2s+1$ verschiedenen Spinkomponenten m_s zuzuordnen und kennzeichnen den jeweiligen Spinzustand des Teilchens. Sie spannen einen n–dimensionalen, komplexen Raum auf. Wir nennen ihn Zustands– oder Darstellungsraum. Der Zustandsraum für Spin-$\frac{1}{2}$–Teilchen wie z.B. für Elektronen, Protonen, Neutronen, Quarks ist also zweidimensional, derjenige für Spin-1–Teilchen ist dreidimensional usw.

Während wir in den Kap.2 und 3 ein Teilchen ohne Rücksicht auf seinen Spin durch eine orts– und zeitabhängige Wellenfunktion $\psi(\vec{r}, t)$ beschrieben haben, können wir den Spinzustand im Zustandsraum durch einen Zustandsvektor angeben, der sich aus den Basisvektoren $|s, m_s >$ linear aufbauen läßt.

Betrachten wir als Beispiel den zweidimensionalen Zustandsraum

$$(4.59) \quad |\psi > \ = \ a_1|\tfrac{1}{2}, \tfrac{1}{2} > +a_2|\tfrac{1}{2}, -\tfrac{1}{2} >$$

$$= \ a_1 \begin{pmatrix} 1 \\ 0 \end{pmatrix} + a_2 \begin{pmatrix} 0 \\ 1 \end{pmatrix} = \begin{pmatrix} a_1 \\ a_2 \end{pmatrix} \ , \quad a_1, a_2 \text{ komplexe Zahlen .}$$

Für die Normierung von $|\psi >$ gilt

$$(4.60) \qquad < \psi|\psi >= (a_1^*, a_2^*) \begin{pmatrix} a_1 \\ a_2 \end{pmatrix} = |a_1|^2 + |a_2|^2 = 1 \ .$$

Das Absolutquadrat der Koeffizienten $|a_1|^2$ bzw. $|a_2|^2$ gibt jeweils die Wahrscheinlichkeit an, mit der bei einer Messung die Spinkomponente $m_s = +\frac{1}{2}$ bzw. $m_s = -\frac{1}{2}$ gefunden wird.

6. Erfährt das Meßobjekt im Ortsraum eine Rotation $\mathcal{R}(\varphi)$ um den Winkel φ, so transformiert sich der Zustandsvektor gemäß der Darstellung

$$(4.61) \qquad |\psi' >= \mathcal{U}(\varphi)|\psi > \ .$$

Der Spin eines Teilchens ist somit für den Gesamtzustand des Teilchens mitbestimmend. Dieser Gesamtzustand wird durch eine Wellenfunktion dargestellt, welche die vollständige quantenmechanische Beschreibung des Teilchens beinhalten muß. Das bedeutet, daß wir sowohl die Orts– und Zeitabhängigkeit als auch den Spinzustand des Teilchens berücksichtigen müssen. Im Fall spinloser Teilchen ist die Wellenfunktion durch eine einzige, orts– und zeitabhängige Funktion $\psi(\vec{r}, t)$ festgelegt. Bei Teilchen mit Spin müssen zur vollständigen Beschreibung die möglichen Spinkomponenten miteinbezogen werden. Da der Spinzustand im n–dimensionalen Zustandsraum durch die

Spineigenvektoren zu $s_z^{(n)}$ bzw. $\vec{s}^{(n)2}$ gegeben sind, ist die Wellenfunktion eines Teilchens mit Spin durch n Funktionen $\psi_n(\vec{r},t)$ gegeben, die als Vektorkomponenten in diesem n–dimensionalen Raum zu verstehen sind. Für Spin–$\frac{1}{2}$–Teilchen beispielsweise können wir die vollständige Wellenfunktion folgendermaßen schreiben

$$
\begin{aligned}
|\psi(\vec{r},t)> \ &= \ \psi_1(\vec{r},t)|\tfrac{1}{2},\tfrac{1}{2}> +\psi_2(\vec{r},t)|\tfrac{1}{2},-\tfrac{1}{2}> \\
&= \ \psi_1(\vec{r},t)\begin{pmatrix} 1 \\ 0 \end{pmatrix} + \psi_2(\vec{r},t)\begin{pmatrix} 0 \\ 1 \end{pmatrix} = \begin{pmatrix} \psi_1(\vec{r},t) \\ \psi_2(\vec{r},t) \end{pmatrix}.
\end{aligned}
\tag{4.62}
$$

Speziell im Fall der Spin–$\frac{1}{2}$–Teilchen nennt man die Wellenfunktion Gl.(4.62) einen **Spinor**. Die Funktionen $\psi_1(\vec{r},t)$ bzw. $\psi_2(\vec{r},t)$ beschreiben das Teilchen im Spinzustand $m_s = \frac{1}{2}$ bzw. $m_s = -\frac{1}{2}$. Besteht der Spinor $\psi(\vec{r},t)$ nur aus der Komponente $\psi_1(\vec{r},t)\,|\tfrac{1}{2},\tfrac{1}{2}>$ oder $\psi_2(\vec{r},t)\,|\tfrac{1}{2},-\tfrac{1}{2}>$, so befindet sich das Teilchen im Spinzustand $m_s = \frac{1}{2}$ oder $m_s = -\frac{1}{2}$, d.h. die Wellenfunktion ist dann eine Eigenfunktion zu $\vec{s}^{(2)2}$ und $s_z^{(2)}$. $|\psi_1(\vec{r},t)|^2 d^3r$ bzw. $|\psi_2(\vec{r},t)|^2 d^3r$ bedeutet die Wahrscheinlichkeit, das Teilchen mit der Spinkomponente $m_s = \frac{1}{2}$ bzw. $m_s = -\frac{1}{2}$ zur Zeit t am Ort $\vec{r}$ im Volumenelement d^3r zu finden. Haben alle Teilchen einer Gesamtheit ein und denselben m_s–Wert, so nennt man die Teilchen vollständig polarisiert.
Die Wellenfunktion wird wie folgt normiert

$$
<\psi|\psi> = \int |\psi_1(\vec{r},t)|^2 d^3r + \int |\psi_2(\vec{r},t)|^2 d^3r = 1 \ .
\tag{4.63}
$$

Da der Aufbau der Atome und Moleküle durch die jeweilige Anordnung der Elektronen, also durch Spin–$\frac{1}{2}$–Teilchen, geregelt wird, spielt die zweidimensionale Darstellung für die Atom– und Molekülphysik, wie sie in den nachfolgenden Kapiteln beschrieben wird, eine dominierende Rolle. Entsprechendes gilt für die Spin–$\frac{1}{2}$–Teilchen Protonen, Neutronen und Quarks in der Kern– und Teilchenphysik.

4.3   * Die Drehmatrix

Die in Abschn. 4.2 behandelten Rotationen beschränkten sich auf Drehungen jeweils um eine Koordinatenachse. Hierzu genügte die Angabe der Koordinatenachse und des Drehwinkels. Für eine allgemeine Rotation um eine beliebige Achse im 3- dimensionalen Raum benötigt man die Angabe von 3 Parametern. In der Praxis unterscheidet man hierbei drei Möglichkeiten:

1. Angabe der Richtung der Rotationsachse (2 Parameter) sowie des Drehwinkels φ.

2. Angabe der 3 Rotationswinkel für die Rotation um die 3 kartesischen Koordinatenachsen x,y,z. Diese Drehungen wurden in Abschn. 4.2 gewählt.

3. Angabe der Rotation durch die Euler–Winkel. Sie ist in Fig. 4.3 schematisch dargestellt und besteht aus drei sukzessiven Drehungen um raumfeste Achsen, wobei die erste und dritte Drehung um die z–Achse verlaufen, die zweite hingegen um die y–Achse erfolgt.

Die letzte Methode hat sich in der Quantenmechanik als nützlich erwiesen, weil sie zwei Drehungen um die z-Achse enthält, die man in der Regel als Quantisierungsachse wählt. Die Rechnungen werden dadurch besonders einfach.

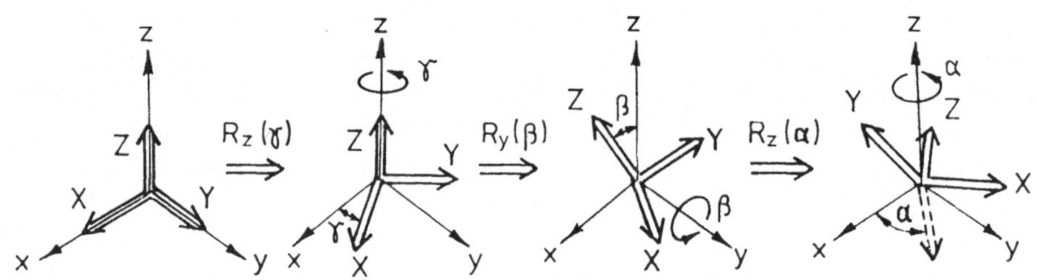

Fig. 4.3: *Rotation um raumfeste Achsen.*

Die Rotation mit Hilfe der drei Euler–Winkel (α, β, γ) lautet

$$(4.64) \qquad \mathcal{R}(\alpha, \beta, \gamma) \equiv \mathcal{R}_z(\alpha) \cdot \mathcal{R}_y(\beta) \cdot \mathcal{R}_z(\gamma) \ .$$

Wie in Fig. 4.3 gezeigt ist, rotiert man zuerst um den Winkel γ um die z- Achse. Darauf folgt die Rotation um die raumfeste y-Achse um den Winkel β; schließlich wird nochmals um die raumfeste z-Achse um den Winkel α gedreht. Obige Gleichung ist von der Anwendung der Rotation her von rechts nach links zu lesen.

Die gleichen Überlegungen gelten selbstverständlich auch für die Darstellungen der Rotationsgruppe in jeder beliebigen Dimension n

$$(4.65) \qquad \mathcal{U}^{(n)}(\alpha, \beta, \gamma) = \exp(-\frac{i}{\hbar}\alpha s_z^{(n)}) \cdot \exp(-\frac{i}{\hbar}\beta s_y^{(n)}) \cdot \exp(-\frac{i}{\hbar}\gamma s_z^{(n)}) \ ,$$

wobei wir hier mit s_y und s_z die y– und z–Komponenten des zugehörigen Drehimpulsoperators $\vec{s}$ bezeichnet haben. Hierbei gilt wie für Gl.(4.36), daß die Exponentialausdrücke als Reihenentwicklungen zu verstehen sind.

Betrachten wir wieder als Beispiel die 2–dimensionale Darstellung. Gl.(4.65) lautet dann bei Verwendung der Darstellungen Gl.(4.37) explizit

$$\mathcal{U}^{(2)}(\alpha, \beta, \gamma) = \begin{pmatrix} \exp(\frac{-i\alpha}{2}) & 0 \\ 0 & \exp(\frac{+i\alpha}{2}) \end{pmatrix} \begin{pmatrix} \cos\frac{\beta}{2} & -\sin\frac{\beta}{2} \\ \sin\frac{\beta}{2} & \cos\frac{\beta}{2} \end{pmatrix} \begin{pmatrix} \exp(\frac{-i\gamma}{2}) & 0 \\ 0 & \exp(\frac{+i\gamma}{2}) \end{pmatrix}$$

$$(4.66)$$

$$= \begin{pmatrix} \exp(\dfrac{-i(\alpha+\gamma)}{2})\cos\dfrac{\beta}{2} & -\exp(\dfrac{-i(\alpha-\gamma)}{2})\sin\dfrac{\beta}{2} \\[3mm] \exp(\dfrac{i(\alpha-\gamma)}{2})\sin\dfrac{\beta}{2} & \exp(\dfrac{i(\alpha+\gamma)}{2})\cos\dfrac{\beta}{2} \end{pmatrix} .$$

Die einzelnen Elemente der Matrix $\mathcal{U}^{(2)}$ bedeuten die Projektion des rotierten Spin-zustandes $\mathcal{U}^{(2)}|\frac{1}{2},m_s>$ auf eine andere Spinkomponente $<\frac{1}{2}m_s'|$

$$\begin{aligned} D^{s=1/2}_{m_s'm_s}(\alpha,\beta,\gamma) &= <\tfrac{1}{2}m_s'|\mathcal{U}^{(2)}(\alpha,\beta,\gamma)|\tfrac{1}{2}m_s> \\ &= \exp(-i(m_s'\alpha+m_s\gamma))\cdot <\tfrac{1}{2}m_s'|\mathcal{U}^{(2)}_y(\beta)|\tfrac{1}{2}m_s>, \end{aligned}$$

(4.67)

wobei die Größen

(4.68)
$$<\tfrac{1}{2}m_s'|\mathcal{U}^{(2)}_y(\beta)|\tfrac{1}{2}m_s> = d^{1/2}_{m_s',m_s}(\beta)$$

die Elemente der Matrix

$$d^{1/2}_{m_s',m_s}(\beta) = \begin{pmatrix} d^{1/2}_{1/2,1/2} & d^{1/2}_{1/2,-1/2} \\[2mm] d^{1/2}_{-1/2,1/2} & d^{1/2}_{-1/2,-1/2} \end{pmatrix} = \begin{pmatrix} \cos\beta/2 & -\sin\beta/2 \\[2mm] \sin\beta/2 & \cos\beta/2 \end{pmatrix}$$

angeben. Die Größen $d^s(\beta)$ heißen Rotationsmatrizen zum Spin s und sind für alle vorkommenden Spinwerte s in der Literatur zu finden. Die Matrizen $d^s(\beta)$ für die Spins $s = 1/2$, 1, 3/2 sowie die Eigenschaften der D^s –Matrizen sind im Anhang C angegeben.

Zu Gl.(4.67) gelangt man durch Anwendung der Transformation $\exp\left(-i\gamma s_z^{(2)}/\hbar\right)$ auf den Ket-Vektor $|\frac{1}{2}m_s>$ bzw. $\exp\left(-i\alpha s_z^{(2)}/\hbar\right)$ auf den Bra-Vektor $<\frac{1}{2}m_s'|$. Der Vorteil der Wahl der Euler-Winkel wird an dieser Stelle deutlich: Die Rotationen um die z-Achse ergeben lediglich Phasenänderungen.

Die Bedeutung der Matrizen $D^s(\alpha,\beta,\gamma)$ bzw. $\mathcal{U}^{(s)}(\alpha,\beta,\gamma)$ ist darin zu sehen, daß die Anwendung von $D^s(\alpha,\beta,\gamma)$ auf einen Zustandsvektor $|\psi>$, der das Teilchen mit dem Spin s beschreibt, den Zustandsvektor des um die Euler–Winkel (α,β,γ) gedrehten Systems angibt.

4.4 * Ein Experiment zur Spinrotation

Gehen wir zurück zur 2–dimensionalen Darstellung Gl.(4.37). Wir wissen, daß eine Rotation im 3–dimensionalen Ortsraum um $360°$ die Rückkehr zum Ausgangspunkt bedeutet. Die Rotationsmatrizen $\mathcal{R}$ gehen dabei in die Einheitsmatrizen über. Im Darstellungsraum hingegen wird um den halben Winkel rotiert und die entsprechende Transformationsmatrix $\mathcal{U}^{(2)}_z(360°)$ ergibt die negative Einheitsmatrix. Das bedeutet, daß sich das Teilchen noch nicht wieder im Ausgangszustand befindet im Gegensatz zur Rotation im Ortsraum. Der ursprüngliche Zustand des Teilchens ist erst wieder erreicht, wenn im Ortsraum eine doppelte Volldrehung, also eine Drehung um 720° vollführt wird.

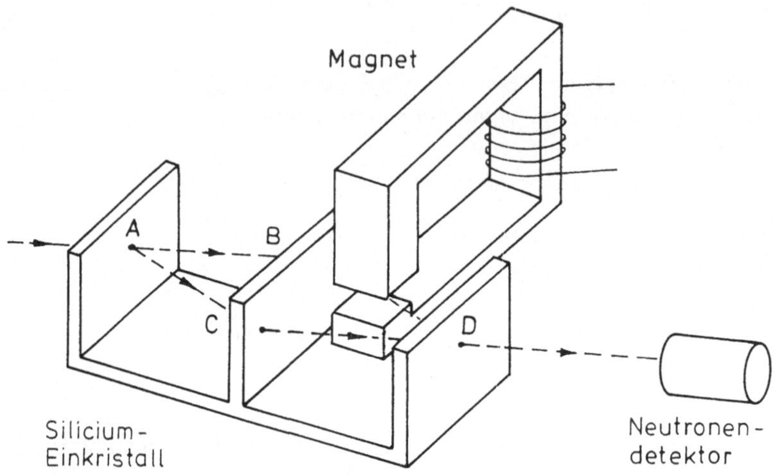

Fig. 4.4: *Das Perfektkristall–Neutroneninterferometer von Rauch und Bonse. H.Rauch et al., Physics Letters 54A(1975)425.*

Dieses von Seiten der klassischen Physik in keiner Weise erklärbare Verhalten wurde im Jahr 1975 durch das Experiment von Helmut Rauch, Ulrich Bonse und Mitarbeiter erhärtet, das am Neutronen– Höchstflußreaktor in Grenoble durchgeführt wurde. Dem Experiment lag der Gedanke zugrunde, einen monoenergetischen Neutronenstrahl in zwei kohärente Teilstrahlen zu zerlegen und nach gleicher durchlaufener Strecke wieder zusammenzuführen, wobei einer der beiden Teilstrahlen auf seinem Weg einem Magnetfeld ausgesetzt wird. Die einstellbare Stärke des Magneten gestattet eine gezielte Drehung des magnetischen Moments des Neutrons, d.h. des mit ihm verknüpften Spins um bestimmte Winkel um die Richtung des Magnetfeldes. Das Meßergebnis spiegelt sich in konstruktiven bzw. destruktiven Interferenzen am Treffpunkt der beiden Teilstrahlen wider.

Kernstück der Apparatur ist ein Silizium-Einkristall, der so geschliffen ist, daß drei Stege aus der gemeinsamen Basis herausragen (Fig. 4.4). Der Neutronenstrahl teilt sich am ersten Steg bei A in einen durchgehenden und einen gebeugten Strahl auf. Nach dem Passieren des zweiten Stegs bei B bzw. C werden nur die hier gebeugten Teilstrahlen weiter verfolgt, die am dritten Steg bei D wieder zusammengeführt werden. Der Teilstrahl zwischen B und D wird einem Magnetfeld ausgesetzt mit einer magnetischen Induktion bis zu 0,04 T. Die magnetischen Momente seiner Neutronen verhalten sich unter der Wechselwirkung mit dem B-Feld wie Kreisel, deren Achsen (d.i. Spinrichtung) um die Feldrichtung präzedieren. Der bewirkte Rotationswinkel der Spinpräzession wird dabei durch die Stärke des B-Feldes bestimmt. Der Neutronendetektor mißt die Interferenz der bei D ankommenden Teilstrahlen.

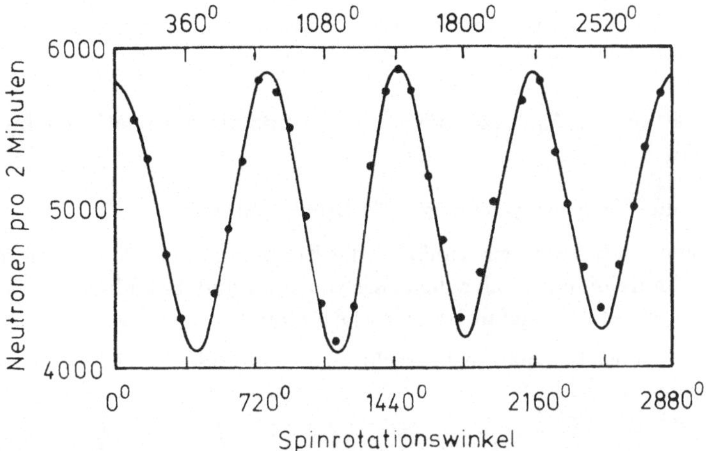

Fig. 4.5: *Meßkurve zum Neutroneninterferometer.*

Aus der Meßkurve Fig. (4.5) sind klar die konstruktiven Interferenzen bei 0° und bei ganzen Vielfachen von 720° zu erkennen, während die destruktiven Interferenzen jeweils um 360° dagegen verschoben sind. Die beiden Teilstrahlen sind also erst nach einem Spinrotationswinkel von 720° des Teilstrahls B wieder in Phase.

4.5 * Die Addition von Drehimpulsen

4.5.1 * Die Clebsch–Gordan–Koeffizienten

Unterzieht man in der klassischen Mechanik einen Körper gleichzeitig zwei verschiedenen Drehungen um verschiedene Achsen, so sind die beiden Drehimpulse entsprechend miteinander zu koppeln. Der Gesamtdrehimpuls ergibt sich dann nach den Regeln der Vektorrechnung. Die Kopplung von Drehimpulsen in atomaren Bereichen kommt sehr häufig vor, im einfachsten Fall bereits beim Wasserstoffatom (vgl. Abschn. 5.3), wenn der Bahndrehimpuls des Elektrons mit seinem Spin koppelt. Wir haben somit zu untersuchen, wie die Kopplung von Drehimpulsen in der Quantenmechanik aussieht. Bei der Kopplung zweier quantenmechanischer Drehimpulse ist also die Aufgabe gestellt, den

Vektoroperator des Gesamtdrehimpulses aus denjenigen der Einzeldrehimpulse sinnvoll zusammenzusetzen.

Nach den Ausführungen in Abschn. 4.1 und 4.2 können wir die grundlegenden Eigenschaften eines Drehimpulsoperators zum Ausgangspunkt der Aussagen über den Gesamtdrehimpuls $\vec{S}$ machen:

- Die Operatoren $\mathcal{S}_x, \mathcal{S}_y, \mathcal{S}_z, \vec{\mathcal{S}}^2$ müssen die Kommutationsrelationen für Drehimpulse erfüllen.

- Es gelten die Eigenwertgleichungen für Drehimpulse.

Im folgenden betrachten wir zunächst die Kopplung zweier Spins. Die Kopplung zweier Bahndrehimpulse oder diejenige von Spin und Bahndrehimpuls kann auf die gleiche Weise durchgeführt werden (Abschn. 4.5.2 und 4.5.3).

Wir wollen, auch für spätere Betrachtungen, folgende Bezeichnungen für Spins einführen

$$\vec{s}_a, \vec{s}_b \ldots \qquad \text{Spinoperatoren der Einzelspins}$$

$$s_a, s_b \text{ bzw. } m_a, m_b \qquad \text{zugehörige Quantenzahlen}$$

$$\vec{\mathcal{S}} \qquad \text{Spinoperator aus der Kopplung der Einzelspins } \vec{s}_a, \vec{s}_b$$

$$S \text{ bzw. } M_s \qquad \text{zugehörige Quantenzahlen}$$

Die Eigenwertgleichungen sind dann

$$(4.69) \qquad \boxed{\begin{aligned} \vec{\mathcal{S}}^2 |S, M_s, s_a, s_b> &= S(S+1)\hbar^2 |S, M_s, s_a, s_b> \\[2mm] \mathcal{S}_z |S, M_s, s_a, s_b> &= M_s \hbar |S, M_s, s_a, s_b> \; . \end{aligned}}$$

Die Dimension der Eigenvektoren $|SM_s, s_a, s_b>$ hängt von der Dimension der Einzelspins ab. Letztere sind durch die Multiplizitäten $2s_a + 1$ bzw. $2s_b + 1$ gegeben. Der Darstellungsraum aller möglichen Gesamtspins $\vec{\mathcal{S}}$ ist daher offensichtlich der Produktraum aus den Darstellungsräumen der Einzelspins und hat die Dimension $(2s_a + 1)(2s_b + 1)$. Die Kopplung beider Spinoperatoren geschieht durch komponentenweise Addition der Einzeloperatoren, die jedoch nur dann addierbar sind, wenn sie die gleiche Dimension besitzen, was im allgemeinen nicht der Fall ist. Sie lassen sich jedoch jeweils leicht in die Dimension des Produktraumes durch tensorielle Multiplikation mit der gegenseitigen Einheitsmatrix transformieren. Die Addition $\vec{\mathcal{S}} = \vec{s}_a + \vec{s}_b$ in Komponenten

$$\begin{aligned} \mathcal{S}_x &= s_{a,x} + s_{b,x} \\ \mathcal{S}_y &= s_{a,y} + s_{b,y} \\ \mathcal{S}_z &= s_{a,z} + s_{b,z} \end{aligned}$$

ist demnach rechnerisch wie folgt auszuführen

$$(4.70) \quad \begin{aligned} \mathcal{S}_x &= s_{a,x} \otimes \mathbb{1}_b + \mathbb{1}_a \otimes s_{b,x} \\ \mathcal{S}_y &= s_{a,y} \otimes \mathbb{1}_b + \mathbb{1}_a \otimes s_{b,y} \\ \mathcal{S}_z &= s_{a,z} \otimes \mathbb{1}_b + \mathbb{1}_a \otimes s_{b,z} \, . \end{aligned}$$

$\mathbb{1}_a$ und $\mathbb{1}_b$ sind die Einheitsmatrizen der jeweiligen Darstellungsräume der Spins $\vec{s}_a$ und $\vec{s}_b$. Das Produktzeichen $\otimes$ steht für das tensorielle (oder direkte) Produkt zweier Matrizen (vgl. Anhang B). Man achte auf die einheitliche Reihenfolge bei der Ankopplung der beiden Operatoren $\vec{s}_a$ und $\vec{s}_b$.

Das Quadrat des Gesamtspins ergibt sich zu

$$
\begin{aligned}
\vec{\mathcal{S}}^2 &= \mathcal{S}_x^2 + \mathcal{S}_y^2 + \mathcal{S}_z^2 \\[2mm]
&= s_{a,x}^2 \otimes \mathbb{1}_b + 2s_{a,x} \otimes s_{b,x} + \mathbb{1}_a \otimes s_{b,x}^2 + s_{a,y}^2 \otimes \mathbb{1}_b + 2s_{a,y} \otimes s_{b,y} + \mathbb{1}_a \otimes s_{b,y}^2 \\[2mm]
&\quad + s_{a,z}^2 \otimes \mathbb{1}_b + 2s_{a,z} \otimes s_{b,z} + \mathbb{1}_a \otimes s_{b,z}^2 \\[2mm]
&= \vec{s}_a^2 \otimes \mathbb{1}_b + \mathbb{1}_a \otimes \vec{s}_b^2 + 2s_{a,z} \otimes s_{b,z} + s_{a,+} \otimes s_{b,-} + s_{a,-} \otimes s_{b,+} \, .
\end{aligned}
$$

(4.71)

Hierbei sind die bereits durch Gl.(4.43) definierten Schiebeoperatoren $s_{a,\pm}$ bzw. $s_{b,\pm}$ sowie die Eigenschaften des Tensorprodukts verwendet worden (s. Anhang B).

Fragen wir nun nach den möglichen Quantenzahlen S und M_s sowie nach dem Zusammenhang zwischen den Eigenvektoren $|S, M_s, s_a, s_b >$ und den Eigenvektoren der Einzelspins $|s_a, m_a >$, $|s_b, m_b >$. Es ist zunächst naheliegend, die Wirkung der Operatoren $\mathcal{S}_z, \vec{\mathcal{S}}^2$ auf das Tensorprodukt $|s_a, m_a > \otimes |s_b, m_b >$, abgekürzt $|s_a, m_a, s_b, m_b >$, zu untersuchen, welches einen Vektor im Produktraum darstellt

$$
\begin{aligned}
\mathcal{S}_z |s_a, m_a, s_b, m_b > &= (s_{a,z} \otimes \mathbb{1}_b + \mathbb{1}_a \otimes s_{b,z}) \, |s_a, m_a, s_b, m_b > \\[2mm]
&= (m_a + m_b)\hbar |s_a, m_a, s_b, m_b > \, .
\end{aligned}
$$

Nach Gl.(4.71) ergibt sich mit den Eigenschaften der Schiebeoperatoren

$$
\begin{aligned}
&\vec{\mathcal{S}}^2 |s_a, m_a, s_b, m_b > \\[2mm]
&= (s_a^2 \otimes \mathbb{1}_b + \mathbb{1}_a \otimes s_b^2 + 2s_{a,z} \otimes s_{b,z} + s_{a+} \otimes s_{b-} + s_{a-} \otimes s_{b+}) |s_a, m_a, s_b, m_b > \\[2mm]
&= \hbar^2 (s_a(s_a + 1) + s_b(s_b + 1) + 2m_a m_b) |s_a, m_a, s_b, m_b > \\
&\quad + \hbar^2 \sqrt{s_a(s_a + 1) - m_a(m_a + 1)} \sqrt{s_b(s_b + 1) - m_b(m_b - 1)} |s_a, m_a + 1, s_b, m_b - 1 > \\
&\quad + \hbar^2 \sqrt{s_a(s_a + 1) - m_a(m_a - 1)} \sqrt{s_b(s_b + 1) - m_b(m_b + 1)} |s_a, m_a - 1, s_b, m_b + 1 > \, .
\end{aligned}
$$

Es zeigt sich also, daß das Tensorprodukt $|s_a, m_a, s_b, m_b >$ Eigenvektor zu $\mathcal{S}_z$ ist, im allgemeinen nicht aber zu $\vec{\mathcal{S}}^2$. Letzteres trifft nur in solchen Fällen zu, in denen die Wurzelausdrücke verschwinden. Es läßt sich jedoch zeigen, daß man durch Linearkombinationen von Tensorprodukten $|s_a, m_a, s_b, m_b >$ mit gleichen Werten von s_a bzw. von s_b und für $M_s = m_a + m_b$ Eigenvektoren zu $\vec{\mathcal{S}}^2$ konstruieren kann, die dann zugleich auch Eigenvektoren von $\mathcal{S}_z$ sind

$$(4.72) \qquad \boxed{\; |S, M_s = m_a + m_b, s_a, s_b > = \sum_{m_a} < s_a, m_a, s_b, m_b | S, M_s > |s_a, m_a s_b m_b > \; .}$$

Die Summierung läuft über m_a (oder m_b) unter Wahrung der Bedingung $M_s = m_a + m_b = konstant$.

Die Koeffizienten $< s_a, m_a, s_b, m_b | S, M_s >$ heißen **Clebsch–Gordan**-Koeffizienten. Sie hängen von allen beteiligten Spinwerten ab und sind in Anhang D für verschiedene Kopplungen der Spins $\frac{1}{2}, 1, \frac{3}{2}$ und 2 tabelliert. Die Clebsch–Gordan-Koeffizienten haben nützliche Symmetrieeigenschaften, von denen die wichtigsten ebenfalls in Anhang D aufgeführt sind.

Es kann gezeigt werden, daß bei der Kopplung von zwei Spins der Eigenwert S alle Werte

$$|s_a - s_b|, |s_a - s_b| + 1, \ldots, s_a + s_b,$$

(4.73) oder anders geschrieben

$$\boxed{\; |s_a - s_b| \leq S \leq s_a + s_b, \;}$$

annehmen kann. Diese Beziehung gilt allgemein für die Kopplung zweier Drehimpulse. Die Kopplung zweier halbzahliger Spins bzw. zweier ganzzahliger Spins ergibt also stets jeweils ganzzahlige Gesamtdrehimpulse, wohingegen die Kopplung eines halbzahligen mit einem ganzzahligen Spin stets zu einem halbzahligen Gesamtdrehimpuls führt. Für jeden Wert von S kann M_s die Werte

$$M_s = -S, -S + 1, \ldots, +S$$

annehmen.

Als Zahlenbeispiel zu den Clebsch–Gordan-Koeffizienten sei explizit die Kopplung von zwei Spin $\frac{1}{2}$-Teilchen aufgeführt. Typische Anwendungen hierfür sind die Kopplung der Elektronenspins beim He-Atom oder die Kopplung der Nukleonenspins beim Deuteron (Kern des schweren Wasserstoffatoms). Es gibt die beiden Möglichkeiten $S = |s_a - s_b| = 0$ und $S = s_a + s_b = 1$.

Die Operatoren des Gesamtdrehimpulses $\vec{S}$ lauten

$$S_x = s_{a,x} \otimes \mathbb{1}_b + \mathbb{1}_a \otimes s_{b,x}$$

$$= \frac{\hbar}{2}\left[\begin{pmatrix} 0 & 1 \\ 1 & 0 \end{pmatrix} \otimes \begin{pmatrix} 1 & 0 \\ 0 & 1 \end{pmatrix} + \begin{pmatrix} 1 & 0 \\ 0 & 1 \end{pmatrix} \otimes \begin{pmatrix} 0 & 1 \\ 1 & 0 \end{pmatrix} \right] = \frac{\hbar}{2} \begin{pmatrix} 0 & 1 & 1 & 0 \\ 1 & 0 & 0 & 1 \\ 1 & 0 & 0 & 1 \\ 0 & 1 & 1 & 0 \end{pmatrix}$$

$$S_y = \frac{\hbar}{2}\left[\begin{pmatrix} 0 & -i \\ i & 0 \end{pmatrix} \otimes \begin{pmatrix} 1 & 0 \\ 0 & 1 \end{pmatrix} + \begin{pmatrix} 1 & 0 \\ 0 & 1 \end{pmatrix} \otimes \begin{pmatrix} 0 & -i \\ i & 0 \end{pmatrix} \right] =$$

$$= \frac{\hbar}{2} \begin{pmatrix} 0 & -i & -i & 0 \\ i & 0 & 0 & -i \\ i & 0 & 0 & -i \\ 0 & i & i & 0 \end{pmatrix}$$

$$S_z = \frac{\hbar}{2}\left[\begin{pmatrix} 1 & 0 \\ 0 & -1 \end{pmatrix} \otimes \begin{pmatrix} 1 & 0 \\ 0 & 1 \end{pmatrix} + \begin{pmatrix} 1 & 0 \\ 0 & 1 \end{pmatrix} \otimes \begin{pmatrix} 1 & 0 \\ 0 & -1 \end{pmatrix} \right] = \frac{\hbar}{2} \begin{pmatrix} 2 & 0 & 0 & 0 \\ 0 & 0 & 0 & 0 \\ 0 & 0 & 0 & 0 \\ 0 & 0 & 0 & -2 \end{pmatrix}$$

$$\vec{S}^2 = \hbar^2 \begin{pmatrix} 2 & 0 & 0 & 0 \\ 0 & 1 & 1 & 0 \\ 0 & 1 & 1 & 0 \\ 0 & 0 & 0 & 2 \end{pmatrix}$$

(4.74)

Unter Verwendung der Clebsch–Gordan–Koeffizienten erhält man folgende Eigenvektoren

$$1)\ S = 0 \qquad |0,0,\tfrac{1}{2},\tfrac{1}{2}> = \tfrac{1}{\sqrt{2}}|\tfrac{1}{2},\tfrac{1}{2},\tfrac{1}{2},-\tfrac{1}{2}> - \tfrac{1}{\sqrt{2}}|\tfrac{1}{2},-\tfrac{1}{2},\tfrac{1}{2},\tfrac{1}{2}>$$

$$= \frac{1}{\sqrt{2}} \begin{pmatrix} 1 \\ 0 \end{pmatrix} \otimes \begin{pmatrix} 0 \\ 1 \end{pmatrix} - \frac{1}{\sqrt{2}} \begin{pmatrix} 0 \\ 1 \end{pmatrix} \otimes \begin{pmatrix} 1 \\ 0 \end{pmatrix}$$

$$= \frac{1}{\sqrt{2}} \begin{pmatrix} 0 \\ 1 \\ -1 \\ 0 \end{pmatrix} \qquad\qquad M_s = 0$$

$$2)\ S = 1 \qquad |1, -1, \tfrac{1}{2}, \tfrac{1}{2}> \ = \ |\tfrac{1}{2}, -\tfrac{1}{2}, \tfrac{1}{2}, -\tfrac{1}{2}>$$

$$= \begin{pmatrix} 0 \\ 0 \\ 0 \\ 1 \end{pmatrix} \qquad\qquad M_s = -1$$

$$|1, 0, \tfrac{1}{2}, \tfrac{1}{2}> \ = \ \tfrac{1}{\sqrt{2}} |\tfrac{1}{2}, \tfrac{1}{2}, \tfrac{1}{2}, -\tfrac{1}{2}> + \tfrac{1}{\sqrt{2}} |\tfrac{1}{2}, -\tfrac{1}{2}, \tfrac{1}{2}, \tfrac{1}{2}>$$

$$(4.75) \qquad\qquad = \ \frac{1}{\sqrt{2}} \begin{pmatrix} 0 \\ 1 \\ 1 \\ 0 \end{pmatrix} \qquad\qquad M_s = 0$$

$$|1, 1, \tfrac{1}{2}, \tfrac{1}{2}> \ = \ |\tfrac{1}{2}, \tfrac{1}{2}, \tfrac{1}{2}, \tfrac{1}{2}>$$

$$= \begin{pmatrix} 1 \\ 0 \\ 0 \\ 0 \end{pmatrix} \qquad\qquad M_s = 1$$

Bei der Anwendung von $\vec{S}^2$ und S_z auf die Vektoren Gl.(4.75) erkennt man sofort die richtigen, erwarteten Eigenwertgleichungen.

In der gebräuchlichen Sprachweise spricht man im Fall (1) von antiparallelen Spins, im Fall (2) von parallelen Spins. In Fig. 4.6 ist zur Veranschaulichung das geometrische Bild für die Kopplung zweier Spin $\tfrac{1}{2}$- Teilchen wiedergegeben. Die Einzelspins liegen jeweils auf einem Kegelmantel, dessen Öffnung entweder in positive z-Richtung (parallel) oder in negative z-Richtung (antiparallel) zeigt. In der ersten Bildzeile koppeln die beiden Spins parallel zueinander zum Gesamtspin $S = 1$ und bilden die Komponente $M_s = 1$ des Tripletts. Die entsprechende Komponente $M_s = -1$ ist in der letzten Bildzeile gezeigt. Die Komponente $M_s = 0$ des Tripletts ist in der zweiten Zeile wiedergegeben. Hierbei koppeln die beiden Spins parallel und antiparallel zur z-Achse in einer relativen Phasenlage so zueinander, daß $S = 1$ resultiert. Koppeln sie jedoch in entgegengesetzter Phasenlage miteinander, so ergibt sich der Singulettzustand $S = 0$, $M_s = 0$, wie die zweite Bildzeile zeigt. In diesem Fall sind beide Spins antiparallel zueinander und kompensieren sich zum Nullvektor. Dieses Beispiel zeigt, wie die Begriffe parallel und antiparallel zu interpretieren sind.

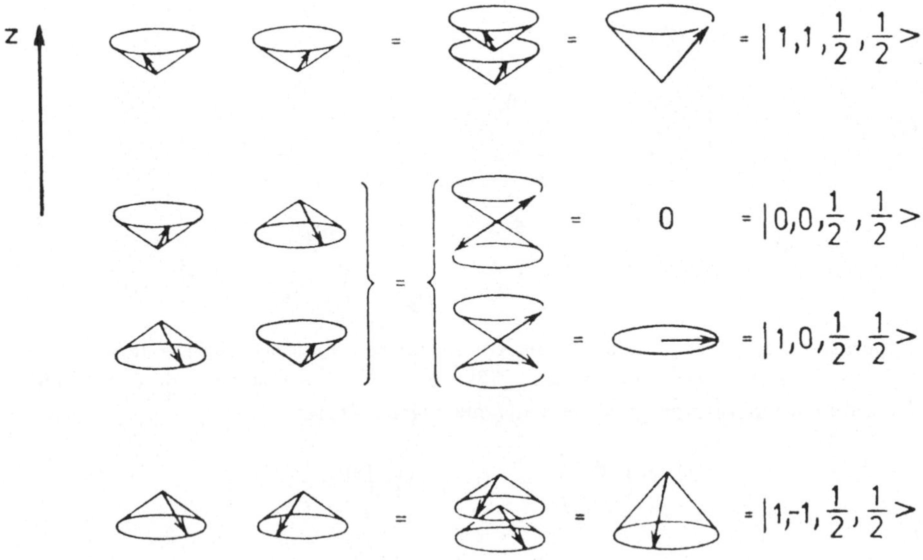

Fig. 4.6: *Drehimpulskopplung zweier Spin $\frac{1}{2}$- Teilchen.*

4.5.2 * Die Kopplung von Bahndrehimpuls und Spin $\frac{1}{2}$.

Bereits beim einfachsten Atom, dem H–Atom, spielt die Kopplung des Bahndrehimpulses des Elektrons mit seinem eigenen Spin bei der Interpretation der Feinstruktur der Spektrallinien eine entscheidene Rolle (s. Abschn. 5.3.3). Wir wollen hier den Operator des Gesamtdrehimpulses mit $\vec{j}$ bezeichnen. Er setzt sich aus dem Bahndrehimpuls $\vec{l}$ und dem Spin $\vec{s}\,(=\frac{1}{2})$ nach dem im vorigen Abschnitt erläuterten Verfahren wie folgt zusammen

$$j_x = l_x \otimes \mathbb{1}_s + \mathbb{1}_l \otimes s_x$$

$$= \begin{pmatrix} l_x & 0 \\ 0 & l_x \end{pmatrix} + \frac{\hbar}{2}\begin{pmatrix} 0 & 1 \\ 1 & 0 \end{pmatrix} = \begin{pmatrix} l_x & \dfrac{\hbar}{2} \\ \dfrac{\hbar}{2} & l_x \end{pmatrix}.$$

Hierbei ist $\mathbb{1}_l = 1$ der skalare Einheitsoperator für Bahndrehimpulse (die Zahl 1 als ein ganz spezieller Differentialoperator) und $\mathbb{1}_s$ die zweidimensionale Einheitsmatrix.

Entsprechend ist

$$
j_y = \begin{pmatrix} l_y & -i\dfrac{\hbar}{2} \\ i\dfrac{\hbar}{2} & l_y \end{pmatrix} ,
$$

$$
(4.76) \qquad j_z = \begin{pmatrix} l_z + \dfrac{\hbar}{2} & 0 \\ 0 & l_z - \dfrac{\hbar}{2} \end{pmatrix} ,
$$

$$
\vec{j}^{\,2} = j_x^2 + j_y^2 + j_z^2 = \begin{pmatrix} \vec{l}^{\,2} + \tfrac{3}{4}\hbar^2 + \hbar l_z & \hbar(l_x - i l_y) \\ \hbar(l_x + i l_y) & \vec{l}^{\,2} + \tfrac{3}{4}\hbar^2 - \hbar l_z \end{pmatrix} .
$$

Die Operatoren $j_x, j_y, j_z, \vec{j}^{\,2}$ erfüllen die Kommutationsrelationen für Drehimpulse, wie sich durch Einsetzen leicht nachweisen läßt. Es haben also insbesondere die beiden vertauschbaren Operatoren $\vec{j}^{\,2}, j_z$ gemeinsame Eigenvektoren

$$
\vec{j}^{\,2} \begin{pmatrix} \phi_1 \\ \phi_2 \end{pmatrix} = j(j+1)\hbar^2 \begin{pmatrix} \phi_1 \\ \phi_2 \end{pmatrix}
$$

$$
(4.77)
$$

$$
j_z \begin{pmatrix} \phi_1 \\ \phi_2 \end{pmatrix} = m_j \hbar \begin{pmatrix} \phi_1 \\ \phi_2 \end{pmatrix}
$$

Auf der anderen Seite kann man sich durch Nachrechnen leicht davon überzeugen, daß die Kommutatoren $[\vec{j}^{\,2}, l_z]$ und $[\vec{j}^{\,2}, s_z]$ nicht verschwinden. Das bedeutet, daß die z–Komponenten l_z und s_z keine Erhaltungsgrößen mehr sind.

Der Produktraum ist zweidimensional, die Eigenvektoren sind daher zweikomponentig. Entsprechend Gl.(4.73) kann j nur die beiden Werte $j = l \pm 1/2$ annehmen (für $l = 0$ ist $j = 1/2$). Die Lösung der Eigenwertgleichungen, die hier nicht hergeleitet wird, führt zu den folgenden Eigenfunktionen

1. $j = l + \tfrac{1}{2}$, $m_j = m + \tfrac{1}{2}$

$$
(4.78) \quad \Phi_{j,m_j}^{(+)}(\varphi,\vartheta) = \begin{pmatrix} \sqrt{\dfrac{l+m+1}{2l+1}}\, Y_l^m(\varphi,\vartheta) \\[2ex] \sqrt{\dfrac{l-m}{2l+1}}\, Y_l^{m+1}(\varphi,\vartheta) \end{pmatrix} \qquad \text{Parität}(-1)^l = (-1)^{j-1/2} .
$$

2. $j = l - \tfrac{1}{2}$, $m_j = m + \tfrac{1}{2}$

$$
(4.79) \quad \Phi_{j,m_j}^{(-)}(\varphi,\vartheta) = \begin{pmatrix} -\sqrt{\dfrac{l-m}{2l+1}}\, Y_l^m(\varphi,\vartheta) \\[2ex] \sqrt{\dfrac{l+m+1}{2l+1}}\, Y_l^{m+1}(\varphi,\vartheta) \end{pmatrix} \qquad \text{Parität}(-1)^l = (-1)^{j+1/2} .
$$

Hierbei ist l die Bahndrehimpulsquantenzahl und m ein ganzzahliger Laufindex, der durch m_j definiert ist, wobei $-j \le m_j \le j$. Für feste Werte von j und m_j unterscheiden sich die beiden Lösungen durch verschiedene Bahndrehimpulse bzw. verschiedene Paritätseigenwerte. Wie ersichtlich bestehen die Lösungen aus Überlagerungen der Eigenfunktionen zum Bahndrehimpuls mit den magnetischen Quantenzahlen m und $m+1$ und der Eigenvektoren zum Spin $\frac{1}{2}$ mit den magnetischen Quantenzahlen $m_s = \pm\frac{1}{2}$. Diese Mischung bringt zum Ausdruck, daß die z-Komponenten der Einzeldrehimpulse, l_z und s_z, keine Konstanten der Bewegung mehr sind.

Mit Y_l^m als Eigenfunktionen des Bahndrehimpulses und $|\frac{1}{2}, m_s >$ als Eigenvektoren des Spins gelangt man zu dieser Lösung natürlich auch über die Clebsch–Gordan–Reihe Gl.(4.72). Es ist

$$
(4.80) \qquad
\begin{aligned}
\Phi_{j,m_j}^{(\pm)}(\varphi,\vartheta) \;&=\; |j = l \pm \tfrac{1}{2}, m_j; l, \tfrac{1}{2} > \\[2ex]
&=\; \sum_{m_s} < l, m_j - m_s, \tfrac{1}{2}, m_s | j, m_j > \cdot Y_l^{m_j - m_s}(\varphi,\vartheta) | \tfrac{1}{2}, m_s >, \\[2ex]
&\text{wobei}\quad |\tfrac{1}{2}, \tfrac{1}{2} > \;=\; \begin{pmatrix} 1 \\ 0 \end{pmatrix} \\[2ex]
&\qquad\qquad |\tfrac{1}{2}, -\tfrac{1}{2} > \;=\; \begin{pmatrix} 0 \\ 1 \end{pmatrix}.
\end{aligned}
$$

Die Clebsch–Gordan–Koeffizienten sind identisch mit den Wurzelausdrücken in den Gl.(4.78) und (4.79) (vgl. Anhang D).

Die Eigenvektoren nach Gl.(4.80) für bestimmte Werte von l aufzuschreiben und mit Gl.(4.78) und Gl.(4.79) zu vergleichen sei dem Leser als Übungsaufgabe überlassen.

4.5.3   * Die Kopplung von Bahndrehimpuls und Spin 1

Die Zusammensetzung der Operatoren $\vec{j}$ des Gesamtdrehimpulses aus Bahndrehimpuls und Spin 1 geschieht in analoger Weise wie im Abschnitt 4.5.2 gezeigt wurde. Da die Eigenvektoren zum Spin $s = 1$ dreikomponentig sind, ist der Produktraum dreidimensional.

Die Eigenvektoren zu $\vec{j}^2, j_z$ sind Vektoren im Produktraum und beinhalten die Kugelfunktionen $Y_l^m(\varphi,\vartheta)$. Man nennt sie daher **Vektorkugelfunktionen** und erhält sie aus der Clebsch–Gordan–Reihe Gl.(4.72). Sie lauten in sphärischer Basis

$$
(4.81) \qquad \vec{Y}_{j,l,1}^{m_j}(\varphi,\vartheta) = \sum_{m_s} < l, m_j - m_s, 1, m_s | j, m_j > Y_l^{m_j - m_s}(\varphi,\vartheta) | 1, m_s > \; .
$$

Es sei bemerkt, daß j nur ganzzahlige Werte haben kann. Hierbei gibt es für jeden Wert $j \neq 0$ drei verschiedene Vektorkugelfunktionen, nämlich zu $l = j + 1$, $l = j$ und $l = j - 1$. Für $j = 0$ gibt es nur die Vektorkugelfunktion mit $l = 1$. Die Parität der Vektorkugelfunktionen ist $(-1)^{j+1}$ für $l = j$ und $(-1)^j$ für $l = j \pm 1$. Die hiernach gebildeten expliziten Ausdrücke für die Vektorkugelfunktionen $\vec{Y}_{j,l,1}^{m_j}(\varphi, \vartheta)$ sowohl in sphärischer als auch in kartesischer Basis sind im Anhang E angegeben. Die Umrechnung von der einen in die andere Basis vermittelt Gl.(4.55).

Eine besondere Rolle spielen die Vektorkugelfunktionen für die Beschreibung der Eigenzustände des Photons. Die Winkel (φ, ϑ) beziehen sich dann aber auf die Ausbreitungsrichtung (Impulsrichtung) des Photons. Das Photon hat den Spin $s = 1$, was aus dem Vektorcharakter der Maxwell–Gleichungen folgt, da Spin-1-Teilchen in einem dreidimensionalen Darstellungsraum beschrieben werden. Da es mit Lichtgeschwindigkeit fliegt, hat es allerdings die Besonderheit, daß der Bahndrehimpuls l keinen eindeutigen Wert hat, und der Photonenzustand als Überlagerung der Zustände mit verschiedenen Bahndrehimpulsen dargestellt werden muß

$$(4.82) \qquad \vec{V}_{j,m_j} = a_{l=j+1} \cdot \vec{Y}_{j,l=j+1,1}^{m_j} + a_{l=j} \cdot \vec{Y}_{j,l=j,1}^{m_j} + a_{l=j-1} \cdot \vec{Y}_{j,l=j-1,1}^{m_j}.$$

Dabei ist zu beachten, daß die elektromagnetische Welle eine transversale Welle ist. Die Vektorkugelfunktionen müssen sich daher so mischen, daß die Transversalität gewährleistet ist. Ist $\vec{n}$ der Einheitsvektor in Ausbreitungsrichtung des Photons,

$$(4.83) \qquad \begin{pmatrix} n_x \\ n_y \\ n_z \end{pmatrix} = \begin{pmatrix} \sin \vartheta \cos \varphi \\ \sin \vartheta \sin \varphi \\ \cos \vartheta \end{pmatrix} \qquad \text{in kartesischer Basis}$$

$$(4.84) \qquad \begin{pmatrix} n_+ \\ n_0 \\ n_- \end{pmatrix} = \begin{pmatrix} -\dfrac{1}{\sqrt{2}} \sin \vartheta e^{-i\varphi} \\ \cos \vartheta \\ \dfrac{1}{\sqrt{2}} \sin \vartheta e^{i\varphi} \end{pmatrix} = \sqrt{\dfrac{4\pi}{3}} \begin{pmatrix} Y_1^{1\,*} \\ Y_1^{0\,*} \\ Y_1^{-1\,*} \end{pmatrix} \qquad \text{in sphärischerBasis,}$$

so lautet die Transversalitätsbedingung

$$(4.85) \qquad \vec{V}_{j,m_j} \cdot \vec{n} = 0.$$

Drehimpulszustände des Photons sind nur solche, die der Transversalitätsbedingung Gl.(4.85) genügen. Hierfür macht man eine Zerlegung von $\vec{V}_{j,m_j}$ in Komponenten, die man transversale und longitudinale **Kugelvektoren** nennt, wobei noch eine Klassifizierung nach verschiedenen Paritäten zu treffen ist.

1. Transversale Kugelvektoren (Photoneneigenzustände), gekennzeichnet durch den Parameter $\lambda = 0$ oder $\lambda = 1$

$$(4.86) \qquad \begin{aligned} \vec{V}_{j,m_j}^{(\lambda=1)} &= \sqrt{\frac{j+1}{2j+1}} \vec{Y}_{j,l=j-1,1}^{m_j} + \sqrt{\frac{j}{2j+1}} \vec{Y}_{j,l=j+1,1}^{m_j} \qquad \text{Parität } (-1)^j, \\[2ex] \vec{V}_{j,m_j}^{(\lambda=0)} &= \vec{Y}_{j,l=j,1}^{m_j} \qquad\qquad\qquad\qquad\qquad\quad \text{Parität } (-1)^{j+1}. \end{aligned}$$

Hierfür ist $\vec{V}_{j,m_j}^{(\lambda=0,1)} \cdot \vec{n} = 0$.

2. Longitudinale Kugelvektoren (keine Photoneneigenzustände), gekennzeichnet durch $\lambda = -1$

$$\vec{V}_{j,m_j}^{(\lambda=-1)} = \sqrt{\frac{j}{2j+1}}\, \vec{Y}_{j,l=j-1,1}^{m_j} - \sqrt{\frac{j+1}{2j+1}}\, \vec{Y}_{j,l=j+1,1}^{m_j} \qquad \text{Parität } (-1)^j.$$

(4.87)

Hierfür ist $\vec{V}_{j,m_j}^{(\lambda=-1)} \cdot \vec{n} \neq 0$.

Für die Kugelvektoren gilt $\displaystyle \int \vec{V}_{j,m_j}^{(\lambda)^*} \cdot \vec{V}_{j',m_j'}^{(\lambda')}\, d\cos\vartheta\, d\varphi = \delta_{jj'}\delta_{m_j m_j'}\delta_{\lambda\lambda'}$.

Definieren wir mit $\vec{s}$ von Gln.(4.24) und (4.25) und mit $\vec{n}$ von Gl.(4.83) den Spinoperator in Richtung des Photonenimpulses, den sogenannten **Helizitätsoperator** $h = \vec{s}\vec{p}/|\vec{p}| = \vec{s}\vec{n}$ (s. auch Abschn. 5.2.1 und Band II, Gl.(8.232)), so sind dessen Eigenwerte $0, \pm\hbar$. Der Eigenvektor zum Eigenwert 0 ist $\vec{n}$. Daher sind die sich aus transversalen Kugelvektoren zusammensetzenden Photonenzustände nur Mischungen aus den Helizitätszuständen mit den Eigenwerten $+\hbar$ und $-\hbar$ (das Photon hat nicht Helizität 0). Für $\vec{n}$ in z-Richtung sind nur die Zustände $\vec{V}_{j,m_j}^{(\lambda=0,1)}(\vartheta = 0)$ mit $m_j = +1$ bzw. $m_j = -1$ von Null verschieden, welche Helizitätseigenzustände mit den Eigenwerten $+\hbar$ bzw. $-\hbar$ sind.

4.6   * Die Erhaltung des Drehimpulses

In diesem Abschnitt wollen wir den Zusammenhang zwischen der Invarianz der Physik gegenüber Rotationen und der Erhaltung des Drehimpulses genauer betrachten und damit die Bedeutung des Drehimpulses nochmals unterstreichen. Der Zusammenhang gilt in der Quantenmechanik genauso wie in der klassischen Mechanik.

In Abschn. 4.2 haben wir die Transformationsmatrizen für Spinzustände hergeleitet. Es ergab sich bei Drehungen um die Koordinatenachsen x,y und z jeweils ein Zusammenhang, wie er in Gl.(4.36) für die Komponente $\mathcal{U}_x^{(2)}(\varphi)$ hergeleitet wurde

$$(4.88) \quad \mathcal{U}_x(\varphi_x) = \exp(-\frac{i}{\hbar}\varphi_x s_x) \;;\; \mathcal{U}_y(\varphi_y) = \exp(-\frac{i}{\hbar}\varphi_y s_y) \;;\; \mathcal{U}_z(\varphi_z) = \exp(-\frac{i}{\hbar}\varphi_z s_z) \,,$$

bzw. bei allgemeiner Rotation um die drei Eulerwinkel (α,β,γ) (Gl.(4.65))

$$(4.89) \qquad \mathcal{U}(\alpha,\beta,\gamma) = \exp(-\frac{i}{\hbar}\alpha s_z) \cdot \exp(-\frac{i}{\hbar}\beta s_y) \cdot \exp(-\frac{i}{\hbar}\gamma s_z).$$

Wird die Matrix $\mathcal{U}(\alpha,\beta,\gamma)$ auf den Zustandsvektor $|\psi>$ angewandt, so beschreibt

$$|\psi'> = \mathcal{U}(\alpha,\beta,\gamma)|\psi>$$

den Zustandsvektor des um die Eulerwinkel (α,β,γ) gedrehten Systems. Falls sich bei einer Drehung des Systems physikalisch nichts ändert, so sagt man, das physikalische System ist rotationsinvariant. Das bedeutet, daß auch der Erwartungswert einer Observablen Q bei der Drehung unverändert bleibt

$$(4.90) \qquad \begin{aligned} <\psi|Q|\psi> &= <\psi'|Q|\psi'> \\ &= <\psi|\mathcal{U}^+Q\mathcal{U}|\psi>. \end{aligned}$$

Hieraus folgt $Q = \mathcal{U}^+Q\mathcal{U}$ bzw. $\mathcal{U}Q = Q\mathcal{U}$, da $\mathcal{U}^+\mathcal{U} = \mathcal{U}\mathcal{U}^+ = \mathbb{1}$, oder

$$(4.91) \qquad [Q,\mathcal{U}] = 0.$$

Die Transformation von Wellenfunktionen für spinlose Teilchen bzw. von Zustandsvektoren für Teilchen oder Teilchensysteme mit gekoppelten Drehimpulsen können in entsprechender Art angegeben werden.

- Spinlose Teilchen

$$(4.92) \qquad \mathcal{U}(\alpha,\beta,\gamma) = \exp(-\frac{i}{\hbar}\alpha l_z) \cdot \exp(-\frac{i}{\hbar}\beta l_y) \cdot \exp(-\frac{i}{\hbar}\gamma l_z),$$

wobei $(l_x, l_y, l_z, \vec{l}^2)$ die Bahndrehimpulsoperatoren sind.

- Teilchen mit gekoppelten Drehimpulsen

$$(4.93) \qquad \mathcal{U}(\alpha,\beta,\gamma) = \exp(-\frac{i}{\hbar}\alpha j_z) \cdot \exp(-\frac{i}{\hbar}\beta j_y) \cdot \exp(-\frac{i}{\hbar}\gamma j_z),$$

wobei $(j_x, j_y, j_z, \vec{j}^2)$ die Gesamtdrehimpulsoperatoren sind.

Da Gl.(4.91) für beliebige Drehwinkel gilt, können wir auch schreiben

$$(4.94) \qquad [Q,\vec{j}] = 0.$$

Wenn also eine Observable Q invariant unter Rotationen ist, kommutiert sie mit allen drei Komponenten des Drehimpulses und daher auch mit $\vec{j}^2$. Hierbei sind das Quadrat $\vec{j}^2$ und die Komponente längs einer Achse, z.B. j_z, gleichzeitig scharf meßbar. Das bedeutet, daß die Observable Q und die Größen $\vec{j}^2, j_z$ gemeinsame Eigenfunktionen haben.

Wir wollen für Q den Hamilton–Operator (Energieoperator) wählen. Dann gilt

$$(4.95) \qquad \boxed{[\mathcal{H},\vec{j}] = 0.}$$

Es können immer Eigenfunktionen von $\mathcal{H}$ gefunden werden, die gleichzeitig Eigenfunktionen von $\vec{j}^2$ und j_z sind. Darüber hinaus sind die Energieeigenwerte unabhängig vom Eigenwert zu j_z, das heißt unabhängig von m_j. Die Energien sind also entartet. Das läßt sich sofort erkennen, wenn man auf die Energie–Eigenwertgleichung

$$(4.96) \qquad \mathcal{H}\psi_{n,j,m_j} = E\psi_{n,j,m_j}$$

die Schiebeoperatoren $j_\pm = j_x \pm i j_y$ anwendet

$$
\begin{aligned}
j_\pm(\mathcal{H}\psi_{n,j,m_j}) &= j_\pm E\psi_{n,j,m_j} \\
\mathcal{H}j_\pm\psi_{n,j,m_j} &= Ej_\pm\psi_{n,j,m_j} \\
\mathcal{H}\psi_{n,j,m_j\pm 1} &= E\psi_{n,j,m_j\pm 1}.
\end{aligned}
$$

Die wiederholte Anwendung von $j_\pm$ führt zu allen möglichen Lösungen für $-j \le m_j \le j$ bei ein und derselben Energie E. Man bezeichnet diese Eigenschaft als rotationsdegeneriert.

Aus den Lösungen der Hamilton–Eigenwertgleichung Gl.(4.96) werden die Lösungen der zeitabhängigen Schrödinger–Gleichung gebildet

$$
(4.97) \qquad \psi(\vec{r},t) = \sum_{n,j,m_j} a_{n,j,m_j} \exp(-iE_n t/\hbar)\psi_{n,j,m_j}(\vec{r}).
$$

Wenn am Anfang ein bestimmter Drehimpulseigenzustand vorliegt, dann bleibt dieser auch zeitlich erhalten. Ebenso bleibt der Erwartungswert des Drehimpulses zeitlich konstant. Dieses Verhalten ist der Ausdruck der Drehimpulserhaltung in der Quantenmechanik als Folge der Rotationsinvarianz.

Nachfolgend werden einige Beispiele diskutiert.

1. Spinlose Teilchen.

Der Hamilton–Operator

$$
\mathcal{H}_0 = -\frac{\hbar^2}{2M_0}\Delta + V(r)
$$

ist rotationsinvariant. Man kann daher Eigenfunktionen der zeitunabhängigen Schrödinger–Gleichung finden, die Eigenfunktionen zum Bahndrehimpuls $\vec{l}^2$ und l_z sind

$$
\psi_{n,l,m}(\vec{r}) = f_{n,l}(r) \cdot Y_l^m(\varphi,\vartheta).
$$

Die Energie–Eigenwerte sind nicht von m abhängig, also rotationsdegeneriert

$$
E = E_{n,l}.
$$

Im speziellen Fall der r-Abhängigkeit des Coulomb–Potentials der Form $V(r) \sim 1/r$ ist die Energie zusätzlich l–degeneriert (s.Abschn. 5.1.1).

2. Der normale Zeeman–Effekt beim Wasserstoffatom.

In Abschn. 5.3.1 wird das Potential für den normalen Zeeman–Effekt hergeleitet

$$
V(r) = -\frac{e^2}{4\pi\epsilon_0}\frac{1}{r} + \frac{e}{2M_0}Bl_z , \qquad B \text{ magnetische Induktion.}
$$

$\mathcal{H}$ kommutiert zwar mit $\vec{l}^2$ und l_z, aber nicht mit l_x und l_y; das Potential ist gemäß Gl.(4.95) demnach nicht rotationsinvariant. Es ist zwar

$$
\psi_{n,l,m}(\vec{r}) = f_{n,l}(r)Y_l^m(\varphi,\vartheta),
$$

aber die Energie–Eigenwerte sind nicht rotationsdegeneriert. Im allgemeinen ist

$$E = E_{n,l,m}.$$

Im vorliegenden Fall des Coulomb–Potentials bleibt jedoch zusätzlich die l–Entartung bestehen

$$E = E_{n,m}.$$

3. Die Spin–Bahn–Wechselwirkung.

In Abschn. 5.3.3 wird die Spin–Bahn–Wechselwirkung beim Wasserstoffatom im einzelnen erläutert. Uns interessiert hier nur das zugehörige Potential

$$V = const \cdot (\vec{l} \cdot \vec{s}).$$

Wegen der Zusammensetzung von $\vec{l}$ und $\vec{s}$ zum Gesamtdrehimpuls

$$\vec{j} = \vec{l} + \vec{s} \quad , \quad \vec{j}^{\,2} = (\vec{l} + \vec{s})^2,$$

läßt sich $\vec{l} \cdot \vec{s}$ durch die Quadrate $\vec{j}^{\,2}, \vec{l}^{\,2}, \vec{s}^{\,2}$ ausdrücken. Der Hamilton–Operator ist bezüglich des Gesamtdrehimpulses rotationsinvariant, d.h. $\vec{j}^{\,2}$ und j_z sind mit der Energie gleichzeitig meßbar. Die Energie–Eigenwerte sind in m_j degeneriert. Da $\vec{l}^{\,2}$ und $\vec{s}^{\,2}$ auch mit $\vec{j}^{\,2}$, j_z und $\mathcal{H}$ kommutieren, ist

$$\psi = \psi_{n,j,m_j,l,s}(r, \varphi, \vartheta) \text{ und } E = E_{n,j,l,s} \text{ (unabhängig von } m_j) .$$

4. Das Mehrelektronenatom.

In Kap. 6 wird der Hamilton–Operator für das Mehrelektronenatom ohne Spins angegeben

$$\mathcal{H} = \sum_{i=1}^{Z} \left(-\frac{\hbar^2}{2M_0}\Delta_i - \frac{Ze^2}{4\pi\epsilon_0}\frac{1}{r_i} \right) + \frac{1}{2}\sum_{i \neq j}^{Z} \frac{e^2}{4\pi\epsilon_0}\frac{1}{|\vec{r}_i - \vec{r}_j|}.$$

Er ist rotationsinvariant, kommutiert also mit dem Gesamtbahndrehimpuls $\vec{L}$ aller Elektronen. Aufgrund der Ununterscheidbarkeit der Elektronen ist die Lösung auch eine Eigenfunktion des Gesamtspins alle Elektronen S, M_S, obwohl der Spin im Hamilton–Operator gar nicht in Erscheinung tritt (siehe Fußnote in Abschn. 6.4.2). Daher ist

$$\psi = \psi_{n,L,M_L,S,M_S}(\vec{r}_1 \ldots \vec{r}_Z),$$

wo n für alle sonst auftretenden Quantenzahlen steht. Die Energie–Eigenwerte sind $(2L + 1)(2S + 1)$–fach entartet, $E = E_{n,L,S}$ (unabhängig von M_L, M_S).

5. Das Ion des Wasserstoffmoleküls.

Das Potential für das Elektron des Wasserstoffmolekülions lautet

$$V = \frac{e^2}{4\pi\epsilon_0} \left(-\frac{1}{r} - \frac{1}{r'} + \frac{1}{R} \right) \qquad \begin{array}{l} r, r' \text{ jeweiliger Abstand des Elektrons} \\ \text{von den beiden Protonen} \\ R \text{ Abstand der Protonen.} \end{array}$$

Das Potential ist rotationsinvariant bezüglich der Verbindungslinie der beiden Protonen. Es kommutieren also $\mathcal{H}$ und l_z miteinander, und die Wellenfunktion lautet

$$\psi = \psi_{n,m}(r,\varphi,\vartheta).$$

Die Energie–Eigenwerte sind für $m = 0$ nicht entartet, aber 2-fach entartet für $m \neq 0$, da $E = E_{|m|}$ (Band II, Abschn. 7.2.1).

6. Das Tensorpotential.

In der Kernphysik braucht man zur richtigen Beschreibung der Kernkraft zwischen zwei Nukleonen das Tensorpotential, das folgende Gestalt hat (vgl. Band II, Abschn. 8.2.6, siehe auch Abschn. 5.4.3, Gl.(5.155))

$$\overline{V} = V(r)\left(\frac{(\vec{\sigma}_1\vec{r})(\vec{\sigma}_2\vec{r})}{r^2} - \frac{\vec{\sigma}_1\vec{\sigma}_2}{3}\right) = V(r)\cdot T,$$

wobei $\vec{\sigma}_1$ und $\vec{\sigma}_2$ die Pauli–Matrizen für die beiden Spins sind, r den Relativabstand der beiden Nukleonen angibt und T der sogenannte Tensoroperator ist (Tensor 2. Ordnung). $\overline{V}$ ist rotationsinvariant im Raum des Gesamtdrehimpulses $\vec{J}$, der sich aus der Summe der Nukleonenspins und des relativen Bahndrehimpulses zusammensetzt. Daher ist zunächst

$$\psi = \psi_{n,J,M_J}(\vec{r}) \quad , \quad E = E_{n,J}.$$

Mit
$$\vec{S} = \frac{\hbar}{2}(\vec{\sigma}_1 + \vec{\sigma}_2)$$

ist
$$(\vec{S}\vec{r})^2 = \frac{\hbar^2}{4}((\vec{\sigma}_1\vec{r}) + (\vec{\sigma}_2\vec{r}))^2$$

$$= \frac{\hbar^2}{4}((\vec{\sigma}_1\vec{r})^2 + (\vec{\sigma}_2\vec{r})^2 + 2(\vec{\sigma}_1\vec{r})(\vec{\sigma}_2\vec{r}))$$

$$= \frac{\hbar^2}{2}((\vec{\sigma}_1\vec{r})(\vec{\sigma}_2\vec{r}) + r^2\cdot \mathbb{1})$$

und
$$\vec{S}^2 = \frac{\hbar^2}{4}(\vec{\sigma}_1 + \vec{\sigma}_2)^2 = \frac{\hbar^2}{4}(\vec{\sigma}_1^2 + \vec{\sigma}_2^2 + 2\vec{\sigma}_1\vec{\sigma}_2)$$

$$= \frac{\hbar^2}{2}(\vec{\sigma}_1\vec{\sigma}_2 + 3\cdot \mathbb{1}).$$

Also läßt sich T auch schreiben

$$T = \frac{2}{\hbar^2}\left(\frac{\left(\vec{S}\vec{r}\right)^2}{r^2} - \frac{\vec{S}^2}{3}\right).$$

Wie man hieraus erkennt, kommutiert $\overline{V}$ auch mit $\vec{S}^2$, aber nicht mit $\vec{l}^2$, so daß wir als Ergebnis erhalten

$$\psi = \psi_{n,S,J,M_J} \quad \text{mit} \quad E = E_{n,S,J} \text{ (unabhängig von } M_J\text{)}.$$

4.7   * Zusammenfassung

Die Beschreibung des quantenmechanischen Drehimpulses wird zunächst am Fall des Bahndrehimpulses gezeigt, wobei die klassischen Größen nach den Regeln der Quantenmechanik durch Operatoren ersetzt werden. Als eine grundlegende Eigenschaft erweisen sich die Vertauschungsrelationen, die für die Komponenten des Bahndrehimpulses in der Vektoroperatorform geschrieben werden können

$$\vec{l} \times \vec{l} = i\hbar\vec{l}$$

Das Quadrat des Bahndrehimpulses $\vec{l}^2$ ist mit jeder der Komponenten l_x, l_y, l_z vertauschbar, jedoch nicht die Komponenten untereinander. Diese Kommutationsrelationen sind typisch für alle Drehimpulse.

Die Eigenwertgleichung läßt sich am Modell des starren Rotators lösen mit dem Ergebnis

- Die Eigenwerte zu $\vec{l}^2$ sind $l(l+1)\hbar^2$ mit $l = 0, 1, 2, \ldots$

- Die Eigenwerte zu l_z sind $m\hbar$ mit $-l \leq m \leq l$.

Die gemeinsamen Eigenfunktionen sind die Kugelfunktionen $\mathrm{Y}_l^m(\varphi, \vartheta)$. Die Quantenzahlen l und m bedeuten eine Richtungsquantisierung des Drehimpulses bezüglich einer vorgegebenen Quantisierungsachse (der z–Achse), wobei der Winkel zwischen dem Drehimpulsvektor und der Quantisierungsachse scharfe Werte annimmt.

Der Spin als eine innere Eigenschaft atomarer Teilchen läßt sich dagegen nicht mehr aus klassischen Größen herleiten. Es zeigt sich jedoch, daß man auf dem Wege infinitesimaler räumlicher Drehungen um die Koordinatenachsen einen Formalismus herleiten kann, der genau auf die Beschreibung des Spins paßt. Die Generatoren dieser Rotationen erfüllen die Vertauschungsrelationen für Drehimpulse. Unter Nutzung der Gruppeneigenschaften der Drehgruppe lassen sich die Generatoren $\vec{s} = (s_x, s_y, s_z)$ der Matrixdarstellungen in jeder beliebigen Dimension finden. Die 2-dimensionale — also die einfachste, nichttriviale — Darstellung wird durch die Paulimatrizen angegeben

$$\sigma_x = \begin{pmatrix} 0 & 1 \\ 1 & 0 \end{pmatrix} \qquad \sigma_y = \begin{pmatrix} 0 & -i \\ i & 0 \end{pmatrix} \qquad \sigma_z = \begin{pmatrix} 1 & 0 \\ 0 & -1 \end{pmatrix},$$

multipliziert mit $\hbar/2$. Die Eigenwertgleichungen zu $\vec{s}^2$ und s_z führen zu den Eigenwerten $s(s+1)\hbar^2$ und $m_s\hbar$ sowie zu den Eigenvektoren $|s, m_s>$, die einen n–dimensionalen komplexen Raum aufspannen. Die Dimension des Raumes ist $n = 2s + 1$ und somit durch den Wert des Spins festgelegt. Die Quantenzahlen s können je nach Dimension der Darstellung die Werte $0, \frac{1}{2}, 1, \frac{3}{2}, \ldots$ annehmen. Da der experimentelle Befund in der Natur diese Werte für die vorkommenden Teilchenspins liefert, im wichtigsten Fall $s = \frac{1}{2}$ für Elektronen und Nukleonen, interpretiert man die Matrizen $\vec{s}$ als Drehimpulsoperatoren für den Spin der Teilchen wobei die Eigenvektoren zu $\vec{s}^2, s_z$ den Spinzustand der Teilchen kennzeichnen. Die vollständige Beschreibung eines Teilchens geschieht durch n Funktionen $\psi_n(\vec{r}, t)$, die die Vektorkomponenten des Spinvektors im n–dimensionalen Darstellungsraum bedeuten.

Bei Rotation um beliebige Achsen geht man von der Drehung um die Eulerwinkel aus und gelangt im Darstellungsraum zu den Drehmatrizen für einen beliebigen Drehimpuls

$$D^s_{m'_s,m_s}(\alpha,\beta,\gamma) = \exp\left(-i(m'_s\alpha + m_s\gamma)\right) \cdot d^s_{m'_s,m_s}(\beta) \, .$$

Die Funktionen $d^s_{m'_s,m_s}(\beta)$ heißen Rotationsmatrizen und entsprechen Drehungen um die y-Achse um den Winkel β. Im Fall der zweidimensionalen Darstellung weisen die Funktionen $d^{s=1/2}_{m'_s,m_s}(\beta)$ im Darstellungsraum eine Transformation um den Winkel $\beta/2$ auf, wenn man im dreidimensionalen Ortsraum um den Winkel β rotiert. Diese Eigentümlichkeit wird durch das Experiment von Rauch und Bonse bestätigt.

Von besonderer Wichtigkeit ist die Zusammensetzung von Drehimpulsen. Bei der Kopplung von zwei Teilchen lassen sich die Gesamtdrehimpulszustände im Produktraum der Einzelzustände als Summe der Tensorprodukte hinschreiben (Clebsch–Gordan–Reihe). Der Gesamtdrehimpuls j kann halb- bzw. ganzzahlige Werte annehmen

$$(4.98) \qquad |j_a - j_b| \le j \le j_a + j_b \qquad -j \le m_j \le j \, ,$$

wo j_a, j_b die Quantenzahlen der Einzeldrehimpulse sind. Der einfachste Fall der Kopplung von Bahndrehimpuls mit Spin $\frac{1}{2}$ liefert also Gesamtdrehimpulse in den Grenzen

$$|l - \frac{1}{2}| \le j \le l + \frac{1}{2} \, .$$

Die zweikomponentigen Eigenvektoren lassen sich angeben und enthalten die Kugelfunktionen $Y^m_l(\varphi,\vartheta)$.

Die Kopplung von Bahndrehimpuls und Spin 1 führt auf die Gesamtdrehimpulse

$$|l - 1| \le j \le l + 1$$

mit den Vektorkugelfunktionen $\vec{Y}^{m_j}_{j,l,1}(\varphi,\vartheta)$ als Eigenvektoren. Ein besonderer Fall ist die Beschreibung der Photonen. Ihre Eigenzustände werden durch transversale Kugelvektoren beschrieben.

Im letzten Abschnitt werden grundsätzliche Überlegungen zur Drehimpulserhaltung angestellt. Die Drehimpulserhaltung ist gleichbedeutend mit der Rotationsinvarianz des physikalischen Systems und kann durch die Vertauschung des Hamilton–Operators mit dem Drehimpulsoperator ausgedrückt werden

$$[\mathcal{H}, \vec{j}] = 0.$$

Eine Reihe von Beispielen zeigt als Konsequenz, durch welche Quantenzahlen jeweils die Energie–Eigenfunktionen bestimmt werden und welche Energie–Entartungen zu erwarten sind.

5 Atome mit einem Elektron

5.1 Das Wasserstoffatom als Zentralfeldproblem

5.1.1 Die Lösung der Schrödinger–Gleichung

Die einfachsten atomaren Systeme sind solche, die nur aus einem positiv geladenen Kern und einem einzigen Elektron bestehen. Das ist das Wasserstoffatom und seine Isotope Deuterium (schwerer Wasserstoff) und Tritium (überschwerer Wasserstoff), deren Kerne zusätzlich zum Proton noch ein bzw. zwei Neutronen enthalten. Ferner zählen wir die einfach bzw. mehrfach ionisierten Atome He^+, Li^{++}, Be^{+++} usw. dazu, die spektroskopisch eine enge Verwandtschaft zum Wasserstoffatom aufweisen. Wir nennen sie wasserstoffartige Atome. Die Kernladungen bestehen jeweils aus einem ganzzahligen Vielfachen Z der Elementarladung e, also $Z \cdot e$. Die Bindung zwischen Elektron und Kern besorgt das Coulomb–Potential

$$(5.1) \qquad V(r) = -\frac{Ze^2}{4\pi\epsilon_0}\frac{1}{r} \, ,$$

wobei r der Relativabstand zwischen Elektron und Kern ist. Wie bereits bei der Formulierung der Schrödinger–Gleichung (3.8) verwenden wir die Begriffe Potential und potentielle Energie synonym. Wir müssen dabei lediglich auf das Vorzeichen achten, weil im Fall negativer Ladung (Elektron) die potentielle Energie $= -e\cdot$ Potential ist.

Wir wollen diese Aufgabenstellung nun mit dem quantenmechanischen Rüstzeug behandeln, wobei wir davon ausgehen können, daß wir es mit einem stationären Problem zu tun haben. Wir setzen dabei voraus, daß es sich sowohl beim Kern als auch beim Elektron um punktförmige Gebilde handelt. Diese Voraussetzung ist keineswegs selbstverständlich, denn wir haben bereits in Abschn. 2.2 gesehen, daß die Kerne eine räumliche Ausdehnung besitzen. Die quantenmechanische Behandlung der Atome zeigt, daß die Wellenfunktionen der Elektronen durchaus bis in die Zentren der Kerne reichen können, was grundsätzlich einen Einfluß auf die Energiespektren der Atome haben kann. Bei den hier betrachteten leichten Atomen ist die Voraussetzung der Punktförmigkeit der Kerne jedoch ein realistischer Ausgangspunkt, da die Kernradien um nahezu vier Größenordnungen kleiner sind als die mittleren Bahnradien der Elektronen.

Desweiteren soll vom Einfluß des Elektronenspins zunächst abgesehen werden. Der Elektronenspin wird formal in Abschn. 5.1.2 in die Beschreibung mit einbezogen und von seiner physikalischen Wirkung her dann in den Abschn. 5.3.2 bis 5.3.7 berücksichtigt.

Man kann das Wasserstoffproblem in Schwerpunktskoordinaten behandeln. Bereits in Abschn. 3.2 haben wir gelernt, daß sich das stationäre Zweikörperproblem auf ein Einkörperproblem zurückführen läßt, wobei wir die Relativkoordinate als Abstand der reduzierten Masse

$$M_r = \frac{M_e M_K}{M_e + M_K} \qquad \begin{array}{ll} M_e & \text{Elektronenmasse} \\ M_K & \text{Kernmasse} \end{array}$$

vom Ursprung des Potentials zu interpretieren haben. Da jedoch die Kernmasse um drei Größenordnungen größer ist als die Elektronenmasse, ändert sich nur sehr wenig, wenn der Atomkern als ruhend angesehen wird. Wir wollen diese Vereinfachung den weiteren Überlegungen zugrunde legen.

Wir verwenden zweckmäßigerweise Kugelkoordinaten r, φ, ϑ, wobei φ, ϑ die Azimut- und Polarwinkel zu einer vorgegebenen z-Achse sind (Fig. 4.1). Unter Verwendung von Gl.(5.1) lautet die Schrödinger–Gleichung (3.12)

$$(5.2) \qquad \Delta\phi(\vec{r}) + \frac{2M_e}{\hbar^2}\left(E + \frac{Ze^2}{4\pi\epsilon_0}\frac{1}{r}\right)\phi(\vec{r}) = 0 \ .$$

Gl.(5.2) ist die Bestimmungsgleichung für die Energie bei wasserstoffartigen Atomen. Das Potential hängt nur vom Betrag des Abstandes r ab. Wir haben es also mit einem Zentralfeldproblem zu tun, was die Lösung sehr vereinfacht. Verwendet man die Darstellung Gl.(3.36) für den Laplace–Operator Δ in Kugelkoordinaten, so lautet Gl.(5.2)

$$\frac{1}{r^2}\frac{\partial}{\partial r}\left(r^2\frac{\partial\phi}{\partial r}\right) + \frac{1}{r^2\sin\vartheta}\frac{\partial}{\partial\vartheta}\left(\sin\vartheta\frac{\partial\phi}{\partial\vartheta}\right) + \frac{1}{r^2\sin^2\vartheta}\frac{\partial^2\phi}{\partial\varphi^2} + \frac{2M_e}{\hbar^2}\left(E + \frac{Ze^2}{4\pi\epsilon_0 r}\right)\phi = 0 \ .$$

(5.3)

Die Variablen r, φ, ϑ sind unabhängig. Wir separieren den Radialanteil von ϕ durch folgenden Ansatz

$$(5.4) \qquad \phi(r, \varphi, \vartheta) = R(r) \cdot f(\varphi, \vartheta) \ .$$

Einsetzen in Gl.(5.3) und Umordnen der Terme liefert

$$\frac{r^2}{R(r)}\left[\frac{1}{r^2}\frac{d}{dr}\left(r^2\frac{dR(r)}{dr}\right) + \frac{2M_e}{\hbar^2}\left(E + \frac{Ze^2}{4\pi\epsilon_0 r}\right)R(r)\right] =$$

(5.5)

$$-\frac{1}{f(\varphi, \vartheta)}\left[\frac{1}{\sin\vartheta}\frac{\partial}{\partial\vartheta}\left(\sin\vartheta\frac{\partial f(\varphi, \vartheta)}{\partial\vartheta}\right) + \frac{1}{\sin^2\vartheta}\frac{\partial^2 f(\varphi, \vartheta)}{\partial\varphi^2}\right] = const. \ .$$

Der zweite eckige Klammerausdruck ist uns bereits bei der Lösung der Schrödinger–Gleichung zum starren Rotator in Gl.(3.38) begegnet. Wir haben dort gefunden

$$(5.6) \qquad const. = l(l+1), \qquad l = 0, 1, 2\ldots \ .$$

Die Lösungen des starren Rotators sind die Kugelfunktionen $Y_l^m(\varphi, \vartheta)$, Gl.(3.44). Man kann also den Winkelanteil der Schrödinger–Gleichung mitsamt seiner Lösung sofort angeben

$$(5.7) \qquad \frac{1}{\sin\vartheta}\frac{\partial}{\partial\vartheta}\left(\sin\vartheta\frac{\partial Y_l^m(\varphi, \vartheta)}{\partial\vartheta}\right) + \frac{1}{\sin^2\vartheta}\frac{\partial^2 Y_l^m(\varphi, \vartheta)}{\partial\varphi^2} = -l(l+1)Y_l^m(\varphi, \vartheta) \ .$$

Die Quantenzahl l kennzeichnet den Bahndrehimpuls des Elektrons. Die Quantenzahl m kennzeichnet die Komponente des Bahndrehimpulses bezüglich der vorgegebenen Quantisierungsachse, bei der vorliegenden Wahl der z-Achse.

Die erste eckige Klammer von Gl.(5.5) beschreibt den Radialteil der Schrödinger-Gleichung. Unter Verwendung von Gl.(5.7) erhält man

$$(5.8) \qquad \frac{1}{r^2}\frac{d}{dr}\left(r^2\frac{dR(r)}{dr}\right) + \frac{2M_e}{\hbar^2}\left(E + \frac{Ze^2}{4\pi\epsilon_0 r} - \frac{\hbar^2}{2M_e r^2}l(l+1)\right)R(r) = 0 \ .$$

Wir wollen zunächst eine asymptotische Lösung für große Werte von r suchen und schreiben dafür symbolisch $\lim\limits_{r\to\infty}$. Die Lösung läßt sich für diese Gleichung leicht finden. Es ist

$$\lim_{r\to\infty}\frac{1}{r^2}\frac{d}{dr}\left(r^2\frac{dR(r)}{dr}\right) = \lim_{r\to\infty}\frac{1}{r^2}\left(2r\frac{dR}{dr} + r^2\frac{d^2R}{dr^2}\right)$$

$$= \lim_{r\to\infty}\left(\frac{2}{r}\frac{dR}{dr} + \frac{d^2R}{dr^2}\right) = \frac{d^2R_\infty}{dr^2} \ .$$

Für große Werte von r reduziert sich Gl.(5.8) demnach auf

$$(5.9) \qquad \frac{d^2R_\infty}{dr^2} + \frac{2M_eE}{\hbar^2}R_\infty = 0 \ .$$

Da es sich beim vorliegenden Problem um ein in einem Potential gebundenes Teilchen handelt, muß E negativ sein. Mit $E = -|E|$ heißt Gl.(5.9) dann

$$(5.10) \qquad \frac{d^2R_\infty}{dr^2} - \frac{2M_e|E|}{\hbar^2}R_\infty = 0 \ .$$

Die Lösung hierzu läßt sich sofort angeben

$$(5.11) \qquad R_\infty(r) = \exp\left(-\sqrt{\frac{2M_e|E|}{\hbar^2}}\,r\right) \ .$$

Die Wellenfunktion des H-Atoms verschwindet also exponentiell mit wachsendem Abstand des Elektrons vom Kern.

Die allgemeine Lösung von Gl.(5.8) ist komplizierter. Die genaue Herleitung ist in Anhang F wiedergegeben. Es gibt nur eindeutige und stetige Lösungen, wenn die Energie diskrete Werte annimmt, d.h. gequantelt ist.

$$E_n = -\frac{Z^2M_e e^4}{32\pi^2\hbar^2\epsilon_0^2}\cdot\frac{1}{n^2}$$

$$(5.12) \qquad = -\frac{Z^2M_e e^4}{8h^2\epsilon_0^2}\cdot\frac{1}{n^2}$$

$$n = 1,2,3,\ldots\text{Hauptquantenzahl} \ .$$

Die Energie E_n läßt sich wie in Gl.(2.29) durch die Rydberg–Konstante R' oder auch durch die **Sommerfeldsche Feinstrukturkonstante** α ausdrücken.

(5.13)

$$\boxed{E_n = -Z^2 hcR' \cdot \frac{1}{n^2}} \qquad R' = 10967758,4\ m^{-1}\ ,$$

$$\boxed{E_n = -\frac{M_e c^2}{2}(Z\alpha)^2 \cdot \frac{1}{n^2}} \qquad \alpha = \frac{e^2}{4\pi\epsilon_0\hbar c} \approx \frac{1}{137}\ .$$

n	l	$R_{n\,l}(r)$ $(\rho = 2Zr/na_0)$
1	0	$R_{10}(r) = 2\left(\dfrac{Z}{a_0}\right)^{3/2} e^{-\rho/2}$
2	0	$R_{20}(r) = \dfrac{1}{2\sqrt{2}}\left(\dfrac{Z}{a_0}\right)^{3/2}(2-\rho)e^{-\rho/2}$
2	1	$R_{21}(r) = \dfrac{1}{2\sqrt{6}}\left(\dfrac{Z}{a_0}\right)^{3/2}\rho e^{-\rho/2}$
3	0	$R_{30}(r) = \dfrac{1}{9\sqrt{3}}\left(\dfrac{Z}{a_0}\right)^{3/2}(6-6\rho+\rho^2)e^{-\rho/2}$
3	1	$R_{31}(r) = \dfrac{1}{9\sqrt{6}}\left(\dfrac{Z}{a_0}\right)^{3/2}\rho(4-\rho)e^{-\rho/2}$
3	2	$R_{32}(r) = \dfrac{1}{9\sqrt{30}}\left(\dfrac{Z}{a_0}\right)^{3/2}\rho^2 e^{-\rho/2}$

Tab. 5.1 : *Radialfunktionen $R_{n,l}(r)$ wasserstoffartiger Atome. a_0 ist der Bohrsche Radius.*

Der Vergleich mit Gl.(2.29) zeigt, daß der Ausdruck Gl.(5.13) exakt mit dem Energiespektrum des Bohrschen Modells übereinstimmt.

Als Lösungen der Radialgleichung (5.8) ergeben sich die **Laguerreschen Polynome** zusammen mit dem asymptotischen Verhalten Gl.(5.11) (vgl. Anhang F, Gl.(F.25))

(5.14)

$$\boxed{R_{n,l}(r) = N_{n,l}\exp(-\frac{\rho}{2})\rho^l L_{n-l-1}^{2l+1}(\rho)} \qquad \text{mit } l < n$$

$$\rho = \frac{2Zr}{na_0}$$

$$N_{n,l} = \left(\frac{Z}{na_0}\right)^{3/2} \sqrt{\frac{4}{n(n-l-1)!(n+l)!}}$$

$$a_0 = \frac{4\pi\epsilon_0\hbar^2}{M_e e^2} = 5{,}3 \cdot 10^{-11}\,\mathrm{m} \qquad \text{Bohrscher Radius.}$$

Die Normierungskonstanten $N_{n,l}$ sind so gewählt, daß

$$(5.15) \qquad \int_0^\infty |R_{n,l}(r)|^2 r^2 dr = 1.$$

In Tabelle 5.1 sind die Radialfunktionen $R_{n,l}(r)$ für die ersten drei Werte der Hauptquantenzahl n wiedergegeben.

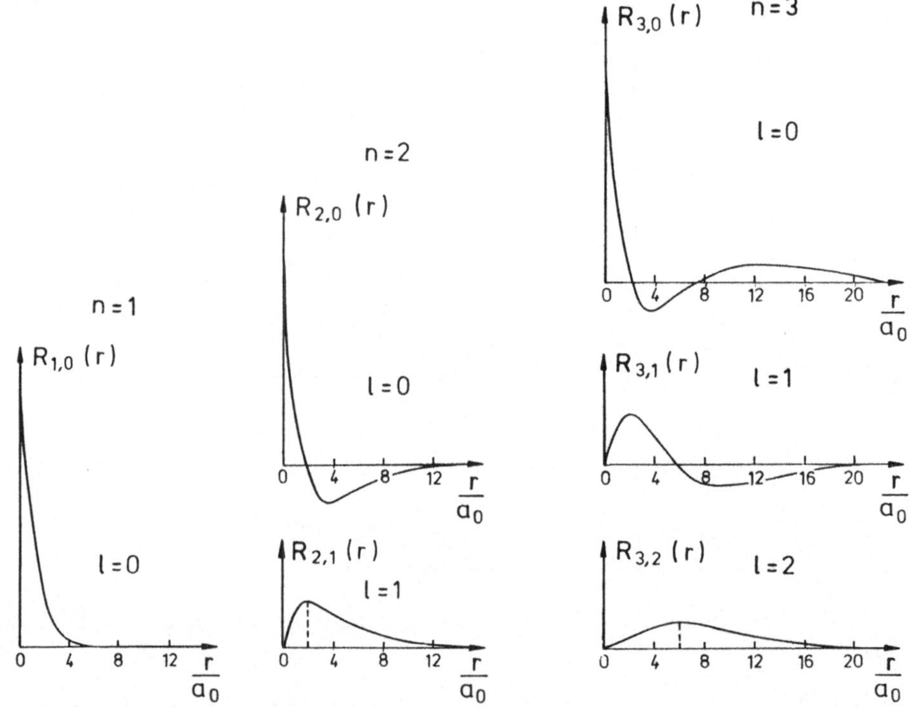

Fig. 5.1: *Radialfunktionen $R_{n,l}(r)$ des H-Atoms für $n = 1, 2$ und 3 in Abhängigkeit von r/a_0.*

Die graphische Darstellung von $R_{n,l}(r)$ für das H-Atom (Z=1) zu den Werten $n = 1, 2$ und 3 ist in Fig. 5.1 gezeigt.

Fig. 5.2 enthält die radialen Wahrscheinlichkeitsverteilungen des Elektrons im H-Atom für die Werte $n = 1, 2$ und 3. Aufgetragen ist $r^2|R_{n,l}(r)|^2$, was mit dr multipliziert die Bedeutung einer Wahrscheinlichkeit hat, mit der sich das Elektron in der Kugelschale vom Radius r und der Dicke dr aufhält. Die Größe $|R_{n,l}(r)|^2$ gibt, mit e multipliziert, die über die Winkel φ, ϑ integrierte Ladungsdichte im Abstand r wieder.

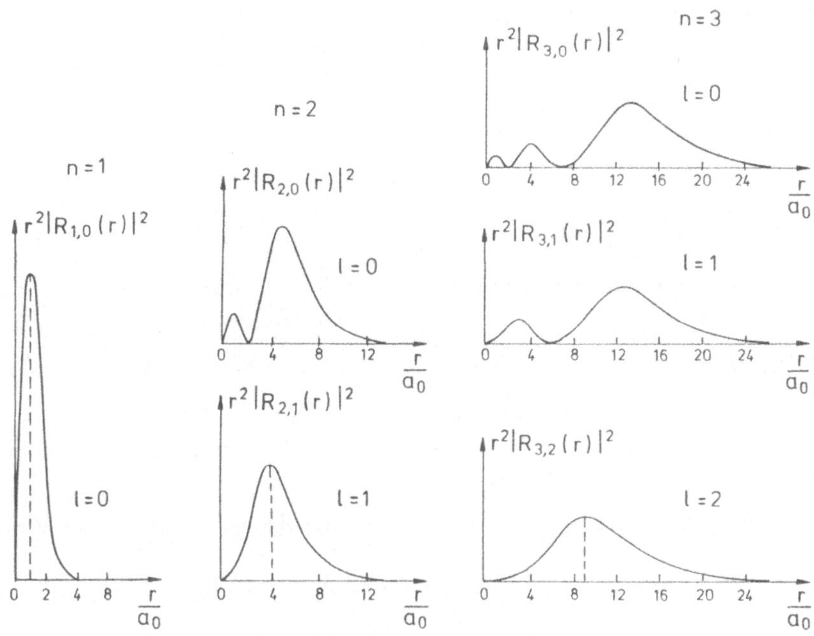

Fig. 5.2: *Radiale Wahrscheinlichkeitsverteilungen $r^2|R_{n,l}(r)|^2$ des Elektrons im H-Atom für $n = 1, 2$ und 3 in Abhängigkeit von r/a_0.*

Aus den Fig. 5.1 und 5.2 lassen sich folgende Merkmale des H-Atoms erkennen:

Die Radialfunktionen mit $l = 0$ haben im Zentrum des Potentials $r = 0$ einen von Null verschiedenen Wert. Das ist aus der Lösung Gl.(5.14) zu erkennen. Desgleichen ist $\dfrac{dR_{n,0}(0)}{dr} \neq 0$. Das führt dazu, daß die Aufenthaltswahrscheinlichkeit des Elektrons $r^2|R_{n,l}(r)|^2 dr$ im unmittelbaren Nahbereich um die Stelle $r = 0$ für $l = 0$ erheblich größer ist als für $l > 0$, was auch in Fig. 5.2 zu sehen ist. Dieser Umstand hat weitreichende Bedeutung für die Wechselwirkung des Elektrons mit dem Kern und kommt insbesondere bei Atomen höherer Ordnungszahlen zum Tragen, bei denen die innersten Elektronen erheblich näher am Kern sind als beim H–Atom und die Kerne gemäß Gl.(2.8) eine gewisse Ausdehnung haben (siehe z.B. Band II, Abschn. 8.3.1).

Der Wert $l = 0$ bedeutet, daß das Elektron keinen Bahndrehimpuls besitzt. Die Winkelabhängigkeit der Wellenfunktion ist für diesen Fall $Y_0^0(\varphi, \vartheta) = 1/\sqrt{4\pi} = konstant$. Das Elektron ist also kugelsymmetrisch verteilt.

Die Anzahl der Nullstellen von $R_{n,l}(r)$ nimmt mit wachsendem n zu und für festes n mit wachsendem l ab. Diese Eigenschaft geht auf die Laguerre–Polynome zurück, deren Anzahl der Nullstellen durch $n - l - 1$ gegeben ist.

Für die höchsten l-Werte $l = n - 1$ bei festem n liegen die Maxima der Wahrscheinlichkeitsverteilungen $r^2|R_{n,n-1}(r)|^2$ bei $r_m = n^2 a_0$.

Die gesamte Lösung für das H–Atom in einem bestimmten Zustand lautet

(5.16)
$$\boxed{\phi_{n,l,m}(r,\varphi,\vartheta) = R_{n,l}(r)\cdot Y_l^m(\varphi,\vartheta)\,.}$$

Wir haben es demnach mit 3 Quantenzahlen zu tun

$$
\begin{aligned}
n &= 1,2,3,\ldots & &\text{Hauptquantenzahl,}\\
l &= 0,1,2,\ldots,n-1 & &\text{Bahndrehimpulsquantenzahl, } l < n\\
m &= -l,-l+1,\ldots,l-1,l & &\text{magnetische Quantenzahl, } -l \le m \le l.
\end{aligned}
$$

Die Bezeichnung magnetische Quantenzahl für m wird in Abschn. 5.3 deutlich. Zu jedem Wert von l gibt es also $2l + 1$ verschiedene Werte für m.

Zu jeder Hauptquantenzahl n sind $\sum_{l=0}^{n-1}(2l + 1) = n^2$ verschiedene Wertepaare (l,m) möglich. Da nach Gl.(5.12) die Energie des H–Atoms nur von der Hauptquantenzahl n abhängt, gibt es zu jeder Energie n^2 verschiedene Zustände. Für eine feste Hauptquantenzahl n ist das H–Atom also n^2–fach entartet.

Zieht man die Zeitabhängigkeit hinzu, so lautet die allgemeine Lösung des Wasserstoffproblems

(5.17)
$$\psi(\vec{r},t) = \sum_{n,l,m} a_{n,l,m}\exp\left(-iE_n t/\hbar\right)\phi_{n,l,m}(\vec{r}).$$

Die Betragsquadrate der Koeffizienten, $|a_{n,l,m}|^2$, geben jeweils die Wahrscheinlichkeit an, mit der sich das H–Atom im Zustand (n,l,m) befindet.

Der Übereinstimmung der Energien des Bohrschen Modells mit denen von Gl.(5.12) ist es zu verdanken, daß bereits das Bohrsche Modell die Spektren wasserstoffartiger Atome richtig beschreibt. Die Spektrallinien nach der Beschreibung durch die Quantentheorie ergeben sich durch Übergänge der Atome von höheren Energien E_n zu niedrigeren $E_{n'}$ unter Aussendung von Photonen der Energie $h\nu = E_n - E_{n'}$. Man spricht von elektrischer Dipolstrahlung, eine Bezeichnung, die auf die Abstandsänderung von Elektron und Proton nach Art eines schwingenden Dipols beim Übergang hinweist. Wir erhalten also insgesamt die Spektren des H–Atoms, wie sie bereits in Fig. 2.17 bzw. 2.20 dargestellt sind. Entsprechendes gilt für die Übergänge in den Termschemata wasserstoffartiger Atome in Fig. 2.22.

Obwohl im Termschema des H–Atoms nach Fig. 2.20 alle möglichen Übergänge zwischen den Energietermen vorkommen, gibt es Einschränkungen bei der Änderung der Quantenzahlen. Sie heißen **Auswahlregeln** und lauten für die elektrische Dipolstrahlung

$$
\boxed{
\begin{aligned}
E_n &\neq E_{n'}\\
\Delta l &= \pm 1\\
\Delta m &= 0 \text{ oder } \pm 1.
\end{aligned}
}
$$

Bei den Übergängen wasserstoffartiger Atome in Fig. 2.20 bzw. 2.22 treten die Auswahlregeln deshalb nicht in Erscheinung, weil die Energien nicht von l und m abhängen.

Wir wollen hier eine kurze Bemerkung zur spektroskopischen Bezeichnungsweise machen. Es ist üblich, die Bahndrehimpulse l des Elektrons durch Buchstaben zu kennzeichnen, die historisch mit spektroskopischen Merkmalen zusammenhängen (in Klammern angegeben)

l	0	1	2	3	4	
Bezeichnung	s	p	d	f	g	Fortsetzung
	(sharp)	(principal)	(diffuse)	(fundamental)		alphabetisch.

Diese Bezeichnung wird heute noch beibehalten und auch auf Kern- und Elementarteilchenzustände angewendet. So bezeichnet man als s–Elektronen solche mit dem Bahndrehimpuls $l = 0$, p–Elektronen solche mit $l = 1$, usw.

Mit Hilfe der Wellenfunktion Gl.(5.16) lassen sich die Erwartungswerte von anderen Größen berechnen, die wir später noch benötigen. Einige seien nachfolgend aufgeführt. Nach Gl.(3.59) gilt für die normierte Funktion $\phi_{n,l,m}(\vec{r})$

$$
\begin{aligned}
<r^k> \ &= \ \int r^k |\phi_{n,l,m}(\vec{r})|^2 d\vec{r} \\[2mm]
&= \ \int_0^\infty r^{k+2} |R_{n,l}(r)|^2 dr, \\[2mm]
<r> \ &= \ \tfrac{1}{2}(3n^2 - l(l+1))\frac{a_0}{Z}, \\[2mm]
<r^2> \ &= \ \frac{n^2}{2}(5n^2 + 1 - 3l(l+1))\frac{a_0^2}{Z^2}, \\[2mm]
<\frac{1}{r}> \ &= \ \frac{1}{n^2}\frac{Z}{a_0}, \\[2mm]
<\frac{1}{r^2}> \ &= \ \frac{1}{n^3(l+\frac{1}{2})}\frac{Z^2}{a_0^2}, \\[2mm]
<\frac{1}{r^3}> \ &= \ \frac{1}{n^3(l+1)(l+\frac{1}{2})l}\frac{Z^3}{a_0^3}.
\end{aligned}
$$

(5.18)

5.1.2   * Die Verwendung zweikomponentiger Wellenfunktionen

Wir haben in Abschn. 5.1.1 außer Acht gelassen, daß beide am Wasserstoffatom beteiligten Teilchen, das Elektron ebenso wie das Proton, jeweils einen Spin 1/2 haben. Zunächst wollen wir weiterhin vom Protonenspin absehen. Er spielt erst bei der Behandlung der Hyperfeinstruktur eine Rolle. Wir werden uns in Abschn. 5.4.3 damit beschäftigen. Der Elektronenspin hingegen ist bei allen atomaren Vorgängen wichtig. Wir wollen daher, bevor wir atomare Effekte im einzelnen besprechen, zunächst untersuchen, wie die Schrödinger–Gleichung für das Wasserstoffproblem unter Einbeziehung des Elektronenspins aussieht, und welche Energieeigenwerte aus den Lösungen folgen.

Dabei kümmern wir uns vorerst noch nicht darum, daß mit dem Spin des Elektrons ein magnetisches Moment verknüpft ist, sondern wir ziehen den Spin formal als zusätzliche Eigenschaft in Rechnung. Das magnetische Moment wird erst von Abschn. 5.3.2 an zum Tragen kommen.

Wir schreiben die zeitunabhängige Schrödinger–Gleichung an und bezeichnen die Energieeigenfunktionen unter Berücksichtigung des Elektronenspins mit $\Phi(\vec{r})$.

$$\mathcal{H}\Phi(\vec{r}) = E\Phi(\vec{r}) \ .$$

Die Zustandsvektoren für Spin 1/2–Teilchen haben nach Gl.(4.40) die Gestalt

$$|s,m_s> \ = \ \begin{pmatrix} 1 \\ 0 \end{pmatrix} \quad \text{für } m_s = \frac{1}{2},$$

$$|s,m_s> \ = \ \begin{pmatrix} 0 \\ 1 \end{pmatrix} \quad \text{für } m_s = -\frac{1}{2}.$$

Sie sind die Eigenvektoren zum Spinoperator

$$s_z = \frac{\hbar}{2} \begin{pmatrix} 1 & 0 \\ 0 & -1 \end{pmatrix} \ .$$

Wir müssen die Wellenfunktion für Spin 1/2–Teilchen daher in der Form schreiben

$$(5.19) \qquad \Phi(\vec{r}) = \begin{pmatrix} 1 \\ 0 \end{pmatrix} \cdot \phi_1(\vec{r}) + \begin{pmatrix} 0 \\ 1 \end{pmatrix} \cdot \phi_2(\vec{r}) = \begin{pmatrix} \phi_1(\vec{r}) \\ \phi_2(\vec{r}) \end{pmatrix} ,$$

wobei die Funktionen $\phi_1(\vec{r})$ und $\phi_2(\vec{r})$ Ortsfunktionen sind, und der erste Term dem Eigenwert $+\hbar/2$, der zweite dem Eigenwert $-\hbar/2$ zuzuordnen ist. Entsprechend muß der Hamilton–Operator eine hermitesche 2×2–Matrix sein

$$(5.20) \qquad \mathcal{H} = \begin{pmatrix} H_{1,1} & H_{1,2} \\ H_{2,1} & H_{2,2} \end{pmatrix} , \quad \text{wobei} \quad \mathcal{H}^+ = \mathcal{H} \ (\text{hermitesch}) \ .$$

Die zeitabhängige bzw. die zeitunabhängige Schrödinger–Gleichung hat daher die Gestalt

$$i\hbar\frac{\partial\Psi}{\partial t} \ = \ \mathcal{H}\Psi \ , \quad \text{d.h.} \qquad i\hbar\frac{\partial}{\partial t}\begin{pmatrix} \psi_1(\vec{r},t) \\ \psi_2(\vec{r},t) \end{pmatrix} \ = \ \begin{pmatrix} H_{1,1} & H_{1,2} \\ H_{2,1} & H_{2,2} \end{pmatrix} \cdot \begin{pmatrix} \psi_1(\vec{r},t) \\ \psi_2(\vec{r},t) \end{pmatrix}$$

$$(5.21) \qquad \text{bzw.}$$

$$\mathcal{H}\Phi \ = \ E\Phi \ , \quad \text{d.h.} \quad \begin{pmatrix} H_{1,1} & H_{1,2} \\ H_{2,1} & H_{2,2} \end{pmatrix} \cdot \begin{pmatrix} \phi_1(\vec{r}) \\ \phi_2(\vec{r}) \end{pmatrix} \ = \ E\begin{pmatrix} \phi_1(\vec{r}) \\ \phi_2(\vec{r}) \end{pmatrix} \ .$$

Die allgemeine Lösung der zeitabhängigen Schrödinger–Gleichung lautet

$$(5.22) \qquad \Psi(\vec{r},t) = \sum_k a_k \cdot \exp\left(-iE_k t/\hbar\right) \cdot \Phi_k(\vec{r}), \qquad k = (n,l,m,m_s).$$

Die Matrixelemente $H_{1,2}$ und $H_{2,1}$ im Hamilton–Operator Gl.(5.20) sorgen dafür, daß aus der Schrödinger–Gleichung Gl.(5.21) ein System von zwei gekoppelten Differentialgleichungen wird. Dieser Fall ist dann von Bedeutung, wenn der Hamilton–Operator den Übergang von einem Spinzustand in einen anderen bewirken soll (s. Abschn. 5.3.7). Dazu gibt es bei der Bewegung des Elektrons im Coulomb–Feld jedoch keinen Anlaß. Demnach ist $H_{1,2} = H_{2,1} = 0$. Der Hamilton–Operator ist für unser Problem unabhängig davon, welche Einstellung der Elektronenspin hat. Er muß demnach lauten

$$(5.23) \qquad \mathcal{H}_0 = \left(-\frac{\hbar^2}{2M_e}\Delta - \frac{Ze^2}{4\pi\epsilon_0}\frac{1}{r}\right)\begin{pmatrix} 1 & 0 \\ 0 & 1 \end{pmatrix}.$$

Hiermit ist das Differentialgleichungssystem Gl.(5.21) entkoppelt, und wir können nach Abschn. 5.1.1 für die beiden Differentialgleichungen sofort die Lösungen angeben

$$\Phi_{n,l,m,m_s=1/2}(\vec{r}) = R_{n,l}Y_l^m(\varphi,\vartheta)\begin{pmatrix} 1 \\ 0 \end{pmatrix},$$

$$(5.24)$$

$$\Phi_{n,l,m,m_s=-1/2}(\vec{r}) = R_{n,l}Y_l^m(\varphi,\vartheta)\begin{pmatrix} 0 \\ 1 \end{pmatrix}.$$

Beide Lösungen gehören zur Energie E_n. Die Energie ist also $2n^2$–fach entartet.

Auch Überlagerungen von Ausdrücken Gl.(5.24) mit gleichen Werten von n sind Lösungen zur Energie E_n, z.B.

$$\bar{\Phi}_{n,l,j=l+1/2,m_j}(\vec{r}) = \sqrt{\frac{l+m+1}{2l+1}}R_{n,l}(r)Y_l^m(\varphi,\vartheta)\begin{pmatrix} 1 \\ 0 \end{pmatrix} + \sqrt{\frac{l-m}{2l+1}}R_{n,l}(r)Y_l^{m+1}(\varphi,\vartheta)\begin{pmatrix} 0 \\ 1 \end{pmatrix}$$

$$= R_{n,l}(r)\Phi_{j,m_j}^{(+)}(\varphi,\vartheta),$$

$$\bar{\Phi}_{n,l,j=l-1/2,m_j}(\vec{r}) = -\sqrt{\frac{l-m}{2l+1}}R_{n,l}(r)Y_l^m(\varphi,\vartheta)\begin{pmatrix} 1 \\ 0 \end{pmatrix} + \sqrt{\frac{l+m+1}{2l+1}}R_{n,l}(r)Y_l^{m+1}(\varphi,\vartheta)\begin{pmatrix} 0 \\ 1 \end{pmatrix}$$

$$= R_{n,l}(r)\Phi_{j,m_j}^{(-)}(\varphi,\vartheta).$$

$$(5.25)$$

Die Funktionen $\Phi_{j,m_j}^{(\pm)}(\varphi,\vartheta)$ sind nach Abschn. 4.5.2 Eigenfunktionen zum Gesamtdrehimpuls $\vec{j}$ mit der z-Komponente $m_j = m + 1/2$. Die Ausdrücke Gl.(5.25) sind daher Lösungen der Schrödinger–Gleichung zu einem bestimmten Gesamtdrehimpuls $\vec{j}$.

5.2   * Die Emission und Absorption von Strahlung

5.2.1   * Die spontane Emission elektrischer Dipolstrahlung

In diesem Abschnitt wird die Frage behandelt, unter welchen Voraussetzungen der Übergang von einem angeregten Zustand in einen Zustand niederer Energie unter Abstrahlung eines Photons möglich ist. Die spektroskopischen Messungen haben gezeigt, daß diese Strahlungsübergänge keineswegs zwischen allen möglichen Energien eines Termschemas vorkommen, sondern daß von der Natur bestimmte Regeln bezüglich der Änderungen der Quantenzahlen der Zustände eingehalten werden, die sogenannten **Auswahlregeln**. Wir wollen der Einfachheit halber alle Betrachtungen am Wasserstoffatom vornehmen. Wir lassen vorerst den Elektronenspin weg und greifen ihn erst in Abschn. 5.3.2 wieder auf.

Man kann zunächst davon ausgehen, daß beim Übergang von der Energie E_n zur Energie $E_{n'}$ das Elektron seine Bahn, d.h. seine örtliche Aufenthaltswahrscheinlichkeit ändert, was im zeitlichen Ablauf dieser Änderungen zu einer Beschleunigung des Elektrons führt. Aus der klassischen Physik ist aber bekannt, daß beschleunigte Ladungen elektromagnetische Wellen abstrahlen. Es sei zum Beispiel an die elektrische Dipolstrahlung eines schwingenden Dipols erinnert. In Fig. 5.3 schwingen die beiden Ladungen e^+ und e^- gegeneinander. Hierfür ist

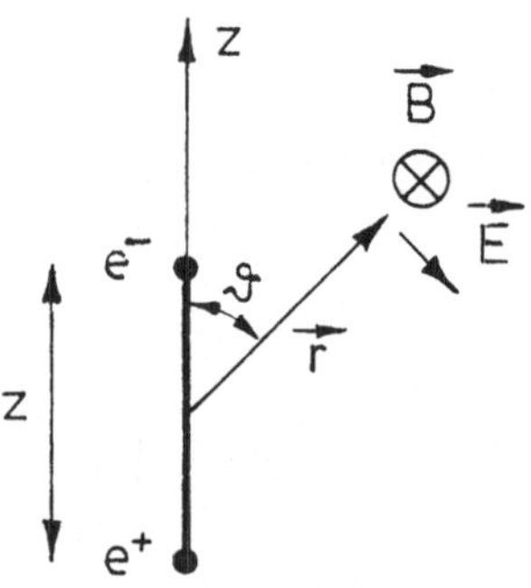

Fig. 5.3: *Schwingender elektrischer Dipol.*

$$(5.26)\quad Q = -ez = -ez_0 \cos \omega_0 t = Q_0 \cos \omega_0 t,$$

$\omega_0 = $ Kreisfrequenz der Schwingung,

$z_0 = $ maximale Auslenkung

das elektrische Dipolmoment der beiden Ladungen. Der räumliche und zeitliche Verlauf des elektromagnetischen Feldes der abgestrahlten Welle ist bekannt. Ein Beobachter sieht in großem Abstand r vom Dipol eine elektromagnetische Welle, deren $\vec{B}$–Feld in Kreisringen um die Dipolachse liegt und deren $\vec{E}$–Feld senkrecht zu $\vec{B}$ und zur Ausbreitungsrichtung $\vec{r}$ gerichtet ist. Da das Schwingungsfeld von $\vec{B}$ und $\vec{E}$ jeweils immer in derselben Ebene bleibt, ist die Strahlung linear polarisiert.

Die Winkelabhängigkeit der zeitlich gemittelten Strahlungsleistung ist gegeben durch

$$(5.27) \qquad I(\vartheta) = \frac{Q_0^2 \omega_0^4}{32\pi^2 \epsilon_0 c^3} \sin^2 \vartheta \; ,$$

wobei ϑ der Winkel zwischen der betrachteten Ausstrahlungsrichtung und der Dipolachse ist (Fig. 5.3). Wie man aus Gl.(5.27) erkennt, wird in Richtung der Dipolachse $\vartheta = 0$ keine Energie abgestrahlt. Die Abstrahlung ist senkrecht zur Dipolachse $\vartheta = 90°$ maximal. Über die Winkel integriert ist die Strahlungsleistung $\bar{I} = Q_0^2 \omega_0^4 / 12\pi\epsilon_0 c^3$.

Im folgenden wird gezeigt, daß die quantenmechanische Betrachtung des Dipols zu genau den Auswahlregeln führt, die wir bereits am Ende des Abschn. 5.1.1 vorweggenommen hatten.

Beim Wasserstoffatom bilden das Proton und das Elektron einen elektrischen Dipol. Wenn sich dieser Dipol zeitlich ändert, dann ist mit einer Abstrahlung zu rechnen. Der Radiusvektor vom Proton zum Elektron ist nicht fixiert, sondern unterliegt einer Verteilung. Es ist daher sinnvoll, nach dem Erwartungswert des elektrischen Dipols zu fragen

$$(5.28) \qquad < \vec{Q} >= -e < \vec{r} >= -e\frac{\int |\psi(\vec{r},t)|^2 \vec{r} d^3 r}{\int |\psi(\vec{r},t)|^2 d^3 r} = -e \int |\psi(\vec{r},t)|^2 \vec{r} d^3 r$$

und dessen zeitliche Änderung zu untersuchen.

Wir wollen nun zwei Fälle unterscheiden.

1. Das Elektron befinde sich in einem definierten Zustand mit den Quantenzahlen (n, l, m). Dann ist

$$\psi(\vec{r},t) = \exp\left(-iE_n t/\hbar\right) \phi_{n,l,m}(\vec{r}),$$

$$(5.29) \qquad < \vec{Q} >= -e \int |\phi_{n,l,m}(\vec{r})|^2 \vec{r} d^3 r = 0.$$

Dieses Resultat folgt aus der Symmetriebetrachtung (s. Gl.(4.18))

$$\begin{aligned} \phi_{n,l,m}(-\vec{r}) &= R_{n,l}(r) \cdot Y_l^m(\pi + \varphi, \pi - \vartheta) \\ &= (-1)^l R_{n,l}(r) Y_l^m(\varphi, \vartheta) \\ &= (-1)^l \phi_{n,l,m}(\vec{r}), \end{aligned}$$

demnach ist

$$-|\phi_{n,l,m}(\vec{r})|^2 \vec{r} = |\phi_{n,l,m}(-\vec{r})|^2 (-\vec{r}) \, .$$

Der Integrand in $< \vec{Q} >$ wechselt das Vorzeichen für den Bereich negativer $\vec{r}$-Werte. Das Integral über den ganzen Raum verschwindet daher. Entscheidend bei dieser Betrachtung ist, daß sich das Dipolmoment zeitlich nicht ändert. Ein Wasserstoffatom in einem definierten Zustand (n, l, m) kann also kein Licht abstrahlen. Hiermit ist die offen gebliebene Frage des Bohrschen Modells, weshalb das kreisende Elektron keine Energie abstrahlen kann, auf elegante Weise beantwortet.

2. Das H–Atom sei durch zwei verschiedene Zustände mit den Quantenzahlen (n, l, m) und (n', l', m') beschrieben. Dann ist

$$(5.30) \quad \psi(\vec{r}, t) = a_{n,l,m} \exp\left(-iE_n t/\hbar\right) \phi_{n,l,m}(\vec{r}) + a_{n',l',m'} \exp\left(-iE_{n'} t/\hbar\right) \phi_{n',l',m'}(\vec{r}) \ .$$

Die Amplitudenquadrate $|a_{n,l,m}|^2$ und $|a_{n',l',m'}|^2$ haben die Bedeutung von Wahrscheinlichkeiten, mit denen sich das H–Atom in dem jeweiligen Zustand befindet.

$$< \vec{Q} > \ = \ -e \int \psi^*(\vec{r}, t) \vec{r} \psi(\vec{r}, t) d^3 r$$

$$= \ -2e\Re\left\{ a_{n,l,m} a^*_{n',l'm'} \exp\left(-i(E_n - E_{n'})t/\hbar\right) \int \phi_{n,l,m}(\vec{r}) \phi^*_{n',l',m'}(\vec{r}) \vec{r} d^3 r \right\} \ .$$

(5.31)

Die beiden Integrale mit den quadratischen Termen der Amplituden verschwinden aus den gleichen Gründen wie der Ausdruck in Gl.(5.29). Es bleibt also nur der gemischte Term in Gl.(5.31) übrig.

Gl.(5.31) sagt eine zeitliche Änderung des Dipolmomentes voraus, wenn $E_n \neq E_{n'}$ und wenn das Integral nicht verschwindet. Die beiden Zustände im H–Atom müssen also zwei verschiedenen Hauptquantenzahlen angehören, damit ein Strahlungsübergang möglich ist. Es erfolgt eine Dipolstrahlung mit der Winkelfrequenz $\omega_0 = (E_n - E_{n'})/\hbar$. Man nennt diesen Strahlungsübergang eine **spontane Lichtemission**, da der Übergang spontan, d.h. ohne äußere Einwirkung erfolgt. Das Elektron geht dabei vom Zustand (n, l, m) in den Zustand (n', l', m') über. Über die Wahrscheinlichkeit des Übergangs wird hier keine Aussage gemacht (s. Abschn. 5.2.3). Es sei bemerkt, daß die Forderung $n \neq n'$ für einen Übergang nur für das H–Atom und wasserstoffartige Atome erfüllt sein muß. Bei komplizierteren Atomen hängt die Energie auch noch von anderen Quantenzahlen ab, z.B. vom Bahndrehimpuls l, und dann kann die Bedingung $E_{n,l} \neq E_{n'l'}$ auch durch $n = n'$, $l \neq l'$ erfüllt werden.

Zur Untersuchung der zweiten Forderung muß das Integral in Gl.(5.31) betrachtet werden. Hierzu ist es zweckmäßig, die Komponenten von $\vec{r}$, d.h. x, y, z durch Kugelfunktionen $Y_l^m(\varphi, \vartheta)$ auszudrücken und die in Abschn. 4.1 angegebenen Eigenschaften der Kugelfunktionen zu verwenden

$$x = r\sin\vartheta\cos\varphi = \sqrt{\frac{2\pi}{3}}\,r\left(Y_1^{-1}(\varphi,\vartheta) - Y_1^1(\varphi,\vartheta)\right)$$

(5.32)
$$y = r\sin\vartheta\sin\varphi = \sqrt{\frac{2\pi}{3}}\,ir\left(Y_1^{-1}(\varphi,\vartheta) + Y_1^1(\varphi,\vartheta)\right)$$

$$z = r\cos\vartheta = \sqrt{\frac{4\pi}{3}}\,rY_1^0(\varphi,\vartheta)\,.$$

Die Gln.(5.32) lassen sich leicht durch Einsetzen verifizieren. Hiermit läßt sich das Integral in Gl.(5.31) wie folgt schreiben

a) z–Komponente von $<\vec{Q}>$.

$$I_z = \int R_{n,l}(r)Y_l^m(\varphi,\vartheta)\sqrt{\frac{4\pi}{3}}\,rY_1^0(\varphi,\vartheta)R_{n',l'}^*(r)Y_{l'}^{m'}{}^*(\varphi,\vartheta)r^2\,dr\,d\varphi\,d\cos\vartheta$$

$$= \sqrt{\frac{4\pi}{3}}\int R_{n,l}(r)R_{n',l'}^*(r)r^3\,dr\int Y_l^m(Y_{l'}^{m'})^*Y_1^0\,d\varphi\,d\cos\vartheta\,.$$

Das erste Integral kann nach Anhang F für $l \neq l'$ nicht Null sein. Andererseits ist nach den Gln.(4.16) und (4.17) das zweite Integral gleich

$$(-1)^{m'}\sqrt{\frac{(2l+1)(2l'+1)}{12\pi}}\;<l,m,l',-m'|1,0><l,0,l',0|1,0>\,.$$

Verwendet man die Eigenschaften der Clebsch–Gordan–Koeffizienten (Anhang D), so erkennt man

$$\begin{aligned}
<l,m,l',-m'|1,0> &\neq 0 \quad &&\text{nur für} \quad m - m' = 0,\ \text{also}\ \Delta m = 0,\\
<l,0,l',0|1,0> &\neq 0 \quad &&\text{nur für} \quad l = l' \pm 1,\ \text{also}\ \Delta l = \pm 1,\\
&= 0 \quad &&\text{für} \quad l = l',\ \text{da}\ 1-l-l' = 1-2l\ \text{ungerade ist.}
\end{aligned}$$

Die Clebsch–Gordan–Koeffizienten werden hier lediglich als mathematisches Hilfsmittel benutzt.
Die Bedingung für eine zeitliche Änderung von $<Q_z>$ beim H–Atom lautet also

(5.33)
$$\boxed{\begin{aligned}
E_n &\neq E_{n'}\\
\Delta l &= \pm 1\\
\Delta m &= 0\,.
\end{aligned}}$$

b) x– und y–Komponenten von $<\vec{Q}>$.

$$I_{\substack{x\\y}} = \sqrt{\frac{2\pi}{3}}\int R_{n,l}(r)R_{n',l'}^*(r)r^3\,dr\int Y_l^m(Y_{l'}^{m'})^*\left\{\begin{array}{c}(Y_1^{-1}-Y_1^1)\\i(Y_1^{-1}+Y_1^1)\end{array}\right\}d\varphi\,d\cos\vartheta\,.$$

Das letzte Integral ist gemäß den Gln.(4.16) und (4.17)

$$(-1)^{m'}\sqrt{\frac{(2l+1)(2l'+1)}{12\pi}}\, <l,0,l',0|1,0>\cdot$$

$$\cdot\left\{\begin{array}{l} <l,m,l',-m'|1,1> \,-\, <l,m,l',-m'|1,-1> \\ i\,(<l,m,l',-m'|1,1> + <l,m,l',-m'|1,-1>) \end{array}\right\}\cdot$$

Nach Anhang D bedeutet dies

$$\begin{array}{lllll}
<l,m,l',-m'|1,1> & \neq & 0 & \text{nur für} & m-m'=1,\ \text{also}\ \Delta m=1,\\
<l,m,l',-m'|1,-1> & \neq & 0 & \text{nur für} & m-m'=-1,\ \text{also}\ \Delta m=-1,\\
<l,0,l',0|1,0> & \neq & 0 & \text{nur für} & l=l'\pm1.
\end{array}$$

Die Bedingung für die zeitliche Änderung der Dipolkomponenten $<Q_x>, <Q_y>$ beim H–Atom lautet also

(5.34)
$$\boxed{\begin{array}{lcl} E_n & \neq & E_{n'} \\ \Delta l & = & \pm 1 \\ \Delta m & = & \pm 1\ . \end{array}}$$

Wir wollen die beiden Integrale I_x, I_y zur weiteren Interpretation abkürzend schreiben

(5.35)
$$I_x = I^{(1)}_{n,l,m,n',l',m'} - I^{(-1)}_{n,l,m,m',l',m'}\ ,$$

$$I_y = iI^{(1)}_{n,l,m,n',l',m'} + iI^{(-1)}_{n,l,m,m',l',m'}\ ,$$

wobei die oberen Indizes (±1) für die beiden unterschiedlichen Komponenten in den Clebsch–Gordan–Koeffizienten stehen.

Besonders interessant ist die Aussage über die Polarisation des ausgesandten Lichts, die wir anhand der vorangegangenen Betrachtungen machen können. Angenommen, man hat spektroskopisch folgende Übergänge beim H–Atom beobachtet:

a) $E_n \neq E_{n'}$, $\Delta l = \pm1$, $\Delta m = 0$.
Der Dipol muß entlang der z-Achse liegen $<Q_z> \neq 0$, $<Q_x> = <Q_y> = 0$. Wie oben erläutert wurde (s. Gl.(5.27)), erfolgt keine Strahlung in Richtung der z-Achse. Die Strahlung in jede andere Richtung ist linear polarisiert. Definiert man die Polarisationsebene als Ebene des schwingenden elektrischen Feldvektors, so weist dieser beispielsweise bei Ausstrahlung in der x-y-Ebene in z-Richtung.

b) $E_n \neq E_{n'}$, $\Delta l = \pm1$, $\Delta m = 1$ (also $m-m'=1$).
Da der Clebsch–Gordan–Koeffizient $<l,m,l',-m'|1,-1>$ verschwindet, bleibt in Gl.(5.35) nur das Integral $I^{(1)}_{n,l,m,n',l',m'}$ übrig. Die Komponenten von $<\vec{Q}>$,

Gl.(5.31), lauten dann unter Verwendung der Abkürzung Gl.(5.35)

$$< Q_x > \ = \ -2e\Re\left\{a_{n,l,m}a^*_{n',l',m'}\exp\left(-i\omega_0 t\right)I^{(1)}_{n,l,m,n',l',m'}\right\},$$

$$< Q_y > \ = \ -2e\Re\left\{a_{n,l,m}a^*_{n',l',m'}\exp\left(-i\omega_0 t\right)iI^{(1)}_{n,l,m,n',l',m'}\right\},$$

$$(5.36)$$

$$= \ -2e\Re\left\{a_{n,l,m}a^*_{n',l',m'}\exp\left(-i\omega_0 t + i\pi/2\right)I^{(1)}_{n,l,m,n',l',m'}\right\},$$

$$< Q_z > \ = \ 0 \,,$$

$$\text{wobei } \omega_0 = \frac{E_n - E_{n'}}{\hbar}.$$

Die Komponenten $< Q_x >$ und $< Q_y >$ rotieren in der x-y-Ebene mit gleicher Amplitude, aber phasenverschoben um 90°. Demnach handelt es sich um einen gegen den Uhrzeigersinn in der x-y-Ebene mit der Frequenz ω_0 rotierenden Dipol. Wie üblich liegt das $\vec{B}$-Feld in konzentrischen Kreisen um die rotierende Dipolachse, und das $\vec{E}$-Feld steht senkrecht zu $\vec{B}$ und zur Ausstrahlungsrichtung $\vec{r}$. Die Verhältnisse sind in Fig. 5.4 skizziert.

Betrachtet man die Ausstrahlung in Richtung der z-Achse, so kreisen die beiden Feldvektoren $\vec{E},\vec{B}$ im gleichen Sinn wie der Dipol von Gl.(5.36) um die z-Achse (Fig. 5.4a). In der Teilchenphysik wird dies als rechtszirkular polarisiertes Licht bezeichnet. Wir wollen diese Konvention beibehalten. Es ist jedoch zu beachten, daß in den meisten Büchern der Optik hiermit die linkszirkular polarisierte Strahlung definiert ist.

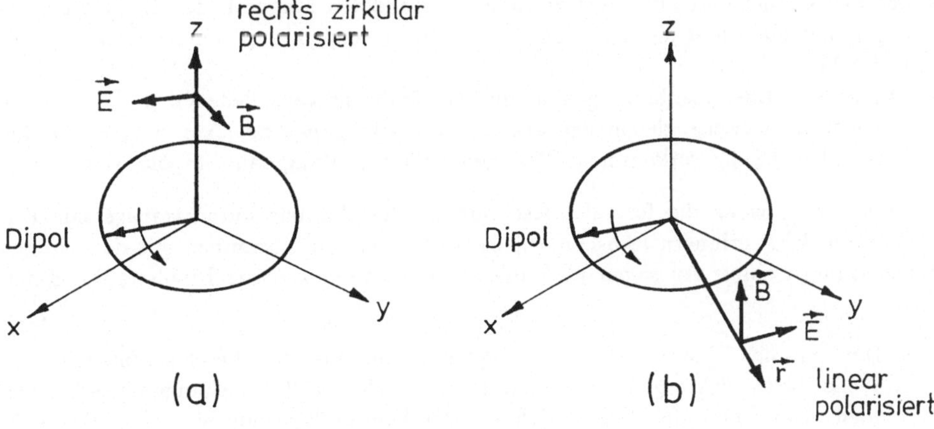

Fig. 5.4: *Rotierender Dipol in der x-y-Ebene für $\Delta m = 1$. a) Rechtzirkular polarisiertes Licht bei Emission in z-Richtung, b) In der x-y-Ebene linear polarisiertes Licht bei Emission in der x-y-Ebene.*

Bei Ausstrahlung in der x–y–Ebene schwingt das $\vec{B}$–Feld an einem bestimmten Ort stets senkrecht zur x–y–Ebene, während der $\vec{E}$–Vektor in der x–y–Ebene in zeitlich unveränderter Richtung (senkrecht zu $\vec{B}$ und senkrecht zur Ausbreitungsrichtung) schwingt (Fig. 5.4b). Die ausgesandte Strahlung ist also linear polarisiert mit der Polarisationsrichtung in der x–y–Ebene im Gegensatz zu Fall a). In jede andere, beliebige Richtung wird elliptisch polarisiertes Licht ausgesandt.

c) $E_n \neq E_{n'}$, $\Delta l = \pm 1$, $\Delta m = -1$ (also $m - m' = -1$).

In diesem Fall verschwindet das Integral $I^{(1)}_{n,l,m,n',l',m'}$. Es bleibt für die Komponenten von $< \vec{Q} >$ nach Gl.(5.31) und (5.35)

$$< Q_x > \; = \; 2e\Re \left\{ a_{n,l,m} a^*_{n',l',m'} \exp\left(-i\omega_0 t\right) I^{(-1)}_{n,l,m,n',l',m'} \right\} ,$$

$$(5.37) \quad < Q_y > \; = \; -2e\Re \left\{ a_{n,l,m} a^*_{n',l',m'} \exp\left(-i\omega_0 t + i\pi/2\right) I^{(-1)}_{n,l,m,n',l',m'} \right\} ,$$

$$< Q_z > \; = \; 0.$$

Der Dipol rotiert in der x–y–Ebene im Uhrzeigersinn, und man erhält analog zu den Überlegungen des Falles b) in unserer Definition linkszirkular polarisiertes Licht für die Ausstrahlung in Richtung der z–Achse, linear polarisiertes Licht für die Ausstrahlung in der x–y–Ebene mit der Polarisationsrichtung in dieser Ebene und elliptisch polarisiertes Licht für die Ausstrahlung in eine beliebige andere Richtung.

Vom Experiment her gesehen kommen die drei Fälle $\Delta m = 0, \pm 1$ alle gleichzeitig vor, da die Energie E_n des H–Atoms nicht von der Quantenzahl m abhängt. Es gibt jedoch die Möglichkeit, durch Einwirkung eines äußeren Magnetfeldes die Energieentartung aufzuheben und die drei Fälle einzeln zu untersuchen (Zeeman–Effekt, s. Abschn. 5.3.1).

Wegen der Energieentartung sind die Zustände zu verschiedenen m–Werten bei festem n normalerweise gleichstark besetzt. Die Übergänge mit $\Delta m = 0, \pm 1$ werden demnach gleichhäufig vorkommen. Man nennt die Strahlung dann unpolarisiert.

Wenn wir uns an die formale Beschreibung des Photons durch transversale Kugelvektoren $\vec{V}^{(\lambda)}_{j,m_j}$ erinnern (Abschn. 4.5.3), so können wir zusammen mit den vorigen Betrachtungen einige Aussagen über die ausgesandte elektrische Dipolstrahlung machen.

1. Der Spin des Photons ist 1. Das folgt schon daraus, daß die elektromagnetische Welle durch Vektorgleichungen, nämlich die Maxwell–Gleichungen beschrieben wird. Das Photonfeld ergibt sich aus der Fourier-Zerlegung des $\vec{E}$- und des $\vec{B}$-Feldes und ist daher gleichermaßen ein Vektorfeld, was dem Spin 1 entspricht.

2. Infolge der Drehimpulserhaltung bei der spontanen Emission nimmt die elektrische Dipolstrahlung den Drehimpuls $\Delta l = 1$ mit der z–Komponente Δm mit. Wir

können hiermit den Photonenzustand, d.h. das $\vec{B}$-Feld der elektromagnetischen Welle durch den Kugelvektor $\vec{V}_{j,m_j}^{(\lambda=0)}$ und das $\vec{E}$-Feld durch $\vec{V}_{j,m_j}^{(\lambda=1)}$ mit $j = 1$ beschreiben (s. auch Band II, Abschn. 8.3.5). Die Zustandsänderung $\Delta m = +1$ bzw. 0 bzw. -1 beim H-Atom entspricht der Beschreibung des emittierten Photons durch $m_j = +1$ bzw. 0 bzw. -1. Die entsprechenden Kugelvektoren Gl.(4.86) in kartesischer Basis lauten für das $\vec{B}$-Feld

$$(5.38) \qquad \vec{V}_{1,\pm 1}^{(\lambda=0)} = \sqrt{\frac{3}{16\pi}} \begin{pmatrix} n_z \\ \pm i n_z \\ -n_x \mp i n_y \end{pmatrix} \quad ; \quad \vec{V}_{1,0}^{(\lambda=0)} = \sqrt{\frac{3}{8\pi}} \begin{pmatrix} -i n_y \\ i n_x \\ 0 \end{pmatrix} ,$$

und für das $\vec{E}$-Feld

$$\vec{V}_{1,\pm 1}^{(\lambda=1)} = \sqrt{\frac{3}{16\pi}} \begin{pmatrix} \frac{1}{2}(\pm(n_x \pm i n_y)^2 \mp n_z^2 \mp 1) \\ -\frac{i}{2}((n_x \pm i n_y)^2 + n_z^2 + 1) \\ \pm n_z(n_x \pm i n_y) \end{pmatrix} \quad ; \quad \vec{V}_{1,0}^{(\lambda=1)} = \sqrt{\frac{3}{8\pi}} \begin{pmatrix} -n_x n_z \\ -n_y n_z \\ 1 - n_z^2 \end{pmatrix} ,$$
$$(5.39)$$

wobei $\vec{n}$ der Einheitsvektor Gl.(4.83) in Ausstrahlungsrichtung ist.

3. Der Drehimpuls $\vec{j}$ des Photons setzt sich aus Bahndrehimpuls und Spin zusammen. Betrachten wir die Komponente des Drehimpulses in Impulsrichtung des Photons. Der Bahndrehimpuls in Impulsrichtung verschwindet, was schon aus seiner klassischen Definition $\vec{r} \times \vec{p}$ folgt. Bleibt also nur der Anteil des Spins $\vec{s}$ in Impulsrichtung. Diese Größe ist die bereits in Abschn. 4.5.3 definierte Helizität $h = (\vec{s}\vec{p})/|\vec{p}| = \vec{s}\vec{n}$. Wie dort erläutert kann das Photon nur die Werte $h = \pm 1$ annehmen, nicht jedoch $h = 0$. Das bedeutet, daß das Photon seinen Spin nur längs der Ausbreitungsrichtung einstellen kann, nicht jedoch transversal dazu. Dieses Verhalten gilt nicht nur für die elektrische Dipolstrahlung, sondern allgemein für jede beliebige Art von elektromagnetischer Strahlung.

4. Betrachten wir die Abstrahlung des Photons in z-Richtung $\vartheta = 0°$ ($n_x = n_y = 0, n_z = 1$). Das $\vec{B}$- bzw. $\vec{E}$-Feld wird nach Gl.(5.38) bzw. (5.39) für diesen Fall durch folgende Kugelvektoren zu $\lambda = 0$ bzw. $\lambda = 1$ beschrieben

$$\vec{V}_{1,1}^{(\lambda=0,1)} \sim \begin{pmatrix} 1 \\ i \\ 0 \end{pmatrix} \qquad \vec{V}_{1,-1}^{(\lambda=0,1)} \sim \begin{pmatrix} 1 \\ -i \\ 0 \end{pmatrix} \qquad \vec{V}_{1,0}^{(\lambda=0,1)} \sim \begin{pmatrix} 0 \\ 0 \\ 0 \end{pmatrix} .$$

Der Kugelvektor $\vec{V}_{1,0}$ verschwindet, was besagt, daß für $m_j = 0$ (entsprechend $\Delta m = 0$) kein Photon in z-Richtung abgestrahlt wird. Für $m_j = +1$ bzw. -1 (entsprechend $\Delta m = +1$ bzw. -1) erzeugt das Photon in diese Richtung eine rechts- bzw. linkspolarisierte Welle, was auch aus den obigen Kugelvektoren sofort abzulesen ist. Bei der Abstrahlung in z-Richtung ist die z-Komponente m_j des Drehimpulses aber auch gleich der Helizität h des Photons. Man sieht daher, daß Helizität $h = +1$ (Spin in Impulsrichtung) einer rechtszirkular polarisierten

Welle und Helizität $h = -1$ einer linkszirkular polarisierten Welle entspricht. Es sei nochmals betont, daß diese Definition der Zirkularpolarisation in allen Büchern der Teilchenphysik verwendet wird, während sie in vielen Büchern der Optik gerade umgekehrt ist (rechtszirkular ist dort definiert für $h = -1$ und linkszirkular für $h = +1$).

5. Betrachten wir die Photonenabstrahlung in die x–y–Ebene, d.h. in Richtung $\vartheta = 90°$ ($n_z = 0$). Bei Benutzung der Gln.(5.38) und (5.39) ergibt sich folgendes Bild. Für $m_j = 0$ (entsprechend $\Delta m = 0$) schwingt das $\vec{E}$–Feld der elektromagnetischen Welle in z–Richtung; die Strahlung ist also linear polarisiert mit der Polarisationsebene senkrecht zur x–y–Ebene. Für $m_j = \pm 1$ (entsprechend $\Delta m = \pm 1$) schwingt das $\vec{B}$–Feld der Welle in z–Richtung; die Strahlung ist linear polarisiert mit der x–y–Ebene als Polarisationsebene.

6. Die Intensität der Dipolstrahlung, d.h. die abgestrahlte Energie, hat eine Winkelverteilung

$$I(\vartheta) \equiv |\vec{V}^{(\lambda)}_{1,m_j}(\varphi,\vartheta)|^2.$$

Sie ist identisch für $\lambda = 0$ und $\lambda = 1$. Es ergibt sich

$$
\begin{aligned}
I(\vartheta) &= \frac{3}{8\pi}\sin^2\vartheta && \text{für}\quad m_j = 0 \\[2mm]
I(\vartheta) &= \frac{3}{16\pi}(1 + \cos^2\vartheta) && \text{für}\quad m_j = \pm 1.
\end{aligned}
$$

(5.40)

Die Normierung wurde so gewählt, daß $\int I(\vartheta)d\cos\vartheta\, d\varphi = 1$. Man beachte, daß die ϑ–Abhängigkeit von $I(\vartheta)$ in Gl.(5.40) dem klassischen Fall Gl.(5.27) entspricht.

Daß das Photon einen Drehimpuls besitzt, wurde bereits im Jahr 1936 von R.A. Beth in einem eindrucksvollen Experiment nachgewiesen (Fig. 5.5). Linear polarisiertes Licht eines Nicolschen Prismas fällt auf ein $\lambda/4$–Plättchen. Der Winkel ϑ zwischen der Polarisationsebene des Lichts (Zeichenebene) und der Kristallachse des Plättchens regelt das Polarisationsverhalten beim Austritt aus dem Plättchen. Es handelt sich um einen optisch doppelbrechenden Kristall, der linear polarisiertes Licht in zwei Teilstrahlen verschiedener Fortpflanzungsgeschwindigkeiten zerlegt. Bei $\vartheta = 45°$ erfahren die beiden Teilstrahlen im $\lambda/4$–Plättchen gerade einen Gangunterschied von $\lambda/4$, das heißt eine Phasendifferenz von $90°$, so daß rechtszirkular polarisiertes Licht entsteht. Das nachfolgende an einem Torsionsfaden aufgehängte $\lambda/2$ Plättchen erhöht den Gangunterschied beider Teilstrahlen weiterhin um eine halbe Wellenlänge, so daß man linkszirkular polarisiertes Licht erhält. Im quantenmechanischen Bild entspricht dies einer Änderung der Helizität des Photons von $h = +1$ nach $h = -1$, was ein Umklappen des Spins bedeutet. Wegen der Drehimpulserhaltung muß das $\lambda/2$–Plättchen den fehlenden Drehimpuls aufnehmen (dicker Pfeil links in Fig. 5.5a). Das nachfolgende

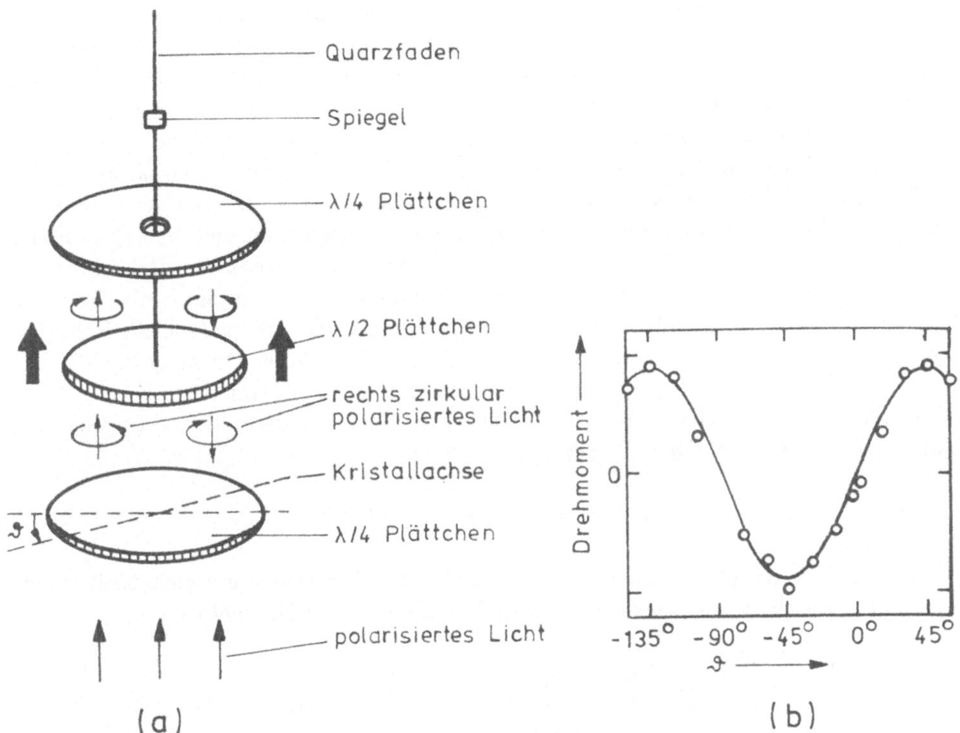

Fig. 5.5: *Experiment von Beth. a) Experimentelle Anordnung, b) Resultat.*

$\lambda/4$–Plättchen ist an der oberen Fläche verspiegelt, so daß das Licht reflektiert wird, insgesamt also einen Gangunterschied von $\lambda/2$ erfährt. Der Spin wird wieder umgeklappt, aber auch die Fortpflanzungsrichtung des Lichts, so daß die linkszirkulare Polarisation beibehalten wird. Beim Rückweg durch das $\lambda/2$–Plättchen erfolgt wiederum eine Spinumkehr. Vom $\lambda/2$–Plättchen wird also wieder Drehimpuls aufgenommen und zwar im gleichen Sinn wie auf dem Hinweg (dicker Pfeil rechts). Die Drehimpulsaufnahme führt zu Torsionsschwingungen des $\lambda/2$– Plättchens, womit das durch das Licht ausgeübte Drehmoment des schwingungsfähigen Systems über eine Spiegelanzeige gemessen werden kann. Durch Änderung von ϑ werden alle Polarisationsarten des einfallenden Lichts durchlaufen. Fig. 5.5b zeigt das Ergebnis der Messungen. Wie erwartet ist der Betrag des Drehmoments bei $\vartheta = 45°$ und $\vartheta = 135°$ maximal und verschwindet bei 0° und 90°, denn in diesen Fällen bleibt das auf das $\lambda/2$–Plättchen einfallende Licht linear polarisiert, und somit kann kein Drehimpuls übertragen werden.

Kehren wir zurück zum Wasserstoffatom. Die Auswahlregel $\Delta l = \pm 1$ führt dazu, daß nicht jeder angeregte Zustand durch Emission von elektrischer Dipolstrahlung in den Grundzustand zurückkehren kann. So ist zum Beispiel der Übergang von $n = 2$, $l = 0$ nach $n = 1$, $l = 0$ nicht möglich. Man spricht von einem verbotenem Übergang, bzw. nennt den Ausgangszustand **metastabil**. Die letztere Bezeichnung rührt daher, daß dennoch in extrem verdünnten Gasen solche Übergänge mit Strahlungsemission beobachtet worden sind, allerdings nur mit äußerst geringer Intensität. Die Verdünnung verhindert die Abgabe der Anregungsenergie durch Stöße mit anderen Gasatomen. Die Erklärung der Übergänge findet sich anschaulich darin, daß das Elektron der Atomhülle durch seine Wellenfunktion eine Ladungsverteilung ausmacht, die sich beim Übergang ändert. Falls dabei aber der Abstand zwischen dem Schwerpunkt der Elektronenverteilung und dem Kern, also das elektrische Dipolmoment, der gleiche bleibt, und die Ladungsverteilung eine andere Konfiguration annimmt, so wird keine elektrische Dipolstrahlung, sondern die sogenannte Multipolstrahlung höherer Ordnung (elektrische Quadrupolstrahlung, Oktupolstrahlung, ...) ausgesandt (in Band II, Abschn. 8.3.5, wird dies ausführlich diskutiert). Für jeden Typ gibt es andere Auswahlregeln. Sie lauten z.B. für die elektrische Quadrupolstrahlung

$$(5.41) \qquad \Delta l = 0, \pm 2 \ ; \quad \Delta m = 0, \pm 1, \pm 2.$$

Die Intensitäten der elektrischen Multipolstrahlungen sind jedoch um viele Größenordnungen kleiner als die der elektrischen Dipolstrahlung. Zum Beispiel ist

$$I(Quadrupol) \approx 10^{-6} I(Dipol).$$

Daneben gibt es die magnetische Multipolstrahlung, deren Entstehung anschaulich auf rasch oszillierende Stromverteilungen zurückzuführen ist. Man kann sich diesen Fall am klassischen Bild eines magnetischen Dipols klarmachen. In Fig. 5.6 fließt ein hochfrequenter Strom durch eine Drahtschleife und erzeugt ein Dipolfeld von gleicher Gestalt wie beim elektrischen Dipol aber mit vertauschten Rollen der beiden Felder $\vec{E}$ und $\vec{B}$. Ausgangspunkt der magnetischen Dipolstrahlung ist also das oszillierende magnetische Moment der Drahtschleife. Man kann dieses Bild auf das Atom übertragen in dem Sinn, daß beim Orientierungswechsel eines magnetischen Dipolmoments magnetische Dipolstrahlung ausgesandt wird. Die Intensität der magnetischen Dipolstrahlung ist jedoch um vier Größenordnungen geringer als die der elektrischen Dipolstrahlung.

Während bei atomaren Übergängen die elektrische Dipolstrahlung grundsätzlich dominiert, finden wir bei Kernübergängen elektrische und magnetische Multipolstrahlungen in verschiedenen Ordnungen.

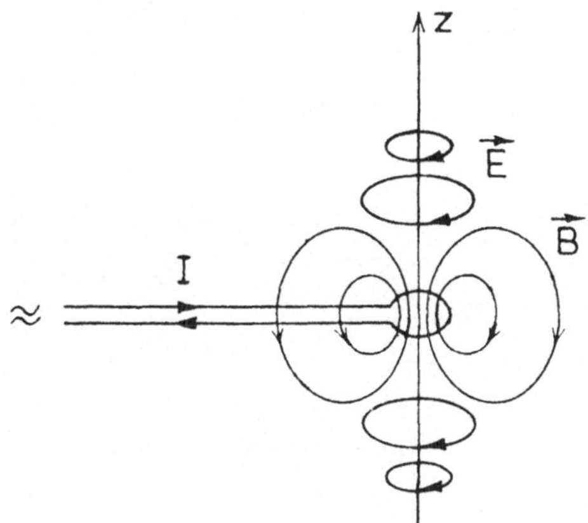

Fig. 5.6: *Magnetische Dipolstrahlung.*

5.2.2   * Die induzierte Emission und Absorption elektrischer Dipolstrahlung

Im vorigen Abschnitt untersuchten wir die Auswahlregeln für elektrische Dipolstrahlung bei der Emission von Licht. Ausgangspunkt war die Annahme, daß sich das H-Atom im angeregten Zustand befindet. Es wurde weder nach der Wahrscheinlichkeit für die Emission noch nach der Emissionsdauer gefragt. Wir nannten die Emission spontan und meinten damit, daß das Licht nach Wahrscheinlichkeitsgesetzen emittiert wird. In einer Gesamtheit solcher Atome emittiert jedes Atom das Licht zu einem beliebigen Zeitpunkt. Es besteht also zwischen den emittierten Wellenzügen verschiedener Atome keine Phasenbeziehung, die Strahlung ist inkohärent.

Man kann jedoch eine Kohärenz dadurch erzeugen, daß man den Übergang durch eine äußere Einwirkung gezielt auslöst. Die einfachste Methode ist die äußere Einstrahlung von Licht geeigneter Wellenlänge. Dabei kann ein angeregtes Atom unter Emission von Licht in einen energetisch niedrigeren oder auch durch Absorption von Licht der einfallenden Strahlung in einen energetisch höheren Zustand springen. Im ersten Fall spricht man von induzierter Emission, im zweiten Fall von induzierter Absorption. In Fig. 5.7 sind die drei Fälle schematisch skizziert.

Im Fall der induzierten Emission sind nach dem Emissionsvorgang zwei Photonen vorhanden, die ihrerseits wiederum induzierte Emission bei anderen Atomen auslösen können. Da die Emission in Phase des ankommenden Lichts erfolgt, haben alle Wellenzüge verschiedener Atome konstante Phasen zueinander, sind also kohärent. Auf diese bevorzugten Eigenschaften kommen wir bei der Besprechung des Lasers bzw. des Masers zurück (Abschn. 6.7).

Wir betrachten nun die quantenmechanische Behandlung der induzierten Emission

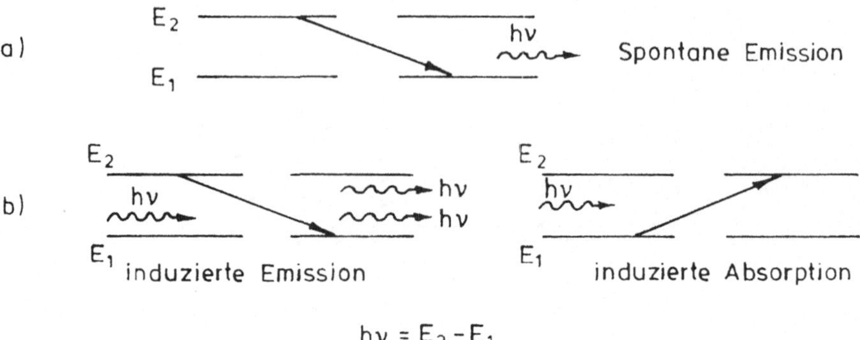

Fig. 5.7: *Spontane Emission und induzierte Emission bzw. Absorption. a) Spontane Emission, b) Induzierte Emission und Absorption.*

bzw. Absorption und zwar wiederum am Wasserstoffatom. Unser Ziel ist, herauszufinden, unter welchen Bedingungen ein Atom einen Übergang macht, wenn es von einer elektromagnetischen Welle getroffen wird, und wie groß die Übergangswahrscheinlichkeit ist. Gegeben sei das elektromagnetische Strahlungsfeld der in x-Richtung einfallenden Welle, dessen elektrischer Feldvektor mit der Frequenz ω_0 in z-Richtung schwingt

$$\vec{E} = E_{0z} \cos\left(kx - \omega_0 t\right) \cdot \vec{e_z}$$

$\vec{e_z}$ Einheitsvektor in z-Richtung,

$k = \dfrac{2\pi}{\lambda}$ Wellenzahl.

Wir schreiben $\cos(kx - \omega_0 t)$ als Entwicklung

$$\begin{aligned}
\cos(kx - \omega_0 t) &= \mathfrak{Re}\left\{\exp(ikx) \cdot \exp(-i\omega_0 t)\right\} \\
&= \mathfrak{Re}\left\{\left[1 + ikx + \frac{1}{2!}(ikx)^2 + \ldots\right] \cdot \exp(-i\omega_0 t)\right\} .
\end{aligned}$$

Solange $kx \ll 1$, also $x \ll \lambda$, können wir den Ausdruck in der eckigen Klammer durch 1 ersetzen. Die Größe x ist hierbei als Ausdehnung des Atoms zu verstehen, die von der einfallenden Welle überdeckt wird. Im allgemeinen verwendet man im optischen Bereich Wellenlängen von einigen hundert nm, was wesentlich größer ist als die Größenordnung von Atomdurchmessern ($1/10$ nm), so daß $x \ll \lambda$ mit Sicherheit gut erfüllt ist. Dies ist offensichtlich gleichbedeutend mit der Voraussetzung, daß das elektrische Feld am Ort des Atoms räumlich konstant ist. Die elektrische Kraft, die das Elektron des H–Atoms erfährt, ist dann

$$(5.42) \qquad \vec{F} = -e\vec{E} = -eE_{0z} \cos \omega_0 t \cdot \vec{e_z}.$$

Wir müßten eigentlich zusätzlich den Einfluß des $\vec{B}$–Feldes der einlaufenden Welle auf das Elektron berücksichtigen. Das Elektron besitzt nämlich ein mit seinem Spin verknüpftes magnetisches Moment. Es läßt sich jedoch zeigen, daß das Verhältnis der magnetischen zur elektrischen Wechselwirkungsenergie von der Größenordnung $v/c \ll 1$ ist, wobei v die Geschwindigkeit des Elektrons im H–Atom ist, so daß der vom $\vec{B}$–Feld herrührende Kraftanteil vernachlässigt werden kann.

Aus Gl.(5.42) läßt sich über $\vec{F} = -\vec{grad}V$ das Potential herleiten

$$(5.43) \qquad\qquad V(z,t) = eE_{0z}z \cos \omega_0 t.$$

Das Potential enthält das elektrische Dipolmoment $-ez$, weshalb diese Näherung auch elektrische Dipolapproximation genannt wird. Aus den obigen Betrachtungen ist ersichtlich, daß diese Approximation nicht mehr möglich ist, wenn die Wellenlänge der einfallenden Strahlung in die Größenordnung des zu beeinflussenden Objekts kommt, was zum Beispiel bei der Emission von γ–Quanten aus Kernen der Fall ist.

Gl.(5.43) weist ein zeitabhängiges Potential auf. Ausgangspunkt der Behandlung ist daher in jedem Fall die zeitabhängige Schrödinger–Gleichung Gl.(3.8). Der Hamilton–Operator gliedert sich in den Anteil H_0 des H–Atoms und den Anteil des Potentials $V(z,t)$

$$(5.44) \qquad H = H_0 + V(z,t) = -\hbar^2 \frac{\Delta}{2M_e} - \frac{e^2}{4\pi\epsilon_0}\frac{1}{r} + eE_{0z}z \cos \omega_0 t.$$

H_0 heißt Hamilton–Operator des ungestörten Problems, $V(z,t)$ stellt eine zeitabhängige Störung dar

$$(5.45) \qquad \boxed{i\hbar \frac{\partial}{\partial t}\psi(\vec{r},t) = H_0\psi(\vec{r},t) + V(z,t)\psi(\vec{r},t).}$$

Die Grenzbedingung zu Gl.(5.45) ist dadurch gegeben, daß die Welle zu einem bestimmten Zeitpunkt $t = 0$ mit dem H–Atom in Wechselwirkung tritt. Es sind daher folgende Fälle zu unterscheiden:

t < 0. Keine elektromagnetische Welle, $V(z,t) = 0$.

Die Lösung der Schrödinger–Gleichung ist diejenige des ungestörten Problems, Gl.(5.16), bei der Annahme, das H–Atom befinde sich in einem definierten Zustand n,

$$(5.46) \qquad\qquad \psi_0(\vec{r},t) = \exp\left(-\frac{i}{\hbar}E_n t\right)\phi_n(\vec{r})$$

mit

$$\phi_n(\vec{r}) \equiv \phi_{n,l,m}(\vec{r}) = R_{n,l}(r)Y_l^m(\varphi,\vartheta).$$

Zur Abkürzung steht bei $\phi(\vec{r})$ der Index n für die drei Quantenzahlen n,l,m.

t ≥ 0. Die elektromagnetische Welle ist vorhanden, die Störung ist eingeschaltet.

Die Lösung von Gl.(5.45) sei $\psi(\vec{r},t)$. Diese Lösung läßt sich als Entwicklung nach dem vollständigen Satz der Lösungen $\psi_0(\vec{r},t)$ des ungestörten Problems darstellen

$$(5.47) \qquad \psi(\vec{r},t) = \sum_k a_k(t)\phi_k(\vec{r})\exp\left(-\frac{i}{\hbar}E_k t\right), \qquad k = (n',l',m').$$

Physikalisch bedeutet diese Zerlegung, daß sich das H–Atom mit den jeweiligen zeit-abhängigen Wahrscheinlichkeiten $|a_k(t)|^2$ in den entsprechenden Zuständen befindet. Die Lösung (5.47) muß die Schrödinger–Gleichung (5.45) erfüllen

$$
\begin{aligned}
i\hbar\frac{\partial}{\partial t}\psi(\vec{r},t) &\equiv i\hbar\sum_k \frac{da_k(t)}{dt}\phi_k(\vec{r})\exp\left(-\frac{i}{\hbar}E_k t\right) + \sum_k a_k(t)E_k\phi_k(\vec{r})\exp\left(-\frac{i}{\hbar}E_k t\right) \\
&= (H_0 + V(z,t))\psi(\vec{r},t) \\
&\equiv \sum_k a_k(t)H_0\phi_k(\vec{r})\exp\left(-\frac{i}{\hbar}E_k t\right) + \sum_k a_k(t)V(z,t)\phi_k(\vec{r})\exp\left(-\frac{i}{\hbar}E_k t\right).
\end{aligned}
$$

(5.48)

Wegen der Schrödinger–Gleichung des ungestörten Problems

$$
H_0\phi_k(\vec{r}) = E_k\phi_k(\vec{r})
$$

heben sich zwei Glieder von Gl.(5.48) auf. Multipliziert man die restliche Gleichung mit $\phi_j^*(\vec{r})$ und integriert über den Raum, so bleibt wegen

$$
\int \phi_k(\vec{r})\phi_j^*(\vec{r})d^3r \equiv \int \phi_{n',l',m'}(\vec{r})\phi_{n'',l'',m''}^*(\vec{r})d^3r = \delta_{n',n''}\delta_{l',l''}\delta_{m',m''} \equiv \delta_{k,j}
$$

letztlich übrig

$$
i\hbar\frac{da_j(t)}{dt}\exp\left(-\frac{i}{\hbar}E_j t\right) = \sum_k a_k(t)\exp\left(-\frac{i}{\hbar}E_k t\right)\int \phi_k(\vec{r})V(z,t)\phi_j^*(\vec{r})d^3r,
$$

oder abgekürzt

(5.49)
$$
\boxed{\frac{da_j(t)}{dt} = \frac{1}{i\hbar}\sum_k a_k(t)V_{j,k}(t)\exp\left(\frac{i}{\hbar}(E_j - E_k)t\right)}
$$

mit

$$
\begin{aligned}
V_{j,k}(t) &= \int \phi_k(\vec{r})V(z,t)\phi_j^*(\vec{r})d^3r = eE_{0z}z_{j,k}\cos\omega_0 t, \\
z_{j,k} &= \int \phi_k(\vec{r})z\phi_j^*(\vec{r})d^3r, \\
k &= (n',l',m'), \\
j &= (n'',l'',m'').
\end{aligned}
$$

Zur Lösung von Gl.(5.49) wollen wir zwei Fälle studieren.

(a) Eine Näherung, bei der im Prinzip alle Energieniveaus des H–Atoms beteiligt sein können und

(b) eine näherungsfreie Lösung, die von vorne herein nur zwei Niveaus in Be-tracht zieht.

a) Näherung: $V(z,t) \ll H_0$

Die Störung sei so klein, daß sich die Koeffizienten $a_k(t)$ nur wenig mit der Zeit ändern. Zur Zeit $t = 0$ war $a_n(0) = 1$ und alle übrigen $a_k(0) = 0$ (ungestörtes Problem). Es gilt demnach für alle Zeiten[8] $|a_k(t)| \ll |a_n(t)| \approx 1$, $k \neq n$. In dieser Näherung bleibt in der Summe Gl.(5.49) nur das Glied $k = n$ übrig

$$(5.50) \qquad \frac{da_j(t)}{dt} = \frac{1}{i\hbar} V_{j,n}(t) \exp\left(\frac{i}{\hbar}(E_j - E_n)t\right)$$
$$= \frac{1}{i\hbar} e E_{0z} z_{j,n} \cos\omega_0 t \exp\left(\frac{i}{\hbar}(E_j - E_n)t\right).$$

Die Zeitabhängigkeit der rechten Seite läßt sich mit Hilfe der Eulerschen Formel integrationsfreundlicher schreiben

$$\cos\omega_0 t \exp\left(iAt\right) = \frac{1}{2}\left(\exp\left(i(A + \omega_0)t\right) + \exp\left(i(A - \omega_0)t\right)\right).$$

Die Integration von Gl.(5.50) in den Grenzen von 0 bis t ergibt dann

$$a_j(t) = -\frac{E_{0z}}{2\hbar} e z_{j,n} \left\{ \frac{\exp\left[i(\frac{E_j - E_n}{\hbar} + \omega_0)t\right] - 1}{\frac{E_j - E_n}{\hbar} + \omega_0} + \frac{\exp\left[i(\frac{E_j - E_n}{\hbar} - \omega_0)t\right] - 1}{\frac{E_j - E_n}{\hbar} - \omega_0} \right\} + \delta_{j,n}.$$

(5.51)

Der $\delta_{j,n}$-Term garantiert, daß $a_j(0) = \delta_{j,n}$ gemäß Voraussetzung erfüllt ist.

Mit der Kenntnis der Koeffizienten $a_j(t)$ ist die Lösung Gl.(5.47) gegeben. Die Vorgabe der z-Richtung für den elektrischen Feldvektor der einfallenden Welle bedeutet keine Einschränkung. Bei Schwingung in x- oder y-Richtung erhält man in Gl.(5.51) statt $z_{j,n}$ die entsprechenden Integralausdrücke $x_{j,n}$ bzw. $y_{j,n}$.

Wir wollen den Ausdruck Gl.(5.51) im einzelnen diskutieren.

1. Der Integralausdruck $z_{j,n}$ bzw. $x_{j,n}$ oder $y_{j,n}$ ist uns bereits bei der Herleitung der Auswahlregeln begegnet (Gl.(5.31) – (5.34)). Wir haben es bei der induzierten Emission bzw. Absorption in der elektrischen Dipolnäherung also mit den gleichen Auswahlregeln zu tun wie bei der spontanen Emission elektrischer Dipolstrahlung

$$\begin{array}{rcl} E_n & \neq & E_{n'} \\ \Delta l & = & \pm 1 \\ \Delta m & = & 0, \pm 1 \ . \end{array}$$

Hierbei steht $\Delta m = 0$ für die Schwingung des $\vec{E}$-Vektors der einfallenden Strahlung in z-Richtung und $\Delta m = \pm 1$ für die Schwingung in der x-y-Ebene.

---

[8]In der Quantenmechanik ist dieses Näherungsverfahren als zeitabhängige Störungsrechnung bekannt.

Ist das $\vec{E}$-Feld am Ort des Atoms räumlich nicht als konstant anzusehen, so ist die Dipolnäherung nicht mehr gültig und an Stelle von Gl.(5.43) ist zusätzlich zum skalaren Potential das Vektorpotential einzuführen, was im Endergebnis zur induzierten Emission/Absorption nicht nur von Dipolstrahlung, sondern allgemein von Multipolstrahlung mit den entsprechenden Auswahlregeln führt.

2. $|a_j(t)|^2$ gibt die Wahrscheinlichkeit an, das H–Atom zur Zeit t im Zustand $j = (n', l', m')$ zu finden. Die beiden zeit– und frequenzabhängigen Terme in Gl.(5.51) sind jeweils von der Struktur $\dfrac{\exp(i\xi t) - 1}{\xi}$ mit $\xi = \dfrac{E_j - E_n}{\hbar} \pm \omega_0$.

Mit Hilfe der Eulerschen Formel

$$\exp(\pm i\alpha) = \cos\alpha \pm i\sin\alpha$$

läßt sich leicht zeigen

$$\left|\frac{\exp(i\xi t) - 1}{\xi}\right|^2 = \frac{2 - 2\cos\xi t}{\xi^2} = 4 \cdot \frac{\sin^2 \xi t/2}{\xi^2}.$$

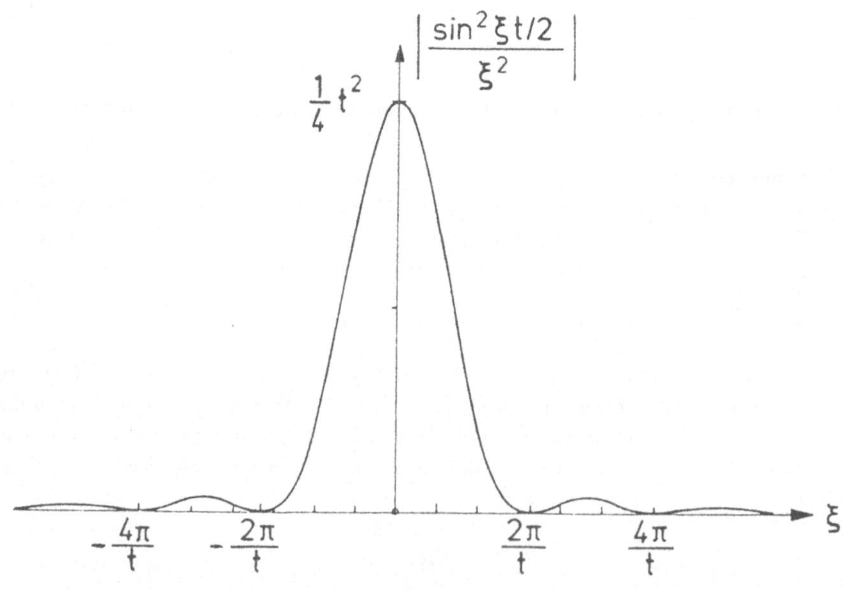

Fig. 5.8: *Verlauf der Funktion* $\sin^2(\xi t/2)/\xi^2$.

Der Verlauf der Funktion $\sin^2(\xi t/2)/\xi^2$ ist in Fig. 5.8 über ξ aufgetragen. Die Funktion besitzt Nullstellen bei Vielfachen von $\pm 2\pi/t$ und ist nur im Wertebereich $-2\pi/t < \xi < +2\pi/t$ wesentlich von Null verschieden mit einem Maximum vom

Wert $t^2/4$ bei $\xi = 0$. Man sieht, daß dieses Intervall mit wachsendem t mehr und mehr zusammenschrumpft und der Wert des Maximums bei $\xi = 0$ zugleich mit der Zeit wächst. Dieses Verhalten kommt im $lim_{t\to\infty}$ einer δ–Funktion gleich (s. Anhang G). Das bedeutet, daß der Koeffizient $|a_j(t)|^2$ bei genügend langer Zeit nur für $\xi = 0$ von Null verschieden ist. Nun gibt es zwei Ausdrücke für ξ, die sich gemäß Gl.(5.51) im Vorzeichen von ω_0 unterscheiden. Wir haben also zwei Fälle zu untersuchen.

a) Ist $(E_j - E_n)/\hbar + \omega_0 \approx 0$, so trägt nur der erste Term in Gl.(5.51) bei.

b) Ist $(E_j - E_n)/\hbar - \omega_0 \approx 0$, so trägt nur der zweite Term bei.

Beide Fälle gleichzeitig können nicht vorkommen. Übergänge von j nach n und umgekehrt werden daher durch elektromagnetische Wellen der Frequenz

$$(5.52) \qquad \omega_0 = \pm \frac{E_j - E_n}{\hbar}$$

hervorgerufen. Das positive Vorzeichen gilt, wenn $E_j > E_n$, d.h. wenn der Endzustand höher liegt als der Anfangszustand. Es handelt sich in diesem Fall um induzierte Absorption, wofür der zweite Term in Gl.(5.51) verantwortlich ist. Das negative Vorzeichen haben wir für $E_n > E_j$, also für induzierte Emission, wofür der erste Term in Gl.(5.51) steht.

In jedem Fall handelt es sich um eine Resonanzerscheinung, da nur solche Photonen emittiert oder absorbiert werden, deren Frequenz mit dem Energieabstand $|E_j - E_n|$ übereinstimmt. Für andere Frequenzen bleibt das H–Atom im ungestörten Zustand.

Die Übergangswahrscheinlichkeit für beide Prozesse ist dann gegeben durch

$$(5.53) \qquad |a_j(t)|^2 = \frac{e^2 E_{0z}^2 z_{j,n}^2}{4\hbar^2} \cdot 4 \cdot \frac{\sin^2\left[\left(\frac{E_j - E_n}{\hbar} \pm \omega_0\right)\frac{t}{2}\right]}{\left(\frac{E_j - E_n}{\hbar} \pm \omega_0\right)^2}.$$

Das bedeutet, daß die induzierte Emission und die induzierte Absorption gleich wahrscheinlich sind, wenn die gleichen Niveaus beteiligt sind.

3. Die Gl.(5.53) erweckt den Anschein, als sei im Fall endlicher Zeiten t der Energiesatz verletzt. Denn es ergeben sich auch von Null verschiedene Übergangswahrscheinlichkeiten für den Fall $E_j - E_n \neq \pm\omega_0\hbar$. Das Problem kann jedoch folgendermaßen erklärt werden. Die elektromagnetische Welle wird zur Zeit $t = 0$ eingeschaltet und dauert bis zur Zeit t, wenn die Größe $a(t)$ berechnet werden soll. Eine solche Welle ist aber nicht monochromatisch, sondern enthält ein ganzes Spektrum von Frequenzen; d.h. eine solche Welle kann durch Gl.(5.53), in der nur eine einzige Frequenz ω_0 steht, nicht beschrieben werden, sondern setzt sich aus einer Überlagerung verschiedener Frequenzen zusammen. Nur für unendlich lange Ausstrahlungsdauer erwartet man eine monochromatische Welle, und für diesen Fall geht $|a(t)|^2$ in die δ-Funktion $\delta((E_j - E_n)/\hbar \pm \omega_0)$ über, was exakt $E_j - E_n = \pm\omega_0\hbar$ bedeutet.

4. Zur Berechnung der Übergangswahrscheinlichkeit für eine beliebige Zeit t müssen wir Gl.(5.53) daher über verschiedene Frequenzen integrieren, haben aber zu berücksichtigen, daß das elektrische Feld für die verschiedenen Frequenzen unterschiedlich sein kann, $E_{0z} = E_{0z}(\omega)$. Wir gehen zweckmäßigerweise zur spektralen Energiedichte $u(\omega)$ des elektromagnetischen Feldes über und nutzen die bekannte Verknüpfung $u = \epsilon_0 E_0^2/2$, d.h. wir ersetzen E_{0z}^2 in Gl.(5.53) durch $2u(\omega)/\epsilon_0$. Somit erhalten wir für die Gesamtübergangswahrscheinlichkeit $W_{n,j}(t) = W_{j,n}(t)$

$$W_{j,n}(t) = \int_0^{+\infty} \frac{2u(\omega)}{\epsilon_0} \frac{e^2 z_{j,n}^2}{\hbar^2} \sin^2\left[\left(\frac{E_j - E_n}{\hbar} \pm \omega\right)\frac{t}{2}\right] \bigg/ \left(\frac{E_j - E_n}{\hbar} \pm \omega\right)^2 d\omega$$

$$= \frac{2u(\omega_0)}{\epsilon_0} \frac{e^2 z_{j,n}^2}{\hbar^2} \int_{-\infty}^{+\infty} \frac{\sin^2 \overline{\omega} t/2}{\overline{\omega}^2} d\overline{\omega} = \frac{\pi e^2}{\epsilon_0 \hbar^2} u(\omega_0) z_{j,n}^2 \cdot t.$$

Dabei wurde die Eigenschaft genutzt, daß der Integrand im letzten Integral mit $\overline{\omega} = (E_j - E_n)/\hbar \pm \omega$ praktisch nur in der Umgebung von $\overline{\omega} = 0$ von Null verschieden ist und die Integrationsgrenzen wie angegeben geschrieben werden können. $W_{j,n}(t)$ ist also proportional zur Zeit t. Was in der Praxis interessiert, ist die Übergangswahrscheinlichkeit pro Zeiteinheit

$$(5.54) \qquad \boxed{w_{n,j} = w_{j,n} = \frac{W_{j,n}(t)}{t} = \frac{\pi e^2}{\epsilon_0 \hbar^2} u(\omega_0) z_{j,n}^2.}$$

Hiermit läßt sich die Wahrscheinlichkeit ermitteln, mit der die induzierte Emission oder Absorption stattfindet.

b) Näherungsfreie Lösung

Wir knüpfen wiederum an Gl.(5.49) an, beschränken uns aber auf den speziellen Fall, daß nur zwei Niveaus beteiligt sind. Die Behandlung des Problems verläuft dann insofern anders, als wir auf die Näherung $V(z,t) \ll H_0$ verzichten können.

Setzen wir in Gl.(5.49) $j = 1$ und $k = 2$, so ist

$$V_{1,2}(t) = V_{1,2}^0 \cdot \cos\omega_0 t = \frac{V_{1,2}^0}{2}\left(e^{i\omega_0 t} + e^{-i\omega_0 t}\right) \qquad \text{mit } V_{1,2}^0 = eE_{0,z} \cdot z_{1,2} \, .$$

Ferner gilt $V_{2,1}(t) = V_{1,2}^*(t)$, da

$$z_{1,2}^* = \left(\int \phi_2(\vec{r}) z \phi_1^*(\vec{r}) d^3 r\right)^* = \int \phi_1(\vec{r}) z \phi_2^*(\vec{r}) d^3 r = z_{2,1} \, .$$

Die Frequenz der eingestrahlten Welle liege bereits in der Nähe der Übergangsfrequenz

$$\omega_0 \approx \omega_{1,2} = \frac{E_1 - E_2}{\hbar} = -\omega_{2,1} \, .$$

Gl.(5.49) lautet dann für einen zwei-Niveau-Übergang

$$(a) \qquad \frac{d}{dt}a_1(t) = \frac{1}{i\hbar} a_2(t) \cdot \frac{V_{1,2}^0}{2} e^{i\omega_{1,2}t} \left(e^{i\omega_0 t} + e^{-i\omega_0 t}\right),$$

$$(5.55)$$

$$(b) \qquad \frac{d}{dt}a_2(t) = \frac{1}{i\hbar} a_1(t) \cdot \frac{V_{2,1}^0}{2} e^{-i\omega_{1,2}t} \left(e^{i\omega_0 t} + e^{-i\omega_0 t}\right).$$

Beim allgemeinen Fall der Lösung, Gl.(5.51)–(5.53), hatten wir bereits gesehen, daß wir entweder induzierte Absorption oder induzierte Emission vorliegen haben, aber nicht gleichzeitig beides. Das drückt sich dadurch aus, daß in Gl.(5.51) jeweils nur einer der beiden Terme in der Klammer zur Amplitude beiträgt.

Wir wollen dieses Ergebnis mitberücksichtigen und lassen dementsprechend in Gl.(5.55a) den Term $\exp(i\omega_0 t)$ und in Gl.(5.55b) den Term $\exp(-i\omega_0 t)$ weg. Es verbleibt

$$(a) \qquad \frac{d}{dt}a_1(t) = -ia_2(t)b \cdot e^{i(\omega_{1,2} - \omega_0)t}$$

(5.56)

$$(b) \qquad \frac{d}{dt}a_2(t) = -ia_1(t)b^* \cdot e^{-i(\omega_{1,2} - \omega_0)t}$$

mit

$$b = \frac{V_{1,2}^0}{2\hbar} \, ,$$

was sich auch schreiben läßt

$$\frac{d}{dt}\begin{pmatrix} a_1(t) \\ a_2(t) \end{pmatrix} = \begin{pmatrix} 0 & -ib\exp\left(i(\omega_{1,2} - \omega_0)t\right) \\ -ib^*\exp\left(-i(\omega_{1,2} - \omega_0)t\right) & 0 \end{pmatrix} \cdot \begin{pmatrix} a_1(t) \\ a_2(t) \end{pmatrix} \, .$$

Zur Lösung dieses Differentialgleichungssystems differenzieren wir Gl.(5.56a)

$$\frac{d^2}{dt^2}a_1 + i\frac{d}{dt}a_2 \cdot b \cdot e^{i\Omega t} = b \cdot \Omega \cdot a_2(t) \cdot e^{i\Omega t} \, ,$$

wobei wir $\omega_{1,2} - \omega_0 = \Omega$ gesetzt haben. $\frac{d}{dt}a_2(t)$ aus Gl.(5.56b) eingesetzt ergibt

$$\frac{d^2}{dt^2}a_1(t) + |b|^2 a_1(t) = b \cdot \Omega \cdot a_2(t) \cdot e^{i\Omega t} \, .$$

Zusammen mit Gl.(5.56a) erhält man hieraus

$$(5.57) \qquad \frac{d^2}{dt^2}a_1(t) - i\Omega\frac{d}{dt}a_1(t) + |b|^2 a_1(t) = 0 \, .$$

Der Lösungsansatz $a_1(t) = \exp(\lambda t)$ führt nach Einsetzten in Gl.(5.57) zu

$$\lambda^2 - i\lambda\Omega + |b|^2 = 0$$
$$\lambda = \frac{i}{2}(\Omega \pm \sqrt{\Omega^2 + 4|b|^2}) \, .$$

Demnach lautet die Lösung

$$a_1(t) = A_1 \exp\left(\frac{i}{2}(\Omega + \sqrt{\Omega^2 + 4|b|^2})t\right) + A_2 \exp\left(\frac{i}{2}(\Omega - \sqrt{\Omega^2 + 4|b|^2})t\right) \, .$$

(5.58)

A_1 und A_2 sind Konstanten. Die Amplitude $a_2(t)$ gewinnt man aus Gl.(5.56a)

$$(5.59) \qquad a_2(t) \;=\; \frac{i}{b}\frac{d}{dt}a_1(t)\cdot\exp(-i\Omega t)$$

$$=\; -\frac{A_1}{2b}\left(\Omega + \sqrt{\Omega^2 + 4|b|^2}\right)\exp\left(-\frac{i}{2}(\Omega - \sqrt{\Omega^2 + 4|b|^2})t\right)$$

$$-\frac{A_2}{2b}\left(\Omega - \sqrt{\Omega^2 + 4|b|^2}\right)\exp\left(-\frac{i}{2}(\Omega + \sqrt{\Omega^2 + 4|b|^2})t\right)\;.$$

Für $t = 0$ ergibt sich

$$a_1(0) \;=\; A_1 + A_2$$
$$a_2(0) \;=\; -\frac{A_1}{2b}(\Omega + \Gamma) - \frac{A_2}{2b}(\Omega - \Gamma)$$

mit

$$\Gamma \;=\; \sqrt{(\omega_{1,2} - \omega_0)^2 + 4|b|^2}\;,$$
$$\Omega \;=\; \omega_{1,2} - \omega_0\;.$$

Hieraus lassen sich A_1 und A_2 gewinnen. Die Lösungen lauten dann

$$(5.60)$$

$$(a) \qquad a_1(t) \;=\; \left\{ a_1(0)\left[\cos(\frac{\Gamma}{2}t) - i\frac{\Omega}{\Gamma}\sin(\frac{\Gamma}{2}t)\right] \right.$$

$$\left. + a_2(0)\left[-\frac{2ib}{\Gamma}\sin(\frac{\Gamma}{2}t)\right] \right\}\exp\left(\frac{i}{2}\Omega t\right)\;,$$

$$(b) \qquad a_2(t) \;=\; \left\{ a_1(0)\left[-\frac{2ib^*}{\Gamma}\sin(\frac{\Gamma}{2}t)\right] \right.$$

$$\left. + a_2(0)\left[\cos(\frac{\Gamma}{2}t) + i\frac{\Omega}{\Gamma}\sin(\frac{\Gamma}{2}t)\right] \right\}\exp\left(-\frac{i}{2}\Omega t\right)\;.$$

Gehen wir vom Anfangszustand der beiden Niveaus aus, bei dem nur das erste Niveau besetzt ist,

$$a_1(0) = 1\;,\quad a_2(0) = 0\;,$$

so erhält man die Übergangswahrscheinlichkeiten

$$|a_1(t)|^2 \;=\; \cos^2(\frac{\Gamma}{2}t) + \frac{\Omega^2}{\Gamma^2}\sin^2(\frac{\Gamma}{2}t)\;,$$

$$|a_2(t)|^2 \;=\; \frac{4|b|^2}{\Gamma^2}\sin^2(\frac{\Gamma}{2}t) = \frac{4|b|^2}{(\omega_{1,2} - \omega_0)^2 + 4|b|^2}\sin^2(\frac{\Gamma}{2}t)\;.$$

Im Resonanzfall ist $\omega_0 = \omega_{1,2}$ bzw. $\Omega = 0$.

$$|a_1(t)|^2_{\Omega=0} \;=\; \cos^2(\frac{\Gamma^0}{2}t)\;,$$

$$|a_2(t)|^2_{\Omega=0} \;=\; \sin^2(\frac{\Gamma^0}{2}t)\;.$$

Die Besetzung der beiden Niveaus pendelt hin und her. Es findet also bei kontinuierlichem Einlauf einer elektromagnetischen Welle der Frequenz $\omega_0 = \omega_{1,2}$ abwechselnd induzierte Emission und induzierte Absorption statt.

5.2.3 * Die Einstein–Koeffizienten

Im Gegensatz zur induzierten Emission und Absorption ist es uns nicht möglich, für die spontane Emission mit den bisher erlernten Mitteln eine Übergangswahrscheinlichkeit pro Zeiteinheit, also eine zu Gl.(5.54) analoge Gleichung auf direktem Wege herzuleiten. Erst mit Hilfe der Quantenelektrodynamik, bei der das elektromagnetische Feld selbst quantisiert wird, kann die Ursache für die spontane Emission geklärt werden. Sie liegt in der Wechselwirkung des Elektrons mit virtuellen Photonen des Vakuums begründet (s. auch Abschn. 5.4.1). Dieser Vorgang ist analog zur induzierten Emission bzw. Absorption, die durch die Wechselwirkung des Elektrons mit den reellen Photonen des Strahlungsfeldes entsteht.

Man kann jedoch auf dem Umweg über ein Gleichgewicht von spontaner und induzierter Emission bzw. Absorption in einer großen Gesamtheit von Atomen Aussagen über die spontane Emission machen. Die Überlegung geht auf Einstein zurück.

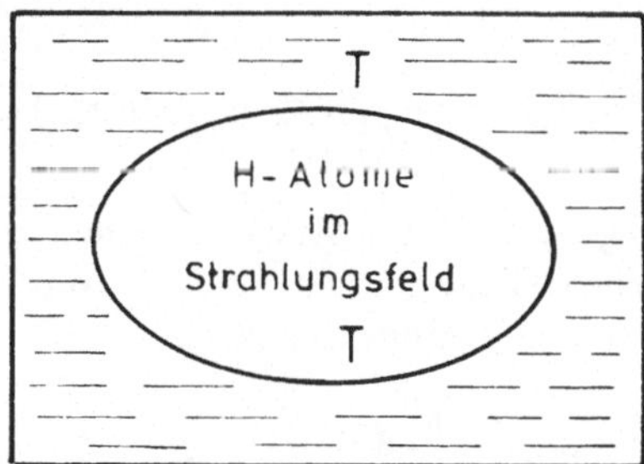

Fig. 5.9: *Gleichgewicht von Wasserstoffgas mit dem Strahlungsfeld.*

Wir betrachten in Fig. 5.9 eine große Anzahl von H–Atomen im Innern eines abgeschlossenen Hohlraumes, dessen Wände die Temperatur T besitzen und mit den Atomen und dem vorhandenen Strahlungsfeld im thermodynamischen Gleichgewicht stehen. Es sei also eine Energiedichte $u(\omega_0)$ vorhanden, die dafür sorgt, daß sich stets eine gewisse Anzahl von Atomen in angeregten Zuständen befinden, wobei N_n Atome im Zustand n und N_j Atome im Zustand j mit $E_j < E_n$ sind. Im thermodynamischen Gleichgewicht bleibt die mittlere Besetzungszahl eines jeden Niveaus konstant. Bezeichnet man mit $A_{j,n}$ die Übergangswahrscheinlichkeit pro Zeiteinheit für spontane Emission und $w_{j,n}$

bzw. $w_{n,j}$ die Übergangswahrscheinlichkeiten pro Zeiteinheit für induzierte Emission bzw. Absorption, so lautet das Gleichgewicht zwischen den Übergängen $j \to n$ und $n \to j$

$$N_j w_{n,j} = N_n(w_{j,n} + A_{j,n}),$$

Die Größen $w_{j,n}$ bzw. $w_{n,j}$ können wir von Gl.(5.54) in Abschn. 5.2.2 übernehmen, jedoch unter erweiterten Bedingungen. Bei unserem Strahlungsfeld im thermischen Gleichgewicht ist die Strahlung unpolarisiert, und alle Raumrichtungen sind gleich wahrscheinlich. Es wirken daher alle drei Komponenten des elektrischen Feldes gleichrangig, so daß in Gl.(5.53) anstelle von $E_{0z}^2 z_{j,n}^2$ die Summe

$$E_{0x}^2 x_{j,n}^2 + E_{0y}^2 y_{j,n}^2 + E_{0z}^2 z_{j,n}^2 = \frac{1}{3} E_0^2 (x_{j,n}^2 + y_{j,n}^2 + z_{j,n}^2)$$

mit $E_{0x}^2 = E_{0y}^2 = E_{0z}^2 = E_0^2/3$ zu setzen ist. Mit $E_0^2 = 2u(\omega_0)/\epsilon_0$ wird Gl.(5.54) daher erweitert auf

$$w_{n,j} = w_{j,n} = \frac{\pi e^2}{3\epsilon_0 \hbar^2} u(\omega_0)(x_{j,n}^2 + y_{j,n}^2 + z_{j,n}^2) \ .$$

Wir schreiben jetzt die Gleichgewichtsbedingung

$$(5.61) \qquad N_j B_{n,j} u(\omega_0) = N_n(B_{j,n} u(\omega_0) + A_{j,n}) \ .$$

Die Größen $B_{n,j}$, $B_{j,n}$ und $A_{j,n}$ bezeichnet man als Einstein–Koeffizienten. Die Koeffizienten $B_{j,n}$ und $B_{n,j}$ sind einander gleich und offensichtlich gegeben durch

$$B_{n,j} = B_{j,n} = \frac{\pi e^2}{3\epsilon_0 \hbar^2}(x_{j,n}^2 + y_{j,n}^2 + z_{j,n}^2) \ .$$

Da es sich bei der vorliegenden Betrachtung um einen stationären Zustand von Atomen im thermodynamischen Gleichgewicht handelt, werden die Besetzungszahlen der Niveaus durch den Boltzmann–Faktor geregelt

$$\frac{N_j}{N_n} = \frac{\exp\left(-\dfrac{E_j}{kT}\right)}{\exp\left(-\dfrac{E_n}{kT}\right)} = \exp\left(\frac{E_n - E_j}{kT}\right) \ .$$

Aus Gl.(5.61) läßt sich daher $A_{j,n}$ berechnen

$$A_{j,n} = B_{j,n} u(\omega_0)\left(\exp\left(\frac{E_n - E_j}{kT}\right) - 1\right) = B_{j,n} u(\omega_0)\left(\exp\left(\frac{\hbar\omega_0}{kT}\right) - 1\right)$$

$$\text{mit} \quad \omega_0 = \frac{E_n - E_j}{\hbar} \ .$$

Die in diesem Ausdruck vorkommende Energiedichte ist diejenige der schwarzen Strahlung. Nach dem Planckschen Strahlungsgesetz Gl.(1.4) ist

$$(5.62) \quad u(\omega_0) = u(\nu_0)\frac{d\nu}{d\omega} = \frac{4h\nu_0^3}{c^3} \cdot \frac{1}{\exp\left(h\nu_0/kT\right) - 1} = \frac{\hbar\omega_0^3}{\pi^2 c^3}\frac{1}{\exp\left(\hbar\omega_0/kT\right) - 1}.$$

Somit ergibt sich für die Übergangswahrscheinlichkeit pro Zeiteinheit bei der spontanen Emission

$$(5.63) \qquad \boxed{A_{j,n} = \frac{e^2\omega_0^3}{3\pi\epsilon_0\hbar c^3}(x_{j,n}^2 + y_{j,n}^2 + z_{j,n}^2).}$$

Mit Hilfe dieses Ausdrucks läßt sich die mittlere Lebensdauer angeregter Zustände von Atomen berechnen. Sie ergibt sich, falls der betreffende Übergang der einzige aus dem betrachteten Niveau n ist, zu $1/A_{j,n}$. Sind mehrere Übergänge möglich, so ist $\tau = 1/\sum_j A_{j,n}$.

5.3 Der Einfluß elektrischer und magnetischer Felder

Aufgrund seiner elektrischen Ladung erzeugt das Elektron durch seine Bewegung um den Kern ein magnetisches Bahnmoment. Da es auch einen Spin besitzt, ist damit gleichfalls ein magnetisches Moment, das sogenannte Spinmoment verknüpft. Es ist daher einleuchtend, daß sich die Eigenschaften eines Atoms ändern, legt man von außen ein elektrisches oder ein magnetisches Feld an. Zusätzlich zu den Wechselwirkungen der inneren Felder des Atoms — das Coulomb-Feld zwischen Elektron und Kern und die Magnetfelder von Bahn- und Spinmoment — tritt die Wechselwirkung mit äußeren Feldern auf. Dies hat in jedem Fall eine zumindest teilweise Aufhebung der Energieentartung zur Folge. Im allgemeinen sind die Effekte klein, solange die äußeren Felder nicht allzu groß sind. Im Fall der alleinigen Wechselwirkung der inneren Felder lassen sich viele Erscheinungen spektroskopisch nur mit hochauflösenden Interferometern messen.

Die einzelnen Effekte werden in den folgenden Abschnitten untersucht.

5.3.1 Der normale Zeeman–Effekt

Wir wollen zunächst den Spin bzw. das Spinmoment des Elektrons unberücksichtigt lassen und nur das magnetische Bahnmoment behandeln. In der klassischen Vorstellung stellt das kreisende Elektron einen Strom I dar, der ein magnetisches Moment $\vec{\mu}$ erzeugt

$$
\begin{aligned}
I &= -\frac{ev}{2\pi r} = -\frac{e\omega}{2\pi}, \\
\vec{\mu} &= IF\vec{n} \\
&= -\frac{e}{2}r^2\omega\vec{n},
\end{aligned}
\qquad
\begin{aligned}
v &= \text{Geschwindigkeit des Elektrons} \\
\omega &= \text{Umlaufsfrequenz} \\
F &= \text{Fläche der Stromschleife } \pi r^2 \\
\vec{n} &= \text{Flächennormale}
\end{aligned}
\tag{5.64}
$$

$$
\vec{\mu} = -\frac{e}{2M_e}\vec{l} \qquad \vec{l} = M_e r^2 \omega \vec{n} \text{ Bahndrehimpuls des Elektrons.}
\tag{5.65}
$$

Wir stellen zunächst eine vereinfachte, halbklassische Überlegung an.

In der Quantenmechanik kann Gl.(5.65) als Definition für das magnetische Bahnmoment übernommen werden. Seine Eigenschaften lassen sich somit aus den Eigenschaften des Bahndrehimpulses ablesen (Abschn. 3.3.7 und 4.1). Insbesondere gelten für $\vec{\mu}$ die gleichen Aussagen bezüglich der Meßbarkeit wie für $\vec{l}$. Es lassen sich daher nur der Betrag des magnetischen Momentes

$$
\sqrt{\vec{\mu}^2} = \frac{e}{2M_e}\sqrt{l(l+1)}\hbar = \beta\sqrt{l(l+1)}
$$

und eine Komponente, zum Beispiel die z–Komponente, gleichzeitig scharf bestimmen

$$
\mu_z = -\frac{e}{2M_e}m\hbar = -\beta m, \quad m = 0, \pm 1, \ldots, \pm l.
\tag{5.66}
$$

Die Größe $\beta = \dfrac{e\hbar}{2M_e} = 9,27 \cdot 10^{-24} J/T$ heißt **Bohrsches Magneton** und dient als Einheit zur Angabe der Größe von magnetischen Momenten in der Atomphysik. Das magnetische Moment ist also gequantelt, die z–Komponente kann nur die Werte

$$
-\beta l \le \beta m \le \beta l
$$

annehmen. Demnach besitzt das Wasserstoffatom für alle Zustände mit $l > 0$ ein magnetisches Bahnmoment. Letzteres verschwindet für $l = 0$.

Wir setzen nun das H–Atom einem äußeren homogenen und zeitlich konstanten Magnetfeld $\vec{B}$ aus und wählen die z–Achse in Feldrichtung. Die Wechselwirkung von $\vec{\mu}$ mit $\vec{B}$ erzeugt eine potentielle Energie der Größe

$$
E_{mag} = -\vec{\mu}\vec{B} = -\mu_z B = \beta B m, \qquad m = 0, \pm 1, \ldots, \pm l.
\tag{5.67}
$$

Die Wechselwirkungsenergie Gl.(5.67) ist gequantelt und wird zur Energie des Zustandes E_n addiert (s. Gl.(5.13))

$$
\begin{aligned}
E_{n,m} &= E_n + E_{mag} \\
&= -\frac{M_e c^2}{2}(Z\alpha)^2\frac{1}{n^2} + B\beta m.
\end{aligned}
\tag{5.68}
$$

Die früher schon benutzte Bezeichnung magnetische Quantenzahl für m wird an den Gl.(5.66) bis (5.68) deutlich. Sie gibt die Orientierung des magnetischen Momentes $\vec{\mu}$ bezüglich der $\vec{B}$–Feldrichtung an, die physikalisch als Quantisierungsachse fungiert. Die Energie hängt jetzt nicht nur von der Hauptquantenzahl n, sondern auch von der magnetischen Quantenzahl m ab. Die Entartung ist also teilweise aufgehoben. Zustände, die zu einem bestimmten l–Wert gehören, spalten in $2l + 1$ verschiedene Energieniveaus auf, da es $2l + 1$ verschiedene m–Werte gibt. Diese Erscheinung heißt normaler Zeeman–Effekt. Die l–Entartung ist hierdurch allerdings nicht aufgehoben.

Diese halbklassische Überlegung läßt sich noch um einen weiteren Schritt vertiefen. In Zuständen $l > 0$ besitzt das Atom einen Drehimpuls und kann daher als Kreisel aufgefaßt werden. Das magnetische Moment liegt antiparallel zur Drehimpulsachse des Kreisels. Ein äußeres $\vec{B}$–Feld greift am magnetischen Moment und damit am Drehimpulsvektor an, was den Kreisel zum Ausweichen senkrecht zur wirkenden Kraft veranlaßt: Der Drehimpulsvektor vollzieht eine Präzessionsbewegung um die Feldrichtung. Die Präzessionsfrequenz ω_L wird als **Larmor–Frequenz** bezeichnet und kann leicht ermittelt werden. Im Ruhesystem des Kreisels, das mit dem Drehimpulsvektor mitpräzediert, ist der Kreisel kräftefrei. Daher verschwindet hier die Summe der drei wirkenden Kräfte, nämlich die Summe von Lorentz–Kraft, Corioliskraft und Zentrifugalkraft. Die Zentrifugalkraft

$$|\vec{F}_z| = M_e|\omega_L \times (\omega_L \times \vec{r})| \sim B^2$$

kann bei nicht allzu großen Magnetfeldern $\vec{B}$ vernachlässigt werden, da Glieder der Größenordnung B^2 bei der Zeeman–Energie klein sind gegenüber Gliedern proportional zu B. Die Lorentzkraft

$$\vec{F}_L = -e(\vec{v}' \times \vec{B}),$$

$\vec{v}' =$ Geschwindigkeit des Elektrons im rotierenden System,

und die Corioliskraft

$$\vec{F}_c = -2M_e(\vec{\omega}_L \times \vec{v}')$$

addieren sich daher zu Null

$$-2M_e(\vec{\omega}_L \times \vec{v}') = -e(\vec{B} \times \vec{v}').$$

Dies ergibt die Larmor–Frequenz

$$(5.69) \qquad\qquad \omega_L = \frac{eB}{2M_e} = \frac{\beta B}{\hbar}.$$

Die bisherigen Überlegungen zum Zeemann–Effekt waren halbklassischer Natur. Die saubere Behandlung des Effektes verlangt aber die Lösung der Schrödinger–Gleichung. Bevor wir die experimentellen Beobachtungen studieren, wollen wir daher den Zeeman–Effekt zuerst quantenmechanisch behandeln.

$$** \ A \ ** \ A \ ** \ A \ ** \ A \ ** \ A \ **$$

Zur Aufstellung der Schrödinger–Gleichung müssen wir weiter ausholen. Im Anhang H wird die Hamilton–Funktion H für die Bewegung eines Teilchens der Ladung q in einem elektromagnetischen Feld abgeleitet. Das Feld ist durch das Vektorpotential $\vec{A}(\vec{r},t)$ sowie durch das skalare Potential $V(\vec{r},t)$ gegeben.

$$(5.70) \qquad H = \frac{1}{2M_e}(\vec{p} - q\vec{A})^2 + qV$$

Die zugehörige Schrödinger–Gleichung wird nach Ersetzen des Impulses $\vec{p}$ durch den Operator $-i\hbar\,\vec{grad}$ in gewohnter Weise aufgestellt (vgl. Gl.(H.6) von Anhang H). Sie lautet für den stationären Fall

$$(5.71) \qquad \left(-\frac{\hbar^2}{2M_e}\Delta + \frac{i\hbar q}{M_e}(\vec{A}\cdot\vec{\nabla}) + \frac{i\hbar q}{2M_e}div\,\vec{A} + \frac{q^2}{2M_e}\vec{A}^2 + qV \right)\phi(\vec{r}) = E\phi(\vec{r}) \ .$$

Damit haben wir das Rüstzeug, um quantenmechanisch das Verhalten des Elektrons im Coulomb–Feld des Kerns bei gleichzeitiger Anwesenheit eines äußeren $\vec{B}$–Feldes zu untersuchen. Wir können Gl.(5.71) noch vereinfachen. Für ein konstantes Magnetfeld sind das Vektorpotential und das skalare Potential gegeben durch

$$\vec{A} = -\frac{1}{2}(\vec{r}\times\vec{B}) \ , \qquad\qquad V = 0 \ .$$

Es ist

$$(5.72) \qquad \vec{A}^2 = \frac{1}{4}\left(\vec{r}\times\vec{B}\right)^2 = \frac{1}{4}r^2 B^2\sin^2\vartheta \ ,$$

wobei ϑ der Polarwinkel zwischen $\vec{r}$ und der Feldrichtung ist. $\vec{B}$ weist hierbei in z–Richtung. Für den zweiten Term in Gl.(5.71) können wir schreiben

$$(5.73) \qquad -\frac{i\hbar q}{2M_e}\left((\vec{r}\times\vec{B})\vec{\nabla}\right) = \frac{i\hbar q}{2M_e}\left(\vec{B}(\vec{r}\times\vec{\nabla})\right) = \frac{i\hbar q}{2M_e}\left(B\cdot(\vec{r}\times\vec{\nabla})_z\right)$$
$$= -\frac{q}{2M_e}(B\cdot l_z) = \frac{iq\,\hbar}{2M_e}B\frac{\partial}{\partial\varphi} \ .$$

Hierbei haben wir im letzten Schritt Gl.(4.2) benutzt. Wenn wir die Beziehung Gl.(5.65) für das magnetische Bahnmoment eines Teilchens der Ladung q verwenden

$$\vec{\mu} = \frac{q}{2M_e}\vec{l} \ ,$$

so sehen wir, daß der Ausdruck Gl.(5.73) die Energie des magnetischen Moments im $\vec{B}$–Feld darstellt

$$(5.74) \qquad \frac{i\hbar q}{2M_e}\left(\vec{B}(\vec{r}\times\nabla)\right) = -\frac{q}{2M_e}(\vec{B}\vec{l}) = -\vec{B}\vec{\mu} = -B\mu_z \ .$$

Der dritte Term in Gl.(5.71) verschwindet, weil

$$div\,\vec{A} = -\frac{1}{2}\vec{\nabla}(\vec{r}\times\vec{B}) = -\frac{1}{2}(\vec{B}\cdot rot\ \vec{r} - \vec{r}\cdot rot\ \vec{B}) = 0 \ .$$

Wir können jetzt die Schrödinger–Gleichung für das stationäre Problem mit konstantem $\vec{B}$–Feld entlang der z–Achse anschreiben. Wir verwenden die Ausdrücke Gl.(5.72) und (5.73) im Hamilton–Operator von Gl.(5.71) und erhalten mit $q = -e$

$$(5.75) \qquad \left[-\frac{\hbar^2}{2M_e}\Delta - \frac{ie\hbar}{2M_e}B\frac{\partial}{\partial\varphi} + \frac{e^2}{8M_e}B^2 r^2 \sin^2\vartheta - \frac{Ze^2}{4\pi\epsilon_0}\frac{1}{r} \right]\phi(\vec{r}) = E\phi(\vec{r}) \ ,$$

wobei wir zusätzlich das Coulomb–Potential $V(\vec{r})$ hinzugenommen haben.

Die neu hinzugekommenen Glieder der Schrödinger–Gleichung sind die beiden mittleren Terme des Hamilton–Operators, die das B–Feld linear bzw. quadratisch enthalten. Es zeigt sich, daß der quadratische Term im allgemeinen sehr klein ist. Wir wollen grob abschätzen, bis zu welchen Feldern dies der Fall ist. Wir vergleichen die beiden Terme miteinander und betrachten für diesen Zweck die Ungleichung

$$\frac{e^2}{8M_e}B^2 r^2 \ll \frac{e}{2M_e}B l_z,$$

wobei wir $\sin\vartheta = 1$ gesetzt haben. Wir setzen für l_z den Maximalwert der z–Komponente $l\hbar$ und verwenden für r^2 den mittleren quadratischen Radius Gl.(5.18) genähert durch

$$< r^2 > \approx \frac{5}{2}n^4\frac{a_0^2}{Z^2} \ , \quad a_0 \ \text{Bohrscher Radius.}$$

Die Abschätzung ergibt dann für $Z = 1$

$$B \ll \frac{8}{5}\frac{\hbar}{ea_0^2}\frac{l}{n^4} = 3,8 \cdot 10^5 \frac{l}{n^4} \ [T] \ .$$

Für den Grundzustand der Atome kann der quadratische Term in Gl.(5.75) also vernachlässigt werden, solange $B \ll 10^5 T$, was im Labor stets der Fall ist. Erst für sehr hoch angeregte Atome ($n \gtrsim 40$, sogenannte Rydberg–Atome) bei Feldern der Größenordnung einiger Tesla oder bei extrem starken Feldern, wie sie nur in kosmischen Objekten, z.B. bei Neutronensternen im Bereich von $10^4 - 10^8 T$ vorkommen, muß dieser Term mitberücksichtigt werden. Man spricht dann vom **quadratischen Zeeman–Effekt**.

In der linearen Näherung lautet die Schrödinger–Gleichung des H–Atoms in einem äußeren Magnetfeld

$$(5.76) \qquad \boxed{\left(-\frac{\hbar^2}{2M_e}\Delta - \frac{ie\hbar}{2M_e}B\frac{\partial}{\partial\varphi} - \frac{Ze^2}{4\pi\epsilon_0}\frac{1}{r} \right)\phi(\vec{r}) = E\phi(\vec{r}).}$$

Wie beim H–Atom ohne Feld versuchen wir den Ansatz (s. Gl.(5.4))

$$\phi(\vec{r}) = R(r) \cdot Y_l^m(\varphi,\vartheta).$$

$R(r)$ steht für die Radialabhängigkeit der Wellenfunktion, und $Y_l^m(\varphi,\vartheta)$ sind die Kugelfunktionen.
Wegen

$$-i\hbar\frac{\partial}{\partial\varphi}Y_l^m(\varphi,\vartheta) \equiv l_z Y_l^m(\varphi,\vartheta) = m\hbar Y_l^m(\varphi,\vartheta)$$

wird aus Gl.(5.76)

$$(5.77) \qquad \left(-\frac{\hbar^2}{2M_e}\Delta - \frac{Ze^2}{4\pi\epsilon_0}\frac{1}{r}\right)\phi(\vec{r}) = \left(E - m\frac{e\hbar}{2M_e}B\right)\phi(\vec{r})$$

$$= (E - m\beta B)\,\phi(\vec{r}) = E'\phi(\vec{r}).$$

Gl.(5.77) stellt aber wiederum die Schrödinger-Gleichung des ungestörten H–Atoms dar mit E' als Energieeigenwert des H–Atoms,

$$E' = E_n^0 = -\frac{M_ec^2}{2}(Z\alpha)^2 \cdot \frac{1}{n^2}.$$

Die Lösung der Schrödinger-Gleichung für den Zeeman–Effekt lautet daher

$$(5.78) \qquad \boxed{\begin{aligned} \phi_{n,l,m}(\vec{r}) &= R_{n,l}(r)\mathrm{Y}_l^m(\varphi,\vartheta), \\[2mm] E \equiv E_{n,m} &= -\frac{M_ec^2}{2}(Z\alpha)^2 \cdot \frac{1}{n^2} + m\beta B = E_n^0 + m\beta B. \end{aligned}}$$

Die Lösungen sind die gleichen wie beim H–Atom ohne äußeres Magnetfeld, nur die Energiewerte sind modifiziert. Hiermit ist die Richtigkeit der vereinfachten Überlegung Gl.(5.68) gezeigt.

Betrachten wir noch die Zeitabhängigkeit der Wellenfunktion

$$(5.79) \qquad \begin{aligned} \psi(\vec{r},t) &= e^{-iE_{n,m}t/\hbar} \cdot \phi_{n,l,m}(\vec{r}) \\[1mm] &= e^{-iE_n^0 t/\hbar} \cdot e^{-im\beta Bt/\hbar} \cdot \phi_{n,l,m}(\vec{r}) \\[1mm] &= e^{-iE_n^0 t/\hbar} \cdot e^{-im\omega_L t} \cdot R_{n,l}(r)\mathrm{Y}_l^m(\varphi,\vartheta) \end{aligned}$$

mit ω_L = Larmor-Frequenz (Gl.(5.69)).

Wegen der Struktur der Kugelfunktionen läßt sich schreiben

$$e^{-im\omega_L t} \cdot \mathrm{Y}_l^m(\varphi,\vartheta) = e^{im(\varphi - \omega_L t)} \cdot f(\vartheta) = \mathrm{Y}_l^m(\varphi',\vartheta),$$

wenn $\varphi' = \varphi - \omega_L t$ gesetzt wird (vgl. Anhang A).

Offensichtlich sind $r' = r, \varphi' = \varphi - \omega_L t, \vartheta' = \vartheta$ die Kugelkoordinaten in einem um die z-Achse mit der Kreisfrequenz ω_L rotierenden Koordinatensystem, und die Lösungen in diesem System

$$\psi(\vec{r}',t) = \exp\left(-iE_n^0 t/\hbar\right)\phi_{n,l,m}(\vec{r}')$$

stellen die Wellenfunktionen des ungestörten H–Atoms in diesem System dar. Diese Aussagen decken sich also mit den vereinfachten Überlegungen zur Larmor-Frequenz ω_L.

Wir wollen die Vorstellung von der Präzession des Drehimpulses, die wir bereits bei der halbklassischen Überlegung angestellt haben, auch hier noch etwas mehr verdeutlichen und betrachten hierzu den Erwartungswert für den Operator des Bahndrehimpulses

$$< \vec{l} >= \int \psi^*(\vec{r},t)\vec{l}\psi(\vec{r},t)\ d^3r\ .$$

Wir legen für einen bestimmten Zustand (n,l) die Lösung

$$\psi(\vec{r},t) = \sum_m a_m \phi_{n,l,m}(\vec{r}) \cdot \exp\left(-i\frac{E_{n,m} \cdot t}{\hbar}\right)$$

der Schrödinger-Gleichung zugrunde (s. Gl.(5.78)) und untersuchen das Zeitverhalten der Erwartungswerte der drei Komponenten l_z, l_x und l_y.

$$< l_z > \ = \ \int \sum_m a_m^* \cdot \phi_{n,l,m}^* \exp\left(i\frac{E_{n,m}t}{\hbar}\right) \cdot l_z \sum_{m'} a_{m'} \cdot \phi_{n,l,m'} \cdot \exp\left(-i\frac{E_{n,m'}t}{\hbar}\right) d^3r$$

$$= \ \int \sum_m a_m^* \cdot \phi_{n,l,m}^* \cdot \exp\left(i\frac{E_n^0 t}{\hbar}\right) \exp\left(im\omega_L t\right) \cdot \hbar \sum_{m'} m' \cdot a_{m'} \cdot \phi_{n,l,m'}$$

$$\cdot \exp\left(-i\frac{E_n^0 t}{\hbar}\right) \exp\left(-im'\omega_L t\right) d^3r$$

$$(5.80) \qquad\qquad < l_z >= \sum_m m\hbar |a_m|^2 = \text{konstant}.$$

Hierbei haben wir Gl.(5.79) benutzt und von der Orthonormalität der Wellenfunktion Gebrauch gemacht. Die Komponenten $< l_x >$ und $< l_y >$ berechnen wir mit Hilfe der Schiebeoperatoren l_+, l_- (s. Gln.(4.20) und (4.21)).

$$< l_x > \ = \ \int \sum_m a_m^* \cdot \phi_{n,l,m}^* \cdot \exp\left(i\frac{E_n^0 t}{\hbar}\right) \exp\left(im\omega_L t\right)$$

$$\cdot \frac{l_+ + l_-}{2} \cdot \sum_{m'} a_{m'} \cdot \phi_{n,l,m'} \cdot \exp\left(-i\frac{E_n^0 t}{\hbar}\right) \exp\left(-im'\omega_L t\right) d^3r$$

$$= \ \frac{\hbar}{2} \int \sum_m a_m^* \cdot \phi_{n,l,m}^* \cdot \exp\left(im\omega_L t\right)$$

$$\cdot \left\{ \sum_{m'} a_{m'} \sqrt{l(l+1) - m'(m'+1)} \cdot \phi_{n,l,m'+1} \cdot \exp\left(-im'\omega_L t\right) \right.$$

$$\left. + \sum_{m'} a_{m'} \sqrt{l(l+1) - m'(m'-1)} \cdot \phi_{n,l,m'-1} \cdot \exp\left(-im'\omega_L t\right) \right\} d^3r\ .$$

Wegen der Orthonormierung ist $m' = m - 1$ bzw. $m' = m + 1$, also

$$< l_x > \ = \ \frac{\hbar}{2} \left\{ \sum_m a_m^* a_{m-1} \sqrt{l(l+1) - (m-1)m} \cdot \exp\left(i\omega_L t\right) \right.$$

$$\left. + \sum_m a_m^* a_{m+1} \sqrt{l(l+1) - (m+1)m} \cdot \exp\left(-i\omega_L t\right) \right\}\ .$$

Eine Änderung des Summationsindex ermöglicht die Zusammenfassung beider Terme

$$(5.81) \qquad < l_x > = \hbar \sum_m \sqrt{l(l+1) - m(m+1)} \, \Re(a_m^* a_{m+1} \exp(-i\omega_L t))$$
$$= A\cos(\alpha - \omega_L t) \ .$$

A und α sind Konstanten. Die y-Komponente ergibt sich entsprechend zu

$$(5.82) \qquad < l_y > = \hbar \sum_m \sqrt{l(l+1) - m(m+1)} \, \Im(a_m^* a_{m+1} \exp(-i\omega_L t))$$
$$= A\sin(\alpha - \omega_L t) \ .$$

Die Ausdrücke Gl.(5.80) bis Gl.(5.82) bedeuten eine Präzession des Erwartungswertes des Bahndrehimpulses $\vec{l}$ um die z–Achse mit der Frequenz ω_L. Falls kein $\vec{B}$–Feld vorhanden ist, so ist $\omega_L = 0$ und $< l_x >$ sowie $< l_y >$ sind konstant. Es findet dann keine Präzession statt.

Wir haben dieser Betrachtung den kanonischen Bahndrehimpuls $\vec{l} = -i\hbar(\vec{r} \times \vec{\nabla})$ zugrunde gelegt. Auch der eichinvariante, kinetische Bahndrehimpuls $\vec{l}_L$ zeigt das gleiche Präzessionsverhalten. Nach Anhang H ist dieser definiert als

$$\vec{l}_L = -i\hbar \left(\vec{r} \times \vec{\nabla}\right) - q\left(\vec{r} \times \vec{A}\right) \ .$$

Bei konstantem Magnetfeld $\vec{B}$ läßt er sich mit $\vec{A} = -(\vec{r} \times \vec{B})/2$ schreiben als

$$\vec{l}_L = -i\hbar \left(\vec{r} \times \vec{\nabla}\right) - \frac{e}{2}\left(\vec{r}\vec{B}\right)\vec{r} + \frac{e}{2}\left(\vec{r}\right)^2 \vec{B} \ .$$

Hiermit kann auf die gleiche Art wie beim kanonischen Drehimpuls das Zeitverhalten der Erwartungswerte der drei Komponenten $l_{L,x}$, $l_{L,y}$ und $l_{L,z}$ berechnet werden.

$$** \ E \ ** \ E \ ** \ E \ ** \ E \ ** \ E \ **$$

Die experimentelle Beobachtung des Zeeman–Effektes geschieht spektroskopisch durch Ausmessung der Spektrallinien. Man beobachtet Photonen, die aus Übergängen zwischen zwei Energieniveaus stammen. Die verschiedenen Übergangsmöglichkeiten werden wie beim ungestörten H–Atom durch Auswahlregeln der Quantenzahlen vorgegeben. Für die elektrische Dipolstrahlung lauten sie (vgl. Gl.(5.33) und (5.34))

$$(5.83) \qquad \begin{aligned} \Delta l &= \pm 1 \\ \Delta m &= 0, \pm 1. \end{aligned}$$

Die Übergangsenergien, d.h. die Differenz zweier Energiewerte, lassen sich aus Gl.(5.68) bzw. (5.78) ablesen:

$$\begin{aligned} h\nu = \Delta E &= E_{n,m} - E_{n',m'} \\ &= E_n^0 - E_{n'}^0 + (m - m')\beta B \\ &= h\nu_0 + \Delta m \beta B \end{aligned}$$
$$(5.84) \qquad = h\nu_0 + \begin{cases} \beta B & \Delta m = +1 \\ 0 & \Delta m = 0 \\ -\beta B & \Delta m = -1. \end{cases}$$

Gl.(5.84) besagt, daß die Spektrallinie des ungestörten Atoms, $h\nu_0$, bei Anlegen eines äußeren Feldes B in drei Linien aufspaltet, wobei die mittlere Linie an unveränderter Stelle bleibt, während die beiden äußeren Linien um βB symmetrisch verschoben sind. Dieser Mechanismus funktioniert unabhängig davon, welchen l–Wert die beteiligten Niveaus besitzen.

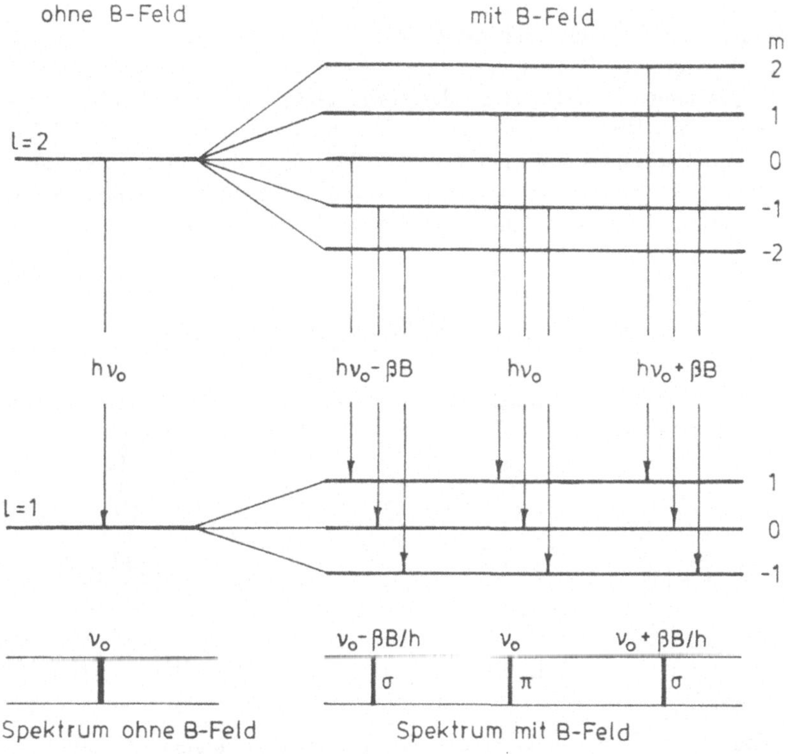

Fig. 5.10: *Normaler Zeeman–Effekt.*

Fig. 5.10 zeigt die Übergänge an einem Beispiel. Der Übergang im ungestörten Fall (links im Bild) spielt sich zwischen den beiden Niveaus $l = 2$ und $l = 1$ ab. Bei Einschalten des B-Feldes spaltet das obere Niveau in 5, das untere in 3 äquidistante Niveaus auf bei einheitlichen Niveauabständen der Größe βB. Wegen der Auswahlregeln (5.83) und der Äquidistanz der Energieniveaus gibt es aber nicht mehr als 3 verschiedene Übergänge Gl.(5.84). Man spricht vom normalen Zeeman–Triplett. Im unteren Teil von Fig. 5.10 sind die Spektrallinien angedeutet, die in einem Spektrometer zu erwarten sind. Die Beschreibung π–bzw. σ–Linie steht für die Übergänge $\Delta m = 0$ bzw. $\Delta m = \pm 1$. Dabei ist die gemessene Strahlung unterschiedlich polarisiert je nach Beobachtungsrichtung relativ zur $\vec{B}$-Feldrichtung. Das wird weiter unten an einem Beispiel verdeutlicht.

Die erwartete Linienaufspaltung ist sicher sehr klein, wie sich an dem Ausdruck βB leicht abschätzen läßt. Gehen wir gemäß unserer Voraussetzung von schwachen B–Feldern aus, etwa $B = 0,1T$, so beträgt die Energieabweichung vom ungestörten Fall lediglich $\Delta E = \beta B = 5,8 \cdot 10^{-5} eV/T \cdot 0,1T = 5,8 \cdot 10^{-6} eV$. Für die Beobachtung muß man daher hochauflösende Interferometer einsetzen, wie zum Beispiel das Fabry–Perot–Interferometer oder das Michelson–Interferometer.

Die erwartete Linienaufspaltung steht jedoch für viele Atome (z.B. für das Wasserstoffatom) im krassen Widerspruch zum Experiment, welches ein erheblich komplizierteres Aufspaltungsbild aufweist als das vorhergesagte Zeeman–Triplett. Es gibt jedoch auch Atome, bei denen das Zeeman–Triplett beobachtet wurde. Man bezeichnete historisch das Erscheinen einfacher Zeeman–Tripletts als normalen Zeeman–Effekt und das Auftreten komplizierterer Linienstrukturen als anomalen Zeeman–Effekt. Die Bezeichnung erinnert daran, daß das komplizierte Aufspaltungsbild nicht in das klassische Erklärungsschema paßte.

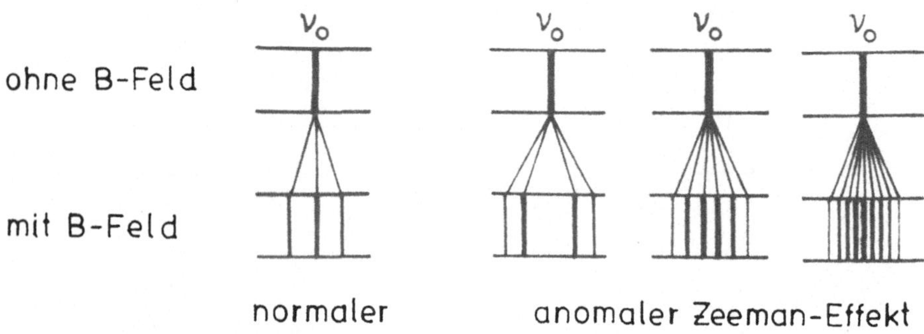

Fig. 5.11: *Linienspektren des normalen und anomalen Zeeman–Effekts.*

Die physikalische Ursache für die Diskrepanz zwischen Theorie und Experiment liegt in der zu Anfang gemachten Einschränkung, nach der wir zunächst vom Einfluß des magnetischen Spinmomentes des Elektrons abgesehen haben. Diese Größe sollte zweifellos von gleicher Größenordnung sein wie das durch die Bahnbewegung erzeugte magnetische Moment, so daß ein erheblich komplizierteres Aufspaltungsbild der Spektrallinien zu erwarten ist als im Fall des einfachen normalen Zeeman–Effektes. Fig. 5.11 zeigt den Unterschied im Aufspaltungsbild der Spektrallinien. Links ist die Aufspaltung zum Zeeman–Triplett gezeigt. Die drei rechten Beispiele zeigen Linienspektren auf der Frequenzskala, bei denen der Einfluß des magnetischen Spinmomentes des Elektrons miteinbezogen ist. Der anomale Zeeman–Effekt wird in Abschn. 5.3.4 behandelt.

Der normale Zeeman–Effekt läßt sich für solche Atome beobachten, bei denen Elektronen vorhanden sind, deren Spins sich durch Antiparallelstellung gegenseitig zu Null

kompensieren, wodurch gleichfalls die Wirkung der zugehörigen magnetischen Spin-
momente kompensiert wird. Die Bahndrehimpulse der Elektronen koppeln zu einem
Gesamtbahndrehimpuls der Quantenzahl L mit der magnetischen Quantenzahl M_L.
Das einfachste Atom dieser Art ist das Heliumatom. Es wird in den Abschn. 6.3.1 und
6.4.1 behandelt.

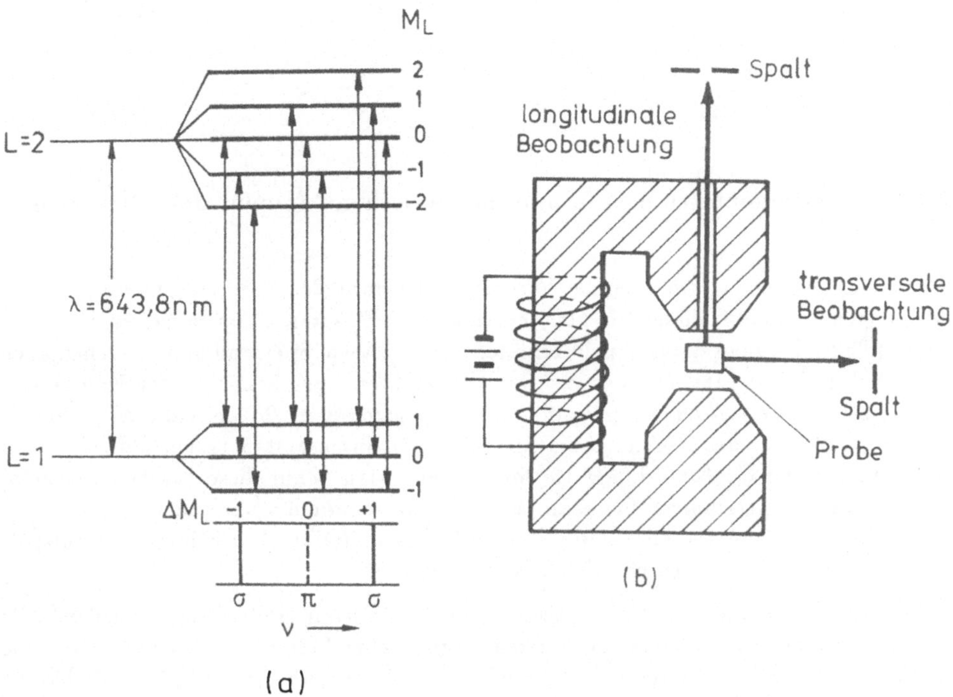

Fig. 5.12: *Normaler Zeeman–Effekt beim Cadmium. a) Aufspaltungsbild, b) Beob-
achtungsrichtungen im Magnetfeld.*

Fig. 5.12a zeigt das Aufspaltungsbild für die Spektrallinie $\lambda = 643,8\,nm$ des Cadmi-
umatoms, bei dem ebenfalls die Elektronen ihre Spins gegenseitig kompensieren. Der
Übergang ohne Feld führt vom Zustand $L = 2$ zum Zustand $L = 1$. Analog zu Fig. 5.10
erhält man bei Anlegen eines B–Feldes für den oberen Term eine Aufspaltung in fünf,
für den unteren Term eine solche in drei Einzelterme entsprechend den Werten von M_L.
Es erscheint erwartungsgemäß das Zeeman–Triplett. Die π–bzw. σ–Übergänge sind
wiederum gekennzeichnet ($\Delta M_L = 0$ bzw. $\Delta M_L = \pm 1$). Nach den Überlegungen von
Abschn. 5.2.1 lassen sich Aussagen über die zu erwartende Polarisation der Strahlung
machen. In Fig. 5.12b ist eine experimentelle Anordnung skizziert, mit deren Hilfe man
die Linien senkrecht oder durch ein Bohrloch im Magneten parallel zu den B–Linien
beobachten kann. Bei senkrechter Beobachtung (transversal) sind sowohl die π– als
auch die σ–Komponenten linear polarisiert, aber mit unterschiedlichen Polarisations-
richtungen. Beobachtet man parallel (longitudinal), so findet man die σ–Komponenten

rechts– bzw. links–zirkular polarisiert (σ^+ bzw. σ^-), während die π–Komponente verschwindet.

Der so beobachtete normale Zeeman–Effekt stimmt ausgezeichnet mit der Theorie überein. Der Effekt der Linienaufspaltung bei Anwesenheit eines Magnetfeldes wurde spektroskopisch erstmals von Pieter Zeeman im Jahr 1896 entdeckt.

5.3.2 Experimente zum Spin und magnetischen Moment des Elektrons

Neben der Diskrepanz zwischen der Vorhersage des normalen Zeeman–Effektes und den Messungen der Spektrallinien im Magnetfeld an Ein–Elektron–Atomen gab es einen weiteren Effekt, den man damals nicht erklären konnte. Viele Spektrallinien bestehen auch ohne Anlegen eines Magnetfeldes aus zwei oder mehreren eng benachbarten Komponenten, mißt man sie mit einem gut auflösenden Spektrometer. So weist die H_α–Linie im Balmer–Spektrum des H–Atoms bei $\lambda = 656,3\,nm$ insgesamt 5 Linien auf, die einen Abstand von der Größenordnung $10^{-3}\,nm$ haben. Man nennt diese Erscheinung Feinstruktur der Spektrallinien. Sie kann ebenfalls nur verstanden werden, wenn man dem Elektron neben dem Bahndrehimpuls einen Spin zuschreibt. Die Feinstrukturaufspaltung wird ausfürlich in Abschn. 5.3.3 besprochen.

Im Jahr 1926 stellten die Physiker Samuel Goudsmit und Georg Uhlenbeck die Hypothese vom Spin und dem zugehörigen magnetischen Moment des Elektrons auf. Sie äußerten aufgrund der Messungen der Spektrallinien die Vermutung, daß das Verhältnis vom magnetischen Moment zum Spin des Elektrons doppelt so groß sein müsse wie das der Bahnbewegung des Elektrons.

Bei Annahme der gleichen Verknüpfung zwischen dem magnetischen Moment $\vec{\mu}_s$ und dem Spin $\vec{s}$ wie bei der Bahnbewegung

$$(5.85) \qquad \vec{\mu}_s = -g_s \frac{e}{2M_e}\vec{s} \qquad g_s = \quad \text{\textbf{g–Faktor} oder Landé–Faktor oder gyromagnetisches Verhältnis}$$

erbrachten die Experimente für den g–Faktor des Elektrons in der Tat den Wert 2,0. Ein Vergleich mit Gl.(5.65) für die Bahnbewegung ergibt dort den g–Faktor $g_l = 1,0$. Man bezeichnete dieses abweichende Verhalten des Spinmoments als **magnetomechanische Anomalie**. In Abschn. 5.3.4 wird deutlich, daß dieser Effekt auch für das komplizierte Linienbild beim anomalen Zeeman–Effekt verantwortlich ist. Der Wert $g_s = 2$ ergab sich dann später zwanglos aus der Beschreibung des Elektrons mit Hilfe der Dirac–Gl.(3.80).

Der erste direkte Nachweis des Elektronenspins gelang in einem eindrucksvollen Experiment den Physikern Otto Stern und Walther Gerlach im Jahr 1921. Das Stern–Gerlach–Experiment ist in Fig. 5.13 gezeigt. Neutrale Silberatome werden in einem

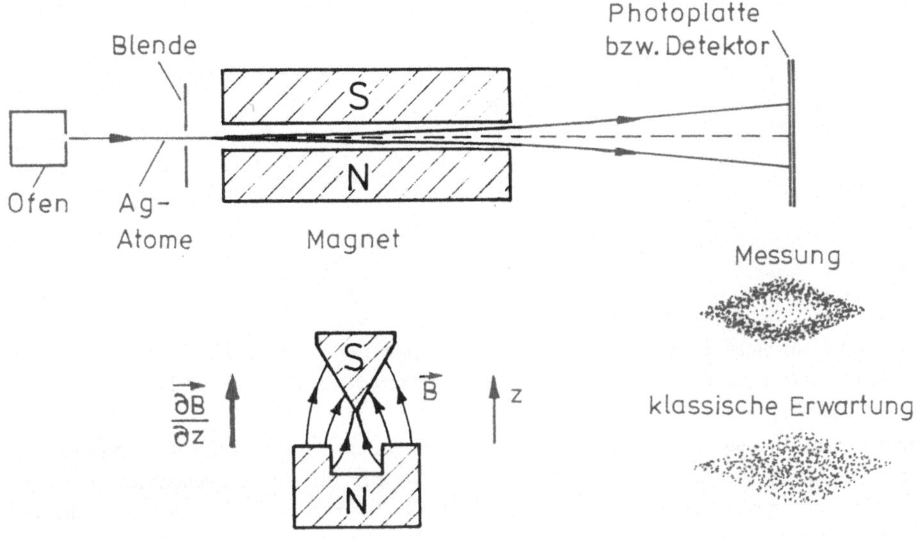

Fig. 5.13: *Das Stern–Gerlach–Experiment.*

Ofen verdampft und treten als Atomstrahl durch eine Blende in ein stark inhomogenes, zeitlich konstantes Magnetfeld, das durch zwei langgestreckte Polschuhe erzeugt wird. Die Flugrichtung der Atome ist senkrecht zu den Feldlinien und senkrecht zum Feldgradienten. Feld und Feldgradient haben dieselbe Richtung. Nach Durchlaufen des Feldes werden die Atome auf einer Photoplatte oder von einem Detektor registriert. Die neutralen Silberatome sind insofern geeignet, als das äußerste Elektron als einziges für den Spin und das magnetische Moment des gesamten Atoms steht, wohingegen alle anderen Elektronen des Atoms ihre Drehimpulse und magnetischen Momente zu Null kompensieren. Dieses Elektron hat zudem noch den atomaren Bahndrehimpuls $l = 0$, so daß Spin und magnetisches Moment des Silberatoms die gleichen sind wie die eines isolierten Elektrons. Die Silberatome treten mit dem $\vec{B}$-Feld in Wechselwirkung und haben darin die potentielle Energie

$$V = -\vec{\mu}_s \vec{B}.$$

Während in einem homogenen $\vec{B}$-Feld lediglich eine Ausrichtung des magnetischen Momentes in Feldrichtung erfolgt, erfährt das Atom im inhomogenen Feld zusätzlich eine ablenkende Kraft in z-Richtung

$$(5.86) \qquad F_z = -\frac{\partial V}{\partial z} = (\vec{\mu}_s)_z \cdot \frac{\partial B}{\partial z}.$$

Wären die magnetischen Momente der Silberatome beliebig orientiert, so sollte der Detektor durch die abgelenkten Silberatome längs der z-Richtung eine gleichmäßige

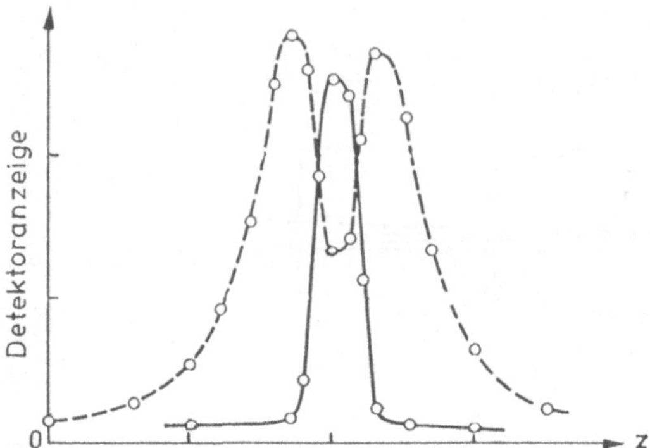

Fig. 5.14: *Meßergebnis des Stern–Gerlach–Experiments. Nach H. Kopfermann, Kernmomente, Akademische Verlagsgesellschaft, Frankfurt 1956, Abb. 12.11.*

Anzeige aufweisen. In Fig. 5.14 ist die Anzeige des Detektors in Abhängigkeit von der z–Richtung gezeigt. Die gestrichelte Kurve gilt für den eingeschalteten Magneten, die durchgezogene Kurve vergleichsweise dazu für $B = 0$. Das Experiment weist durch die zwei ausgeprägten Maxima auf eine klare Richtungsquantisierung hin, der die Silberatome im Magnetfeld unterliegen und die sie nach dem Austritt aus dem Magneten beibehalten. Daß die Maxima nicht noch schärfer sind, wie es bei einer scharfen Richtungsquantisierung zu erwarten wäre, liegt daran, daß die Silberatome infolge der Maxwellschen Geschwindigkeitsverteilung unterschiedlich lange Zeiten im Magnetfeld verbleiben. Aus der Größe der Ablenkung, der Geometrie der Anordnung und den Feldgrößen läßt sich das magnetische Moment $(\vec{\mu}_s)_z$ und damit der g–Faktor g_s bestimmen. Durch das Experiment wurde somit direkt gezeigt, daß der Elektronenspin nur zwei Orientierungen annehmen kann, das Elektron also den Spin $s = 1/2$ hat mit den beiden z–Komponenten des magnetischen Moments

$$(5.87) \qquad (\vec{\mu}_s)_z = g_s \frac{e}{2M_e} s_z = g_s \beta m_s = \pm 2{,}0 \cdot \beta \cdot \frac{1}{2} = \pm \beta.$$

Der g–Faktor des Elektrons ergibt sich also zu $g_s = 2$.

Im Jahr 1927 wurde das Experiment von Phipps und Taylor in modifizierter Form mit atomarem Wasserstoff wiederholt und führte zum gleichen Ergebnis. Das Stern–Gerlach–Experiment erwies sich später als gängige Anordnung zur Messung der magnetischen Momente von Atomen.

Es sei bemerkt, daß das Experiment mit einem reinen Elektronenstrahl nicht funktionieren kann, weil die Elektronen als geladene Teilchen durch die Wirkung der Lorentz-Kraft sofort senkrecht zum $\vec{B}$–Feld aus dem Magneten herausgelenkt würden.

Ein weiteres Experiment zur Messung des g–Faktors des Elektrons, aber auch zum überzeugenden Nachweis, daß der Elektronenspin die Rolle eines Drehimpulses spielt und in dieser Eigenschaft eine makroskopisch meßbare Rotation hervorrufen kann, beruht auf dem nach ihren Entdeckern genannten **Richardson–Einstein–de Haas–Effekt** (1915).

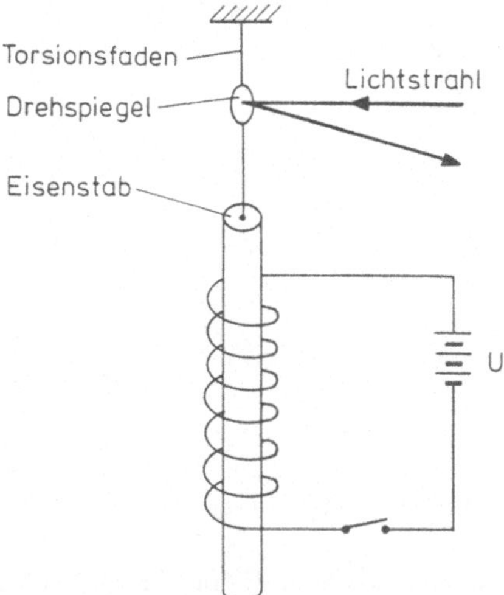

Fig. 5.15: *Experiment zum Richardson–Einstein–de Haas–Effekt.*

In Fig. 5.15 hängt ein bis zur Sättigung magnetisierter dünner Eisenstab an einem Torsionsfaden im Inneren einer Spule. Schickt man einen Strom durch die Spule, der das Eisen ummagnetisiert, so werden alle atomaren Momente d.h. auch die zugehörigen Drehimpulse ihre Richtung umkehren. Wegen des Drehimpulserhaltungssatzes muß die Eisenprobe als makroskopisches Gebilde die Summe aller Drehimpulsänderungen aufnehmen und gerät dadurch in Torsionsschwingungen. Durch Messung des makroskopischen magnetischen Momentes des Eisenstabes sowie des Drehimpulses aus der Auslenkung des Drehspiegels konnte der g–Faktor des Elektrons $g_s = 2$ bestätigt werden. Hierbei kommt dem Experiment die Tatsache zu gute, daß sich das makroskopische magnetische Moment des Eisens nur aus den Spinmomenten der beteiligten Elektronen in den Eisenatomen zusammensetzt und der resultierende Bahnmagnetismus durch innere Kompensation verschwindet.

5.3.3 Die Feinstrukturaufspaltung

Wir wollen nun den Elektronenspin und sein magnetisches Moment in die Betrachtung der Atome miteinbeziehen. Da sowohl mit dem Bahndrehimpuls des Elektrons als auch mit seinem Spin jeweils ein magnetisches Moment verknüpft ist, gibt es zwischen

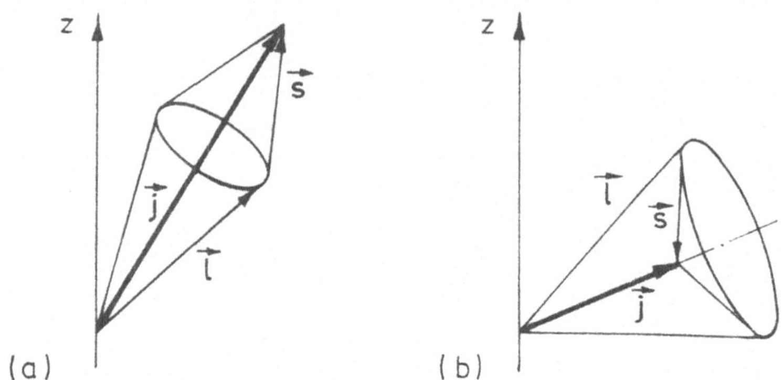

Fig. 5.16: *Kopplung von Bahndrehimpuls und Spin.*

beiden eine Wechselwirkung, die man als Spin–Bahn–Wechselwirkung oder Spin–Bahn–Kopplung bezeichnet. Man kann sich anschaulich vorstellen, daß das Elektron sein magnetisches Moment richtungsgequantelt in dem durch seine eigene Bahn erzeugten Magnetfeld ausrichtet, so daß die Wechselwirkungsenergie von der Form

$$(5.88) \qquad V_{Spin-Bahn} = konst \cdot \vec{\mu}_l \vec{\mu}_s \sim \vec{l}\vec{s}$$

zu erwarten ist. Diese Energie tritt additiv zu der Energie E_n Gl.(5.12) hinzu. Weil beide Drehimpulse gequantelt sind, ergeben sich stets diskrete Werte für $V_{Spin-Bahn}$, was im Endeffekt eine Aufspaltung der ungestörten Energieterme E_n in mehrere Niveaus bedeutet.

Die Wechselwirkung zwischen $\vec{\mu}_s$ und $\vec{\mu}_l$ hat die Kopplung beider Drehimpulse $\vec{s}$ und $\vec{l}$ zu einem Gesamtdrehimpuls $\vec{j}$ zur Folge, der seinerseits die üblichen Quanteneigenschaften hat. Der Betrag $|\vec{j}|$ ist gegeben durch $\hbar\sqrt{j(j+1)}$ und seine z-Komponente durch $j_z = \hbar m_j$, wobei für m_j gilt

$$-j \leq m_j \leq j$$

in ganzzahligen Abstufungen. Da der Spin $\vec{s}$ bezüglich $\vec{l}$ nur zwei verschiedene Orientierungen annehmen kann, gibt es zu einem festen, von Null verschiedenen l-Wert nur zwei verschiedene Werte von j, nämlich (a) $j = l + \frac{1}{2}$ und (b) $j = l - \frac{1}{2}$. Diese beiden Fälle sind in Fig. 5.16 bildlich veranschaulicht. Im Fall (a) sagt man abkürzend, die beiden Drehimpulse sind gleichgerichtet, im Fall (b) entgegengesetzt gerichtet. Entsprechend sind auch die beiden magnetischen Momente zueinander gerichtet, wobei es energetisch günstiger ist, wenn diese einander entgegenstehen (Fig. 5.16b) gegenüber dem Fall gleicher Ausrichtung (Fig. 5.16a). Das entspricht dem Bild der klassischen Magnetostatik, bei dem zwei nebeneinanderliegende Stabmagnete energetisch günstiger liegen, d.h. einander anziehen, wenn ihre Nord– und Südpole zueinander entgegengesetzt gerichtet sind.

Wir können der Fig. 5.16 noch mehr Information entnehmen. Die Wechselwirkung von $\vec{\mu}_s$ im Magnetfeld von $\vec{\mu}_l$ ruft ähnlich, wie wir es beim normalen Zeeman–Effekt verstanden haben, eine Präzessionsbewegung hervor. Da der Gesamtdrehimpuls jedoch eine Konstante der Bewegung ist, kann dies dadurch geschehen, daß die zusammengekoppelten Drehimpulse $\vec{l}$ und $\vec{s}$ gemeinsam um die Richtung von $\vec{j}$ präzedieren. $\vec{j}$ steht dabei in einer beliebigen Phasenlage auf einem Kegelmantel um die Quantisierungsachse z. Diese Präzessionsbewegung hat zur Folge, daß die jeweiligen Komponenten von $\vec{s}$ und $\vec{l}$ bezüglich der z-Achse keinen festen Wert mehr haben. Wir können also über m und m_s keine Aussage mehr machen, sondern nur noch über m_j.

Entsprechend den beiden Kopplungsmöglickeiten in Fig. 5.16a) und b) gibt es für einen festen, von Null verschiedenen l-Wert auch nur zwei verschiedene Werte von $V_{Spin-Bahn}$. In Gl.(5.88) bedeutet dies, daß im Fall (a) $V_{Spin-Bahn} > 0$ ist und die zugehörigen Energieterme höher liegen als im Fall (b), für den $V_{Spin-Bahn} < 0$ ist. Die ursprünglichen Energieterme E_n des Wasserstoffatoms werden also jeweils in zwei benachbarte Terme zerlegt. Man nennt diese Aufspaltung die Feinstruktur der Energieterme und die Aufspaltung der damit verbundenen Übergänge die Feinstruktur der Spektrallinien. Der Effekt ist sehr klein, weil die magnetischen Dipol-Dipol-Kräfte erheblich schwächer sind als die das Elektron bindenden Coulomb-Kräfte. Er liegt beim Wasserstoffatom in der Größenordnung von $10^{-5} eV$ und kann nur mit guten Monochromatoren oder Interferometern gemessen werden. Wie wir weiter unten sehen werden, tragen beim Wasserstoffatom zum quantitativ richtigen Betrag der Aufspaltung auch noch relativistische Effekte bei.

$$** A ** A ** A ** A ** A **$$

Wir behandeln nun für das H-Atom die Feinstrukturaufspaltung quantenmechanisch. Die Aufgabe besteht zunächst darin, den Hamilton-Operator für die Spin-Bahn-Wechselwirkung zu finden. Gehen wir von der Vorstellung aus, daß das magnetische Moment des Elektrons mit dem Magnetfeld seiner eigenen Bahn wechselwirkt, so taucht sofort die Frage nach der Größe dieses Feldes auf. Diese Fragestellung wird jedoch einfacher, wenn wir uns in das Ruhesystem des Elektrons begeben. Von hieraus gesehen kreist das Proton um das Elektron und erzeugt am Ort des Elektrons ein Magnetfeld $\vec{B}'$, welches mit dem magnetischen Spinmoment des Elektrons wechselwirkt. Wir haben hierdurch zwar die Rollen der beiden Teilchen vertauscht, können aber durch entsprechende Transformationen der beteiligten elektrischen und magnetischen Felder leicht vom einen System ins andere kommen. Um die Betrachtung zu vereinfachen, rechnen wir mit den bekannten Transformationsgleichungen der Felder $\vec{E}$ und $\vec{B}$, die für eine gleichförmige Relativbewegung beider Teilchen gelten. Wir vernachlässigen also vorerst die aufgrund der Kreisbewegung stets vorhandene Beschleunigung. Die Transformationsgleichungen lauten

$$
(5.89) \qquad
\begin{aligned}
\vec{E}' &= \vec{E} + (\vec{v} \times \vec{B}), \\
\vec{B}' &= \vec{B} + \frac{1}{c^2}(\vec{E} \times \vec{v}).
\end{aligned}
\qquad
\begin{aligned}
c &= \text{Lichtgeschwindigkeit} \\
\vec{v} &= \text{Geschwindigkeit des} \\
&\quad\ \text{Elektrons um das Proton.}
\end{aligned}
$$

Auf unsere Aufgabenstellung bezogen sind die ungestrichenen Größen die Feldgrößen, die im Ruhesystem des Atoms gelten

$$\vec{E} = \frac{Ze}{4\pi\epsilon_0 r^3}\vec{r} \quad , \qquad \vec{B} = 0$$

und die gestrichenen Größen sind im Ruhesystem des Elektrons definiert

$$\begin{aligned}
\vec{E}' &= \vec{E} \\
\vec{B}' &= \frac{1}{c^2}(\vec{E}\times\vec{v}) = \frac{Ze}{4\pi\epsilon_0 c^2 r^3}(\vec{r}\times\vec{v}) \\
&= \frac{Ze}{4\pi\epsilon_0 c^2 r^3 M_e}\vec{l}.
\end{aligned}$$

(5.90)

Die letzte Beziehung folgt aus der Definition des Bahndrehimpulses.
Betrachten wir den Ausdruck Gl.(5.85) für das magnetische Moment des Elektrons

$$\vec{\mu}_s = -g_s\frac{e}{2M_e}\vec{s},$$

so lautet der Hamilton–Operator der Spin–Bahnkopplung mit $g_s = 2$

(5.91)
$$\mathcal{H}_1 = -\vec{B}'\vec{\mu}_s = \frac{Ze^2}{4\pi\epsilon_0 c^2 M_e^2 r^3}(\vec{l}\vec{s}).$$

Wir wollen die oben gemachte grobe Näherung der gleichförmigen relativen Bewegung an dieser Stelle korrigieren. Hierzu ist der Ausdruck Gl.(5.91) mit einem Faktor $1/2$ zu versehen, die sogenannte **Thomas–Frenkel–Korrektur**. Die korrekte Beziehung ergibt sich zwanglos, wenn man von vorne herein die Dirac–Gleichung Gl.(3.80) zum Ausgangspunkt nimmt. Der richtige Ausdruck des Hamilton–Operators lautet dann

(5.92)
$$\boxed{\mathcal{H}_1 = \frac{Ze^2}{8\pi\epsilon_0 c^2 M_e^2 r^3}(\vec{l}\vec{s})} .$$

Um den Operator $\vec{l}\vec{s}$ zu berechnen, greifen wir auf die Darstellung der Spin $1/2$–Operatoren Gl.(4.33) zurück und erhalten

(5.93)
$$\vec{l}\vec{s} = l_x s_x + l_y s_y + l_z s_z = \frac{\hbar}{2}\left(\begin{array}{cc} l_z & l_x - il_y \\ l_x + il_y & -l_z \end{array}\right).$$

Der Wechselwirkungsoperator $\mathcal{H}_1$ wird additiv zum Hamilton–Operator des Wasserstoffproblems hinzugefügt.

Es zeigt sich allerdings, daß die Störung $\mathcal{H}_1$ alleine die Größe der Feinstrukturaufspaltung nicht richtig wiedergibt. Das liegt daran, daß die Bewegung des Elektrons im H–Atom bisher als rein nichtrelativistisch angenommen wurde. Das Elektron besitzt aber eine Geschwindigkeit, die immerhin etwa 1% der Lichtgeschwindigkeit beträgt, wie sich bereits aus den Daten des Bohrschen Modells abschätzen läßt. Bei der Kleinheit der Feinstruktur machen sich also bereits relativistische Effekte gleichrangig bemerkbar.

Wir wollen versuchen, die relativistischen Korrekturen in erster Näherung zu berücksichtigen. Beide Effekte, die Spin–Bahn–Kopplung und die genäherten relativistischen Korrekturen, beschreiben zusammen die Feinstrukturaufspaltungen recht gut.

Für die Schrödinger–Gleichung des H–Atoms genügte es, die Gesamtenergie nichtrelativistisch hinzuschreiben

$$E = \frac{p^2}{2M_e} + V(r).$$

Ersetzen wir den Term der kinetischen Energie $p^2/2M_e$ durch die kinetische Energie T aus dem relativistischen Energiesatz

$$E_{total}^2 = p^2c^2 + M_e^2c^4,$$
$$T = \sqrt{p^2c^2 + M_e^2c^4} - M_ec^2,$$

so ergibt sich die relativistisch korrigierte Energie

$$\begin{aligned}
E &= \sqrt{p^2c^2 + M_e^2c^4} - M_ec^2 + V(r) \\
&= M_ec^2\sqrt{1 + \frac{p^2}{M_e^2c^2}} - M_ec^2 + V(r).
\end{aligned}$$

Da $p^2/M_e^2c^2 \ll 1$, können wir die Wurzel entwickeln

$$\sqrt{1+x} = 1 + \frac{x}{2} - \frac{x^2}{8} + \dots$$

und nach dem 3. Glied abbrechen, welches uns den relevanten Näherungsterm liefert

$$E \approx \frac{p^2}{2M_e} - \frac{1}{8}\frac{p^4}{M_e^3c^2} + V(r).$$

Der zweite Term dieses Ausdrucks ist um den Faktor $\dfrac{p^2}{2M_e} \cdot \dfrac{1}{2M_ec^2}$ kleiner als der erste Term. Die Korrektur ist also sehr klein. Somit lautet der relativistische Zusatzterm zur Hamilton–Funktion

$$\mathcal{H}_2 = -\frac{p^4}{8M_e^3c^2}.$$

Wegen der Kleinheit dieser Korrektur sollte es genügen, den Impuls p wieder aus der nichtrelativistischen Beziehung zu verwenden

$$\frac{p^2}{2M_e} \approx E - V(r).$$

Dies liefert schließlich die relativistische Korrektur für den Hamilton–Operator

$$\begin{aligned}
\mathcal{H}_2 &= -\frac{(E - V(r))^2}{2M_ec^2}\begin{pmatrix} 1 & 0 \\ 0 & 1 \end{pmatrix} \\
&= -\frac{1}{2M_ec^2}\left[E^2 + \frac{2Ze^2}{4\pi\epsilon_0 r}E + \frac{Z^2e^4}{(4\pi\epsilon_0)^2 r^2}\right]\begin{pmatrix} 1 & 0 \\ 0 & 1 \end{pmatrix},
\end{aligned} \tag{5.94}$$

wobei für $V(r)$ das Coulomb–Potential Gl.(5.1) eingesetzt wurde. Wir haben ferner berücksichtigt, daß $\mathcal{H}_2$ als 2×2 Matrix zu schreiben ist analog zu $\mathcal{H}_1$. Die Energie E in Gl.(5.94) weicht hierbei nur unwesentlich von der Energie E_n^0 des ungestörten Falles ab.

Ein drittes zusätzliches Wechselwirkungsglied ist der sogenannte Darwin–Term, der sich bei der nichtrelativistischen Näherung der Dirac–Gleichung ergibt. Er muß aber nur bei S–Zuständen berücksichtigt werden. Wir wollen ihn hier außer Acht lassen.

Der gesamte Hamilton–Operator $\mathcal{H}$ setzt sich somit aus drei Termen zusammen, nämlich aus dem Operator des ungestörten Problems $\mathcal{H}_0$ (s. Gl.(5.23)) sowie aus den beiden Anteilen $\mathcal{H}_1$ und $\mathcal{H}_2$

(5.95)
$$\mathcal{H} = \mathcal{H}_0 + \mathcal{H}_1 + \mathcal{H}_2.$$

Die Schrödinger–Gleichung lautet dann

(5.96)
$$\mathcal{H}\Phi(\vec{r}) = E\Phi(\vec{r}) \qquad \text{mit} \qquad \Phi(\vec{r}) = \begin{pmatrix} \phi_1(\vec{r}) \\ \phi_2(\vec{r}) \end{pmatrix}.$$

Ausgeschrieben hat der Hamilton–Operator Gl.(5.95) die Form

(5.97)
$$
\begin{aligned}
\mathcal{H} &= \left[-\frac{\hbar^2}{2M_e}\Delta - \frac{Ze^2}{4\pi\epsilon_0}\frac{1}{r} \right] \begin{pmatrix} 1 & 0 \\ 0 & 1 \end{pmatrix} \\[2ex]
&+ \frac{Ze^2\hbar}{16\pi\epsilon_0 c^2 M_e^2 r^3} \begin{pmatrix} l_z & l_x - il_y \\ l_x + il_y & -l_z \end{pmatrix} \\[2ex]
&- \frac{1}{2M_e c^2} \left[E^2 + \frac{2Ze^2}{4\pi\epsilon_0 r}E + \frac{Z^2 e^4}{(4\pi\epsilon_0)^2 r^2} \right] \begin{pmatrix} 1 & 0 \\ 0 & 1 \end{pmatrix}.
\end{aligned}
$$

Aus Gl.(5.97) kann man an den unterschiedlichen Vorzeichen der drei Terme erkennen, daß die Spin–Bahn–Kopplung die Energie anhebt oder absenkt, je nachdem welches Vorzeichen der Eigenwert von $\vec{l}\vec{s}$ hat, wohingegen die relativistische Korrektur in jedem Fall zu einer Absenkung führt.

Zur Lösung von Gl.(5.96) untersuchen wir zunächst die Eigenschaften des Hamilton–Operators $\mathcal{H}$. Es zeigt sich, daß $\mathcal{H}$ mit den Operatoren $\vec{j}^2, j_z, \vec{l}^2$ und $\vec{s}^2$ vertauschbar ist

$$[\mathcal{H}, \vec{j}^2] = [\mathcal{H}, j_z] = [\mathcal{H}, \vec{l}^2] = [\mathcal{H}, \vec{s}^2] = 0,$$

wobei die Vertauschbarkeit auch für die einzelnen Terme von $\mathcal{H}_0$, $\mathcal{H}_1$, $\mathcal{H}_2$ gilt. Man sagt hierzu auch: j, m_j, l, s sind gute Quantenzahlen, was soviel bedeutet, daß die entsprechenden physikalischen Größen mit der Energie gleichzeitig scharf gemessen werden können.

Die Vertauschbarkeit läßt sich leicht nachprüfen. Wegen $\vec{j} = \vec{l} + \vec{s}$ ist $(\vec{l}\vec{s}) = \frac{1}{2}(\vec{j}^2 - \vec{l}^2 - \vec{s}^2)$, so daß sich $\mathcal{H}_1$ hierdurch ausdrücken läßt. Ferner erinnern wir an die Darstellungen von $\vec{j}^2, j_z, \vec{l}^2, \vec{s}^2$ in Abschn. 4.5.2

$$
\vec{j}^2 = \begin{pmatrix} \vec{l}^2 + \dfrac{3}{4}\hbar^2 + \hbar l_z & \hbar(l_x - il_y) \\[2ex] \hbar(l_x + il_y) & \vec{l}^2 + \dfrac{3}{4}\hbar^2 - \hbar l_z \end{pmatrix},
$$

$$\vec{j}_z = \begin{pmatrix} l_z + \dfrac{\hbar}{2} & 0 \\[2mm] 0 & l_z - \dfrac{\hbar}{2} \end{pmatrix} \ , \quad \vec{l}^2 = \begin{pmatrix} \vec{l}^2 & 0 \\ 0 & \vec{l}^2 \end{pmatrix} \ , \quad \vec{s}^2 = \frac{3}{4}\hbar^2 \begin{pmatrix} 1 & 0 \\ 0 & 1 \end{pmatrix} \ .$$

Hingegen vertauscht $\mathcal{H}$ nicht mit l_z und s_z, wobei

$$l_z = \begin{pmatrix} l_z & 0 \\ 0 & l_z \end{pmatrix} \ , \quad s_z = \frac{\hbar}{2} \begin{pmatrix} 1 & 0 \\ 0 & -1 \end{pmatrix} \ ;$$

$$[\mathcal{H}, l_z] \neq 0 \ , \quad [\mathcal{H}, s_z] \neq 0 \ .$$

Dieses Ergebnis läßt sich allein auf die Wirkung des Spin–Bahnterms $\mathcal{H}_1$ des Hamilton–Operators zurückführen. Anschaulich haben wir diesen Sachverhalt bereits zu Beginn des Abschnitts erläutert.

Wir lösen nun mit Hilfe der zeitunabhängigen Störungsrechnung die Schrödinger-Gleichung für die Feinstruktur Gl.(5.96), wobei $\mathcal{H}_1$ und $\mathcal{H}_2$ die Störterme sind. Die Lösungen ohne Störterme sind entartet. Wir müssen daher die Störungsrechnung für diesen Fall anwenden. Es erweist sich als nützlich, die störungsfreien Lösungen Gl.(5.25) und nicht diejenigen von Gl.(5.24) zu verwenden.

$$(5.98) \qquad
\begin{aligned}
\Phi^0_{n,l,j=l+1/2,m_j}(\vec{r}) &\equiv \Phi^0_k(\vec{r}) = R_{n,l}(r)\Phi^{(+)}_{j,m_j}(\varphi,\vartheta) \\[3mm]
\Phi^0_{n,l,j=l-1/2,m_j}(\vec{r}) &\equiv \Phi^0_k(\vec{r}) = R_{n,l}(r)\Phi^{(-)}_{j,m_j}(\varphi,\vartheta).
\end{aligned}$$

k steht für die Quantenzahlen (n, l, j, m_j), die zur Energie

$$E^0_n = -\frac{M_e c^2}{2}(Z\alpha)^2 \frac{1}{n^2}$$

gehören. Die Ausdrücke Gl.(5.98) sind Eigenfunktionen von $\vec{j}^2, j_z, \vec{l}^2, \vec{s}^2$ und daher auch Eigenfunktionen beider Störoperatoren. Die Säkulargleichung ist dann, wie in Abschn. 3.5 gezeigt wurde, besonders einfach. Die Energiewerte von Gl.(5.96) sind daher

$$(5.99) \qquad\qquad E = E^0_n + E'_1 + E'_2$$

$$(5.100) \qquad\qquad E'_1 = \int (\Phi^0_k)^+ \mathcal{H}_1 \Phi^0_k d^3 r$$

$$(5.101) \qquad\qquad E'_2 = \int (\Phi^0_k)^+ \mathcal{H}_2 \Phi^0_k d^3 r.$$

Im folgenden wollen wir die Energiebeiträge E'_1 und E'_2 berechnen.

1. Gemäß Gl.(5.97) ist

$$E'_1 = \int \left(\Phi^0_k\right)^+ \mathcal{H}_1 \Phi^0_k d^3 r = \frac{Ze^2}{8\pi\epsilon_0 c^2 M_e^2} \int \left(\Phi^0_k\right)^+ \frac{1}{r^3} \cdot \vec{l}\vec{s} \cdot \Phi^0_k d^3 r \ .$$

Da $\vec{l}\vec{s} = \frac{1}{2}\left(\vec{j}^2 - \vec{l}^2 - \vec{s}^2\right)$, können wir die Wirkung des Operators $\vec{l}\vec{s}$ auf den Winkelteil der Funktionen Φ_k^0 sofort angeben

$$(5.102) \qquad \vec{l}\vec{s} \cdot \Phi_k^0 = \frac{1}{2}\hbar^2\left(j(j+1) - l(l+1) - \frac{3}{4}\right)\Phi_k^0 \ .$$

Bleibt zu berechnen

$$\int \left(\Phi_k^0\right)^+ \frac{1}{r^3}\Phi_k^0 d^3r = \int R_{n,l}^*(r)\frac{1}{r^3}R_{n,l}(r)r^2 dr = < \frac{1}{r^3} > \ .$$

Diese Größe wurde bereits in Gl.(5.18) angegeben

$$< \frac{1}{r^3} > = \frac{1}{n^3(l+1)(l+1/2)l}\frac{Z^3}{a_0^3} \ ,$$

$$a_0 = \frac{4\pi\epsilon_0\hbar^2}{M_e e^2} \qquad \text{Bohrscher Radius.}$$

Insgesamt ergibt sich, wenn wir wieder die Sommerfeldsche Feinstrukturkonstante verwenden,

$$(5.103) \qquad E_1' = \frac{1}{4}(Z\alpha)^4 M_e c^2 \frac{j(j+1) - l(l+1) - 3/4}{n^3 l(l+1)(l+1/2)} \ .$$

Wie man sieht, liefert dieser Term für $l = 0$ keinen vernünftigen Wert. In der Tat kommt man für diesen Fall erst zu einem brauchbaren Ergebnis, wenn man den oben erwähnten Darwin–Term mit hinzunimmt.

2. Die drei Terme von $\mathcal{H}_2$ in Gl.(5.94) ergeben für den Energieanteil der relativistischen Korrektur, setzen wir dort $E = E_n^0$,

$$\begin{aligned}
E_2' &= \int \left(\Phi_k^0\right)^+ \mathcal{H}_2\Phi_k^0 d^3r \\[2mm]
&= -\frac{(E_n^0)^2}{2M_e c^2}\int \left(\Phi_k^0\right)^+ \Phi_k^0 d^3r \\[2mm]
&\quad -\frac{Ze^2}{4\pi\epsilon_0 M_e c^2}E_n^0\int \left(\Phi_k^0\right)^+ \frac{1}{r}\Phi_k^0 d^3r \\[2mm]
&\quad -\frac{Z^2 e^4}{(4\pi\epsilon_0)^2 \cdot 2M_e c^2}\int \left(\Phi_k^0\right)^+ \frac{1}{r^2}\Phi_k^0 d^3r \ .
\end{aligned}$$

Die Erwartungswerte $< 1/r >$ und $< 1/r^2 >$ sind in Gl.(5.18) angegeben

$$\begin{aligned}
< \frac{1}{r} > &= \int \left(\Phi_k^0\right)^+ \frac{1}{r}\Phi_k^0 d^3r = \frac{1}{n^2}\frac{Z}{a_0} \ , \\[2mm]
< \frac{1}{r^2} > &= \int \left(\Phi_k^0\right)^+ \frac{1}{r^2}\Phi_k^0 d^3r = \frac{1}{n^3(l+\frac{1}{2})}\frac{Z^2}{a_0^2} \ .
\end{aligned}$$

Somit haben wir letztlich unter Verwendung von α

$$\begin{aligned}
E'_2 &= -\frac{(E_n^0)^2}{2M_ec^2} - (Z\alpha)^2 E_n^0 \frac{1}{n^2} - (Z\alpha)^4 \frac{M_ec^2}{2}\frac{1}{n^3(l+\frac{1}{2})} \\
&= \frac{M_ec^2}{2}(Z\alpha)^4 \frac{1}{n^4}\left[\frac{3}{4} - \frac{n}{l+\frac{1}{2}}\right] \ .
\end{aligned}$$

(5.104)

Fassen wir nun alle drei Energieterme zusammen, so finden wir

$$\begin{aligned}
E &= E_n^0 + E'_1 + E'_2 \\
&= -\frac{M_ec^2}{2}(Z\alpha)^2 \frac{1}{n^2} + \frac{M_ec^2}{4}(Z\alpha)^4 \frac{1}{n^4}\left[\frac{j(j+1) - l(l+1) - 3/4}{l(l+1)(l+\frac{1}{2})}n - \frac{2n}{l+\frac{1}{2}} + \frac{3}{2}\right] \ .
\end{aligned}$$

(5.105)

Die Schreibweise mit der Sommerfeldschen Feinstrukturkonstanten α gewinnt in der Quantenelektrodynamik (QED) an Bedeutung. Die dimensionslose Größe α enthält die elektrische Ladung und steht somit für die Stärke der elektromagnetischen Kräfte. Man nennt sie daher auch die Kopplungskonstante der elektromagnetischen Wechselwirkung. Die weiteren Näherungen der Störungsrechnung erweisen sich auch in der QED als Terme mit höheren Potenzen in α. Gl.(5.105) besagt in diesem Sinn, daß Spin–Bahn–Kopplung und relativistische Korrektur von gleicher Größenordnung sind.

Setzen wir in der eckigen Klammer von Gl.(5.105) $l = j + \frac{1}{2}$ bzw. $l = j - \frac{1}{2}$, so erhalten wir in beiden Fällen den gleichen Ausdruck, so daß wir zusammenfassend die Beziehung erhalten

$$\begin{aligned}
E &= -\frac{M_ec^2}{2}\left(\frac{Z\alpha}{n}\right)^2 + \frac{M_ec^2}{4}\left(\frac{Z\alpha}{n}\right)^4\left[\frac{3}{2} - \frac{2n}{j+\frac{1}{2}}\right] \\
&= \frac{M_ec^2}{2}\left(\frac{Z\alpha}{n}\right)^2\left[\left(\frac{Z\alpha}{n}\right)^2\left(\frac{3}{4} - \frac{n}{j+\frac{1}{2}}\right) - 1\right]
\end{aligned}$$

(5.106)
$$\boxed{E_{n,j} = E_n^0\left[1 + \left(\frac{Z\alpha}{n}\right)^2\left(\frac{n}{j+\frac{1}{2}} - \frac{3}{4}\right)\right] \ .}$$

Aus Gl.(5.106) können wir erkennen

1. Die Feinstruktur ist proportional zu α^4, wohingegen die Energie des ungestörten Problems proportional zu α^2 ist. Die Feinstruktur liegt also allerhöchstens in der Promille–Gegend.

2. Die Gesamtenergie hängt nur von der Hauptquantenzahl n und von der Gesamtdrehimpulsquantenzahl j ab, nicht aber von der Bahndrehimpulsquantenzahl l. Die

l–Entartung verschwindet also nicht[9]. So haben zum Beispiel zu $n = 2$ die beiden Zustände $l = 0, j = 1/2$ und $l = 1, j = 1/2$ die gleiche Energie. Ferner bleibt die m_j–Entartung bestehen.

3. Der Korrekturterm verringert sich bei wachsendem n im Verhältnis zur ungestörten Energie E_n^0 mit $(Z\alpha/n)^2$.

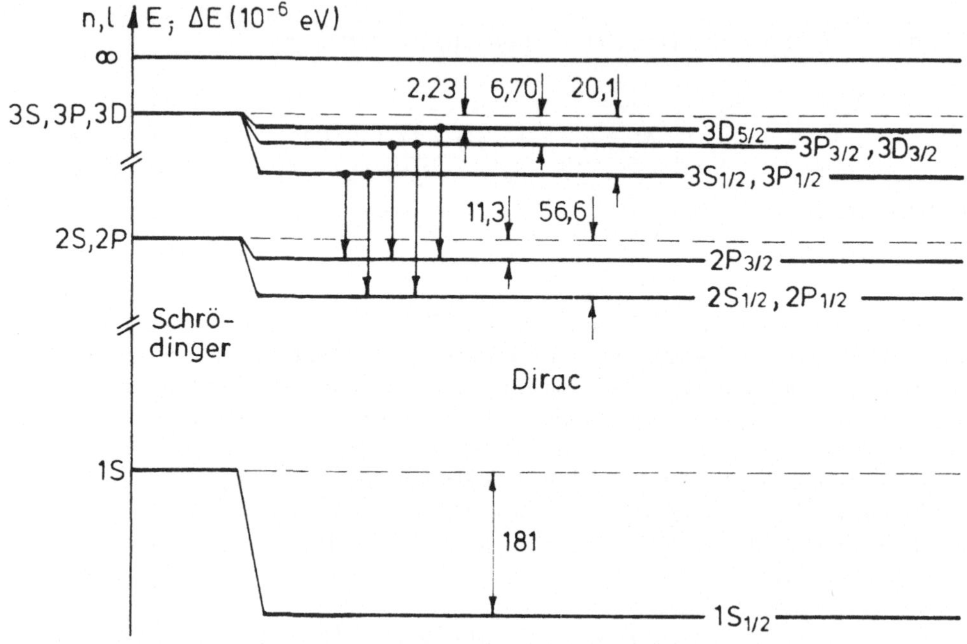

Fig. 5.17: *Feinstrukturaufspaltung beim Wasserstoffatom (nicht maßstäblich). Die Verschiebungen gegenüber den Schrödinger–Termen sind in Einheiten von $10^{-6}eV$ angegeben.*

In Fig. 5.17 sind die Feinstrukturaufspaltungen und Verschiebungen wiedergegeben. Die spektroskopische Notation ist so zu verstehen, daß jeweils vor dem Symbol für l (also $S, P, D, \dots$) die Hauptquantenzahl und als rechter unterer Index die Quantenzahl j steht. Die Strukturaufspaltung ist sehr stark vergrößert skizziert. Man erkennt, daß der Term zu $n = 1$ wegen des fehlenden Bahndrehimpulses keine Aufspaltung, sondern lediglich eine Verschiebung zu niedrigerer Energie erfährt. Man sieht ferner, daß sich

---

[9]Zu den Energietermen E_1' und E_2' (Gl.(5.103) und (5.104)) sei eine abschließende Bemerkung angefügt. Jeder einzelne Term hängt von der Bahndrehimpulsquantenzahl l ab, so daß die l–Entartung zunächst aufgehoben scheint. Jedoch die Addition von E_1' und E_2' führt wieder zur l–Entartung wie im Fall ohne Berücksichtigung des Spins. Die Gesamtenergie Gl.(5.106) hängt nur von den Quantenzahlen n und j ab.

die Verschiebungen der Energien des ungestörten Problems (Schrödinger–Terme) wegen des Faktors $1/n^2$ mit zunehmender Hauptquantenzahl n stark vermindern, desgleichen mit wachsender Gesamtdrehimpulszahl j.

Die Feinstrukturaufspaltung ergibt sich ohne Näherung und ohne Zusammensetzung aus verschiedenen Effekten zwanglos, wenn man die Dirac–Gleichung zum Ausgangspunkt nimmt. Für die Energie erhält man den Ausdruck

$$(5.107) \qquad E_{n,j}^{\mathrm{Dirac}} = M_e c^2 \left[1 + \frac{Z^2 \alpha^2}{\left(n - j - 1/2 + \sqrt{(j + 1/2)^2 - Z^2 \alpha^2} \right)^2} \right]^{-\frac{1}{2}} - M_e c^2 \; .$$

Wenn Gl.(5.107) in eine Reihe nach Potenzen von $(Z\alpha)^2$ entwickelt wird, erhält man in erster Näherung den Ausdruck Gl.(5.106).

Untersuchen wir Übergänge zwischen den Niveaus, so müssen wir zunächst nach den Auswahlregeln für elektrische Dipolstrahlung fragen. Sie ergeben sich wie beim ungestörten Problem aus der Betrachtung des elektrischen Dipolmoments, aber nun mit Berücksichtigung des Elektronenspins,

$$(5.108) \qquad < \vec{Q} > = -e \int (\Phi^0_{n,l,j,m_j})^+ \vec{r}\, \Phi^0_{n',l',j',m'_j}\, d^3 r \; .$$

Die Ergebnisse dieser Rechnungen lauten

$$(5.109) \qquad \begin{aligned} E_{n,j} &\neq E_{n',j'} \,, \\ \Delta l &= \pm 1 \,, \\ \Delta j &= 0, \pm 1 \,, \\ \Delta m_j &= 0, \pm 1 \,. \end{aligned}$$

In Fig. 5.17 sind Beispiele für Übergänge angegeben. So besteht die H_α–Linie der Balmer–Serie ($n = 3 \to n = 2$) aus fünf Linien. Übergange wie z.B. $3D_{5/2} \to 2P_{1/2}$ sind wegen der Auswahlregeln (5.109) verboten.

$$** \; E \; ** \; E \; ** \; E \; ** \; E \; ** \; E \; **$$

5.3.4 Der anomale Zeeman–Effekt

Wir wollen in diesem Abschnitt die Aufspaltung der Spektrallinien des H–Atoms in einem äußeren, konstanten Magnetfeld $\vec{B}$ untersuchen, jetzt aber im Unterschied zum normalen Zeeman–Effekt das magnetische Moment des Elektrons infolge seines Spins berücksichtigen. Zusätzlich zur Feinstrukturwechselwirkung (Spin–Bahn–Anteil und relativistische Korrektur) haben wir also noch die Wechselwirkung des Feldes mit dem magnetischen Moment der Bahn, $\vec{\mu}_l\vec{B}$, und mit dem magnetischen Spinmoment des Elektrons $\vec{\mu}_s\vec{B}$, zu berechnen.

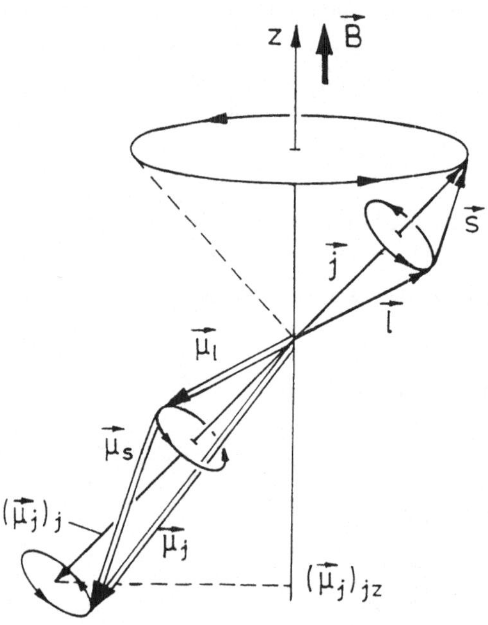

Fig. 5.18: *Drehimpulse und magnetische Momente beim anomalen Zeeman–Effekt.*

In welcher Weise die Drehimpulse koppeln, hängt von der Stärke des B–Feldes ab. Man spricht vom anomalen Zeeman–Effekt bei schwachen Feldern. Bei starken Feldern wird die Aufspaltung Paschen–Back–Effekt genannt. Beide Fälle lassen sich quantenmechanisch mit der Störungsrechnung gut behandeln. Im Bereich mittlerer Feldstärken ist die Behandlung komplizierter. Wir werden daher nur schwache und starke Felder betrachten. Was schwach heißt, geht aus Fig. 5.18 hervor.In dieser Abbildung ist das Zusammenspiel von Spin $\vec{s}$ und Bahndrehimpuls $\vec{l}$ zum Gesamtdrehimpuls $\vec{j} = \vec{l} + \vec{s}$ als Vektorgerüst im B–Feld gezeigt. Bei der Untersuchung der Feinstruktur haben wir gelernt, daß der Bahndrehimpuls des Elektrons $\vec{l}$ mit seinem Spin $\vec{s}$ über die entsprechenden magnetischen Momente zum Gesamtdrehimpuls koppelt. Dabei sind die magnetischen Momente $\vec{\mu}_l$ bzw. $\vec{\mu}_s$ wegen der negativen Ladung des Elektrons den jeweiligen Bahndrehimpulsen $\vec{l}$ und $\vec{s}$ entgegengesetzt gerichtet. $\vec{l}$ und $\vec{s}$ präzedieren gemeinsam mit der Frequenz ω_{ls} um $\vec{j}$. Das zu $\vec{j}$ zugehörige, aus $\vec{\mu}_l$ und $\vec{\mu}_s$ zusammengesetzte magnetische Gesamtmoment $\vec{\mu}_j = \vec{\mu}_l + \vec{\mu}_s$ weist allerdings wegen der magnetomechanischen Anomalie des Elektrons nicht in die entgegengesetzte Richtung von $\vec{j}$, sondern bildet einen Winkel mit der $\vec{j}$–Achse. $\vec{\mu}_j$ kreiselt daher mit der gleichen Frequenz um $\vec{j}$

wie $\vec{l}$ und $\vec{s}$. Legen wir ein äußeres Feld $\vec{B}$ an, das erheblich schwächer ist als das innere Feld, so bleibt die Spin–Bahn–Kopplung erhalten, infolge der Wechselwirkung präzediert nun aber $\vec{j}$ um die Feldrichtung mit der viel kleineren Larmor-Frequenz ω_j. Es ist also $\omega_{ls} \gg \omega_j$. Vom gesamtmagnetischen Moment $\vec{\mu}_j$ wird bei der Wechselwirkung mit $\vec{B}$ nur die auf $\vec{j}$ projizierte Komponente $(\vec{\mu}_j)_j$ wirksam. Die Komponente $(\vec{\mu}_j)_\perp$ senkrecht zu $\vec{j}$ mittelt sich durch die schnelle Präzession heraus. Das äußere Magnetfeld ist im Prinzip noch so lange als schwach anzusehen, wie die Kopplung von $\vec{l}$ und $\vec{s}$ zu $\vec{j}$ erhalten bleibt.

Die Wechselwirkungsenergie lautet demnach

$$(5.110) \qquad E = -(\vec{\mu}_j)_j \vec{B} \;, \quad (\vec{\mu}_j)_j \;=\; \text{Komponente von } \vec{\mu}_j \text{ in } \vec{j}\text{-Richtung.}$$

$(\vec{\mu}_j)_j$ setzt sich aus den entsprechenden Komponenten von $\vec{\mu}_l$ und $\vec{\mu}_s$ zusammen

$$(\vec{\mu}_j)_j = \frac{(\vec{\mu}_l\vec{j})}{|\vec{j}|}\cdot\frac{\vec{j}}{|\vec{j}|} + \frac{(\vec{\mu}_s\vec{j})}{|\vec{j}|}\cdot\frac{\vec{j}}{|\vec{j}|}\;,$$

$$(5.111) \qquad\qquad (\vec{\mu}_j)_j|\vec{j}|^2 \;=\; (\vec{\mu}_l\vec{j})\vec{j} + (\vec{\mu}_s\vec{j})\vec{j}$$
$$=\; -\frac{\beta}{\hbar}(\vec{l}\vec{j} + 2\vec{s}\vec{j})\vec{j}\;.$$

Hierbei wurden Gl.(5.65) und (5.85) benutzt

$$\vec{\mu}_l = -\frac{\beta}{\hbar}\vec{l}\;, \quad \vec{\mu}_s = -g_s\frac{\beta}{\hbar}\vec{s} \qquad \text{mit } g_s = 2\;.$$

Wegen

$$2\vec{l}\vec{j} \;=\; \vec{j}^{\,2} + \vec{l}^{\,2} - \vec{s}^{\,2}\;,$$
$$2\vec{s}\vec{j} \;=\; \vec{j}^{\,2} + \vec{s}^{\,2} - \vec{l}^{\,2}$$

können wir schreiben

$$(\vec{\mu}_j)_j|\vec{j}|^2 = -\frac{\beta}{\hbar}\frac{1}{2}(3\vec{j}^{\,2} - \vec{l}^{\,2} + \vec{s}^{\,2})\cdot\vec{j}\;.$$

Legen wir für die Verknüpfung von $(\vec{\mu}_j)_j$ mit $\vec{j}$ den gleichen Zusammenhang wie bei Bahndrehimpuls und Spin zugrunde

$$(5.112) \qquad\qquad (\vec{\mu}_j)_j = -g_j\frac{\beta}{\hbar}\vec{j} \qquad \begin{array}{l} g_j \;\; \text{g–Faktor des} \\ \quad\;\; \text{Gesamtdrehimpulses,} \end{array}$$

so ist

$$-g_j\frac{\beta}{\hbar}\vec{j}|\vec{j}|^2 = -\frac{\beta}{\hbar}\frac{1}{2}\left(3\vec{j}^{\,2} - \vec{l}^{\,2} + \vec{s}^{\,2}\right)\vec{j}\;.$$

Die Quantisierung bedeutet $\vec{j}^2 \to j(j+1)\hbar^2$, $\vec{l}^2 \to l(l+1)\hbar^2$, $\vec{s}^2 \to s(s+1)\hbar^2$. Daher ist der g–Faktor

$$\boxed{g_j = \frac{3j(j+1) - l(l+1) + s(s+1)}{2j(j+1)}} \; .$$

Für die beiden Fälle $j = l \pm \frac{1}{2}$ hat der g–Faktor mit $s = \frac{1}{2}$ die einfache Form

$$(5.113) \qquad\qquad g_j = \frac{j + \frac{1}{2}}{l + \frac{1}{2}} \; .$$

Die Wechselwirkungsenergie Gl.(5.110) ergibt sich zusammen mit Gl.(5.112) zu

$$(5.114) \qquad\qquad E_{ljm_j} = -(\mu_j)_{j_z} B = g_j \beta B \cdot m_j \; .$$

Hierbei sind $(\mu_j)_{j_z}$ bzw. m_j die z–Komponenten von $(\vec{\mu}_j)_j$ bzw. $\vec{j}$. Die Wechselwirkungsenergie hängt also von den Quantenzahlen l, j und m_j ab.

$$** \; A \; ** \; A \; ** \; A \; ** \; A \; ** \; A \; **$$

Nach dieser halbklassischen Überlegung wird das Problem quantenmechanisch beim H–Atom behandelt. Die Hamilton–Funktion bekommt im Vergleich zu Gl.(5.97) (Feinstrukturproblem) einen zusätzlichen Term $\mathcal{H}_3$

$$(5.115) \qquad\qquad \mathcal{H} = \mathcal{H}_0 + \mathcal{H}_1 + \mathcal{H}_2 + \mathcal{H}_3 \; ,$$

wobei

$$\mathcal{H}_0 = \left(-\frac{\hbar^2}{2M_e}\Delta - \frac{Ze^2}{4\pi\epsilon_0}\frac{1}{r} \right) \begin{pmatrix} 1 & 0 \\ 0 & 1 \end{pmatrix} \qquad \text{ungestörtes Problem}$$

$$\mathcal{H}_1 = \frac{Ze^2\hbar}{16\pi\epsilon_0 c^2 M_e^2 r^3} \begin{pmatrix} l_z & l_x - il_y \\ l_x + il_y & -l_z \end{pmatrix} \qquad \text{Spin–Bahn–Anteil}$$

$$\mathcal{H}_2 = -\frac{1}{2M_e c^2} \left(E + \frac{Ze^2}{4\pi\epsilon_0}\frac{1}{r} \right)^2 \begin{pmatrix} 1 & 0 \\ 0 & 1 \end{pmatrix} \qquad \text{relativistische Korrektur}$$

$$\mathcal{H}_3 = -(\vec{\mu}_l + \vec{\mu}_s)\vec{B} = \frac{\beta}{\hbar} B(l_z + g_s s_z) \qquad \text{Wechselwirkungen mit dem } \vec{B}\text{–Feld.}$$

$\mathcal{H}_3$ steht für die Wechselwirkung des $\vec{B}$–Feldes mit dem magnetischen Moment der Bahn, $\vec{\mu}_l$, und dem magnetischen Spinmoment des Elektrons, $\vec{\mu}_s$.
Das $\vec{B}$–Feld weist in die Richtung der z–Achse. Wir setzten $g_s = 2$.

Beachtet man, daß $\mathcal{H}_3$ im Spinraum wirkt, also

$$l_z = -i\hbar\frac{\partial}{\partial\varphi}\begin{pmatrix} 1 & 0 \\ 0 & 1 \end{pmatrix} = \begin{pmatrix} -i\hbar\dfrac{\partial}{\partial\varphi} & 0 \\ 0 & -i\hbar\dfrac{\partial}{\partial\varphi} \end{pmatrix},$$

$$s_z = \frac{\hbar}{2}\begin{pmatrix} 1 & 0 \\ 0 & -1 \end{pmatrix},$$

so ist

$$(5.116) \qquad \mathcal{H}_3 = \beta B\begin{pmatrix} 1 - i\dfrac{\partial}{\partial\varphi} & 0 \\ 0 & -1 - i\dfrac{\partial}{\partial\varphi} \end{pmatrix}.$$

Wir wenden wiederum die Störungsrechnung an. Für kleine Magnetfelder wird die Kopplung von Bahndrehimpuls und Spin zum Gesamtdrehimpuls durch die Wechselwirkung mit dem Feld kaum gestört

$$\mathcal{H}_1 + \mathcal{H}_2 \gg \mathcal{H}_3 \ .$$

Wir betrachten also $\mathcal{H}_3$ als kleine Störung und sehen das H–Atom mit Feinstruktur als ungestörtes Problem an

$$(\mathcal{H}_0 + \mathcal{H}_1 + \mathcal{H}_2)\begin{pmatrix} \phi_1^0 \\ \phi_2^0 \end{pmatrix} = E_{n,j}^0\begin{pmatrix} \phi_1^0 \\ \phi_2^0 \end{pmatrix}$$

mit der Energie Gl.(5.106)

$$E_{nj}^0 = \frac{M_e c^2}{2}\left(\frac{Z\alpha}{n}\right)^2\left[\left(\frac{Z\alpha}{n}\right)^2\left(\frac{3}{4} - \frac{n}{j+\frac{1}{2}}\right) - 1\right]$$

und der Lösung Gl.(5.98)

$$\begin{pmatrix} \phi_1^0 \\ \phi_2^0 \end{pmatrix} \equiv \Phi_k^0(\vec{r}) = R_{n,l}(r)\cdot\Phi_{j,m_j}^{(\pm)}(\varphi,\vartheta)\ , \qquad k = (n,l,j,m_j)\ .$$

Da diese ungestörten Zustände l– und m_j–entartet sind, sind Überlagerungen der Funktionen Φ_k^0, Gl.(5.98), mit festen Werten von n und j ebenfalls Lösungen des ungestörten Problems zur Energie $E_{n,j}^0$. Wir müssen also die Störungsrechnung für entartete Zustände anwenden und die Säkulargleichung (3.76) lösen. Wendet man $\mathcal{H}_3$ auf $\Phi_{j,m_j}^{(\pm)}$ an, so zeigt sich, daß die Werte von l und m_j nicht geändert werden

$$\mathcal{H}_3\Phi_{j,m_j}^{(\pm)}(\varphi,\vartheta) = c_1\Phi_{j,m_j}^{(\pm)}(\varphi,\vartheta) + c_2\Phi_{j\mp1,m_j}^{(\mp)}(\varphi,\vartheta) \quad c_1, c_2 \text{ Konstante.}$$

Dies hat aber zur Folge, daß die nichtdiagonalen Elemente der Determinante, die die Säkulargleichung ausmacht, für feste Werte n und j verschwinden

$$\int(\Phi_{n,l',j,m_j'}^0)^+\mathcal{H}_3\Phi_{n,l,j,m_j}^0\,d^3r = \delta_{ll'}\delta_{m_j m_j'}(\mathcal{H}_3)_{k,k} \quad \text{mit } k = (n,l,j,m_j)$$

wie man sich durch Nachrechnen überzeugen kann. $(\mathcal{H}_3)_{k,k}$ ist ein Diagonalelement der Determinante.

Wir können daher die Störenergie sofort angeben

$$(5.117) \qquad E' = E_{mag} = \int (\Phi_k^0)^+ \mathcal{H}_3 \Phi_k^0 d^3 r.$$

Wir entnehmen die Funktionen Φ_k^0 aus Gl.(5.25) und berechnen E_{mag} für den Fall $j = l + \frac{1}{2}$. Mit $\mathcal{H}_3$ aus Gl.(5.116) erhält man

$$(5.118) \quad E_{mag} \;=\; \beta B \int \left(aY_l^{m*} \,,\; bY_l^{m+1*} \right) \begin{pmatrix} 1 - i\dfrac{\partial}{\partial\varphi} & 0 \\ 0 & -1 - i\dfrac{\partial}{\partial\varphi} \end{pmatrix} \begin{pmatrix} aY_l^m \\ bY_l^{m+1} \end{pmatrix} \cdot$$

$$\cdot R_{n,l}^*(r) R_{n,l}(r) d^3 r$$

$$\text{mit} \quad a = \sqrt{\frac{l+m+1}{2l+1}} \,, \quad b = \sqrt{\frac{l-m}{2l+1}} \,, \quad m = m_j - \frac{1}{2} \,.$$

Nutzt man die Wirkung des Operators $\partial/\partial\varphi$

$$l_z Y_l^m(\varphi,\vartheta) = -i\hbar \frac{\partial}{\partial\varphi} Y_l^m(\varphi,\vartheta) = m\hbar Y_l^m(\varphi,\vartheta)$$

sowie die Orthogonalität der Funktionen $R_{n,l}(r)$ und $Y_l^m(\varphi,\vartheta)$

$$\int R_{n,l}^*(r) R_{n,l}(r) r^2 dr = 1 \,, \quad \int Y_l^{m*}(\varphi,\vartheta) Y_l^m(\varphi,\vartheta) d\Omega = 1,$$

so ergibt die Ausrechnung von Gl.(5.118)

$$E_{mag} \;=\; \beta B \frac{(l+m+1)(1+m) + (l-m)(-1+(m+1))}{2l+1}$$

$$=\; \beta B \frac{(m+\frac{1}{2})(2+2l)}{2l+1} = \beta B m_j \frac{2+2l}{2l+1}.$$

Für $j = l + \frac{1}{2}$ ist dann

$$(5.119) \qquad E_{mag} = \beta B m_j \frac{j+\frac{1}{2}}{l+\frac{1}{2}} = g_j \beta B m_j \,,$$

wobei g_j der g-Faktor des Gesamtdrehimpulses ist.

Die Berechnung des Falles $j = l - \frac{1}{2}$ führt nach gleicher Methode auf

$$E_{mag} = \beta B \frac{m+\frac{1}{2}}{2l+1} \left(2(l+1) - 2\right) = \frac{j+\frac{1}{2}}{l+\frac{1}{2}} \beta B m_j = g_j \beta B m_j \,,$$

also auf den gleichen Ausdruck wie Gl.(5.119). Die Gesamtenergie Gl.(5.117) ist demnach

$$(5.120) \qquad \boxed{\; E_{n,l,j,m_j} = \frac{M_e c^2}{2} \left(\frac{Z\alpha}{n}\right)^2 \left[\left(\frac{Z\alpha}{n}\right)^2 \left(\frac{3}{4} - \frac{n}{j+\frac{1}{2}}\right) - 1 \right] + \frac{j+\frac{1}{2}}{l+\frac{1}{2}} \beta B m_j \,. \;}$$

Der Vergleich von Gl.(5.120) mit Gl.(5.113) bzw. Gl.(5.114) zeigt, daß die halbklassische Überlegung zum gleichen Ausdruck für die Wechselwirkungsenergie führt wie die exakte quantenmechanische Rechnung.

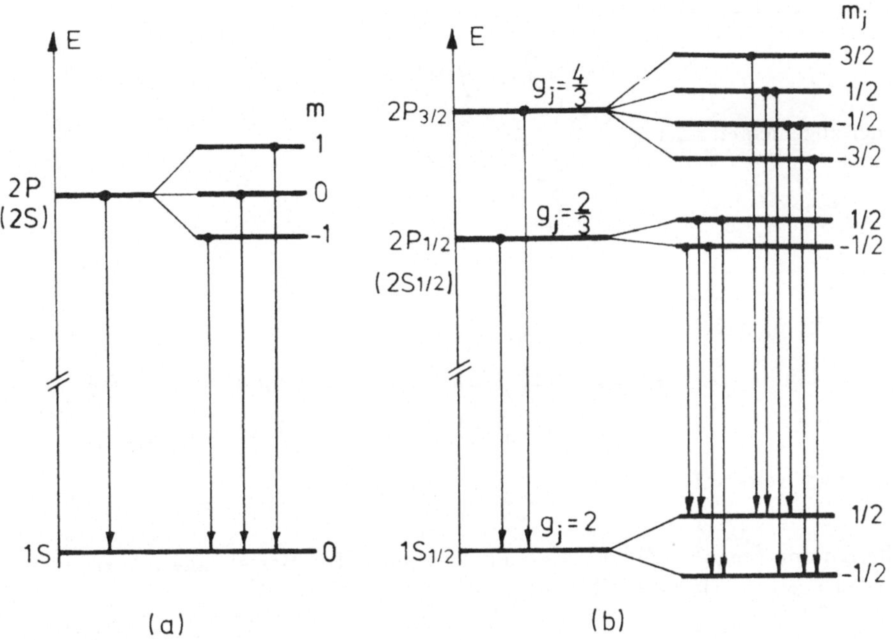

Fig. 5.19: Vergleich der S- und P-Termaufspaltungen für a) den normalen und b) den anomalen Zeeman-Effekt (H-Atom).
a) Links (ohne B-Feld) die Schrödinger-Terme 1S, 2P (2S), rechts (mit B-Feld) die Triplettaufspaltung des 2P-Terms. b) Links (ohne B-Feld) die Feinstrukturaufspaltung der 2P-Terme, rechts die Aufspaltung mit B-Feld.

Es sei noch einmal betont, daß die Unterschiede der Aufspaltungen beim anomalen Zeeman-Effekt eine Folge der magnetomechanischen Anomalie des Elektrons sind. Wäre nämlich $g_s = 1$, so würde der Wechselwirkungsoperator $\mathcal{H}_3$ in Gl.(5.115) lauten

$$\mathcal{H}_3 = -(\vec{\mu}_l + \vec{\mu}_s)\vec{B} = \frac{\beta B}{\hbar}(l_z + s_z) = \frac{\beta B}{\hbar} j_z \,,$$

wobei j_z der Operator der z-Komponente des Gesamtdrehimpulses $\vec{j}$ ist. Dann wäre nach Gl.(5.117)

$$\begin{aligned}
E_{mag} &= \int (\Phi_k^0)^+ \mathcal{H}_3 \Phi_k^0 d^3 r = \beta B m_j \int (\Phi_k^0)^+ \Phi_k^0 d^3 r \\
&= \beta B m_j \,,
\end{aligned}$$

da $j_z \Phi_k^0 = m_j \hbar \Phi_k^0$.

Dies ergäbe das gleiche Aufspaltungsbild wie dasjenige des normalen Zeeman–Effekts.

Untersuchen wir zum Abschluß noch das zeitliche Verhalten des Gesamtdrehimpulses $\vec{j}$ und verfahren dabei in gleicher Weise wie beim normalen Zeeman–Effekt in Abschn. 5.3.1. Der Erwartungswert von $\vec{j}$ ist

$$< \vec{j} > = \int \Psi^+ \vec{j} \Psi d^3 r$$

mit der allgemeinen Lösung

$$\Psi = \sum_{n,l,j,m_j} a_{n,l,j,m_j} \cdot \Psi_{n,l,j,m_j}(\vec{r},t),$$

wobei

$$
\begin{aligned}
\Psi_{n,l,j,m_j}(\vec{r},t) &= \exp\left(-i E_{n,l,j,m_j} t/\hbar\right) \cdot \Phi_{n,l,j,m_j}^0(\vec{r}) \\
&= \exp\left(-i E_{n,j}^0 t/\hbar\right) \cdot \exp\left(-i g_j \beta B m_j t/\hbar\right) \cdot \Phi_{n,l,j,m_j}^0(\vec{r}) \\
&= \exp\left(-i E_{n,j}^0 t/\hbar\right) \cdot \exp\left(-i m_j \omega_j t\right) \cdot \Phi_{n,l,j,m_j}^0(\vec{r}).
\end{aligned}
$$

a_{n,l,j,m_j} sind Konstante und

$$\omega_j = g_j \beta B/\hbar$$

ist die Larmor–Frequenz für den Gesamtdrehimpuls. Die Berechnung erfolgt wie beim normalen Zeeman–Effekt mit dem Ergebnis

$$
\begin{aligned}
< j_x > &= A \cos(\alpha - \omega_j t) \\
< j_y > &= A \sin(\alpha - \omega_j t) \\
< j_z > &= konstant\,,
\end{aligned}
$$

wobei A und α konstante Werte sind. Der Erwartungswert des Gesamtdrehimpulses präzediert also mit ω_j um das $\vec{B}$–Feld.

Die Auswahlregeln für elektrische Dipolstrahlung beim anomalen Zeeman–Effekt lauten

(5.121)

$$
\boxed{
\begin{aligned}
\Delta l &= \pm 1 \\
\Delta j &= 0 \text{ oder } \pm 1 \\
\Delta m_j &= 0 \text{ oder } \pm 1
\end{aligned}
}
$$

Das Termschema zum anomalen Zeeman–Effekt für das H–Atom ist in Fig. 5.19b demjenigen des normalen Zeeman–Effekts, Fig. 5.19a, für S– und P–Terme gegenübergestellt.

Während beim normalen Zeeman–Effekt eine Aufspaltung des $2P$–Terms in drei Komponenten auftritt, spalten beim anomalen Zeeman–Effekt die $j = 1/2$–Terme in zwei, die $j = 3/2$–Terme in vier Niveaus auf. Unter Berücksichtigung der Auswahlregeln erhält man für die $2P_{1/2} \to 1S_{1/2}$–Übergänge vier Linien und für die $2P_{3/2} \to 1S_{1/2}$–Übergänge

6 Linien. Die Linien sind keineswegs äquidistant wie beim normalen Zeeman–Triplett,
sondern liefern spektroskopisch ein unregelmäßiges System von 10 Linien. Die Übergänge
ohne B–Feld (Fig. 5.19b, linker Teil) liefern lediglich ein Liniendublett aufgrund der
Feinstruktur der P–Terme. Die g–Faktoren für die drei Terme sind in Fig. 5.19b angegeben. Die Übergangsenergien für bestimmte Fälle auszurechnen sei dem Leser als
Übungsaufgabe überlassen.

$$** \text{ E } ** \text{ E } ** \text{ E } ** \text{ E } ** \text{ E } **$$

5.3.5   * Der Paschen–Back–Effekt

Den anomalen Zeeman–Effekt beobachtet man bei schwachen Feldern, bei denen die
Spin–Bahn–Kopplung noch nicht gestört wird. Wir wollen nun das andere Extrem un-
tersuchen und zu äußeren Feldern übergehen, die stark genug sind, um die Spin–Bahn–
Kopplung auseinanderzubrechen, jedoch noch nicht so stark, daß man die quadratischen
Terme in B im Hamilton–Operator berücksichtigen muß. Das Feld soll in der Lage sein,
die Drehimpulse $\vec{l}$ und $\vec{s}$ so zu entkoppeln, daß diese mit einer jeweils eigenen Larmor-
Frequenz um die Feldrichtung präzedieren. Die Drehimpulse $\vec{l}$ und $\vec{s}$ stellen sich jeweils
relativ zur $\vec{B}$–Feldrichtung ein, und ein Gesamtdrehimpuls $\vec{j}$ ist nicht mehr definiert
(Fig. 5.20). Nach den Bezeichnungen des vorigen Abschnittes, Gl.(5.115), setzten wir
also voraus

$$\mathcal{H}_1 + \mathcal{H}_2 \ll \mathcal{H}_3 \; .$$

Wir betrachten den Anteil des Hamilton–Operators $\mathcal{H}_0 + \mathcal{H}_3$ als ungestörtes Problem
und berücksichtigen $\mathcal{H}_1 + \mathcal{H}_2$ danach in Störungsrechnung .

Gemäß Gl.(5.115) und Gl.(5.116) ist

$$(5.122) \quad \mathcal{H}_0 + \mathcal{H}_3 = \left(-\frac{\hbar^2}{2M_e}\Delta - \frac{Ze^2}{4\pi\epsilon_0 r} \right) \begin{pmatrix} 1 & 0 \\ 0 & 1 \end{pmatrix} + \beta B \begin{pmatrix} 1 - i\dfrac{\partial}{\partial\varphi} & 0 \\ 0 & -1 - i\dfrac{\partial}{\partial\varphi} \end{pmatrix} .$$

Die zugehörige Schrödinger–Gleichung läßt sich schreiben

$$(5.123) \quad \left(-\frac{\hbar^2}{2M_e}\Delta - \frac{Ze^2}{4\pi\epsilon_0 r} - i\beta B\frac{\partial}{\partial\varphi} \right) \begin{pmatrix} 1 & 0 \\ 0 & 1 \end{pmatrix} \begin{pmatrix} \phi_1 \\ \phi_2 \end{pmatrix} = (E \mp \beta B) \begin{pmatrix} \phi_1 \\ \phi_2 \end{pmatrix} .$$

Multipliziert man Gl.(5.123) aus, so sieht man sofort, daß auf der rechten Seite der
Gleichung das Minuszeichen der Komponente ϕ_1 (mit $m_s = +1/2$) und das Pluszeichen
der Komponente ϕ_2 (mit $m_s = -1/2$) zuzuordnen ist.

Gl.(5.123) besteht aus zwei entkoppelten Differentialgleichungen für ϕ_1 bzw. ϕ_2. Setzen wir $\bar{E} = E \mp \beta B$, so sehen wir durch Vergleich mit Gl.(5.76), daß hier sowohl für ϕ_1 als auch für ϕ_2 wiederum die Differentialgleichung für den normalen Zeeman–Effekt vorliegt. Wir können daher sofort den Ausdruck Gl.(5.78) für die Energie übernehmen,

$$
\begin{aligned}
\bar{E} &= E_n^0 + m\beta B \\
&= -\frac{M_e c^2}{2}(Z\alpha)^2 \frac{1}{n^2} + m\beta B \ .
\end{aligned}
$$

Für unseren Fall ist also die Energie des ungestörten Problems

$$
\begin{aligned}
(5.124) \qquad E \equiv E_{n,m,m_s}^0 = \bar{E} \pm \beta B &= -\frac{M_e c^2}{2}(Z\alpha)^2 \frac{1}{n^2} + \beta B(m \pm 1) \\
&= -\frac{M_e c^2}{2}\left(\frac{Z\alpha}{n}\right)^2 + \beta B(m + 2m_s) \\
&= E_n^0 + \beta B(m + 2m_s) \ , \quad m_s = \pm\tfrac{1}{2} \ .
\end{aligned}
$$

Die Eigenfunktionen sind

$$
\begin{aligned}
(5.125) \qquad
\begin{pmatrix} \phi_1 \\ 0 \end{pmatrix} &= \Phi_k(\vec{r}) = R_{n,l}(r) Y_l^m(\varphi,\vartheta) \begin{pmatrix} 1 \\ 0 \end{pmatrix}, \quad k = (n,l,m,m_s = \tfrac{1}{2}) \\
\begin{pmatrix} 0 \\ \phi_2 \end{pmatrix} &= \Phi_k(\vec{r}) = R_{n,l}(r) Y_l^m(\varphi,\vartheta) \begin{pmatrix} 0 \\ 1 \end{pmatrix}, \quad k = (n,l,m,m_s = -\tfrac{1}{2}) \ .
\end{aligned}
$$

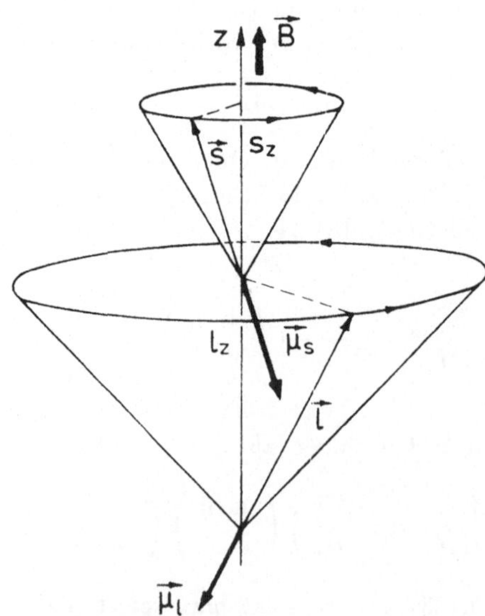

Fig. 5.20: *Die entkoppelten Drehimpulse $\vec{l}$ und $\vec{s}$ beim Paschen–Back–Effekt.*

Erinnern wir uns an die Kopplung von Bahndrehimpuls $\vec{l}$ und Spin $\vec{s}$ zum Gesamtdrehimpuls $\vec{j}$, so erkennen wir, daß die Funktionen Gl.(5.125) keine Eigenfunktionen des Gesamtdrehimpulsquadrates $\vec{j}^2$ sind, wohl aber solche der z–Komponente j_z. Die Eigenwerte zum Operator j_z sind $m_j = m + m_s = m \pm \frac{1}{2}$.

Betrachten wir jetzt die störungsbedingten Energieanteile E'. Die ungestörten Zustände sind offensichtlich l-entartet. Ein Blick auf die Struktur von $\mathcal{H}_1$ und $\mathcal{H}_2$, Gl.(5.115), zeigt, daß für feste Werte von n, m, m_s

$$\int (\Phi_{n,l',m,m_s})^+ (\mathcal{H}_1 + \mathcal{H}_2)\Phi_{n,l,m,m_s} d^3r = \delta_{ll'}(\mathcal{H})_{k,k},$$

so daß die Säkulargleichung Gl.(3.76) diagonal ist. Die Berechnung der Zusatzenergie E' ist ebenso einfach wie beim anomalen Zeeman–Effekt. Wir berechnen zunächst den ersten Term für den Fall $m_s = +\frac{1}{2}$

$$\begin{aligned}
E'_1 &= \int (\phi_1^*, 0)\mathcal{H}_1 \begin{pmatrix} \phi_1 \\ 0 \end{pmatrix} d^3r \\
&= \int (R_{n,l}^*(r)\mathrm{Y}_l^{m*}(\varphi,\vartheta), 0)\mathcal{H}_1 \begin{pmatrix} R_{n,l}(r)\mathrm{Y}_l^m(\varphi,\vartheta) \\ 0 \end{pmatrix} d^3r.
\end{aligned}$$

Mit

$$\mathcal{H}_1 = \frac{Ze^2\hbar}{16\pi\epsilon_0 M_e^2 c^2}\frac{1}{r^3}\begin{pmatrix} l_z & l_x - il_y \\ l_x + il_y & -l_z \end{pmatrix}$$

ist

$$\begin{aligned}
E'_1 &= \frac{Ze^2\hbar}{16\pi\epsilon_0 M_e^2 c^2}\int R_{n,l}^*(r)\mathrm{Y}_l^{m*}(\varphi,\vartheta)\frac{1}{r^3}l_z(R_{n,l}(r)\mathrm{Y}_l^m(\varphi,\vartheta))d^3r \\
&= \frac{Ze^2\hbar}{16\pi\epsilon_0 M_e^2 c^2}m\hbar < r^{-3} > .
\end{aligned}$$

Den gleichen Ausdruck mit negativem Vorzeichen erhält man für den Fall $m_s = -\frac{1}{2}$. Setzen wir den Erwartungswert von $1/r^3$ aus Gl.(5.18) ein, so erhalten wir schließlich

$$E'_1 = (Z\alpha)^4 M_e c^2 \frac{1}{2n^3 l(l+1)(l+1/2)}m \cdot m_s \quad \text{mit } m_s = \pm\frac{1}{2} .$$

Beim zweiten Term handelt es sich um die relativistische Korrektur mit dem Operator

$$\mathcal{H}_2 = -\frac{1}{2M_e c^2}\left(E + \frac{Ze^2}{4\pi\epsilon_0}\frac{1}{r}\right)^2 \begin{pmatrix} 1 & 0 \\ 0 & 1 \end{pmatrix},$$

die wir bereits in Abschn. 5.3.3 berechnet haben (s. Gl.(5.104))

$$\begin{aligned}
E'_2 &= \int (\phi_1^*, 0)\mathcal{H}_2 \begin{pmatrix} \phi_1 \\ 0 \end{pmatrix} d^3r = \int (0, \phi_2^*)\mathcal{H}_2 \begin{pmatrix} 0 \\ \phi_2 \end{pmatrix} d^3r \\
&= \frac{M_e c^2}{2}\left(\frac{Z\alpha}{n}\right)^4 \left(\frac{3}{4} - \frac{n}{l+\frac{1}{2}}\right).
\end{aligned}$$

Als Endergebnis erhalten wir die Summe von E_1' und E_2' zusammen mit Gl.(5.124)

$$(5.126) \quad \boxed{\begin{aligned} E_{n,l,m,m_s} &= -\frac{M_e c^2}{2}\left(\frac{Z\alpha}{n}\right)^2\left[1+\left(\frac{Z\alpha}{n}\right)^2\left(\frac{n}{l+\frac{1}{2}}-\frac{3}{4}\right)\right]+\beta B(m+2m_s) \\ &\quad +\frac{(Z\alpha)^4 M_e c^2}{2n^3 l(l+1)(l+\frac{1}{2})}mm_s. \end{aligned}}$$

Die Energien hängen nun auch von l ab. Durch Vergleich von Gl.(5.126) mit Gl.(5.106) sieht man, daß der letzte Term von Gl.(5.126) wie erwartet von der Größenordnung der Feinstruktur ist.

Untersuchen wir wiederum die Zeitabhängigkeit der Erwartungswerte $<\vec{l}>$ und $<\vec{s}>$, wobei wir der Einfachheit halber die Feinstrukturkorrektur vernachlässigen. Für $\begin{pmatrix}\phi_1 \\ 0\end{pmatrix}$ lautet die zeitabhängige Lösung

$$\begin{aligned} \Psi_{n,l,m,m_s=1/2}(\vec{r},t) &= \exp\left(-i\frac{E_{n,l,m,m_s}t}{\hbar}\right)R_{n,l}(r)Y_l^m(\varphi,\vartheta)\begin{pmatrix}1 \\ 0\end{pmatrix} \\ &= \exp\left(-i\frac{E_n^0 t}{\hbar}\right)\exp\left(-i\frac{m\beta Bt}{\hbar}\right)\exp\left(-2i\frac{m_s\beta Bt}{\hbar}\right)\cdot \\ &\qquad \cdot R_{n,l}(r)Y_l^m(\varphi,\vartheta)\begin{pmatrix}1 \\ 0\end{pmatrix} \end{aligned}$$

$$(5.127) \qquad = \exp\left(-im\omega_L t\right)\exp\left(-i\omega_L t\right)\psi_k(\vec{r},t)\begin{pmatrix}1 \\ 0\end{pmatrix},$$

wobei wir gesetzt haben

$$\begin{aligned} \psi_k(\vec{r},t) &= R_{n,l}(r)Y_l^m(\varphi,\vartheta)\cdot\exp\left(-i\frac{E_n^0 t}{\hbar}\right) \\ k &= (n,l,m) \\ \omega_L &= \frac{\beta B}{\hbar}\,, \quad \text{Larmor--Frequenz.} \end{aligned}$$

Entsprechend ist für $\begin{pmatrix}0 \\ \phi_2\end{pmatrix}$ die zeitabhängige Lösung

$$(5.128) \qquad \Psi_{n,l,m,m_s=-1/2}(\vec{r},t) = \exp\left(-im\omega_L t\right)\exp\left(i\omega_L t\right)\psi_k(\vec{r},t)\begin{pmatrix}0 \\ 1\end{pmatrix}.$$

Die allgemeine Lösung lautet

$$\begin{aligned} \Psi(\vec{r},t) &= \begin{pmatrix}\exp\left(-i\omega_L t\right)\sum_k a_k^{(+)}\exp\left(-im\omega_L t\right)\psi_k(\vec{r},t) \\ \exp\left(i\omega_L t\right)\sum_k a_k^{(-)}\exp\left(-im\omega_L t\right)\psi_k(\vec{r},t)\end{pmatrix} \end{aligned}$$

$$(5.129) \qquad = \begin{pmatrix}\exp\left(-i\omega_L t\right)\sum_k a_k^{(+)}\bar{\psi}_k(\vec{r},t) \\ \exp\left(i\omega_L t\right)\sum_k a_k^{(-)}\bar{\psi}_k(\vec{r},t)\end{pmatrix}$$

mit

$$\bar{\psi}_k(\vec{r},t) = \exp\left(-im\omega_L t\right)\psi_k(\vec{r},t).$$

$a_k^{(+)}$ bzw. $a_k^{(-)}$ sind die Entwicklungskoeffizienten zu $m_s = 1/2$ bzw. $m_s = -1/2$.

Die Berechnung von $< \vec{l} >$ erfolgt in gleicher Weise wie beim normalen Zeeman–Effekt, Gl.(5.80) bis (5.82) mit

$$(5.130) \qquad < \vec{l} > = \int \Psi^+(\vec{r},t) \begin{pmatrix} \vec{l} & 0 \\ 0 & \vec{l} \end{pmatrix} \Psi(\vec{r},t)d^3r.$$

Das Ergebnis ist auch das gleiche wie beim normalen Zeeman–Effekt. Der Bahndrehimpuls $< \vec{l} >$ präzediert mit der Larmor–Frequenz ω_L um die Feldrichtung.

Die Berechnung von $< \vec{s} >$ ergibt

$$
\begin{aligned}
< s_z > \; &= \; \int \Psi^+(\vec{r},t)\frac{\hbar}{2}\begin{pmatrix} 1 & 0 \\ 0 & -1 \end{pmatrix} \Psi(\vec{r},t)d^3r \\[2mm]
&= \; \frac{\hbar}{2}\int \left(\exp\left(i\omega_L t\right)\sum_k a_k^{(+)*}\bar{\psi}_k^* \, , \; \exp\left(-i\omega_L t\right)\sum_k a_k^{(-)*}\bar{\psi}_k^* \right) \cdot \\[2mm]
&\qquad \cdot \begin{pmatrix} \exp\left(-i\omega_L t\right)\sum_{k'} a_{k'}^{(+)}\bar{\psi}_{k'} \\ -\exp\left(i\omega_L t\right)\sum_{k'} a_{k'}^{(-)}\bar{\psi}_{k'} \end{pmatrix} d^3r \qquad \text{mit } k' = (n',l',m') \\[2mm]
&= \; \frac{\hbar}{2}\int \left(\sum_{k,k'} a_k^{(+)*}a_{k'}^{(+)}\bar{\psi}_k^*\bar{\psi}_{k'} - \sum_{k,k'} a_k^{(-)*}a_{k'}^{(-)}\bar{\psi}_k^*\bar{\psi}_{k'} \right) d^3r
\end{aligned}
$$

$$(5.131) \qquad < s_z > = \frac{\hbar}{2}\left(\sum_k |a_k^{(+)}|^2 - \sum_k |a_k^{(-)}|^2 \right) = konstant \,.$$

$$
\begin{aligned}
< s_x > \; &= \; \int \Psi^+(\vec{r},t)\frac{\hbar}{2}\begin{pmatrix} 0 & 1 \\ 1 & 0 \end{pmatrix} \Psi(\vec{r},t)d^3r \\[2mm]
&= \; \frac{\hbar}{2}\int \left(\exp\left(i\omega_L t\right)\sum_k a_k^{(+)*}\bar{\psi}_k^* \, , \; \exp\left(-i\omega_L t\right)\sum_k a_k^{(-)*}\bar{\psi}_k^* \right) \cdot \\[2mm]
&\qquad \cdot \begin{pmatrix} \exp\left(i\omega_L t\right)\sum_{k'} a_{k'}^{(-)}\bar{\psi}_{k'} \\ \exp\left(-i\omega_L t\right)\sum_{k'} a_{k'}^{(+)}\bar{\psi}_{k'} \end{pmatrix} d^3r \\[2mm]
&= \; \frac{\hbar}{2}\int \left(e^{2i\omega_L t}\sum_{k,k'} a_k^{(+)*}a_{k'}^{(-)}\bar{\psi}_k^*\bar{\psi}_{k'} + e^{-2i\omega_L t}\sum_{k,k'} a_k^{(-)*}a_{k'}^{(+)}\bar{\psi}_k^*\bar{\psi}_{k'} \right) d^3r \\[2mm]
&= \; \frac{\hbar}{2}\left(e^{2i\omega_L t}\sum_k a_k^{(+)*}a_k^{(-)} + e^{-2i\omega_L t}\sum_k a_k^{(-)*}a_k^{(+)} \right)
\end{aligned}
$$

$$(5.132) \qquad < s_x > \; = \; \hbar\,\mathfrak{Re}\left(e^{-2i\omega_L t}\sum_k a_k^{(+)}a_k^{(-)*} \right)$$

$$= \; A\cos(\alpha - 2\omega_L t).$$

Die entsprechende Rechnung zur Komponente

$$s_y = \frac{\hbar}{2} \begin{pmatrix} 0 & -i \\ i & 0 \end{pmatrix}$$

liefert

(5.133)
$$\begin{aligned} < s_y > &= \hbar \Im m \left(e^{-2i\omega_L t} \sum_k a_k^{(+)} a_k^{(-)*} \right) \\ &= A \sin(\alpha - 2\omega_L t). \end{aligned}$$

Die Gl.(5.131) bis (5.133) besagen, daß der Spin $< \vec{s} >$ mit der Larmor–Frequenz $2\omega_L$, also mit doppelter Winkelgeschwindigkeit wie $< \vec{l} >$, um die Feldrichtung präzediert.

Somit ist auch anhand der Zeitabhängigkeit der Lösung gezeigt, daß Bahndrehimpuls und Spin beim Paschen–Back–Effekt nicht mehr gekoppelt sind, sondern unabhängig voneinander präzedieren.

Die Auswahlregeln für elektrische Dipolstrahlung lauten zusammengefaßt

$$\begin{aligned} \Delta l &= \pm 1 \\ \Delta m &= 0 \text{ oder } \pm 1 \\ \Delta m_s &= 0 \,. \end{aligned}$$

Übergange mit $\Delta m_s = \pm 1$ können zwar grundsätzlich vorkommen, jedoch nicht unter Emission von elektrischer Dipolstrahlung. Dies folgt allein aus der Tatsache, daß die Schrödinger–Gleichungen Gl.(5.123) für die beiden Komponenten der Lösung entkoppelt sind. Das elektrische Dipolmoment für diese Fälle ist identisch Null

$$< \vec{Q} > = -e < \vec{r} > = -e \int (\phi_1^*, 0) \vec{r} \begin{pmatrix} 0 \\ \phi_2 \end{pmatrix} d^3 r = 0 \,.$$

In Fig. 5.21 werden die Aufspaltungen und elektrischen Dipolübergänge beim Paschen–Back–Effekt im H–Atom für die Zustände $n = 1$ und $n = 2$ gezeigt und mit denen im Falle ohne oder mit einem schwachen Magnetfeld (anomaler Zeeman–Effekt) verglichen. Sie sind wie folgt gekennzeichnet

$$1S \qquad n = 1, l = 0, m = 0, m_s = \pm \tfrac{1}{2}$$

$$2P \qquad n = 2, l = 1, m = 0, \pm 1, m_s = \pm \tfrac{1}{2} \,.$$

Sie lassen sich nicht in der üblichen spektroskopischen Notation angeben, da Spin und Bahndrehimpuls beim Paschen–Back–Effekt nicht mehr koppeln. Der Gesamtdrehimpuls kann nicht angegeben werden. Die Energien der Terme nach Gl.(5.126) sind in Tabelle 5.2 für $n = 1$ und $n = 2$ zusammengefaßt. Die Größen $E_1'^0$ und $E_2'^0$ kennzeichnen die Schrödinger–Energien zuzüglich der relativistischen Korrektur der Zustände $n = 1$ und $n = 2$ gemäß $E_n'^0 = E_n^0 + E_2'(n)$. Die Größe a ist der konstante Faktor des Feinstrukturterms in Gl.(5.126). Wie aus der Tabelle ersichtlich ist, sind die

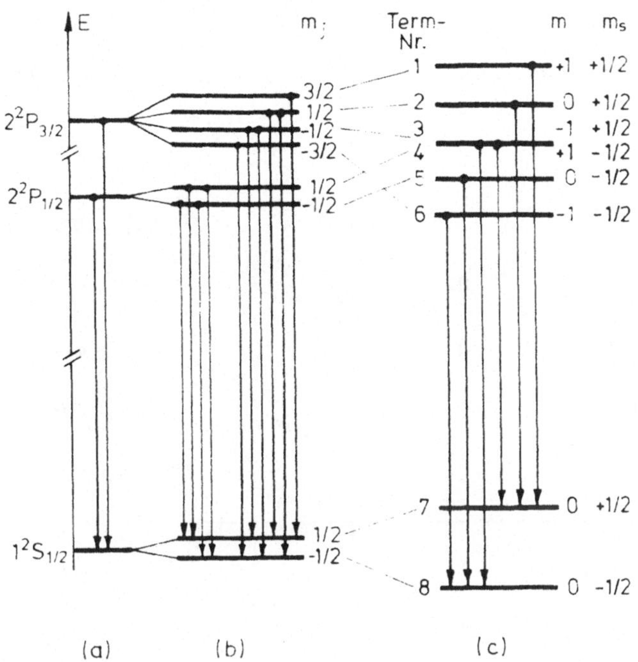

Fig. 5.21: *Termschema des H–Atoms. (a) ohne B-Feld, (b) anomaler Zeeman–Effekt, (c) Paschen–Back–Effekt, wobei die beiden Terme Nr. 3 und 4 zusammenfallen.*

beiden mittleren Terme zu $l = 1$ (Terme Nr. 3 und 4) um den gleichen Feinstrukturanteil verschoben und fallen daher zusammen (s. auch Fig. 5.21).

Nach den Auswahlregeln gibt es folgende Emissionslinien:

$$h\nu_{37} = \left(E_2''^0 - a/2\right) - \left(E_1''^0 + \beta B\right) = h\nu_0 - \beta B - a/2 \qquad \Delta m = -1$$
$$h\nu_{68} = \left(E_2''^0 - 2\beta B + a/2\right) - \left(E_1''^0 - \beta B\right) = h\nu_0 - \beta B + a/2 \qquad \Delta m = -1$$
$$h\nu_{58} = \left(E_2''^0 - \beta B\right) - \left(E_1''^0 - \beta B\right) = h\nu_0 \qquad \Delta m = 0$$
$$h\nu_{27} = \left(E_2''^0 + \beta B\right) - \left(E_1''^0 + \beta B\right) = h\nu_0 \qquad \Delta m = 0$$
$$h\nu_{48} = \left(E_2''^0 - a/2\right) - \left(E_1''^0 - \beta B\right) = h\nu_0 + \beta B - a/2 \qquad \Delta m = +1$$
$$h\nu_{17} = \left(E_2''^0 + 2\beta B + a/2\right) - \left(E_1''^0 + \beta B\right) = h\nu_0 + \beta B + a/2 \qquad \Delta m = +1 \,.$$

Die Indizes i, j bei den Frequenzen ν_{ij} bedeuten in Fig. 5.21 bzw. Tab. 5.2 die Übergänge von Term i nach Term j. Die Übergangsenergie $E_2''^0 - E_1''^0$ des H-Atoms von $n = 2$ nach $n = 1$ ist $h\nu_0$. Die beiden mittleren Linien fallen zusammen und bleiben unverschoben gegenüber dem Fall ohne B-Feld. Sieht man von der Feinstruktur $a/2$ ab, so erhält man im wesentlichen insgesamt nur die drei Linien $h\nu_0 + \beta B$, $h\nu_0$, $h\nu_0 - \beta B$, also die gleichen Linien wie beim normalen Zeeman-Effekt.

Das Übergangsgebiet zwischen schwachen und starken äußeren Feldern ist komplizierter zu beschreiben und soll hier nicht weiter erörtert werden. Bei schwachen Feldern

Term-Nr.	l	m	m_s	$m + 2m_s$	$m \cdot m_s$	$E_{n,l,m,m_s} = E_n'^0 + \beta B(m + 2m_s) + a \cdot m \cdot m_s$
1	1	1	$\frac{1}{2}$	2	$\frac{1}{2}$	$E_2'^0 + 2\beta B + a/2$
2		0	$\frac{1}{2}$	1	0	$E_2'^0 + \beta B$
3		-1	$\frac{1}{2}$	0	$-\frac{1}{2}$	$E_2'^0 - a/2$
4		1	$-\frac{1}{2}$	0	$-\frac{1}{2}$	$E_2'^0 - a/2$
5		0	$-\frac{1}{2}$	-1	0	$E_2'^0 - \beta B$
6		-1	$-\frac{1}{2}$	-2	$\frac{1}{2}$	$E_2'^0 - 2\beta B + a/2$
7	0	0	$\frac{1}{2}$	1	0	$E_1'^0 + \beta B$
8		0	$-\frac{1}{2}$	-1	0	$E_1'^0 - \beta B$

Tab. 5.2 : *Quantenzahlen und Energien der S– und P–Terme beim Paschen–Back–Effekt.*

haben wir den anomalen Zeeman–Effekt nach Fig. 5.19b, wobei die Terme durch die Quantenzahl m_j gekennzeichnet sind. Mit zunehmendem Feld spreizen die P–Terme zum Paschen–Back–Effekt auf. In Fig. 5.22 ist gezeigt, wie die Terme mit wachsendem B–Feld vom anomalen Zeeman–Effekt zum Paschen–Back–Effekt übergehen.

Erst bei sehr hohen Werten der magnetischen Induktion und für sehr hohe Quantenzahlen n macht sich der quadratische Zeeman–Effekt bemerkbar, der hier aber nicht behandelt wird.

5.3.6 * Der Stark–Effekt

Die Erscheinung des Zeeman–Effektes legt die Frage nahe, ob auch elektrische Felder zu einer Term– und somit zu einer Linienaufspaltung führen. In der Tat wurde dieser

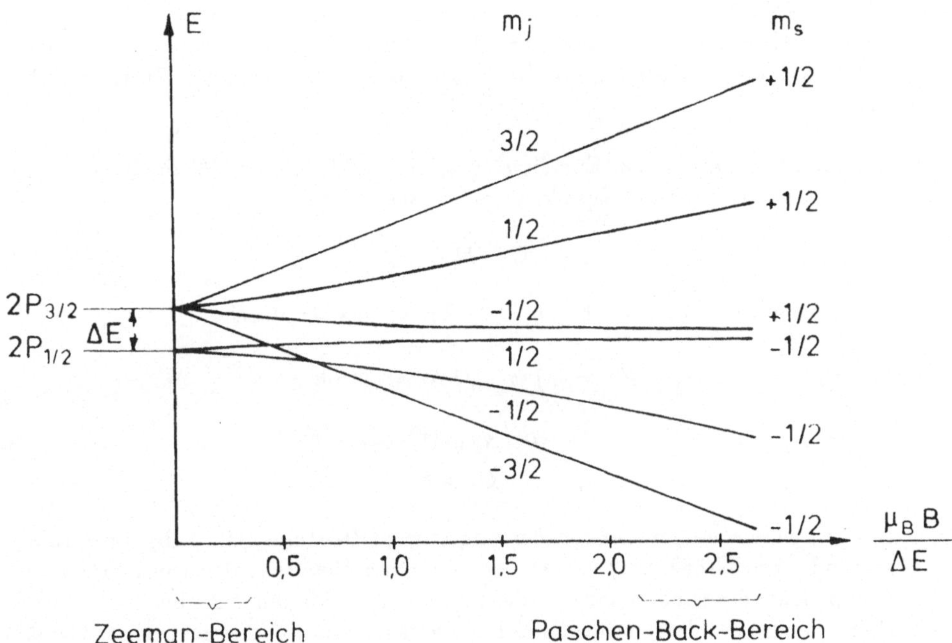

Fig. 5.22: *Energieaufspaltung der Terme* $2P_{1/2}$ *und* $2P_{3/2}$ *mit zunehmendem äußeren B–Feld.*

Effekt bereits im Jahr 1913 von Johannes Stark entdeckt und untersucht. Allerdings ist der Effekt selbst bei hohen Feldern äußerst klein, so daß er nur mit sehr hochauflösenden Interferometern beobachtet werden kann. Wegen experimentiertechnischer Schwierigkeiten hat er weit weniger Bedeutung als der Zeeman–Effekt. Da zudem die quantenmechanische Behandlung komplizierter ist als diejenige des Zeeman–Effektes, wird der Stark–Effekt nur vom Prinzip her und lediglich für den einfachsten Fall erläutert.

Der Effekt geht physikalisch auf die Wechselwirkung des elektrischen Feldes mit dem elektrischen Dipolmoment $\vec{Q}$ des Atoms zurück, das entweder aufgrund der Struktur des Atoms vorhanden ist, oder durch das Feld selbst induziert wird. Wir beschränken uns zunächst auf das Wasserstoffatom und lassen den Spin des Elektrons unberücksichtigt. Das Anlegen eines zeitlich und räumlich homogenen elektrischen Feldes $\vec{\mathcal{E}}$ in z–Richtung hat einen Zusatzterm zum Hamilton–Operator $\mathcal{H}_0$ des ungestörten Problems zur Folge

$$(5.134) \qquad \mathcal{H}' = -\vec{\mathcal{E}} \cdot \vec{Q} = \mathcal{E} \cdot ez \; .$$

z ist die z–Komponente des Elektron–Kern–Abstandes. Die Schrödinger–Gleichung für den Stark–Effekt lautet demnach beim H–Atom

$$\left(\frac{-\hbar^2}{2M_e}\Delta - \frac{Ze^2}{4\pi\epsilon_0 r} + e\mathcal{E}z \right) \phi(\vec{r}) = E\phi(\vec{r}) \ .$$

Wir wollen das Problem in störungstheoretischer Näherung lösen und müssen dabei, wie wir gleich sehen werden, verschiedene Fälle unterscheiden. Betrachten wir zunächst die Störungsrechnung 1.Ordnung im Grundzustand und in angeregten Zuständen des H–Atoms.

1. Grundzustand, $n = 1$. Die Energie E setzt sich aus der Energie E_1^0 des ungestörten Atoms Gl.(5.13) und der Zusatzenergie E_1' zusammen

$$E = E_1^0 + E_1' \ .$$

E_1' ist nach der Störungsrechnung 1. Ordnung gegeben durch

$$(5.135) \qquad \begin{aligned} E_1' &= \int \phi_{1,0,0}^*(\vec{r})\mathcal{H}'\phi_{1,0,0}(\vec{r})d^3r \\ &= e\mathcal{E}\int \phi_{1,0,0}(\vec{r})^* z\phi_{1,0,0}(\vec{r})d^3r \\ &= - <Q_z> \mathcal{E} \ . \end{aligned}$$

$\phi_{1,0,0}(\vec{r})$ ist die Wellenfunktion des ungestörten H–Atoms, Gl.(5.16), im Grundzustand. Die Größe $<Q_z>$ ist der quantenmechanische Ausdruck für die z-Komponente des Dipolmomentes, das uns bereits in Abschn. 5.2.1 bei der Untersuchung der Auswahlregeln für die elektrische Dipolstrahlung begegnet ist. Gemäß den dortigen Erläuterungen ist

$$<Q_z> = -e\int \phi_{1,0,0}^*(\vec{r})z\phi_{1,0,0}(\vec{r})d^3r = 0 \ .$$

Im Grundzustand des H–Atoms gibt es also in 1.Ordnung keinen Stark–Effekt.

2. Angeregte Zustände. Wir beschränken uns auf den Fall $n = 2$. Die Zustände des H–Atoms sind entartet[10]. Wir haben vier Wellenfunktionen $\phi_{n,l,m}$ des ungestörten Problems zur Energie E_2^0

$$\phi_{n,l,m} = \phi_{2,0,0}, \phi_{2,1,0}, \phi_{2,1,1}, \phi_{2,1,-1} \ .$$

Wir müssen die Störungsrechnung 1.Ordnung mit Entartung anwenden. Die Störenergien E_2' berechnen sich aus der Säkulargleichung (3.76). Hierzu haben wir zunächst die Matrixelemente des Störoperators H' zu bestimmen. Wir können uns dabei die Betrachtungen über die Auswahlregeln zur elektrischen Dipolstrahlung in Abschn. 5.2.1 zunutze machen, da es sich hier um die gleichen Integrale handelt

---

[10]Bei $n = 1$ war dies nicht der Fall. Ohne Berücksichtigung des Spins gibt es nämlich zu E_1^0 nur die Wellenfunktion $\phi_{1,0,0}(\vec{r})$.

wie dort. Anhand von Gl.(5.33) sehen wir, daß nur folgende zwei Matrixelemente von Null verschiedene Werte liefern.

$$
\begin{aligned}
A &= \int \phi_{2,0,0}^* \mathcal{H}' \phi_{2,1,0} d^3r = \int \phi_{2,1,0}^* \mathcal{H}' \phi_{2,0,0} d^3r \\
&= e\mathcal{E} \int R_{20}^*(r) R_{21}(r) r^3 dr \cdot \int Y_1^{0*}(\varphi,\vartheta) \cdot \cos\vartheta \cdot Y_0^0(\varphi,\vartheta) d\cos\vartheta d\varphi \\
&= -3e\mathcal{E}a_0 \qquad a_0 \text{ Bohrscher Radius.}
\end{aligned}
$$

Dabei wurde $\int_0^\infty x^n e^{-x} dx = n!$ für die Berechnung des ersten Integrals benutzt. Alle übrigen Matrixelemente verschwinden. Das bedeutet, daß nur die Zustände zu $m = 0$ durch das elektrische Feld verändert werden, während die Zustände zu $m = \pm 1$ unverändert bleiben. Infolge der Entartung besitzt also das H-Atom im angeregten Zustand $n = 2$, $m = 0$ ein elektrisches Dipolmoment. Die Säkulargleichung lautet nun

$$
\begin{vmatrix}
E_2' & -A & 0 & 0 \\
-A & E_2' & 0 & 0 \\
0 & 0 & E_2' & 0 \\
0 & 0 & 0 & E_2'
\end{vmatrix}
= E_2'^4 - E_2'^2 A^2 = 0 \ .
$$

Dies liefert die Störenergien

$$
\begin{aligned}
E_2' &= 0 \\
E_2' &= \pm A.
\end{aligned}
$$

Wir haben beim Stark–Effekt für $n = 2$ somit die drei Energien

(5.136)
$$
\boxed{
\begin{aligned}
E &= E_2^0 \\
E &= E_2^0 + 3e\mathcal{E}a_0 \ ,
\end{aligned}
}
$$

was anschaulich drei Einstellmöglichkeiten des elektrischen Dipolmomentes vom Betrag $3ea_0$ im Feld, parallel, antiparallel und senkrecht zum Feld widerspiegelt. Da E_2' proportional zu $\mathcal{E}$ ist, spricht man vom linearen Stark–Effekt. Fig. 5.23 veranschaulicht den Effekt.

Aus der Lösung der Säkulargleichung lassen sich die Koeffizienten c_i^0 in Gl.(3.71) ermitteln, welche die Wellenfunktionen zu den entsprechenden Energien angeben. Zu den Energien $E_2^0 + E_2' = E_2^0 \pm 3e\mathcal{E}a_0$ gehören die Wellenfunktionen

(5.137)
$$
\frac{1}{\sqrt{2}}(\phi_{2,0,0}(\vec{r}) \mp \phi_{2,1,0}(\vec{r})),
$$

und zu den unveränderten Energien E_2^0 gehören die Wellenfunktionen

(5.138)
$$
\phi_{2,1,1}(\vec{r}) \text{ und } \phi_{2,1,-1}(\vec{r}).
$$

Wie man sieht, beruht der lineare Stark–Effekt auf der l–Entartung der Zustände. Diese existiert nur beim Wasserstoffatom bzw. bei wasserstoffartigen Atomen. Bei

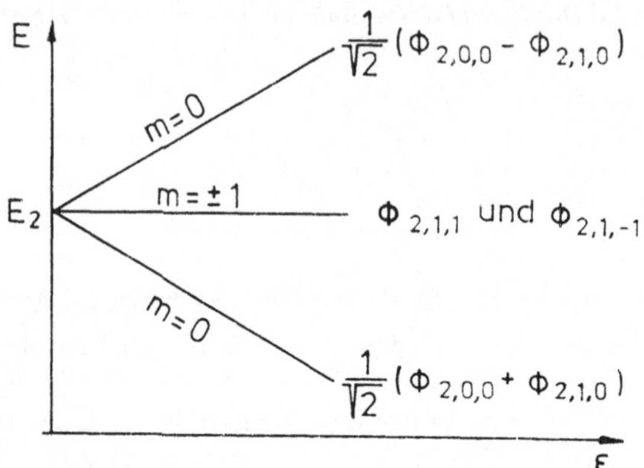

Fig. 5.23: *Aufspaltung der Niveaus $n = 2$ des H–Atoms beim Stark–Effek mit Angabe der Wellenfunktionen.*

Mehrelektronenatomen ist die l–Entartung aufgehoben, wie in Kap. 6 erläutert wird. Das bedeutet, daß $E_{n,l,m} \neq E_{n,l',m'}$ für $l \neq l'$ bei festem Wert von n. Es tritt dann kein linearer Stark–Effekt mehr auf.

Der lineare Stark–Effekt nimmt also insofern eine Sonderstellung ein, als er nur beim H–Atom beobachtet wird.

3. Wir wollen noch kurz das Ergebnis der Störungsrechnung 2.Ordnung andeuten. Nach Gl.(3.70) wird die Wellenfunktion für nicht-entartete Lösungen genähert durch

$$\phi(\vec{r}) = \phi_k(\vec{r}) + e\mathcal{E} \sum_{k' \neq k} \frac{\int \phi_{k'}^* z \phi_k d^3 r}{E_k - E_{k'}} \phi_{k'}(\vec{r}) \qquad \begin{matrix} k &=& (n,l,m) \\ k' &=& (n',l',m'). \end{matrix}$$

Betrachten wir den Grundzustand $k = (1,0,0)$

$$\phi(\vec{r}) = \phi_{1,0,0}(\vec{r}) + e\mathcal{E} \sum_{k' \neq k} \frac{\int \phi_{n',l',m'}^* z \phi_{1,0,0} d^3 r}{E_1 - E_{n'}} \phi_{n',l',m'}(\vec{r}) \ .$$

Wie sich leicht nachrechnen läßt, erhält man für das elektrische Dipolmoment hiermit den Ausdruck (es tragen nur die Zustände $l' = 1$, $m' = 0$ bei)

$$\begin{aligned} <Q_z> &=& -e \int \phi^*(\vec{r}) z \phi(\vec{r}) d^3 r \\ &=& 2e^2 \mathcal{E} \sum_{n=2} \frac{\left| \int \phi_{n,1,0}^* z \phi_{1,0,0} d^3 r \right|^2}{E_n - E_1} \\ &=& \alpha \mathcal{E} \qquad \text{mit } \alpha > 0 \ . \end{aligned}$$

Die Größe α heißt **Polarisierbarkeit**. Das Dipolmoment wird erst durch die Anwesenheit des elektrischen Feldes erzeugt und wächst linear mit dem Feld. Die

Zusatzenergie berechnet sich nach der Störungsrechnung 2. Ordnung zu

$$E' = e^2 \mathcal{E}^2 \sum_{n=2} \frac{\left|\phi_{n,1,0}^{*} z \phi_{1,0,0} d^3 r\right|^2}{E_1 - E_n} = -\frac{\alpha}{2}\mathcal{E}^2 \; ,$$

führt also zu einer Verminderung der Energie E. Wir haben es hier mit dem quadratischen Stark–Effekt zu tun. Dieser Effekt ist bei allen Mehrelektronenatomen zu beobachten im Gegensatz zum linearen Stark–Effekt beim H–Atom.

4. Der Stark–Effekt des H–Atoms kann näherungsfrei in parabolischen Koordinaten behandelt werden. Wir wollen hier jedoch nicht darauf eingehen.

Es gibt beim Stark–Effekt eine bemerkenswerte Erscheinung, welche die Behandlung nach der zeitunabhängigen Störungsrechnung etwas in Frage stellt. Betrachten wir die potentielle Energie des Elektrons im H–Atom in einem starken elektrischen Feld $\mathcal{E}$ längs der z–Richtung

$$V(z) = V_C(z) + V_{\mathcal{E}}(z) = \frac{-e^2}{4\pi\epsilon_0|z|} + e\mathcal{E}z \; .$$

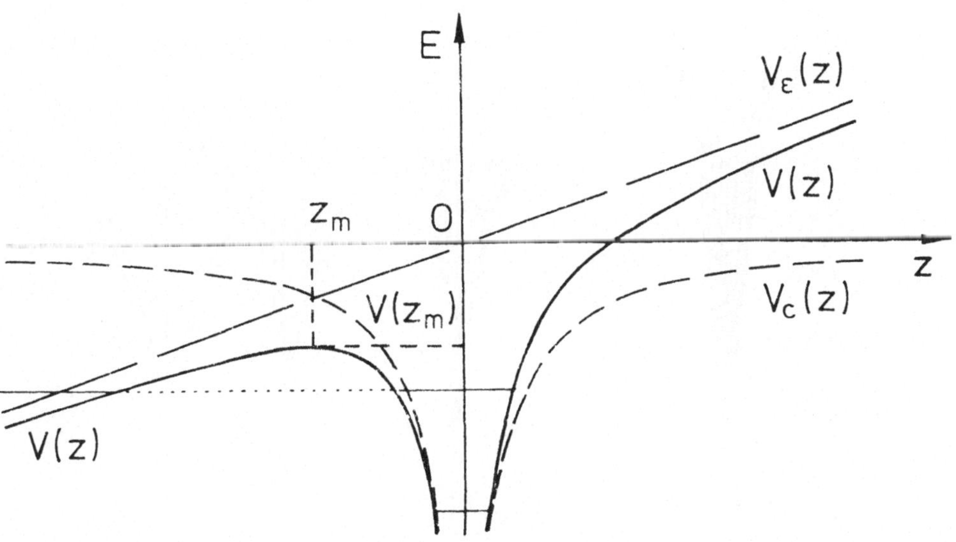

Fig. 5.24: *Potentielle Energie des Elektrons im Coulomb–Feld des Kerns $V_C(z)$ (kurz gestrichelt), im äußeren elektrischen Feld $V_{\mathcal{E}}(z)$ (lang gestrichelt) und in beiden zusammen $V(z)$ (durchgezogen).*

In Fig. 5.24 sind die beiden Terme der rechten Seite der Gleichung einzeln (der Coulomb–Term V_C kurz gestrichelt, der Feld–Term $V_{\mathcal{E}}$ lang gestrichelt) sowie die Summe beider, $V(z)$ (durchgezogen), graphisch aufgetragen. Der linke Ast von $V(z)$ hat ein Maximum bei

$$z_m = -\sqrt{\frac{e}{4\pi\epsilon_0\mathcal{E}}}$$

mit einem Wert von

$$V(z_m) = -e\sqrt{\frac{e\mathcal{E}}{\pi\epsilon_0}}\ .$$

Die Ionisierungsenergie des Atoms ist hiernach um den Wert $V(z_m)$ gegenüber dem feldfreien Fall herabgesetzt. Das Kontinuum der Energiezustände beginnt dann bereits oberhalb des Wertes von $V(z_m)$ und nicht erst oberhalb der Null-Linie.

Legt man für experimentelle Untersuchungen realisierbare Feldstärken von $10^8 V/m$ zugrunde, so findet man die Größenordnungen von $z_m \approx 4\cdot 10^{-9}m$ und $V(z_m) \approx -0,8eV$. Die Lage des Maximums befindet sich also durchaus im Bereich atomarer Dimensionen. Das bedeutet, daß das Elektron je nach Anregungszustand des Atoms eine beachtliche Wahrscheinlichkeit besitzen kann, den linken Bereich des Potentials zu durchtunneln (punktiert in Fig. 5.24), oder, falls das Anregungsniveau oberhalb von $V(z_m)$ liegt, das Atom spontan zu verlassen. Anschaulich gesprochen gelingt es dem Feld, das Elektron aus dem Atom herauszuziehen (Feldionisation).

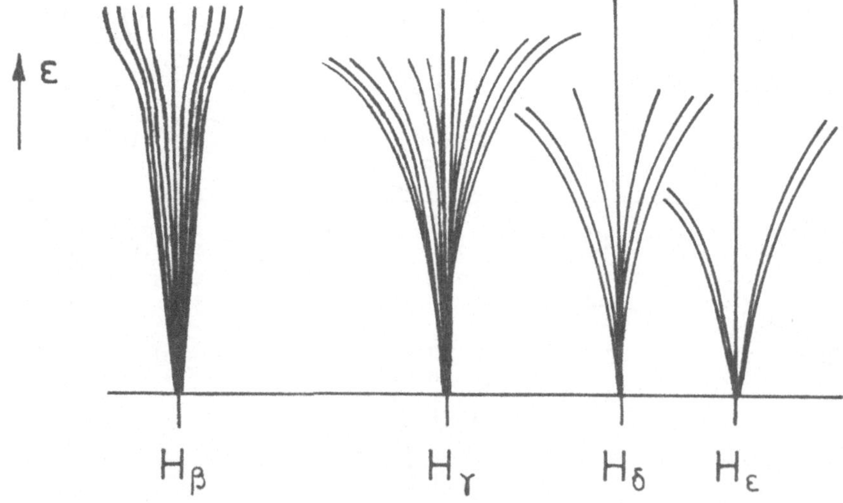

Fig. 5.25: *Die Aufspaltung von Linien des H–Atoms im elektrischen Feld. Nach H.Rausch v.Traubenberg, Naturwissenschaften 18 (1930) 417.*

Streng genommen gibt es also überhaupt keine gebundenen Zustände beim Stark–Effekt. Sie zerfallen durch Feldionisation mit einer vom Anregungszustand abhängigen Lebensdauer. Die Folge hiervon ist eine Verbreiterung der natürlichen Linienbreite der Spektrallinien (s. Abschn. 6.6.2). Für tiefliegende Zustände und nicht zu starke Felder sind die Lebensdauern der Niveaus jedoch so lang, daß sie praktisch als gebunden betrachtet werden können. Die Anwendung der Störungsrechnung ist in diesen Fällen unproblematisch.

In Fig. 5.25 sind die Aufspaltungen der Spektrallinien H_β, H_γ, H_δ, H_ϵ der Balmer-Serie des H-Atoms gezeigt, gewonnen mit einem Prismenspektrographen. Der Feldanstieg längs der auseinanderlaufenden Spektrallinien wurde durch starke Schiefstellung der Elektrodenplatten erreicht, längs derer bzw. zwischen denen sich das verwendete Entladungsrohr, d.h. die auf den Spektrographen-Eingangsspalt abgebildete Lichtquelle befand. Es wurden Feldstärken von bis zu $1,4 \cdot 10^8$ V/m erreicht.

5.3.7   * Die Elektronenspinresonanz (ESR)

Wir knüpfen an die induzierte Emission bzw. Absorption an (Abschn. 5.2), wo wir gelernt haben, daß Übergänge zwischen zwei Zuständen E_n und E_j eines Atoms durch Einstrahlung von Photonen erzwungen werden können, wenn zwei Grundforderungen erfüllt sind:

- die Energie des Quants $h\nu$ muß zum Termabstand $E_n - E_j$ passen (Resonanzbedingung),

- die Auswahlregeln für die entsprechende Strahlung müssen erfüllt sein; z.B. für die elektrische Dipolstrahlung: $\Delta l = \pm 1$, $\Delta j = 0, \pm 1$ und $\Delta m_j = 0, \pm 1$.

Wir hatten in Abschn. 5.2 die induzierten Übergänge allerdings nur auf die Wirkung des elektrischen Feldvektors der einfallenden Welle beschränkt mit der Begründung, daß der Einfluß des magnetischen Feldvektors vernachlässigt werden kann. Bleibt nun die Überlegung, was geschieht, wenn die Auswahlregeln für elektrische Dipolstrahlung nicht erfüllt sind, sondern nur diejenigen der magnetischen Dipolstrahlung, $\Delta l = 0$, $\Delta j = 0$, $\Delta m_j = \pm 1$, im übrigen aber die Energie des eingestrahlten Quants gleich der Energiedifferenz der beiden betrachteten Terme ist. Wir haben bereits aus Fig. 5.6 gelernt, daß die magnetische Dipolstrahlung im klassischen Bild aus der Oszillation eines magnetischen Momentes einer Drahtschleife, analog dazu beim Atom aus der Umorientierung des magnetischen Momentes des Elektrons verstanden werden kann. Man kann demnach davon ausgehen, daß es auch möglich sein sollte, magnetische Dipolübergänge zu induzieren, wobei eine Umorientierung von magnetischen Momenten zu erwarten ist.

Magnetische Dipolübergänge gemäß den oben angegebenen Auswahlregeln sind bei festem n nur möglich, wenn die m_j-Entartung aufgehoben wird, zum Beispiel dadurch, daß man ein konstantes äußeres B-Feld anlegt.

Betrachten wir Fig. 5.26, wo die Zeeman-Aufspaltungen der beiden Zustände $1S_{1/2}$ und $2P_{3/2}$ des Wasserstoffatoms dargestellt sind. Auf der Abszisse ist die magnetische Induktion B_0 aufgetragen. Der $1S_{1/2}$-Zustand spaltet in zwei, der $2P_{3/2}$-Zustand in

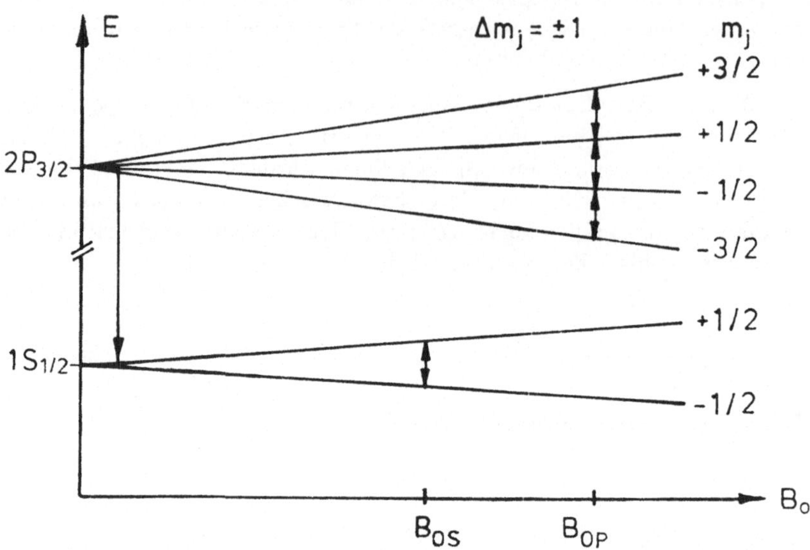

Fig. 5.26: *Induzierte magnetische Dipolübergänge.*

vier Terme auf, wobei jeweils die z–Komponente m_j des Gesamtdrehimpulses angegeben ist. Der lange Pfeil links kennzeichnet den elektrischen Dipolübergang gemäß den entsprechenden Auswahlregeln. Zwischen den $1S$–Zuständen untereinander einerseits bzw. zwischen den $2P$–Zuständen andererseits sind keine elektrischen Dipolübergänge möglich, wohl aber magnetische Dipolübergänge. Sie sind in Fig. 5.26 durch Doppelpfeile gekennzeichnet.

Die Auswahlregel $\Delta m_j = \pm 1$ für magnetische Dipolübergänge bedeutet eine Orientierungsänderung des magnetischen Moments des Elektrons. Beim $1S_{1/2}$–Zustand fehlt das Bahnmoment, so daß sich die Umorientierung am Spinmoment des Elektrons vollzieht. Man spricht von Umklappen des Elektronenspins oder vom **Spinflip**.

Der Vorgang der induzierten Absorption oder Emission magnetischer Dipolstrahlung mit der Folge der Umorientierung von magnetischen Momenten von Elektronen heißt Elektronenspinresonanz (ESR).

Wir betrachten die induzierte Absorption. Die Energien der beiden aufgespaltenen $S_{1/2}$–Zustände sind (s. Abschn. 5.3.4, Gl.(5.120))

$$E_{S_{1/2}} = E_1 + g_s \beta B_0 m_s,$$

E_1 Energie des Grundzustandes beim ungestörten H–Atom, $m_s = \pm 1/2$.

Der Übergang wird induziert, wenn das eingestrahlte Quant die Energie ΔE hat

$$(5.139) \quad h\nu = \Delta E = E_{m_s=+1/2} - E_{m_s=-1/2} = g_s \beta B_0 = 2\beta B_0 \quad \text{für} \quad g_s = 2 \ .$$

Entsprechendes gilt für die $P_{3/2}$-Zustände

$$E_{P_{3/2}} = E_2 + g_j \beta B_0 m_j,$$

E_2 Energie des Zustandes $n = 2$ beim ungestörten H–Atom,

$$m_j = 3/2, 1/2, -1/2, -3/2,$$

$$\Delta E = g_j \beta B_0 = \frac{4}{3} \beta B_0 \quad \text{mit} \quad g_j = \frac{j + 1/2}{l + 1/2} = \frac{4}{3}.$$

Für eine eingestrahlte Frequenz beispielsweise von $\nu = 10\,\text{GHz}$ ($\lambda = 3\,\text{cm}$) erfolgen die Übergänge bei einem Feld von $B_{0S} = 0{,}36\,\text{T}$, bzw. $B_{0P} = 0{,}54\,\text{T}$ (s. Fig. 5.26). An der Größenordnung der Wellenlängen ist zu erkennen, daß die Messung solcher Übergänge in das Gebiet der Mikrowellenspektroskopie gehört.

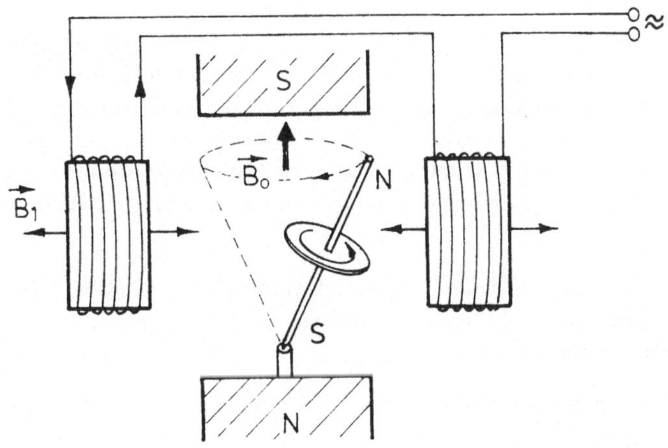

Fig. 5.27: *Klassisches Modell der Elektronenspinresonanz.*

Die ESR läßt sich an einem mechanischen Modell veranschaulichen (Fig. 5.27). Betrachtet man einen um seine Längsachse rotierenden Stabmagneten in einem zeitlich und räumlich konstanten Feld $\vec{B}_0$ (vertikaler Pfeil in Fig. 5.27), so stellt dieser einen Kreisel dar, der eine Präzessionsbewegung mit der Kreisfrequenz ω_0 um die Feldrichtung vollführt. Zusätzlich schaltet man senkrecht zu $\vec{B}_0$ ein konstantes Feld $\vec{B}_1$ hinzu, welches räumlich mit der Kreisfrequenz ω gleichsinnig mit dem Kreisel um die Richtung $\vec{B}_0$ rotiert. Betrachtet man das über eine Periode von ω_0 zeitlich gemittelte Verhalten des Kreisels, so wird das Feld $\vec{B}_1$ nur unwesentlich Einfluß haben, solange ω sehr verschieden von ω_0 ist. In diesen Fällen ändert sich, vom Kreiselsystem aus gesehen, die Richtung des Feldes $\vec{B}_1$ sehr rasch und die Wirkung von $\vec{B}_1$ hebt sich im zeitlichen Mittel auf. Im Resonanzfall $\omega = \omega_0$ jedoch weist das Feld $\vec{B}_1$ vom rotierenden Kreisel aus gesehen stets in die gleiche Richtung. Im Kreiselsystem präzediert die Figuren-achse um die Feldrichtung von $\vec{B}_1$, was eine periodische Änderung des Neigungswinkels gegenüber der Feldrichtung von $\vec{B}_0$ bedeutet. Das Modell funktioniert auch, wenn, wie in Fig. 5.27 gezeigt ist, lediglich ein Spulenpaar zur Erzeugung des Wechselfeldes $\vec{B}_1$ einander gegenüber angeordnet wird. $\vec{B}_1$ läßt sich aus zwei im entgegengesetztem Drehsinn um $\vec{B}_0$ rotierende Felder zusammengesetzt denken, wobei für die Änderung des Neigungswinkels nur die mit dem Kreisel gleichsinnig rotierende Feldkomponente maßgeblich ist. Diese Zerlegung des Feldes ist analog zu derjenigen linear polarisierten Lichts in eine rechts- und eine linkszirkular polarisierte Komponente.

Die klassische Beschreibung des makroskopischen Modells führt auf die sogenannten Blochschen Gleichungen, die hier jedoch nicht behandelt werden sollen.

Die Übertragung dieser Vorstellung auf das Atom ist einfach. Besitzt das Atom ein magnetisches Moment $\vec{\mu}_j$, so präzediert dieses um die Feldrichtung von $\vec{B}_0$ mit der Larmor–Frequenz

$$(5.140) \qquad\qquad \omega_L = g_j \frac{\beta B_0}{\hbar} \ .$$

Die Einkopplung eines senkrecht zu $\vec{B}_0$ und um dessen Richtung rotierenden $\vec{B}_1$–Feldes kann durch die Einstrahlung zirkular polarisierten Lichts mit richtigem Drehsinn verifi-ziert werden. Auch linear polarisiertes Licht läßt sich wie oben gesagt verwenden. Der periodischen Änderung des Neigungswinkels im klassischen Modell entspricht quanten-mechanisch dem diskreten Übergang $\Delta m_j \neq 0$, also einem Wechsel des Energiezustan-des.

Die ESR, im Jahr 1945 von dem russischen Physiker Zavoisky erstmals beobachtet, hat in den letzten Jahrzehnten erheblich an Bedeutung gewonnen. Die wichtigsten Anwendungsfelder sind:

- Präzisionsmessungen des g–Faktors von Atomen und des Elektrons,

- Untersuchung von paramagnetischen Zuständen in der Festkörperphysik und der Chemie,

- Bestimmung der räumlichen Verteilung von Elektronen in Molekülen zusammen mit Hilfe der Hyperfeinstruktur (s. Abschn. 5.4.3).

Fig. 5.28 zeigt die prinzipielle Anordnung einer ESR–Apparatur. Die Probe befindet sich in einem Hohlraumresonator im $\vec{B}_0$–Feld zwischen den Pohlschuhen des Magneten, dessen Stärke variiert werden kann.

Die Mikrowellen von ca. $3\,cm$ Wellenlänge werden in einem Klystron erzeugt und über einen Hohlleiter in den Hohlraumresonator geleitet. Die Amplitude des Mikro-wellensignals wird über eine Diode am Oszillographen beobachtet. Da eine Variation der Klystronfrequenz technisch schwierig ist, wird stattdessen bei fester Frequenz des Klystrons die Stärke des $\vec{B}_0$–Feldes verändert. Hierzu wird das $\vec{B}_0$–Feld z.B. durch das Feld einer (in Fig.5.28 nicht gezeigten) Hilfsspule moduliert, und die Modulation auf die x-Ablenkung des Oszillographen gegeben. Erreicht man bei einem bestimmten Wert

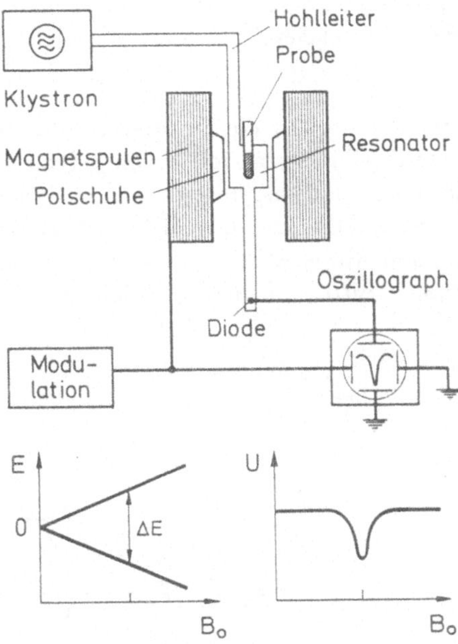

Fig. 5.28: *Anordnung einer ESR–Apparatur. Aus H. Haken, H.C. Wolf, Atom- und Quantenphysik, 6. Aufl., Springer-Verlag, Berlin Heidelberg New York 1996, Abb. 13.3*

von B_0 die Resonanz $\omega = \omega_0$, so wird ein Teil der Energie der Quanten in Übergänge gepumpt, so daß sich die Amplitude des Diodensignals verringert. Im unteren Teil von Fig. 5.28 ist links das Aufspaltungsbild eines Terms und rechts die Amplitude U des Diodensignals in Abhängigkeit von der Stärke des B_0-Feldes gezeigt.

Die Genauigkeit der ESR–Messungen zeigt sich zum Beispiel an der Bestimmung des g-Faktors des Elektrons. Besteht die Probe aus Atomen, deren Drehimpuls nur durch den Spin des äußersten Elektrons gegeben ist, so gilt nach Gl.(5.139)

$$g_s = \frac{h\nu}{\beta B_0} \,.$$

Ein Experiment von Robert Beringer und Mark A.Heald im Jahr 1954 lieferte den Wert

$$g_s = 2,002\ 296 \pm 0,000\ 012 \,.$$

Die Abweichung des g-Faktors des Elektrons von dem mehrfach erwähnten Wert 2 bedeutet, daß das magnetische Moment des Elektrons nicht exakt gleich einem Bohrschen Magneton ist. Es besitzt zu einem Anteil von etwa $0,1\%$ ein anomales magnetisches Moment. Diese Erscheinung ist zunächst überraschend, liefert doch die Dirac–Theorie den exakten Wert $g_s = 2$. Die Abweichung wird erst durch die Quantenelektrodynamik erklärt. Die modernen Präzisionsexperimente zum anomalen Teil des magnetischen

Moments ($g - 2$ Experimente, Abschn. 5.4.1) liefern Werte für $g_s - 2$, die innerhalb der Fehlergrenzen mit dem aus der Quantenelektrodynamik theoretisch berechneten Wert übereinstimmen.

Ein sehr elegantes Verfahren der ESR ist die **Doppelresonanzmethode**. Hierbei wird der induzierte magnetische Dipolübergang mit einem induzierten elektrischen Dipolübergang gekoppelt mit der Folge, daß das Meßsignal im optischen Bereich liegt, wo wesentlich empfindlichere Nachweismethoden zugänglich sind. Dieses Verfahren wurde im Jahr 1950 von Jean Brossel und Alfred Kastler vorgeschlagen und erstmals im Jahr 1952 von Jean Brossel und Francis Bitter genauer beschrieben.

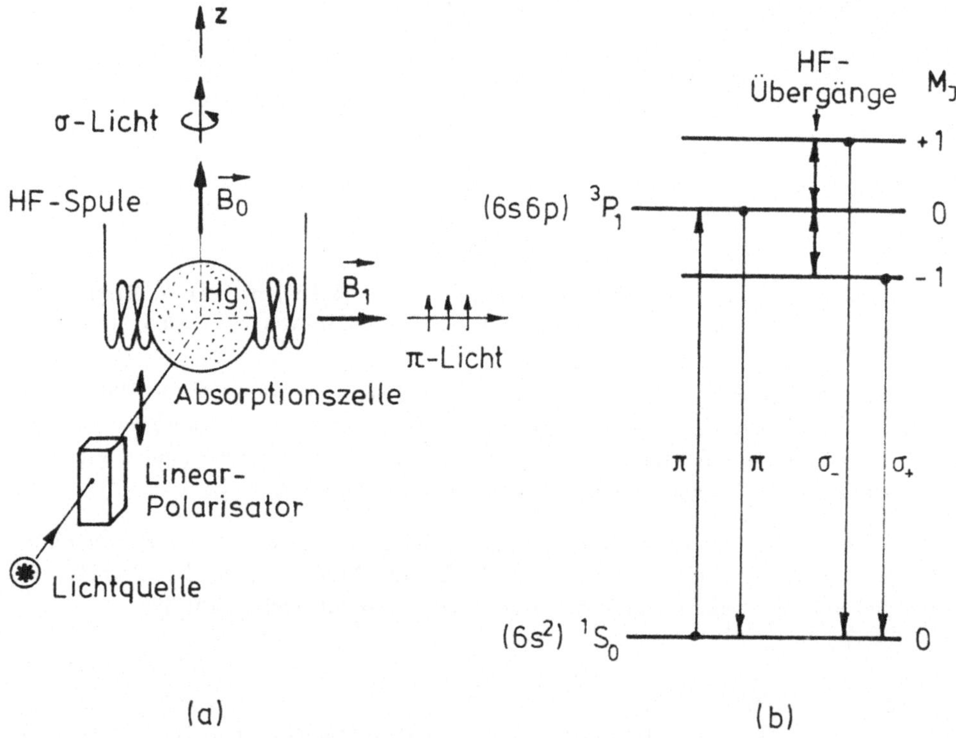

Fig. 5.29: *Schematische Anordnung und Termschema bei der Doppelresonanzmethode.*

Man arbeitet z.B. mit neutralem Quecksilber, dessen Atome außerhalb des Atomrumpfes, also auf der äußeren Schale, zwei Elektronen haben. Im Grundzustand ist der Gesamtdrehimpuls $J = 0$ und im ersten angeregte Zustand $J = 1$, wobei nur eines der beiden Elektronen angeregt wird. Der Quecksilberdampf wird in einer Absorptionszelle einem äußeren, konstanten $\vec{B_0}$-Feld ausgesetzt (Fig. 5.29a). In Fig. 5.29b ist das Termschema gezeigt. Der Zustand mit dem Gesamtdrehimpuls $J = 1$ der beiden Elektronen spaltet in drei Komponenten mit den Quantenzahlen $M_J = 0, \pm 1$ auf. Die Probe wird nun mit linear polarisiertem Licht der Wellenlänge $\lambda = 253,7 nm$ bestrahlt. Die Polarisationsrichtung, d.h. die Richtung des $\vec{E}$-Feldes der Strahlung, ist die z-Achse. Der elektrische Feldvektor liegt also parallel zu $\vec{B}_0$, der magnetische senkrecht dazu. Die Wellenlänge entspricht genau dem Niveauabstand vom Grundzustand zum ersten angeregten Zustand, so daß nach den Überlegungen in Abschn. 5.2.2 elektrische Dipolübergänge nur in den angeregten Zustand mit $M_J = 0$ induziert werden. Die angeregten Atome können spontan mit einer mittleren Lebensdauer von $10^{-7} s$ in den Grundzustand zurückfallen. Diese Zeit reicht jedoch aus, um vorher mit Hilfe einer um die Probe liegenden Hochfrequenzspule ein variables $\vec{B}_1$-Feld senkrecht zu $\vec{B}_0$ zu erzeugen, und somit magnetische Dipolübergänge mit $\Delta M_J = \pm 1$ zu induzieren, sodaß im angeregten Zustand die Niveaus mit $M_J = \pm 1$ besetzt werden (Doppelpfeile in Fig. 5.29b). Ein solcher Mechanismus wird **optisches Pumpen** genannt. Das durch Übergänge aus diesen Niveaus erzeugte Licht (Fig. 5.29b) ist nach den Überlegungen von Abschn. 5.2.1 zirkular polarisiert bei Emission in z-Richtung (σ-Komponenten) und linear polarisiert bei Emission senkrecht zur z-Achse. Das von Übergängen aus $M_J = 0$ Zuständen stammende Licht hingegen ist linear polarisiert (π-Komponenten). Es wird nicht in z-Richtung, sonst aber in alle Richtungen ausgesandt. Mißt man also das Licht in Richtung der z-Achse, so registriert man nur dann Photonen, wenn σ-Komponenten vorhanden sind, also Übergänge aus den $M_J = \pm 1$-Zuständen stattfinden.

Der Nachweis magnetischer Dipolstrahlung ist somit in den optischen Bereich verlagert und gestattet die Untersuchung der Zeeman-Niveaus auch ohne die sonst erforderliche spektrale Auflösung. Doppelresonanz-Verfahren dieser Art haben in den letzten Jahrzehnten große Bedeutung in der Spektroskopie erlangt.

Wir wollen abschließend zu diesem Abschnitt den Ansatz für die quantenmachanische Behandlung der Elektronenspinresonanz erlautern. Wir knüpfen wie üblich an die Schrödinger-Gleichung an (s. Gl.(5.115))

$$(5.141) \quad i\hbar \frac{\partial}{\partial t} \begin{pmatrix} \psi_1(\vec{r},t) \\ \psi_2(\vec{r},t) \end{pmatrix} = (\mathcal{H}_0 + \mathcal{H}_1 + \mathcal{H}_2 + \mathcal{H}_3 + V(\vec{r},t)) \begin{pmatrix} \psi_1(\vec{r},t) \\ \psi_2(\vec{r},t) \end{pmatrix} .$$

Die einzelnen Terme des Hamilton-Operators sind

$$\begin{aligned}
\mathcal{H}_0 \quad & \text{ungestörtes Problem,} \\
\mathcal{H}_1 \quad & \text{Spin-Bahn-Wechselwirkung,} \\
\mathcal{H}_2 \quad & \text{relativistische Korrektur,} \\
\mathcal{H}_3 \quad & \text{Wechselwirkung von } \vec{\mu}_l \text{ und } \vec{\mu}_s \text{ mit dem } \vec{B}_0\text{-Feld,} \\
V(\vec{r},t) = & -(\vec{\mu}_l + \vec{\mu}_s)\vec{B}_1 \quad \text{Wechselwirkung von } \vec{\mu}_l \text{ und } \vec{\mu}_s \\
& \text{mit dem zeitlich variablen } \vec{B}_1\text{-Feld.}
\end{aligned}$$

Das $\vec{B}_0$-Feld liegt parallel zur z-Achse, das $\vec{B}_1$-Feld senkrecht dazu

$$\vec{B}_0 = (0, 0, B_0)$$

$$\vec{B}_1 = (B_x, B_y, 0)$$
$$= (B_1 \cos \omega t, B_1 \sin \omega t, 0).$$

Betrachten wir wiederum als einfachsten Fall das Wasserstoffatom im Grundzustand, also $l = 0$, so daß sich die Wechselwirkung $V(\vec{r}, t)$ auf den Ausdruck

$$V(\vec{r}, t) = g_s \frac{\beta}{\hbar} \vec{s} \vec{B}_1$$

reduziert. Magnetische Dipolübergänge können dann zwischen den beiden Zuständen $m_s = \pm 1/2$ induziert werden. Mit den Spin–Matrizen Gl.(4.33) lautet Gl.(5.141) dann explizit

$$i\hbar \frac{\partial}{\partial t} \begin{pmatrix} \psi_1(\vec{r}, t) \\ \psi_2(\vec{r}, t) \end{pmatrix} = \left[\left(-\frac{\hbar^2}{2M_e} \Delta - \frac{Ze^2}{4\pi\epsilon_0 r} - \frac{1}{2M_e c^2} \left(E + \frac{Ze^2}{4\pi\epsilon_0 r} \right)^2 \right) \begin{pmatrix} 1 & 0 \\ 0 & 1 \end{pmatrix} \right.$$

$$(5.142) \qquad \left. + \beta B_0 \begin{pmatrix} 1 & 0 \\ 0 & -1 \end{pmatrix} + \beta \begin{pmatrix} 0 & B_x - iB_y \\ B_x + iB_y & 0 \end{pmatrix} \right] \begin{pmatrix} \psi_1(\vec{r}, t) \\ \psi_2(\vec{r}, t) \end{pmatrix}.$$

Bei Gl.(5.142) handelt es sich um zwei gekoppelte Differentialgleichungen für die beiden Komponenten $\psi_1(\vec{r}, t)$ und $\psi_2(\vec{r}, t)$ der Wellenfunktion. Die Kopplung ist Ausdruck dafür, daß Übergänge zwischen den beiden Zuständen $m_s = +1/2$ und $m_s = -1/2$ möglich sind. Wie man sieht, verschwindet die Kopplung, sobald das $\vec{B}_1$-Feld gleichfalls in die Richtung der z–Achse weist ($B_x = B_y = 0$, $B_z \neq 0$). In diesem Fall gäbe es keine Übergänge zwischen den beiden Zuständen. Das variable $\vec{B}_1$-Feld muß also eine Komponente senkrecht zu $\vec{B}_0$ haben, damit magnetische Dipolübergänge induziert werden können.

Eine relativ einfache Lösung von Gl.(5.142) läßt sich finden, wenn man nur den Resonanzfall $\omega = \omega_L = g_s \beta B_0 / \hbar$ betrachtet. Die vollständige Rechnung und Diskussion sei dem Leser als Übungsaufgabe überlassen.

5.4   Experimente von extrem großer Genauigkeit

In diesem Abschnitt werden einige Verfahren erläutert, die es gestatten, bestimmte physikalische Größen mit sehr großer Genauigkeit zu messen bzw. äußerst eng beieinanderliegende spektroskopische Linienstrukturen aufzulösen. In Abschn. 5.4.1 handelt es sich um die Präzisionsbestimmung des g–Faktors des Elektrons und im Abschn. 5.4.2 wird die Messung extrem kleiner Terme des Wasserstoffatoms, die sogenannte Lamb-Verschiebung, besprochen. Danach wenden wir uns schließlich der Hyperfeinstruktur zu, einer Bezeichnung für die extrem kleine Aufspaltung atomarer Spektrallinien, die von der Wechselwirkung der Atomhülle mit dem Kern herrührt. Diese Experimente von extrem großer Genauigkeit zählen zu den wichtigsten Methoden zur Überprüfung der Quantenelektrodynamik (QED)[11].

5.4.1 * g − 2-Experimente

Es gibt mehrere Gründe, weshalb man den g–Faktor des Elektrons möglichst genau kennen möchte. Die Eigenschaften des Elektrons werden durch vier Größen bestimmt: Die elektrische Ladung, die Masse, der Spin und das magnetische Moment. Nach Gl.(5.85) sind diese Größen durch den g–Faktor miteinander verknüpft. Präzisionsmessungen des g–Faktors liegen also im grundsätzlichen Interesse. Darüber hinaus ist die Präzisionsbestimmung des g–Faktors für die Überprüfung der Quantenelektrodynamik von fundamentaler Bedeutung, wie anfangs bereits erwähnt wurde.

Die quantitative Behandlung der Quantenelektrodynamik ginge weit über den Rahmen dieses Textes hinaus. Doch soll zumindest die anschauliche Interpretation ihrer Beschreibungsmethode angedeutet werden.

Es zeigt sich, daß die elektromagnetische Wechselwirkung durch den Austausch von Quanten des elektromagnetischen Feldes, also von Photonen, zustande kommt. Bereits für ein einzelnes geladenes Teilchen stellt man sich vor, daß es ständig Photonen emittiert und reabsorbiert (Fig. 5.30).

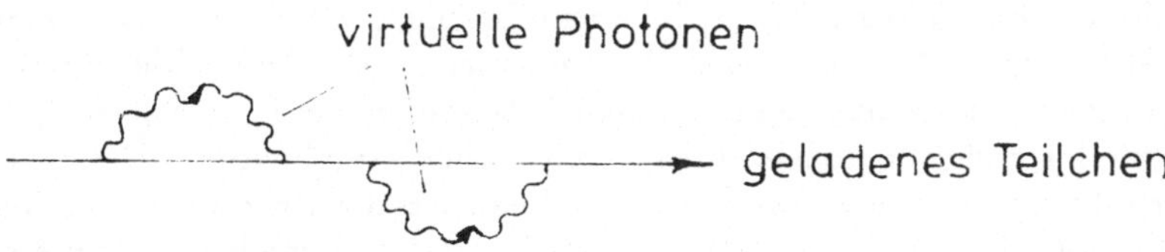

Fig. 5.30: *Emission und Reabsorption virtueller Photonen bei einem geladenen Teilchen.*

Um diesen Vorgang zu verstehen, erinnern wir uns an die Heisenbergsche Unschärferelation $\Delta E \cdot \Delta t = \hbar$, wonach innerhalb sehr kurzer Zeit Δt der Energiesatz verletzt

[11]Nach V.W.Hughes, Muonium, Zeitschrift für Physik C–Particles and Fields 56 (1992) 35, gehören folgende 4 Experimente zu den genauesten Tests der QED. 1) die $g − 2$-Experimente des Elektrons, 2) die Lamb-Verschiebung beim H–Atom für den Übergang $2^2 S_{1/2} \rightarrow 2^2 P_{1/2}$, 3) die Hyperfeinstruktur des Myoniums und 4) die $g − 2$-Experimente des Myons.

werden darf. Die emittierten Photonen werden nicht vom Teilchen abgestrahlt, sondern nach der Zeit Δt reabsorbiert. Im Gegensatz zu reellen Photonen, die sich von einem Wechselwirkungspunkt frei ausbreiten, spricht man hier von **virtuellen Photonen**. Werden in einem Experiment zwei geladene Teilchen aneinander gestreut, so wird die Wechselwirkung ebenfalls durch den Austausch von Photonen bewirkt.

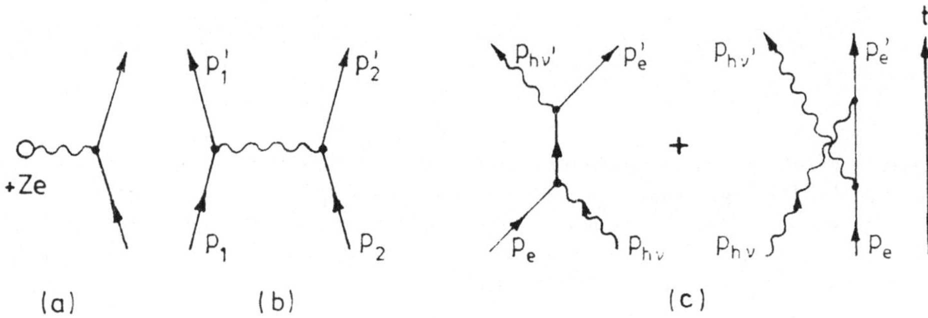

Fig. 5.31: *Feynman–Graphen. a) Bindung eines Elektrons an den Kern. b) Coulomb–Streuung zweier geladener Teilchen. c) Der Compton–Effekt. Geladene Teilchen sind durch gerade Linien, Photonen durch gewellte Linien symbolisiert.*

Der Physiker Richard P. Feynman hat ein Verfahren entwickelt, demzufolge alle Prozesse der elektromagnetischen Wechselwirkungen durch Graphen veranschaulicht werden können. Diese Graphen symbolisieren gleichzeitig die Rechenvorschriften, nach denen die Wahrscheinlichkeit für einen Prozeß in Störungsrechnung berechnet werden kann. Fig. 5.31a zeigt den Feynman–Graphen für die Bindung eines Elektrons (Pfeile) an den Kern. Fig. 5.31b gibt die Feynman–Graphen für die Streuung zweier geladener Teilchen unter Austausch eines Photons wieder, was die niedrigste Ordnung der Störungsrechnung darstellt und den größten Anteil zu diesem Prozeß liefert. Elektronen werden durch gerade, Photonen durch gewellte Linien symbolisiert. Die Teilchen werden durch ihre Impulse gekennzeichnet. Die Zeitachse der Prozesse ist von unten nach oben gerichtet. Fig. 5.31c zeigt den in Abschn. 1.1.3 behandelten Compton–Effekt, d.h. die Streuung von Photonen an Elektronen in entsprechender Darstellungsweise. Hierbei gibt es zwei Möglichkeiten, nach denen die Compton–Streuung ablaufen kann. Im ersten Graphen von Fig. 5.31c wird das ankommende Photon der Energie $h\nu$ vom Elektron absorbiert und kurze Zeit darauf das Photon $h\nu'$ emittiert. Im zweiten Graphen wird das Photon $h\nu'$ bereits emittiert, bevor kurze Zeit später erst das Photon $h\nu$ absorbiert wird, ein Vorgang, der wiederum im Rahmen der Unschärferelation zugelassen werden muß. Beide Graphen tragen in der quantitativen Behandlung als additive Amplituden zum differentiellen Wirkungsquerschnitt der Compton–Streuung bei.

Nach diesen Vorbemerkungen betrachten wir einige Graphen höherer Ordnung, die sowohl zur geringfügigen Abweichung des g–Faktors des Elektrons vom Dirac–Wert 2

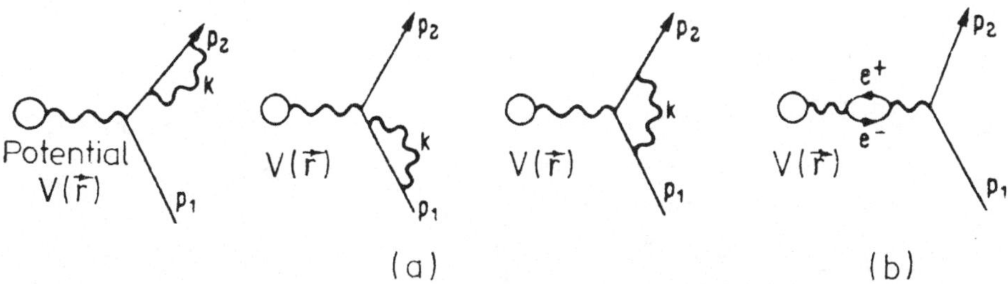

Fig. 5.32: *Feynman–Graphen höherer Ordnung. a) Vertexkorrekturen, b) Vakuum-polarisation.*

beitragen als auch für die im Abschn. 5.4.2 zu besprechende Lamb–Verschiebung wesentliche Anteile liefern. Die als Vertexkorrekturen bezeichneten ersten drei Graphen Fig. 5.32a verkörpern jeweils die Emission und Reabsorption eines virtuellen Photons von einem geladenen Teilchen, z.B. Elektron, unter dem Einfluß eines Potentials bei sehr kleinen Abständen. Die damit verbundenen kurzfristigen Impulsänderungen des Elektrons erzeugen geringfügige Bahnänderungen δr, also eine Art Zitterbewegung, die eine Änderung der potentiellen Energie zur Folge hat: $V(r) \rightarrow V(r + \delta r)$. Entwickelt man $V(r + \delta r)$ in eine Taylor–Reihe, so läßt sich zeigen, daß die Änderung der potentiellen Energie in erster Näherung durch $(\delta r)^2 \Delta V(r)/6$ dargestellt werden kann, wo $(\delta r)^2$ die mittlere quadratische Bahnabweichung und Δ den Laplace–Operator bedeuten. Die Berechnung dieses Ausdrucks führt z.B. für den Grundzustand des H–Atoms zu einer Energieänderung in der Größenordnung der in Abschn. 5.4.2 zu besprechenden Lamb–Verschiebung. Hinzu kommt der als Vakuumpolarisation bezeichnete Graph Fig. 5.32b, bei dem sich das ausgetauschte virtuelle Photon kurzfristig in ein virtuelles Elektron–Positron–Paar umwandelt. Während die Vertexkorrektur das Elektron wie ein verschmiertes, nicht mehr punktförmiges Teilchen erscheinen läßt, erzeugt die Vakuumpolarisation eine Ladungsverteilung, die anders ist als die eines punktförmigen Elektrons. Beide Effekte bewirken eine geringfügige Vergrößerung des g–Faktors.

Zusammen mit weiteren Graphen noch höherer Ordnung ist es möglich, bei der theoretischen Berechnung des g–Faktors eine sehr hohe Genauigkeit zu erreichen. Es ist üblich, Korrekturen dieser Art, die für die Abweichung des g–Faktors vom Wert 2 oder auch für die Lamb–Verschiebung verantwortlich sind, als Strahlungskorrekturen zu bezeichnen.

Experimentell wurden Meßmethoden entwickelt, die um mehrere Größenordnungen genauere Werte des g–Faktors liefern als die ESR. Die Genauigkeit kann bereits um drei Größenordnungen gesteigert werden, wenn nicht der g–Faktor selbst, sondern seine Abweichung vom Zahlenwert 2, also die Größe $g - 2$, Gegenstand der Messung ist. Da die Größe $g - 2$ nämlich nur etwa ein Tausendstel des g–Faktors beträgt, ist der relative Fehler bei der Ermittlung von g um einen Faktor 10^{-3} kleiner als derjenige der gemessenen Größe $g - 2$.

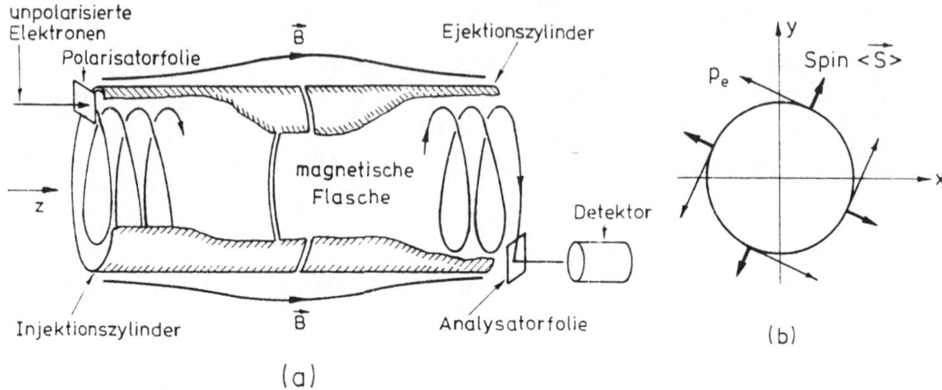

Fig. 5.33: *Experiment zur Präzisionsbestimmung von $g-2$ des Elektrons. a) Versuchsanordnung. b) Die Präzession des Spins im Schnittbild der Spiralbewegung.*

Nachfolgend werden zwei Verfahren beschrieben, die sich für die Präzisionsbestimmung von $g-2$ als geeignet erwiesen haben.

Präzessionsexperiment

Bereits zu Beginn der 50er–Jahre führten H.R.Crane und Mitarbeiter und später D.T.Wilkinson und H.R.Crane Messungen mit polarisierten Elektronen durch, die ein homogenes Magnetfeld durchlaufen. Elektronen nennt man polarisiert, wenn ihre Spins eine Vorzugsrichtung aufweisen. Genau gesagt ist die Polarisation $\vec{P}$ definiert als der Spinerwartungswert in Einheiten von $\hbar/2$, so daß P die Werte zwischen -1 und $+1$ annehmen kann. In Fig. 5.33a ist eine experimentelle Anordnung gezeigt. Unpolarisierte Elektronen ($P=0$) im Energiebereich zwischen keV und MeV werden beim Durchqueren einer dünnen Folie (Polarisator) im Coulomb–Feld der Kerne gestreut. Durch geeignete Blenden werden nur die unter nahezu 90° gestreuten Elektronen weitergeleitet, die tangential in die nachfolgende zylindrische, von einem axialen $\vec{B}$-Feld durchsetzte Kammer einlaufen, wo sie sich auf spiralförmigen Bahnen um die Feldachse weiterbewegen. Bei der Streuung an den Kernen der Polarisatorfolie wirkt neben der Coulomb-Wechselwirkung auch die magnetische, zu $\vec{l}\vec{\sigma}_e$ proportionale, d.h. spinabhängige Spin-Bahnwechselwirkung; dabei ist $\vec{l}$ der Bahndrehimpuls des Elektrons (s. Abschn. 5.3.3 sowie Band II, Fußnote 127). Die letztere hat eine Polarisation des Elektrons zur Folge, deren Richtung aufgrund der Paritätserhaltung beim Streuprozeß stets senkrecht auf der durch die Impulsrichtungen des ein- und auslaufenden Elektrons gebildeten Ebene steht (Streuebene). Die in $\vec{B}$-Feldrichtung (z-Achse) auf die Polarisatorfolie einlaufenden Elektronen haben also nach der Streuung Spinerwartungswerte $<\vec{s}>$ transversal zu ihrem Impuls, aber auch transversal zur Feldachse (Fig. 5.33b).

Die Kreisbewegung der Elektronen senkrecht zu den Feldlinien wird bekanntlich durch
das Gleichgewicht zwischen der Lorentz–Kraft und der Zentrifugalkraft hervorgerufen

$$ evB = \frac{M_c v^2}{r} \,, \qquad \begin{array}{ll} M_c, v & \text{Masse und Geschwindigkeit des Elektrons,} \\ r & \text{Radius der Kreisbahn,} \end{array} $$

woraus die Umlaufsfrequenz, die sogenannte Zyklotronfrequenz, resultiert

$$ (5.143) \qquad\qquad \omega_Z = \frac{eB}{M_e} \,. $$

Die Drift der Elektronen längs der Feldlinien ist durch die Impulskomponenten in
Feldrichtung bestimmt.

Der Spin der Elektronen anderseits präzediert unabhängig von der Bahnbewegung
um die Feldrichtung und zwar nach Gl.(5.140) mit der Larmor–Frequenz

$$ \omega_L = g_s \frac{\beta B}{\hbar} = g_s \frac{eB}{2M_c} \,. $$

Für den Fall $g_s = 2$ wären Zyklotron– und Larmor–Frequenz exakt gleich. In diesem
Fall würde der Spin bei jedem Umlauf des Elektrons gerade einmal um die Feldachse
präzedieren, wie es in Fig. 5.33b gezeigt ist. Die relative Lage des Spins gegenüber der
Impulsrichtung bliebe also erhalten. Wegen der Abweichung der Größe g_s vom Wert
2 ändert sich jedoch die Spinstellung gegenüber der Impulsrichtung mit der Zeit, und
zwar dreht sich der Spin geringfügig schneller als die Impulsrichtung des Elektrons. Die
zeitliche Änderung dieser Phasendifferenz ist gleich der Differenz der Kreisfrequenzen

$$ (5.144) \qquad\qquad \omega_D = \omega_L - \omega_Z = (g_s - 2)\frac{eB}{2M_c} \,. $$

Gl.(5.144) gilt auch für den relativistischen Fall.

Am Ende des Magneten wird die neue Polarisationsrichtung des Spins relativ zur
Impulsrichtung im Analysator gemessen. Dieser besteht wiederum aus einer Streufolie,
wobei man die Zahl der gestreuten Elektronen in Abhängigkeit vom Streuwinkel mißt
und die aus der Theorie der Streuung bekannte Abhängigkeit des Streuquerschnittes
sowohl vom Streuwinkel als auch von der Projektion der Polarisation auf die Senkrechte
zur Streuebene nutzt.

Die relative Änderung der Polarisationsrichtung des Spins ist nach Gl.(5.144) proportional zu $g_s - 2$. Die Genauigkeit der Messung wächst, je häufiger die Elektronen
im Magnetfeld umlaufen. Hierzu werden die Elektronen zunächst durch einen geeigneten Spannungsstoß, der auf die beiden eingezeichneten Metallzylinder in Fig. 5.33a
gegeben wird, verlangsamt. Durch eine besondere Formgebung des Magnetfeldes als
"magnetische Flasche" – man achte auf den Verlauf von $\vec{B}$ – gelingt es dann, die Elektronen auf der Spiralachse längs der Feldrichtung hin– und herpendeln zu lassen, bevor
sie, angestoßen durch einen Spannungspuls des Ejektionszylinders, auf den Analysator
geschickt werden. Man erreicht auf diese Weise Umlaufzahlen der Größenordnung 10^6.
Das Resultat solcher Messungen aus dem Jahr 1971 lieferte den Wert des g–Faktors,

$$ g_s = 2,002\ 319\ 31(54)\ , $$

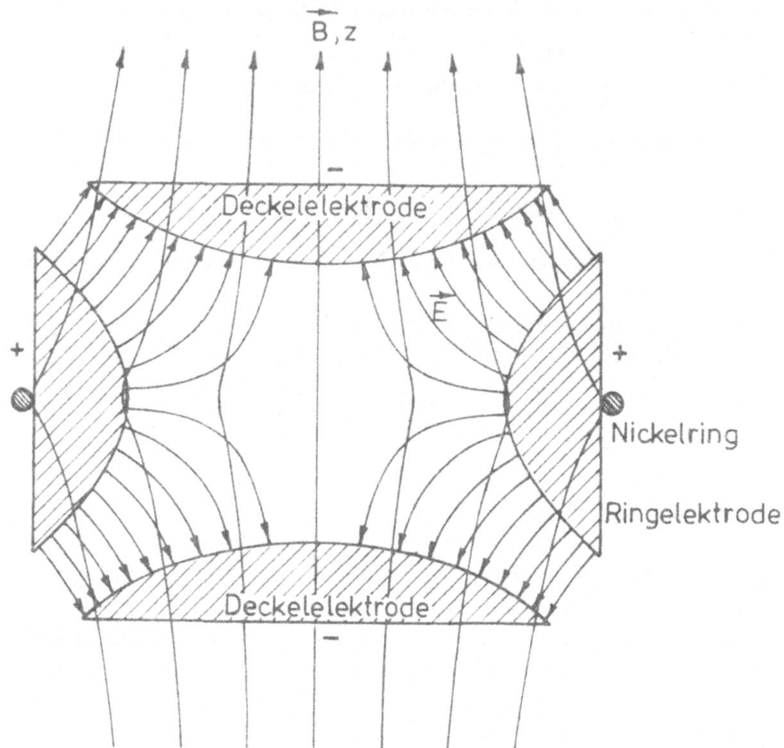

Fig. 5.34: *Verteilung des elektrischen und magnetischen Feldes im Penning–Käfig.*

wobei die Klammern angeben, welche Ziffern vom Meßfehler betroffen sind.

Die Genauigkeit dieses Verfahrens ist jedoch begrenzt. Zum einen führen unvermeidbare Unregelmäßigkeiten des Magnetfeldes zu Störungen im Bahnverlauf, zum anderen stören sich die Elektronen gegenseitig. Letzteres könnte man durch Herabsetzen des Elektronenstromes vermeiden. Man kann jedoch aus Gründen der statistischen Genauigkeit den Elektronenstrahl nicht beliebig verdünnen, da man eine ausreichend große Zahl von Elektronen braucht.

Resonanzexperiment

Anfang der 60er Jahre entwickelte Hans Dehmelt ein anderes Präzisionsverfahren, mit dem es ihm gelang, gezielt einzelne Elektronen über lange Zeit zu speichern und ihre Zustandseigenschaften zu messen. Der besondere Trick besteht darin, daß Elektronen in einem kombinierten, zeitlich konstanten elektrischen und magnetischen Feld auf einen kleinen Raumbereich stationär eingefangen werden und lange in diesem Zustand eingesperrt bleiben können.

Fig. 5.34 zeigt den Verlauf der Felder. Die Anordnung ist rotationssymmetrisch um die z–Achse. Sie besteht aus zwei gegenüberliegenden hyperbolischen Deckelelektroden, die gegenüber der mittleren Ringelektrode gleichstark negativ vorgespannt sind. Das $\vec{B}$–Feld ist in z–Richtung ausgerichtet, nimmt aber von der Mittelebene zu den Deckelelektroden hin etwas an Stärke zu (magnetische Flasche).

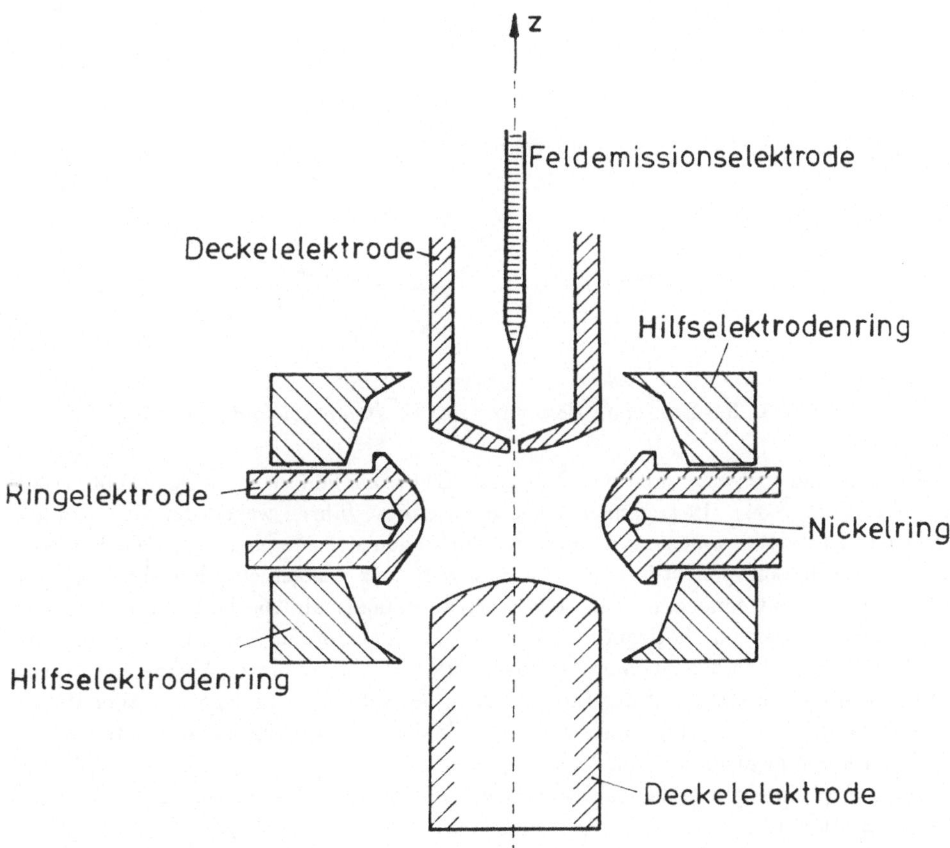

Fig. 5.35: *Der Penning–Käfig von Hans Dehmelt.*

Fig. 5.35 zeigt schematisch die Apparatur, den sogenannten **Penning–Käfig**, der in einem längs der Apparatur gerichteten Magnetfeld zu denken ist. Der ferromagnetische Nickelring um die Ringelektrode sorgt für die Verbiegung des Magnetfeldes zur magnetischen Flasche. Die um die Deckelelektrode gelegten Hilfselektroden dienen zur Korrektur des elektrischen Feldes. Die Elektronen werden über eine Feldemissionskathode injiziert. Die gesamte Anordnung befindet sich in einem Glasgefäß von nur $40mm$ Durchmesser und wird zur Reduzierung der Temperaturbewegung auf der Temperatur von flüssigem Helium gehalten.

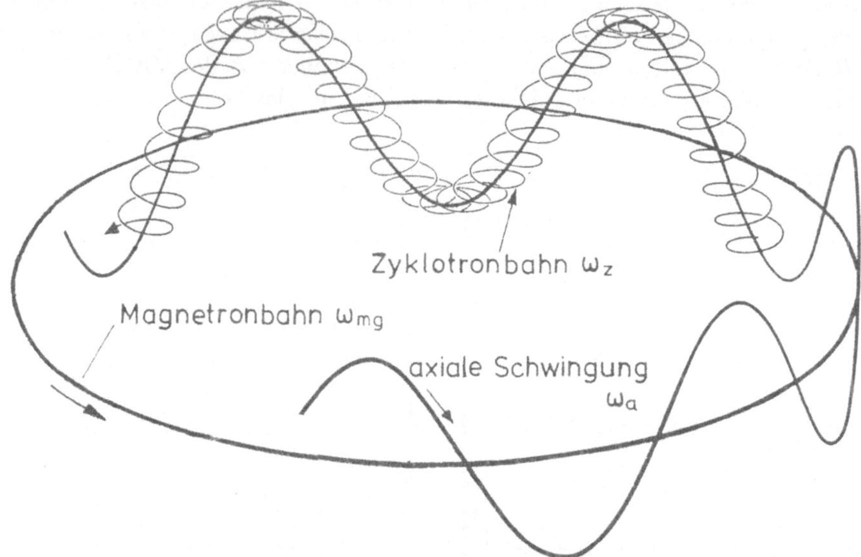

Fig. 5.36: *Resultierende Bewegung des Elektrons im Penning-Käfig.*

Die Bewegung eines einmal eingefangenen Elektrons läßt sich aus dem Feldverlauf verstehen (Fig. 5.34). Bewegungen längs der z–Achse führen wegen der abstoßenden Kraft der Deckelelektroden zu axialen Schwingungen der Frequenz ω_a. Die horizontalen Bewegungskomponenten haben durch das $\vec{B}$–Feld waagerechte Kreisbewegungen mit der Zyklotronfrequenz ω_z zur Folge. Darüberhinaus übt die horizontale Komponente des $\vec{E}$–Feldes eine horizontale Kraft auf das Elektron aus, die im Gleichgewicht mit dem $\vec{B}$–Feld ebenfalls zu einer Kreisbahn führt, der sogenannten Magnetron–Bahn, auf der sich das Elektron mit der Frequenz ω_{mg} bewegt. Die Überlagerung aller Bewegungskomponenten zeigt Fig. 5.36, wobei die Zyklotronbewegung nur im hinteren Teil der Bahn wiedergegeben ist[12].

Beim Experiment war das zahlenmäßige Verhältnis der Frequenzen $\omega_{mg} : \omega_a : \omega_z$ etwa $1 : 2 \cdot 10^3 : 10^6$.

Da das Elektron in der Apparatur fest eingesperrt und somit an die Erde gebunden ist, wird das ganze Gebilde auch **Geoniumatom** genannt. In der Tat befindet sich das Elektron ähnlich wie beim Wasserstoffatom in einem stationären Bindungszustand,

---

[12]Die Einsperrung des Elektrons über lange Zeiten gelingt durch die Formgebung des $\vec{B}$–Feldes zur magnetischen Flasche.

wegen des völlig verschiedenen Potentials allerdings mit anderen Zustandseigenschaften als beim H–Atom.

Das Geoniumatom läßt sich quantenmechanisch berechnen. Wir wollen der Einfachheit halber nur die Energie der Zyklotronbewegung in dem näherungsweise als homogen angenommenen $\vec{B}$-Feld berücksichtigen. Man erhält für die Energie den Ausdruck

$$(5.145) \qquad E_{n,m_s} = \left(n + \frac{1}{2}\right)\frac{eB}{M_e}\hbar + \frac{g_s}{2}m_s\frac{eB}{M_e}\hbar \ , \qquad \begin{aligned} n &= 0,1,2,\ldots \\ m_s &= \pm\frac{1}{2} \ . \end{aligned}$$

Der erste Term beschreibt die magnetische Energie der Zyklotronbewegung, der zweite Term die magnetische Wechselwirkungsenergie des magnetischen Moments des Elektrons mit dem $\vec{B}$-Feld. Die Quantenzahl n gibt den Energiezustand im Magnetfeld an und ist kennzeichnend für den wachsenden Radius der Zyklotronbahn in diskreten Schritten. Die beiden Terme in Gl.(5.145) sind von gleicher Größenordnung und unterscheiden sich für $n = 0$ und $m_s = 1/2$ um die Größe $(g_s - 2)\beta B/2$ (β ist das Bohrsche Magneton, Gl.(5.66)). Es bieten sich daher bei geeigneten Übergängen zwischen den Energieniveaus $(g_s - 2)$-Untersuchungen an.

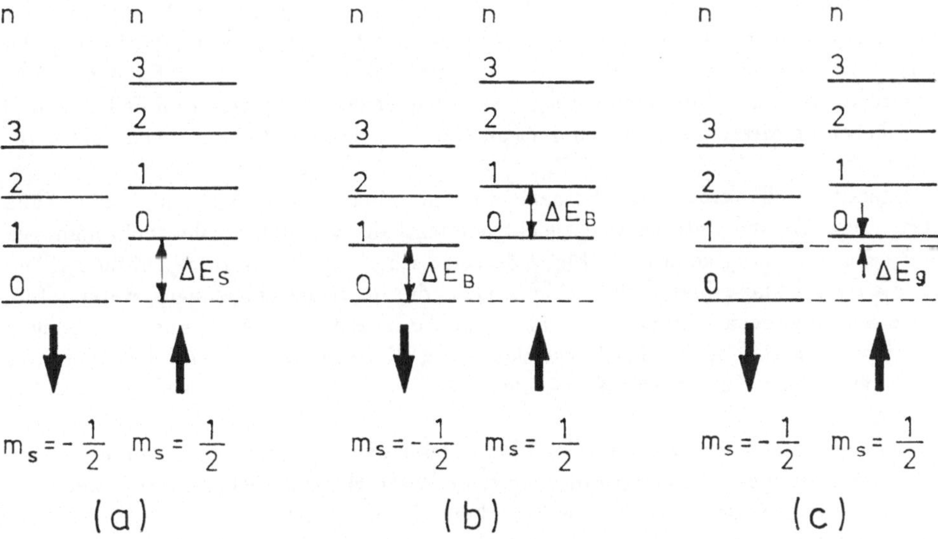

Fig. 5.37: *Termschema und Übergänge beim Geoniumatom. a) Spinumklappen, b) Bahnänderung, c) kombinierter Übergang.*

Die Fig. 5.37a bis Fig. 5.37c zeigen die Energien im Termschema. Die Terme sind äquidistant. Innerhalb jeder der Figuren a) bis c) unterscheiden sich die beiden Termsysteme jeweils durch die Spineinstellung des Elektrons relativ zur Magnetfeldrichtung (dicke Pfeile).

Dem Übergang in Fig. 5.37a zwischen den beiden Spinzuständen ($\Delta m_s = \pm 1$) entspricht die Energieänderung

$$\Delta E_s = \pm \frac{g_s}{2} \frac{eB}{M_c} \hbar \ .$$

Eine Bahnänderung bei unverändertem Spinzustand (Fig. 5.37b) bedeutet mit $\Delta n = \pm 1$ eine Energieänderung

$$\Delta E_B = \pm \frac{eB}{M_e} \hbar \ .$$

Wird ein kombinierter Übergang induziert, zum Beispiel eine Vergrößerung der Bahn mit $\Delta n = 1$ und ein Spinumklappen $\Delta m_s = -1$ (Fig. 5.37c), so ergibt sich die Übergangsenergie zu

$$\Delta E_g = (g_s - 2) \frac{eB}{2M_c} \hbar .$$

Die beiden Terme unterscheiden sich also um den geringen Betrag ΔE_g, der durch die Größe $g - 2$ bestimmt ist.

Die Energieänderungen lassen sich durch induzierte Übergänge mittels eingestrahlter Photonen erzeugen. Das geschieht nach Abschn. 5.2.2 nur dann, wenn die Energie der eingestrahlten Quanten jeweils den Energieänderungen ΔE_s bzw. ΔE_B bzw. ΔE_g entspricht, wenn also Resonanz vorliegt. Die Frequenzen der Quanten im Fall ΔE_s und ΔE_B liegen im Mikrowellenbereich, im Fall von ΔE_g sind sie etwa um einen Faktor 10^3 kleiner.

Experimentell werden die Photonen über die obere Deckelelektrode in den Käfig eingespeist. An der unteren Deckelelektrode wird die von den axialen Schwingungen induzierte Spannung gemessen. Fig. 5.38 zeigt schematisch das an der unteren Elektrode aufgezeichnete Signal für 7 Elektronen, die im Käfig eingefangen waren. Ihre axiale Schwingungen wurden so gewählt, daß sie in zeitlichen Abständen von einigen Minuten gegen eine der beiden Deckelelektroden stießen und somit verschwanden, was den stufenartigen Kurvenverlauf zur Folge hatte.

Bei geeigneter Parameterwahl der Felder bleibt das Signal zeitlich unverändert und weist nur Sprünge bei Energieänderungen des betrachteten Elektrons auf, wenn die passende Frequenz der eingespeisten Strahlung eingestellt ist.

Damit das Endresultat von der Größe des Magnetfeldes sowie von den Fehlern der Naturkonstanten e, M_e und $\hbar$ unabhängig ist, führt man Messungen sowohl der Bahnänderung ΔE_B als auch des kombinierten Übergangs ΔE_g durch und bildet den Quotienten

$$\frac{\Delta E_g}{\Delta E_B} = \frac{\nu_g}{\nu_B} = \frac{1}{2}(g_s - 2) \ .$$

Die Frequenzen ν_g und ν_B lassen sich experimentell sehr genau bestimmen.

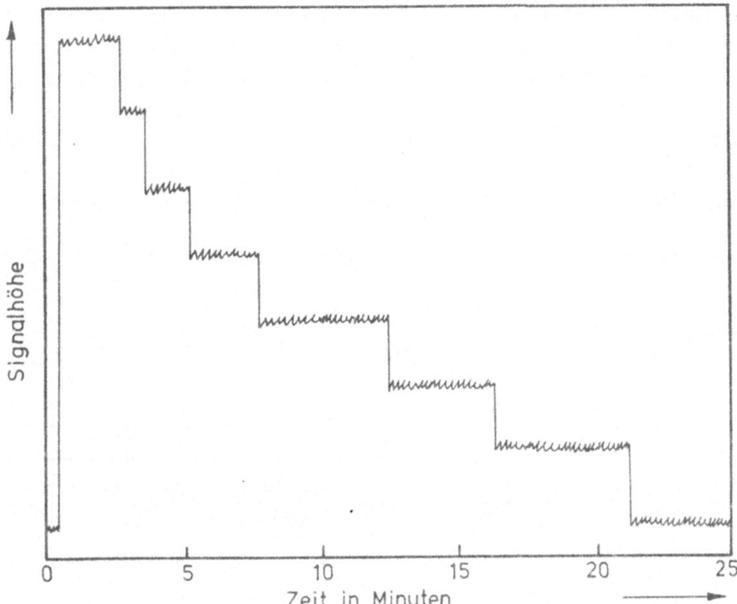

Fig. 5.38: *Zeitverlauf des Signals der unteren Deckelelektroden für 7 eingefangene Elektronen (schematisch).*

Der genaueste Wert des g–Faktors aus Messungen im Jahr 1984 beträgt[13]

$$g_s = 2,002\ 319\ 304\ 386(20) \ ,$$

wobei die beiden letzten Stellen fehlerhaft sind. g_s ist somit die am genauesten gemessene Naturkonstante. Sie ist in exzellenter Übereinstimmung mit dem von der Quantenelektrodynamik berechneten Wert[13]

$$g_s = 2,002\ 319\ 304\ 918(270) \ .$$

5.4.2 * Die Lamb–Verschiebung

In Abschn. 5.3.3 haben wir gesehen, daß die Energie des H–Atoms nur von der Quantenzahl n und der Gesamtdrehimpulsquantenzahl j, nicht aber von der Bahndrehimpuls-

[13]E.Richard Cohen und Barry N.Taylor, The 1986 adjustment of the fundamental physical constants, Review of Modern Physics 59 (1987) 1121

quantenzahl l abhängt. Diese Aussage zeigte sich in der Herleitung von Gl.(5.106) bzw. in der exakten Energie–Formel Gl.(5.107) nach der Dirac–Theorie. So sollten z.B. die Zustände $2S_{1/2}$ und $2P_{1/2}$ die gleiche Energie besitzen. Im Jahr 1947 gelang jedoch den Physikern Willis E.Lamb und Robert C.Retherford der experimentelle Nachweis einer extrem kleinen Aufspaltung dieser beiden Niveaus. Wie später gezeigt werden konnte, erfahren höhere Energieterme ebenfalls eine Aufspaltung bzw. eine Verschiebung, allerdings um noch erheblich kleinere Beträge als die Differenz der $2S$– und $2P$–Terme. Die Erscheinung wird Lamb–Verschiebung (im englischen Lambshift) genannt.

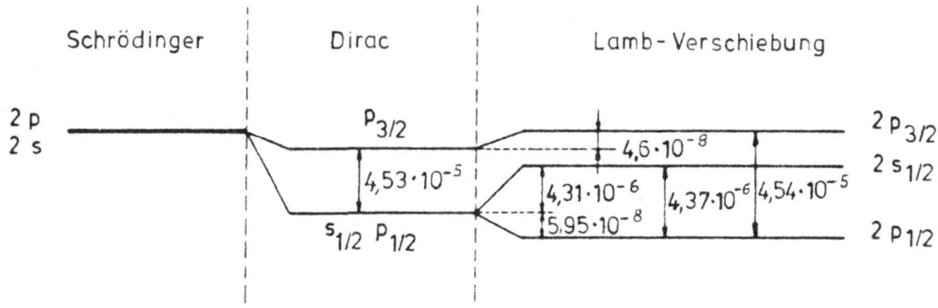

Fig. 5.39: *Aufspaltung bzw. Verschiebung der Feinstruktur des H–Atoms (Lamb–Verschiebung). Die Termabstände sind in eV angegeben.*

In Fig. 5.39 ist die bereits behandelte Feinstruktur–Aufspaltung sowie zusätzlich die Lamb–Verschiebung der $2S$– und $2P$–Terme des H–Atoms gezeigt. Der Term $2S_{1/2}$ ist um einen Energiebetrag von etwa $1/10$ der Feinstrukturaufspaltung nach oben verschoben, während die Verschiebung der beiden $2P$–Terme um drei Größenordnungen kleiner ist als die Feinstrukturaufspaltung.

Die physikalische Erklärung der Lamb–Verschiebung geht auf den Physiker Hans Bethe zurück. Sie fußt auf den im vorigen Abschnitt erläuterten quantenelektrodynamischen Austauschprozessen von virtuellen Photonen. Den Hauptanteil der Strahlungskorrekturen liefern hierbei die in Fig. 5.32a dargestellten ersten drei Feynman–Graphen zur Vertexkorrektur, zu einem geringeren Anteil die Vakuumpolarisation in Fig. 5.32b sowie Prozesse höherer Ordnung. Infolge der Zitterbewegung des Elektrons auf seiner Bahn ändert sich, wie wir in Abschn. 5.4.1 plausibel gemacht haben, im Mittel seine potentielle Energie, $V(r) \to V(r + \delta r)$. Es bewegt sich im Mittel nicht mehr in einem $1/r$–Potential, was zur Folge hat, daß die Entartung im Bahndrehimpuls aufgehoben wird. Die Energie der Zustände wird dadurch gegenüber den aus der Dirac–Theorie folgenden Werten um geringfügige, unterschiedliche Beträge verschoben.

Zum experimentellen Nachweis der $2S - 2P$–Termaufspaltung bedienten sich Lamb und Retherford der Mikrowellen–Spektroskopie. Die Aufspaltung ist von der Größenordnung $10^{-6} eV$ und damit tatsächlich zu klein, als daß man sie damals hätte optisch

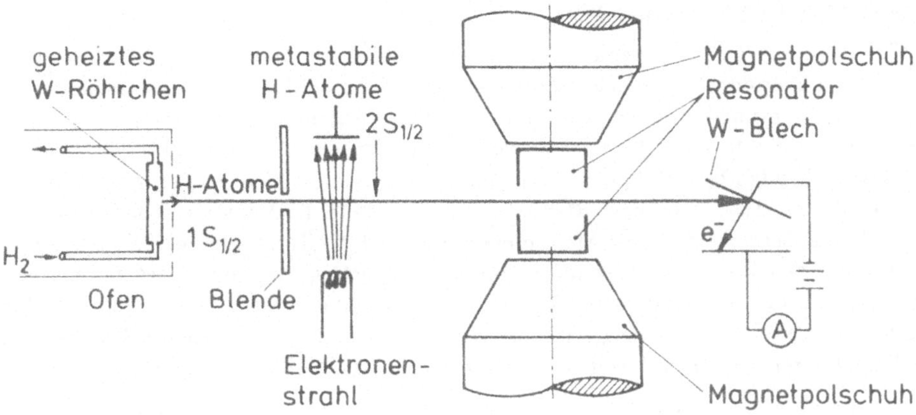

Fig. 5.40: *Experimentelle Anordnung von Lamb und Retherford.*

feststellen können. In Fig. 5.40 ist schematisch die experimentelle Anordnung gezeigt. In einem geheizten Wolframröhrchen (Ofen) wird bei einer Temperatur von $2500\,K$ molekularer Wasserstoff thermisch dissoziiert. Der austretende Strahl von H–Atomen im Grundzustand $1S_{1/2}$ wird nach Passieren von Blenden einem quer zur Strahlrichtung eingeschossenem Elektronenstrahl ausgesetzt, der einen Anteil von $2 \cdot 10^{-8}$ des H–Atomstrahls in den Zustand $2S_{1/2}$ versetzt. Optische Übergänge von diesem Zustand in den Grundzustand durch Emission elektrischer Dipolstrahlung sind wegen der Auswahlregeln nicht möglich. Die mittlere Lebensdauer dieses Zustandes von $10^{-1}s$ ist lang genug, um die Atome unbeschadet zum Detektor gelangen zu lassen. Dieser besteht aus einem Wolfram–Blech, aus welchem die Atome durch Abgabe ihrer Anregungsenergie Elektronen auslösen, die in einem Galvanometer(A) nachgewiesen werden. Es besteht allerdings die Gefahr, daß der $2S_{1/2}$-Zustand durch störende, wenn auch kleine elektrische Felder, die in der apparativen Anordnung stets vorhanden sein können, über den Stark–Effekt mit dem $2P_{1/2}$-Zustand mischen und über diesen in $10^{-8}s$ in den Grundzustand zerfallen könnte, noch bevor die Atome am Detektor angelangt sind. Daher läßt man den Strahl in Fig. 5.40 ein Magnetfeld B durchlaufen, welches einerseits geladene Teilchen vom Strahl entfernt, andererseits durch den Zeeman–Effekt eine gezielte Aufhebung der Entartung bewirkt. Im Bereich des Magnetfeldes befindet sich ein Hochfrequenzresonator, der auf eine Reihe von Frequenzen im Mikrowellenbereich zwischen $1,5$ und $12 GHz$ abgestimmt werden kann. Durch Einstrahlung elektromagnetischer Wellen passender Wellenlänge lassen sich hiermit Übergänge zwischen den Zeeman–Niveaus erzeugen, und zwar für $2S_{1/2} \rightarrow 2P_{1/2}$ durch induzierte Emission und für $2S_{1/2} \rightarrow 2P_{3/2}$ durch induzierte Absorption. Die $2P$–Zustände zerfallen sofort durch Dipolübergänge in den Grundzustand, was im Detektor ein Absinken des Stromes im Galvanometer (A) zur Folge hat.

Aus technischen Gründen ist es günstiger, bei abgestimmter Frequenz die magnetische Induktion B zu variieren und dadurch die Zeeman–Niveaus so lange zu verschieben, bis der Abfall des Stromes im Galvanometer (A) Übergänge anzeigt.

Fig. 5.41 zeigt die Meßergebnisse. Aufgetragen ist die Frequenz ν der eingestrahlten Mikrowellen über der magnetischen Induktion B, bei der ein Übergang gemessen wurde. Rechts am Bildrand sind die zugehörigen Übergänge gekennzeichnet. Die gestrichelten Kurven geben die nach der Dirac–Theorie berechneten Zeeman–Aufspaltungen wieder. Die entsprechenden den Meßpunkten angepaßten Kurven sind durchgezogen. Die Extrapolation der Meßkurven nach $B = 0$ liefert jeweils die Termunterschiede für das H–Atom ohne äußeres Feld. Es ist klar zu erkennen, daß die Termdifferenz $2S_{1/2} \to 2P_{1/2}$ bei $B = 0$ nicht verschwindet, sondern eine Übergangsfrequenz von ca. $1 GHz$ besitzt. Das entspricht in Fig. 5.39 dem angegebenen Energieabstand von $4,37 \cdot 10^{-6} eV$. Bei den Übergängen $2S_{1/2} \to 2P_{3/2}$ zeigt sich für $B \to 0$ gleichfalls ein deutlicher Unterschied der Termdifferenzen gegenüber den Dirac–Werten in der Größenordnung von $1 GHz$.

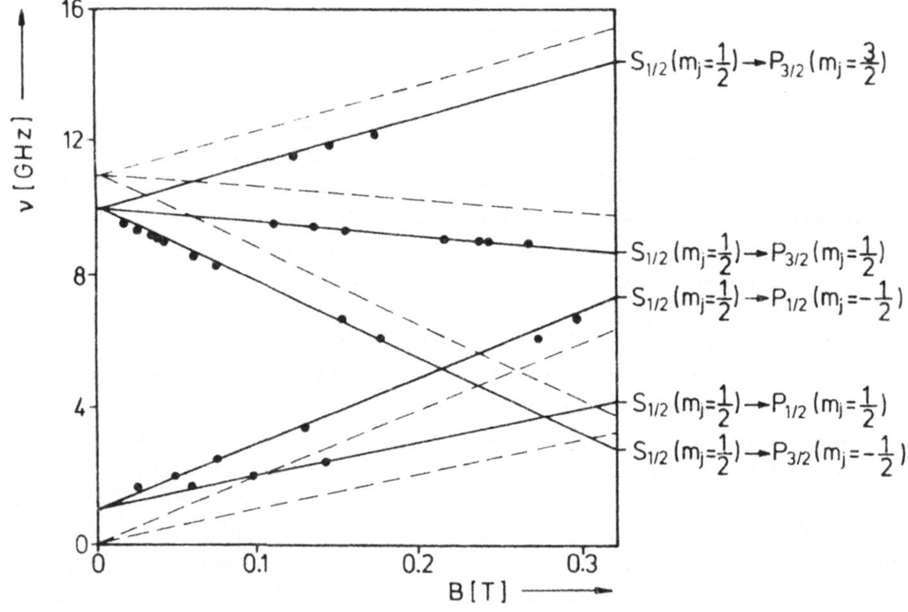

Fig. 5.41: *Meßwerte zur Lamb–Verschiebung für die Übergänge $2^2S_{1/2} \to 2^2P_{1/2}$ und $2^2S_{1/2} \to 2^2P_{3/2}$ beim H–Atom. Gestrichelte Kurven nach der Dirac–Theorie. Nach W.E.Lamb und R.C.Retherford, Phys. Rev. 79 (1950) 549.*

Die Experimente sind mehrfach mit steigender Meßgenauigkeit wiederholt und verfeinert worden. Die experimentellen Meßwerte stimmen ausgezeichnet mit den theoretischen Vorhersagen der Quantenelektrodynamik überein.

5.4.3 Die Hyperfeinstruktur (HFS)

Als Hyperfeinstruktur bezeichnet man die Aufspaltung der Energiezustände eines Atoms und damit auch der Spektrallinien, die durch die Wechselwirkung der Elektronenhülle mit dem Atomkern verursacht wird. Die Effekte sind sehr klein und können experimentell im Fall optischer Methoden nur mit hochauflösenden Interferometern gemessen werden. Die Ursachen für die Hyperfeinstruktur sind unterschiedlicher Natur.

1. Ebenso wie das Elektron zählen auch das Proton und das Neutron zu den Spin $\frac{1}{2}$-Teilchen. Atomkerne sind aus Protonen und Neutronen aufgebaut und können somit selbst einen resultierenden Drehimpuls besitzen. Dieser Drehimpuls setzt sich aus den Spins und den Bahndrehimpulsen der Nukleonen zusammen und wird abgekürzt als Kernspin bezeichnet (s. Band II). Mit den Spins der Nukleonen ist jeweils ein magnetisches Moment $\vec{\mu}$ verbunden, das wir analog zu demjenigen des Elektrons, Gl.(5.85), schreiben können

$$\vec{\mu}_p = g_p \frac{\beta_K}{\hbar} \vec{s} \qquad \text{Proton,}$$

(5.146)

$$\vec{\mu}_n = g_n \frac{\beta_K}{\hbar} \vec{s} \qquad \text{Neutron.}$$

Die g–Faktoren der Nukleonen, g_p und g_n, sind weit von dem Wert 2 entfernt, den die Dirac–Gleichung für punktförmige Spin $\frac{1}{2}$-Teilchen vorhersagt

(5.147)
$$\begin{aligned} g_p &= 5,5855 & \text{Proton,}\\ g_n &= -3,8263 & \text{Neutron.} \end{aligned}$$

Analog zur Einheit des Bohrschen Magnetons β für die magnetischen Momente der Atomhülle wird das magnetische Moment der Kerne in Einheiten des **Kernmagnetons** β_K gemessen

(5.148)
$$\beta_K = \frac{e\hbar}{2M_p} = \frac{1}{1836}\beta = 3,1525 \cdot 10^{-8} eV \cdot T^{-1} \,.$$

$$M_p \qquad \text{Masse des Protons.}$$

Protonen und Neutronen haben also beide ein magnetisches Moment, für das man üblicherweise die z-Komponente von Gl.(5.146) mit $m_s = \frac{1}{2}$ angibt,

(5.149)
$$\begin{aligned} \mu_p &= 2,7928 \;\; \beta_K\\ \mu_n &= -1,9132 \;\; \beta_K \,. \end{aligned}$$

Das Proton besitzt wegen seiner positiven Ladung einen positiven Wert im Gegensatz zum negativen magnetischen Moment des Elektrons. Spin und magnetisches Moment sind also beim Proton gleichgerichtet. Das Neutron sollte wegen seiner Ladung Null überhaupt kein magnetisches Moment haben. Es besitzt jedoch eine innere Ladungsstruktur, die für das vorhandene negative magnetische Moment verantwortlich ist. Diese innere Ladungsstruktur ist sowohl beim Neutron als auch beim Proton die Ursache für die starke Anomalie der magnetischen Momente, d.h. für die erhebliche Abweichung des g–Faktors vom Wert 2 (s. Band II).

Der Wert des Kernmagnetons Gl.(5.148) zeigt, daß die magnetischen Momente der Kerne um drei Größenordnungen kleiner sind als diejenigen der Atomhülle.

Die Hyperfeinstruktur entsteht durch die Wechselwirkung zwischen dem magnetischen Moment der Hülle $\vec{\mu}_j$ und demjenigen des Kerns, $\vec{\mu}_K$. In dem durch das Moment $\vec{\mu}_K$ erzeugten Magnetfeld stellt sich $\vec{\mu}_j$ ein, was zu einer zusätzlichen magnetischen Energie und damit zu einer Aufspaltung der Energieterme bzw. der Spektrallinien führt. Die Regeln für die so erfolgte Kopplung leiten sich aus der Addition der Drehimpulse von Hülle und Kern her. Sie wurden bereits in Abschn. 4.5 behandelt. Der Fall hat Ähnlichkeit mit der in Abschn. 5.3.3 behandelten Feinstruktur, bei der die magnetischen Momente von Spin und Bahndrehimpuls des Elektrons in der Hülle koppeln. Allerdings ist die Hyperfeinstruktur sehr viel kleiner als die Feinstruktur, weil die magnetischen Momente der Kerne um drei Größenordnungen kleiner sind als diejenigen der Hülle. Die Kopplung zwischen Hülle und Kern ist also äußerst schwach.

Viele Kerne haben Spin Null und daher kein magnetisches Moment. Die zugehörigen Atomspektren weisen demnach auch keine Hyperfeinstruktur aufgrund der Wechselwirkung zwischen den magnetischen Momenten von Hülle und Kern auf.

2. Eine Reihe von Kernen haben aufgrund ihrer inneren Struktur keine kugelsymmetrische Ladungsverteilung. Sie besitzen ein elektrisches Quadrupolmoment, welches, wie in Band II genauer erläutert wird, durch ein Ladungsellipsoid veranschaulicht werden kann. Die elektrische Wechselwirkung zwischen diesem Quadrupolmoment und der Elektronenhülle führt ebenfalls zu einem Beitrag der Hyperfeinstruktur. Das Quadrupolmoment ist jedoch Null, wenn der Kern den Spin 0 oder 1/2 hat. In solchen Fällen entfällt die Quadrupolaufspaltung.

3. Liegt bei dem zu untersuchenden Element ein Isotopengemisch vor, so kann eine Spektrallinie ebenfalls aus mehreren eng benachbarten, zu den verschiedenen Isotopen gehörenden Linien bestehen. Ursache hierfür sind einerseits die verschiedenen Massen der Isotope, andererseits die unterschiedlichen Kerneigenschaften, was jeweils zu unterschiedlichen Wechselwirkungen zwischen den Momenten von Kern und Hülle führt.

** A ** A ** A ** A ** A **

Wir beschränken die quantitative Behandlung der Hyperfeinstruktur auf das H-Atom. Von den oben genannten Effekten trägt lediglich die magnetische Wechselwirkung des Elektrons mit dem Proton bei. Wir untersuchen nur die Energieaufspaltung des HFS–Niveaus für die Zustände mit $l = 0$. Ferner behandeln wir die Aufspaltungen in einem äußeren B–Feld und leiten dafür einen für alle Feldstärken gültigen Ausdruck für die Energieniveaus her.

Im Fall $l = 0$ brauchen wir nur die Wechselwirkung zwischen den Spinmomenten von Elektron und Proton zu betrachten. Die magnetische Zusatzenergie infolge dieser Wechselwirkung beträgt

(5.150)
$$\mathcal{H}_{HFS} = -(\vec{B}_K \vec{\mu}_e) \; .$$

$\vec{B}_K$ ist die vom magnetischen Moment $\vec{\mu}_p$ des Protons erzeugte magnetische Induktion. Sie läßt sich über $\vec{B}_K = rot\,\vec{A}$ auf das Vektorpotential $\vec{A}$ für das magnetische Dipolmoment des Protons $\vec{\mu}_p$ zurückführen. Die Elektrodynamik liefert den Zusammenhang zwischen $\vec{A}$ und dem Dipolmoment $\vec{\mu}_p$

(5.151)
$$\vec{A} = \frac{\mu_0}{4\pi}\,\vec{rot}\,\frac{\vec{\mu}_p}{r} = \frac{\mu_0}{4\pi}\frac{g_p\beta_K}{2}\,\vec{rot}\,\frac{\vec{\sigma}_p}{r} \; , \qquad \mu_0 \text{ Induktionskonstante.}$$

Hierbei haben wir Gl.(5.146) eingesetzt und an Stelle des Operators $\vec{s}$ nach Gl.(4.33) die Pauli–Matrizen $\vec{\sigma}$ verwendet. Entsprechend ist nach Gl.(5.85) für das Elektron

(5.152)
$$\vec{\mu}_e = -\frac{2\beta}{\hbar}\,\vec{s}_e = -\beta\vec{\sigma}_e \; .$$

Macht man von der folgenden bekannten Umformung für $\vec{rot}\,\vec{rot}\,\vec{V}$ Gebrauch

$$\vec{rot}\,\vec{rot}\,\vec{V} = \vec{\nabla} \times [\vec{\nabla} \times \vec{V}] = \vec{\nabla}(\vec{\nabla} \cdot \vec{V}) - \Delta\vec{V} \; ,$$

so wird aus Gl.(5.150) zusammen mit den Gl.(5.151) und (5.152)

(5.153)
$$\mathcal{H}_{HFS} = \frac{\mu_0}{4\pi}\frac{g_p\beta_K\beta}{2}\left[(\vec{\sigma}_e \cdot \vec{\nabla})(\vec{\sigma}_p \cdot \vec{\nabla})\frac{1}{r} - (\vec{\sigma}_e \cdot \vec{\sigma}_p)\Delta\frac{1}{r}\right] \; .$$

Diese Gleichung kann nach Anhang G umgeformt werden

(5.154)
$$\boxed{\mathcal{H}_{HFS} = \frac{\mu_0}{4\pi}\frac{g_p\beta_K\beta}{2}\left[\frac{3}{r^3}T + \frac{8\pi}{3}(\vec{\sigma}_e \cdot \vec{\sigma}_p)\delta(\vec{r})\right]} \; ,$$

wobei die Größe

(5.155)
$$T = \frac{1}{r^2}(\vec{\sigma}_e \cdot \vec{r})(\vec{\sigma}_p \cdot \vec{r}) - \frac{1}{3}(\vec{\sigma}_e \cdot \vec{\sigma}_p)$$

der Tensoroperator ist (Abschn. 4.6). Der Produktraum der gekoppelten Spins $\vec{\sigma}_e$ und $\vec{\sigma}_p$ ist vierdimensional. Bei der Berechnung von $\vec{\sigma}_e \cdot \vec{\sigma}_p$ ist daher auf die Ausführung der direkten Produkte (Anhang B) zu achten

(5.156)
$$\vec{\sigma}_e \cdot \vec{\sigma}_p = \sigma_x \otimes \sigma_x + \sigma_y \otimes \sigma_y + \sigma_z \otimes \sigma_z = \begin{pmatrix} 1 & 0 & 0 & 0 \\ 0 & -1 & 2 & 0 \\ 0 & 2 & -1 & 0 \\ 0 & 0 & 0 & 1 \end{pmatrix} \; .$$

Der erste Term von Gl.(5.155) wird ähnlich berechnet

$$(\vec{\sigma}_e \cdot \vec{r})(\vec{\sigma}_p \cdot \vec{r}) = (\sigma_x \cdot x + \sigma_y \cdot y + \sigma_z \cdot z) \otimes (\sigma_x \cdot x + \sigma_y \cdot y + \sigma_z \cdot z)$$

$$= \begin{pmatrix} z^2 & z(x-iy) & z(x-iy) & (x-iy)^2 \\ z(x+iy) & -z^2 & x^2+y^2 & -z(x-iy) \\ z(x+iy) & x^2+y^2 & -z^2 & -z(x-iy) \\ (x+iy)^2 & -z(x+iy) & -z(x+iy) & z^2 \end{pmatrix}.$$

Der Tensoroperator lautet dann explizit

$$T = \frac{1}{r^2} \begin{pmatrix} z^2 - \dfrac{r^2}{3} & z(x-iy) & z(x-iy) & (x-iy)^2 \\ z(x+iy) & -z^2 + \dfrac{r^2}{3} & -z^2 + \dfrac{r^2}{3} & -z(x-iy) \\ z(x+iy) & -z^2 + \dfrac{r^2}{3} & -z^2 + \dfrac{r^2}{3} & -z(x-iy) \\ (x+iy)^2 & -z(x+iy) & -z(x+iy) & z^2 - \dfrac{r^2}{3} \end{pmatrix},$$

$$(5.157) \qquad = \sqrt{\frac{8\pi}{15}} \begin{pmatrix} \sqrt{2/3}\,Y_2^0 & Y_2^{-1} & Y_2^{-1} & 2Y_2^{-2} \\ -Y_2^1 & -\sqrt{2/3}\,Y_2^0 & -\sqrt{2/3}\,Y_2^0 & -Y_2^{-1} \\ -Y_2^1 & -\sqrt{2/3}\,Y_2^0 & -\sqrt{2/3}\,Y_2^0 & -Y_2^{-1} \\ 2Y_2^2 & Y_2^1 & Y_2^1 & \sqrt{2/3}\,Y_2^0 \end{pmatrix}.$$

Daß hierbei nur Kugelfunktionen vom Typ Y_2^m auftreten, ist verständlich, weil beim Tensoroperator Gl.(5.155) in den Ortskoordinaten ein spurloser symmetrischer Tensor zweiter Ordnung gebildet wird (s. auch Abschn. 4.1).

Da die Kopplung zwischen $\vec{\mu}_e$ und $\vec{\mu}_p$ sehr schwach ist, können wir die HFS in guter Näherung mit Hilfe der üblichen Störungsrechnung 1.Ordnung berechnen.

Betrachten wir die Lösung des ungestörten Problems für die Zustände $l = 0$. Der Hamilton–Operator $\mathcal{H}_0$ ohne Berücksichtigung des Protonspins ist in Gl.(5.97) angegeben. Die Lösungen für $l = 0$ lauten nach den Gln.(5.98)

$$\Phi^0_{n,l=0,j=1/2,m_j=1/2} = \frac{1}{\sqrt{4\pi}} R_{n,0}(r) \begin{pmatrix} 1 \\ 0 \end{pmatrix}$$

$$\Phi^0_{n,l=0,j=1/2,m_j=-1/2} = \frac{1}{\sqrt{4\pi}} R_{n,0}(r) \begin{pmatrix} 0 \\ 1 \end{pmatrix}$$

mit dem Eigenwert nach Gl.(5.106)

$$E_n^0 \equiv E_{n,j=1/2}^0 = -\frac{M_0 c^2}{2} \left(\frac{Z\alpha}{n}\right)^2 \left(1 + \left(\frac{Z\alpha}{n}\right)^2 \left(n - \frac{3}{4}\right)\right).$$

Schließen wir den Protonenspin mit ein, so lautet der Hamilton–Operator

$$(5.158) \qquad \bar{\mathcal{H}}_0 = \mathcal{H}_0 \otimes \mathbb{1}_p,$$

wobei $\mathbb{1}_p$ die zweidimensionale Einheitsmatrix im Protonspinraum bedeutet. Für jede Protonspineinstellung bleiben die Energieeigenwerte unverändert. Die entarteten Lösungen sind

$$\frac{1}{\sqrt{4\pi}}R_{n,0}(r)\begin{pmatrix}1\\0\end{pmatrix}_e \otimes \begin{pmatrix}1\\0\end{pmatrix}_p \quad ; \quad \frac{1}{\sqrt{4\pi}}R_{n,0}(r)\begin{pmatrix}1\\0\end{pmatrix}_e \otimes \begin{pmatrix}0\\1\end{pmatrix}_p$$

$$\frac{1}{\sqrt{4\pi}}R_{n,0}(r)\begin{pmatrix}0\\1\end{pmatrix}_e \otimes \begin{pmatrix}1\\0\end{pmatrix}_p \quad ; \quad \frac{1}{\sqrt{4\pi}}R_{n,0}(r)\begin{pmatrix}0\\1\end{pmatrix}_e \otimes \begin{pmatrix}0\\1\end{pmatrix}_p .$$

Auch Überlagerungen dieser Lösungen haben denselben Energiewert. Wir wollen solche Überlagerungen betrachten, die zum Gesamtspin $S = 0$ und $S = 1$ aus Elektron– und Protonspin gehören. Diese Lösungen ergeben bei der folgenden Störungsrechnung eine diagonale Säkulargleichung.

$$(5.159) \qquad \begin{aligned} S &= 0 & \Phi_{n,S=0,M_S=0} &= \frac{1}{\sqrt{4\pi}}R_{n,0}(r)\chi_{00} \\ S &= 1 & \Phi_{n,S=1,M_S} &= \frac{1}{\sqrt{4\pi}}R_{n,0}(r)\chi_{1M_S} \quad M_S = -1,0,1. \end{aligned}$$

Die Spinfunktionen χ_{S,M_S} zum Gesamtspin S kennen wir bereits aus Gl.(4.75)

$$\chi_{0,0} = \frac{1}{\sqrt{2}}\begin{pmatrix}0\\1\\-1\\0\end{pmatrix}, \quad \chi_{1,1} = \begin{pmatrix}1\\0\\0\\0\end{pmatrix}, \quad \chi_{1,0} = \frac{1}{\sqrt{2}}\begin{pmatrix}0\\1\\1\\0\end{pmatrix}, \quad \chi_{1,-1} = \begin{pmatrix}0\\0\\0\\1\end{pmatrix}.$$

$$(5.160)$$

Wir wenden uns jetzt der Störungsrechnung für entartete Zustände zu und haben folgende Matrixelemente zu berechnen

$$\mathcal{H}^{(S)}_{S,S',M_S,M_S'} = \int \Phi^+_{n,S,M_S}\mathcal{H}_{HFS}\Phi_{n,S',M_S'}d^3r \qquad \begin{aligned} S &= 0,1 \;; & M_S &= 0,\pm 1 \\ S' &= 0,1 \;; & M_S' &= 0,\pm 1 \end{aligned}$$

$$(5.161)$$

mit $\mathcal{H}_{HFS}$ aus Gl.(5.154).

Für den im Störoperator $\mathcal{H}_{HFS}$ enthaltenen Tensoroperator verschwinden für $l = 0$ alle Integrale

$$\int \Phi^+_{n,S,M_S}T\Phi_{n,S',M_S'}d^3r = 0$$

wegen der Y_2^m-Terme. Der Tensorterm liefert also für $l = 0$ keine Beiträge zur HFS. Für den zweiten Operatorterm der HFS, der explizit in Gl.(5.156) angegeben ist, läßt sich leicht ausrechnen

$$\chi_{0,0}^{+}(\vec{\sigma}_e \cdot \vec{\sigma}_p)\chi_{0,0} \quad = \quad -3 \quad ,$$

$$(5.162) \qquad \chi_{1,M_S}^{+}(\vec{\sigma}_e \cdot \vec{\sigma}_p)\chi_{1,M_S} \quad = \quad 1 \quad ,$$

$$\chi_{S,M_S}^{+}(\vec{\sigma}_e \cdot \vec{\sigma}_p)\chi_{S',M_S'} \quad = \quad 0 \quad \text{für } S \neq S' \text{ oder } M_S \neq M_S' \ .$$

Um die weitere Behandlung zu vereinfachen, beschränken wir uns auf den Grundzustand $n = 1$. Hierfür ist nach Tab. 5.1 (a_0 ist der Bohrsche Radius)

$$R_{1,0}(r) = \frac{2}{a_0^{3/2}} \exp(-\frac{r}{a_0}) \ .$$

Die Integrale Gl.(5.161) ergeben

$$^1W \ \equiv \ \mathcal{H}_{0,0,0,0}^{(S)} \qquad = \quad -\mu_0 g_P \beta_k \beta \frac{1}{\pi a_0^3}$$

$$^3W \ \equiv \ \mathcal{H}_{1,1,M_S,M_S'=M_S}^{(S)} \quad = \quad \tfrac{1}{3}\mu_0 g_P \beta_k \beta \frac{1}{\pi a_0^3} \qquad M_S = 1,0,-1$$

$$\mathcal{H}_{S,S'\neq S,M_S,M_S'}^{(S)} \quad = \quad \mathcal{H}_{S,S',M_S,M_S'\neq M_S}^{(S)} = 0.$$

Die Säkulargleichung Gl.(3.76) zur Berechnung der Störenergien lautet also

$$\begin{vmatrix} E - {}^1W & 0 & 0 & 0 \\ 0 & E - {}^3W & 0 & 0 \\ 0 & 0 & E - {}^3W & 0 \\ 0 & 0 & 0 & E - {}^3W \end{vmatrix} = 0 \ .$$

Somit haben wir die beiden Energien im Grundzustand des H–Atoms

$$(5.163) \qquad \boxed{\begin{aligned} ^1E = E_1^0 + {}^1W \ &= \ E_1^0 - \mu_0 g_P \beta_k \beta \frac{1}{\pi a_0^3} \quad \text{für } S = 0, M_S = 0 \\[2ex] ^3E = E_1^0 + {}^3W \ &= \ E_1^0 + \tfrac{1}{3}\mu_0 g_P \beta_k \beta \frac{1}{\pi a_0^3} \quad \text{für } S = 1, M_S = 0, \pm 1 \end{aligned}}$$

mit

$$E_1^0 = -\frac{M_0 c^2}{2}(Z\alpha)^2 \left(1 + \left(\frac{Z\alpha}{2}\right)^2\right) \ .$$

Die Parallelstellung der beiden Spins hebt die Energie an, während die Antiparallelstellung die Energie absenkt. In Fig. 5.42 ist die Termaufspaltung dargestellt. Für den Frequenzabstand der beiden Terme erhält man aus Gl.(5.163) den Wert

$$(5.164) \qquad \Delta\nu = \frac{{}^3W - {}^1W}{h} = 1420 MHz \ .$$

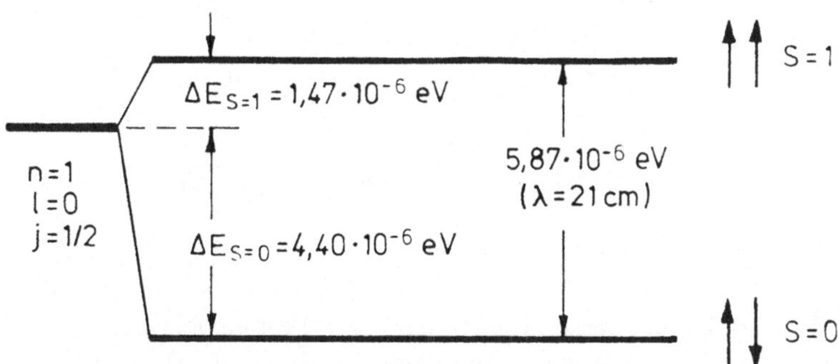

Fig. 5.42: *Hyperfeinstruktur des H–Atoms im Grundzustand.*

Dies entspricht einer Wellenlänge von $21 cm$.

Nach den in Abschn. 5.2.1 behandelten Auswahlregeln erkennt man, daß elektrische Dipolübergänge zwischen diesen beiden Niveaus nicht möglich sind. Jedoch können magnetische Dipolübergänge stattfinden entsprechend den Auswahlregeln $\Delta n = 0$, $\Delta l = 0$, $\Delta M_S = \pm 1$. Physikalisch wird der Übergang durch Umklappen eines der beiden Spins verursacht. Die Übergangswahrscheinlichkeit ist äußerst klein, was nicht nur durch den Charakter der magnetischen Dipolstrahlung, sondern auch durch den sehr geringen Niveauabstand bedingt ist. Dennoch wurde die $21 cm$–Linie im Jahr 1951 mit Radioteleskopen im interstellaren Raum entdeckt. Wasserstoff kommt im Kosmos zwar nur in extrem kleinen Konzentrationen vor, wegen des riesigen Volumens aber in ungeheuer großen Mengen. Auf diese Weise läßt sich aus der Intensität der Linie auf die Dichteverteilung des interstellaren Wasserstoffs schließen.

Die HFS im äußeren Magnetfeld

Als nächstes wird der Zeeman–Effekt der Hyperfeinstruktur bei einem äußeren, konstanten $\vec{B}$–Feld untersucht. Wir beschränken uns wieder auf den Grundzustand des H–Atoms. Durch das Magnetfeld wird die M_S–Entartung aufgehoben. Der Term mit $S = 1$ spaltet in drei Terme mit $M_S = -1, 0, 1$ auf, so daß man zusammen mit dem Term zu $S = 0$ insgesamt vier Terme erhält. Das Problem läßt sich geschlossen lösen. Es hat den Vorteil, daß das Ergebnis für kleine als auch für mittlere und starke Felder gleichermaßen gültig ist.

Beide Momente $\vec{\mu}_e$ und $\vec{\mu}_p$ wechselwirken mit dem äußeren $\vec{B}$–Feld, welches in die z–Achse weist. Der Operator für die zusätzliche Energie lautet

(5.165) $$\mathcal{H}_B = -\vec{\mu}\vec{B} = -\mu_z B$$

mit

$$\mu_z = (\vec{\mu}_e)_z + (\vec{\mu}_p)_z$$

$$= -\beta\left((\vec{\sigma}_e)_z \otimes \mathbb{1}_p\right) + \beta_K \frac{g_p}{2}\left(\mathbb{1}_e \otimes (\vec{\sigma}_p)_z\right)$$

$$= -\beta \begin{pmatrix} 1-v & 0 & 0 & 0 \\ 0 & 1+v & 0 & 0 \\ 0 & 0 & -(1+v) & 0 \\ 0 & 0 & 0 & -(1-v) \end{pmatrix},$$

$$v = \frac{M_e}{M_p} \cdot \frac{g_p}{2} \approx \frac{1}{660}.$$

Hierbei sind M_e und M_p die Massen von Elektron und Proton. Es wurde $g_s = 2$ gesetzt und $s_z = (\hbar/2)\,\sigma_z$ verwendet, wobei σ_z die Pauli–Matrix Gl.(4.35) ist. $\mathbb{1}_p$ und $\mathbb{1}_e$ sind zweidimensionale Einheitsmatrizen.

Der gesamte Hamilton–Operator lautet demnach

$$\mathcal{H} = \bar{\mathcal{H}}_0 + \mathcal{H}_{HFS} + \beta B \begin{pmatrix} 1-v & 0 & 0 & 0 \\ 0 & 1+v & 0 & 0 \\ 0 & 0 & -(1+v) & 0 \\ 0 & 0 & 0 & -(1-v) \end{pmatrix}.$$

mit $\bar{\mathcal{H}}_0$ aus Gl.(5.158) und $\mathcal{H}_{HFS}$ aus Gl.(5.154). Es ist wiederum nur der Operator $\vec{\sigma}_e \cdot \vec{\sigma}_p$ wirksam, da wir lediglich die Zustände $l = 0$ des H–Atoms behandeln. Die Schrödinger–Gleichung

$$(5.166) \qquad\qquad \mathcal{H}\Phi = E\Phi$$

wird näherungsfrei gelöst. Ziehen wir die Lösungen Φ_{n,S,M_S} von Gl.(5.159) für den Fall ohne Magnetfeld heran, so zeigt sich, daß diese für $S = 1, M_S = \pm 1$ ebenfalls Eigenfunktionen von $\mathcal{H}_B$ sind, nicht jedoch diejenigen für $S = 0, M_S = 0$ und $S = 1, M_S = 0$. Durch Anwenden des Operators $\mathcal{H}_B$ auf χ_{S,M_S} Gl.(5.160) finden wir sofort

$$(5.167) \qquad \begin{aligned} \mathcal{H}_B\chi_{0,0} &= \beta B(1+v)\chi_{1,0} \\ \mathcal{H}_B\chi_{1,0} &= \beta B(1+v)\chi_{0,0} \\ \mathcal{H}_B\chi_{1,1} &= \beta B(1-v)\chi_{1,1} \\ \mathcal{H}_B\chi_{1,-1} &= -\beta B(1-v)\chi_{1,-1}. \end{aligned}$$

$\mathcal{H}_B$ wandelt also $\chi_{0,0}$ in $\chi_{1,0}$ und umgekehrt. Wir unterscheiden daher zwei Fälle.

1. $S = 1, M_S = \pm 1.$

   Die Operatoren $\mathcal{H}_{HFS}$ und $\mathcal{H}_B$ wirken beide nur auf die Spinvariablen. Wir können daher sofort die beiden Gesamteigenfunktionen zu $S = 1, M_S = \pm 1$ angeben

$$\Phi^{(Z)}_{1,1,M_S=1} = \frac{R_{1,0}(r)}{\sqrt{4\pi}}\chi_{1,1} = \frac{R_{1,0}(r)}{\sqrt{4\pi}}\begin{pmatrix} 1 \\ 0 \\ 0 \\ 0 \end{pmatrix} \; ; \; \Phi^{(Z)}_{1,1,M_S=-1} = \frac{R_{1,0}(r)}{\sqrt{4\pi}}\begin{pmatrix} 0 \\ 0 \\ 0 \\ 1 \end{pmatrix}.$$

Die Eigenwerte zu $\mathcal{H}$ erhalten wir unter Verwendung der Gln.(5.163) und (5.167))

$$E \;=\; E_1^0 + {}^3W \pm \beta B(1-v)$$

$$=\; E_1^0 + {}^3W \pm \left(\frac{\Delta W}{2}x - 2\beta Bv\right)$$

(5.168)

$$\text{mit } \Delta W \;=\; {}^3W - {}^1W$$

$$=\; \frac{4\mu_0}{3\pi a_0^3} g_P \beta_k \beta$$

$$x \;=\; \frac{2\beta B(1+v)}{\Delta W}.$$

Wir bringen den Ausdruck Gl.(5.168) für spätere Zwecke auf eine passende Form

(5.169)
$$E = E_1^0 + \frac{{}^3W + {}^1W}{2} + \frac{\Delta W}{2}(1 \pm x) \mp 2\beta Bv.$$

Hierbei gelten die oberen Vorzeichen für $M_S = 1$, die unteren für $M_S = -1$.

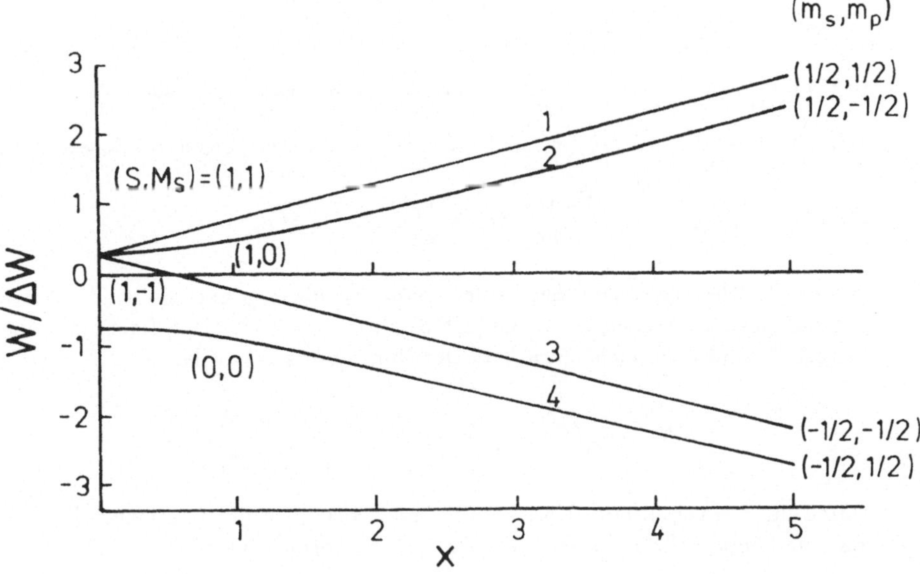

Fig. 5.43: *Die Hyperfeinstruktur–Zeeman–Aufspaltung für das Wasserstoffatom im Grundzustand. Aufgetragen ist die relative Verschiebung der Terme $W/\Delta W \equiv (E_{S,M_S} - E_1^0)/\Delta W$. Die z–Komponenten des Elektronenspins bzw. Protonenspins sind m_s bzw. m_p.*

2. $S = 1, M = 0$ und $S = 0, M = 0$.

Den ersten beiden Gleichungen der Ausdrücke Gl.(5.167) zufolge sind die beiden Funktionen

$$\Phi = \frac{R_{1,0}(r)}{\sqrt{4\pi}}\chi_{1,0} \quad \text{und} \quad \Phi = \frac{R_{1,0}(r)}{\sqrt{4\pi}}\chi_{0,0}$$

keine Eigenfunktionen von $\mathcal{H}$. Es lassen sich jedoch Überlagerungen dieser beiden Funktionen finden, die Eigenfunktionen von $\mathcal{H}$ sind

$$(5.170) \qquad \Phi = \frac{R_{1,0}(r)}{\sqrt{4\pi}}(\chi_{0,0} + A \cdot \chi_{1,0}) \qquad A \text{ Konstante.}$$

Wir setzen diesen Ausdruck in die Schrödinger–Gleichung (5.166) ein, multiplizieren von links mit $R_{1,0}^*(r)\chi_{0,0}^+/\sqrt{4\pi}$ bzw. $R_{1,0}^*(r)\chi_{1,0}^+/\sqrt{4\pi}$, integrieren über den Raum und erhalten

$$(5.171) \qquad \begin{aligned} E_1^0 +{}^1 W + A\beta B(1+v) &= E \\ AE_1^0 + A \cdot{}^3 W + \beta B(1+v) &= AE. \end{aligned}$$

Hieraus ergibt sich, wenn E eliminiert wird

$$A^2 - \frac{\Delta W}{\beta B(1+v)}A - 1 = 0$$

$$(5.172) \qquad A = \frac{1}{x}(1 \pm \sqrt{1 + x^2}) \quad \text{mit } \Delta W \text{ und } x \text{ aus Gl.(5.168).}$$

Wir setzen A in Gl.(5.170) ein und haben somit die zwei Eigenfunktionen

$$(5.173) \qquad \Phi^{(Z)}_{n=1,i,M_S=0} = \frac{R_{1,0}(r)}{\sqrt{4\pi}}(\chi_{0,0} + \frac{1}{x}(1 \pm \sqrt{1 + x^2})\chi_{1,0}) \quad i = 1,0 \,,$$

die jeweils Überlagerungen der beiden Spinzustände $\chi_{0,0}$ und $\chi_{1,0}$ sind. Wir legen das positive Vorzeichen in Gl.(5.173) für $i = 1$ fest. Die Eigenfunktionen Gl.(5.173) sind noch nicht normiert. Der Normierungsfaktor lautet

$$N = \frac{1}{\sqrt{2}}(1 \pm \frac{1}{\sqrt{1+x^2}})^{1/2} \qquad \begin{array}{l} + \quad \text{für } \Phi^{(Z)}_{1,0,0} \\ - \quad \text{für } \Phi^{(Z)}_{1,1,0} \end{array}$$

Durch eine etwas mühsame Umrechnung lassen sich die Eigenfunktionen Gl.(5.173) auf eine übersichtliche, in der Literatur übliche Form bringen

$$(5.174) \qquad \boxed{\Phi^{(Z)}_{1,1,0} = \frac{R_{1,0}(r)}{\sqrt{4\pi}}\begin{pmatrix} 0 \\ c \\ s \\ 0 \end{pmatrix}, \quad \Phi^{(Z)}_{1,0,0} = \frac{R_{1,0}(r)}{\sqrt{4\pi}}\begin{pmatrix} 0 \\ s \\ -c \\ 0 \end{pmatrix}}$$

$$\text{mit} \quad c = \frac{1}{\sqrt{2}}\left(1 + \frac{x}{\sqrt{1+x^2}}\right)^{1/2} ,$$

$$s = \frac{1}{\sqrt{2}}\left(1 - \frac{x}{\sqrt{1+x^2}}\right)^{1/2} ,$$

$$c^2 + s^2 = 1 .$$

Man beachte, daß die Eigenfunktionen Gl.(5.174) Mischungen von Spin 0– und Spin 1–Zuständen darstellen. Schließlich wollen wir noch die Energieeigenwerte berechnen. Wir setzen A aus Gl.(5.172) in die erste der Gln.(5.171) ein

$$E = E_1^0 + {}^1W + \frac{1}{x}(1 \pm \sqrt{1+x^2})\beta B(1+v) \qquad \begin{array}{l} + \quad \text{für } \Phi_{1,1,0}^{(Z)} \\ - \quad \text{für } \Phi_{1,0,0}^{(Z)} . \end{array}$$

Mit den Abkürzungen für ΔW und x in Gl.(5.168) läßt sich dieser Ausdruck umformen

$$E = E_1^0 + \frac{{}^3W + {}^1W}{2} \pm \frac{\Delta W}{2}\sqrt{1+x^2} .$$

Wir können nun diese Energie zusammen mit Gl.(5.169) in einer einzigen Formel zusammenfassen

$$(5.175) \qquad \boxed{E_{S=\frac{1}{2}\pm\frac{1}{2},M_S} = E_1^0 + \frac{{}^3W + {}^1W}{2} \pm \frac{\Delta W}{2}\sqrt{1 + 2M_S x + x^2 - 2\beta B v M_S} ,}$$

$$\text{mit} \quad \begin{array}{l} S = 0, \quad M_S = 0 \\ S = 1, \quad M_S = 0, \pm 1. \end{array}$$

Diese Gleichung ist als **Breit–Rabi–Formel** bekannt und gilt für schwache, mittlere und starke B–Felder. Für den feldlosen Fall geht E jeweils in die Energieausdrücke Gl.(5.163) über.

In Fig. 5.43 ist der Termverlauf mit wachsender Feldstärke gezeigt. Aufgetragen ist die relative Verschiebung der Terme $(E_{S,M_S} - E_1^0)/\Delta W$ über x. Die z–Komponenten des Elektronen– bzw. Protonenspins sind m_s bzw. m_p. Es ist deutlich zu erkennen, wie sich der Term $(S = 1, M_S = -1)$ rasch von den anderen Termen zu $S = 1$ entfernt. Bei großen x–Werten hat man dann die Zeeman–Aufspaltung zu $m_s = \pm 1/2$, jeweils zerlegt in die Hyperfeinstrukturkomponenten nach dem Wert von m_p.

Die Breit–Rabi–Formel läßt sich auch für größere Kernspins I mit dem Hüllendrehimpuls $J = 1/2$ in geschlossener Form angeben. Dieser Fall wird hier nicht weiter behandelt.

Wir wollen kurz und auch nur qualitativ den allgemeineren Fall des Zeeman– bzw. Paschen–Back–Effekts der HFS betrachten, bei dem auch der Bahndrehimpuls des Elektrons beteiligt ist. Wir haben es dann mit der Wechselwirkung der magnetischen Momente untereinander innerhalb des Atoms einerseits und mit der Wechselwirkung der Momente mit dem äußeren Feld andererseits zu tun.

Wir betrachten im Vorgriff auf Kap. 6 den Fall, daß die Hülle mehrere Elektronen hat und der Gesamtbahndrehimpuls $\vec{L}$ mit dem Gesamtspin $\vec{S}$ zum gesamten Hüllendrehimpuls $\vec{J}$ koppelt (Abschn. 6.4.3). Dieser setzt sich dann mit dem Kernspin $\vec{I}$ zum Gesamtdrehimpuls $\vec{F}$ zusammen. Die möglichen Werte der Quantenzahl F sind gegeben durch

$$(5.176) \qquad |J - I| \leq F \leq J + I \,,$$

$$-F \leq M_F \leq F \quad \text{für die } z\text{-Komponente } M_F.$$

Ohne äußeres Feld ist die Energie $2F + 1$ fach entartet. Die Kopplung geschieht über die magnetischen Momente, wobei zu beachten ist, daß die Momente $\vec{\mu}_S$, $\vec{\mu}_L$, $\vec{\mu}_J$, um die Größenordnung 10^3 größer sind als $\vec{\mu}_I$. Das magnetische Moment $\vec{\mu}_F$ setzt sich aus denjenigen von Hülle und Kern zusammen

$$(5.177) \qquad \vec{\mu}_F = \vec{\mu}_I + \vec{\mu}_J.$$

Wegen der Kleinheit von $\vec{\mu}_I$ ist die Kopplung zwischen $\vec{J}$ und $\vec{I}$ nur sehr schwach.

Die magnetische Zusatzenergie bei Anwesenheit eines äußeren Feldes $\vec{B}$ ist dann

$$(5.178) \qquad E_{HFS,mag} = -\vec{\mu}_F \vec{B}.$$

Ist das B-Feld sehr schwach, so bleibt die $\vec{J} - \vec{I}$-Kopplung erhalten, und man spricht vom Zeeman-Effekt der Hyperfeinstruktur. Das ist dann der Fall, wenn die Energie Gl.(5.178) klein ist gegen den Abstand der Hyperfein-Terme ohne Feld.

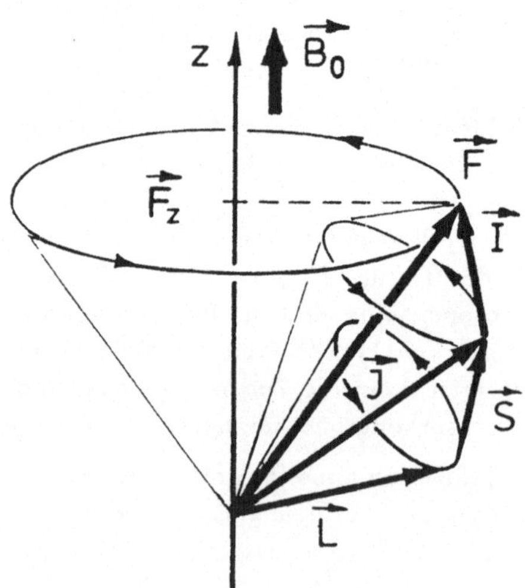

Fig. 5.44: *Die Kopplung der Drehimpulse beim Zeeman-Effekt der Hyperfeinstruktur.*

Die Verhältnisse entsprechen denjenigen des anomalen Zeeman-Effekts der Hülle (s. Abschn. 5.3.4), wie Fig. 5.44 zeigt. Die Drehimpulse $\vec{L}$ und $\vec{S}$ bleiben gekoppelt und präzedieren äußerst schnell um $\vec{J}$. Die Drehimpulse $\vec{J}$ und $\vec{I}$ bleiben gleichfalls gekoppelt und präzedieren schnell um den Gesamtdrehimpuls $\vec{F}$, währenddessen sich $\vec{F}$ langsam um die Feldachse dreht.

Die Größe der Hyperfein–Zeeman–Aufspaltung Gl.(5.178) läßt sich dann schreiben

$$(5.179) \qquad E_{HFS,mag} = g_F \beta B M_F,$$

wobei g_F der g–Faktor des gesamten Atoms ist. Das sind $2F + 1$ äquidistante Terme. In Fig. 5.45 ist ein Beispiel gezeigt, bei dem ein $S_{1/2}$–Zustand der Hülle ($J = 1/2$) mit dem Kernspin $I = 1$ zu den beiden Zuständen $F = 3/2$ und $F = 1/2$ koppelt (Fig. 5.45a). Bei Anlegen eines sehr schwachen B–Feldes spaltet der $F = 3/2$ Term in vier, der $F = 1/2$ Term in zwei Terme auf (Fig. 5.45b).

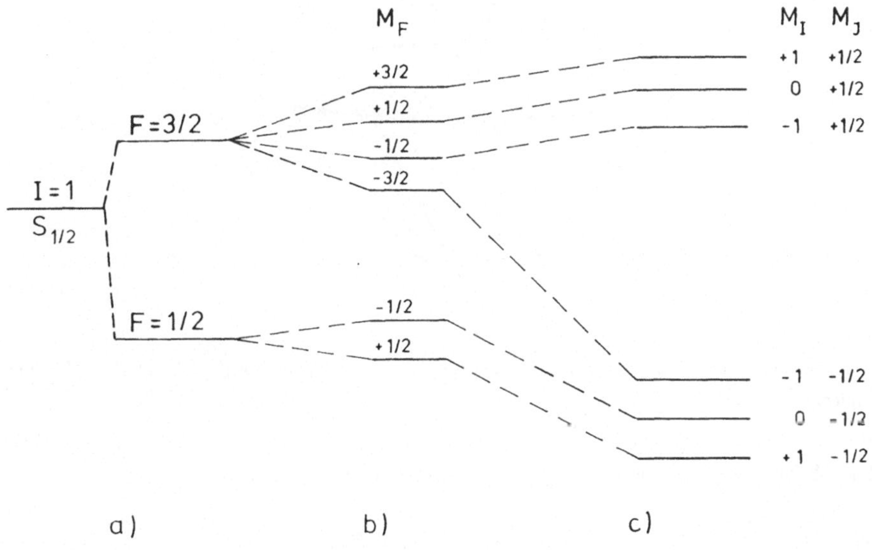

Fig. 5.45: *Hyperfeinstruktur eines Zustandes $S_{1/2}$ und $I = 1$. a) ohne Feld, b) sehr schwaches Feld, c)starkes Feld.*

Ist das äußere B–Feld ausreichend stark, so wird die Kopplung zwischen $\vec{J}$ und $\vec{I}$ gelöst und die zugehörigen magnetischen Momente präzedieren einzeln um die Feldrichtung. Man spricht vom Paschen–Back–Effekt der Hyperfeinstruktur. Wegen der schwachen $\vec{I}\vec{J}$–Kopplung ist das bereits bei Feldern der Größenordnung $0,1T$ der Fall. Wir wissen aus Abschn. 5.3.4, daß bei diesen für die Hülle noch relativ kleinen Feldern die $\vec{L}\vec{S}$–Kopplung zu $\vec{J}$ innerhalb der Hülle noch erhalten bleibt.

Das zugehörige Hüllenmoment $\vec{\mu}_J$ präzediert sehr schnell um die Feldrichtung im Gegensatz zu dem kleinen Kernmoment $\vec{\mu}_I$. Da die Hülle am Kernort ein sehr starkes Magnetfeld der Größenordnung 10 bis $100T$ erzeugt, orientiert sich das Kernmoment am Hüllenfeld, wogegen das äußere Feld nur eine kleine Störung darstellt. Nun läuft das

Hüllenmoment wegen seiner hohen Präzessionsgeschwindigkeit aber ständig dem Kernmoment davon, so daß das Kernmoment effektiv nur die z-Komponente des Hüllenfeldes sieht. Die x- und y-Komponenten mitteln sich zeitlich weg. Letztendlich präzediert also auch der Kernspin $\vec{I}$ um die $\vec{B}$-Richtung, aber mit einer viel kleineren Larmor-Frequenz als $\vec{J}$. Der Gesamtdrehimpuls $\vec{F}$ ist hierbei nicht mehr definiert. Fig. 5.46 zeigt im Vektorbild die erläuterte Orientierung der beiden Drehimpulse $\vec{J}$ und $\vec{I}$.

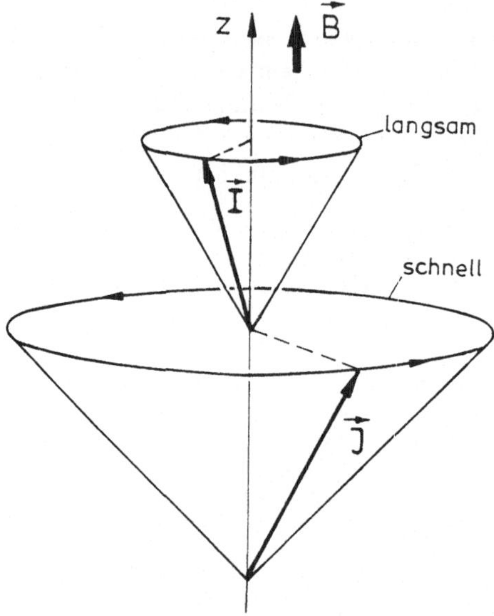

Fig. 5.46: *Die Kopplung der Drehimpulse beim Paschen–Back–Effekt der Hyperfeinstruktur.*

Die Wechselwirkungsenergie setzt sich aus zwei Beiträgen zusammen.

$$(5.180) \qquad E_{HFS,mg} = E_{J,B} + E_{J,I} \, .$$

Der erste Term berücksichtigt die Präzession von $\vec{J}$ um $\vec{B}$, der zweite die Wechselwirkung zwischen $\vec{J}$ und $\vec{I}$.

In Fig. 5.45c ist die Aufspaltung für den Zustand $S_{1/2}$ der Hülle und den Kernspin $I = 1$ gezeigt. Es ist deutlich zu erkennen, daß die weitaus größere Aufspaltung durch den Unterschied in M_J erzeugt wird, wohingegen der Unterschied in M_I nur eine Störung darstellt. Beim Übergang vom schwachen (Fig. 5.45b) zum starken (Fig. 5.45c) Magnetfeld gelangt man somit vom Zeeman-Effekt der Hyperfeinstruktur zur Hyperfeinstruktur des Zeeman-Effektes der Hülle.

** E ** E ** E ** E ** E **

5.5 Zusammenfassung

Dieses Kapitel hat zum Ziel, das einfachste Atom, das Wasserstoffatom, mit Hilfe der nichtrelativistischen Quantenmechanik zu studieren. Eine ganze Reihe von Erscheinungen kann erklärt werden, die später auch bei komplizierteren Atomen auftreten, die jedoch anhand des Wasserstoffatoms methodisch am einfachsten und durchsichtigsten behandelt werden können. Unter Vernachlässigung der Spins von Proton und Elektron gelingt die Lösung der entsprechenden Schrödinger–Gleichung und führt zum diskreten Energiespektrum des H–Atoms, Gl.(5.13). Als besonderes Charakteristikum liefert die Lösung die drei Quantenzahlen

$$\begin{aligned}
n &= 1,2,3,\ldots && \text{Hauptquantenzahl} \\
l &= 0,1,2,\ldots,n-1 && \text{Bahndrehimpulsquantenzahl} \\
m &= -l,-l+1,\ldots,l-1,l && \text{magnetische Quantenzahl.}
\end{aligned}$$

Die Hauptquantenzahl kennzeichnet die Schale, in der sich das Elektron befindet. Die Bahndrehimpulsquantenzahl ist maßgebend für die Größe des Bahndrehimpulses des Elektrons, gegeben durch den Eigenwert des Quadrates des Bahndrehimpulsoperators $\hbar^2 l(l+1)$. Die magnetische Quantenzahl ist durch die z–Komponente des Bahndrehimpulses bezüglich einer vorgegebenen Quantisierungsachse, z.B. der Richtung eines Magnetfeldes bestimmt. Der Eigenwert der z–Komponente des Bahndrehimpulsoperators ist gleich $\hbar m$. Durch die drei Quantenzahlen n, l und m ist der Zustand des H–Atoms festgelegt.

Die allgemeine Lösung der Schrödinger–Gleichung für die Wellenfunktion findet sich in Gl.(5.17), wobei der Ortsanteil der Wellenfunktion Gl.(5.16) in einen Radialteil — im wesentlichen die Laguerre–Polynome — und in einen Winkelanteil — die Kugelflächenfunktionen — faktorisiert. Die Einbeziehung des Elektronenspins erweitert die formale Lösung der Schrödingergleichung lediglich dahingehend — verwendet man das gleiche Potential —, daß die Wellenfunktionen zweikomponentig werden. Die Energieeigenwerte bleiben jedoch unverändert. Die Energien des H–Atoms sind in dieser einfachen Beschreibung $2n^2$–fach entartet.

Weil die Formeln für die Energie die gleichen sind wie beim Bohrschen Modell, sind die Spektren der wasserstoffartigen Atome die gleichen wie sie bereits in Kap. 2 besprochen wurden.

Die nächsten Überlegungen handeln von Übergängen zwischen zwei Niveaus und der damit verbundenen Emission von Photonen. Ausgehend vom elektrischen Dipolcharakter der Strahlung besteht das wichtigste Ergebnis in den Auswahlregeln für die Quantenzahlen, Gln.(5.33) und (5.34)

$$\begin{aligned}
E_n &\neq E_{n'}\,, \\
\Delta l &= \pm 1\,, \\
\Delta m &= 0, \pm 1\,.
\end{aligned}$$

Je nach Wechsel der Quantenzahlen und je nach Aussendungsrichtung ist das emittierte Licht unterschiedlich polarisiert.

$\Delta m = 0$ — Der Dipol schwingt entlang der z–Richtung, es gibt keine Abstrahlung in z–Richtung, jedoch linear polarisiertes Licht in jede andere Richtung.

$\Delta m = 1$ — Der Dipol rotiert in der x–y–Ebene entgegen dem Uhrzeigersinn. Die Abstrahlung erfolgt rechtszirkular polarisiert in z–Richtung, linear polarisiert bei Emission in die x–y–Ebene und elliptisch in jede andere Richtung.

$\Delta m = -1$ — Der Dipol rotiert in der x–y–Ebene im Uhrzeigersinn. Die Abstrahlung erfolgt linkszirkular polarisiert in z–Richtung, linear polarisiert bei Emission in die x–y–Ebene und elliptisch in jede andere Richtung.

Da elektromagnetische Wellen durch die Maxwell-Gleichungen, also durch Vektorgleichungen beschrieben werden, muß das Photon den Spin 1 haben. Die ausgesandte Diplostrahlung kann also durch Kugelvektoren dargestellt werden. Der experimentelle Beweis dafür, daß das Photon Drehimpuls besitzt, wird durch das Experiment von R.A.Beth geliefert.

Die Emission oder Absorption von Strahlung kann durch äußere Einflüsse erzwungen werden, wie zum Beispiel durch die Einstrahlung elektromagnetischer Wellen. Man nennt diese Vorgänge induzierte Emission oder induzierte Absorption. Man kann die Betrachtung auf das elektrische Dipolpotential beschränken, dem das Atom ausgesetzt ist. Ausgehend von der zeitabhängigen Schrödinger-Gleichung führt die Näherungsrechnung zu folgendem Ergebnis

- induzierte Emission oder Absorption erfolgt bei der Einstrahlung von Photonen nur dann, wenn die Energie der Photonen $h\nu$ gleich dem Termabstand des betrachteten Übergangs ist.

- Es gelten die gleichen Auswahlregeln wie bei der spontanen Emission.

- Die Wahrscheinlichkeiten für induzierte Emission und induzierte Absorption sind gleich.

Aus der Herleitung ergibt sich ein Ausdruck für die Übergangswahrscheinlichkeit pro Zeiteinheit für die induzierte Emission bzw. Absorption. Bei Betrachtung einer Gesamtheit von untersuchten Atomen im thermischen Gleichgewicht gelingt auf dem Umweg über die Plancksche Strahlungsformel die Herleitung der Übergangswahrscheinlichkeit pro Zeiteinheit auch für die spontane Emission.

Einen größeren Abschnitt umfaßt die Behandlung wasserstoffartiger Atome unter dem Einfluß elektrischer und magnetischer Felder.

Ohne Berücksichtigung des Spins führt der Einfluß eines zeitlich konstanten, homogenen Magnetfeldes auf den normalen Zeeman-Effekt. Das durch die Bahnbewegung des Elektrons erzeugte magnetische Moment $\vec{\mu}$ kann mit dem Bahndrehimpulsoperator $\vec{l}$ verknüpft werden. Der Hamilton–Operator in Anwesenheit eines B–Feldes liefert zwei zusätzliche Glieder, von denen der in B quadratische Term bei nicht extrem starken Feldern vernachlässigt werden kann.

Die Lösung der Schrödinger–Gleichung liefert eine Zusatzenergie der Größe $m\beta B$, so daß die m-Entartung aufgehoben wird. Von der Anschauung her präzediert der Vektor des magnetischen Moments $\vec{\mu}$ und damit auch der Bahndrehimpuls um die Magnetfeldrichtung, wobei die Projektion des Bahndrehimpulses auf die Feldrichtung gleich $m\hbar$ ist. Die weiterhin bestehende l-Entartung der Energie und die einzuhaltenden Auswahlregeln führen insgesamt zu drei Spektrallinien bei Übergängen zwischen zwei Zeeman–aufgespalteten Termen.

Bei vielen Atomen besteht eine Diskrepanz zwischen der Theorie des normalen Zeeman–Effekts und dem experimentellen Befund, die durch den Einfluß des Elektronenspins hervorgerufen wird. Von S.Goudsmit und G.Uhlenbeck hypothetisch gefordert, wurde die Existenz und Größe des Elektronenspins durch das Stern–Gerlach–Experiment bestätigt. Sichtbaren Ausdruck für den Elektronenspin lieferte bereits die Feinstruktur der Spektralinien. Die quantenmechanische Behandlung der Feinstruktur läuft auf die Kopplung von Bahndrehimpuls $\vec{l}$ und Spin $\vec{s}$ hinaus und liefert für den Hamilton–Operator einen typischen Kopplungsterm der Gestalt

$$\mathcal{H}_1 \sim \vec{l}\,\vec{s}\ .$$

$\vec{l}$ und $\vec{s}$ koppeln zum Gesamtdrehimpuls $\vec{j}$, wobei für die zugehörigen Quantenzahlen gilt

$$|l-s| \le j \le l+s \ \text{mit}\ s = \tfrac{1}{2}\ ,$$

und

$$m_j = -j, -j+1, \ldots, j.$$

Mit einbezogen in die Rechnung wird eine in erster Näherung durchgeführte relativistische Korrektur der Bewegung des Elektrons, die einen weiteren Term $\mathcal{H}_2$ zum Hamilton–Operator liefert. Mittels Störungsrechnung erster Ordnung können die Zusatzenergien einzeln berechnet werden, wobei als ungestörtes Problem die Wellenfunktion des H-Atoms zu Grunde gelegt wird. Als Endergebnis ergibt sich die Gesamtenergie des H-Atoms in Abhängigkeit von n und der Gesamtdrehimpulsquantenzahl j. Die Entartung in l bleibt bestehen.

Die Berücksichtigung des Elektronenspins beim H–Atom im Magnetfeld führt zum anomalen Zeeman–Effekt. Die Ursache für die Komplikation beim anomalen Zeeman–Effekt gegenüber dem normalen Zeeman–Effekt ist im magnetischen Moment des Elektrons zu suchen. Gemäß der Verknüpfung zwischen dem Operator des magnetischen Moments $\vec{\mu}$ und dem Drehimpulsoperator $\vec{j}$

$$\vec{\mu} = -g_j \frac{\beta}{\hbar}\vec{j}\ , \qquad g_j \quad \text{g-Faktor}\ ,$$

zeigt sich, daß im Fall des reinen Bahndrehimpulses der g–Faktor den Wert $g_l = 1$, im Fall des Elektronenspins jedoch den Wert $g_s = 2$ hat. Dies hat zur Folge, daß die Kopplung von $\vec{l}$ und $\vec{s}$ zu $\vec{j}$, die von der Wechselwirkung her gesehen über die magnetischen Momente erfolgt, zu einem magnetischen Gesamtmoment $\vec{\mu}_j$ führt, das nicht mehr längs $\vec{j}$ gerichtet ist. In dem oben angeführten Ausdruck ist daher $\vec{\mu}$ als Komponente von $\vec{\mu}_j$ längs $\vec{j}$ zu verstehen. Der g-Faktor ergibt sich bei halbklassischer Behandlung zu

$$g_j = \frac{j + 1/2}{l + 1/2}.$$

Von der anschaulichen Vorstellung her sind $\vec{l}$ und $\vec{s}$ fest gekoppelt und präzedieren sehr schnell um die Richtung von $\vec{j}$, während $\vec{j}$ seinerseits langsam um die B–Feldachse präzediert.

Die quantenmechanische Behandlung des anomalen Zeeman–Effekts stützt sich auf den bisherigen Hamilton–Operator einschließlich Feinstruktur und relativistische Korrektur, ergänzt durch den Wechselwirkungsterm $\mathcal{H}_3$ der magnetischen Momente $\vec{\mu}_l$ und $\vec{\mu}_s$ mit dem $\vec{B}$–Feld. Die Anwendung der Störungsrechnung führt wiederum zu einem Ausdruck für die zusätzliche magnetische Energie, wobei genügend schwache $\vec{B}$–Felder vorausgesetzt werden, so daß $\mathcal{H}_3$ als kleine Störung betrachtet werden kann. Die Rechnung liefert eine Zusatzenergie mit dem gleichen g–Faktor wie bei der halbklassischen Betrachtung.

Sobald $\mathcal{H}_3$ nicht mehr eine kleine Störung darstellt, sondern von vergleichbarer Größenordnung ist wie $\mathcal{H}_1$ und $\mathcal{H}_2$, läßt sich das Problem nicht mehr geschlossen lösen. Erst bei genügend starken B–Feldern vereinfacht sich wiederum die Behandlung. Man gelangt zum Paschen–Back–Effekt, bei dem im Gegensatz zum anomalen Zeeman–Effekt die Drehimpulse $\vec{l}$ und $\vec{s}$ einzeln um die Feldachse präzedieren. Die inneren Felder sind gegenüber dem äußeren Feld zu schwach, um $\vec{l}$ und $\vec{s}$ miteinander zu koppeln. Der Ausgangspunkt der rechnerischen Behandlung ist der gleiche Hamilton–Operator wie beim anomalen Zeeman–Effekt, aber jetzt werden $\mathcal{H}_1 + \mathcal{H}_2$ als kleine Störungen betrachtet. Die Störungsrechnung liefert die magnetische Zusatzenergie. Die Termaufspaltung orientiert sich nicht mehr an j und m_j, da der Gesamtdrehimpuls nicht mehr definiert ist, sondern an m und m_s. Man kommt wieder zurück zu drei Emissionslinien wie beim normalen Zeeman–Effekt, die jedoch durch die Feinstrukturen jeweils geringfügig aufgespalten sind.

Das Verhalten der Atome in elektrischen Feldern hat weit weniger Bedeutung als dasjenige in magnetischen Feldern. Elektrische Felder verursachen eine Aufspaltung der Spektrallinien, die als Stark–Effekt bezeichnet wird. Man unterscheidet den linearen und den quadratischen Stark–Effekt. Hierbei zeigt sich, daß der lineare Stark–Effekt nur beim H–Atom und auch nur bei angeregten Zuständen zu finden ist. Die Aufspaltung der Energieterme läßt sich mit der Störungsrechnung für entartete Zustände berechnen. Der Grundzustand liefert den quadratischen Stark–Effekt. Er ist auf die Polarisation der Elektronenhülle infolge des elektrischen Feldes zurückzuführen.

Ein für die Festkörperphysik wichtiges Untersuchungsverfahren ist die Elektronenspinresonanz (ESR). Sie basiert auf der induzierten Absorption magnetischer Dipolstrahlung bei Anwesenheit eines homogenen, zeitlich konstanten Magnetfeldes $\vec{B}_0$. Die Induzierung wird durch ein um die $\vec{B}_0$-Feldrichtung rotierendes und senkrecht zu $\vec{B}_0$ gerichtetes Magnetfeld $\vec{B}_1$ hervorgerufen. Sie geschieht nur dann, wenn die Rotationsfrequenz von $\vec{B}_1$ gleich der Präzessionsfrequenz des Elektronenspins um $\vec{B}_0$ bei gleichem Umlaufsinn ist. Für diesen Fall läßt sich die Schrödinger-Gleichung des Problems, die aus zwei gekoppelten Differentialgleichungen besteht, relativ leicht lösen.

Die drei letzten Abschnitte behandeln Experimente von besonders großer Genauigkeit. Als erstes haben wir die $g - 2$-Experimente besprochen. Das grundsätzliche Intresse an der genauen Kenntnis des g-Faktors des Elektrons, g_s, hängt mit der Entwicklung der Quantenelektrodynamik (QED) zusammen. Während die Dirac-Theorie exakt den Wert $g_s = 2$ liefert, sagt die QED einen um $1\ ^0/_{00}$ größeren Wert voraus. Da sich g_s mit den Mitteln der QED sehr genau berechnen läßt, erweisen sich die Präzisionsmessungen zur Bestimmung von g_s als wichtiger Prüfstein für die Richtigkeit der QED. Die Präzisionsmessungen begannen mit der ESR. Einen großen Schritt hin zu noch größerer Präzision führen die $g - 2$-Experimente. Sie beruhen auf der geringfügigen Abweichung der Zyklotronfrequenz des Elektrons im Magnetfeld von der Präzessionsfrequenz des Elektronenspins im Magnetfeld. Diese Abweichung ist proportional zu $g - 2$ und kann bei ausreichend vielen Umläufen des Elektrons im Feld sehr genau bestimmt werden. Ein besonderes Präzisionsverfahren entwickelte Hans Dehmelt durch eine geeignete Anordnung von elektrischen und magnetischen Feldern, in denen die Elektronen eingesperrt werden und sich auf stationären Bahnen bewegen. Die stationären Zustände sowie die Spineinstellung des Elektrons können durch induzierte Emission und Absorption eingestrahlter Photonen gezielt geändert werden. Aus der genauen Kenntnis der eingestrahlten Frequenzen ergibt sich der genaueste Wert von g_s.

Als zweites Experiment hoher Genauigkeit wurde die Lamb-Verschiebung behandelt. Sie besteht aus einer sehr kleinen Termaufspaltung, die nur in Verbindung mit der QED verstanden werden kann. Ihre Entdeckung durch W.E.Lamb und R.C.Retherford beschleunigte die Entwicklung der QED. Die Termaufspaltung der Spektrallinien hebt die nach der Feinstruktur noch verbliebene l-Entartung auf. Lamb und Retherford bedienten sich der Mikrowellenspektroskopie und untersuchten die $2S$-$2P$-Termaufspaltung beim H-Atom durch induzierte elektrische Dipolübergänge. Die experimentell gefundenen Verschiebungen der Terme sind in bester Übereinstimmung mit den Vorhersagen der QED.

Eine weitere sehr kleine Aufspaltung der Spektrallinien, die wir im letzten Abschnitt betrachtet haben, ist auf die Wechselwirkung der Elektronenhülle mit dem magnetischen Moment des Kerns zurückzuführen. Diese als Hyperfeinstruktur bekannte Aufspaltung ist deshalb so klein, weil die Größenordnung der magnetischen Momente der Kerne wie auch derjenigen der Nukleonen um das Massenverhältnis von Elektron zu Proton $M_c/M_p = 1/1836$ kleiner ist als die magnetischen Momente in der Hülle. Quantitativ läßt sich die Hyperfeinstruktur überschaubar beim H-Atom im Grundzustand behandeln. Der Gesamtdrehimpuls $\vec{S}$ setzt sich dann aus den beiden Spins von Elektron und Proton zusammen

$$\vec{S} = \vec{s}_e + \vec{s}_p \ .$$

Wir haben somit den Singulettzustand $S = 0$ und den Triplettzustand $S = 1$. Der Hamilton–Operator ergibt sich aus dem magnetischen Moment des Elektrons $\vec{\mu}_c$ und dem vom Protonenmoment erzeugten Magnetfeld $\vec{B}_K$, welches über das Vektorpotential $\vec{A}$ mit dem Protonenmoment $\vec{\mu}_p$ verknüpft ist. Die Wechselwirkungsenergie wird wiederum mit Hilfe der Störungsrechnung ermittelt. Sie ergibt einen positiven Wert für den Triplettzustand und einen dreimal so großen negativen Wert für den Singulettzustand. Der numerische Energieabstand der beiden Terme liefert eine Frequenz von $1420 MHz$, entsprechend einer Wellenlänge von $21cm$. Die quantenmechanische Behandlung der Hyperfeinstruktur des H–Atom–Grundzustandes bei Anwesenheit eines $\vec{B}$–Feldes führt näherungsfrei zur Breit–Rabi–Formel für die Energieaufspaltung, die für schwache, mittlere und starke B–Felder gültig ist. Die Messungen von Hyperfeinstrukturaufspaltungen liefern wichtige Informationen über die Eigenschaften von Atomen und Kernen. Sie sind aber auch für die Festkörperphysik von Bedeutung, da die Bindung von Atomen untereinander einen Einfluß auf die HFS hat.

In Fig. 5.47 sind die 1S–, 2S– und 2P–Zustände des H–Atoms mit allen besprochenen Verschiebungen und Aufspaltungen ohne äußeres Magnetfeld zusammengestellt. Die eingetragenen Zahlen sind Energiewerte in Einheiten von $10^{-7}eV$. Bei den Schrödinger–Termen (links) sind die Energien in eV in Klammern dazugefügt. Bei der Feinstruktur bleibt der $j = 1/2$ Term für $n = 2$ in l noch entartet (Zustände $2S_{1/2}$ und $2P_{1/2}$) und wird erst durch die Lamb–Verschiebung aufgespalten. Termverschiebungen und Aufspaltungen sind schematisch skizziert. Die Lamb–Verschiebungen der Zustände zu $n = 2$ sind erheblich kleiner als diejenige des $1S_{1/2}$–Zustandes. So unterscheiden sich beispielsweise die Verschiebungen des $1S_{1/2}$–Zustandes und des $2P_{3/2}$–Zustandes um drei Größenordnungen. Die Hyperfeinstrukturaufspaltungen sind nur für die 1S– und 2S–Zustände angegeben. Ihre Größenordnung liegt zwischen 10^{-7} und $10^{-6}eV$. Rechts sind die nach den Auswahlregeln zugelassenen Übergänge der energiereichsten Linien der Lyman–Serie eingetragen. Bei Anwesenheit äußerer Magnetfelder treten die bereits besprochenen weiteren Aufspaltungen der Terme auf.

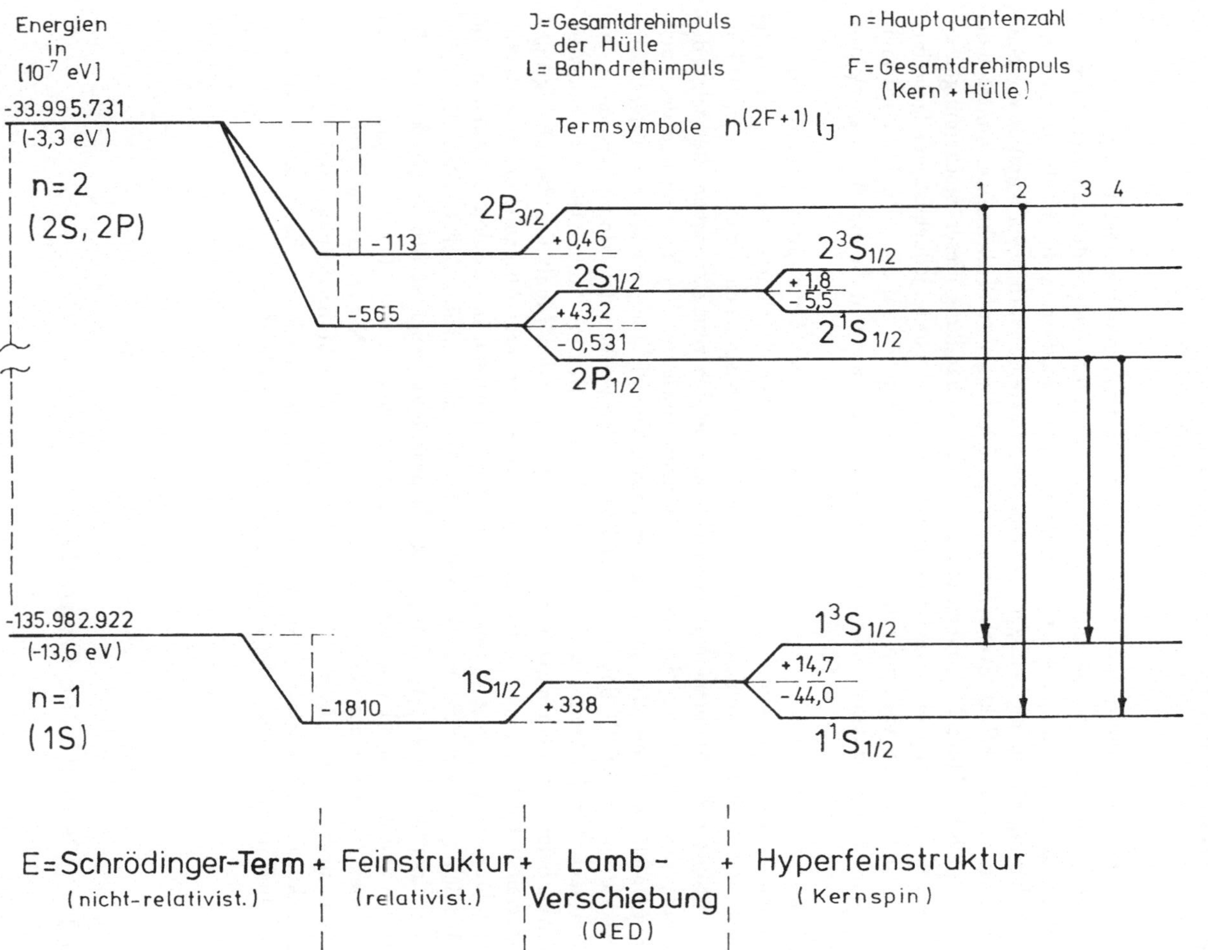

Fig. 5.47: *Die 1S-, 2S-, und 2 P-Zustände des H-Atoms mit Termverschiebungen und Aufspaltungen ohne äußeres Magnetfeld. Die jeweiligen Termaufspaltungen sind schematisch skizziert.*

6 Mehrelektronenatome

In diesem Kapitel betrachten wir Atome, deren Hülle mehr als ein Elektron enthält. Infolge der gegenseitigen Wechselwirkung der verschiedenen geladenen Partner ergeben sich bei der Behandlung zwangsläufig gewisse Komplikationen, die im allgemeinen Fall zu Näherungsmethoden zwingen. Die meisten Effekte des vorherigen Kapitels wie Feinstruktur, Zeeman–Effekt, Stark–Effekt, Hyperfeinstruktur und Elektronenspinresonanz treten auch bei Mehrelektronenatomen auf. Die Behandlung dieser Erscheinungen geschieht in ähnlicher Weise, wie sie in Kap. 5 ausgeführt wurde, jedoch ist im allgemeinen der mathematische Aufwand erheblich größer. Wir gehen auf diese Effekte nicht mehr ein, sondern beschränken uns vorwiegend auf Erscheinungen, die erst bei Mehrelektronenatomen auftreten und für diese typisch sind.

Im ersten Abschnitt (6.1) beschäftigen wir uns mit Grundprinzipien, die aktuell werden, sobald man es mit einem System identischer Teilchen zu tun hat, wie es die Elektronenhülle der Atome darstellt. Anschließend besprechen wir die Schalenstruktur der Atome aus phänomenologischer Sicht, wie sie sich vom Experiment her zeigt, den Aufbau des Periodischen Systems der Elemente sowie das Erscheinungsbild der Spektren einschließlich der Röntgenspektren zusammen mit den Termschemata der Atome (Abschn. 6.2 und 6.3). Sodann behandeln wir den Aufbau der Atome, beginnend mit dem nach dem H–Atom einfachsten Gebilde, dem Helium–Atom. Die Näherungsverfahren beim allgemeinen Aufbau der Atome bilden den Inhalt der darauf folgenden Abschnitte 6.4.1 und 6.4.2. Ergänzend dazu ist ein weiterer Abschnitt der Spin–Bahn-Kopplung in Atomen gewidmet. Die exotischen Atome in Abschn. 6.5 handeln von künstlich erzeugten atomaren Gebilden, die sich nicht in das übliche Periodische System einordnen lassen, die sich jedoch als besonders geeignete Studienobjekte für die Atom- und Kernphysik erwiesen haben. Danach wird im einzelnen besprochen, warum die Spektrallinien nicht völlig scharf sind, sondern von Natur aus eine Breite $\Delta\lambda$ besitzen, und welche äußeren Einflüsse eine zusätzliche Verbreiterung zur Folge haben (Abschn. 6.6). Der letzte Abschnitt 6.7 ist dem physikalischen Funktionsprinzip und dem technischen Aufbau von Lasern und Masern gewidmet.

6.1 Theoretische Grundlagen

Wenn die Ordnungszahl Z des Kerns, d.h. die Anzahl der im Kern enthaltenen Protonen, größer als eins ist, werden im allgemeinen Fall auch mehrere Elektronen an den Kern gebunden sein. Ein elektrisch neutrales Atom hat dann in seiner Hülle ebensoviele Elektronen wie Protonen im Kern.

Die Frage stellt sich nun, nach welchen Prinzipien die Elektronen in ein Atom eingebaut werden. Vom Wasserstoffatom kennen wir den Grundzustand, der durch die Quantenzahlen

$$n = 1 \ , \qquad l = 0 \ , \qquad m = 0 \ , \qquad m_s = \pm \frac{1}{2}$$

gekennzeichnet ist, wobei wir die z-Komponente des Elektronenspins mit der Quantenzahl m_s hinzugenommen haben. Nach dem in der Natur geltenden Prinzip der minimalen Energie, wonach jedes sich selbst überlassene System dem Zustand niedrigster Gesamtenergie entgegenstrebt, könnte man vermuten, daß bei einem Atom mit mehreren Elektronen im Grundzustand diese alle die gleiche minimale Energie haben. Wie wir in Abschn. 6.2 noch zeigen werden, können die Energiezustände komplizierter Atome wie beim Wasserstoffatom näherungsweise durch die Quantenzahlen (n, l, m, m_s) gekennzeichnet werden. Wir würden deshalb erwarten, daß sich im Grundzustand alle Elektronen im Energiezustand mit den Quantenzahlen

$$n = 1 \ , \ l = 0 \ , \ m = 0 \ , \ m_s = \pm \frac{1}{2}$$

befinden. Dem widerspricht jedoch in eklatanter Weise das Verhalten der Natur, denn bei dieser Anordnung der Elektronen könnten sich die Atome chemisch kaum voneinander unterscheiden. Bekanntlich haben beispielsweise die im Periodischen System jeweils nebeneinander stehenden Edelgas- und Alkaliatome völlig unterschiedliche chemische Eigenschaften, obwohl sie sich in der Hülle jeweils nur um ein Elektron unterscheiden.

Bereits eines der einfachsten Atome, das Lithiumatom mit drei Elektronen, zeigt, daß sich die Elektronen im Grundzustand in unterschiedlichen Zuständen befinden

$$\begin{aligned}
&1. \quad n = 1, \quad l = 0, \quad m = 0, \quad m_s = \tfrac{1}{2} \\
&2. \quad n = 1, \quad l = 0, \quad m = 0, \quad m_s = -\tfrac{1}{2} \\
&3. \quad n = 2, \quad l = 0, \quad m = 0, \quad m_s = \tfrac{1}{2} \ .
\end{aligned}$$

Es muß also in der Natur ein Prinzip vorherrschen, welches in den Atomen für eine bestimmte Systematik bei der Zuordnung der Elektronen zu den einzelnen Zuständen sorgt.

Bevor wir jedoch die Physik der Mehrelektronenatome besprechen, müssen wir zunächst die in der Spektroskopie übliche Bezeichnungsweise für Elektronen mit bestimmten Quantenzahlen und für die entsprechenden Zustände der Atome klären. Wir knüpfen an die bereits beim H–Atom in Abschn. 5.1.1 eingeführten Nomenklaturen an und unterscheiden

1. Die Bezeichnung von einzelnen Elektronenkonfigurationen. Man verwendet Zahlen und kleine Buchstaben in Klammern, um Elektronen mit bestimmten Hauptquantenzahlen und Bahndrehimpulsquantenzahlen zu kennzeichenen. Ein so festgelegtes Elektronensystem wird Konfiguration genannt. Die oben angegebenen drei Elektronen des Li–Atoms bilden hiernach die Konfiguration $(1s)^2(2s)^1$. s bedeutet jeweils $l = 0$, die Zahl davor die Hauptquantenzahl und der jeweils oben an der Klammer angegebene Index die Anzahl an Elektronen mit gleichem n und l, sogenannte **äquivalente Elektronen**. Drei äquivalente Elektronen mit $l = 1$ und $n = 2$ bilden demnach die Konfiguration $(2p)^3$. Man spricht auch von drei äquivalenten p–Elektronen mit $n = 2$.

2. Die Termsymbole. Die Terme in einem Termschema geben die Energie–Anregungsstufen eines Atoms an. Sie werden im allgemeinen durch große Buchstaben S,P,D,F,G... gekennzeichnet, die für die Werte der Bahndrehimpulsquantenzahl $L = 0, 1, 2, 3, 4, \ldots$ stehen. Trägt nur ein einzelnes Elektron zum Bahndrehimpuls bei, so ist $L = l$ die Bahndrehimpulsquantenzahl dieses einen Elektrons. Koppeln mehrere Elektronen ihre Bahndrehimpulse $\vec{l_i}$ zu einem Gesamtbahndrehimpuls $\vec{L} = \sum_i \vec{l_i}$, dann ist L die Quantenzahl des Gesamtbahndrehimpulses mit der dritten Komponente $M_L = \sum_i m_i$. Koppeln ferner die Spins $\vec{s_i}$ der Elektronen zu einem Gesamtspin $\vec{S} = \sum_i \vec{s_i}$ mit der Quantenzahl S und der dritten Komponente $M_S = \sum_i m_{s,i}$, so läßt sich auch ein Gesamtdrehimpuls $\vec{J}$ angeben (Abschn. 6.4.3)

$$\vec{J} = \vec{L} + \vec{S}$$

mit der Quantenzahl J und der dritten Komponente $M_J = M_L + M_S$.

Die Terme können sich in ihrer Lage je nach dem Wert von J voneinander unterscheiden. Wir haben diese Erscheinung bereits bei der Feinstruktur des Wasserstoffatoms in Abschn. 5.3.3 kennengelernt und werden für komplexe Atome in Abschn. 6.4.3 genauer darauf zurückkommen. Der Wertebereich von J ist gegeben durch

$$|S - L| \leq J \leq L + S$$

in ganzzahligen Abstufungen. Der Wert von J wird als rechter unterer Index an das Termsymbol geschrieben, während der Spin durch die Spinmultiplizität $2S + 1$ als linker oberer Index gekennzeichnet wird. Ergänzt durch die größte in der Elektronenkonfiguration vorkommende Hauptquantenzahl n lautet dann die vollständige spektroskopische Termbezeichnung

$$n\,^{2S+1}L_J,$$

wobei für den Wert von L die Buchstaben $S, P, D \ldots$ geschrieben werden.

Betrachten wir als Beispiel das Heliumatom, bei dem eines der beiden Elektronen im Grundzustand $(n_1 = 1, l_1 = 0, m_{s,1} = 1/2)$, das andere im angeregten Zustand $(n_2 = 2, l_2 = 1, m_{s,2} = 1/2)$ sei. Die dritte Komponente des Gesamtspins ist dann $M_S = 1$, d.h. es ist auch $S = 1$. Dementsprechend ist die Multiplizität der Terme gleich $2S + 1 = 3$. Der Gesamtbahndrehimpuls ist gleich demjenigen des angeregten Elektrons $L = l_2 = 1$. Wir haben dann drei Werte für den Gesamtdrehimpuls $J = 0, 1, 2$. Die Bezeichnung des Termtripletts ist demnach

$$2^3P_0, \ 2^3P_1, \ 2^3P_2.$$

Wir werden in Abschn. 6.4.3 noch sehen, daß es bei schweren Atomen Drehimpulskopplungen gibt, welche die Bildung eines Gesamtbahndrehimpulses $\vec{L}$ und eines Gesamtspins $\vec{S}$ nicht zulassen. In diesen Fällen wird auf die obige Termsymbolik verzichtet, und man kennzeichnet die Terme allein durch die Werte der relevanten Quantenzahlen[14].

6.1.1 Das Pauli–Prinzip

Wir betrachten zunächst das quantenmechanische Problem eines Systems zweier identischer Teilchen. Identisch soll heißen, daß es grundsätzlich nicht möglich ist, ein Merkmal zu finden, welches die beiden Teilchen voneinander unterscheidet, wie beispielsweise die beiden Elektronen des He–Atoms, die von Natur aus ununterscheidbar sind.

Ein solches System aus zwei Teilchen können wir durch die Eigenfunktion zum Hamilton–Operator der beiden Teilchen beschreiben (Schrödinger–Gleichung Gl.(3.13)), die im allgemeinen von den Ortskoordinaten $\vec{r}_1$ und $\vec{r}_2$ und den Spins s_1 und s_2 der beiden Teilchen abhängt.

$$\mathcal{H}\Phi(1,2) = E\Phi(1,2) \qquad E \text{ Energie des Zweiteilchensystems}$$

$$(6.1) \qquad \Phi(1,2) \equiv \Phi(\vec{r}_1, s_1, \vec{r}_2, s_2) \ .$$

Im Hinblick auf die nachfolgende Betrachtung sei darauf hingewiesen, daß die Reihenfolge (1,2) der in Φ aufgeführten Teilchen relevant ist. Der Hamilton–Operator wird gleichfalls im allgemeinen Fall von den Ortskoordinaten und den Spins beider Teilchen abhängen

$$(6.2) \qquad \mathcal{H} - \mathcal{H}(1,2) \ .$$

Da beide Teilchen ununterscheidbar sind, ändert sich der Hamilton–Operator bei Vertauschung beider Teilchen nicht

$$(6.3) \qquad \mathcal{H}(1,2) = \mathcal{H}(2,1) \ .$$

Die Vertauschung kann rein formal durch einen Permutationsoperator $\mathcal{P}_{1,2}$ beschrieben werden, der durch seine Wirkung definiert ist

$$(6.4) \qquad \begin{aligned} \mathcal{P}_{1,2}\Phi(1,2) &= \Phi(2,1) \ , \\ \mathcal{P}_{1,2}\Phi(2,1) &= \Phi(1,2) \ . \end{aligned}$$

Es sei betont, daß $\mathcal{P}_{1,2}$ nicht mit dem in Abschn. 4.1 definierten Paritätsoperator P verwechselt werden darf. P spiegelt lediglich die Ortskoordinaten einer Funktion am Nullpunkt des Koordinatensystems, während $\mathcal{P}_{1,2}$ beide Teilchen komplett austauscht.

---

[14]Auf eine verwirrende, historisch bedingte, aber leider noch übliche Doppelbezeichnung sei hingewiesen. Der Buchstabe S wird zum einen als spektroskopische Notation für Terme zu $L = 0$ verwendet, zum anderen aber auch für die Quantenzahl des Gesamtspins $S = \sum s_i$. Im allgemeinen ergibt sich jedoch die zutreffende Bedeutung aus dem Kontext mit den zugehörigen Beschreibungen.

Es läßt sich sofort zeigen, daß die Reihenfolge der zwei Operatoren $\mathcal{H}$ und $P_{1,2}$ keine Rolle spielt, d.h. sie kommutieren. Es ist

$$\mathcal{P}_{1,2}(\mathcal{H}(1,2)\Phi(1,2)) = \mathcal{H}(2,1)\Phi(2,1) = \mathcal{H}(2,1)\mathcal{P}_{1,2}\Phi(1,2) \ .$$

Mit Gl.(6.3) gilt

$$(6.5) \qquad (\mathcal{P}_{1,2}\mathcal{H}(1,2) - \mathcal{H}(1,2)\mathcal{P}_{1,2})\Phi(1,2) = 0 \ .$$

Wir wollen nun untersuchen, wie die beiden Wellenfunktionen $\Phi(1,2)$ und $\Phi(2,1)$ bei Vertauschung der beiden Teilchen miteinander zusammenhängen.

Da $\mathcal{P}_{1,2}$ mit $\mathcal{H}$ kommutiert, haben beide Operatoren gleiche Eigenfunktionen

$$(6.6) \qquad \begin{aligned} \mathcal{H}\Phi(1,2) &= E\Phi(1,2) \\ \mathcal{P}_{1,2}\Phi(1,2) &= \Phi(2,1) &= p\Phi(1,2). \end{aligned}$$

p ist der Eigenwert des Permutationsoperators. Bei wiederholter Anwendung von $\mathcal{P}_{1,2}$ wird die Vertauschung wieder rückgängig gemacht

$$\mathcal{P}_{1,2}\mathcal{P}_{1,2}\Phi(1,2) = p^2\Phi(1,2) = \Phi(1,2) \ .$$

Hieraus folgt

$$\begin{aligned} p^2 &= 1 \ , \\ p &= \pm 1 \ . \end{aligned}$$

Mit Gl.(6.6) haben wir somit den einfachen Zusammenhang

$$(6.7) \qquad \Phi(1,2) = \pm\Phi(2,1) \ .$$

Die Eigenfunktionen des Hamilton–Operators zweier identischer Teilchen sind also entweder symmetrisch oder antisymmetrisch bei Vertauschung der beiden Teilchen.

Die Aufenthaltswahrscheinlichkeit der beiden Teilchen als experimentell zugängliche Größe bleibt von der Vertauschung unberührt, denn es ist

$$|\Phi(1,2)|^2 = |\Phi(2,1)|^2 \ .$$

Welche der beiden Symmetrien in Gl.(6.7) im Einzelfall realisiert wird, läßt sich aus experimentellen Ergebnissen ablesen (siehe z.B. Abschn. 6.3.1 über das Spektrum des Heliumatoms). Der Physiker Wolfgang Pauli, der dieses Problem untersucht hat, formulierte im Jahr 1925 das nach ihm benannte Prinzip, welches in der Natur gilt:

Identische Teilchen mit halbzahligem Spin (man nennt sie **Fermionen**) **werden durch eine antisymmetrische Wellenfunktion beschrieben.** Hierzu gehören beispielsweise Elektronen, Myonen, Protonen, Neutronen usw.

Identische Teilchen mit ganzzahligem Spin (man nennt sie **Bosonen**) **werden durch eine symmetrische Wellenfunktion beschrieben.** Hierzu gehören beispielsweise α–Teilchen, π–Mesonen, Photonen usw.

Dieses Pauli–Prinzip gilt auch für ein System mit mehr als zwei identischen Teilchen, wie es etwa die Elektronenhülle eines Atoms darstellt, und besagt dann:

Für Fermionen (Bosonen) ist die Wellenfunktion des Systems bei Austausch von je zwei beliebigen, identischen Teilchen antisymmetrisch (symmetrisch). Man sagt auch, die Wellenfunktion ist total antisymmetrisch (symmetrisch).

Da wir bei der Behandlung der Atome nur nach den Zuständen suchen, welche von Elektronen eingenommen werden, betrachten wir im folgenden auch nur Spin 1/2–Teilchen, also Fermionen.

Man findet das Pauli–Prinzip in Lehrbüchern oft in folgender Form: **Zwei Elektronen in einem Atom können niemals die gleichen Quantenzahlen haben.** Ihre Zustände müssen sich in mindestens einer Quantenzahl voneinander unterscheiden.

Diese vereinfachte Formulierung des Pauli–Prinzips läßt sich auf ein System beliebig vieler Elektronen erweitern und besagt dann: Ein beliebiger Quantenzustand eines Systems von Elektronen (Fermionen) ist entweder leer oder von höchstens einem Elektron besetzt.

$$** \text{ A } ** \text{ A } ** \text{ A } ** \text{ A } ** \text{ A } **$$

Wir wollen zwei einfache Fälle betrachten, bei denen die Antisymmetrie leicht zu sehen ist. Wir beschränken uns wieder auf zwei Elektronen.

1. Der Hamilton–Operator in Gl.(6.1) soll nur von den Ortskoordinaten $\vec{r}_1, \vec{r}_2$ und nicht von den Spinkoordinaten abhängen. Dies ist zum Beispiel beim Heliumatom der Fall, wenn man die Spin–Bahn–Wechselwirkung der beiden Elektronen vernachlässigt (Abschn. 6.4.1). Im Fall von zwei Elektronen kann der Gesamtspin entweder die Quantenzahl $S = 0$ oder $S = 1$ haben. Der räumliche Anteil der Wellenfunktion muß unabhängig davon sein, ob der Spin $S = 0$ oder $S = 1$ ist. Die Wellenfunktion $\Phi(1,2)$ muß also in Raum– und Spinanteil faktorisieren

$$(6.8) \qquad \Phi(1,2) \equiv \Phi(\vec{r}_1, s_1, \vec{r}_2, s_2) = \phi(\vec{r}_1, \vec{r}_2)\chi(s_1, s_2).$$

Die Spinzustände $\chi(s_1, s_2)$ kennen wir bereits aus Abschn. 4.5.1 von der Behandlung der Drehimpulskopplung.

Für $S = 0$:

$$\chi(s_1, s_2) = \frac{1}{\sqrt{2}}\left(\chi^+(1)\chi^-(2) - \chi^-(1)\chi^+(2)\right) = \frac{1}{\sqrt{2}}\begin{pmatrix} 0 \\ 1 \\ -1 \\ 0 \end{pmatrix},$$

wobei wir

$$\chi^+ \equiv |1/2, 1/2> = \begin{pmatrix} 1 \\ 0 \end{pmatrix} \quad \text{und} \quad \chi^- \equiv |1/2, -1/2> = \begin{pmatrix} 0 \\ 1 \end{pmatrix}$$

definiert haben.

Für $S = 1$:

$$M = 1 \qquad \chi(s_1, s_2) \;=\; \chi^+(1)\chi^+(2) = \begin{pmatrix} 1 \\ 0 \\ 0 \\ 0 \end{pmatrix},$$

$$M = 0 \qquad \chi(s_1, s_2) \;=\; \frac{1}{\sqrt{2}}\left(\chi^+(1)\chi^-(2) + \chi^-(1)\chi^+(2)\right) = \frac{1}{\sqrt{2}} \begin{pmatrix} 0 \\ 1 \\ 1 \\ 0 \end{pmatrix},$$

$$M = -1 \qquad \chi(s_1, s_2) \;=\; \chi^-(1)\chi^-(2) = \begin{pmatrix} 0 \\ 0 \\ 0 \\ 1 \end{pmatrix}.$$

Man sieht hieraus, daß die Spinwellenfunktion $\chi(s_1, s_2)$ für den Fall $S = 0$ antisymmetrisch und für den Fall $S = 1$ symmetrisch gegen Vertauschung der beiden Elektronen ist. Die Anwendung des $\mathcal{P}_{1,2}$-Operators erhellt dies sofort.

Für $S = 0$:

$$\begin{aligned} \mathcal{P}_{1,2}\chi(s_1, s_2) \;&=\; \chi(s_2, s_1) \\ &=\; \frac{1}{\sqrt{2}}\left(\chi^-(1)\chi^+(2) - \chi^+(1)\chi^-(2)\right) \\ &=\; -\chi(s_1, s_2) \;\equiv\; -\chi_A \end{aligned}$$

Für $S = 1$:

$$\mathcal{P}_{1,2}\chi(s_1, s_2) = \chi(s_1, s_2) \;\equiv\; \chi_S .$$

Die Indizes A und S kennzeichnen die Symmetrie.

Wegen des Pauli–Prinzips muß die Gesamtwellenfunktion antisymmetrisch und somit die Raumwellenfunktion $\phi(\vec{r}_1, \vec{r}_2)$ für $S = 0$ symmetrisch und für $S = 1$ antisymmetrisch sein.

$$S \;=\; 0 \qquad \phi(\vec{r}_1, \vec{r}_2) \;=\; \phi(\vec{r}_2, \vec{r}_1) \;\equiv\; \phi_S ,$$

$$S \;=\; 1 \qquad \phi(\vec{r}_1, \vec{r}_2) \;=\; -\phi(\vec{r}_2, \vec{r}_1) \;\equiv\; \phi_A .$$

Demnach

$$S \;=\; 0 \qquad \Phi(1,2) \;=\; \phi_S \cdot \chi_A \;=\; -\Phi(2,1) ,$$

(6.9)

$$S \;=\; 1 \qquad \Phi(1,2) \;=\; \phi_A \cdot \chi_S \;=\; -\Phi(2,1) .$$

2. Die beiden Elektronen sollen keine Wechselwirkung miteinander eingehen. Diese Annahme kann man beispielsweise für das Heliumproblem treffen, wenn man die gegenseitige Coulomb–Abstoßung der Elektronen untereinander vernachlässigt. In diesem

Fall sind die beiden Elektronen voneinander unabhängig und die Gesamtwellenfunktion läßt sich als Produkt der Einzelwellenfunktionen schreiben

$$\Phi(1,2) \equiv \Phi(\vec{r}_1, s_1, \vec{r}_2, s_2) = \Phi(1) \cdot \Phi(2) \equiv \Phi(\vec{r}_1, s_1) \cdot \Phi(\vec{r}_2, s_2) \ .$$

Im Heliumatom sei das Elektron (1) im Zustand $i = (n, l, m, m_s)$ und das Elektron (2) im Zustand $j = (n', l', m', m'_s)$ also

$$\Phi(1) = \Phi_i(1) \qquad \text{und} \qquad \Phi(2) = \Phi_j(2) \ ,$$

(6.10)
$$\Phi(1,2) = \Phi_i(1) \cdot \Phi_j(2) \ .$$

Die Wellenfunktion Gl.(6.10) ist offensichtlich nicht antisymmetrisch. Wenn jedoch $\Phi_i(1) \cdot \Phi_j(2)$ eine Lösung der Schrödinger–Gleichung ist, dann ist dies auch $\Phi_j(1) \cdot \Phi_i(2)$, desgleichen jede Linearkombination dieser beiden Lösungen, also zum Beispiel

(6.11)
$$\Phi(1,2) = \frac{1}{\sqrt{2}} \left(\Phi_i(1) \cdot \Phi_j(2) - \Phi_j(1) \cdot \Phi_i(2) \right) \ .$$

Die Wellenfunktion Gl.(6.11) ist antisymmetrisch, denn offensichtlich gilt

$$\mathcal{P}_{1,2} \Phi(1,2) = \Phi(2,1) = -\Phi(1,2) \ .$$

Gesetzt der Fall, beide Elektronen hätten genau gleiche Quantenzahlen ($n = n', l = l', m_l = m', m_s = m'_s$; also $i = j$), so verschwindet die Wellenfunktion Gl.(6.11)

(6.12)
$$\Phi(1,2) = \frac{1}{\sqrt{2}} \left(\Phi_i(1) \cdot \Phi_i(2) - \Phi_i(1) \cdot \Phi_i(2) \right) = 0 \ .$$

Dies ist die Aussage des Pauli–Prinzips, daß zwei Elektronen niemals die gleichen Quantenzahlen haben dürfen. Daran ändert sich nichts, wenn die Wechselwirkung der beiden Teilchen mitberücksichtigt wird. Denn die einen bestimmten Zustand beschreibende Wellenfunktion läßt sich immer nach den Funktionen ohne Wechselwirkung entwickeln. Eine zu Gl.(6.11) entsprechende Gleichung läßt sich also stets aufschreiben.

$$** \ E \ ** \ E \ ** \ E \ ** \ E \ ** \ E \ **$$

6.1.2   * Die Slater–Determinante

In diesem Abschnitt untersuchen wir die Struktur der Wellenfunktion für ein System von N Elektronen eines Atoms unter dem Gesichtspunkt der Ununterscheidbarkeit. Für die späteren Betrachtungen mit Hilfe der Störungsrechnung genügt es, wenn wir die im letzten Beispiel des vorigen Abschnitts gemachte Vereinfachung zugrunde legen und die Wechselwirkung der Elektronen untereinander vernachlässigen. Die Gesamtwellenfunktion faktorisiert somit in die Wellenfunktionen der einzelnen unabhängigen Elektronen.

$$(6.13) \qquad \Phi(1,2,\ldots,N) = \Phi_i(1) \cdot \Phi_j(2) \cdot \ldots \cdot \Phi_k(N) \ .$$

Hierbei nimmt jedes Elektron einen anderen Zustand $i,j,\ldots,k$ ein. Die Wellenfunktion Gl.(6.13) sei eine Eigenfunktion des Hamilton–Operators $\mathcal{H}$. Nach dem Pauli–Prinzip muß $\Phi(1,2,\ldots,N)$ antisymmetrisch bei Vertauschung zweier beliebiger Elektronen sein, was in Gl.(6.13) keineswegs gegeben ist. Jedes der N ununterscheidbaren Elektronen kann jedoch jeden der erlaubten Zustände $i,j,\ldots,k$ annehmen.

John Clarke Slater hat ein Verfahren angegeben, welches eine totale Antisymmetrie der Wellenfunktion sicherstellt. Man schreibt die Wellenfunktion als Determinante, bei der den Spalten die Elektronen $1,2,\ldots,N$ und den Zeilen die Zustände $i,j,\ldots,k$ zugeordnet sind

$$(6.14) \qquad \Phi(1,2,\ldots,N) = \frac{1}{\sqrt{N!}} \begin{vmatrix} \Phi_i(1) & \Phi_i(2) & \ldots & \Phi_i(N) \\ \Phi_j(1) & \Phi_j(2) & \ldots & \Phi_j(N) \\ \vdots & \vdots & \ddots & \vdots \\ \Phi_k(1) & \Phi_k(2) & \ldots & \Phi_k(N) \end{vmatrix} \ .$$

Bekanntlich haben Determinanten die Eigenschaft, daß sie ihr Vorzeichen wechseln, wenn zwei beliebige Spalten miteinander vertauscht werden, was mit der Vertauschung zweier Elektronen gleichbedeutend ist. Somit ist die Antisymmetrie garantiert. Da eine Determinante verschwindet, wenn zwei beliebige Zeilen einander gleich sind, bedeutet dies, daß die Wellenfunktion Gl.(6.14) verschwindet, wenn zwei Zustände identisch sind. Der Faktor $1/\sqrt{N!}$ dient der Normierung der Wellenfunktion auf 1. Dies sei am Beispiel für $N = 2$ demonstriert.

Die Ausführung der Determinante Gl.(6.14) ergibt die bereits bekannte Wellenfunktion Gl.(6.11) für zwei Elektronen. Die Normierung lautet dann

$$\begin{aligned} \int |\Phi(1,2)|^2 d^3r_1 d^3r_2 &= \int \frac{1}{2} |\Phi_i(1)\Phi_j(2) - \Phi_j(1)\Phi_i(2)|^2 d^3r_1 d^3r_2 \\ &= \frac{1}{2} \int |\Phi_i(1)|^2 d^3r_1 \cdot \int |\Phi_j(2)|^2 d^3r_2 \\ &\quad + \frac{1}{2} \int |\Phi_j(1)|^2 d^3r_1 \cdot \int |\Phi_i(2)|^2 d^3r_2 \\ &\quad - \mathcal{R}e \left[\int \Phi_i(1)\Phi_j^*(1) d^3r_1 \cdot \int \Phi_j(2)\Phi_i^*(2) d^3r_2 \right] \\ &= \frac{1}{2} + \frac{1}{2} = 1 \ . \end{aligned}$$

Das Ergebnis der letzten Zeile folgt aus der Orthonormierung der Einzelwellenfunktionen.

Dieses relativ einfach anmutende Konzept der Slater–Determinante wird jedoch komplizierter, wenn man explizit die Wellenfunktion für einen bestimmten Zustand des

Elektronensystems im Atom aufschreiben will, da hierbei die Regeln der Drehimpulskopplung mitzuberücksichtigen sind. Wir wollen dies am Beispiel des 2–Elektronensystems und dann an demjenigen des 3–Elektronensystems demonstrieren. Dabei koppeln wir die Bahndrehimpulse $\vec{l}_i$ der Elektronen zu einem Gesamtbahndrehimpuls $\vec{L} = \sum_i \vec{l}_i$ mit den Quantenzahlen (L, M_L) und die Spins $\vec{s}_i$ zu einem Gesamtspin $\vec{S} = \sum_i \vec{s}_i$ mit den Quantenzahlen (S, M_S). Der Gesamtdrehimpuls sei durch $\vec{J} = \vec{L} + \vec{S}$ definiert mit den Quantenzahlen (J, M_J).

(a) 2–Elektronensystem

Die Wellenfunktion jedes Elektrons ist gegeben durch

$$(6.15) \qquad \Phi(i) = R_{n_i, l_i}(r_i) Y_{l_i}^{m_i}(\varphi_i, \vartheta_i) \chi_i^{\pm},$$

wobei $R_{n,l}(r)$ die r–Abhängigkeit und $\chi^{\pm}$ den Spinzustand kennzeichnen. Die Wellenfunktion des Systems läßt sich als Clebsch–Gordan–Reihe schreiben, die sowohl die Kopplung der Bahndrehimpulse als auch diejenige der Spins beinhaltet

$$\Phi(1,2) = \sum_{m_1, m_{s1}} < l_1 m_1, l_2 m_2 | L, M_L = m_1 + m_2 > < \frac{1}{2} m_{s1}, \frac{1}{2} m_{s2} | S, M_S = m_{s1} + m_{s2} >$$

$$(6.16) \qquad \cdot R_{n_1, l_1}(1) Y_{l_1}^{m_1}(1) \chi_1 \cdot R_{n_2, l_2}(2) Y_{l_2}^{m_2}(2) \chi_2.$$

m_1, m_2 bzw. m_{s1}, m_{s2} sind jeweils die z–Komponenten der einzelnen Bahndrehimpulse bzw. Spins.

Zur expliziten Berechnung eines bestimmten Falles wählen wir die Quantenzahlen $l_1 = l_2 = 1$ für die beiden Elektronen, d.h. zwei p–Elektronen. Außerdem sollen die z–Komponenten von Gesamtbahndrehimpuls und Gesamtspin $M_L = M_S = 0$ sein. Wellenfunktionen mit anderen Werten von M_L und M_S können aus dieser Wellenfunktion leicht mit Hilfe der Schiebeoperatoren ermittelt werden.

Die Kopplung von zwei $l_i = 1$ und zwei Spin $\frac{1}{2}$–Teilchen ergibt die möglichen Gesamtbahndrehimpulse $L = 0, 1, 2$ und Gesamtspins $S = 0, 1$, so daß wir zunächst die Zustände $^1S, ^3S, ^1P, ^3P, ^1D, ^3D$ anschreiben können. Wir wählen zur weiteren Berechnung den Zustand ^1S heraus und führen zur Vereinfachung der Ausdrücke von Gl.(6.15) die Abkürzung $(n_i, m_i^{\pm})_j$ für das Elektron j im Zustand i ein, also zum Beispiel

$$(6.17) \quad (n_1, 1^+)_1 \equiv R_{n_1, l_1 = 1}(1) Y_1^1(1) \chi_1^+ \quad , \quad (n_2, 0^-)_2 \equiv R_{n_2, l_2 = 1}(2) Y_1^0(2) \chi_2^-, \quad \text{usw.}$$

Aus Gründen der Übersichtlichkeit lassen wir in den Beispielen mit äquivalenten p–Elektronen den Index $l = 1$ bei der Radialfunktion weg. Für den ^1S–Zustand ist $L = 0, M_L = 0, S = 0, M_S = 0$. Dann ergibt Gl.(6.16) mit Hilfe der Clebsch–Gordan–Koeffizienten

$$\Phi(1,2) = \frac{1}{\sqrt{6}} \{ (n_1, 1^+)_1 (n_2, -1^-)_2 - (n_1, 1^-)_1 (n_2, -1^+)_2 - (n_1, 0^+)_1 (n_2, 0^-)_2$$

$$(6.18) \qquad + (n_1, 0^-)_1 (n_2, 0^+)_2 + (n_1, -1^+)_1 (n_2, 1^-)_2 - (n_1, -1^-)_1 (n_2, 1^+)_2 \}.$$

Offensichtlich ist dieser Ausdruck nicht antisymmetrisch gegen Vertauschung der beiden Elektronen. Wir müssen $\Phi(1,2)$ antisymmetrisieren und dazu für jeden Term die zugehörige Slater–Determinante bilden. Wir führen eine weitere Abkürzung ein, definiert an dem Beispiel

$$(6.19) \qquad |n_1, 1^+; n_2, -1^-| = \frac{1}{\sqrt{2}} \begin{vmatrix} R_{n_1}(1)Y_1^1(1)\chi_1^+ & R_{n_1}(2)Y_1^1(2)\chi_2^+ \\ R_{n_2}(1)Y_1^{-1}(1)\chi_1^- & R_{n_2}(2)Y_1^{-1}(2)\chi_2^- \end{vmatrix}.$$

Hiermit lautet die antisymmetrische Wellenfunktion für den ^1S–Zustand

$$\Phi_{^1S}^{(A)}(1,2) = \frac{1}{\sqrt{2}}(\Phi(1,2) - \Phi(2,1))$$

$$(6.20) \qquad = \frac{1}{\sqrt{6}}(|n_1, 1^+; n_2, -1^-| - |n_1, 1^-; n_2, -1^+| - |n_1, 0^+; n_2, 0^-| +$$

$$+ |n_1, 0^-; n_2, 0^+| + |n_1, -1^+; n_2, 1^-| - |n_1, -1^-; n_2, 1^+|).$$

Wir untersuchen nun den ^3S–Zustand mit den Quantenzahlen $L = 0, M_L = 0, S = 1, M_S = 0$, der sich vom ^1S–Zustand durch seine andere Kopplung von $\vec{s}_1$ und $\vec{s}_2$ zum Gesamtspin $\vec{S}$ unterscheidet. Ein Blick auf die Clebsch–Gordan–Tabelle zeigt, daß wir den gleichen Ausdruck wie in Gl.(6.20), aber mit veränderten Vorzeichen, erhalten

$$(6.21) \quad \Phi_{^3S}^{(A)}(1,2) = \frac{1}{\sqrt{6}}(|n_1, 1^+; n_2, -1^-| + |n_1, 1^-; n_2, -1^+| - |n_1, 0^+; n_2, 0^-| -$$

$$- |n_1, 0^-; n_2, 0^+| + |n_1, -1^+; n_2, 1^-| + |n_1, -1^-; n_2, 1^+|).$$

Falls die beiden Elektronen gleiche Hauptquantenzahlen $n = n_1 = n_2$ haben – sie sind dann in der gleichen Schale – so haben wir es in unserem Beispiel mit äquivalenten Elektronen zu tun. Wie an Gl.(6.19) zu sehen ist, sind dann – abgesehen vom Vorzeichen – verschiedene Determinanten einander gleich

$$\begin{aligned} |n, 1^+; n, -1^-| &= -|n, -1^-; n, 1^+|\,, \\ |n, 0^+; n, 0^-| &= -|n, 0^-; n, 0^+|\,, \\ |n, -1^+; n, 1^-| &= -|n, 1^-; n, -1^+|\,. \end{aligned}$$

Das hat zur Folge, daß die Wellenfunktion Gl.(6.21) des ^3S–Zustandes identisch verschwindet. Zum gleichen Resultat gelangt man für den ^1P– und den ^3D–Zustand. Zwei äquivalente p–Elektronen können also nur die Zustände

$$^1S,\ ^3P,\ ^1D$$

annehmen. Die Wellenfunktion Gl.(6.20) für $^1S(L = S = M_L = M_S = 0)$ vereinfacht sich dabei zu (die Angabe der Hauptquantenzahl n wird weggelassen)

$$(6.22) \qquad \Phi_{^1S}^{(A)}(1,2) = \frac{1}{\sqrt{3}}(|1^+; -1^-| - |1^-; -1^+| - |0^+; 0^-|).$$

Die Wellenfunktionen für die beiden anderen Zustände ^3P und ^1D im Falle zweier äquivalenter p-Elektronen lauten

für den Zustand ^3P mit $L = 1, M_L = 0, S = 1, M_S = 0$

$$(6.23) \qquad \Phi_{^3P}^{(A)}(1,2) = \frac{1}{\sqrt{2}}(|1^+; -1^-| + |1^-; -1^+|),$$

für den Zustand ^1D mit $L = 2, M_L = 0, S = 0, M_S = 0$

$$(6.24) \qquad \Phi_{^1D}^{(A)}(1,2) = \frac{1}{\sqrt{6}}(|1^+; -1^-| - |1^-; -1^+| + 2 \cdot |0^+; 0^-|).$$

Es sei dem Leser überlassen, diese Wellenfunktionen gemäß der Abkürzung Gl.(6.19) komplett auszuschreiben.

(b) 3–Elektronensystem

Nach dem gleichen Verfahren wie beim 2–Elektronensystem läßt sich die Wellenfunktion für ein System von mehreren Elektronen ermitteln. Man koppelt dabei zunächst die Drehimpulse zweier Teilchen, zu diesem System dann die Drehimpulse des dritten Teilchens usw. Die so gefundene Wellenfunktion muß daraufhin durch Bildung von Slater–Determinanten antisymmetrisiert werden. Infolge der verschiedenen Möglichkeiten der Drehimpulskopplungen ergibt sich eine große Anzahl von Wellenfunktionen.

Als einfachstes Beispiel wollen wir die Kopplung von drei Elektronen mit gleichen Bahndrehimpulsen $l_1 = l_2 = l_3 = 1$ betrachten. Es zeigt sich, daß 21 verschiedene Endzustände möglich sind, die nachfolgend aufgeführt werden. Dabei ist jeweils in Klammern die Kopplung des Elektronenpaares angegeben, mit dem das dritte Elektron zum Endzustand koppelt, der dann seinerseits jeweils vor der Klammer steht. Die Elektronenpaare bilden dabei die in Beispiel (a) bestimmten sechs Zustände.

$$^2P(^1S), \; ^2P(^3S), \; ^4P(^3S),$$
$$^2S(^1P), \; ^2P(^1P), \; ^2D(^1P), \; ^2S(^3P), \; ^4S(^3P), \; ^2P(^3P), \; ^4P(^3P), \; ^2D(^3P), \; ^4D(^3P),$$
$$^2P(^1D), \; ^2D(^1D), \; ^2F(^1D), \; ^2P(^3D), \; ^4P(^3D), \; ^2D(^3D), \; ^4D(^3D), \; ^2F(^3D), \; ^4F(^3D).$$

Im Falle von drei äquivalenten p-Elektronen, d.h. $n_1 = n_2 = n_3$, verschwinden viele dieser Zustände und etliche fallen zusammen. Es bleiben schließlich nur drei Zustände übrig

$$^1S, \; ^2P, \; ^2D,$$

unabhängig davon, wie die 2–Teilchen–Kopplung vorgenommen wird.

Wir wollen als Beispiel die Wellenfunktion für die Beschreibung des ^2D-Zustandes dreier äquivalenter p-Elektronen angeben. Dazu wird zunächst die Wellenfunktion der $^2D(^1D)$-Kopplung für drei nichtäquivalente p-Elektronen bestimmt. Es ist also mit Hilfe der Clebsch–Gordan–Tabelle zunächst ein Elektronenpaar zu ^1D zu koppeln und dann mit dem dritten Elektron der ^2D-Zustand zu bilden. Wir wählen den Zustand $L = 2, M_L = 0, S = 1/2, M_S = 1/2$. Die Ausrechnung liefert

$$\Phi(1,2,3) \;=\; \frac{1}{2\sqrt{2}}\{(n_1,1^+)_1(n_2,0^-)_2(n_3,-1^+)_3 \;-\; (n_1,1^-)_1(n_2,0^+)_2(n_3,-1^+)_3 \;+$$
$$+\,(n_1,0^+)_1(n_2,1^-)_2(n_3,-1^+)_3 \;-\; (n_1,0^-)_1(n_2,1^+)_2(n_3,-1^+)_3 \;-$$
$$-\,(n_1,-1^+)_1(n_2,0^-)_2(n_3,1^+)_3 \;+\; (n_1,-1^-)_1(n_2,0^+)_2(n_3,1^+)_3 \;-$$
$$-\,(n_1,0^+)_1(n_2,-1^-)_2(n_3,1^+)_3 \;+\; (n_1,0^-)_1(n_2,-1^+)_2(n_3,1^+)_3\}.$$

(6.25)

Der nächste Schritt ist die Antisymmetrisierung der Terme

$$(6.26)\quad \Phi_{^2D}^{(A)}(1,2,3) = \frac{1}{2\sqrt{2}}\left\{|n_1,1^+;n_2,0^-;n_3,-1^+| - |n_1,1^-;n_2,0^+;n_3,-1^+| + \ldots\right\}$$

mit der Abkürzung

$$|n_1,1^+;n_2,0^-;n_3,-1^+| = \frac{1}{\sqrt{6}}\begin{vmatrix} R_{n_1}(1)Y_1^1(1)\chi_1^+ & R_{n_1}(2)Y_1^1(2)\chi_2^+ & R_{n_1}(3)Y_1^1(3)\chi_3^+ \\[6pt] R_{n_2}(1)Y_1^0(1)\chi_1^- & R_{n_2}(2)Y_1^0(2)\chi_2^- & R_{n_2}(3)Y_1^0(3)\chi_3^- \\[6pt] R_{n_3}(1)Y_1^{-1}(1)\chi_1^+ & R_{n_3}(2)Y_1^{-1}(2)\chi_2^+ & R_{n_3}(3)Y_1^{-1}(3)\chi_3^+ \end{vmatrix}.$$

Im Falle dreier äquivalenter p–Elektronen reduziert sich Gl.(6.26) auf

$$(6.27)\quad \Phi_{^2D}^{(A)}(1,2,3) = \frac{1}{\sqrt{6}}\left\{2|1^+,0^-,-1^+| - |1^-,0^+,-1^+| - |1^+,0^+,-1^-|\right\}.$$

Wir haben hierbei zur Vereinfachung wieder die Angabe zur Hauptquantenzahl n weggelassen. Zum gleichen Ergebnis gelangt man, wenn man das Elektronenpaar zunächst zu ^3P koppelt und dann das dritte Elektron zu ^2D. Die Wellenfunktionen für die beiden anderen Zustände ^4S und ^2P im Fall dreier äquivalenter p–Elektronen lauten:
für den Zustand ^4S mit $L = 0, M_L = 0, S = 3/2, M_S = 1/2$

$$(6.28)\quad \Phi_{^4S}^{(A)}(1,2,3) = \frac{1}{\sqrt{3}}\left\{|1^+,0^-,-1^+| + |1^-,0^+,-1^+| + |1^+,0^+,-1^-|\right\},$$

für den Zustand ^2P mit $L = 1, M_L = 0, S = 1/2, M_S = 1/2$

$$(6.29)\quad \Phi_{^2P}^{(A)}(1,2,3) = \frac{1}{\sqrt{2}}\left\{|1^-,0^+,-1^+| - |1^+,0^+,-1^-|\right\}.$$

Abschließend wollen wir ein einfaches Verfahren vorstellen, mit dem man herausfinden kann, welche Zustände ein System von vielen Elektronen annehmen kann, legt man die Bahndrehimpulskopplungen $\vec{L} = \sum_i \vec{l}_i$ und Spinkopplungen $\vec{S} = \sum_i \vec{s}_i$ zugrunde. Wir wollen dies am Beispiel dreier äquivalenter p–Elektronen zeigen.

Wir haben demnach zu untersuchen, welche Werte von L und S zugelassen sind. Zu diesem Zweck schreiben wir alle Quantzahlen der drei Elektronen unter Beachtung des Pauli–Prinzips in eine Tabelle. Dies sind die z-Komponenten der Einzeldrehimpulse und der Einzelspins, m und m_s, wobei wir dafür sorgen, daß kein Elektronenzustand doppelt vorkommt.

Elektron 1		Elektron 2		Elektron 3		$M_L = \sum m$	$M_S = \sum m_s$
m	m_s	m	m_s	m	m_s		
1	1/2	1	−1/2	0	1/2	2	1/2
1	1/2	1	−1/2	0	−1/2	2	−1/2
1	1/2	1	−1/2	−1	1/2	1	1/2
1	1/2	1	−1/2	−1	−1/2	1	−1/2
1	1/2	0	1/2	0	−1/2	1	1/2
1	1/2	0	1/2	−1	1/2	0	3/2
1	1/2	0	1/2	−1	−1/2	0	1/2
1	1/2	0	−1/2	−1	1/2	0	1/2
1	1/2	0	−1/2	−1	−1/2	0	−1/2
1	1/2	−1	1/2	−1	−1/2	−1	1/2
1	−1/2	0	1/2	0	−1/2	1	−1/2
1	−1/2	0	1/2	−1	1/2	0	1/2
1	−1/2	0	1/2	−1	−1/2	0	−1/2
1	−1/2	0	−1/2	−1	1/2	0	−1/2
1	−1/2	0	−1/2	−1	−1/2	0	−3/2
1	−1/2	−1	1/2	−1	−1/2	−1	−1/2
0	1/2	0	−1/2	−1	1/2	−1	1/2
0	1/2	0	−1/2	−1	−1/2	−1	−1/2
0	1/2	−1	1/2	−1	−1/2	−2	1/2
0	−1/2	−1	1/2	−1	−1/2	−2	−1/2

Tab. 6.1 : *Die Quantenzahlen m und m_s von drei äquivalenten p–Elektronen.*

In Tab. 6.1 sind alle Quantenzahlen m und m_s in den drei linken Spalten in systematisch absteigender Folge aufgeführt. Alle erlaubten Zustände sind erfaßt, aber keiner ist doppelt gezählt. Bekanntlich addieren sich bei der Drehimpulskopplung die Quantenzahlen der z-Komponenten der Einzeldrehimpulse zur Quantenzahl der dritten Komponente des Gesamtdrehimpulses. Diese Summen jeweils für M_L und M_S sind in den beiden rechten Spalten von Tab. 6.1 aufgeführt.

Im nächsten Schritt tragen wir die gefundenen Wertepaare für M_L und M_S in einem Diagramm als Wertepunkte ein, wobei eine mehrfache Belegung eines Punktes jeweils entsprechend gekennzeichnet ist (Fig. 6.1).

Im dritten und letzten Schritt wird das Diagramm Fig. 6.1 nach den einzelnen Gesamtzuständen zerlegt. Bekanntlich besitzt jeder Drehimpuls mit der Quantenzahl L insgesamt $2L + 1$ Werte für die z-Komponente M_L

$$M_L = -L, -L + 1, \ldots, L - 1, L \; ,$$

entsprechend für den Spin $2S + 1$ Werte

$$M_S = -S, -S + 1, \ldots, S - 1, S \; .$$

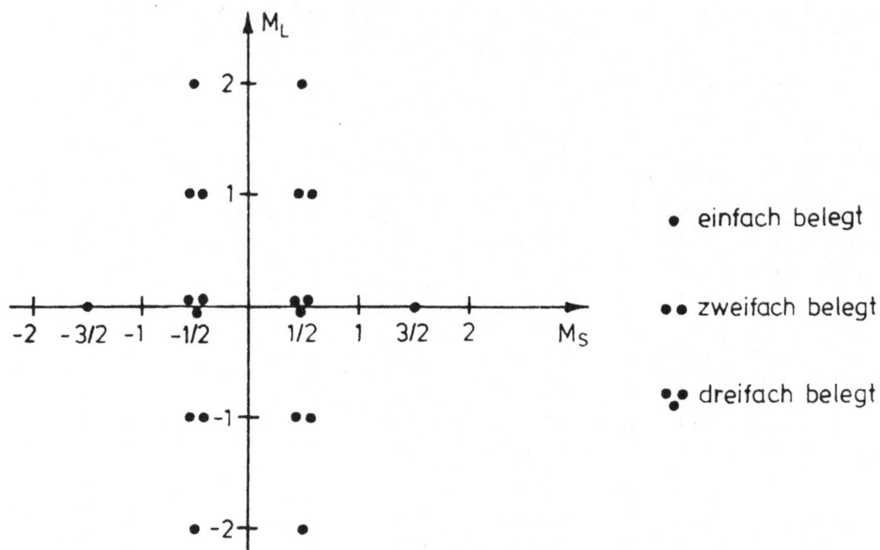

Fig. 6.1: *Das M_L–M_S–Diagramm für drei äquivalente p–Elektronen.*

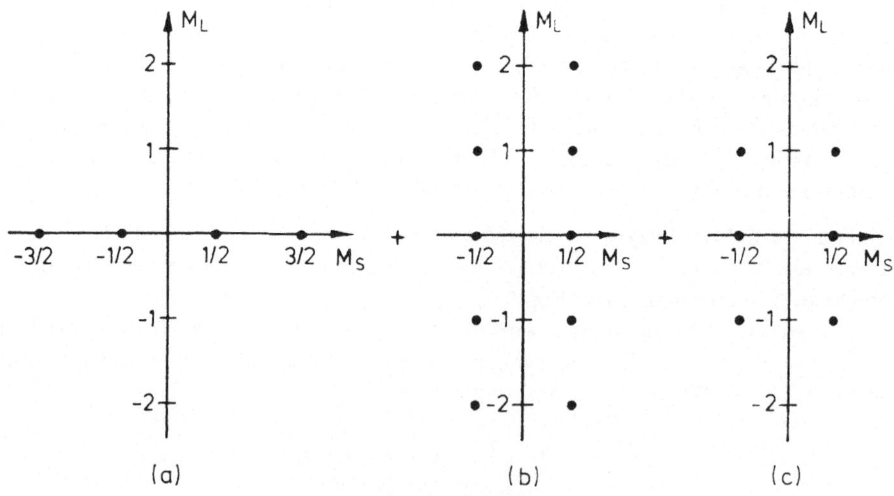

Fig. 6.2: *Zerlegung des M_L–M_S–Diagramms nach den Gesamtzuständen. a) ^1S, b) ^2D, c) ^2P.*

Wir nehmen nun aus dem Diagramm Fig. 6.1 jeweils die Sätze von $2L + 1$ Punkten, welche die höchsten M_L-Werte enthalten, bzw. die Sätze von $2S + 1$ Punkten, welche die höchsten M_S-Werte enthalten, heraus und zerlegen entsprechend das verbleibende Diagramm so lange, bis keine Mehrfachbelegung von Punkten mehr vorhanden ist.

Fig. 6.2a enthält 4 Wertepunkte, für die $M_S = -3/2, -1/2, 1/2, 3/2$ und $M_L = 0$. Diese Quantenzahlen gehören offensichtlich zum Gesamtbahndrehimpuls $L = 0$ und zum Gesamtspin $S = 3/2$. In Fig. 6.2b sind 5 Wertepaare zu $M_L = -2, -1, 0, 1, 2$ und jeweils $M_S = \pm 1/2$ eingetragen. Diesen Quantenzahlen ist also $L = 2$ und $S = 1/2$ zuzuordnen. Das verbleibende Diagramm Fig. 6.2c mit $M_L = -1, 0, 1$ und jeweils $M_S = \pm 1/2$ gehört zu dem Zustand $L = 1$ $S = 1/2$.

In spektroskopischer Notation können also die drei äquivalenten p–Elektronen, wie vorher bereits angegeben, folgende Gesamtzustände annehmen

$$^4S \ \ (\text{Fig. 6.2.a}) \qquad ^2D \ \ (\text{Fig. 6.2.b}) \qquad ^2P \ \ (\text{Fig. 6.2.c}) \,.$$

Der linke obere Index kennzeichnet wie üblich jeweils die Multiplizität $2S + 1$ des Zustandes.

Die Erweiterung dieses Beispiels auf N äquivalente p–Elektronen führt auf die in Tab. 6.2 angegebenen Zustände. Die Anzahl der Elektronen N in der linken Spalte ist hierbei nach der üblichen spektroskopischen Schreibweise als rechter oberer Index gekennzeichnet. Die Verifizierung im Einzelfall sei dem Leser als Übungsaufgabe überlassen.

p^N	Zustände		
p^6	^1S		
p^1 , p^5	^2P		
p^2 , p^4	^3P ,	^1D ,	^1S
p^3	^4S ,	^2D ,	^2P

Tab. 6.2 : *Die Zustände von N äquivalenten p–Elektronen.*

Für den Fall von sechs äquivalenten p–Elektronen in Tab. 6.2 gibt es nur die Möglichkeit $M_L = M_S = 0$, also ^1S als einzigen Zustand. Hierfür sind nämlich die p–Zustände mit sechs Elektronen voll besetzt. Dieses Ergebnis gilt allgemein. Sind alle Zustände zu einem bestimmten l-Wert mit äquivalenten Elektronen besetzt, so ist der Gesamtbahndrehimpuls und der Gesamtspin $L = S = 0$, d.h. auch der Gesamtdrehimpuls $J = 0$. Wir kommen auf dieses wichtige Ergebnis in den folgenden Abschnitten zurück.

** E ** E ** E ** E ** E **

6.2   Die Schalenstruktur der Atome

Nachdem wir in Abschn. 6.1 einige grundlegende Prinzipien zu Systemen von mehreren Elektronen erörtert haben, wollen wir in diesem Abschnitt untersuchen, wie die Elektronen bei komplexen Atomen in die Atomhülle eingebaut werden. Dabei lassen wir uns mehr von phänomenologischen Gesichtspunkten leiten. Die theoretische Behandlung der Mehrelektronenatome verschieben wir auf Abschn. 6.4. Wir konzentrieren uns zunächst in erster Linie auf die Grundzustände der Atome. Die Anregungszustände werden wir dann in Abschn. 6.3 im Zusammenhang mit den Spektren der Mehrelektronenatome besprechen.

Das hervorstechendste Merkmal komplexer Atome ist die bereits aus der Chemie bekannte Schalenstruktur, mit deren Hilfe der Aufbau des Periodischen Systems Tab. 6.3 sowie die chemischen Eigenschaften der Elemente verstanden werden können. Dabei ist festzuhalten, daß die äußeren, am schwächsten gebundenen Elektronen einer Schale für die chemischen Eigenschaften des Atoms verantwortlich sind ebenso wie für die Spektren im infraroten, sichtbaren und ultravioletten Bereich. Zustandsänderungen innerer Elektronen, die erheblich stärker gebunden sind als die äußeren, führen zu den Röntgenspektren.

Zum Verständnis dieser Schalenstruktur sollen zunächst die Quantenzustände untersucht werden, welche die Elektronen in den verschiedenen Atomen einnehmen können. Wenn wir in erster Näherung die Wechselwirkung der Elektronen untereinander außer Acht lassen, so bewegt sich jedes Elektron unabhängig von den restlichen im Coulomb–Feld des Kerns. Der Einbau der Elektronen in diesem Potential geschieht wie beim Wasserstoffatom, so daß jedes Elektron durch einen Satz von Quantenzahlen (n, l, m, m_s) gekennzeichnet ist. Die Energie jedes Elektrons hängt dann nur von der Quantenzahl n ab, wie wir in Kap. 5 gelernt haben. Nach dem Pauli-Prinzip ist jedem Elektron ein solcher Satz von Quantenzahlen zugeordnet, wobei kein Satz doppelt vorkommen kann. In einer besseren Näherung läßt sich die gegenseitige Wechselwirkung der Elektronen summarisch behandeln, so daß zu dem Coulomb–Potential des Kerns ein mittleres zusätzliches Potential der übrigen Elektronen hinzugefügt wird. Die Elektronen können aber immer noch durch die vier Quantenzahlen (n, l, m, m_s) charakterisiert werden, jedoch ist der reine $1/r$–Charakter des Potentials verlorengegangen, mit der Folge, daß die Energie eines jeden Elektrons nun von n und l abhängt. Die theoretische Begründung für dieses Näherungsverfahren wird in Abschn. 6.4 erläutert.

Ein weiterer Aspekt kommt hinzu. Die gegenseitige Wechselwirkung der Elektronen hat zur Folge, daß die Elektronen einander die Wirkung der Kernladung $Z \cdot e$ abschwächen. So wird das äußere Elektron nur noch die Größenordnung von einer Ladungseinheit der Kernladung verspüren, während die innersten Elektronen praktisch der vollen Kernladung $Z \cdot e$ ausgesetzt sind. Die Wirkung des Coulomb–Feldes des Kerns läßt sich also als effektive Kernladung $Z_{eff} \cdot e$ verstehen, wobei Z_{eff} vom Zustand des jeweils betrachteten Elektrons abhängt und pauschal betrachtet in der Hülle radial abnimmt.

Stellen wir zunächst fest, wie die Elektronen eines Atoms auf die möglichen Quanten-

Gruppen

Periode	1a	2a	3b	4b	5b	6b	7b	8	8	8	1b	2b	3a	4a	5a	6a	7a	0
1	1 H																	2 He
2	3 Li	4 Be											5 B	6 C	7 N	8 O	9 F	10 Ne
3	11 Na	12 Mg											13 Al	14 Si	15 P	16 S	17 Cl	18 Ar
4	19 K	20 Ca	21 Sc	22 Ti	23 V	24 Cr	25 Mn	26 Fe	27 Co	28 Ni	29 Cu	30 Zn	31 Ga	32 Ge	33 As	34 Se	35 Br	36 Kr
5	37 Rb	38 Sr	39 Y	40 Zr	41 Nb	42 Mo	43 Tc	44 Ru	45 Rh	46 Pd	47 Ag	48 Cd	49 In	50 Sn	51 Sb	52 Te	53 I	54 Xe
6	55 Cs	56 Ba	71 Lu	72 Hf	73 Ta	74 W	75 Re	76 Os	77 Ir	78 Pt	79 Au	80 Hg	81 Tl	82 Pb	83 Bi	84 Po	85 At	86 Rn
7	87 Fr	88 Ra	103 Lr	104 Rf	105 Ha	106 Sg	107 Ns	108 Hs	109 Mt	110	111	112						

Übergangselemente

Lanthaniden:

57 La	58 Ce	59 Pr	60 Nd	61 Pm	62 Sm	63 Eu	64 Gd	65 Tb	66 Dy	67 Ho	68 Er	69 Tm	70 Yb

Actiniden:

89 Ac	90 Th	91 Pa	92 U	93 Np	94 Pu	95 Am	96 Cm	97 Bk	98 Cf	99 Es	100 Fm	101 Md	102 No

Tab. 6.3 : *Periodisches System der Elemente.*

zustände verteilt werden können. Nach dem Pauli–Prinzip haben für jede Hauptquantenzahl n so viele Elektronen Platz, wie wir bereits beim Wasserstoff durch Abzählen der besetzbaren Zustände gefunden haben. Das sind $2l + 1$ Elektronen für jedes l mit jeweils $m_s = 1/2$ oder $m_s = -1/2$. Berücksichtigt man die Beschränkung der Quantenzahl l auf den Wertebereich von Null bis $n - 1$, so erhält man aufsummiert bis zu einem bestimmten n die Anzahl der Elektronen

$$(6.30) \qquad N_n = \sum_{l=0}^{n-1} 2(2l + 1) = 2n^2 \ .$$

In Tab. 6.4 sind die möglichen Quantenzahlen (n, l, m, m_s) bis zu $n = 3$ sowie die sich daraus ergebenden Besetzungszahlen angegeben. Man sagt für Elektronen mit dem gleichen Wert von n, sie befinden sich in der gleichen **Schale**. Was eine Schale physikalisch auszeichnet, werden wir später sehen.

| Schale | Quantenzahlen | | | | Anzahl der Elektronen | | |
| | | | | | je Unterschale | je Schale | aufsummiert |
	n	l	m	m_s	$2(2l + 1)$	$2n^2$	$\sum 2n^2$
K	1	0	0	$\pm 1/2$	2	2	2
L	2	0	0	$\pm 1/2$	2		
		1	$0, \pm 1$	$\pm 1/2$	6	8	10
M	3	0	0	$\pm 1/2$	2		
		1	$0, \pm 1$	$\pm 1/2$	6	18	28
		2	$0, \pm 1, \pm 2$	$\pm 1/2$	10		

Tab. 6.4 : *Die möglichen Quantenzahlen* (n, l, m, m_s) *bis* $n = 3$ *und die daraus resultierenden Besetzungszahlen.*

Die Schalen werden entsprechend den Zahlenwerten $n = 1, 2, 3$, usw. als $K-, L-,$ $M-$, usw. Schalen bezeichnet. Elektronen mit einem bestimmten Wert von n gehören zu einer **Unterschale**, wenn sie den gleichen Wert für l haben (äquivalente Elektronen)[15]. Wie man aus Tab. 6.4 erkennt, besitzt jede durch die Quantenzahl n gekennzeichnete Schale n Unterschalen. In den Unterschalen zu $l = 0, 1, 2, 3, \ldots$ haben jeweils $2(2l + 1) = 2, 6, 10, 14 \ldots$ Elektronen Platz. Die Zahl der Plätze in den Schalen $n = 1, 2, 3, \ldots$ beträgt $2n^2 = 2, 8, 18, 32, \ldots$, was bei lückenloser Auffüllung, jeweils bis $n = 1, 2, 3, 4, \ldots$ aufsummiert, die Gesamtzahl von $2, 10, 28, 60, \ldots$ Plätzen ergibt. Inwieweit die Natur den systematischen Aufbau der Elemente in der Reihenfolge, wie er in Tab. 6.4 begonnen ist, realisiert, werden wir später sehen.

---

[15]In der chemischen Literatur werden die Elektronenzustände einer Unterschale **Orbitale** genannt.

Betrachten wir als nächstes die Energien der Quantenzustände. Da die Energien der Elektronen wie oben erläutert von den Quantenzahlen n und l abhängen, erwarten wir bei sukzessiver Besetzung folgende Energiezustände in Tab. 6.4: $E_{1,0}$ für die K–Schale, $E_{2,0}$ und $E_{2,1}$ für die L–Schale, $E_{3,0}$, $E_{3,1}$ und $E_{3,2}$ für die M–Schale usw. Dabei vollzieht die Natur die Besetzung der Zustände nach dem Prinzip der minimalen Energie. Das bedeutet, daß die Elektronen eines Atoms unter Wahrung des Pauli–Prinzips diejenigen Plätze einnehmen, bei denen die Gesamtenergie des Atoms minimal wird. Diese ist dann gleich die Summe der Energien der Elektronen in der jeweiligen Besetzung. Sie läßt sich bei leichten Atomen jeweils aus den Ionisierungsenergien bestimmen, wenn man das betrachtete Atom vollständig ionisiert, sonst aus recht zuverlässigen Modellrechnungen (s. Abschn. 6.4). Bei angeregten Atomen nehmen eines oder mehrere Elektronen höhere Quantenzustände ein. Die Energie angeregter Atome über dem Grundzustand sowie die Abstände zwischen den Anregungsniveaus lassen sich sehr genau aus den Spektren der Atome bestimmen (s. Abschn. 6.3).

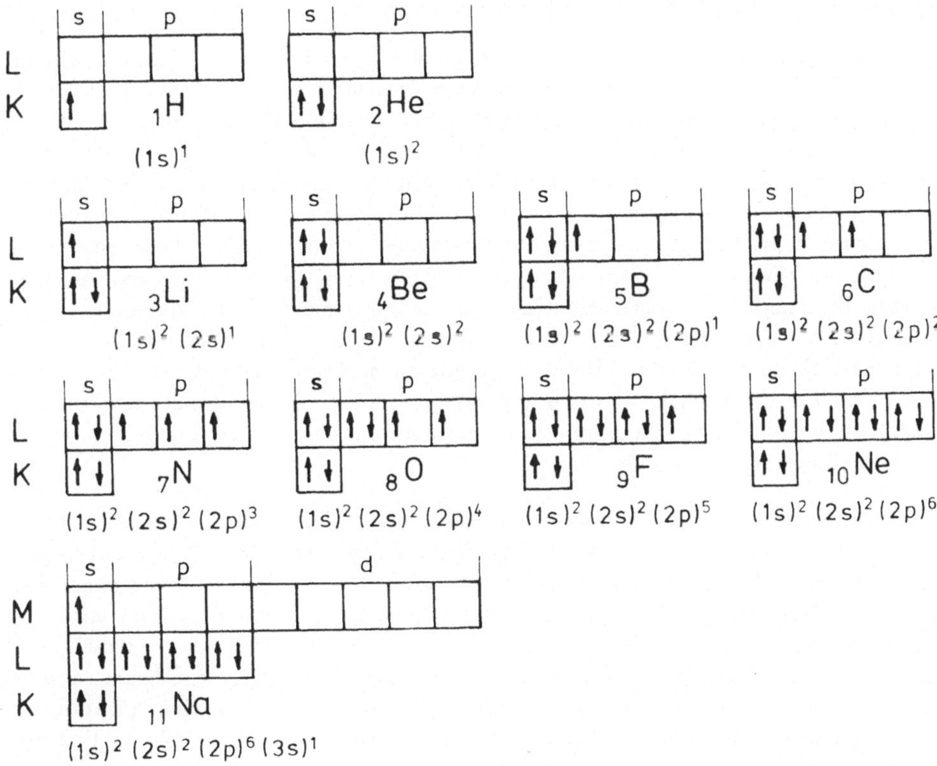

Fig. 6.3: *Besetzung der Grundzustände für die ersten 11 Elemente des Periodensystems.*

Wir wenden uns nun der energetischen Besetzungsfolge der ersten elf Elemente des Periodischen Systems in den Grundzuständen zu.

In Fig. 6.3 ist schematisch gezeigt, wie die freien Plätze von den Elektronen eingenommen werden. Die Besetzungen sind jeweils durch die Spineinstellungen der Elektronen gekennzeichnet, wobei $\uparrow$ für $m_s = +1/2$ und $\downarrow$ für $m_s = -1/2$ steht. Links sind die Symbole K,L,M der einzelnen Schalen angegeben. Jede Schale ist durch n^2 Kästchen symbolisiert, davon jede Unterschale s,p,d durch $2l + 1$ Kästchen. In jedes Kästchen passen gemäß $m_s = \pm 1/2$ zwei Elektronen hinein. Unter jedes Atomsymbol ist die Elektronkonfiguration geschrieben.

Beim Edelgas Helium ist die K–Schale bereits aufgefüllt. Bei Lithium kommt ein $2s$–Elektron hinzu, wie auch die angegebene Elektronenkonfiguration $(1s)^2(2s)^1$ ausweist. Danach folgt für $n = 2$ sukzessives Auffüllen der s– und p–Unterschalen, bis schließlich bei Neon die p–Unterschale vollständig besetzt ist. Damit ist auch die gesamte L–Schale mit 8 Elektronen voll. Entsprechend wird die M–Schale, beginnend mit Natrium, nach dem Muster von Fig. 6.3 systematisch aufgefüllt, bis bei Argon die p–Unterschale komplett besetzt ist (in Fig. 6.3 nicht mehr gezeigt). Bis hierher zumindest entspricht die Systematik von Tab. 6.4 dem Aufbau der Elemente in der Natur.

Bei genauerer Betrachtung der Aufbaufolge in Fig. 6.3 fällt auf, — und dies gilt für die nicht gezeigte Folge von Natrium bis Argon entsprechend — daß die Elektronenspins der p–Unterschalen bestrebt sind, sich soweit wie möglich parallel zueinander zu stellen, also ungepaart zu bleiben. Dieses Verhalten ist ein Ausdruck der sogenannten **Hundschen Regel**. Der physikalische Hintergrund dieser Regel läßt sich folgendermaßen verstehen. Die gegenseitige Coulomb–Abstoßung zwingt die Elektronen einer Unterschale zu größtmöglichen mittleren Abständen zueinander. Das bedeutet für die Ortswellenfunktionen eine maximal mögliche Antisymmetrie. Da die Gesamtwellenfunktion total antisymmetrisch sein muß, muß die Spinwellenfunktion maximal symmetrisch sein, was dann der Fall ist, wenn die Spins möglichst alle parallel stehen, soweit das Pauli–Prinzip dies zuläßt. Diese Regel gilt auch, wenn wegen des Pauli–Prinzips die Spins einer Unterschale teilweise abgesättigt werden. Es stellt sich im Grundzustand stets maximal mögliche Symmetrie der Spinfunktion ein, was eine größtmögliche Parallelstellung der Spins bedeutet.

Die bekannten physikalischen und chemischen Eigenschaften der bisher betrachteten Elemente lassen sich aus Fig. 6.3 allerdings nicht ablesen. Man versteht sie erst bei einer genaueren Betrachtung der energetischen Verhältnisse unter Einbeziehung angeregter Zustände. Vergleichen wir beispielsweise die Atome Helium und Beryllium miteinander. Bei beiden Atomen ist jeweils die $1s$–Unterschale (und damit die K–Schale) voll besetzt, beim Be–Atom zusätzlich die $2s$–Unterschale. Helium ist ein Edelgas, besteht also aus chemisch inaktiven Atomen, was in der besonders stabilen Konfiguration der $(1s)^2$ Elektronen begründet ist. Es sind etwa $20\,eV$ Energie nötig, um ein $1s$–Elektron in den ersten angeregten Zustand ($n = 2$) zu heben. Bei Beryllium hingegen liegen die Verhältnisse völlig anders. Dort kann ein $2s$–Elektron mit nur $2,7\,eV$ Anregungsenergie in ein $2p$–Niveau überwechseln, was ganz andere Eigenschaften als beim He–Atom bedingt. Der metallische Charakter von Beryllium hat darin seine Ursache, ebenso wie seine 2–Wertigkeit in chemischen Verbindungen. Ähnlich lassen sich die Grundzustände von Bohr, Kohlenstoff und Stickstoff durch Energiezufuhr in naheliegende angeregte Zustände bringen. Die entsprechend veränderten Besetzungen sind zusammen mit den zugehörigen Elektronenkonfigurationen in Fig. 6.4 dargestellt. Der geringe Energieaufwand für die Umordnung der Besetzung bei Kohlenstoff ist für die Vierwertigkeit des Kohlenstoffatoms in vielen Verbindungen verantwortlich.

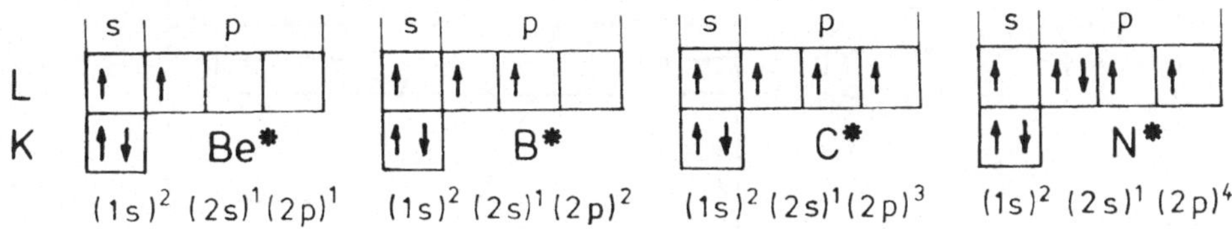

Fig. 6.4: *Besetzung der ersten angeregten Zustände von Beryllium, Bohr, Kohlenstoff und Stickstoff.*

Betrachten wir als nächstes Beispiel in Fig. 6.3 die drei Atome Fluor, Neon und Natrium. Sie stehen für die im Periodischen System sich mehrfach wiederholende Folge der Atome Halogen–Edelgas–Alkaliatom, die sich durch besonders unterschiedliche chemische Eigenschaften auszeichnen. Beim Edelgas Neon sind die p–Unterschale und die L–Schale abgeschlossen, was wie beim He–Atom zu einer besonders stabilen Elektronenkonfiguration führt. Neon ist daher chemisch inaktiv. Demgegenüber fehlt bei Fluor ein Elektron bis zur Edelgaskonfiguration, weshalb es sehr leicht chemische Verbindungen eingeht, bei denen es ein Elektron aufnehmen kann. Im Gegensatz dazu läßt sich das einzelne, im Mittel räumlich vom Kern weiter entfernte $3s$–Elektron des Natrium–Atoms mit einer Ionisierungsenergie von $5,1\,eV$ leicht abtrennen. Diese lose Bindung des äußersten Elektrons weisen auch das dem Edelgas Helium folgende Alkali–Atom Lithium sowie alle anderen Alkaliatome auf. Chemisch ist sie die Ursache für besondere Aktivität, physikalisch für die Fähigkeit der metallischen Leitung. Wir kommen auf die Eigenschaften der Alkaliatome bei der Besprechung der zugehörigen Spektren in Abschn. 6.3.2 zurück.

Wir untersuchen nun den weiterfolgenden Aufbau der Elemente und beschränken uns dabei auf eine Gesamtübersicht der Besetzungsniveaus der Grundzustände. Die Niveaufolge der Unterschalen beim systematischen Aufbau der Atome ist in Fig. 6.5 wiedergegeben. Betrachten wir zunächst nur die linke Termleiter von Fig. 6.5. Aufgetragen ist jeweils das Energieniveau für das letzte eingebaute Elektron bei Abschluß einer Unterschale. Die Terme sind jeweils durch die Quantenzahlen $n = 1, 2, 3, \ldots$ sowie durch die spektroskopische Notation für die Quantenzahl l $(s, p, d, \ldots)$ gekennzeichnet. Links davon sind die zugehörigen Elemente des Periodensystems angegeben, mit denen die jeweilige Unterschale abgeschlossen wird. Die erste Spalte ganz links in Fig. 6.5

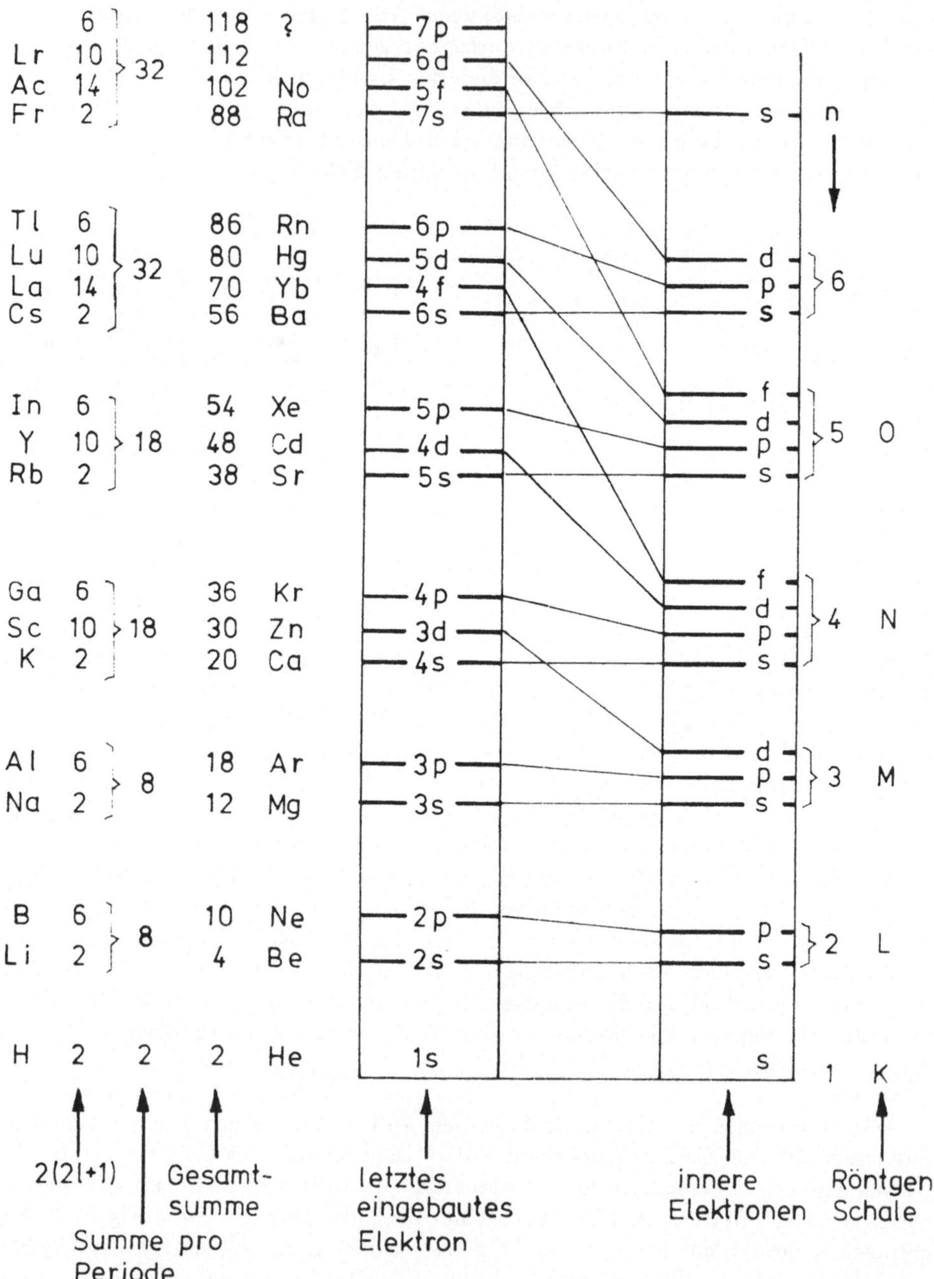

Fig. 6.5: *Die Schalenstruktur der Atome. Niveaufolge für das jeweils letzte eingebaute Elektron (linke Termleiter), und für die inneren Elektronen (rechte Termleiter).*

enthält die Elemente, mit denen die jeweilige Unterschale begonnen wird. In der zweiten Spalte ist die Anzahl der Elektronen in den aufgefüllten Unterschalen $N_l = 2(2l+1)$ und danach sind Summen davon angegeben.

Wir wollen jetzt die Struktur der linken Termleiter in Fig. 6.5 untersuchen und verstehen lernen.

1. **Die Energie der Terme.** Die Energie E eines Atoms hängt nicht nur von n, sondern auch von l ab, wie zu erwarten war.

2. **Die Termgruppen.** Die Terme gliedern sich in sieben Gruppen, zwischen denen deutliche Energielücken bestehen. Die Gruppen beginnen —vom H–Atom abgesehen — jeweils mit einem Alkaliatom $(Li, Na, K, \dots)$ und enden jeweils mit einem Edelgasatom $(He, Ne, Ar, \dots)$. Die erste Energielücke besteht zwischen Helium und Lithium. Die darauffolgenden Energielücken treten jeweils zwischen dem Abschluß einer p–Unterschale und dem Beginn der nächsten Hauptschale auf, bzw. jeweils zwischen einem Edelgasatom und dem darauffolgenden Alkaliatom. Die Anzahl der Elektronen in jeder Termgruppe ist jeweils hinter den geschweiften Klammern in Fig. 6.5 angegeben. In der nachfolgenden Spalte ist die Gesamtsumme aller Elektronen bis zum Abschluß der jeweiligen Unterschale eingetragen. Diese letzte Zahl ist identisch mit der Ordnungszahl der angegebenen Atome, welche die jeweilige Unterschale abschließen.

Die Struktur der Niveaufolge läßt erkennen, daß die Edelgase energetisch besonders schwer aufzubrechen sind, was ihre chemische Inaktivität erklärt. Hierbei fällt auf, daß die Abschlüsse von Schalen im ursprünglich definierten Sinn, nämlich bei Vollbesetzung in den Quantenzahlen n, nur bei Helium und Neon auftreten. Alle anderen Edelgase finden wir bei der jeweiligen Vollbesetzung von p–Unterschalen. Abgeschlossene p–Unterschalen bilden offensichtlich energetisch bevorzugte Elektronenkonfigurationen. Es liegt daher nahe, auf die Edelgasatome den Begriff des Schalenabschlusses anzuwenden und nicht auf die Vollbesetzung zur Quantenzahl n. Im Gegensatz zu den ursprünglich definierten Schalen wollen wir hier von Energieschalen sprechen. Wir kommen auf die ursprünglich definierten Schalen später zurück.

Das Schalenverhalten wird durch den Verlauf der Ionisierungsenergien der Atome in Abhängigkeit von der Ordnungszahl erhärtet (Fig. 6.6). Die höchsten Ionisierungsenergien weisen alle Edelgase auf, die niedrigsten alle Alkaliatome. Man erkennt sehr deutlich die Energiesprünge von den Edelgasen zu den nachfolgenden Alkaliatomen. Auch die Radien der Atome, wie sie sich aus der Dichte der Stoffe bzw. aus Röntgen–Interferenz–Messungen ergeben, zeigen dieses periodische Verhalten. Hierbei besitzen Alkali–Atome die größte Ausdehnung (s. Fig. 6.7).

3. **Die Besetzung von Natrium bis Kalium.** Die Besetzung von H bis Na hatten wir bereits oben besprochen. Von $n = 3$ an treten Unregelmäßigkeiten der Besetzungsfolge gegenüber der in Tab. 6.4 angegebenen Reihenfolge der Quantenzahlen n, l auf. Dies tritt bei Kalium erstmals in Erscheinung. Es wird nicht, wie man

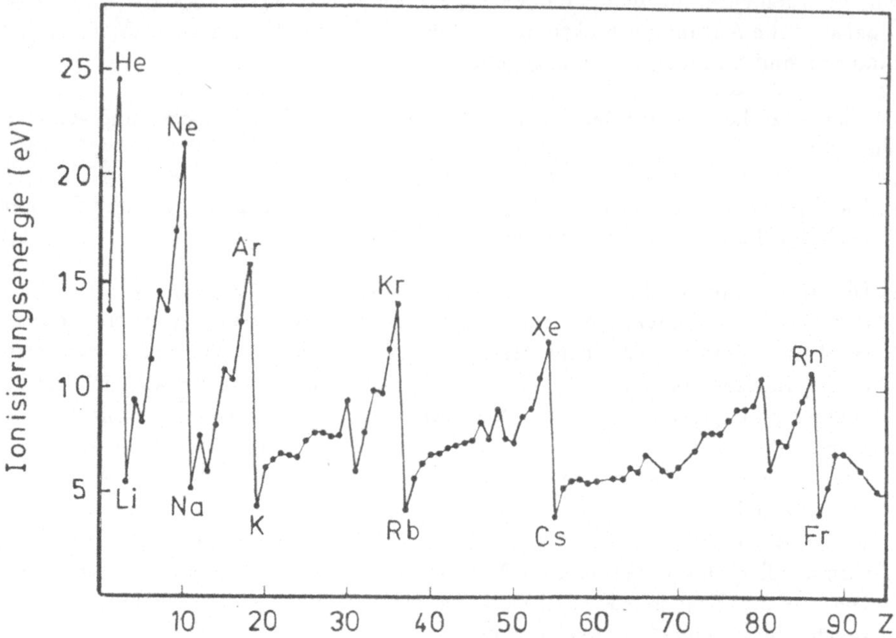

Fig. 6.6: *Die Ionisierungsenergien der Atome.*

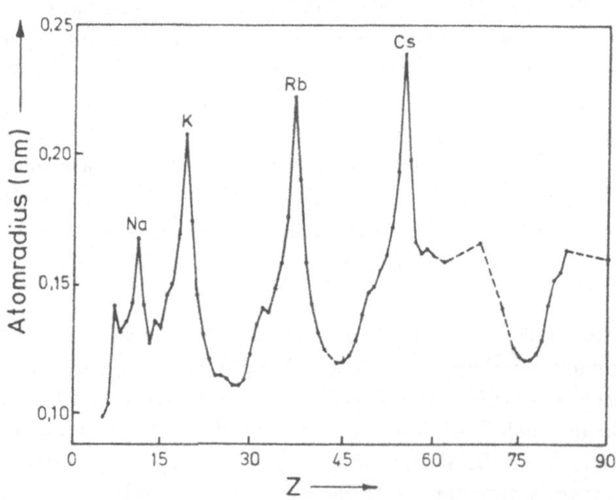

Fig. 6.7: *Die Radien der Atome.*

nach der vorangehenden Systematik erwarten könnte, ein $3d$–Elektron, sondern ein $4s$–Elektron eingebaut. Die $3d$–Elektronen werden erst eingefügt, nachdem mit Calcium die $4s$–Unterschale besetzt ist.

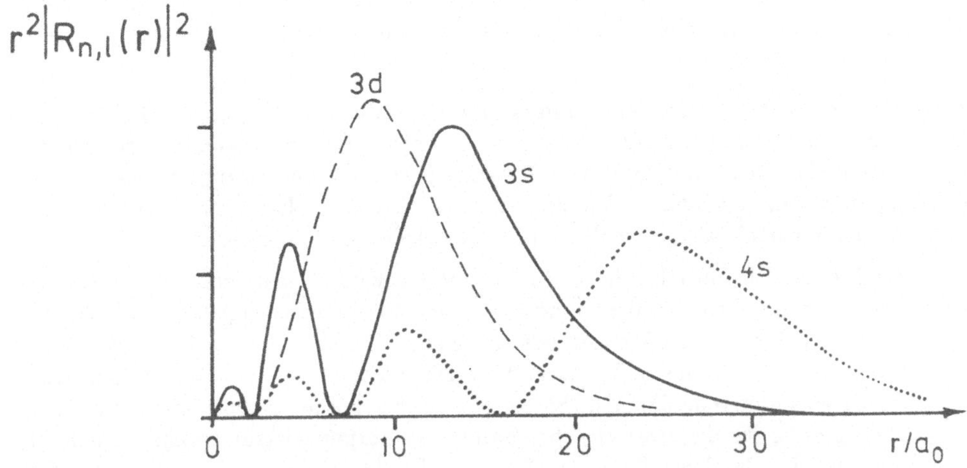

Fig. 6.8: *Radiale Wahrscheinlichkeitsverteilungen für $3s-$, $3d-$ und $4s-$Elektronen des H–Atoms; r in Einheiten des Bohrschen Radius a_0.*

Die Ursache für dieses Verhalten hängt mit dem Verlauf der jeweiligen Wellenfunktion zusammen. Wir wollen uns dies anhand von Fig. 6.8 klarmachen. Hier sind die radialen Wahrscheinlichkeitsverteilungen $r^2|R_{n,l}(r)|^2$ für die $3s-$, $3d-$ und $4s-$Elektronen des Wassertstoffatoms aufgetragen. Die in Abschn. 6.4.2 erläuterten Modellrechnungen zeigen, daß die Wellenfunktionen der Elektronen in Mehrelektronenatomen Ähnlichkeiten mit denen des Wasserstoffatoms haben. Dies berechtigt zu einer qualitativen Argumentation. Entsprechend der Anzahl der Nullstellen der Laguerre–Polynome (vgl. Abschn. 5.1.1) hat die $3s$–Verteilung drei, die $4s$–Verteilung vier Maxima und die $3d$–Verteilung nur ein Maximum. Beim Vergleich der beiden Verteilungen zu $n = 3$ erkennt man, daß die beiden ersten Maxima der $3s$–Funktionen ein gutes Stück näher am Kern liegen, als das einzelne Maximum der $3d$–Funktion. Die $3s$–Elektronen halten sich also zu einem erheblichen Anteil im inneren Bereich des Coulomb–Potentials des Kerns auf, in dem die effektiv wirkende Kernladung Z_{eff} wegen der geringeren Abschirmung durch die Restelektronen erheblich größer ist als im Außenbereich des Atoms. Da die Energie eines Elektrons aber proportional zu Z_{eff}^2/n^2 ist, wird verständlich, daß die ersten beiden Maxima der $3s$–Radialverteilung stärker zur Bindungsenergie beitragen können, als es beim weiter außen befindlichen $3d$–Elektron der Fall ist.

Vergleichen wir die $4s-$ mit der $3s$–Verteilung in Fig. 6.8, so zeigt sich auch hier, daß die beiden ersten Maxima bei etwa vergleichbaren Kernabständen auftreten, betragsmäßig allerdings beim $4s$–Zustand kleiner sind. Dennoch wirkt sich die Kernnähe nach Modellrechnungen so aus, daß auch die $4s$–Elektronen stärker gebunden sind als die $3d$–Elektronen. Somit werden im Kalium sowie im Calcium $4s$–Elektronen eingebaut, bevor die $3d$–Schale begonnen wird.

4. Die Besetzung ab Calcium. Zur weiteren Betrachtung ziehen wir Fig. 6.5 sowie Tab. 6.5 und Tab. 6.6 heran, in denen die Elektronenkonfigurationen der Atomhülle, die Grundzustandsterme sowie jeweils die Ionisierungsenergie der Elemente für die einfache Ionisierung eingetragen sind[16]. Die Elektronenkonfigurationen abgeschlossener Schalen und Unterschalen sind eingerahmt.

Nach dem Calcium folgt die Eisen-Gruppe (sogenannte Übergangselemente) von Scandium bis Zink, bei denen die $3d$–Schale sukzessive nachgefüllt wird, die $4s$–Niveaus jedoch mit Elektronen besetzt bleiben. Diesem Umstand verdankt diese Gruppe ihre besonderen Eigenschaften. Die Elemente Fe, Co, Ni z.B. sind chemisch einander sehr ähnlich. Sie zeigen als Festkörper Ferromagnetismus, eine Eigenschaft, für die zwar eine bestimmte Festkörperstruktur verantwortlich ist, die aber die Parallelstellung von Spins in der $3d$–Schale zur Voraussetzung hat (vgl. Hundsche Regel). Die Salze dieser Elemente zeichnen sich durch starke Farben aus. Ihre chemische Wertigkeit wird durch die äußeren $4s$–Elektronen bestimmt. Da sich die Wellenfunktionen der $4s$– und $3d$–Elektronen räumlich relativ stark überlappen (s. Fig. 6.8) und ihre Energien nahe beieinander liegen, können die $4s$–Elektronen ziemlich leicht in die $3d$–Unterschale wechseln. Man findet daher je nach chemischem Bindungszustand unterschiedliche Wertigkeiten.

Dasselbe Spiel wiederholt sich bei weiteren Übergangselementen höherer Termgruppen. Beginnend mit Yttrium wird in der Palladium-Gruppe die $4d$–Unterschale nachgefüllt, nachdem mit Rubidium die $5s$–Schale schon begonnen wurde. In der Gruppe der Lanthaniden (Seltene Erden) wird die $4f$–Unterschale ab dem Element Cer nachgefüllt, wobei die $6s$–Unterschale bereits voll besetzt ist, die $5d$– und $5f$–Unterschalen aber noch unterbesetzt bzw. leer sind. Die Platin-Gruppe ab Lutetium ist durch Nachfüllen der $5d$–Unterschale gekennzeichnet. Schließlich folgt in der Gruppe der Actiniden das Nachfüllen der $5f$– und $6d$– Unterschalen bei bereits voll besetzten $7s$–Niveaus. Die Unterschalen $5g, 6f, 6g$ und $6h$ treten in Tab. 6.6 nicht in Erscheinung, da es keine Atome im Grundzustand mit Elektronen in diesen Unterschalen gibt.

Die Seltenen Erden zeichnen sich besonders durch ihre Ähnlichkeit im chemischen Verhalten aus. Die Elektronen der besetzten $5p$– und $6s$– Unterschalen haben bei gleichen Kernabständen vergleichbare Aufenthaltswahrscheinlichkeiten. Sie bestimmen somit das chemisch ähnliche Verhalten und schirmen die nicht vollbesetzte $4f$–Unterschale nach außen ab. Letztere hingegen ist für die physikalischen

---

[16]In Tab. 6.6 wurden die spektroskopischen Angaben des Grundzustandes weggelassen, da diese Art der Notierung nur bei leichten bis mittelschweren Atomen einen Sinn hat, wo die L–S–Kopplung überwiegt. Bei schweren Atomen jedoch dominiert mit zunehmender Ordnungszahl die j–j–Kopplung, für die man keine Werte für L und S angeben kann (s.Abschn. 6.4.3).

| Schale | K | L | | M | | | N | | | O | | Grundzustand | Ionisierungs- |
| $n =$ | 1 | 2 | | 3 | | | 4 | | | 5 | | bei L-S- | energie |
Z Element $l =$	0	0	1	0	1	2	0	1	2	0	1	Kopplung	in eV
1 H Wasserstoff	1											$^2S_{1/2}$	13.60
2 He Helium	2											$^1S_0$	24.59
3 Li Lithium	2	1										$^2S_{1/2}$	5.39
4 Be Beryllium	2	2										$^1S_0$	9.32
5 B Bor	2	2	1									$^2P_{1/2}$	8.30
6 C Kohlenstoff	2	2	2									$^3P_0$	11.26
7 N Stickstoff	2	2	3									$^4S_{3/2}$	14.53
8 O Sauerstoff	2	2	4									$^3P_2$	13.62
9 F Fluor	2	2	5									$^2P_{3/2}$	17.42
10 Ne Neon	2	2	6									$^1S_0$	21.56
11 Na Natrium	2	2	6	1								$^2S_{1/2}$	5.14
12 Mg Magnesium	2	2	6	2								$^1S_0$	7.65
13 Al Aluminium	2	2	6	2	1							$^2P_{1/2}$	5.99
14 Si Silicium	2	2	6	2	2							$^3P_0$	8.15
15 P Phosphor	2	2	6	2	3							$^4S_{3/2}$	10.49
16 S Schwefel	2	2	6	2	4							$^3P_2$	10.36
17 Cl Chlor	2	2	6	2	5							$^2P_{3/2}$	12.97
18 Ar Argon	2	2	6	2	6							$^1S_0$	15.76
19 K Kalium	2	2	6	2	6		1					$^2S_{1/2}$	4.34
20 Ca Calcium	2	2	6	2	6		2					$^1S_0$	6.11
21 Sc Scandium	2	2	6	2	6	1	2					$^2D_{3/2}$	6.54
22 Ti Titan	2	2	6	2	6	2	2					$^3F_2$	6.82
23 V Vanadium	2	2	6	2	6	3	2					$^4F_{3/2}$	6.74
24 Cr Chrom	2	2	6	2	6	5	1					$^7S_3$	6.77
25 Mn Mangan	2	2	6	2	6	5	2					$^6S_{5/2}$	7.44
26 Fe Eisen	2	2	6	2	6	6	2					$^5D_4$	7.87
27 Co Kobalt	2	2	6	2	6	7	2					$^4F_{9/2}$	7.86
28 Ni Nickel	2	2	6	2	6	8	2					$^3F_4$	7.64
29 Cu Kupfer	2	2	6	2	6	10	1					$^2S_{1/2}$	7.73
30 Zn Zink	2	2	6	2	6	10	2					$^1S_0$	9.39
31 Ga Gallium	2	2	6	2	6	10	2	1				$^2P_{1/2}$	6.00
32 Ge Germanium	2	2	6	2	6	10	2	2				$^3P_0$	7.90
33 As Arsen	2	2	6	2	6	10	2	3				$^4S_{3/2}$	9.81
34 Se Selen	2	2	6	2	6	10	2	4				$^3P_2$	9.75
35 Br Brom	2	2	6	2	6	10	2	5				$^2P_{3/2}$	11.81
36 Kr Krypton	2	2	6	2	6	10	2	6				$^1S_0$	14.00
37 Rb Rubidium	2	2	6	2	6	10	2	6		1		$^2S_{1/2}$	4.18
38 Sr Strontium	2	2	6	2	6	10	2	6		2		$^1S_0$	5.70
39 Y Yttrium	2	2	6	2	6	10	2	6	1	2		$^2D_{3/2}$	6.38
40 Zr Zirkon	2	2	6	2	6	10	2	6	2	2		$^3F_2$	6.84
41 Nb Niob	2	2	6	2	6	10	2	6	4	1		$^6D_{1/2}$	6.88
42 Mo Molybdän	2	2	6	2	6	10	2	6	5	1		$^7S_3$	7.10
43 Tc Technetium	2	2	6	2	6	10	2	6	6	1		$^6S_{5/2}$	7.28
44 Ru Ruthenium	2	2	6	2	6	10	2	6	7	1		$^5F_5$	7.37
45 Rh Rhodium	2	2	6	2	6	10	2	6	8	1		$^4F_{9/2}$	7.46
46 Pd Palladium	2	2	6	2	6	10	2	6	10			$^1S_0$	8.34
47 Ag Silber	2	2	6	2	6	10	2	6	10	1		$^2S_{1/2}$	7.58
48 Cd Cadmium	2	2	6	2	6	10	2	6	10	2		$^1S_0$	8.99
49 In Indium	2	2	6	2	6	10	2	6	10	2	1	$^2P_{1/2}$	5.79
50 Sn Zinn	2	2	6	2	6	10	2	6	10	2	2	$^3P_0$	7.34
51 Sb Antimon	2	2	6	2	6	10	2	6	10	2	3	$^4S_{3/2}$	8.64
52 Te Tellur	2	2	6	2	6	10	2	6	10	2	4	$^3P_2$	9.01
53 I Jod	2	2	6	2	6	10	2	6	10	2	5	$^2P_{3/2}$	10.45
54 Xe Xenon	2	2	6	2	6	10	2	6	10	2	6	$^1S_0$	12.13

Die Elemente 21–30 bilden die **Eisen-Gruppe**, die Elemente 39–48 die **Palladium-Gruppe**.

Tab. 6.5 : *Elektronenkonfigurationen, Grundzustand bei L–S–Kopplung und Ionisie-rungsenergie der Elemente. Nach Bergmann – Schäfer, Lehrbuch der Experimentalphysik, Band 4, Verlag Walter de Gruyter, Berlin 1992, S.101-103.*

Z	Element		Schale $n=$ $l=$	N 4 0	1	2	3	O 5 0	1	2	3	P 6 0	1	2	Q 7 0	Ionisierungs- energie in eV
55	Cs	Cäsium		2	6	10		2	6			1				3.89
56	Ba	Barium		2	6	10		2	6			2				5.21
57	La	Lanthan		2	6	10		2	6	1		2				5.58
58	Ce	Cer		2	6	10	1	2	6	1		2				5.47
59	Pr	Praseodym		2	6	10	2	2	6	1		2				5.42
60	Nd	Neodym		2	6	10	3	2	6	1		2				5.49
61	Pm	Promethium		2	6	10	4	2	6	1		2				5.55
62	Sm	Samarium		2	6	10	5	2	6	1		2				5.63
63	Eu	Europium		2	6	10	6	2	6	1		2				5.67
64	Gd	Gadolinium		2	6	10	7	2	6	1		2				6.14
65	Tb	Terbium		2	6	10	8	2	6	1		2				5.85
66	Dy	Dysprosium		2	6	10	9	2	6	1		2				5.93
67	Ho	Holmium		2	6	10	10	2	6	1		2				6.02
68	Er	Erbium		2	6	10	11	2	6	1		2				6.10
69	Tm	Thulium		2	6	10	13	2	6			2				6.18
70	Yb	Ytterbium		2	6	10	14	2	6			2				6.25
71	Lu	Lutetium		2	6	10	14	2	6	1		2				5.43
72	Hf	Hafnium		2	6	10	14	2	6	2		2				7.0
73	Ta	Tantal		2	6	10	14	2	6	3		2				7.89
74	W	Wolfram		2	6	10	14	2	6	4		2				7.98
75	Re	Rhenium		2	6	10	14	2	6	5		2				7.88
76	Os	Osmium		2	6	10	14	2	6	6		2				8.7
77	Ir	Iridium		2	6	10	14	2	6	7		2				9.1
78	Pt	Platin		2	6	10	14	2	6	9		1				9.0
79	Au	Gold		2	6	10	14	2	6	10		1				9.23
80	Hg	Quecksilber		2	6	10	14	2	6	10		2				10.44
81	Tl	Thallium		2	6	10	14	2	6	10		2	1			6.11
82	Pb	Blei		2	6	10	14	2	6	10		2	2			7.42
83	Bi	Wismuth		2	6	10	14	2	6	10		2	3			7.29
84	Po	Polonium		2	6	10	14	2	6	10		2	4			8.42
85	At	Astat		2	6	10	14	2	6	10		2	5			
86	Rn	Radon		2	6	10	14	2	6	10		2	6			10.75
87	Fr	Francium		2	6	10	14	2	6	10		2	6		1	
88	Ra	Radium		2	6	10	14	2	6	10		2	6		2	5.28
89	Ac	Actinium		2	6	10	14	2	6	10		2	6	1	2	6.9
90	Th	Thorium		2	6	10	14	2	6	10	1	2	6	1	2	
91	Pa	Protactinium		2	6	10	14	2	6	10	2	2	6	1	2	
92	U	Uran		2	6	10	14	2	6	10	3	2	6	1	2	
93	Np	Neptunium		2	6	10	14	2	6	10	4	2	6	1	2	
94	Pu	Plutonium		2	6	10	14	2	6	10	5	2	6	1	2	5.8
95	Am	Americium		2	6	10	14	2	6	10	6	2	6	1	2	6.0
96	Cm	Curium		2	6	10	14	2	6	10	7	2	6	1	2	
97	Bk	Berkelium		2	6	10	14	2	6	10	8	2	6	1	2	
98	Cf	Californium		2	6	10	14	2	6	10	9	2	6	1	2	
99	Es	Einsteinium		2	6	10	14	2	6	10	10	2	6	1	2	
100	Fm	Fermium		2	6	10	14	2	6	10	11	2	6	1	2	
101	Md	Mendelevium		2	6	10	14	2	6	10	12	2	6	1	2	
102	No	Nobelium		2	6	10	14	2	6	10	13	2	6	1	2	
103	Lr	Lawrencium		2	6	10	14	2	6	10	14	2	6	1	2	
104	Rf	Rutherfordium		2	6	10	14	2	6	10	14	2	6	2	2	

Elements 57–70: Lanthaniden (Seltene Erden). Elements 71–77: Platin-Gruppe. Elements 89–104: Actiniden.

Tab. 6.6 : *Fortsetzung: Elektronenkonfigurationen und Ionisierungsenergie der Elemente, loc. cit..*

Eigenschaften der Seltenen Erden wie beispielsweise den Paramagnetismus verantwortlich.

Vergleichen wir Fig. 6.5 mit der bekannten Darstellung des Periodischen Systems der Elemente Tab. 6.3, so können wir die einzelnen Termgruppen mit den bekannten Perioden identifizieren. Hierbei beginnt jede Periode links mit einem Alkaliatom (die erste Periode mit dem H–Atom) und endet rechts mit einem Edelgas.

5. Ende des Periodischen Systems. Das Periodische System bricht ab, weil die Kerne von Atomen höherer Ordnungszahl instabil sind. Sie zerfallen durch α–Zerfall oder Kernspaltung (s. Band II, Abschn. 8.3.2 und 8.3.7), was die Untersuchung der atomaren Eigenschaften erschwert. Bis zum 104. Element, Rutherfordium, sind die Elektronenkonfigurationen der Hüllen gesichert. Die Elemente bis zur Ordnungszahl 112 sind zwar kernphysikalisch nachgewiesen, ihr Zerfall erfolgt jedoch sehr schnell. Die Eigenschaften ihrer Elektronenhüllen sind daher noch wenig bekannt[17].

6. Energieniveaus innerer Schalen. Wir kommen auf Fig. 6.5 zurück. In der linken Termleiter war die Energie beim jeweils letzten Einbau eines Elektrons einer Unterschale aufgetragen. Wenn nun die Kernladung erhöht wird und die entsprechende Zahl an Elektronen in der Hülle vorhanden ist, geraten die inneren Elektronen in den Bereich höherer effektiver Kernladungszahl Z_{eff}, was sowohl die Wellenfunktionen als auch die Energien ändert. In Fig. 6.9 sind zur Veranschaulichung die aus Modellrechnungen stammenden radialen Wahrscheinlichkeitsverteilungen der Elektronen für das Wasserstoffatom sowie für die einfach ionisierten Alkaliatome Lithium, Natrium und Kalium gezeigt. Die letztgenannten Ionen haben abgeschlossene Unterschalen bis $n = 3$ bei Kalium. Man erkennt deutlich, daß die räumlichen Verteilungen für die $K-$ und $L-$ Elektronen mit wachsender Ordnungszahl an den Kern herangezogen werden. Auch ist aus diesem Bild ersichtlich, daß die Schalen nicht scharf voneinander getrennt sind, sondern sich überlappen. Bei Änderungen der Wellenfunktionen kann sich auch die energetische Reihenfolge der Niveaus ändern. In der rechten Termleiter von Fig. 6.5 ist hierzu die Niveaufolge der inneren Elektronen für die jeweiligen Unterschalen gezeigt. In der Tat sind die Niveaus gegenüber der linken Termleiter umgeordnet und zwar so, daß sich die zu Anfang dieses Abschnitts angegebene Reihenfolge der Terme ergibt (Tab. 6.4). Jetzt zeigen sich auch die Schalenabschlüsse für die vollständige Besetzung bei den Quantenzahlen $n = 1, 2, 3 \ldots$, gemäß der ursprünglichen Definition einer Schale. Im Gegensatz zu den Energieschalen der äußeren Elektronen wollen wir diese Schalen zu einem bestimmten n-Wert als Röntgenschalen bezeichnen. Wir kommen auf diesen Begriff bei der Besprechung der Röntgenspektren zurück.

---

[17]Die Bezeichnungen sind: 105 Hahnium (Ha), 106 Seaborgium (Sg), 107 Nielsbohrium (Ns), 108 Hassium (Hs), 109 Meitnerium (Mt), Elemente 110 bis 112 noch ohne Namen.

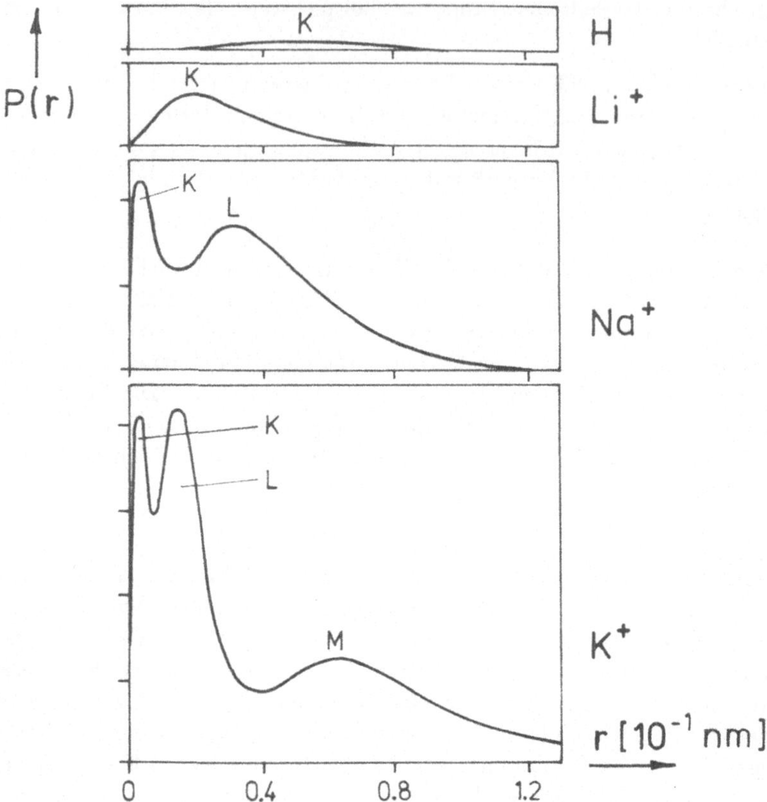

Fig. 6.9: *Radiale Wahrscheinlichkeitsverteilung der Elektronen von Wasserstoff und den Ionen Li^+, Na^+, K^+.*

6.3   Die Spektren der Atome

Im vorigen Abschnitt haben wir in groben Zügen die Struktur der Atomhüllen besprochen und dabei in der Hauptsache nur die Grundzustände der Atome betrachtet. In diesem Abschnitt wollen wir die Anregungszustände der Atome untersuchen. Anhand einiger exemplarischer Fälle werden die Termschemata für die Anregung erläutert und die aufgrund der Auswahlregeln erlaubten Übergänge studiert. Es ist naturgemäß zu erwarten, daß die Termschemata der Mehrelektronenatome eine kompliziertere Gestalt annehmen als diejenigen der wasserstoffartigen Atome, je nachdem welche Terme und wieviele Elektronen an der Anregung beteiligt sind. Die im letzten Abschnitt behandelte Schalenstruktur der Atome läßt jedoch verstehen, daß im allgemeinen nur wenige

Elektronen — in den meisten Fällen nur eines — an der Anregung beteiligt sind, wenn die zugefürte Energie niedrig genug ist. Dies sind die äußersten Elektronen, die auch für die chemische Bindung zwischen den Atomen verantwortlich sind. Man nennt diese Elektronen deshalb oft **Leuchtelektronen** oder **Valenzelektronen**. Sie sind durch den Rest der Atomhülle, den relativ stabil gebundenen Atomrumpf, bis auf wenige Ladungseinheiten von der Kernladung $Z \cdot e$ abgeschirmt. Es ist daher zu erwarten, daß die Niveau–Abstände in den Termschemata wie bei den wasserstoffartigen Atomen in der Größenordnung von eV liegen. Es bedarf daher nicht großer Energien, um eine Anregung zu erreichen. Die Elektronen des Atomrumpfes hingegen sind erheblich stärker gebunden als die äußeren Elektronen, wie wir bei der Schalenstruktur der Atome gesehen haben. Sie sind im allgemeinen von der Anregung nicht betroffen. Welche Energien nötig sind, um abgeschlossene Elektronenschalen aufzubrechen, sieht man an den Edelgasen, die kein schwach gebundenes äußeres Elektron besitzen. So liegt z.B. das erste Anregungsniveau des Heliumatoms bei $20,6 eV$, während beim Lithium, dem Element der nächst höheren Ordnungszahl mit einem schwach gebundenen Elektron in der L–Schale bereits mit $1,85 eV$ Energie die erste Anregungsstufe erreicht wird.

Die Schalenstruktur hat eine weitere Konsequenz, die das Anregungsschema eines Atoms vereinfacht. Wie wir bereits am Ende von Abschn. 6.1.2 gezeigt haben, ist der Gesamtdrehimpuls J in jeder abgeschlossenen Unterschale stets Null. Der Drehimpuls der gesamten Atomhülle ist also gleich der Summe der Drehimpulse der Elektronen außerhalb abgeschlossener Unterschalen, in vielen Fällen also der Valenzelektronen.

Die Spektren der Atome hängen jeweils von den Elektronenkonfigurationen und von der Anzahl der bei der Anregung beteiligten Elektronen ab. Daher ist verständlich, daß das Spektrum eines beliebigen Atoms sehr ähnlich ist demjenigen des einfach positiv geladenen Ions, das im Periodischen System dem Atom folgt, da dieses die gleiche Anzahl äußerer Elektronen mit gleicher Konfiguration hat. Diese Erscheinung war schon früh als **Verschiebungssatz** von Sommerfeld und Kossel bekannt.

Wir werden Spektren, die nur durch Übergänge von Leuchtelektronen erzeugt werden, in den Abschn. 6.3.1 bis 6.3.3 behandeln. Man nennt sie **optische Spektren**.

Um tiefer liegende Elektronen des Atomrumpfes von ihrem Platz im Hüllenverbund entfernen zu können, benötigt man in der Regel Energien der Größenordnung keV und darüber. Dabei ist zu beachten, daß diese Elektronen nur dann in das nächsthöhere Energieniveau gebracht werden können, wenn dort noch Plätze zur Verfügung stehen. Das ist bei inneren Schalen, die vollbesetzt sind, nicht der Fall. Man muß daher mindestens soviel Energie aufbringen, daß innere Elektronen auf äußere, nicht besetzte Energieniveaus befördert werden können, was energetisch gesehen dem kompletten Entfernen aus dem Atom fast gleichbedeutend ist. Dadurch entsteht im Inneren des Atomrumpfes ein freier Platz, auf welchem weniger stark gebundene Elektronen der Hülle unter Emission von Photonen nachrücken können. Dieser Mechanismus liefert einen Teil der in Abschn. 6.3.4 zu besprechenden **Röntgenspektren**.

Die experimentellen Verfahren der Anregung von Atomen wollen wir — mit Ausnahme der Erzeugung der Röntgenspektren — nicht behandeln, ebensowenig wie die Meßgeräte zur Ausmessung der Spektrallinien. Grundsätzliches dazu wurde bereits zu Beginn von Abschn. 2.4.1 gesagt. Für genauere Studien möge der Leser die einschlägige

Literatur zu Rate ziehen.

Die Untersuchung der Spektren verschiedener Atome in allen Wellenlängenbereichen erwies sich historisch als wichtigstes Hilfsmittel, um Aufschluß über die Termschemata der Atome zu erhalten.

6.3.1 Das Spektrum des Heliumatoms

Beim Heliumatom wird nur eines der beiden Elektronen angeregt, wie man leicht verstehen kann. Es werden etwa $20,6eV$ Energie für die Anregung eines Elektrons vom Grundzustand in das erste Niveau (2S) benötigt und $24,6eV$, um das Atom einfach zu ionisieren. Die Differenz von $4eV$ reicht nicht aus, um auch das zweite Elektron in die erste Anregungsstufe zu heben. Daher wird das Heliumatom eher einfach ionisiert als doppelt angeregt. Ist das erste Elektron entfernt, so wird für die Ionisierung des zweiten Elektrons der Energiebetrag von $54,4eV$ benötigt. Dies ist wegen des Faktors Z^2 das Vierfache der Ionisierungsenergie des H–Atoms von $13,6eV$. Daß die Ionisierungsenergie des ersten Elektrons erheblich kleiner ist als die des zweiten, liegt an der gegenseitigen Abschirmung des Coulomb–Feldes des Kerns.

Ist das Heliumatom angeregt, so befindet sich also das eine Elektron im $1s$–Zustand, und somit relativ nahe am Kern, während sich das andere Elektron in einem Zustand $n \geq 2$ in vorwiegend größerem Abstand vom Kern aufhält. Das Termschema des Heliumatoms ist in Fig. 6.10 dargestellt. Es ist in zwei getrennte Systeme unterteilt, je nachdem wie die Spins der beiden Elektronen miteinander koppeln.

Nach den Ausführungen in Abschn. 6.1.1 können die Spins zweier Elektronen entweder zum Gesamtspin $S = 0$ oder $S = 1$ koppeln. Hierbei zeigt sich, daß sich die einmal vorliegende Kopplungsart bei Übergängen nicht ändert. Daher ist es sinnvoll, die beiden Termschemata getrennt voneinander zu betrachten. In Fig. 6.10 bezeichnet man das linke Termschema mit $S = 0$ als Singulettsystem und das rechte Schema mit $S = 1$ als Triplettsystem. Die historischen Bezeichnungen Parahelium ($S = 0$) und Orthohelium ($S = 1$) erinnern daran, daß man ursprünglich die beiden Systeme für unterschiedliche Helium–Gassorten hielt.

In Fig. 6.10 sind die beiden Termleitersysteme jeweils für die verschiedenen Bahndreh-impulse des angeregten Elektrons angeordnet. Aus den spektroskopischen Notierungen in der Kopfzeile lassen sich jeweils die Quantenzahlen des ganzen Atoms ablesen. Man nennt Termschemata dieser Art auch **Grotrian–Diagramme**. Der tiefste Zustand im Singulettsystem ist der Grundzustand (beide Elektronen in $1s$). Von hier aus wird die Anregungsenergie vertikal nach oben gerechnet.

Aus Fig. 6.10 lassen sich eine Reihe von Eigenschaften des He–Atoms ablesen.

1. Beim Triplettsystem fehlt der Zustand $1s$. Dies ist eine Folge des Pauli–Prinzips. Nach diesem dürfen die beiden Elektronen nicht in allen Quantenzahlen über-

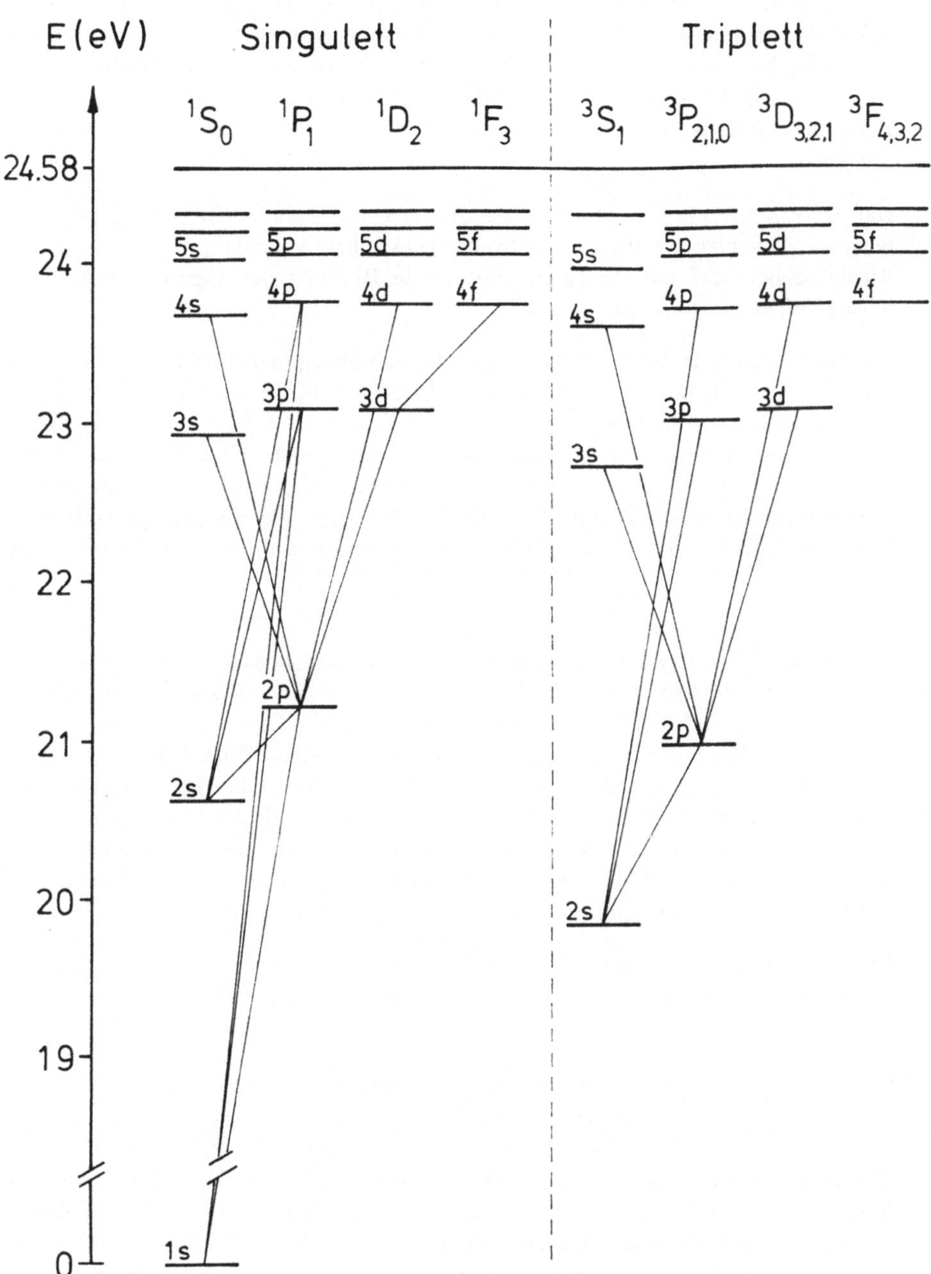

Fig. 6.10: *Das Termschema des Heliumatoms.*

einstimmen. Im Triplettsystem wäre dies aber für den $1s$–Zustand der Fall. Infolgedessen müssen sich die beiden Elektronen in der letztlich verbleibenden Quantenzahl n unterscheiden, so daß im Triplett–Grundzustand das eine Elektron $n_1 = 1$ und das andere $n_2 = 2$ haben muß. Eine quantenmechanisch saubere Bergründung anhand der Symmetrie der Wellenfunktion wird in Abschn. 6.4.1 gegeben.

2. Das erste angeregte Niveau des Heliumatoms liegt sehr hoch, etwa doppelt so hoch wie dasjenige des Wasserstoffatoms. Dies rührt, wie anfangs bereits erwähnt wurde, daher, daß zur Anregung die stabile Bindung der abgeschlossenen K–Schale aufgebrochen werden muß.

3. Die Termsymbole in der Kopfzeile tragen die Spinmultiplizität $2S+1 = 1$ bzw. $= 3$ als linken oberen Index. Die Werte für J beim rechten unteren Index sind für beide Termsysteme unterschiedlich. Dem liegt folgender Sachverhalt zugrunde. Der Bahndrehimpuls des angeregten Elektrons l ist gleich demjenigen des Atoms, $L = l$. Im Fall $S = 0$ ist daher $J = L$. Wegen $S = 0$ weisen die Singulett–Terme keine Feinstruktur auf. Im Fall $S = 1$ koppelt der Gesamtspin mit dem Gesamtbahndrehimpuls L und bildet einen Gesamtdrehimpuls J im Wertebereich

$$|L - 1| \le J \le L + 1.$$

Wir erhalten daher eine Feinstruktur, die aus drei eng benachbarten Termen mit den unterschiedlichen J–Werten $J = l - 1, J = l, J = l + 1$ besteht. Mit diesen drei J–Werten sind die Termsymbole jeweils indiziert. Die S–Terme sind jedoch einfach, weil bei ihnen wegen $L = 0$ bzw. $J = S$ keine Feinstruktur auftreten kann. Die Feinstrukturaufspaltung der Triplett–Terme ist in Fig. 6.10 nicht eingezeichnet. Alle Zustände sind $2J + 1$–fach entartet. Die Entartung wird bei Anlegen eines Magnetfeldes aufgehoben. Wegen der fehlenden Wirkung des Spins im Singulettsystem tritt hier der normale Zeeman–Effekt auf, während beim Triplettsystem die Terme zum anomalen Zeeman–Effekt aufspalten.

4. In beiden Termschemata sind eine Reihe von Übergängen eingetragen, die sich nach den Auswahlregeln für elektrische Dipolstrahlung richten

$$\begin{aligned}
\Delta l &= \pm 1 \\
\Delta J &= 0, \pm 1 \qquad \text{aber } 0 \not\to 0 \\
\Delta S &= 0.
\end{aligned}$$

Die letzte Auswahlregel besagt, daß es keine elektrische Dipolübergänge von Singulett– zum Triplettsystem gibt und umgekehrt. Man nennt das Fehlen dieser Übergänge auch **Interkombinationsverbot**. Es zeigt, wie oben bereits angedeutet, daß die Kopplung der beiden Spins auch beim Wechsel der Zustände des angeregten Elektrons erhalten bleibt. Ein Übergang zwischen beiden Termsystemen könnte nur durch Umklappen eines der beiden Einzelspins geschehen, was beim He–Atom nicht auftritt.

5. Vom Term $2\,^1S_0$ aus ist kein Übergang in den Grundzustand eingetragen. In der Tat kann das Elektron wegen der Auswahlregel $\Delta l = \pm 1$ nicht in den Grundzustand $1\,^1S_0$ übergehen. Der Zustand $2\,^1S_0$ ist metastabil ebensowie der Zustand $2\,^3S_1$ des Triplettsystems. Experimentell zeigt sich dies z.B. darin, daß man in einer Helium–Gasentladung Übergänge von den beiden $2S$–Niveaus zu höheren Termen hin leicht in Absorption beobachten kann. Es sind also genügend Atome in den $2S$–Zuständen vorhanden. Die Anregung in der Gasentladung in die $2S$–Zustände geschieht durch Stoßprozesse, für welche die Auswahlregeln keine Bedeutung haben. Diese angeregten Atome können also nicht mehr durch elektrische Dipolstrahlung zerfallen. Hingegen sind Übergänge von höheren Niveaus in den Grundzustand wieder möglich, z.B. $2\,^1P_1 \rightarrow 1\,^1S_0$.

6. Im Gegensatz zum Termschema des H–Atoms (Fig. 2.20) sind in beiden Systemen von Fig. 6.10 die jeweiligen Termfolgen für die Termsymbole $S, P, D, \ldots$ unterschiedlich. Das bedeutet, daß die Anregungsenergie nicht nur von der Hauptquantenzahl, sondern auch signifikant von der Bahndrehimpulsquantenzahl abhängt. Die l–Entartung ist aufgehoben. Die Ursache hierfür ist darin zu sehen, daß die beiden Elektronen infolge ihrer gegenseitigen Coulomb–Wechselwirkung kein $1/r$–Zentralfeld mehr verspüren. Unterschiedliche Bahndrehimpulse haben unterschiedliche gegenseitige mittlere Abstände zur Folge und damit auch jeweils andere Beiträge zur Wechselwirkungsenergie. Die Abhängigkeit der Energie sowohl von n als auch von l finden wir daher bei allen Mehrelektronenatomen.

7. Vergleichen wir einander entsprechende Terme beider Systeme in Fig. 6.10, so sehen wir, daß die Triplett–Niveaus stets tiefer liegen als die entsprechenden Singulett–Niveaus. Der Unterschied ist zwischen den Zuständen 2^1S und 2^3S mit $0,8\,eV$ am größten. Diese Erscheinung läßt sich verstehen, wenn man jeweils den mittleren Abstand der beiden Elektronen voneinander berechnet. Es ergibt sich, daß dieser Abstand aufgrund der unterschiedlichen Symmetrien der Wellenfunktion beim Triplett–Helium stets größer ist als beim Singulett–Helium, was beim Triplett–Fall zu einer geringeren Coulomb–Energie und damit zu einer Absenkung des Niveaus gegenüber dem Singulett–Term führt. Der Energieunterschied ist somit durch die unterschiedliche Coulomb–Wechselwirkung verursacht. Der tiefere Grund ist also in der Symmetrie der Wellenfunktion zu suchen. Der betrachtete Energieunterschied ist wesentlich größer als die Feinstruktur der Terme des Triplett–Systems. Das führt dazu, daß das angeregte Elektron seinen Spin $\vec{s}_2$ nicht mit seiner Bahn $\vec{l}$ koppelt, sondern mit dem Spin $\vec{s}_1$ des anderen Elektrons zu einem Gesamtspin $\vec{S} = \vec{s}_1 + \vec{s}_2$. Die sehr schwache Spin–Bahn–Kopplung bildet dann den Gesamtdrehimpuls $\vec{J} = \vec{l} + \vec{S}$. Wir haben hier den einfachsten Fall der sogenannten **L–S–Kopplung** vorliegen, wie er für den allgemeinen Fall der Mehrelektronenatome in Abschn. 6.4.3 genauer besprochen wird.

Die Spektrallinien des Heliumatoms für die kleinsten Wellenlängen liegen beim Singulettsystem im ultravioletten, beim Triplettsystem im sichtbaren Wellenlängenbereich.

Einen Ausschnitt des Emissionsspektrums im sichtbaren Bereich haben wir bereits in Fig. 2.14 gezeigt.

Es sei abschließend bemerkt, daß die Helium–artigen Ionen $Li^+, Be^{2+}, B^{3+}, C^{4+}$ analoge Niveausysteme und ähnliche Spektren wie das Heliumatom haben, da sie alle nur zwei Elektronen in der Hülle besitzen. Dies ist die Folge des oben erwähnten spektroskopischen Verschiebungssatzes.

6.3.2 Die Spektren der Alkaliatome

Wie wir in Abschn. 6.2 über die Schalenstruktur der Atome gesagt haben, zeichnen sich die Alkaliatome durch ein schwach gebundenes äußeres Elektron außerhalb abgeschlossener Schalen bzw. Unterschalen aus. Sie stehen im Periodischen System jeweils hinter den Edelgasatomen. Bei Energiezufuhr übernimmt dieses Leuchtelektron die Anregungsenergie. Da der stabile kugelsymmetrische Atomrumpf nicht an der Anregung beteiligt ist, ähneln alle Termschemata der Alkaliatome denjenigen der wasserstoffartigen Atome und sehen dementsprechend einfach aus. Wir bezeichnen sie daher als wasserstoffähnlich. Sie unterscheiden sich jedoch von jenen, weil das Coulombfeld infolge des ausgedehnten Atomrumpfes kein $1/r$–Zentralfeld mehr bildet und die l–Entartung somit aufgehoben ist. Die Energie des Atoms hängt von n und l ab.

In Fig. 6.11 ist das Termschema des Natriumatoms gezeigt. Es besteht wie beim Wasserstoffatom aus einem einzigen System, wobei alle Terme Dubletts sind mit Ausnahme der S–Terme. Die Ursache ist die gleiche wie beim H–Atom. Die Spin–Bahnwechselwirkung des Leuchtelektrons führt zur Feinstruktur, die jedoch bei den S–Termen $(l = 0)$ fehlt. Natrium hat vollbesetzte K– und L– Schalen. Das Grundniveau lautet daher $3\,^2S_{1/2}$. Das erste angeregte Niveau $3\,^2P$ liegt bei $2,1\,eV$, also nur $1/10$ des Wertes wie beim Heliumatom. Die Abhängigkeit der Energie von l ist ziemlich groß und verringert sich mit zunehmender Hauptquantenzahl n. Es ist jedoch deutlich zu erkennen, daß die Terme gleicher Hauptquantenzahl mit wachsendem l immer höher zu liegen kommen. In Fig. 6.11 sind einige Übergänge für elektrische Dipolstrahlung eingetragen. Sie unterliegen den gleichen Auswahlregeln wie beim Wasserstoffatom (Gl.(5.33) und (5.34)). Die beiden intensivsten Linien werden durch die Dublettübergänge $(3P_{3/2}, 3P_{1/2}) \rightarrow (3S_{1/2})$ erzeugt mit den Wellenlängen $589,0\,nm$ und $589,6\,nm$. Sie liegen im gelben Bereich. Das für Straßenbeleuchtungen gern genutzte gelbe Licht von Natriumdampflampen stammt von diesem Dipolübergang.

Ein recht aufschlußreiches Bild liefert die vergleichende Zusammenstellung aller Alkali–Termschemata. Diese ist in Fig. 6.12 zusammen mit dem Termschema des H–Atoms (rechts) gezeigt. Die vertikale Energieskala links steht für die Energie der Valenzelektronen. Man erkennt deutlich, daß sich die Terme für größere Werte von n und

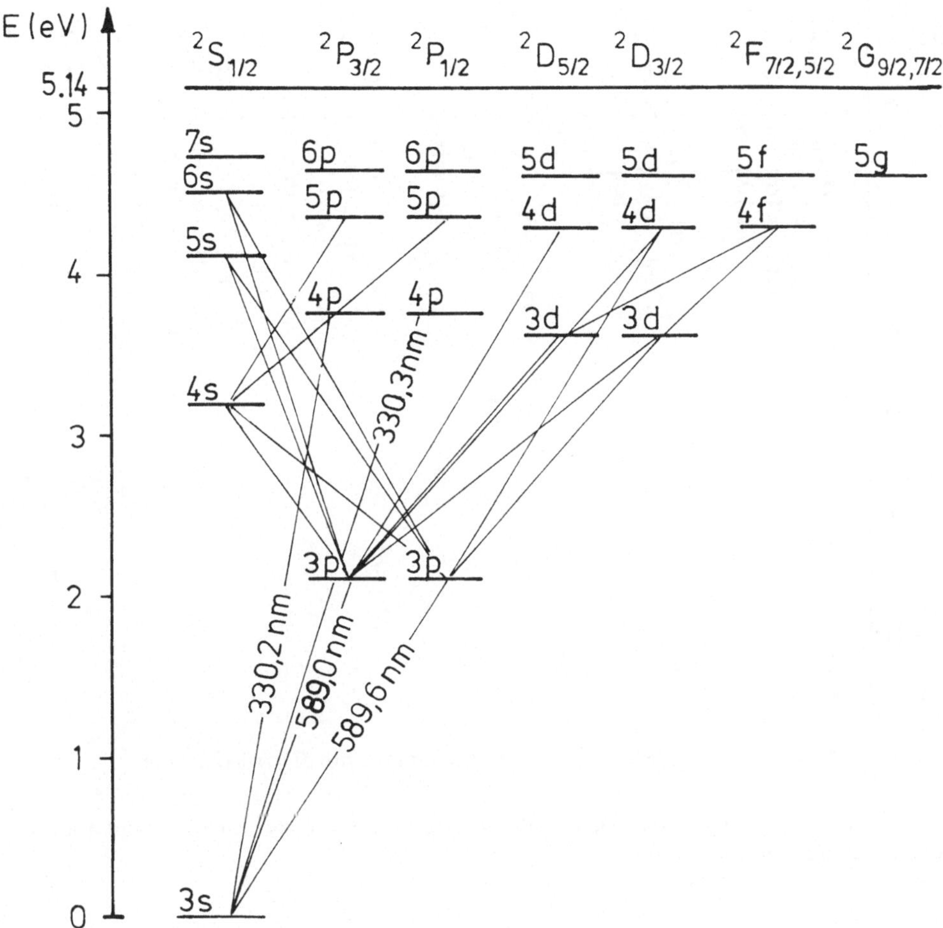

Fig. 6.11: *Das Termschema des Natriumatoms.*

l den entsprechenden Wasserstofftermen nähern. Die Wellenfunktionen des Leuchtelektrons reichen dann nur noch wenig in den Atomrumpf hinein, d.h. das Leuchtelektron verspürt im wesentlichen nur das $1/r$–Coulomb–Potential für $Z = 1$. Hingegen haben die Elektronen der S–Zustände und auch diejenigen kleiner l–Werte noch erhebliche Aufenthaltsanteile innerhalb des Atomrumpfes und können ein $Z_{eff} \gg 1$ verspüren, was zu einer erheblich stärkeren Bindung als beim H–Atom führt. Dieser Effekt ist umso ausgeprägter, je größer die Kernladungszahl ist. So liegt der $6S$–Zustand des Cäsium gegenüber dem $6S$–Term des H–Atoms erheblich tiefer als der $2S$–Term des Li–Atoms gegenüber demjenigen des H–Atoms. Pauschal gesprochen kann man beim

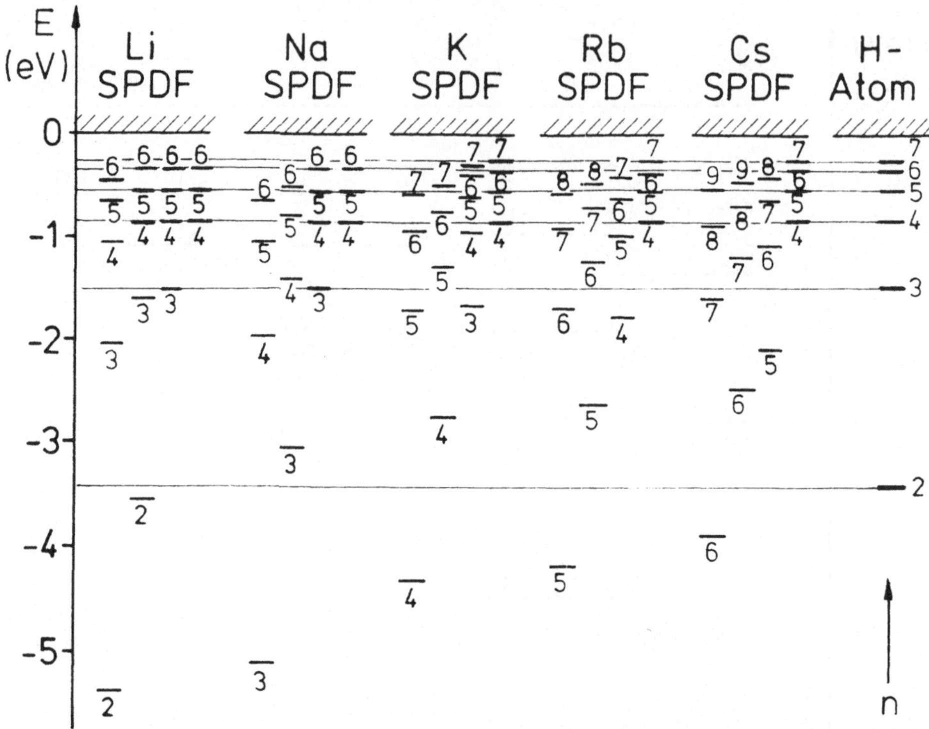

Fig. 6.12: *Vergleich der Termschemata für die Alkaliatome.*

Vergleich der Termschemata sagen, daß die Degeneriertheit der Zustände mit wachsender Ordnungszahl abnimmt.

6.3.3 Komplexere Spektren

Normalerweise sehen die Termschemata komplexer Atome recht kompliziert aus, sowohl wegen der Vielfalt der Terme als auch wegen der Möglichkeit, mehr als ein Elektron gleichzeitig anzuregen. Bleiben wir bei Anregungen durch nur ein Elektron. Nach den bisher besprochenen Helium und Alkaliatomen sind die nächst einfacheren Atome die mit zwei Leuchtelektronen in der äußeren Schale. Solange L-S-Kopplung überwiegt, können wir wie beim Heliumatom das Termschema in ein Singulett- und ein Triplettsystem einteilen entsprechend der Spinkopplung der beiden Elektronen zum Gesamtspin $S = 1$ und $S = 0$. Hierzu gehören die Elemente der 2. Gruppe des Periodischen Sy-

stems, d.h. Beryllium, Magnesium, Calcium, Strontium und Barium, aber auch Metalle
wie Zink, Cadmium und Quecksilber. Der Grundzustand dieser Atome ist wie beim
He-Atom der $^1S_0$-Zustand. Grundsätzliche Unterschiede zeigen sich zwischen leichten
und schweren Atomen insofern, als bei zunehmend schweren Atomen das Interkombinationsverbot zwischen den beiden Systemen nicht mehr streng gilt. Bereits bei Calcium
tritt eine wenn auch sehr schwache Interkombinationslinie auf. Auch die intensive UV–
Linie bei $\lambda = 253{,}7$ nm von Quecksilber müßte man diesem Übergangstyp zuordnen,
würde man die gleiche Termschemastruktur wie bei leichten Atomen mit zwei Außenelektronen zugrunde legen. Schwere Atome neigen jedoch zu einer anderen Kopplung
der Drehimpulse als leichte Atome, wie wir in Abschn. 6.4.3 noch genauer besprechen.
Das bedingt eine gegenüber der LS-Kopplung veränderte Struktur der Termschemata
sowie einen anderen Satz von Auswahlregeln.

Atome mit drei äußeren Elektronen wie diejenigen der 3. Gruppe des Periodischen
Systems (s.Tab. 6.3) besitzen ebenfalls zwei im allgemeinen nicht interkombinierende
Termsysteme, nämlich ein Dublett und ein Quartettsystem zu den Gesamtspins $S = 1/2$
und $S = 3/2$. Bei Vierelektronensystemen finden wir 3 Termsysteme, nämlich ein Singulett ($S = 0$), ein Triplett ($S = 1$) und ein Quintett ($S = 2$) System. Die Elemente
haben dabei häufig ihren Grundzustand in dem System mit der höchstmöglichen Spinmultiplizität.

Auch die Spektren komplexer Atome besitzen Seriencharakter, der allerdings zu
schweren Atomen hin nicht mehr erkennbar ist, weil die Anzahl der Anregungsterme
und damit diejenige der Übergangsmöglichkeiten mit zunehmender Ordnungszahl stark
wächst.

** A ** A ** A ** A ** A **

Wir wollen ein relativ einfaches Termschema ein bißchen genauer behandeln. In
Fig. 6.13 ist das Grotrian–Diagramm für Kohlenstoff gezeigt. Kohlenstoff hat im Grundzustand die Elektronenkonfiguration $(1s)^2(2s)^2(2p)^2$. Es hat also zwei $2p$-Elektronen in
der p-Unterschale, die den Drehimpulszustand des Kohlenstoffs bestimmen. Die zwei
äquivalenten p-Elektronen können nach Abschn. 6.1.2 die Triplett- bzw. Singulett-
Zustände $^3P_{0,1,2}$, $^1D_2$ und $^1S_0$ bilden, wobei $^3P_0$ der Grundzustand ist. In Fig. 6.13 ist
jedoch keine Trennung in Singulett- und Triplett–Termsysteme getroffen worden, sondern beide Terme sind gleichzeitig eingetragen. Wenn eines der $2p$-Elektronen in eine
höhere Unterschale kommt, so bildet sich die Konfiguration $(1s)^2(2s)^2(2p)^1(nl)^1$ und
wir erhalten die 3 linken Termleitern im Grotrian–Diagramm.

Die möglichen Drehimpulszustände sind angegeben. Die Ionisierungsgrenze wird bei
$11{,}26$ eV erreicht. Ähnlich wie beim Natriumatom erkennt man auch hier die zunehmende Energie der Terme bei festem n und wachsendem l.

Die beiden rechten Termleitern im Grotrian–Diagramm zeigen Anregungen, bei denen ein Elektron aus der 2s-Unterschale in den $2p$- bzw. 3s–Zustand gehoben wird.
Bei der Konfiguration $(1s)^2(2s)^1(2p)^3$ haben wir 3 äquivalente p-Elektronen, die nach

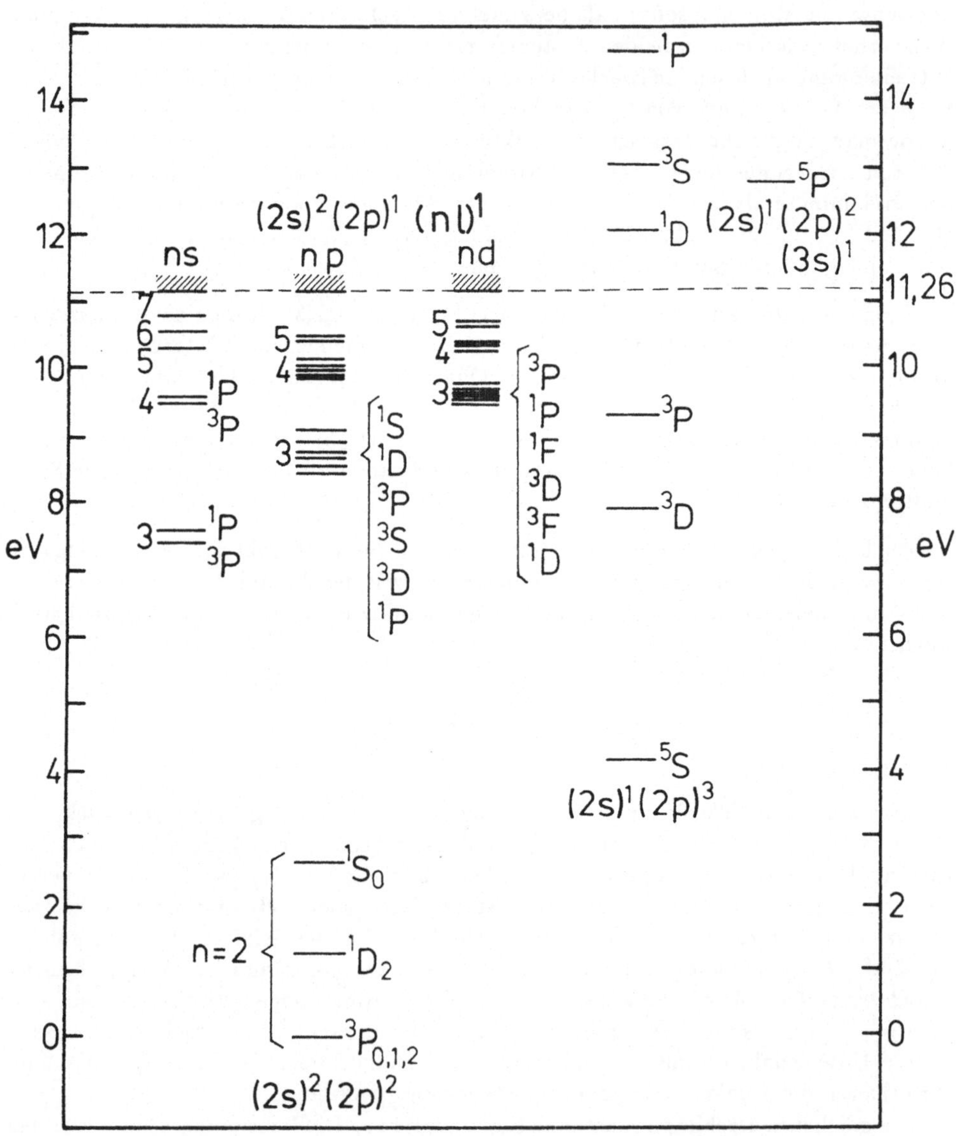

Fig. 6.13: *Grotrian–Diagramm von Kohlenstoff.*

Abschn. 6.1.2 zu $^4S, ^2P$ und ^2D koppeln können. Die Drehimpulskopplung mit dem $2s$–Elektron ergibt die Zustände ^3S, ^5S, ^1P, ^3P, ^1D, ^3D, die im Grotrian–Diagramm eingetragen sind. Der Grundzustand dieser Termleiter ist ein ^5S–Zustand, hat also den Gesamtbahndrehimpuls $L = 0$ und den Gesamtspin $S = 2$. Die Konfiguration $(1s)^2(2s)^1(2p)^2$ $(3s)^1$ mit 2 äquivalenten p–Elektronen und je einem s–Elektron in der L– und M–Schale ergibt die Zustände ^1S, ^3S, ^1P, ^3P, ^5P, ^1D, ^3D. Der niedrigste Zustand ist hier der Zustand ^5P. Auch beim Kohlenstoffatom sehen wir, daß die Hundsche Regel erfüllt ist, wonach die Gleichrichtung der Spins zu den energetisch tiefsten Zuständen führt. Die jeweiligen Ionisierungsgrenzen der beiden rechten Termleitern sind in Fig. 6.13 nicht mehr enthalten.

** E ** E ** E ** E ** E **

Die große Zahl der Energieniveaus läßt ermessen, daß die Spektren der Mehrelektronenatome erheblich komplizierter sind als diejenigen der Einelektronenatome und daß die Bestimmung der Terme aus den gemessenen Spektrallinien eine sehr komplexe Analyse darstellt.

Abschließend sind die Auswahlregeln für elektrische Dipolübergänge bei L–S–Kopplung der Drehimpulse (s.Abschn. 6.4.3) angegeben

$$\Delta L \;=\; 0, \pm 1 \qquad \text{Falls nur ein einziges Elektron am Übergang}$$
$$\text{beteiligt ist, gilt für dieses Elektron} \quad \Delta l = \pm 1$$
$$\Delta S \;=\; 0$$
$$\Delta J \;=\; 0, \pm 1 \qquad (\text{aber } 0 \not\to 0)$$
$$\Delta M_J \;=\; 0, \pm 1 \,.$$

6.3.4 Röntgenspektren

In den drei letzten Abschnitten haben wir uns mit den optischen Spektren der Atome beschäftigt. Sie sind auf die Anregung von Leucht– bzw. Valenzelektronen zurückzuführen und geben Aufschluß über die zugehörigen Energiezustände der Atome. Wir wollen uns in diesem Abschnitt den Energiezuständen im Innern des Atomrumpfes zuwenden, wo die Bindungsenergien der Elektronen durch die größere Kernnähe erheblich größer sind als die der Valenzelektronen. Auskunft über die Bindung dieser im Innern des Atomrumpfes gebundenen Elektronen geben die Röntgenspektren.

Als Röntgenspektren bezeichnet man elektromagnetische Strahlung unterhalb des UV–Gebietes, typischerweise im Bereich zwischen $0,01 nm$ und $1 nm$. Das entspricht Photonenergien zwischen $1 keV$ und $100 keV$.

Besprechen wir zunächst die Erzeugung von Röntgenstrahlen, wie sie in Physik, Medizin und Industrie üblich ist. In Fig. 6.14 ist eine Röntgenröhre skizziert. In einem evakuierten Glaskolben wird zwischen einer Glühkathode und einer Anode — vielfach auch Antikathode genannt — eine Hochspannung U_0 im kV–Bereich angelegt. Die aus der Kathode austretenden Elektronen werden auf die Anode beschleunigt und

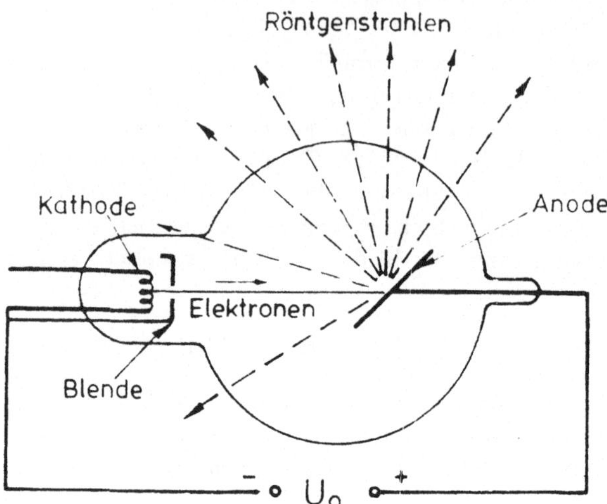

Fig. 6.14: *Prinzip einer Röntgenröhre.*

im Anodenmaterial unter Aussendung von Röntgenstrahlen abgebremst. Die an der Anode freiwerdende elektrische Energie wird als Wärmeenergie nach außen abgeleitet, bei Hochleistungsröhren mittels Wasserkühlung.

Die spektrale Analyse der Röntgenstrahlung geschieht in der Regel durch Bragg–Reflexion an Kristallen bekannter Gitterkonstanten (vgl.Abschn. 1.2.2) mit Hilfe von Photoplatten oder Detektoren der Kernphysik (s. Band II). Sie liefert für die Röntgenstrahlung folgende Spektralverteilung

1. Ein Kontinuum, das bei einer minimalen, von der Hochspannung der Röhre abhängigen Wellenlänge λ_{min} beginnt, ein Maximum durchläuft und für große Wellenlängen wieder abnimmt.

2. Ein diskretes Linienspektrum, das dem Kontinuum überlagert ist.

In Fig. 6.15 sind experimentell aufgenommene Röntgenspektren für die drei Röhrenspannungen $23, 2kV$, $31, 8kV$ und $40kV$ gezeigt. Die Ordinate gibt in willkürlichen Einheiten die Intensität der Strahlung, die Abzisse die Wellenlänge in pm (1 Picometer $= 10^{-12}m$) bzw. die zugehörigen Glanzwinkel der Braggreflexion an. Das Kontinuum und die diskreten Linien sind deutlich zu erkennen.

Wir wollen die Herkunft beider Anteile erläutern.

1. Ein auf die Anode aufprallendes und in das Material eintretendes Elektron wird in sukzessiven Prozessen durch die Coulomb–Felder der Kerne abgelenkt und unterliegt dadurch bei jedem Prozeß einer Beschleunigung. Nach den Gesetzen der klassischen Elektrodynamik ist mit der Beschleunigung einer elektrischen Ladung

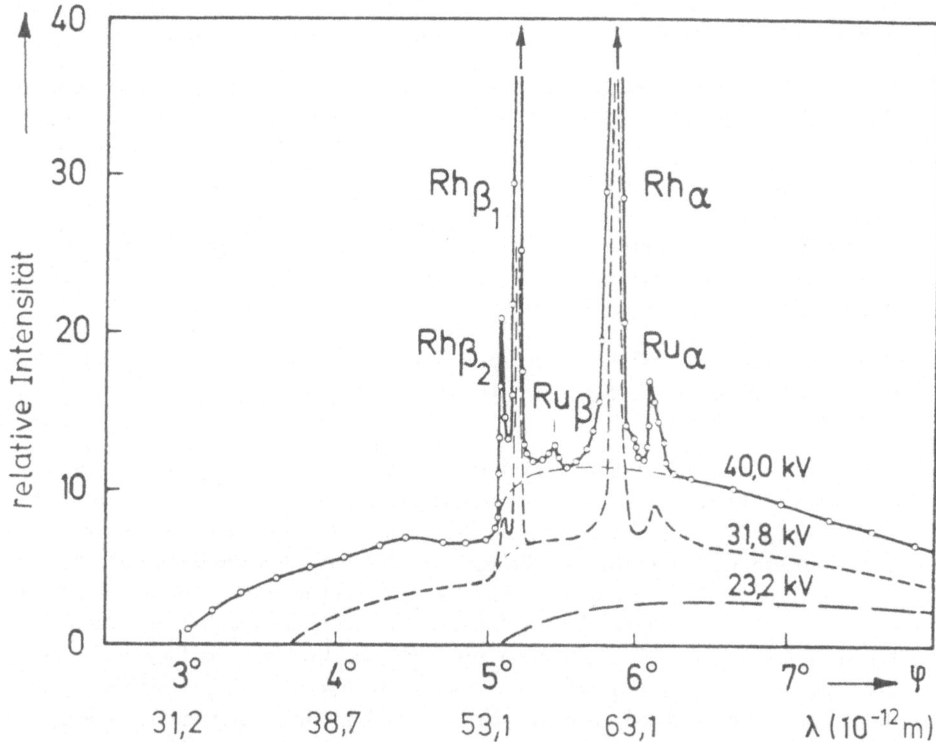

Fig. 6.15: *Experimentelles Röntgenspektrum von Rhodium. Nach Handbuch der Physik, Band 30, Springer-Verlag, Berlin 1957, S.10.*

eine Abstrahlung elektromagnetischer Wellen verbunden, die proportional zum Quadrat der Beschleunigung ist. Die Abstrahlung geht jeweils auf Kosten der kinetischen Energie des Elektrons. Auf diese Weise durchläuft das Elektron sukzessive Bremsprozesse, bis es zur Ruhe kommt, und sendet bei jedem Prozeß ein Photon entsprechender Energie aus. Die Energie der Photonen liegt demnach zwischen Null und einem Maximalwert. Die Gesamtheit aller auf diese Weise abgestrahlter Quanten bildet das Kontinuum und wird **Bremsspektrum** genannt. Verliert das Elektron durch einen zentralen Wechselwirkungsakt mit einem Kern des Anodenmaterials seine gesamte kinetische Energie, die es beim Durchlaufen der Beschleunigungsspannung U_0 aufgenommen hat, so wird ein Bremsquant dieser maximalen Energie ausgesandt, die im Bremsspektrum der minimalen Wellenlänge λ_{min} entspricht. Somit ist λ_{min} mit der Hochspannung der Röntgenröhre verknüpft

$$(6.31) \qquad\qquad e \cdot U_0 = (h\nu)_{max} = h \cdot \frac{c}{\lambda_{min}} \, .$$

Hiermit erklären sich die unterschiedlichen Bereiche der Bremsspektren in Fig. 6.15 für die verschiedenen Röhrenspannungen. Sie beginnen jeweils bei dem zugehörigen λ_{min} und reichen bis zu beliebig großen Wellenlängen. Aus den Zahlenangaben in Fig. 6.15 läßt sich der Zusammenhang Gl.(6.31) leicht verifizieren.

Was die räumliche Charakteristik der abgestrahlten Röntgenquanten betrifft, so erhält man maximale Strahlungsintensität senkrecht zur Flugrichtung der Elektronen und minimale Strahlungsintensität in Flugrichtung der Elektronen in der Röhre. Diese Charakteristik wird noch ausgeprägter, wenn man dünnes Anodenmaterial verwendet, sodaß sukzessive Mehrfachablenkungen der Elektronen weitgehend unterbunden werden. Sie entspricht qualitativ derjenigen des Hertzschen Dipols, bei dem die Abstrahlung senkrecht zur Dipolachse maximal ist und in Richtung der Dipolachse verschwindet.

Es sei noch erwähnt, daß das Bremsspektrum den größeren Teil der Intensität der Röntgenstrahlung ausmacht.

2. Ein in das Anodenmaterial eindringendes Elektron kann in einem Atom aus dem Innern der Hülle ein Elektron herausschlagen, ohne den Rest der Hülle zu verändern. Dazu muß das einlaufende Elektron mindestens die Bindungsenergie des zu entfernenden Elektrons mitbringen. Eine Anregung eines inneren Elektrons in die nächsthöhere Schale oder Unterschale ist nicht möglich, weil alle Zustände der inneren Schalen vollständig besetzt sind und nach dem Pauli–Prinzip darüber hinaus keine weiteren Zustände mehr zur Verfügung stehen. Das Elektron könnte höchstens einen freien Zustand einer äußeren, nicht voll besetzten Schale einnehmen, was energetisch jedoch praktisch gleichbedeutend ist mit einer Entfernung aus dem ganzen Atom. Ist z.B. die Energie des eindringenden Elektrons groß genug, um ein Elektron aus der K–Schale zu entfernen, so entsteht an dieser Stelle eine Lücke, in die ein anderes Hüllenelektron unter Emission eines Photons nachrücken kann. Am wahrscheinlichsten ist dies ein Elektron der nächsten Schale, also der L–Schale, weil die L–Elektronen räumlich der K–Schale am nächsten sind. Es können aber auch Elektronen von höheren Schalen in die frei gewordene Stelle der K–Schale nachrücken, jedoch mit erheblich kleinerer Wahrscheinlichkeit. Dabei sind die emittierten Röntgenquanten umso energiereicher, je höher die Schalen sind, aus denen die Elektronen jeweils in die K–Schale nachrücken. Man erhält spektroskopisch somit eine Folge von Röntgenlinien, die man als K–Serie mit den Linien K_α (Übergang $L \to K$), K_β ($M \to K$), K_γ ($N \to K$) ...usw. bezeichnet. Die Seriengrenze dieser Folge liegt energetisch offensichtlich bei der Bindungsenergie der Elektronen der K–Schale. Die Systematik dieser Serie hat Ähnlichkeit mit den Serien der wasserstoffartigen Atome. In der Tat läßt sich das Nachrücken von Elektronen auch verstehen als Auswandern eines positiv geladenen Teilchens (Lochs) aus dem Zentralfeld des Kerns.

Rückt bei diesem Mechanismus ein L–Elektron in die K–Schale nach, so entsteht eine Lücke in der L–Schale, die wiederum jeweils von Elektronen aus höheren Schalen unter Emission energieärmerer Röntgenquanten aufgefüllt werden kann. Auf diese Weise entsteht die L–Serie (L_α, L_β, L_γ ...) sowie je nach Anzahl vollbesetzter Schalen weitere Serien (M– und N–Serie). Die Gesamtheit der so erzeugten diskreten Röntgenlinien heißt **charakteristisches Röntgenspektrum**[18].

In Fig. 6.15 sind die Röntgenlinien K_α, K_β, K_γ der verwendeten Rhodium–Antikathode dem Bremsspektrum überlagert[19]. Ihre Lage ist erwartungsgemäß unabhängig von der Beschleunigungsspannung U_0 der Röhre; ihre Intensität wächst mit zunehmendem U_0. Die Spannung $U_0 = 23,2 kV$ reicht offensichtlich nicht aus, um die K–Serie anzuregen.

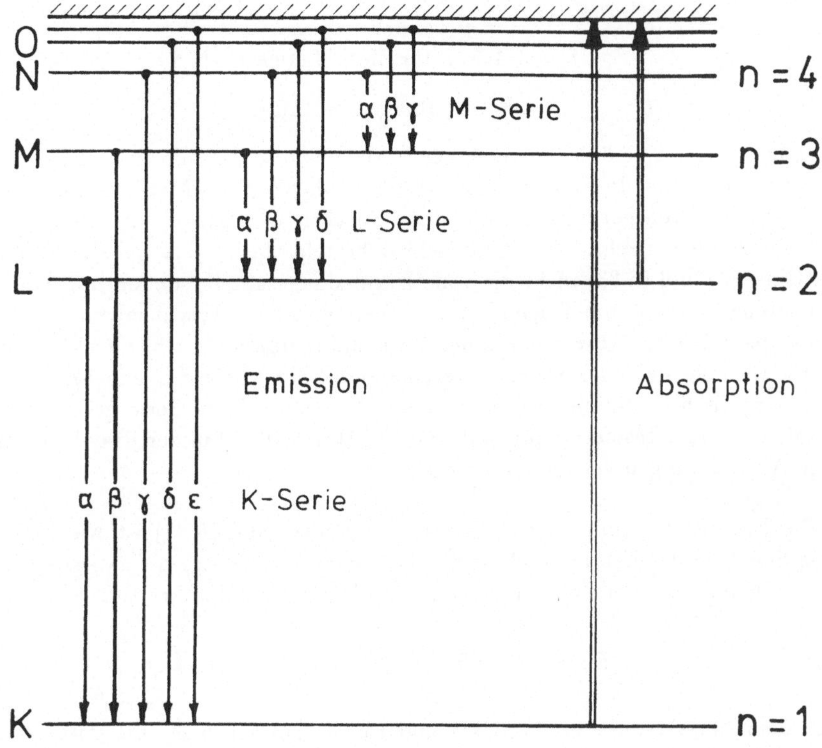

Fig. 6.16: *Niveauschema für Röntgenübergänge.*

Fig. 6.16 zeigt schematisch die Röntgenserien im Termschema der inneren Schalen. Die jeweils nach oben gerichteten Pfeile symbolisieren die Ionisierung durch Entfernen eines K– bzw. L–Elektrons.

Henry Moseley fand bereits in den Jahren 1913/14 empirisch eine Gesetzmäßigkeit

---

[18]Der Name rührt daher, daß die beobachteten Röntgenlinien für das jeweils verwendete Antikathodenmaterial charakteristisch sind. Die Lage der Linien hängt in der Tat nur von der Ordnungszahl Z dieses Materials ab.

[19]Die mit Ru_α und Ru_β bezeichneten Linien stammen von einer Verunreinigung der Rhodium–Antikathode mit Ruthenium.

für die Energie der emittierten K- bzw. L-Röntgenserien

(6.32)
$$E_K = R \cdot h \cdot c \cdot (Z - 1)^2 \left(\frac{1}{1^2} - \frac{1}{n^2}\right)$$

$n = 2, 3, 4 \ldots$ für die K-Linien $\alpha, \beta,\ \gamma \ldots$

(6.33)
$$E_L = R \cdot h \cdot c \cdot (Z - 7,4)^2 \left(\frac{1}{2^2} - \frac{1}{n^2}\right)$$

$n = 3, 4, 5 \ldots$ für die L-Linien $\alpha, \beta,\ \gamma \ldots$

R Rydberg-Konstante.

Die Gl.(6.32) und (6.33) sind in einer Form geschrieben, die im Vergleich mit den optischen Serien des H-Atoms Gl.(2.24) die Ähnlichkeit des Mechanismus bei der charakteristischen Röntgenemission mit den optischen Übergängen bei wasserstoffartigen Atomen deutlich macht. Der Unterschied besteht darin, daß bei der Röntgenemission Gl.(6.32) und (6.33) nicht die volle Kernladungszahl Z, sondern nur eine effektive Kernladung $(Z - \sigma_n)$ zum Tragen kommt. Die sogenannte Abschirmkonstante σ berücksichtigt pauschal die Abschirmung der Kernladung durch die Hüllenelektronen und die Wechselwirkung der Elektronen untereinander. Sie wurde für alle untersuchten Z-Werte empirisch bestimmt und beträgt im Mittel für die K-Serie $\sigma_1 = 1$ und für die L-Serie $\sigma_2 = 7,4$. Insofern können die Gl.(6.32) und (6.33) in der Praxis nur für relativ grobe Abschätzungen verwendet werden.

Die Energie der emittierten Quanten Gln.(6.32) und (6.33) ist wie bei den optischen Spektren des H-Atoms als Differenz zweier Termenergien zu verstehen. Für die Termenergie selbst läßt sich eine analoge Mosley-Formel anschreiben

(6.34)
$$E_n = -Rhc(Z - \bar\sigma_n)^2 \frac{1}{n^2}\ , \quad n = 1, 2, 3 \ldots$$

Nach dem Verständnis der Gl.(6.32) und (6.33) gibt Gl.(6.34) die jeweiligen Seriengrenzen der charakteristischen Röntgenspektren wieder und bedeutet physikalisch die Bindungsenergie der Elektronen in der n-ten Schale. Die Anpassung von Gl.(6.34) an die experimentellen Daten liefert für die K-Schale $\bar\sigma_1 = 3$, für die L-Schale $\bar\sigma_2 = 5$ und für die M-Schale $\bar\sigma_3 = 13$. Mit Hilfe von Gl.(6.34) lassen sich durch Differenzbildung gleichfalls die den Gl.(6.32) und (6.33) entsprechenden Energien der K- und L-Linien berechnen, jedoch gelangt man wegen der Andersartigkeit der Abschirmkonstanten im Einzelfall zu etwas unterschiedlichen numerischen Werten.

Fig. 6.17 zeigt die spektralen Lagen der Röntgenserien K, L, M und N entsprechend Gl.(6.32) und (6.33) in Abhängigkeit von der Ordnungszahl der Elemente. Der Übersichtlichkeit halber sind für jede Serie nur die Begrenzungen markiert (α-Linie und Seriengrenze). Die durchgezogenen Kurven bedeuten jeweils den Verlauf der Seriengrenzen und entsprechen den Energien E_n in Gl.(6.34). Sie zeigen einen steilen Gang

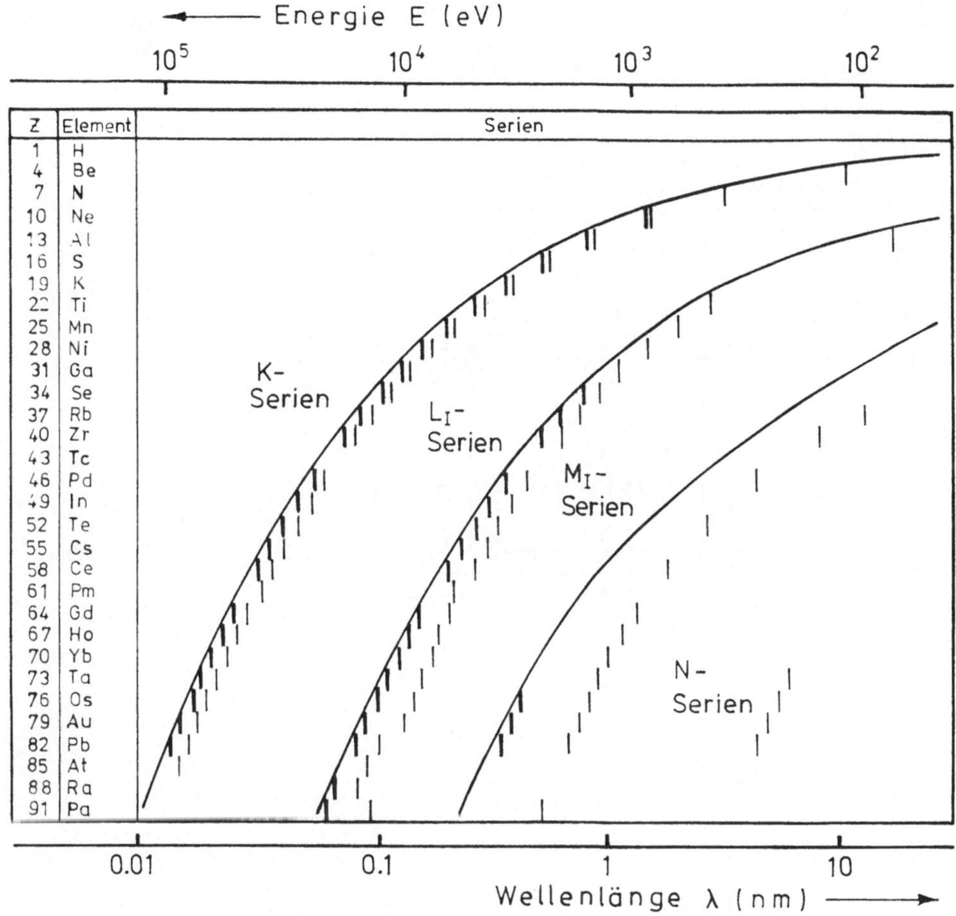

Fig. 6.17: *Energiebereiche bzw. spektrale Lage der Röntgenserien in Abhängigkeit von der Ordnungszahl der Elemente. Nach R.W. Pohl, Optik und Atomphysik, 11. Aufl., Springer-Verlag, Berlin Göttingen Heidelberg 1963, Abb. 457.*

der Energien mit der Ordnungszahl[20]. Man beachte, daß die Quantenenergien der K-Serien sehr schwerer Elemente bis in die Größenordnung von $100 keV$ reichen, während sie bei den leichten Elementen die Größenordnung von $10^2 eV$ haben.

Wir haben bereits in den vorigen Abschnitten gelernt, daß die l-Entartung bei Mehrelektronenatomen aufgehoben ist. Das gilt natürlich für alle Schalen. Darüberhinaus müssen wir die Spin–Bahn–Kopplung berücksichtigen, sodaß wir die inneren Terme

---

[20]Die Abhängigkeit der K-Röntgenlinien von der Kernladung spielte historisch eine bedeutende Rolle bei der Zuordnung der Ordnungszahlen zu den einzelnen Elementen.

energetisch nach n, l und j zu unterscheiden haben. Das bedeutet, daß die Röntgenlinien eine Feinstruktur aufweisen, die wegen der Z^4-Abhängigkeit betragsmäßig erheblich größer ist als diejenige des H–Atoms (s. Gl.(5.103) in Abschn. 5.3.3). Sie reicht bei schweren Elementen bis in den keV-Bereich.

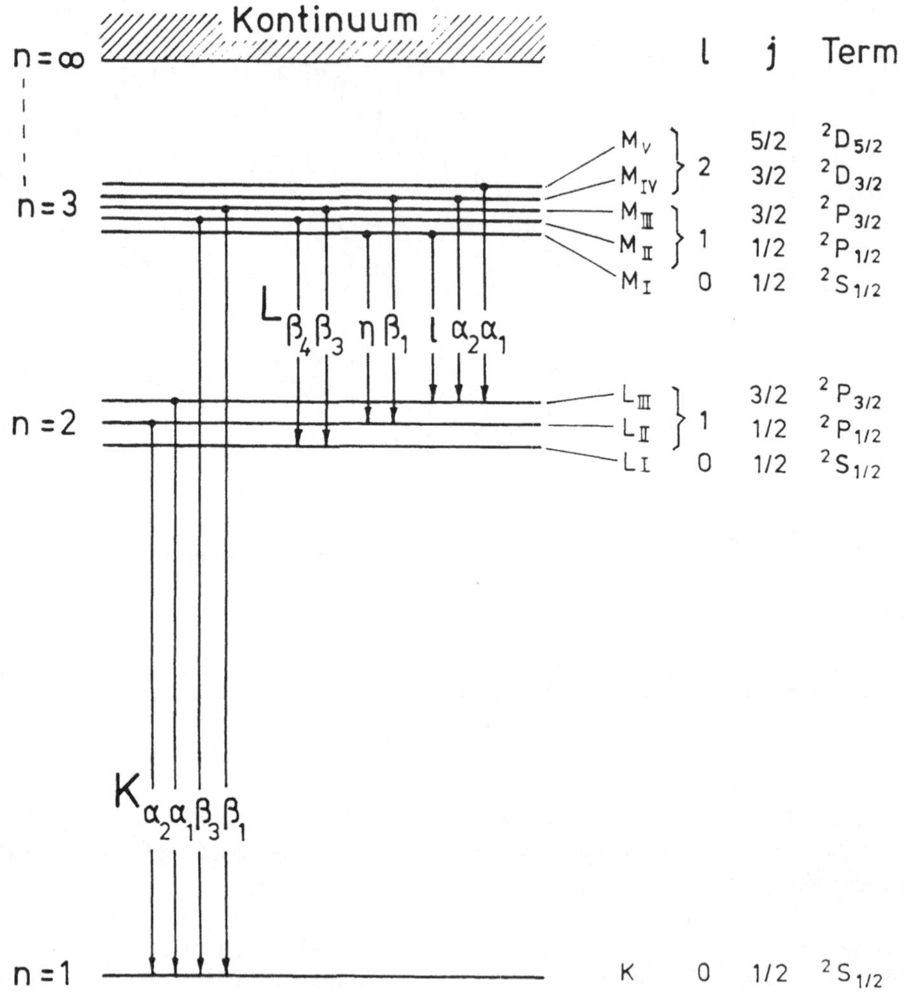

Fig. 6.18: *Termschema zur Feinstruktur der Röntgenspektren (nicht maßstäblich).*

In Fig. 6.18 ist die schematische Anordnung der Energieniveaus für die $K-, L-$ und M-Schalen schwerer Elemente unter Einbezug der Feinstruktur gezeigt zusammen mit Röntgenübergängen mit den für sie üblichen Nomenklaturen. Zu den Termen sind die zugehörigen Quantenzahlen und spektroskopischen Bezeichnungen angegeben[21]. Hiernach ist die K–Schale einfach, die L–Schale spaltet in drei, die M–Schale in fünf Terme auf usw. Da es sich bei den Übergängen um elektrische Dipolstrahlung handelt, gelten die gleichen Auswahlregeln Gln.(5.33) und (5.34) wie für optische Übergänge. Demnach bestehen die K–Serien stets aus Dubletts, die man mit $K_{\alpha 1}$, $K_{\alpha 2}$ und $K_{\beta 1}$, $K_{\beta 3}$ usw. bezeichnet. Für die Übergänge von der M– zur L–Schale liefert die Feinstruktur bereits sieben Linien.

Der innere Photoeffekt

Die charakteristische Röntgenstrahlung kann auch auf andere Weise erzeugt werden. Bestrahlt man das Material eines beliebigen Elements mit elektromagnetischer Strahlung genügend hoher Energie E_0, so können Elektronen innerer Schalen herausgelöst und aus dem Atom entfernt werden, soweit deren Bindungsenergie $|E_B| \leq E_0$ ist. Man nennt diesen Prozeß den inneren Photoeffekt im Gegensatz zum äußeren Photoeffekt im eV–Bereich, von dem lediglich die Valenzelektronen betroffen sind (s. Abschn. 1.1.1). Beim inneren Photoeffekt werden diejenigen Elektronen am wahrscheinlichsten abgelöst, deren Bindungsenergie $|E_B|$ der Energie E_0 der einlaufenden Röntgenquanten am nächsten ist. Den Energieüberschuß erhält das ausgelöste Elektron als kinetische Energie. Eine Anregung innerer Elektronen in die nächsthöhere Schale ist, wie wir bereits erwähnt haben, nicht möglich. Insofern gibt es für Röntgenstrahlen kein Absorptionsspektrum. Absorption findet nur dann statt, wenn das einlaufende Photon ein inneres Elektron ganz aus dem Atom entfernt.

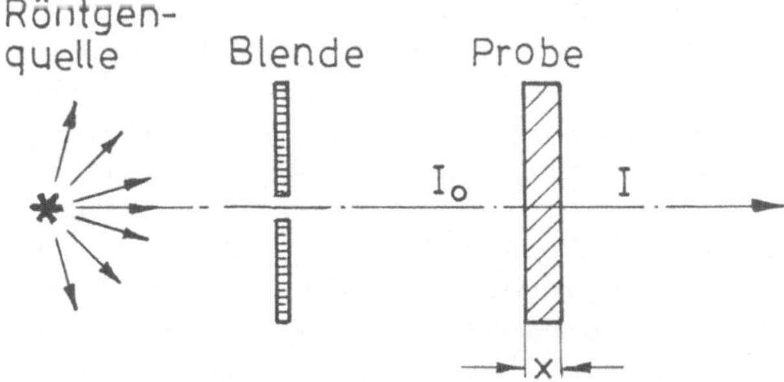

Fig. 6.19: *Experimentelle Anordnung zur Messung des Absorptionskoeffizienten.*

In Fig. 6.19 ist schematisch eine experimentelle Anordnung zur Messung der Absorptionswahrscheinlichkeit von Röntgenstrahlen gezeigt. Ein ausgeblendeter Strahl

---

[21]Wie aus Fig. 6.18 zu ersehen ist, werden die Röntgenterme spektroskopisch durch die Angabe der jeweiligen Schalen $K, L, M \ldots$ mit Indizierung durch römische Zahlen gekennzeichnet.

monoenergetischer Röntgenquanten der Intensität I_0 wird durch eine dünne Material-
probe der Schichtdicke x geschickt. Im Element dx der Schicht wird der Anteil dI der
Intensität absorbiert. Die Absorptionswahrscheinlichkeit bzw. die relative Abnahme
der Intensität I ist proportional zu dx

$$(6.35) \qquad \frac{dI}{I} = -\mu dx \;,$$

wobei das negative Vorzeichen den negativen Wert von dI als Abnahme berücksichtigt. Der Proportionalitätsfaktor μ bedeutet die Absorptionswahrscheinlichkeit pro
Längeneinheit und heißt linearer Absorptionskoeffizient. Die Integration von Gl.(6.35)
liefert das bekannte Absorptionsgesetz

$$(6.36) \qquad \boxed{I(x) = I_0 \exp\left(-\mu x\right) \;.}$$

Gl.(6.36) besagt, daß die Intensität der Röntgenstrahlung exponentiell mit der Eindringtiefe in die Materialschicht abnimmt.

Der Absorptionskoeffizient μ hängt von der Energie E_0 der einfallenden elektromagnetischen Strahlung sowie von der Ordnungszahl des Materials stark ab. In Fig. 6.20 ist
μ für das Element Blei in Abhängigkeit von der Energie gezeigt. Der Verlauf ist steil ab-
fallend und ist auffallend gekennzeichnet durch sprunghafte Anstiege mit zunehmender
Energie. Diese sogenannten **Absorptionskanten** lassen sich leicht erklären. Steigert
man die Energie der einfallenden Röntgenquanten kontinuierlich, so nimmt die Absorptionswahrscheinlichkeit sprunghaft zu, sobald die Energie erreicht wird, die gerade
ausreicht, um Elektronen aus der nächstinneren Schale oder Unterschale der Atome des
bestrahlten Materials herauszuschlagen. Die Lagen der Absorptionskanten sind daher
identisch mit der Bindungsenergie der Elektronen innerer Schalen und fallen energetisch
mit den jeweiligen Seriengrenzen bei der Emission der charakteristischen Spektren zusammen. Die Messung der Absorptionskanten stellt somit eine elegante Möglichkeit
zur Bestimmung der Energien innerer Schalen dar. Dabei wird auch die Feinstruktur
sichtbar, die bei der L–Schale drei Kanten (L_I, L_{II}, L_{III}) und bei der M–Schale fünf
Kanten erzeugt (letztere ist in Fig. 6.20 nicht mehr enthalten). Hierdurch wird die
Überlegung zur Feinstruktur experimentell bestätigt, die wir in Fig. 6.18 anhand der
jeweiligen Quantenzahlen der einzelnen Zustände angestellt hatten.

In der Kernphysik gibt es Prozesse, in deren Folge gleichfalls charakteristische Röntgenstrahlung auftritt. Man nennt sie dann Röntgenfluoreszenzstrahlung. Wir kommen
in Band II darauf zurück.

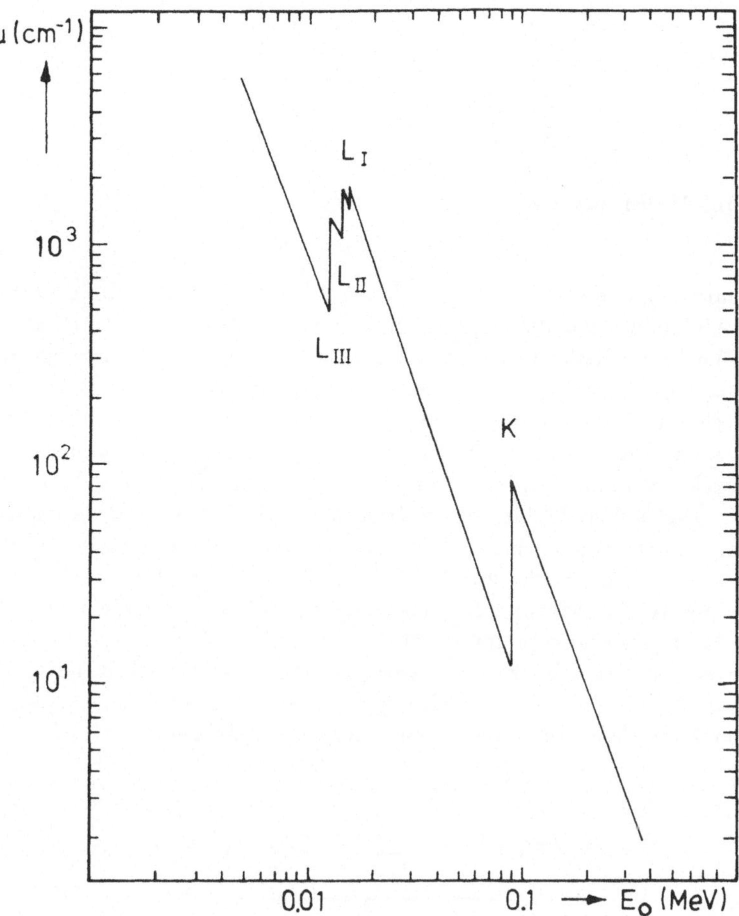

Fig. 6.20: *Linearer Absorptionskoeffizient für Blei in Abhängigkeit von der Energie E_0 der einfallenden Photonen.*

6.4   * Der Aufbau der Atome

Nach der mehr phänomenologischen Untersuchung der Atome und ihrer Spektren in den Abschn. 6.2 und 6.3 versuchen wir nun, den Aufbau und die Struktur der Atome mit dem quantenmechanischen Rüstzeug zu beschreiben. Ausgangspunkt ist stets die Schrödinger–Gleichung. Jetzt haben wir im Atom ein Vielteilchensystem vor uns, das nicht nur dem Einfluß des Kern–Coulomb–Feldes ausgesetzt ist, sondern durch die gegenseitige Wechselwirkung der Teilchen in einem ziemlich komplexen Zusammenspiel steht. Die ausführliche Beschreibung der Lösungen der Schrödinger–Gleichung geht daher über den Rahmen der einführenden Betrachtungen hinaus. Wir werden uns mehr oder weniger auf das Prinzip der einzelnen Lösungsverfahren beschränken. Lediglich das Heliumatom wollen wir etwas genauer behandeln.

6.4.1 * Das Heliumatom

Das Heliumatom und die heliumartigen Ionen Li^+, Be^{++} usw. mit je zwei Elektronen in der Atomhülle sind die einfachsten Mehrelektronenatome. Wir haben bereits in Abschn. 6.3.1 eine Reihe von Eigenschaften des Heliumatoms kennengelernt. Wir werden sie jetzt quantitativ untersuchen. Während wir das Wasserstoffproblem quantenmechanisch exakt gelöst haben, müssen wir bereits beim Heliumatom Näherungswege beschreiten, mit denen sich Energien und Wellenfunktionen gut bestimmen lassen. Wir wollen vereinfachend die Spin–Bahn–Wechselwirkung der Elektronen vernachlässigen. Das bedeutet, daß wir im Termschema in Fig. 6.10 die Aufspaltung der Zustände im Triplett–System außer Acht lassen. Das ist angesichts der starken Wirkung des Kern–Coulomb–Feldes auf die Elektronen im Vergleich zu der viel schwächeren Dipol–Dipol–Wechselwirkung der magnetischen Momente sicher gerechtfertigt. Die Spin–Bahn–Wechselwirkungsenergie wächst zwar im Verhältnis zur Coulomb–Energie mit Z^2, wie wir bei der Feinstruktur wasserstoffartiger Atome Gl.(5.106) gesehen haben, jedoch ist die Feinstrukturaufspaltung dort nur von der Größenordnung $10^{-6} eV$. Daher ist der Effekt beim Heliumatom ebenfalls noch sehr klein.

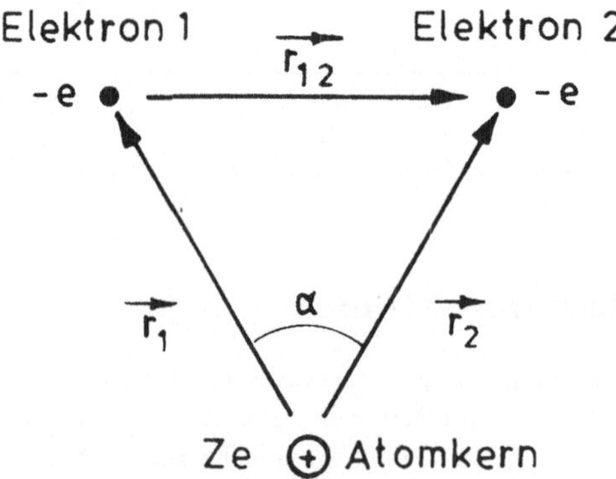

Fig. 6.21: *Atom mit zwei Elektronen.*

Der Hamilton–Operator für jedes einzelne Elektron im Coulomb–Feld des Kerns hat die bekannte Form

$$\mathcal{H}_k = -\frac{\hbar^2}{2M_e}\Delta_k - \frac{Ze^2}{4\pi\epsilon_0 r_k}\ , \quad \Delta_k = \frac{\partial^2}{\partial x_k^2} + \frac{\partial^2}{\partial y_k^2} + \frac{\partial^2}{\partial z_k^2}\ , \quad k = 1,2\ , \quad M_e \ \text{Elektronenmasse}\ .$$

Ergänzt durch den Coulombschen Wechselwirkungsterm der beiden Elektronen lautet dann die Schrödinger–Gleichung für das stationäre Heliumproblem

$$(6.37) \qquad \left[-\frac{\hbar^2}{2M_e}(\Delta_1 + \Delta_2) + \frac{e^2}{4\pi\epsilon_0}\left(-\frac{Z}{r_1} - \frac{Z}{r_2} + \frac{1}{r_{12}} \right) \right]\Phi(1,2) = E\Phi(1,2)\ .$$

Die Abstände r_1, r_2 und r_{12} sind in Fig. 6.21 definiert.

Wir vernachlässigen zunächst in grober Näherung den Wechselwirkungsterm $1/r_{12}$. Das bedeutet, daß sich die beiden Elektronen unabhängig voneinander im Coulomb–Feld des Kerns bewegen, sodaß $\Phi(1,2)$ faktorisiert

$$(6.38) \qquad \Phi(1,2) = \phi_i(1) \cdot \phi_j(2)\ , \quad i,j \ \text{verschiedene Zustände.}$$

Von Gl.(6.37) bleibt dann

$$\phi_j(2)\left[-\frac{\hbar^2}{2M_e}\Delta\phi_i(1) - \frac{Ze^2}{4\pi\epsilon_0 r_1}\phi_i(1) - E_1^0\phi_i(1) \right] +$$

$$(6.39)$$

$$\phi_i(1)\left[-\frac{\hbar^2}{2M_e}\Delta\phi_j(2) - \frac{Ze^2}{4\pi\epsilon_0 r_2}\phi_j(2) - E_2^0\phi_j(2) \right] = 0\ .$$

Gl.(6.39) ist für alle Werte von $\vec{r}_1, \vec{r}_2$ nur dann erfüllt, wenn beide Klammerausdrücke verschwinden. Diese stellen aber jeweils gerade die Schrödinger–Gleichung des H–Atoms dar. Daher sind $\phi_i(1)$ und $\phi_j(2)$ gleich den bekannten Lösungen des H–Atoms mit der Kernladung Zc

$$\begin{aligned}
\phi_i(1) &= R_{n,l}(r_1) \cdot Y_l^m(\varphi_1,\vartheta_1)\ , \\
\phi_j(2) &= R_{n',l'}(r_2) \cdot Y_{l'}^{m'}(\varphi_2,\vartheta_2)\ .
\end{aligned}$$

Werden die Spins der Elektronen mitberücksichtigt, so muß die Lösung noch mit $\chi_1^{(i)}$ bzw. $\chi_2^{(j)}$ multipliziert werden

$$\begin{aligned}
\Phi_i(1) &= \phi_i(1)\chi_1^{(i)}\ , \\
\Phi_j(2) &= \phi_j(2)\chi_2^{(j)}\ .
\end{aligned}$$

Hierbei können $\chi^{(i)}$ bzw. $\chi^{(j)}$ folgende Größen sein

$$\chi^+ \equiv \begin{pmatrix} 1 \\ 0 \end{pmatrix} \quad \text{und} \quad \chi^- \equiv \begin{pmatrix} 0 \\ 1 \end{pmatrix}.$$

In Gl.(6.39) haben wir die Energie E aufgeteilt in die Einzelenergien der beiden Elektronen

$$E = E_1^0 + E_2^0,$$

wobei nach Gl.(5.13)

$$(6.40) \qquad E_n^0 = -\frac{M_e c^2}{2}(Z\alpha)^2 \frac{1}{n^2} \quad , \qquad E_{n'}^0 = -\frac{M_e c^2}{2}(Z\alpha)^2 \frac{1}{n'^2} \; .$$

Die gewonnene Lösung ist sicher viel zu grob. Das zeigt bereits eine einfache Abschätzung der Energie. Nach Gl.(5.13) ist die Energie wasserstoffartiger Atome der Kernladung Z proportional zu Z^2. Die Grundzustandsenergie des H–Atoms beträgt $-13,6eV$. Die genäherte Bindungsenergie des He–Atoms hätte daher im Grundzustand den Zahlenwert

$$E^0 = E_1^0 + E_2^0 = -2(2)^2 \cdot 13,6eV = -108,8eV.$$

Der experimentelle Wert beträgt jedoch nur $E^0 = -79eV$.

Für die weiteren Rechnungen können wir das Problem noch ein bißchen vereinfachen. Wir betrachten nur den Fall, bei dem sich eines der beiden Elektronen im Grundzustand $1S$ befindet. Das genügt zur Beschreibung der Realität, wie wir bereits in Abschn. 6.3.1 gelernt haben.

Die Gesamtwellenfunktion ergibt sich dann, wenn entweder das erste oder das zweite Elektron im $1S$–Zustand ist, zu

$$\begin{aligned}
\Phi_1(1,2) &= \Phi_{1S}(1) \cdot \Phi_j(2) \\
\text{bzw.} \quad \Phi_2(1,2) &= \Phi_j(1) \cdot \Phi_{1S}(2),
\end{aligned}$$

wobei

$$\begin{aligned}
\Phi_{1S}(1) &= R_{1,0}(r_1) Y_0^0(\varphi_1, \vartheta_1) \chi_1^{(i)} \\
\Phi_j(2) &= R_{n,l}(r_2) Y_l^m(\varphi_2, \vartheta_2) \chi_2^{(j)}
\end{aligned}$$

bzw. entsprechende Ausdrücke, wenn die beiden Elektronen ausgetauscht werden. Für die Energie $E = E_1^0 + E_n^0$ gibt es dann $8n^2$ degenerierte Zustände[22].

Im nächsten Schritt wird der Coulombsche Wechselwirkungsterm in Störungsrechnung 1.Ordnung berücksichtigt. Diese Näherung ist zwar immer noch verhältnismäßig grob, denn nur bei großen Werten von Z wird die Störung $e^2/(4\pi\epsilon_0 r_{12})$ klein gegenüber den beiden anderen Coulomb–Termen. Überraschenderweise wird aber das Ergebnis auch für kleine Werte von Z deutlich verbessert.
Die Energieeigenwerte sind dann

$$E = E_1^0 + E_n^0 + E'.$$

Um das Wesentliche des Problems zu sehen, beschränkenwir uns zunächst auf den Fall, daß beide Elektronen die Spinkomponente χ^+ haben und daß neben dem $1S$– nur

---

[22]Der Faktor 8 ergibt sich aus den 4 möglichen Kombinationen der Spinwellenfunktionen und aus der zweifachen Austauschentartung Φ_1 und Φ_2

der $2S$-Zustand ($n = 2, l = 0$) des anderen Elektrons existiert. In der spektroskopischen Notation von Abschn. 6.3.1 entspricht dies dem Term 2^3S_1 des Triplettzustandes. Anstelle der $8n^2$ entarteten Zustände gibt es dann nur zwei, nämlich die beiden Austauschentartungen

$$\Phi_1(1,2) = \Phi_{1S}(1) \cdot \Phi_{2S}(2)$$
$$\Phi_2(1,2) = \Phi_{2S}(1) \cdot \Phi_{1S}(2).$$

Die Überlagerungen, die den Störoperator diagonalisieren, die also Lösungen nach der Theorie der Störungsrechnung sind, ergeben sich zu

$$(6.41) \quad \Phi_{S/A}(1,2) = \frac{1}{\sqrt{2}}(\Phi_1(1,2) \pm \Phi_2(1,2))$$
$$= \frac{1}{\sqrt{2}}(R_{1,0}(1)R_{2,0}(2) \pm R_{2,0}(1)R_{1,0}(2))Y_0^0(1)Y_0^0(2)\chi_1^+\chi_2^+.$$

Hierbei steht Φ_S für das positive und Φ_A für das negative Vorzeichen. Die nichtdiagonalen Elemente von Gleichung (3.76) zur Störungsrechnung verschwinden, da

$$\int \Phi_S^+(1,2)\frac{e^2}{4\pi\epsilon_0 r_{12}} \cdot \Phi_A(1,2)d^3r_1 d^3r_2 = 0,$$

wie man durch Einsetzen sofort sieht.

Die Lösungen sind also entweder symmetrisch (Φ_S) oder antisymmetrisch (Φ_A) bei Austausch der beiden Teilchen. Nach dem Pauli–Prinzip kommt aber in der Natur nur die antisymmetrische Lösung vor. Wir müssen daher die symmetrische Lösung verwerfen. Wir kommen auf diesen Punkt später noch zurück.

Nach der üblichen Methode der Störungsrechnung erhalten wir für die Energie E' unter Verwendung von Gl.(3.76)

$$
\begin{aligned}
E'_{S/A} &- \int_1\int_2 \Phi_{S/A}^+(1,2)\frac{e^2}{4\pi\epsilon_0 r_{12}}\Phi_{S/A}(1,2)d^3r_1 d^3r_2 \\
(6.42) \quad &= \frac{e^2}{8\pi\epsilon_0}\int_1\int_2 (\phi_{1S}^*(1)\phi_{2S}^*(2) \pm \phi_{2S}^*(1)\phi_{1S}^*(2)) \cdot \frac{1}{r_{12}} \cdot \\
&\quad \cdot (\phi_{1S}(1)\phi_{2S}(2) \pm \phi_{2S}(1)\phi_{1S}(2))\, d^3r_1 d^3r_2 \\
&= Q \pm A \quad \text{mit} \begin{cases} + & \text{Zeichen für } \Phi_S \\ - & \text{Zeichen für } \Phi_A \end{cases},
\end{aligned}
$$

wobei in unserem speziellen Fall nur das negative Vorzeichen für Φ_A physikalisch relevant ist. Die Abkürzungen Q und A bedeuten

$$Q = \frac{e^2}{8\pi\epsilon_0}\int_1\int_2 \left(|\phi_{1S}(1)|^2\,|\phi_{2S}(2)|^2 + |\phi_{2S}(1)|^2\,|\phi_{1S}(2)|^2\right)\frac{1}{r_{12}}d^3r_1 d^3r_2\,,$$

$$A = \frac{e^2}{8\pi\epsilon_0}\int_1\int_2 (\phi_{1S}^*(1)\phi_{2S}(1) \cdot \phi_{2S}^*(2)\phi_{1S}(2) +$$
$$+ \phi_{2S}^*(1)\phi_{1S}(1) \cdot \phi_{1S}^*(2)\phi_{2S}(2))\frac{1}{r_{12}}d^3r_1 d^3r_2\,.$$

Die Größe Q heißt Coulomb-Integral. Sie enthält die Ladungsdichten der beiden Elektronen $-e|\phi_{1S}(1)|^2$ und $-e|\phi_{2S}(2)|^2$ bzw. bei Austausch der beiden Elektronen $-e|\phi_{2S}(1)|^2$ und $-e|\phi_{1S}(2)|^2$. Q kann daher als mittlere Coulombenergie interpretiert werden und ist stets positiv.

Die Größe A heißt Austauschintegral bzw. **Austauschenergie**. Sie ist klassisch nicht interpretierbar. Als Folge der Ununterscheidbarkeit der beiden Elektronen haben wir es hier mit einem typisch quantenmechanischen Merkmal zu tun.

Wir wollen nun auch den allgemeineren Fall kurz diskutieren. Das eine der beiden Elektronen bleibe dabei im $1S$-Zustand. Die Lösungen, die den Störoperator diagonalisieren, können folgendermaßen geschrieben werden

$$\Phi(1,2) = \Phi_R(\vec{r}_1, \vec{r}_2) \cdot \chi,$$

mit

$$\Phi_R = \frac{1}{\sqrt{2}}\left(R_{1,0}(1)Y_0^0(1)R_{n,l}(2)Y_l^m(2) \pm R_{n,l}(1)Y_l^m(1)R_{1,0}(2)Y_0^0(2)\right)$$

und 4 Lösungen für χ

$$\left.\begin{array}{l} \chi \;= \chi_1^+\chi_2^+ \\[2mm] \quad= \dfrac{1}{\sqrt{2}}(\chi_1^+\chi_2^- + \chi_1^-\chi_2^+) \\[2mm] \quad= \chi_1^-\chi_2^- \end{array}\right\} \quad \begin{array}{l} \text{für} \quad S \;= 1 \quad \text{mit} \\ \qquad M_S \;= 1,0,-1, \end{array}$$

$$\chi = \frac{1}{\sqrt{2}}(\chi_1^+\chi_2^- - \chi_1^-\chi_2^+) \quad \text{für} \quad S = 0 \text{ mit } M_S = 0.$$

Man sieht, daß auch im allgemeinen Fall die Lösungen entweder symmetrisch oder antisymmetrisch bei Austausch der beiden Elektronen sind. Außerdem sieht man, daß die Lösungen zu einem bestimmten Gesamtbahndrehimpuls $L = l$ mit der z-Komponente $M_L = m$ gehören. Das ist zu erwarten, da der Hamilton–Operator des Heliumproblems rotationsinvariant ist. Überraschend ist jedoch, daß die Lösungen auch Eigenfunktionen des Gesamtspins S sind, obwohl der Hamilton–Operator vom Spin überhaupt nicht abhängt. Aus den beiden Elektronenspins ergibt sich nämlich, wie die Lösung zeigt, der Gesamtspin entweder zu $S = 0$ oder zu $S = 1$. Man hätte erwartet, daß jede beliebige Kombination der Spinkomponenten Lösung des Problems wäre. Der Grund für den gefundenen Sachverhalt liegt in der Identität der beiden Elektronen (siehe Fußnote im nächsten Abschnitt).

Aufgrund des Pauli–Prinzips kommen in der Natur nur antisymmetrische Lösungen vor. Wir haben daher für die Triplettzustände $S = 1$ (Orthohelium), deren Spinfunktion χ symmetrisch ist, eine antisymmetrische Raumwellenfunktion Φ_R. Der Zustand $L = 0, S = 1$ (zum Singulett analoger Grundzustand 1^3S_1 des Triplett-Helium) kann daher nicht existieren. Wir haben dies bereits bei der Besprechung der Spektren in Abschn. 6.3.1 festgestellt. Der experimentelle Befund dieses Ergebnisses ist ein überzeugender Beweis für die Richtigkeit des Pauli–Prinzips.

Wir können nun die Energiewerte E' nach dem üblichen Verfahren der Störungsrechnung berechnen

$$E' = E'_{n,L,S} = \sum_{\chi_1 \chi_2} \int \Phi^+(1,2) \frac{e^2}{4\pi\epsilon_0 r_{12}} \Phi(1,2) d^3 r_1 d^3 r_2$$

$$= \frac{e^2}{8\pi\epsilon_0} \int (R_{1,0}(1)Y_0^0(1)R_{n,l}(2)Y_l^m(2) \pm R_{n,l}(1)Y_l^m(1)R_{1,0}(2)Y_0^0(2))^* \cdot \frac{1}{r_{12}} \cdot$$

$$\cdot ((R_{1,0}(1)Y_0^0(1)R_{n,l}(2)Y_l^m(2) \pm R_{n,l}(1)Y_l^m(1)R_{1,0}(2)Y_0^0(2))d^3 r_1 d^3 r_2,$$

wobei das positive Vorzeichen für $S = 0$ und das negative für $S = 1$ gilt. Diese Gleichung läßt sich nach Ausmultiplizieren analog zu Gl.(6.42) wieder schreiben

$$E'_{n,L,S} = Q \pm A,$$

wobei die Abkürzungen Q und A entsprechend zu Gl.(6.42) definiert sind und das Coulomb–Integral bzw. das Austauschintegral darstellen. Die Berechnung der Integrale Q und A ist wegen des Terms $1/r_{12}$ schwierig. Vom Verfahren her entwickelt man $1/r_{12}$ nach r_1 und r_2 und Kugelfunktionen, was hier ohne Beweis angegeben wird

$$\frac{1}{r_{12}} = \frac{1}{(r_1^2 + r_2^2 - 2r_1 r_2 \cos\gamma)^{1/2}} = \sum_{l=0}^{\infty} \sum_{m_l=-l}^{l} \frac{4\pi}{2l+1} \cdot \frac{r_<^l}{r_>^{l+1}} \cdot Y_l^m(\varphi_1, \vartheta_1) \cdot (Y_l^m(\varphi_2, \vartheta_2))^* \cdot$$

γ ist der Winkel zwischen $\vec{r}_1$ und $\vec{r}_2$; $r_<$ bzw. $r_>$ bedeutet der kleinere bzw. der größere der beiden Abstände r_1 und r_2; φ_1, φ_2 und ϑ_1, ϑ_2 sind die Azimut– und Polarwinkel von 1 und 2. Mit dieser Entwicklung läßt sich $E'_{n,L,S}$ berechnen. Wir beschränken uns auf die Angabe der Energie E' für den Grundzustand

$$(6.43) \qquad\qquad E'_{1,0,0} = \frac{5}{8}\alpha^2 M_c c^2 Z = 34 eV.$$

Die Grundzustandsenergie wird hiermit auf den Wert

$$E_{He}^0 = E_1^0 + E_2^0 + E'_{1,0,0} = -108,8 + 34 = -74,8 eV$$

korrigiert, was nur noch um 5% vom experimentellen Wert von $-79 eV$ abweicht.

Wir wollen schließlich noch ein weiteres Ergebnis der Energieberechnung diskutieren. Es läßt sich zeigen, daß das Austauschintegral A stets positiv ist. Daraus folgt, daß die Energieterme der Triplettzustände stets tiefer liegen als die äquivalenten Terme der Singulettzustände. Das hatten wir bereits in Abschn. 6.3.1 festgestellt. Wir können diesen Sachverhalt hier etwas erhellen, indem wir mit Hilfe der Lösungen $\Phi(1,2)$ die mittleren Abstände $< r_{12} >$ der beiden Elektronen berechnen. Die Rechnung sei dem Leser als Übungsaufgabe überlassen. Es zeigt sich, daß die Antisymmetrie der Raumwellenfunktionen bei Triplettzuständen stets zu einem größeren Wert für $< r_{12} >$ führt als bei den vergleichbaren Singulettzuständen. Das bedeutet für Triplettzustände eine geringere Coulombwechselwirkung der Elektronen untereinander als für vergleichbare Singulettzustände und somit eine tiefere Lage der zugehörigen Energieterme. Der Niveauunterschied bei unterschiedlicher Kopplung der Elektronenspins hat also seinen tieferen Grund in der Symmetrie der Raumwellenfunktionen.

Daß beim Helium die Triplettzustände tiefer liegen als die Singulettzustände ist ein spezieller Fall der Hundschen Regel: Der Zustand mit dem höchstmöglichen Gesamtspin S der Elektronen liegt bei sonst gleichen n– und l–Werten energetisch am tiefsten. Bereits im Abschn. 6.2 wurde auf diese Regel hingewiesen.

Wir haben bisher den Gesamtdrehimpuls $\vec{J}$, der sich aus dem Bahndrehimpuls $\vec{L}$ und dem Spin $\vec{S}$ zusammensetzt, nicht ins Spiel zu bringen brauchen. Die Zustände waren bisher J–entartet. Das ändert sich, wenn wir die kleine Korrektur der Spin–Bahn–Wechselwirkung mitberücksichtigen, die beim H–Atom die Feinstruktur der Terme ausmacht. Die Singulettzustände werden davon nicht berührt, da wegen $S = 0$ kein resultierendes magnetisches Spinmoment vorhanden ist. Für die Triplettzustände ist $S = 1$, so daß J gemäß

$$|L - 1| \leq J \leq L + 1$$

die drei Werte $L - 1$, L, $L + 1$ annehmen kann. Entsprechend spaltet jeder Zustand in drei Zustände auf mit Ausnahme des Grundzustandes, der wegen $L = 0$ einfach ist, und für den $J = 1$ gilt (s. auch Abschn. 6.3.1).

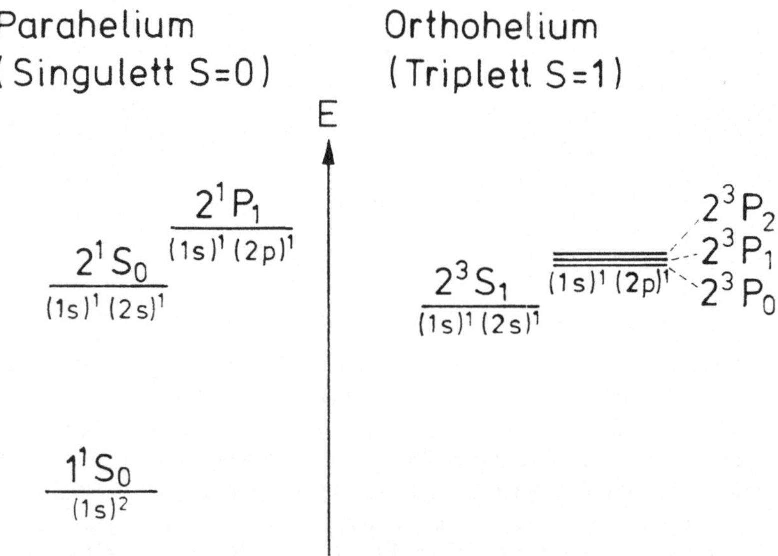

Fig. 6.22: *Die ersten beiden Zustände des Singulett– und des Triplett–Heliumatoms. Die Größe der Triplettaufspaltung und die Termabstände sind nicht maßstäblich.*

Fig. 6.22 zeigt als Ausschnitt von Fig. 6.10 die zwei energetisch tiefsten Zustände jeweils für das Parahelium und das Orthohelium. Eingetragen sind die spektroskopischen Bezeichnungen der Niveaus sowie die jeweiligen Elektronenkonfigurationen. Beim

Orthohelium fehlt der dem Parahelium entsprechende 1S–Zustand aufgrund des Pauli–Prinzips.

Zum Abschluß dieses Abschnitts wollen wir noch kurz eine Möglichkeit diskutieren, mit deren Hilfe man noch genauere Helium–Wellenfunktionen erhalten kann. Das Verfahren wurde ursprünglich von E.A.Hylleraas entwickelt und ist unter dem Namen **Konfigurationswechselwirkung** bekannt. Es liefert so genaue Ergebnisse, daß es naheliegend ist, es auch für kompliziertere Gebilde wie Mehrelektronenatome und Moleküle anzuwenden. Um das Problem an einem einfachen Fall zu erklären, betrachten wir nur den Grundzustand des Heliumatoms. Mit der bisherigen Lösungsmethode haben wir für die theoretisch berechnete Energie eine Abweichung von $\sim 5\%$ vom experimentellen Wert erhalten. Der Grund für diese restliche Abweichung ist darin zu suchen, daß wir durch die Faktorisierung der Wellenfunktion Gl.(6.38) die Bewegung der beiden Elektronen als unabhängig voneinander betrachtet und die Korrelationen zwischen ihnen nicht richtig berücksichtigt haben. Für eine korrekte Behandlung muß die Unabhängigkeit der Bewegung aufgegeben werden. Hierzu kann die zu bestimmende richtige Lösung nach einem Satz von Lösungen der unabhängigen Bewegung der beiden Elektronen – das sind die bisher betrachteten Lösungen – zerlegt werden. Man spricht von einer Zerlegung nach verschiedenen Konfigurationen. Im Grundzustand 1^1S hatten wir bisher eine Wellenfunktion der Gestalt

$$\Phi^{(1s)^2} = \frac{1}{\sqrt{2}} R_{1,0}(1) R_{1,0}(2) \cdot Y_0^0(1) Y_0^0(2)(\chi_1^+\chi_2^- - \chi_1^-\chi_2^+).$$

Da die beiden Elektronen sich nicht unabhängig voneinander bewegen, ist ihr Potential kein Zentralfeldpotential mehr. Genau genommen sind dann die Bahndrehimpulse der Elektronen einzeln nicht bekannt; d.h. vom Grundzustand wissen wir nur, daß der Gesamtbahndrehimpuls der beiden Elektronen $L = 0$ ist. Das bedeutet, daß neben der $(1s)^2$-Konfiguration auch noch folgende Konfigurationen zum Grundzustand beitragen können: $(1s)^1(2s)^1, (1s)^1(3s)^1, \ldots, (2s)^2, (2s)^1(3s)^1, \ldots, (2p)^2, (2p)^1(3p)^1, \ldots$ aber stets mit Gesamtbahndrehimpuls $L = 0$. So liefert beispielsweise die $(2p)^2$-Konfiguration den Anteil zur Wellenfunktion:

$$\Phi^{(2p)^2} = \sum_m <1m, 1-m|00> \frac{1}{\sqrt{2}} R_{2,1}(1) R_{2,1}(2) Y_1^m(1) Y_1^{-m}(2) \cdot (\chi_1^+\chi_2^- - \chi_1^-\chi_2^+),$$

wobei die Clebsch–Gordan–Koeffizienten $<1m, 1-m|00>$ für die Kopplung der zwei p–Elektronen ($l_1 = l_2 = 1$) zu $L = 0$ sorgen.

Überlagerungen dieser Konfigurationen führen also zur exakten Lösung. Rechnet man mit geeigneten Näherungsverfahren (s.u.), so kommt man i.allg. mit wenigen Überlagerungstermen aus.

Als Beispiel für die Güte diese Verfahrens sind in Tab. 6.7 die Zahlenwerte der Grundzustandsenergien des Heliums und der heliumartigen Ionen Li^+ und Be^{++} in eV angegeben. Die erste Spalte enthält die Ergebnisse des sogenannten Hartree–Fock–Näherungsverfahrens, das im nächsten Abschnitt besprochen wird. Die Ergebnisse der zweiten Spalte sind mit dem gleichen Verfahren, aber unter Berücksichtigung der Konfigurationswechselwirkung gewonnen. Die dritte Spalte enthält die experimentellen

Werte und die vierte Spalte die Differenzen der Spalten (3) und (2). Es ist deutlich zu erkennen, daß die Berücksichtigung der Konfigurationswechselwirkung zu Ergebnissen führt, die sich von den experimentellen Werten kaum mehr unterscheiden.

	E_{HF} (eV)	E_{MCHF} (eV)	$E_{exp.}$ (eV)	$E_{MCHF} - E_{exp.}$ (eV)
He	-77,81	-79,00	-79,02	0,02
Li^+	-196,91	-198,07	-198,11	0,04
Be^{++}	-370,38	-371,56	-371,64	0,08

Tab. 6.7 : *Grundzustandsenergien von Helium, Li^+ und Be^{++}. E_{HF} (Hartree–Fock–Verfahren), E_{MCHF} (Multikonfigurations–Hartree–Fock–Verfahren), $E_{exp.}$ (experimentell).*

6.4.2   * Atommodelle

Bereits die Behandlung des einfachsten Mehrelektronenatoms, des Heliumatoms, bereitete beachtliche Schwierigkeiten. Es ist daher zu erwarten, daß die Lösung der Schrödinger-Gleichung und die Ermittlung der Energiezustände bei komplizierteren Atomen noch aufwendiger wird. Es ist das Ziel dieses Abschnitts, einige brauchbare Näherungsmethoden in ihren Ansätzen vorzustellen und zu erläutern.

Wir schreiben zunächst die zeitunabhängige Schrödinger-Gleichung für ein Atom der Ordnungszahl Z mit N Elektronen auf

$$(6.44) \quad \left\{ \sum_{i=1}^{N} \left(-\frac{\hbar^2}{2M_e}\Delta_i \right) + \sum_{i=1}^{N} \left(-\frac{Ze^2}{4\pi\epsilon_0}\frac{1}{r_i} \right) + \frac{1}{2} \sum_{i=1,i\neq k}^{N} \sum_{k=1}^{N} \frac{e^2}{4\pi\epsilon_0}\frac{1}{r_{i,k}} \right\} \Phi(1,2,\dots N)$$
$$= E\Phi(1,2,\dots N) \, .$$

Der letzte Term des Hamilton-Operators berücksichtigt die gegenseitigen Coulomb-Wechselwirkungen aller Elektronen untereinander. Der Faktor 1/2 sorgt dafür, daß die Wechselwirkungen von Elektronenpaaren i, k nicht doppelt gezählt werden. Die Spin-Spin-Wechselwirkungen aufgrund der Eigenmomente der Elektronen sowie die Wechselwirkungen zwischen den magnetischen Momenten der Bahndrehimpulse der Elektronen haben wir vernachlässigt, desgleichen die Spin-Bahn-Wechselwirkung eines jeden Elektrons. Die letztere Vernachlässigung kann bei schweren Atomen zu falschen Ergebnissen führen, da dort die Spin–Bahn–Wechselwirkung der Elektronen eine größere Rolle spielt als ihre gegenseitige Coulomb–Abstoßung (s. Abschn. 6.4.3).

Gl.(6.44) läßt erkennen, daß das Potential, in dem sich die Elektronen bewegen, sehr kompliziert ist. Das rührt von der gegenseitigen Coulomb–Wechselwirkung der Elektronen her, die dem Potential des Kerns überlagert ist, und die von der räumlichen Konfiguration der Elektronen selbst abhängt. Die gegenseitige Coulomb–Wechselwirkung der Elektronen hebt daher den Zentralcharakter des Potentials, wie wir ihn beim H–Atom in der Form $V(r)$ gewohnt waren, auf. Das hat zur Folge, daß den einzelnen Elektronen genau genommen keine Bahndrehimpulsquantenzahl mehr zugeordnet werden kann.

Das Thomas–Fermi–Modell

Dieses von L.H.Thomas und Enrico Fermi in den Jahren 1927/28 entwickelte Modell ist besonders einfach und verlangt relativ wenig Rechenaufwand. Es gründet auf einem statistischen Verfahren, das für Atome mit vielen Elektronen eine brauchbare erste Näherung liefert. Wichtigste Bestandteile sind Aussagen der Quantenstatistik. Die Elektronen werden als nicht miteinander wechselwirkend angenommen. Jedes Elektron muß nach dem Pauli-Prinzip einen anderen Quantenzustand annehmen. Unter diesen Voraussetzungen kann man die Zahl f der besetzten Zustände im Phasenraum pro Raumvolumen V_0, d.i. die Elektronendichte $n(r)$ angeben. In Band II, Abschn. 8.4.1, wird eine analoge Betrachtung für die Nukleonen im Kern angestellt. Wir können dort von Gl. (8.347) ablesen

$$n(r) = 2\frac{f}{V_0} = \frac{8\pi}{3h^3}p_{max}^3 = \frac{p_{max}^3}{3\pi^2\hbar^3} = \frac{(2eM_eV(r))^{3/2}}{3\pi^2\hbar^3}.$$

Der Faktor 2 trägt den beiden Spinkomponenten $m_s = \pm 1/2$ Rechnung. Die Größe p_{max} ist der maximal mögliche Impuls eines Elektrons am Ort r in der Atomhülle. Da für einen Bindungszustand die kinetische Energie höchstens gleich der potentiellen Energie sein kann, d.h. $p_{max}^2/2M_e = -E_{pot}(r) = eV(r)$, wird der letzte Ausdruck der obigen Gleichung verständlich. Wir unterscheiden hier ausnahmsweise explizit zwischen potentieller Energie $E_{pot}(r)$ und Potential $V(r)$. Man sieht ferner, daß das Potential und damit auch die Elektronendichte als zentral angenommen werden.

Es muß außerdem die Poisson-Gleichung $\Delta V(r) = \rho(r)/\epsilon_0$ der Elektrostatik gelten, die eine Verknüpfung zwischen $V(r)$ und der Ladungsdichte $\rho(r) = -en(r)$ beinhaltet. Sie enthält in unserem Fall (Zentralpotential) nur Ableitungen nach r

$$\Delta V(r) = \frac{1}{r^2}\frac{d}{dr}\left(r^2\frac{dV(r)}{dr}\right) = -\frac{en(r)}{\epsilon_0}.$$

Zusammen mit dem obigen Ausdruck für $n(r)$ erhält man die **Thomas–Fermi–Gleichung** für das Potential $V(r)$

$$\boxed{\frac{d^2V(r)}{dr^2} + \frac{2}{r}\frac{dV(r)}{dr} = -\frac{e}{3\pi^2\epsilon_0\hbar^3}\left(2eM_eV(r)\right)^{3/2}.}$$

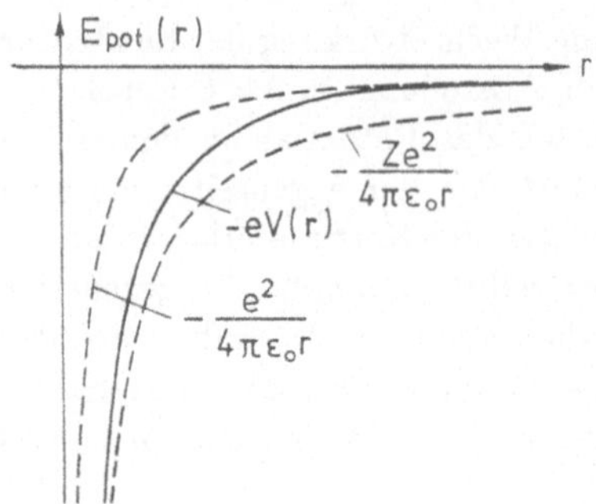

Fig. 6.23: *Das effektive Potential in Mehrelektronenatomen.*

Zur Lösung dieser Differentialgleichung werden Randbedingungen vorgegeben, die den physikalischen Gegebenheiten angepaßt sind. Es wird verlangt, daß sich $V(r)$ bei sehr kleinen Kernabständen wie $-Ze^2/(4\pi\epsilon_0 r)$ verhält und für $r \to \infty$ gegen Null geht. Diese Forderung bringt zum Ausdruck, daß die dem Kern nächsten Elektronen die gesamte Kernladung Ze spüren und von den restlichen Elektronen unbeeinflußt sind, vergleichbar mit der Wirkung eines Faraday-Käfigs, während die äußersten Elektronen gegenüber der Kernladung bis auf etwa eine Ladungseinheit abgeschirmt bleiben. Dieses Verhalten von $V(r)$ ist in Fig. 6.23 skizziert (durchgezogene Kurve).

Als Beispiel für die Funktion $n(r)$ ist in Fig.6.24 die radiale Elektronendichteverteilung $P(r) = 4\pi r^2 n(r)$ für Argon zusammen mit Ergebnissen nach der Hartree-Näherung (s.u.) gezeigt. Man sieht, daß die mittlere Abstandsabhängigkeit gut wiedergegeben wird; individuelle Eigenschaften wie Schalenabschlüsse usw. erhält man allerdings nicht. Pauschale Eigenschaften wie Atomradien und Bindungsenergien der Elektronen lassen sich mit diesem Modell jedoch abschätzen. Die Ergebnisse von Potentialrechnungen eignen sich gut als Startwerte für iterative, verfeinerte und kompliziertere Näherungsverfahren, wie sie nachfolgend beschrieben werden.

Das Slater–Modell

Vom Verfahren her ähnelt dieses von Slater entwickelte Modell der Behandlung des Heliumatoms und ist vor allem aus didaktischen Gründen sehr lehrreich und interessant. Die gegenseitige Coulomb–Wechselwirkung der Elektronen in Gl.(6.44) wird als kleiner Störterm angenommen und in eine Störungsrechnung einbezogen. Zunächst betrachten wir die Schrödinger–Gleichung ohne Störterm

$$(6.45) \qquad \left\{ \sum_{i=1}^{N} \left(-\frac{\hbar^2}{2M_e}\Delta_i - \frac{Ze^2}{4\pi\epsilon_0}\frac{1}{r_i} - E_i^0 \right) \right\} \Phi(1,2,\dots,N) = 0 \, ,$$

wobei sich die Gesamtenergie E^0 aus den Einzel–Energien der Elektronen zusammensetzt

$$(6.46) \qquad E^0 = E_1^0 + E_2^0 + \dots + E_N^0 \, .$$

Die Elektronen bewegen sich nach Gl.(6.45) unabhängig voneinander in einem Zentralpotential. Daher kann man die Wellenfunktion des Systems faktorisieren

$$(6.47) \qquad \Phi(1,2,\ldots,N) = \Phi_1(1) \cdot \Phi_2(2) \cdot \ldots \cdot \Phi_N(N) \,.$$

Setzt man die Wellenfunktion Gl.(6.47) in die Schrödinger-Gleichung (6.45) ein, so zerfällt diese in N Schrödinger-Gleichungen vom Typ des Wasserstoffatoms mit den Lösungen

$$(6.48) \qquad \Phi_i(i) = R_{n,l}(r_i) \cdot \mathrm{Y}_l^m(\varphi_i,\vartheta_i)\chi_i^{(i)} \,.$$

$\chi_i^{(i)}$ sind wie üblich die Spinfunktionen. Neben der Lösung Gl.(6.47) sind auch alle $N!$ Teilchenaustausche Lösungen der Schrödinger-Gleichung (6.45).

Die Energie der Elektronen hängt hiernach wie beim H–Atom nur von ihrer Hauptquantenzahl n ab. Das ist nicht erstaunlich, führte die Näherung doch für jedes Elektron zu einem reinen $1/r$-Potential, was, wie wir in Abschn. 5.1 sahen, eine alleinige n-Abhängigkeit der Energie zur Folge hat.

Das Ergebnis dieser nullten Näherung bringt bereits eine Schalenstruktur der Atomhülle zum Vorschein. Die Näherung ist allerdings viel zu grob, weil die Schalenabschlüsse im Vergleich zur Natur nicht alle richtig wiedergegeben werden, und weil in Wirklichkeit die Energie von der Bahndrehimpulsquantenzahl abhängt, wie wir gesehen haben.

Diese Fehler lassen sich jedoch relativ leicht beheben. Wir berücksichtigen den Coulombschen Wechselwirkungsterm der Elektronen untereinander in Störungsrechnung, verkleinern ihn aber durch einen Term $\sum_i v(r_i)$, der die über die Winkel gemittelte Wechselwirkung der Elektronen darstellt. Dabei ist $v(r_i)$ das Potential, das im Mittel auf das i–te Elektron wirkt. Der gleiche Term wird zu $\mathcal{H}^0$ addiert, so daß insgesamt netto der gleiche Hamilton-Operator dasteht wie in Gl.(6.44).

$$(6.49) \quad \mathcal{H} = \sum_{i=1}^{N} \left(-\frac{\hbar^2}{2M_e}\Delta_i - \frac{Ze^2}{4\pi\epsilon_0 r_i} + v(r_i) \right) + \left(\frac{1}{2} \sum_{i=1,i\neq k}^{N} \sum_{k=1}^{N} \frac{e^2}{4\pi\epsilon_0 r_{i,k}} - \sum_{i=1}^{N} v(r_i) \right) \,.$$

Die erste Klammer in Gl.(6.49) gibt das ungestörte Problem wieder, die zweite Klammer stellt den Störterm dar, den man wie üblich in Störungsrechnung behandelt. In der Schrödinger-Gleichung hat das Potential nicht mehr eine reine $1/r$-Abhängigkeit, und somit hängt die Energie von n und l ab. Durch die Wirkung des positiven Terms $v(r_i)$ in der ersten Klammer wird die Stärke des Coulomb-Potentials abgeschwächt, was sowohl zu einer Verminderung der Kernladungszahl Z führt, als auch die Potentialform verändert. Mit diesem Verfahren erhält man die richtige Schalenstruktur.

Der generelle Lösungsweg sei nur kurz skizziert. Der Hamilton-Operator $\mathcal{H}$ des Problems kommutiert mit dem Operator des Gesamtdrehimpulses des Atoms (s. Abschn. 4.6). Es liegt zwar kein Zentralfeld mehr vor, jedoch ist $\mathcal{H}$ invariant gegenüber Rotationen des ganzen Atoms. Ferner kommutiert $\mathcal{H}$ mit dem Gesamtspin $\vec{S}$ aller

Elektronen, da der Hamilton–Operator nicht von $\vec{S}$ abhängt[23]. Man kann demnach gleichzeitig mit der Energie die Eigenwerte L, M_L, S und M_S scharf messen.

Die Lösungen der Schrödinger–Gleichung zum Hamilton–Operator Gl.(6.49) sind also solche Überlagerungen des ungestörten Problems, die auch Eigenfunktionen des Gesamtbahndrehimpulses und des Gesamtspins sind. Darüber hinaus haben sie infolge der Permutationsinvarianz des Hamilton–Operators bei Austausch der Elektronen bestimmte Symmetrien, wobei total symmetrische und total antisymmetrische Lösungen immer existieren. Wegen des Pauli–Prinzips sind jedoch nur die Lösungen mit totaler Antisymmetrie der Teilchen zur Beschreibung der Natur zugelassen. Dies sind die in Abschn. 6.1.2 beschriebenen Slater–Determinanten mit bestimmtem Gesamtbahndrehimpuls (L, M_L) und Gesamtspin (S, M_S)

$$(6.50) \qquad \Phi_{L,M_L,S,M_S}(1,2,\ldots,N) = \sum_i |Det|_i \ .$$

Die Gesamtenergie ist nach der Störungsrechnung (Abschn. 3.5)

$$(6.51) \qquad E = \sum_i E_i^0 + E'_{L,S} \ ,$$

wobei $E'_{L,S}$ die durch den Störterm gewonnene Modifikation des ungestörten Energiewerts ist. $E'_{L,S}$ hängt zwar von L und S ab, nicht aber von den entsprechenden z–Komponenten M_L und M_S. Eine Abhängigkeit von M_L und M_S ist erst dann zu erwarten, wenn eine ausgezeichnete Richtung, wie z.B. ein äußeres Magnetfeld, vorhanden ist. Dieses Verhalten ist analog zum Wasserstoffatom.

$E'_{L,S}$ berechnet sich nach der üblichen Methode der Störungsrechnung

$$E'_{L,S} = \int \Phi^+_{L,M_L,S,M_S}(1,2,\ldots,N) \cdot \text{Störoperator} \cdot \Phi_{L,M_L,S,M_S}(1,2,\ldots,N)d^3r_1 \ldots d^3r_N.$$

Das ist vom Verfahren her analog zur Rechnung beim Heliumatom.

Das Hartree–Fock–Modell

Douglas Rayner Hartree stellte im Jahr 1928 ein Modell vor, das in der von Vladimir Fock zwei Jahre später modifizierten Form bis heute für atomare Rechnungen, aber auch für Rechnungen in der Molekül– und Festkörperphysik verwendet wird. Dieses Modell kommt der anfangs erläuterten Vorstellung näher, daß die Elektronen der

---

[23]Der tiefere Grund dafür, daß die Lösung der Schrödinger–Gleichung (6.44) Eigenfunktion zum Gesamtspin $\vec{S}$ mit den Eigenwerten (S, M_S) ist, obwohl der Hamilton–Operator nicht von $\vec{S}$ abhängt, liegt in der Ununterscheidbarkeit der Elektronen. Der Hamilton–Operator ändert sich nicht bei Permutation der einzelnen Elektronen; er ist invariant gegenüber der Permutationsgruppe. In der Gruppentheorie wird aber gezeigt, daß ein Gesamtspinzustand (S, M_S) mit einer der irreduziblen Darstellungen der Permutationsgruppe verknüpft ist.

Hülle ihr gegenseitiges Wechselwirkungspotential durch ihre eigene Konfiguration selbst erzeugen. Hartree geht von der Schrödinger–Gleichung (6.44) aus, vereinfacht diese jedoch insofern, als er für die Bewegung eines jeden Elektrons ein Zentralfeld zugrunde legt. Dieses besteht aus dem Coulomb–Potential des Kerns und einem mittleren, von allen übrigen Elektronen erzeugten Potential. Die Einzelkorrelationen der Elektronen untereinander werden durch ein mittleres Potential ersetzt, in dem sich die Elektronen unabhängig voneinander bewegen. Die unabhängige Bewegung gestattet die Faktorisierung der Wellenfunktion

$$(6.52) \qquad \Phi(1, 2, \ldots, N) = \Phi_1(1) \cdot \Phi_2(2) \cdot \ldots \cdot \Phi_N(N) \quad \text{mit} \quad \Phi_i(i) = \phi_i(i)\chi_i^{(i)} \ .$$

Man beachte, daß die Raumwellenfunktion $\phi_i(i)$ eines Elektrons für die beiden verschiedenen Spinfunktionen χ_i^+ und χ_i^- die gleiche sein kann, was dazu führt, daß sie in späteren Summenbildungen zwei Mal vorkommen kann.

Die gemittelte Energie E für den Ansatz Gl.(6.52) erhält man durch Multiplizieren der Schrödinger-Gleichung (6.44) von links mit $\Phi^+(1, 2, \ldots, N)$ und Integrieren für alle Elektronen über den Raum

$$(6.53) \qquad \int_1 \ldots \int_N \Phi_1^+(1)\Phi_2^+(2) \ldots \Phi_N^+(N)\mathcal{H}\Phi_1(1)\Phi_2(2) \ldots \Phi_N(N)d^3r_1 d^3r_2 \ldots d^3r_N$$

$$= \int_1 \ldots \int_N \Phi_1^+(1)\Phi_2^+(2) \ldots \Phi_N^+(N)E\Phi_1(1)\Phi_2(2) \ldots \Phi_N(N)d^3r_1 d^3r_2 \ldots d^3r_N = E \ .$$

Wir setzen den Hamilton–Operator aus Gl.(6.44) in Gl.(6.53) ein und erhalten

$$(6.54) \qquad E = \sum_{i=1}^{N} \int_i \phi_i^*(i)\left(-\frac{\hbar^2}{2M_e}\Delta_i - \frac{Ze^2}{4\pi\epsilon_0}\frac{1}{r_i}\right)\phi_i(i)d^3r_i$$

$$+ \frac{1}{2}\sum_{i}^{N}\sum_{k,k\neq i}^{N}\int_i\int_k \phi_i^*(i)\phi_k^*(k)\frac{e^2}{4\pi\epsilon_0 r_{i,k}}\phi_i(i)\phi_k(k)d^3r_i d^3r_k \ ,$$

wobei die Normierungen $\int_i \phi_i^*(i)\phi_i(i)d^3r_i = 1$ und $\chi_i^{(i)+}\chi_i^{(i)} = 1$ verwendet wurden. Gl.(6.54) läßt sich schreiben

$$\sum_{i=1}^{N}\int_i \phi_i^*(i)\left[-\frac{\hbar^2}{2M_e}\Delta_i - \frac{Ze^2}{4\pi\epsilon_0 r_i} + \frac{1}{2}\sum_{k=1,k\neq i}^{N}\int_k \phi_k^*(k)\frac{e^2}{4\pi\epsilon_0 r_{i,k}}\phi_k(k)d^3r_k\right]\phi_i(i)d^3r_i = E \ .$$

$$(6.55)$$

Im Rahmen des betrachteten Ansatzes erhält man die beste Näherung für die Lösungen $\phi_i(i)$ durch Minimierung der gemittelten Energie E (s. Band II, Anhang L). Man erreicht dies durch Variation der Wellenfunktionen unter Beachtung ihrer Orthonormalität. Wir schreiben die sich aus Gl.(6.55) ergebende Variationsbedingung für die konjugiert komplexen Funktionen $\phi_i^*(i)$ auf

$$\sum_{i=1}^{N} \int_i \delta\phi_i^*(i) \left[-\frac{\hbar^2}{2M_e}\Delta_i - \frac{Ze^2}{4\pi\epsilon_0 r_i} \right] \phi_i(i) d^3r_i +$$

$$+\frac{1}{2}\sum_{i}^{N}\sum_{k,k\neq i}^{N} \int_i \int_k \left[\delta\phi_i^*(i)\phi_k^*(k) + \phi_i^*(i)\delta\phi_k^*(k) \right] \frac{e^2}{4\pi\epsilon_0 r_{i,k}}\phi_i(i)\phi_k(k)d^3r_i d^3r_k -$$

$$-\sum_{i=1}^{N} E_i \int_i \delta\phi_i^*(i)\phi_i(i)d^3r_i = 0 \; .$$

Der hinzugefügte letzte Term berücksichtigt die Orthonormalität und enthält die Lagrange-Multiplikatoren E_i, die zunächst unbestimmt sind. Die beiden Produkte in der eckigen Klammer des mittleren Terms sind identisch; man braucht nur die Summationsindizes umzutauschen. Man kann sie daher zusammenfassen und den Faktor 1/2 weglassen.

Für eine beliebige Variation $\delta\phi_i^*(i)$ ist diese Gleichung nur erfüllt, wenn die Faktoren zu $\delta\phi_i^*(i)$ verschwinden. Daraus resultiert folgendes Gleichungssystem für die N Wellenfunktionen $\phi_i(i)$, die sogenannten **Hartree-Gleichungen**,

$$(6.56) \qquad \boxed{\left[-\frac{\hbar^2}{2M_c}\Delta_i - \frac{Ze^2}{4\pi\epsilon_0 r_i} + \sum_{k=1,k\neq i}^{N} \int_k \phi_k^*(\vec{r}_k)\frac{e^2}{4\pi\epsilon_0 r_{i,k}}\phi_k(\vec{r}_k)d^3r_k \right] \phi_i(\vec{r}_i) = E_i\phi_i(\vec{r}_i) \; .}$$

Dies ist offensichtlich die Schrödinger–Gleichung für das i-te Elektron mit den Potentialen $-\dfrac{Ze^2}{4\pi\epsilon_0 r_i}$ und $V(\vec{r}_i)$

$$(6.57) \qquad\qquad V_i(\vec{r}_i) = \sum_{k=1,k\neq i}^{N} \int_k \phi_k^*(\vec{r}_k)\frac{e^2}{4\pi\epsilon_0 r_{i,k}}\phi_k(\vec{r}_k)d^3r_k \; ,$$

wobei sich E_i als Energie des i-ten Elektrons entpuppt. Mathematisch ist Gl.(6.56) ein kompliziertes Integro–Differentialgleichungssystem mit N Lösungen $\phi_i(i)$.

Multipliziert man Gl.(6.56) von links mit $\phi_i^*(i)$ und integriert über den Raum, so erhält man die Energie E_i der Einzelelektronen. Der Vergleich der Summe $\sum_{i=1}^{N} E_i$ aus Gl.(6.56) mit der gemittelten Energie E aus Gl.(6.55) zeigt, daß offensichtlich $\sum_{i=1}^{N} E_i \neq E$. Dieses Ergebnis ist überraschend, bringt aber lediglich zum Ausdruck, daß der Ansatz der Unabhängigkeit der Elektronenbewegungen nur als Näherung anzusehen ist.

Die Größe $-e|\phi_k(k)|^2$ in Gl.(6.57) bedeutet die Ladungsdichteverteilung des k-ten Elektrons. Daher ist $V_i(\vec{r}_i)$ das elektrische Potential am Ort des i-ten Elektrons, erzeugt durch die Ladungsverteilung aller übrigen $N-1$ Elektronen. Offensichtlich handelt es sich nicht mehr um ein Zentralfeld. Ein Zentralfeld hätte jedoch den großen Vorteil, daß die Wellenfunktion nach Kugelfunktionen zerlegt werden kann, denn nur in einem Zentralfeld kommutiert der Bahndrehimpuls mit dem Hamilton–Operator. Näherungsweise wird das Potential Gl.(6.57) daher über die Richtungsabhängigkeiten gemittelt. Man erhält ein gemitteltes Potential $\overline{V_i(r_i)}$, welches nur noch vom Abstandsbetrag r_i abhängt.

Infolge dieser Zentralfeld-Mittelung kann man die Form der Lösung der Schrödinger-Gleichung (6.56) für jedes Elektron sofort angeben

$$\phi_i(i) = \bar{R}_{n,l}(r_i) \cdot Y_l^m(\varphi_i, \vartheta_i) \;,$$

wobei die Funktionen $\bar{R}_{n,l}(i)$ die zu ermittelnden Lösungen des Radialteils von Gleichung (6.56) sind und durch den Verlauf des Potentials $\overline{V(r_i)}$ bestimmt werden. Man kann diesen Lösungen auch noch die Spinfunktionen $\chi_i^{(i)}$ analog zu Gl.(6.52) hinzufügen und erhält

$$(6.58) \qquad \Phi_i(i) = \bar{R}_{n,l}(r_i) \cdot Y_l^m(\varphi_i, \vartheta_i) \chi_i^{(i)} \;.$$

Für das Potential Gl.(6.57) benötigt man Funktionen $\phi_k(k)$, die sich erst aus der Lösung von Gl.(6.56) ergeben. Das heißt, es wird ein Potential $V(r_i)$ für die Schrödinger-Gleichungen (6.56) gesucht, deren Lösungen gerade so beschaffen sein müssen, daß sich aus ihrer Ladungsdichte wiederum das Potential Gl.(6.57) ergibt. Potentiale dieser Art heißen **selbstkonsistent**. Derartige Gleichungssysteme können nur durch numerische Iterationsverfahren gelöst werden. Man ermittelt etwa ein für alle Elektronen gemeinsames Potential $V^0(r_i)$ aus dem Thomas–Fermi–Modell und findet die nullten Näherungen $\phi_i^0(i)$ aus Gl.(6.56). Hiermit wird aus Gl.(6.57) die nächste Näherung $V^1(r_i)$ errechnet, mit der wiederum Gl.(6.56) gelöst wird. Dieses Verfahren wird nach dem Schema

$$V^0(r_i) \rightarrow \phi_i^0(i) \rightarrow V^1(r_i) \rightarrow \phi_i^1(i) \ldots$$

so lange fortgesetzt, bis sich die Lösungsfunktionen $\phi_i(i)$ nur noch unmerklich ändern.

Das hier erläuterte Hartree–Modell ist insofern noch unvollständig, als die totale Antisymmetrie der Wellenfunktionen außer Acht gelassen wurde. Dieser Mangel wurde bereits im Jahr 1930 von Fock behoben. Er verwendete Slater–Determinanten als Wellenfunktionen. Es tauchen dann in den Einteilchen–Schrödinger–Gleichungen zusätzliche Austauschterme auf, die eine Verbesserung der Hartree-Lösungen bringen.

Die Rechnung verläuft folgendermaßen. An die Stelle der Wellenfunktion Gl.(6.52) setzen wir die entsprechende Slater–Determinante Gl.(6.14) für N verschiedene Elektronenzustände in Gl.(6.53) ein und erhalten für die gemittelte Energie

$$\begin{aligned}
E &= \int_1 \ldots \int_N \Phi^+(1, \ldots N)\mathcal{H}\Phi(1, \ldots N)d^3r_1 \ldots d^3r_N \\[2mm]
&= \int_1 \ldots \int_N \Phi_1^+(1) \ldots \Phi_N^+(N)\mathcal{H} \cdot
\begin{vmatrix}
\Phi_1(1) & \cdots & \Phi_1(N) \\
\vdots & \ddots & \vdots \\
\Phi_N(1) & \cdots & \Phi_N(N)
\end{vmatrix}
d^3r_1 \ldots d^3r_N \\[2mm]
&= \sum_{i=1}^{N} \int_i \phi_i^*(i)\left(-\frac{\hbar^2}{2M_c}\Delta_i - \frac{Ze^2}{4\pi\epsilon_0}\frac{1}{r_i}\right)\phi_i(i)d^3r_i + \\[2mm]
&\quad + \frac{1}{2}\sum_{i}^{N}\sum_{k,k\neq i}^{N}\int_i\int_k \phi_i^*(i)\phi_k^*(k)\frac{e^2}{4\pi\epsilon_0 r_{i,k}}\phi_i(i)\phi_k(k)d^3r_i d^3r_k \\[2mm]
(6.59) \qquad &\quad - \frac{1}{2}\sum_{i}^{N}\sum_{k,k\neq i}^{N}\int_i\int_k \phi_i^*(i)\phi_k^*(k)\frac{e^2}{4\pi\epsilon_0 r_{i,k}}\phi_k(i)\phi_i(k)d^3r_i d^3r_k \cdot \delta_{m_{s_i},m_{s_k}} \;.
\end{aligned}$$

Die zweite Zeile von Gl.(6.59) ergibt sich daraus, daß der Hamilton–Operator bei Vertauschung von je zwei Elektronen identisch derselbe bleibt, und es daher $N!$ gleiche Terme gibt. Der Faktor $N!$ kürzt sich dann gegen den Normierungsfaktor der Slater-Determinante weg.

Wie man sieht, kommt bei der Hartree–Fock–Näherung im Vergleich zur Hartree–Näherung Gl.(6.55) ein weiterer Summenterm hinzu (sogenannter Austauschwechselwirkungsterm). Das Kronecker-Symbol steht für die Orthonormierung der Spinfunktionen

$$\chi_i^{(i)+}\chi_k^{(k)} = \delta_{m_{S_i},m_{S_k}} \ .$$

Wie bei der Herleitung der Hartree-Gleichungen (6.56) wird auch hier das Variationsverfahren zur Minimierung der Energie unter Wahrung der Orthonormalität der gesuchten Wellenfunktionen eingesetzt. Als Ergebnis liefert die Rechnung im Vergleich zu den Hartree-Gleichungen ein zusätzliches, folgendermaßen definiertes Potential $W_i(\vec{r}_i)$

$$(6.60) \qquad W_i(\vec{r}_i)\phi_i(\vec{r}_i) = \sum_{k=1,k\neq i}^{N} \int_k \phi_k^*(\vec{r}_k)\frac{e^2}{4\pi\epsilon_0 r_{i,k}}\phi_i(\vec{r}_k)d^3r_k \delta_{m_{S_i},m_{S_k}} \cdot \phi_k(\vec{r}_i).$$

Die **Hartree-Fock-Gleichung**, d.h. die Einteilchen-Schrödinger-Gleichung des Problems lautet dann

$$(6.61) \qquad \boxed{\left(-\frac{\hbar^2}{2M_e}\Delta_i - \frac{Ze^2}{4\pi\epsilon_0 r_i} + V_i(\vec{r}_i) - W_i(\vec{r}_i)\right)\phi_i(\vec{r}_i) = E_i\phi_i(\vec{r}_i)}$$

mit $V_i(\vec{r}_i)$ aus Gl.(6.57).

Es gibt jetzt nicht mehr N verschiedene Hartree-Fock-Gleichungen, sondern nur noch eine Gleichung, die für jedes $i = 1,\ldots N$ die gleiche ist. Das rührt davon her, daß man jetzt bei den Summen in den Gln.(6.57) und (6.60) den Ausschluß $k \neq i$ weglassen kann, weil in der Differenz $V_i(\vec{r}_i) - W_i(\vec{r}_i)$ in Gl.(6.61) die entsprechenden Terme sich dann ohnehin wegheben. Die Summen laufen dann stets über alle k-Werte. Es wird bei den Potentialen $V_i(\vec{r}_i)$ und $W_i(\vec{r}_i)$ wieder über die Richtungsabhängigkeit gemittelt, d.h. man macht wieder eine Zentralfeldnäherung.

Gl.(6.61) hat unendlich viele Lösungen, mit denen man im Gegensatz zu den N Lösungen der Hartree-Gleichung (6.56) auch angeregte Zustände beschreiben kann.

Die Ergebnisse dieser Hartree–Fock–Näherung stimmen sehr gut mit den experimentellen Daten überein. Vor allem kommt die Schalenstruktur der Atome richtig heraus, die in Abschn. 6.2 erläutert wurde.

Als Beispiel ist in Fig. 6.24 die radiale Elektronendichteverteilung $P(r) = 4\pi r^2 n(r)$ einer Selbstkonsistenzrechnung für Argon gezeigt (durchgezogene Kurve), sowie vergleichsweise die gleiche Größe nach dem Thomas-Fermi-Modell (gestrichelte Kurve). Die Struktur der Schalen K, L und M der Hartree–Kurve ist klar zu erkennen.

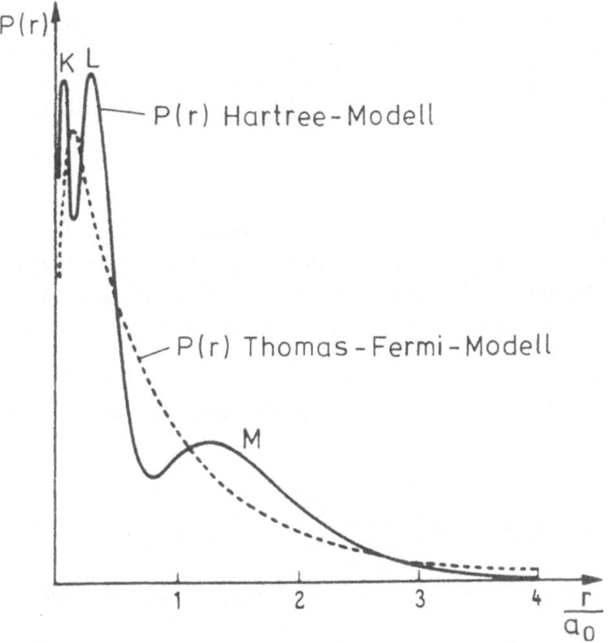

Fig. 6.24: *Radiale Elektronendichteverteilung $P(r)$ nach Hartree (durchgezogen) sowie nach dem Thomas–Fermi–Modell (gestrichelt) für Argon ($Z = 18$).*

6.4.3 * Die Spin–Bahn–Wechselwirkung von komplexen Atomen

In diesem Abschnitt untersuchen wir, wie sich die Spins $\vec{s}_i$ der Elektronen und ihre Bahndrehimpulse $\vec{l}_i$ bei komplexen Atomen, d.h. bei Atomen mit mehr als einem Elektron zum Gesamtdrehimpuls $\vec{J}$ des Atoms zusammensetzen. Die Kopplungen entstehen durch die Wechselwirkung der Bahn- und Spin-magnetischen Momente. So haben wir beispielsweise in Abschn. 5.3.3 beim H–Atom gelernt, daß die Feinstruktur auf die magnetische Energie zurückzuführen ist, die aus der Einstellung des magnetischen Moments des Elektronenspins in dem durch die Bahnbewegung erzeugten Magnetfeld resultiert. Diese Kopplung heißt die Spin–Bahn–Wechselwirkung, da sie proportional zu $(\vec{l}\vec{s})$ ist (s. Gl.(5.88)).

Bei komplexen Atomen ist alles komplizierter. Neben der Wechselwirkung des Elektronenspins mit seinem eigenen Bahndrehimpuls (Spin–Bahn–Wechselwirkung) gibt es entsprechende Wechselwirkungen zwischen dem Spin eines Elektrons (i) und dem Bahndrehimpuls eines anderen Elektrons (k) (Spin(i)–Bahn(k)– Wechselwirkung, $i \neq k$), zwischen zwei Elektronenspins (Spin–Spin–Wechselwirkung) und zwischen zwei Bahndrehimpulsen (Bahn–Bahn–Wechselwirkung). Es kann gezeigt werden, daß für schwere Atome die Spin–Bahn–Wechselwirkung bei weitem den größten Anteil liefert und andere Terme einschließlich der gegenseitigen Coulomb–Wechselwirkung dagegen vernachlässigt werden können. Bei den leichtesten Atomen sind die Wechselwirkungsverhältnisse umgekehrt. Hier sind alle magnetischen Wechselwirkungen klein und werden in Störungsrechnung berücksichtigt, wobei im allgemeinen nur die Spin–Bahn–Wechselwirkung in die Rechnung miteinbezogen wird. Wir hatten dies bereits anhand des Termschemas des Heliumatoms in Abschn. 6.3.1 gesehen. Wir werden daher auch im folgenden so verfahren.

Unserer Betrachtung kommt zugute, daß die Gesamtdrehimpulse abgeschlossener Schalen und Unterschalen Null sind, wie wir bereits in Abschnitt 6.3 festgestellt haben. Wir brauchen uns also um die Drehimpulse des Atomrumpfes nicht zu kümmern. Der Gesamtdrehimpuls des Atoms wird allein durch die äußeren Elektronen oberhalb der abgeschlossenen Schalen bestimmt.

Die Schrödinger-Gleichung für komplexe Atome ist bei Berücksichtigung der Spin–Bahn–Wechselwirkung

$$(6.62) \qquad \left\{ \sum_{i=1}^{N} \left(-\frac{\hbar^2}{2M_e} \Delta_i \right) + \sum_{i=1}^{N} \left(-\frac{Ze^2}{4\pi\epsilon_0} \cdot \frac{1}{r_i} \right) \right.$$

$$\left. +\frac{1}{2} \sum_{i=1,i\neq k}^{N} \sum_{k=1}^{N} \frac{e^2}{4\pi\epsilon_0}\frac{1}{r_{i,k}} + K \cdot \sum_{i=1}^{N} \frac{Z_{i,f}}{r_i^3}\left(\vec{l}_i\vec{s}_i\right) \right\} \Phi(1,\ldots,N) \;=\; E\Phi(1,\ldots,N)$$

$$K = \frac{e^2}{8\pi\epsilon_0 c^2 M_c^2} \,,$$

wobei $Z_{i,f}$ eine durch die Abschirmung der Elektronen bedingte, effektive Kernladung ist.

Bei leichten Atomen ist die Spin–Bahn–Wechselwirkung ein kleiner Korrekturterm, der in Störungsrechnung mitberücksichtigt wird. Die stärkere Coulomb-Wechselwirkung der Elektronen untereinander führt bei leichten Atomen zu einer Kopplung aller Spins $\vec{s}_i$ zu einem Gesamtspin

$$\vec{S} = \sum_{i=1}^{N} \vec{s}_i \,,$$

und aller Bahndrehimpulse $\vec{l}_i$ zu einem Gesamtbahndrehimpuls

$$\vec{L} = \sum_{i=1}^{N} \vec{l}_i \,.$$

Ohne den $\vec{l}\vec{s}$-Korrekturterm in Gl.(6.62) und unter Berücksichtigung der Spins folgen aus der Schrödinger-Gleichung Lösungen, die von $\vec{L}$ und $\vec{S}$ abhängen (s. Abschn. 6.4.2). Durch den Störterm koppeln $\vec{L}$ und $\vec{S}$ zu einem Gesamtdrehimpuls $\vec{J}$. Diese Art der Kopplung wird **L–S–Kopplung** oder **Russel–Saunders–Kopplung** genannt. Bei schweren Atomen wird $Z_{i,f}$ groß, so daß der Spin–Bahn–Kopplungsterm größer als die Coulombsche Wechselwirkung der einzelnen Elektronen untereinander wird. In diesem Fall wird die Coulombsche Wechselwirkung zwischen den Elektronen als Störterm betrachtet. Diese Art der Kopplung heißt **j–j–Kopplung**.

Diese beiden Grenzfälle für leichte und schwere Kerne werden im folgenden behandelt.

Die L–S–Kopplung (Russel–Saunders Kopplung)

Wie schon erwähnt wird bei leichten Atomen der Spin–Bahn–Wechselwirkungsterm als kleine Störung betrachtet und das Problem mit Hilfe der Störungsrechnung berechnet. Ohne Störterm ist die Wellenfunktion vom Gesamtbahndrehimpuls $\vec{L}$ und vom Gesamtspin $\vec{S}$ aller Elektronen abhängig. Die Lösung ist im Gesamtdrehimpuls $\vec{J}$, der aus $\vec{L}$ und $\vec{S}$ zusammengesetzt werden kann, entartet. Der Störterm hebt diese Entartung auf, und die Energieniveaus hängen zusätzlich von J ab. Wir haben somit die Wellenfunktion $\Phi_{J,M_J,L,S}(1,\ldots,N)$; die z–Komponente M_L des Gesamtbahndrehimpulses und diejenige des Gesamtspins, M_S, sind jetzt keine Größen mehr, die mit J und M_J gleichzeitig scharf gemessen werden können, wohl aber die Summe von beiden $M_L + M_S = M_J$. Man kann dies gut am sogenannten Vektorgerüst in Fig. 6.25 verstehen. Das ist analog zur Feinstruktur des H–Atoms, wo die z–Komponenten des Bahndrehimpulses und des Spins nicht mehr gleichzeitig mit dem Gesamtdrehimpuls angegeben werden können.

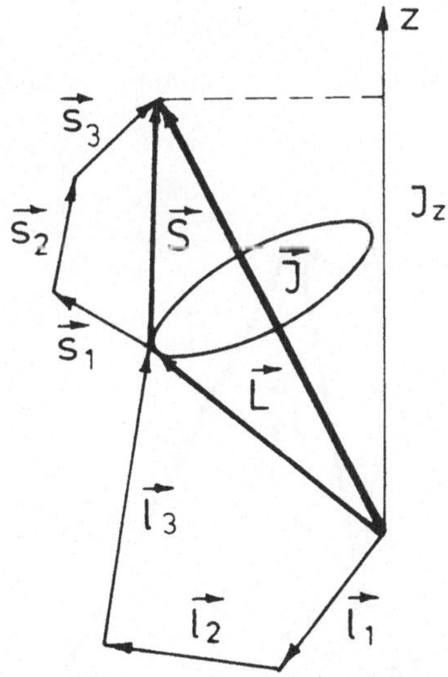

Fig. 6.25: *Die Drehimpulskopplung bei leichten Atomen.*

Als Beispiel soll der Grundzustand des Kohlenstoffatoms mit der Elektronenkonfiguration $(1s)^2(2s)^2(2p)^2$ betrachtet werden (s. Fig. 6.13). Wir haben das Termschema des Kohlenstoffatoms bereits bei den Spektren in Abschn. 6.3.3 erläutert. Die zwei äquivalenten p–Elektronen in der nicht voll besetzten Schale sind die Valenzelektronen und ergeben ohne Spin–Bahn–Wechselwirkung die Energieniveaus ^1S, ^1D und ^3P. Die möglichen Gesamtdrehimpulse sind daher $J = 0$ (bei ^1S), $J = 2$ (bei ^1D) und $J = 0,1,2$ (bei ^3P). Die Feinstrukturaufspaltung soll also beispielsweise beim Übergang vom 3^3S_1–Zustand in die Zustände $2^3P_0, 2^3P_1$ und 2^3P_2 drei eng benachbarte Linien ergeben, was experimentell auch beobachtet wird.

Die Auswahlregeln bei der L–S–Kopplung lauten für elektrische Dipolstrahlung

$$\Delta S = 0 \ ; \quad \Delta L = \pm 1,0 \ ; \quad \Delta J = \pm 1,0 \ ; \quad \Delta M_J = \pm 1,0 \ ,$$

aber nicht $J = 0 \rightarrow J' = 0$, und nicht $M_J = 0 \rightarrow M'_J = 0$, wenn $J = J'$. Es gilt also strenges Interkombinationsverbot.

Die j–j–Kopplung

Bei schweren Atomen ist die Spin–Bahn–Wechselwirkung bedeutend stärker als die Coulomb–Wechselwirkung der Elektronen untereinander, so daß der Term

$$\frac{1}{2} \sum \sum \frac{e^2}{4\pi\epsilon_0} \frac{1}{r_{i,k}}$$

von Gl.(6.62) als Störterm in einer Störungsrechnung betrachtet wird.

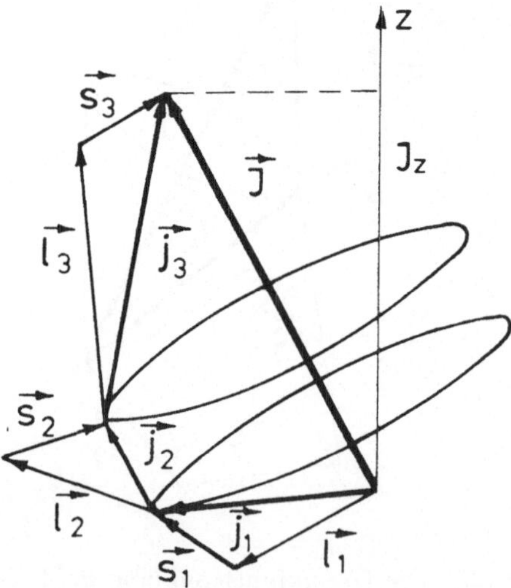

Fig. 6.26: *Die Drehimpulskopplung bei schweren Atomen.*

In dieser Näherung bewegen sich die Elektronen unabhängig voneinander. Die Gesamtwellenfunktion $\Phi(1,2\ldots N)$ kann als Produkt der einzelnen Elektron–Wellenfunktionen $\Phi_i(i)$ geschrieben werden

$$\Phi(1,2,\ldots,N) = \Phi_1(1)\cdot\Phi_2(2)\cdot\ldots\cdot\Phi_N(N)\;.$$

Eingesetzt in die Schrödinger–Gleichung ohne Störterm ergibt dies für jedes Elektron die zugehörige Schrödinger–Gleichung, die mit derjenigen des Feinstrukturproblems beim H–Atom Ähnlichkeit hat.

$$\left(-\frac{\hbar^2}{2M_e}\Delta_i - \frac{Ze^2}{4\pi\epsilon_0}\frac{1}{r_i} + K\frac{Z_{i,f}}{r_i^3}(\vec{l_i}\vec{s_i})\right)\Phi_i(i) = E_i\Phi_i(i).$$

Die Gesamtenergie E ist dann $E = \sum E_i$. Die Lösungen $\Phi_i(i)$ sind Eigenfunktionen der Einzel–Gesamtdrehimpulse $\vec{j_i}$, die sich jeweils aus $\vec{l_i}$ und $\vec{s_i}$ zusammensetzen. Die Gesamtwellenfunktion $\Phi(1,2\ldots N)$ andererseits muß Eigenfunktion zum Gesamtdrehimpuls der Atomhülle mit den Eigenwerten J und M_J sein, wobei $\vec{J}$ aus den einzelnen $\vec{j_i}$ gebildet wird

$$\vec{J} = \sum_{i=1}^{N}\vec{j_i}.$$

Man spricht hier von der j–j–Kopplung. Sie ist bildlich in Form eines Vektorgerüstes in Fig. 6.26 dargestellt. Damit die richtige Symmetrie gewährleistet ist, müssen entsprechende Slater–Determinanten gebildet werden.

Ohne Störterm ist die Energie jedoch für die verschiedenen möglichen J–Werte entartet. Erst der Störterm hebt die Entartung auf.

Als Beispiel betrachten wir das schwere Atom Blei, das analog zum C–Atom zwei äquivalente p–Elektronen oberhalb abgeschlossener Schalen hat[24]. Der Drehimpuls aus Spin $1/2$ und Bahndrehimpuls $l = 1$ eines jeden Elektrons kann $j = 1/2$ oder $j = 3/2$ sein. Daher gibt es folgende Einzeldrehimpuls–Kombinationen der beiden Valenzelektronen:

$$A:(j_1 = 1/2\;,\;j_2 = 1/2)\qquad B:(j_1 = 1/2\;,\;j_2 = 3/2)\qquad C:(j_1 = 3/2\;,\;j_2 = 3/2).$$

Ohne Störterm sollte Pb im Grundzustand drei Energieniveaus aufweisen entsprechend diesen drei Drehimpulswertepaaren. Die möglichen Gesamtdrehimpulse aus j_1 und j_2 ergeben sich jeweils zu

$$
\begin{aligned}
A:(j_1 = 1/2\;,\;j_2 = 1/2)\;&:\;J = 0,(1)\\
B:(j_1 = 1/2\;,\;j_2 = 3/2)\;&:\;J = 1,2\\
C:(j_1 = 3/2\;,\;j_2 = 3/2)\;&:\;J = 0,(1),2,(3)\;.
\end{aligned}
$$

Infolge der Antisymmetrie der Wellenfunktionen kommen die Drehimpulswerte in den Klammern für die äquivalenten Elektronen nicht vor. Wir können uns das leicht klarmachen, wenn wir zum Auffinden der möglichen Drehimpulszustände das schematische Verfahren von Abschn. 6.1.2 anwenden. Wir erläutern dies am Fall C ($j_1 = 3/2, j_2 = 3/2$).

---

[24]Die Elektronenkonfiguration im Grundzustand von Pb mit 82 Elektronen ist $(1s)^2\,(2s)^2\,(2p)^6\,(3s)^2$ $(3p)^6\,(3d)^{10}\,(4s)^2\,(4p)^6\,(4d)^{10}\,(5s)^2\,(5p)^6\,(4f)^{14}\,(5d)^{10}\,(6s)^2\,(6p)^2$ (vgl. Tab. 6.6).

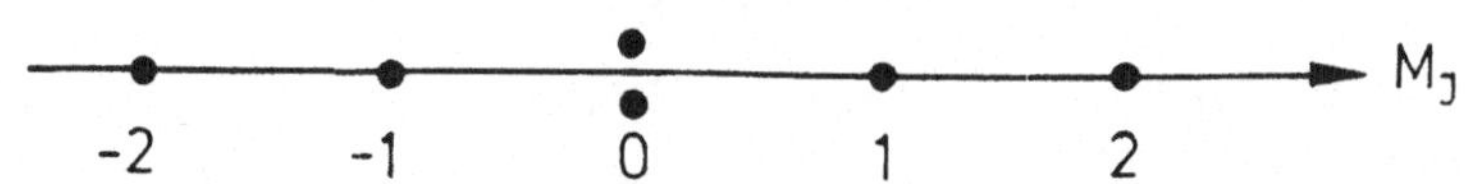

Fig. 6.27: *Ermittlung der Drehimpulszustände* $J = 0, 2$ *bei Blei.*

Das zu Tab. 6.1 entsprechende Schema ist in Tab. 6.8 wiedergegeben, wobei das Pauli–Prinzip zu berücksichtigen ist, so daß kein Elektronenzustand doppelt vorkommt. Die Analyse beschränkt sich auf die Zerlegung nach den Multiplizitätswerten $2J + 1$. Aus der dritten Spalte von Tab. 6.8 bzw. der Zerlegung von Fig. 6.27 ist zu erkennen, daß nur die Drehimpulse $J = 0$ und $J = 2$ vorkommen.

Elektron 1 m_{j_1}	Elektron 2 m_{j_2}	M_J
3/2	1/2	2
3/2	- 1/2	1
3/2	- 3/2	0
1/2	- 1/2	0
1/2	- 3/2	- 1
- 1/2	-3/2	-2

Tab. 6.8 : *Die Quantenzahlkombinationen* (m_{j_1}, m_{j_2}) *für die äquivalenten* $(6p)^2$*-Elektronen vom Blei.*

Bei Berücksichtigung des Störterms wird die Entartung der Zustände aufgehoben, so daß die Energiewerte in den Fällen B und C geringfügig aufspalten.

Die Aufspaltungsbilder von L–S– und j–j–Kopplung sollten also gänzlich verschieden sein. In Fig. 6.28 ist die Feinstrukturaufspaltung der Terme für drei Fälle mit jeweils zwei p–Valenz–Elektronen zu sehen und zwar für ein leichtes Atom (Kohlenstoff), ein mittelschweres Atom (Germanium)[25] und ein schweres Atom (Blei). Dabei gibt der untere Teil des Termsystems die Grundzustände, der obere Teil die ersten angeregten Zustände wieder, wobei jeweils aus einem p–Elektron des Grundzustandes ein s–Elektronen der nächsten Schale wird. Hieraus folgen die Elektronenkonfigurationen der angeregten Zustände $(2p)^1(3s)^1$ für Kohlenstoff, $(4p)^1(5s)^1$ für Germanium und $(6p)^1(7s)^1$ für Blei. Die Unterschiede in der L–S–Kopplung beim C–Atom und in der j–j–Kopplung bei Pb sind deutlich zu erkennen. Das Ge–Atom im Zwischengebiet verhält sich weder nach L–S– noch nach j–j–Kopplung.

---

[25]Die Konfiguration der 32 Elektronen von Germanium im Grundzustand ist $(1s)^2$ $(2s)^2$ $(2p)^6$ $(3s)^2$ $(3p)^6$ $(3d)^{10}$ $(4s)^2$ $(4p)^2$.

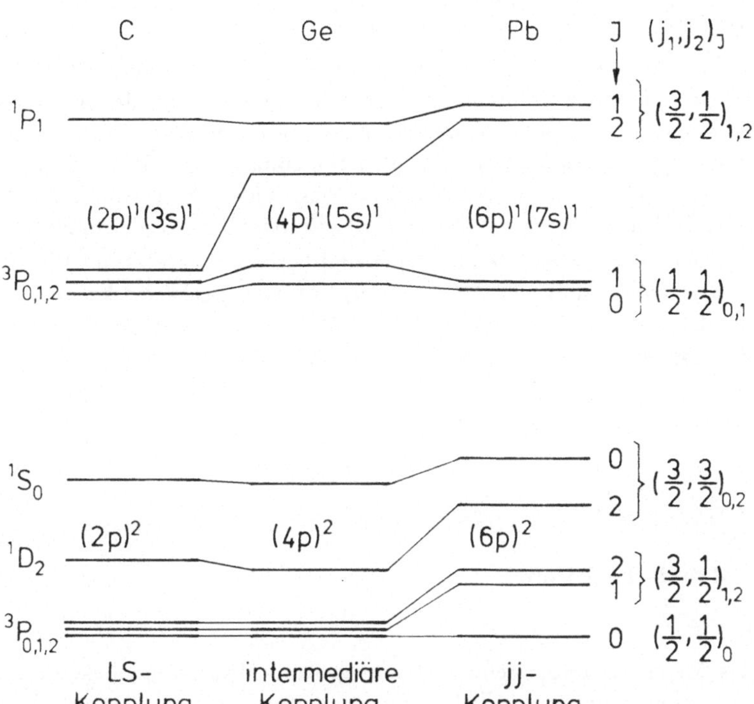

Fig. 6.28: *Die Aufspaltung der Terme beim Übergang von der L–S–Kopplung zur j–j Kopplung.*

6.5 * Exotische Atome

Wir betrachten in diesem Abschnitt einige atomähnliche Gebilde, die nicht wie normale, in der Natur vorkommende Atome aufgebaut sind, sondern teilweise aus anderen geladenen Teilchen bestehen. Wir fassen diese Sonderfälle unter dem Begriff exotische Atome zusammen. Sie werden künstlich erzeugt und sind in verschiedener Hinsicht von Bedeutung. Wir werden im folgenden drei dieser Gebilde behandeln, nämlich die Myonischen Atome. das Positronium und das Myonium.

Im Jahr 1937 wurden in der kosmischen Strahlung Elementarteilchen entdeckt, die sich wie schwere Elektronen verhalten. Man nennt sie Myonen. Sie kommen positiv und negativ geladen vor (μ^+, μ^-) und haben mit Ausnahme ihrer Masse und endlichen Lebensdauer im wesentlichen die gleichen Eigenschaften wie das Elektron bzw. das Positron: Es sind punktförmige Teilchen mit Spin 1/2 und einem g–Faktor 2 mit einem sehr kleinen anomalen Anteil des magnetischen Moments. Ihre Masse beträgt 207 Elektronenmassen. Myonen sind nicht stabil, sondern zerfallen mit einer mittleren

Lebensdauer von $2,2 \cdot 10^{-6} s$ in ein Elektron bzw. Positron und jeweils zwei Neutrinos (s. Band II).

Wird ein negativ geladenes Myon anstelle eines Elektrons in einem Atom eingebaut, so spricht man von einem Myonischen Atom. Die Lebensdauer des μ^- ist zwar kurz, reicht aber aus, um Myonische Atome ausgiebig zu untersuchen. Myonium entsteht, wenn ein positiv geladenes Myon μ^+ ein Elektron einfängt, und beide Teilchen das metastabile System $(\mu^+ e^-)$ bilden. Auf ähnliche Weise entsteht Positronium $(e^+ e^-)$ beim Einfang eines Elektrons durch ein Positron e^+. Positronium ist gleichfalls metastabil.

Diese beiden zuletzt genannten Systeme sind besonders interessant für die Prüfung der Quantenelektrodynamik, da wir es jeweils mit zwei wechselwirkenden Teilchen zu tun haben, die nach unserem heutigen Verständnis punktförmig sind. Theoretische Vorhersagen können mit großer Genauigkeit hierfür gemacht werden.

6.5.1   * Myonische Atome

Da sich das Myon nur durch seine 207-mal größere Masse vom Elektron unterscheidet und alle anderen unterschiedlichen Eigenschaften der beiden unmittelbar mit der größeren Masse zusammenhängen, kann man sich gut vorstellen, daß negative Myonen anstelle von Elektronen im Atom eingebaut werden können. Wegen der kurzen Lebensdauer des Myons ist es jedoch nie gelungen, den gleichzeitigen Einbau zweier Myonen in einem Atom nachzuweisen.

Bevor wir die Eigenschaften der Myonischen Atome diskutieren, wollen wir ihre Erzeugung besprechen. Werden negativ geladene Myonen auf Materie geschossen, so werden sie innerhalb einer kurzen Zeit von $\sim 10^{-9}$ Sekunden auf thermische Energien abgebremst und anschließend von Atomen in Zuständen hoher Hauptquantenzahl n eingefangen. Sie bilden dann ein Myonisches Atom. Das Myon ist ein anderes Teilchen als die Elektronen der Hülle. Es besitzt daher eigene Quantenzustände. Da alle diese Myonischen Zustände im Atom frei sind, wird das Myon sehr rasch auf Zustände niedrigerer Energie übergehen. Die frei werdende Energie wird entweder durch spontane Emission von Photonen abgestrahlt, was zu den typischen Spektren der Myonischen Atome führt, oder sie wird auf Hüllenelektronen übertragen, die hierdurch frei werden (sogenannte Auger-Elektronen). Diese Prozesse dauern etwa 10^{-13} Sekunden. Wegen der großen Masse des Myons im Vergleich zum Elektron kann es sich viel näher als die Elektronen am Kern aufhalten. Der mittlere Myon-Kern-Abstand ist bei der Hauptquantenzahl $n_\mu = 14$ etwa gleich dem Elektron-Kern-Abstand im Grundzustand. Das bedeutet, daß für Werte $n_\mu < 14$ die restliche Elektronenhülle weit vom Myon entfernt ist und sich im wesentlichen wie ein Faraday-Käfig verhält. Das Myonische Atom kann daher in erster Näherung wie ein Wasserstoff-Problem behandelt werden. Im Grundzustand des Myonischen Atoms beträgt der mittlere Myon–Kern–Abstand nach Gl.(5.18)

$$< r_\mu > = \frac{3}{2} \frac{a_{0,\mu}}{Z},$$

wobei der Bohrsche Radius für das Myon den Wert $a_{0,\mu} = 4\pi\epsilon_0\hbar^2/M_\mu e^2 = 2,6\cdot 10^{-13}$m hat. Wie man sieht, ist $< r_\mu >$ um den Faktor 207 kleiner als der entsprechende mittlere Abstand des Elektrons vom Kern, mit der Folge, daß sich das Myon bei schweren Kernen teilweise innerhalb des Atomkerns bewegt. Die Rechnungen auf der Grundlage des Wasserstoffproblems für einen punktförmigen Kern, wie sie bisher benutzt wurden, sind dann nicht mehr zulässig und eignen sich nur als Abschätzungen für Größenordnungen.

Gerade wegen der Kernnähe der Myonen sind Myonische Atome besonders interessant. Da Myonen nicht den Kernkräften unterliegen (s. Band II, Abschn. 9.1) und außerdem punktförmig sind, erweisen sie sich als ideale Testpartikel zur Untersuchung der elektromagnetischen Struktur von Kernen. Das gilt insbesondere für mittelschwere bis schwere Kerne. Experimentell gelangt man zu diesen Befunden durch sehr genaue Messungen der Emissionsspektren, wenn das Myon bei der Bildung des Myonischen Atoms in seinem Termschema Übergänge bis zum Erreichen des Grundzustandes macht. Nach Gl.(5.13) sind die Wasserstoffenergieniveaus für einen punktförmigen Kern gegeben durch

$$(6.63) \qquad\qquad E_n = -\frac{M_\mu c^2}{2}\left(\frac{Z\alpha}{n}\right)^2.$$

Wegen der Myon–Masse sowie der Ordnungszahl Z für mittelschwere bis schwere Kerne sind die Energien erheblich größer als beim H–Atom. Sie liegen für Myonische Atome im keV bis MeV–Bereich. Auch hier sind diese Werte wegen der Kernausdehnung nur Größenordnungsabschätzungen. Für Blei ($Z = 82$) berechnet man nach Gl.(6.63) z.B. den Übergang $2p \rightarrow 1s$ zu $E_2 - E_1 = 14$ MeV; gemessen wurde aber nur 6 MeV.

Die Spektren liegen dementsprechend ebenfalls im keV bis MeV Bereich. Meßtechnisch kann man sie nicht mehr mit optischen Mitteln erfassen. Man verwendet Meßmethoden der Kernphysik mit gekühlten Halbleiterdetektoren (s. Band II, Abschn. 8.1.2). Ein typischer Aufbau eines Experiments zur Untersuchung Myonischer Atome ist in Fig. 6.29 gezeigt. Der μ^-–Strahl kommt von links aus der Beschleunigeranlage, tritt durch die Öffnung der Abschirmung und durchläuft eine Detektoranordnung D_1 bis D_3. Die Myonen werden zwischen den Detektoren D_1 und D_2 in Graphit abgebremst, bevor sie in dem zu untersuchenden Material (Target) zur Ruhe kommen und Myonische Atome bilden können. Die von den Übergängen in den Myonischen Atomen emittierten Photonen werden im Halbleiterzähler gemessen und nach Energien sortiert. Der Halbleiterzähler wird zur Optimierung der Linientrennschärfe mit flüssigem Stickstoff gekühlt. Die elektronische Anordnung der Detektoren ist so geschaltet, daß der Halbleiterzähler nur dann Signale weitergibt, wenn die Detektoren D_1 und D_3, aber nicht D_4 angesprochen haben. Der Detektor D_2 reagiert nur auf Elektronen, die im μ^-–Strahl stets als begleitende Verunreinigung vorhanden sind und bis zum Halbleiterzähler vordringen können. Um die störende Registrierung dieser Elektronen zu verhindern, wird das zugehörige Signal des Halbleiterzählers elektronisch unterdrückt, wenn die Zähler D_1, D_2 und D_4 gleichzeitig angesprochen haben.

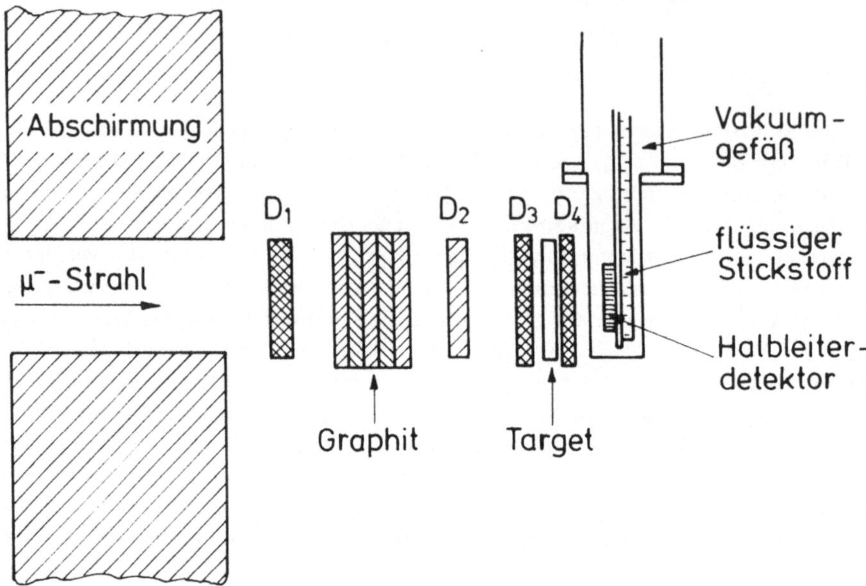

Fig. 6.29: *Experimentelle Anordnung zur Erzeugung Myonischer Atome und zur Messung von deren Spektren.*

Fig. 6.30 zeigt als typisches Ergebnis solcher Messungen die Lyman–Serie der Myonischen Übergänge $np \rightarrow 1s$ in den Grundzustand des Titanatoms ($Z = 22$). Die Energien liegen in der Größenordnung von $1 MeV$. Der obere Teil zeigt den experimentellen Linienverlauf, der untere Teil die nach Modellen berechneten Intensitäten der Linien bei den entsprechenden Energien. Es ist eine deutliche Übereinstimmung zwischen Theorie und Experiment zu erkennen.

Zum Abschluß wollen wir noch kurz auf das endgültige Schicksal eines Myonischen Atoms eingehen. Es gibt zwei Konkurrenzprozesse, die für das Verschwinden des Myons im Atom sorgen. Bei leichten Kernen wird das Myon gemäß seiner mittleren Lebensdauer von $2,2 \cdot 10^{-6} s$ nach der Zerfallsgleichung

$$\mu^- \rightarrow e^- + 2 \text{ Neutrinos } (\nu)$$

zerfallen. Neutrinos sind ungeladene, masselose Spin $\frac{1}{2}$–Teilchen, die bei den β–Zerfällen der Kerne emittiert werden (s. Band II). Bei schweren Kernen macht sich die mit Z^4 zunehmende Aufenthaltswahrscheinlichkeit des Myons innerhalb des Kerns bemerkbar. Das Myon kann mit der Kernmaterie reagieren und ein Proton in ein Neutron umwandeln nach der Reaktionsgleichung

$$\mu^- + p \rightarrow \nu + n.$$

Bereits ab $Z = 10$ überwiegt dieser Prozeß gegenüber dem Zerfall des Myons in der Hülle.

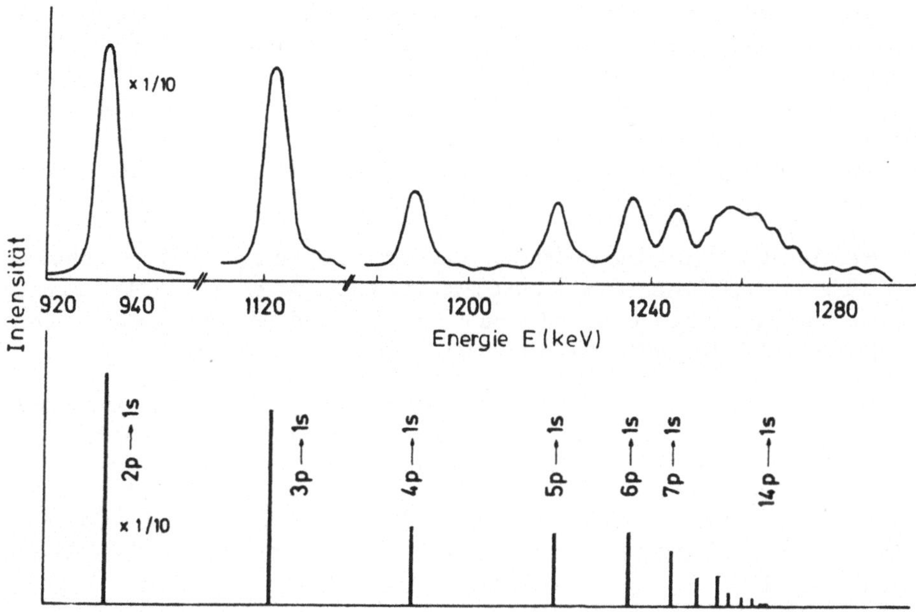

Fig. 6.30: *Die Lyman–Serie ($np \rightarrow 1s$) der Myonischen Übergänge im Titanatom.*

6.5.2 * Das Positronium

In Abschn. 3.6.2 wurde bereits am Beispiel der Paarbildung die Erzeugung des Positrons als Antiteilchen des Elektrons erläutert. Treten Positronen in Materie ein, so werden sie innerhalb von weniger als $10^{-12}s$ auf die thermische Energie des Materials abgebremst. Sie können zusammen mit einem Elektron des Materials spontan zerstrahlen (annihilieren), wobei die Zerstrahlung in zwei Photonen der häufigste Prozeß ist. Die Annihilation in drei Photonen ist in der Quantenelektrodynamik ein Prozeß höherer Ordnung und tritt daher im Vergleich zur Zwei–Photon–Vernichtung nur im Verhältnis 1:372 auf.

Daneben gibt es auch noch die Möglichkeit der Bildung eines metastabilen Gebildes, des Positroniums, wenn das Positron ein Elektron der Materie einfängt. Nach dem Einfang finden sukzessive Übergänge im Termschema des Positroniums unter Aussendung von Photonen im optischen Bereich statt, bis ein Zustand mit dem Bahndrehimpuls $l = 0$ erreicht ist, von wo aus die Annihilation erfolgt. Das geschieht zum Großteil aus dem Grundzustand mit $n = 1$.

Da die Bindung im Positronium auf dieselbe Art wie im H–Atom zustande kommt, können die meisten Formeln vom H–Atom aus Abschn. 5.1 für das Positronium übernommen werden. So können wir zur Berechnung der Bindungsenergie des Positroniums Gl.(5.13) verwenden, wobei für die Masse die reduzierte Masse, d.h. die halbe Elektronenmasse einzusetzen ist. Die Bindungsenergie ergibt sich zu $6,8\,\text{eV}$, beträgt also nur die Hälfte der Bindungsenergie des H–Atoms. Die korrekte Behandlung des Positroniums ist jedoch sehr kompliziert.

Positronium zerstrahlt mit unterschiedlichen mittleren Lebensdauern in eine unterschiedliche Anzahl von Photonen, je nachdem wie die beiden Spins von Elektron und Positron miteinander gekoppelt sind. Man unterscheidet folgende Zustände von Positronium:

1. **Parapositronium.** Die beiden Spins addieren sich zu $S = 0$. Die Annihilation erfolgt aus den Zuständen $n^1 S_0$, und zwar in zwei Photonen zu je $511\,\text{keV}$ Energie, die aus Impulserhaltungsgründen unter einem Winkel von $180°$ emittiert werden (s. Fig. 3.27). Die mittlere Lebensdauer beträgt $\tau_1 = 1,25 \cdot 10^{-10} \cdot n^3 [s]$.

2. **Orthopositronium.** Die beiden Spins addieren sich zu $S = 1$. Die Annihilation erfolgt aus den Zuständen $n^3 S_1$, und zwar in drei Photonen, deren Energiesumme den Wert von $2 M_e c^2 = 1,022\,\text{MeV}$ haben muß. Die mittlere Lebensdauer beträgt $\tau_3 = 1,4 \cdot 10^{-7} \cdot n^3 [s]$.

Die Annihilation erfolgt in beiden Fällen vorwiegend aus den jeweiligen Grundzuständen $n = 1$.

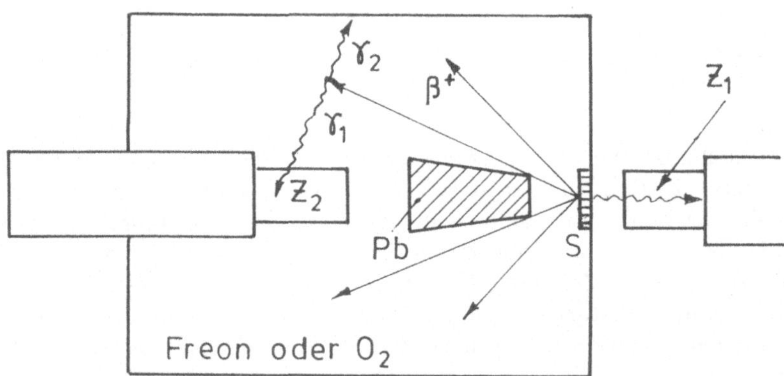

Fig. 6.31: *Experimentelle Anordnung zum Nachweis von Positronium. M. Deutsch, Phys. Rev. 83 (1951) 866.*

Der erste Nachweis der Bildung von Positronium gelang Martin Deutsch und Mitarbeitern im Jahr 1949. Die Messung erfolgte an Gasen, wo sich Positronium ungestört bilden und zerfallen kann. Die verwendete Apparatur ist in Fig. 6.31 gezeigt. In einem gasgefüllten Gefäß sendet eine radioaktive Na^{22}-Quelle (S) Positronen aus. Praktisch zeitgleich mit jedem Positron wird beim Zerfall eines Na^{22}-Kerns ein $1,3 MeV$-Photon emittiert. Dieses Photon wird im Szintillationszähler (Z_1) gemessen, während der Szintillationszähler (Z_2) die Photonen von der Annihilation registriert. Der konische Bleizylinder dient zur Abschirmung von (Z_2) gegen die Na^{22}-Quelle. Aus der Zeitdifferenz zwischen dem Ansprechen der Zähler (Z_1) und (Z_2) wird die mittlere Lebensdauer bis zur Annihlation bestimmt. Aus meßtechnischen Gründen konnten nur Lebensdauern der Größenordnung $10^{-7}s$ gemessen werden.

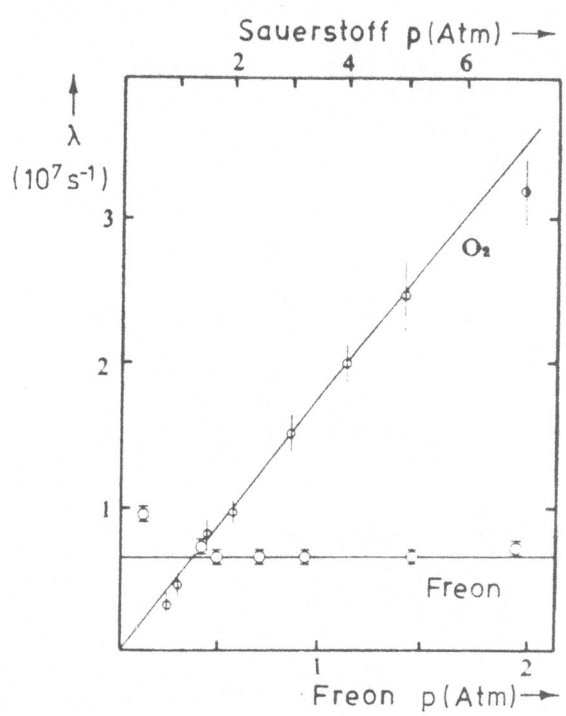

Fig. 6.32: *Meßergebnisse zum Nachweis von Positronium.*

Fig. 6.32 zeigt das Ergebnis der Messung. Aufgetragen ist die Annihilationswahrscheinlichkeit λ (Reziprokwert der mittleren Lebensdauer) in Abhängigkeit vom Gasdruck p der verwendeten Gase Sauerstoff O_2 und Freon CCl_2F_2. Für Freon bleibt λ konstant, für O_2 hingegen steigt λ mit p.

Das Ergebnis läßt sich folgendermaßen interpretieren. Ein im Gas abgebremstes Positron kann auf seinem weiteren Weg entweder mit dem Elektron eines Gasatoms spontan annihilieren oder zuvor das Elektron eines Gasatoms einfangen und ein freies Positronium bilden. In beiden Fällen hängt die Annihilationswahrscheinlichkeit des Positrons von der Elektronendichte ab. Im Fall des Positroniums ist diese allein durch die Nähe des eingefangenen Elektrons gegeben, also konstant und unabhängig vom Gasdruck, im Fall der spontanen e^+-Annihilation hingegen durch die Dichte der umgebenden Gasatome, wächst also mit zunehmendem Druck. Nach den Ergebnissen von

Fig. 6.32 hat sich demnach in Freon Positronium gebildet, in O_2 hingegen nicht. Weshalb sich am O_2-Molekül kein Positronium bildet, läßt sich energetisch begründen, und sei hier nicht weiter erläutert. Aus der Messung an Freon resultiert eine mittlere Lebensdauer von $1,5 \cdot 10^{-7} s$ in sehr guter Übereinstimmung mit der theoretisch erwarteten Lebensdauer für Orthopositronium im Grundzustand.

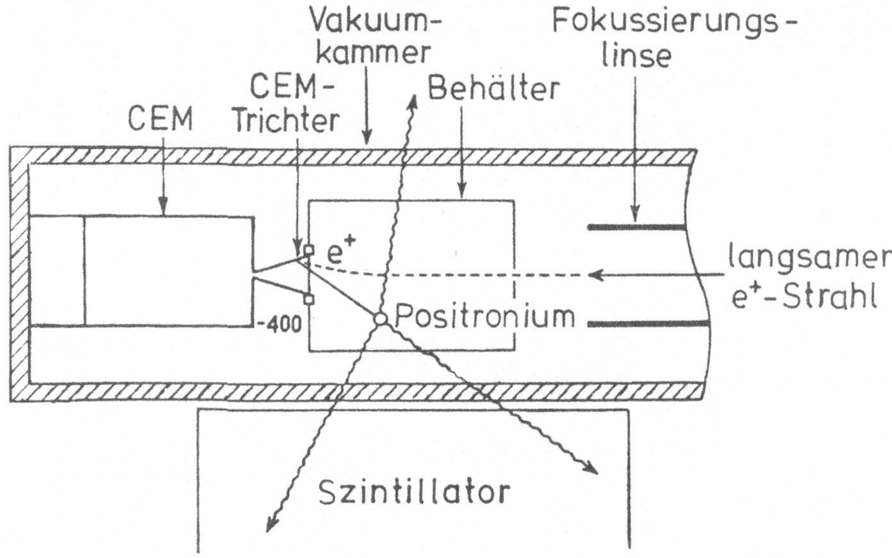

Fig. 6.33: *Experimentelle Anordnung zur Positroniumspektroskopie.*

Die eben besprochene Bildung von Positronium in einem Gas ist nicht gut geeignet, sehr genaue Untersuchungen am Positronium durchzuführen. In den letzten Jahren wurden bessere Methoden entwickelt, um eine große Anzahl von Positronium im Vakuum zur Verfügung zu haben. In Fig. 6.33 ist der Aufbau für ein solches Experiment skizziert. Ein Strahl sehr langsamer Positronen (z.B. $400eV$ kinetische Energie) wird im Vakuum auf den mit MgO beschichteten Eintrittstrichter eines sogenannten Channel-Electron-Multipliers (CEM) fokussiert. Die ins MgO eindringenden Positronen bilden an dessen Oberfläche Positronium, und gleichzeitig werden Elektronen freigesetzt, die die Ankunft des e^+ anzeigen und im CEM registriert werden[26]. Das gebildete Positronium wird ins Vakuum zurückemittiert und kann nun studiert werden. Der charakteristische Zerfall in Photonen wird von den umgebenden Szintillationszählern gemessen.

---

[26]Der CEM ist ein Gerät, in welchem ein in dem Trichter losgelöstes Elektron durch nachfolgende Sekundärvervielfachung ein elektronisch meßbares Signal erzeugt.

Mit Anordnungen dieser oder ähnlicher Art wurden viele Untersuchungen am Positronium durchgeführt, wie z.B. angeregte Zustände, die Hyperfeinstruktur im Magnetfeld, die Lamb–Verschiebung, usw. Die Ergebnisse all dieser Messungen wurden mit den Vorhersagen der Quantenelektrodynamik verglichen und ausgezeichnete Übereinstimmung gefunden.

Positronium wird inzwischen auch in der Festkörperphysik verwendet. In Metallen wird eine Bildung von Positronium zwar aus Gründen der Energetik des metallischen Kristallgitters verhindert. Die e^+e^-–Zustände annihilieren hier spontan. Es gibt jedoch Festkörper, die eine Bildung von Positronium zulassen. Dabei zeigt sich, daß seine Lebensdauer durch die Wechselwirkung mit Atomen im Molekülverband verkürzt werden kann, was wiederum Rückschlüsse auf die Festkörperstrukturen zuläßt. Die Änderung der Lebensdauer von Positronium in Materie wird sogar in der Industrie zur Untersuchung von Festkörpereigenschaften genutzt. Das Verfahren ist sehr empfindlich auf Verunreinigungen und Störungen der Materialstruktur und läßt sich ohne Eingriff in die Bindungsstruktur des Festkörpers anwenden.

6.5.3   * Das Myonium

Wird ein negativ geladenes Myon μ^- in Materie abgebremst, so kann es von einem Atom eingefangen werden, was zur Erzeugung eines Myonischen Atoms führt. Ein positiv geladenes, abgebremstes Myon μ^+ hingegen kann ein Elektron der Materie einfangen und das quasistabile (μ^+e^-)–System, das Myonium, bilden. Dieses lebt so lange, bis das μ^+ zerfällt; d.h. seine mittlere Lebensdauer beträgt $2,2 \cdot 10^{-6}s$[27]. Diese Zeit reicht aus, um das Myonium ausgiebig zu studieren.

Die Bindung von μ^+ und e^- im Myonium ist elektromagnetischer Natur, so daß wir wie beim Positronium auch hier im wesentlichen die Formeln des H–Atoms verwenden können. Man ersetzt das Proton durch das μ^+ und kann so die Bindungsenergie $(13,5eV)$, die Energien der angeregten Zustände, die Hyperfeinstrukturaufspaltung usw. berechnen. Für genaue Werte muß natürlich der Formalismus der Quantenelektrodynamik zu Grunde gelegt werden. Das Termschema für die niedrigsten Zustände $n = 1$ und $n = 2$ samt Feinstruktur- und Hyperfeinstrukturaufspaltungen ist in Fig. 6.34 gezeigt.

Von den Untersuchungen am Myonium wollen wir uns auf das grundlegende Experiment beschränken, mit dem die Existenz dieses Gebildes nachgewiesen wurde. Es nutzt die Tatsache, daß das magnetische Moment des Myoniums um 2 Größenordnungen größer ist als dasjenige des freien μ^+. Das magnetische Moment des μ^+ ist infolge der großen μ–Masse um den Faktor 207 kleiner als dasjenige des Elektrons. Das magne-

---

[27]Der Zerfall von $\mu^+e^- \rightarrow \nu_e\bar{\nu}_\mu$ (Elektron-Neutrino und Myon-Antineutrino) ist zwar möglich, aber im Vergleich zum normalen μ^+–Zerfall $(\mu^+ \rightarrow e^+\nu_e\bar{\nu}_\mu)$ um den Faktor $\sim 10^{10}$ unwahrscheinlicher.

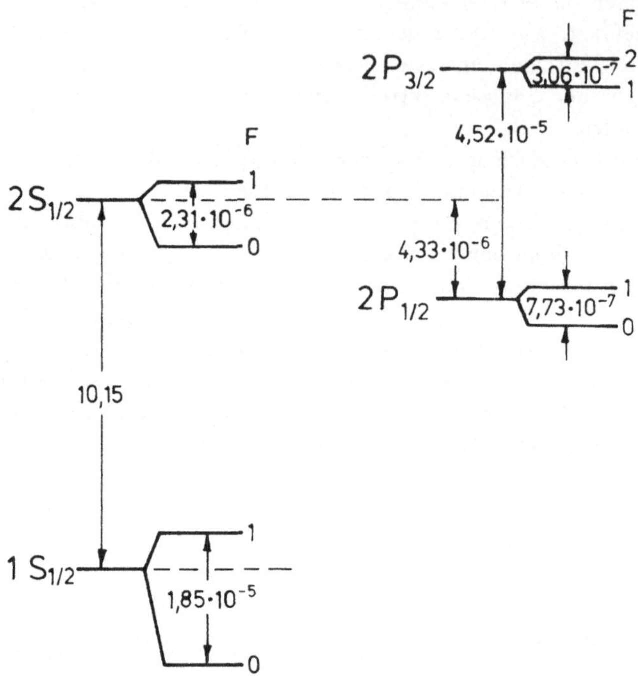

Fig. 6.34: *Die Energieniveaus von Myonium für $n = 1$ und $n = 2$. Die Beträge der Niveauabstände sind in eV angegeben.*

tische Moment des Myoniums setzt sich aus den magnetischen Momenten des Elektrons und des μ^+ zusammen. Daher ist das magnetische Moment des Myoniums etwa gleich demjenigen des Elektrons

$$\mu_{e^-} = -g\frac{e}{2M_e}\vec{s} = -\frac{e}{M_e}\vec{s}$$

$$\mu_{\mu^+} = -g\frac{e}{2M_\mu}\vec{s} = -\frac{e}{M_\mu}\vec{s}$$

$$\mu_{Myonium} = \mu_{e^-} + \mu_{\mu^+} \approx \mu_{e^-}.$$

Das erwähnte Experiment wurde im Jahr 1960 von Vernon Hughes und Mitarbeitern durchgeführt. Der schematische Aufbau ist in Fig. 6.35 gezeigt. Positive Myonen von $112\,MeV$ kinetischer Energie werden in das Innere eines mit Argon bei $50\,atm$ gefüllten Gastanks geschossen. Der Gastank befindet sich in einem durch Helmholtz–Spulen erzeugten, sehr schwachen Magnetfeld der Größenordnung 3 bis $5 \cdot 10^{-4}T$, in Fig. 6.35 senkrecht zur Zeichenebene. Ein im Gasbehälter abgebremstes μ^+ wird durch praktisch zeitgleiche Pulse in den zwei Szintillationszählern Z_1 und Z_2 (s. Band II), aber keinen Puls im Zähler Z_3 angezeigt. Das beim μ^+-Zerfall entstehende Positron e^+ wird in den Zählern Z_4 und Z_5 nachgewiesen. Das μ^+ ist von seiner Erzeugung her beim Eintritt in den Argontank entgegen seiner Impulsrichtung polarisiert. Sein Spin präzediert um die

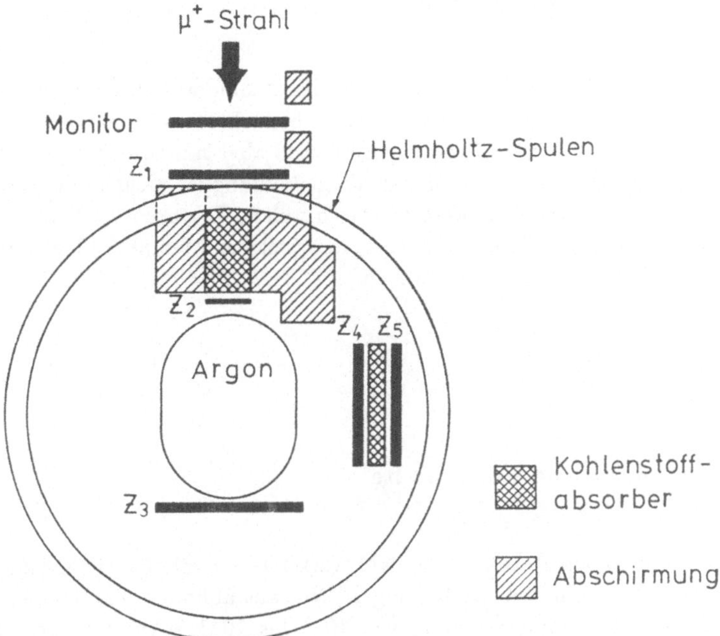

Fig. 6.35: *Schematische Anordnung zum Nachweis des Myoniums.*

Feldrichtung beim Eintritt in den Argontank. Bildet sich nun Myonium, so präzediert dessen Spin mit einer Larmor-Frequenz, die um zwei Größenordnungen größer ist als diejenige des μ^+. Bei der Messung macht man sich die Eigenschaft des μ^+-Zerfalls zu Nutze, daß das Positron bevorzugt in Richtung des μ^+-Spins emittiert wird. Die Zählrate der Zähler Z_4 und Z_5 liefert dann in Abhängigkeit von der Zeit einen ganz charakteristischen Verlauf, welcher der Larmorpräzession des Myoniums entspricht und gänzlich verschieden ist von demjenigen, der vom Zerfall isolierter μ^+ herrühren würde. Die Analyse der Meßergebnisse bestätigte eindeutig das Auftreten von Myonium.

In modernen Experimenten untersucht man Myonium im Vakuum, wo es keine störenden Einflüsse durch umgebende Gasmoleküle gibt. Die Erzeugung geschieht auf ähnliche Weise wie beim Positronium. Ein μ^+-Strahl wird auf einen Festkörper gelenkt, wo die Teilchen abgebremst werden und knapp unterhalb der Oberfläche zur Ruhe kommen. Als Festkörper wird mit viel Erfolg eine große Anzahl SiO_2-Kügelchen von ca. $7nm$ Durchmesser verwendet. An der Oberfläche des SiO_2 bildet sich Myonium. Es diffundiert ins Vakuum und kann dort untersucht werden. Mit Hilfe dieser Technik wurden in den letzten Jahren eine Reihe erfolgreicher Myonium-Experimente durchgeführt.

6.6 * Das Spektrallinienprofil

Wir haben gelernt, daß viele Eigenschaften der Atome aus ihren Spektren abgelesen werden können. Die saubere Trennung eng benachbarter Spektrallinien mit hochauflösenden Interferometern gelingt experimentell aber nur insoweit, wie die Spektrallinien selbst genügend scharf sind. Diese Voraussetzung ist nicht immer erfüllt. Es soll in diesem Abschnitt untersucht werden, durch welche Faktoren die Schärfe einer Spektrallinie gegeben ist bzw. beeinflußt wird, und welcher Meßmethoden man sich heute bedient, um Linienschärfen zu bestimmen.

6.6.1 * Die natürliche Linienbreite

Angeregte Atome haben stets eine von Null verschiedene mittlere Lebensdauer τ, deren Größe von den Eigenschaften der beteiligten Niveaus abhängt. Sie hat bei elektrischen Dipolübergängen die Größenordnung von 10^{-9} bis 10^{-8} Sekunden, bei magnetischer Dipolstrahlung und bei elektrischer Quadrupolstrahlung bis zu vielen Größenordnungen mehr. Die endliche Lebensdauer τ ist nach der Heisenbergschen Unschärferelation Gl.(1.18) mit einer Energieunschärfe ΔE der ausgesandten Strahlung verknüpft

$$(6.64) \qquad \Delta E \cdot \tau = \hbar \qquad \text{bzw.} \qquad \Delta\omega \cdot \tau = 1 \ .$$

Das bedeutet, daß die beteiligten Niveaus — sie seien E_1 und E_2 – gleichfalls von einer Energieunschärfe betroffen sind. Das Atom emittiert also beim Übergang von E_1 nach E_2 nicht nur eine einzige Frequenz $\omega_0 = (E_1 - E_2)/\hbar$, sondern ein ganzes Spektrum von Frequenzen, die um den Wert von ω_0 gruppiert sind. Wir wollen uns mit der Frage beschäftigen, wie die Intensität der Strahlung auf der Frequenzskala verteilt ist. Diese Intensitätsverteilung $I(\omega)$ läßt sich mit Hilfe der Fourier–Zerlegung ermitteln, wenn der zeitliche Verlauf der ausgesandten Welle $f(t)$ bekannt ist. Wir betrachten die Strahlung an einem festen Ort. Das Frequenzspektrum $F(\omega)$ ergibt sich aus dem Fourier–transformierten Zeitverhalten

$$(6.65) \qquad F(\omega) = \frac{1}{\sqrt{2\pi}} \int_{-\infty}^{+\infty} \exp(-i\omega t) f(t) \, dt \ .$$

Die Größe $f(t)$ können wir aus dem Verhalten sehr vieler angeregter Atome herleiten. $|f(t)|^2$ gibt die Intensität der Welle zur Zeit t am betrachteten Ort an. Nun ist der Übergang ein statistischer Vorgang, der in einer Gesamtheit von Atomen für jedes Atom unabhängig von den anderen Atomen abläuft, und zwar mit einer konstanten, für diesen Prozeß spezifischen Übergangswahrscheinlichkeit pro Zeiteinheit Γ. Sind zur

Zeit t noch $N(t)$ angeregte Atome vorhanden und nimmt diese Anzahl in der Zeit dt um den Anteil dN ab, so ist die Übergangswahrscheinlichkeit im Zeitintervall dt

$$\frac{dN}{N(t)} = -\Gamma dt.$$

Die Integration dieser Gleichung liefert das bekannte exponentielle Zerfallsgesetz

$$N(t) = N(0) \cdot \exp\left(-\Gamma t\right) \ ,$$

wobei $N(0)$ die Anzahl der angeregten Atome zur Zeit $t = 0$ ist. Hiernach ist $\tau = 1/\Gamma$ die **mittlere Lebensdauer** des betrachteten Zustandes (s. Gl.(1.19)). Das Verhältnis $N(t)/N(0)$ gibt gerade die gesuchte Größe $|f(t)|^2$ an, so daß wir für $f(t)$ ansetzen können

$$
\begin{aligned}
f(t) &= \sqrt{\Gamma}\,\exp(i\omega_0 t)\exp\left(-\frac{\Gamma}{2}t\right) && \text{für } t \geq 0 \\[2mm]
f(t) &= 0 && \text{für } t < 0 \ .
\end{aligned}
$$

(6.66)

Hierbei resultiert der Faktor $\sqrt{\Gamma}$ aus der Normierung

$$\int_{-\infty}^{+\infty} |f(t)|^2 \, dt = \int_{0}^{+\infty} |f(t)|^2 \, dt = \int_{0}^{+\infty} \Gamma \exp\left(-\Gamma t\right) \, dt = 1 \ .$$

Die zeitliche Abnahme der Amplitude der Welle in Gl.(6.66) hat zur Folge, daß wir es nicht mit einer einzigen Frequenz ω_0 zu tun haben, sondern mit einem Spektrum von Frequenzen. Nach Gl.(6.65) ergibt sich nämlich

$$
\begin{aligned}
F(\omega) &= \sqrt{\frac{\Gamma}{2\pi}} \int_{0}^{+\infty} \exp\left(i(\omega_0 - \omega)t - \frac{\Gamma}{2}t\right) \, dt \\[2mm]
&= \sqrt{\frac{\Gamma}{2\pi}} \cdot \frac{1}{i(\omega_0 - \omega) - \Gamma/2} .
\end{aligned}
$$

Das Betragsquadrat von $F(\omega)$ liefert die Intensität der ausgesandten Strahlung in Abhängigkeit von der Frequenz

(6.67)
$$\boxed{I(\omega) = |F(\omega)|^2 = \frac{1}{\pi} \cdot \frac{\Gamma/2}{(\omega - \omega_0)^2 + \Gamma^2/4}} \ .$$

Die durch Gl.(6.67) beschriebene Funktion heißt **Lorentz–Kurve**. Sie spiegelt ein typisches Resonanzverhalten wider. Der Kurvenverlauf ist in Fig. 6.36 gezeigt. Das Intensitätsmaximum hat den Wert

$$I_{max} = \frac{2}{\pi\Gamma}.$$

Die Kurve ist bei $\omega_\Gamma = \omega_0 \pm \Gamma/2$ auf die Hälfte des maximalen Wertes I_{max} gesunken. Γ hat also die Bedeutung der **Halbwertsbreite** der Lorentz–Kurve und wird als charakteristische Größe für das Linienprofil verwendet. Man nennt Γ auch die natürliche

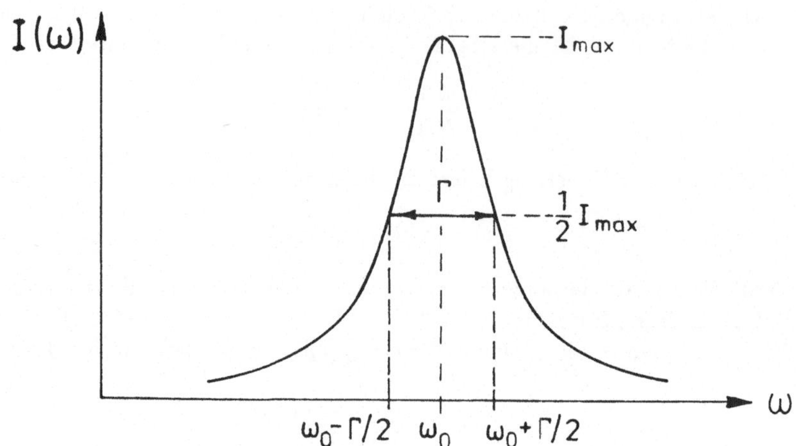

Fig. 6.36: *Die Lorentz–Kurve.*

Linienbreite einer Spektrallinie, weil sie sich aus der Natur der beteiligten Niveaus des Atoms verstehen läßt. Im Gegensatz dazu stehen die später erläuterten künstlichen Verbreiterungen durch äußere Einflüsse.

Die natürliche Linienbreite von Spektrallinien wird in der Praxis in Energien ausgedrückt und ist im allgemeinen zahlenmäßig äußerst klein. Legt man einen typischen Wert von $\tau = 10^{-8}$ Sekunden für die mittlere Lebensdauer zugrunde, so ist nach Gl.(6.64) $\Delta E = \hbar\Gamma = \hbar/\tau = 6,58 \cdot 10^{-8} eV$.

6.6.2   * Die Verbreiterung durch äußere Einflüsse

Es gibt mehrere äußere Einflüsse, die auf die natürliche Linienbreite der Spektrallinien vergrößernd wirken und dadurch deren Messung erschweren.

Die Doppler–Verbreiterung

Im allgemeinen Fall muß man davon ausgehen, daß die das Licht emittierenden Atome nicht in Ruhe, sondern in Bewegung sind. Wenn die Atome durch eine Gasentladung angeregt werden, ist dies infolge der Temperatur des Gases immer der Fall. Das Licht wird dann bei einem Emissionsakt aufgrund des Doppler–Effekts zu größeren oder

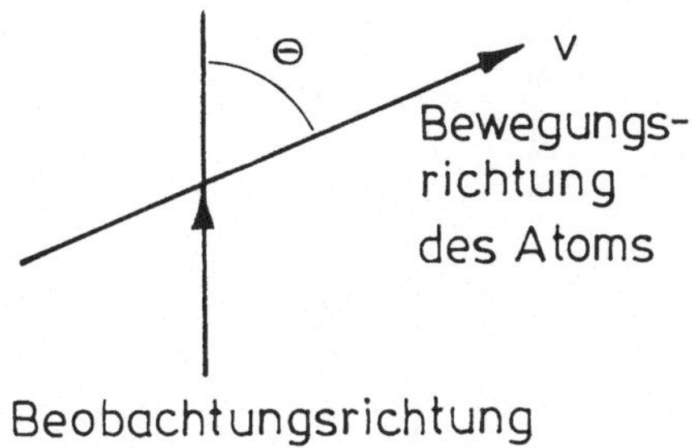

Fig. 6.37: *Zum optischen Doppler–Effekt.*

kleineren Wellenlängen verschoben, je nachdem ob sich das Atom vom Beobachter weg– oder auf ihn zubewegt. Da die Bewegungsrichtungen statistisch verteilt sind, ergibt sich insgesamt eine Verbreiterung der beobachteten Linie.

Die Doppler–verschobene Frequenz ist gegeben durch (s. Fig. 6.37)

$$\omega = \omega_0 \frac{1 - \dfrac{v}{c}\cos\theta}{\sqrt{1 - v^2/c^2}}$$

ω_0 Frequenz des Lichts im Ruhesystem des Atoms

v Geschwindigkeit des Atoms gegenüber dem Beobachter

θ Winkel zwischen Beobachtungsrichtung und Bewegungsrichtung des Atoms.

Im allgemeinen ist $v \ll c$, so daß sich diese Gleichung vereinfacht zu

$$\omega = \omega_0 \left(1 - \frac{u}{c}\right) \ , \quad u = v \cdot \cos\theta$$

Geschwindigkeitskomponente längs der Beobachtungsrichtung.

Die relative Doppler–Verschiebung ist also

$$(6.68) \qquad \frac{\omega_0 - \omega}{\omega_0} = \frac{u}{c}.$$

Die Maxwell–Boltzmannsche Verteilung für eine Geschwindigkeitskomponente im idealen Gas ist gegeben durch

$$(6.69) \quad f(u)du = \sqrt{\frac{M}{2\pi kT}} \exp\left(-\frac{Mu^2}{2kT}\right) du \ ,$$

M Masse der Atome

k Boltzmann–Konstante

T absolute Temperatur.

Der Variablenwechsel auf die Frequenz liefert dann mit $du = (c/\omega_0)\, d\omega$ die Frequenzverteilung der beobachteten Intensität

$$(6.70) \qquad I(\omega)d\omega = \frac{1}{\omega_0}\sqrt{\frac{Mc^2}{2\pi kT}} \exp\left(-Mc^2(\omega - \omega_0)^2/2kT\omega_0^2\right) d\omega \ .$$

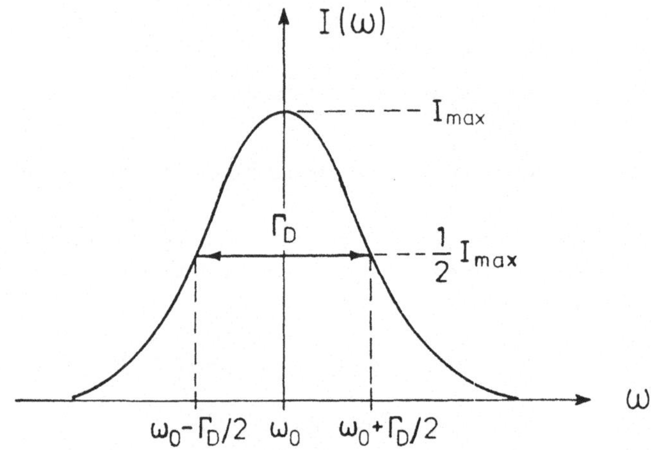

Fig. 6.38: *Die Gaußsche Glockenkurve.*

Man erhält also eine Gaußsche Glockenkurve, wie sie in Fig. 6.38 gezeigt ist. Die relative Halbwertsbreite ergibt sich zu

$$(6.71) \qquad \frac{\Gamma_D}{\omega_0} = \frac{2}{c}\sqrt{\frac{2kT}{M}} \cdot \ln 2 .$$

Für das H–Atom erhält man z.B. bei $T = 300K$ für Γ_D/ω_0 einen Wert von $1,24 \cdot 10^{-5}$, was für die absolute Breite etwa der H_α–Linie $\hbar\Gamma_D(H_\alpha) = 2,3 \cdot 10^{-5}eV$ ergibt. Das sind drei Größenordnungen mehr als vergleichsweise die natürliche Linienbreite eines Niveaus von $\hbar\Gamma = 6,6 \cdot 10^{-8}eV$ bei einer mittleren Lebensdauer von $10^{-8}s$.

Der absolute Wert von Γ_D wächst linear mit der Frequenz und mit der Quadratwurzel aus T/M.

Die Stoßverbreiterung

In der gleichen Größenordnung wie die Doppler–Verbreiterung wirkt sich die Stoßverbreiterung der Spektrallinien bei Zimmertemperatur und Normaldruck aus. Erleidet ein

Licht emittierendes Atom einen Stoß durch ein Nachbaratom, so kann eine Störung
der Lichtemission auftreten. Viele solcher Störungen führen zu einer Verbreiterung der
Spektrallinie.

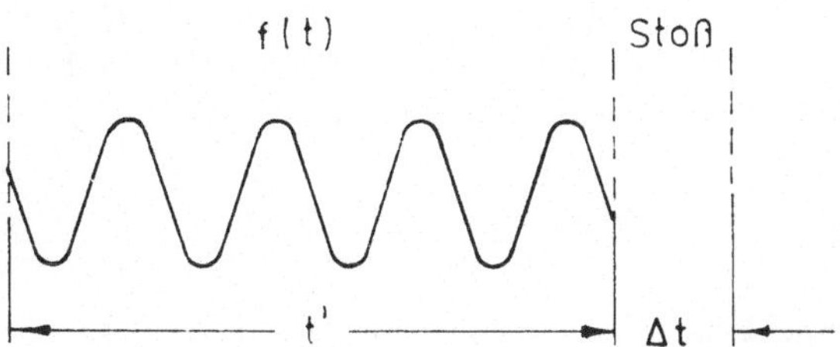

Fig. 6.39: *Störung der Emission durch Stöße.*

Wir wollen diese Verbreiterung berechnen. Gehen wir davon aus, daß wir es infolge
der Störung nur noch mit einem Fragment eines Wellenzuges zu tun haben, so ist die
Lichtamplitude $f(t)$ gegenüber Gl.(6.66) dementsprechend zeitlich verkürzt. Setzen wir
voraus, daß die Lebensdauer des betrachteten atomaren Zustandes sehr viel größer und
die Stoßdauer Δt sehr viel kleiner ist als die Zeit t' zwischen zwei Stößen, wie es in
Fig. 6.39 dargestellt ist, so können wir für $f(t)$ bis auf eine Konstante schreiben

$$f(t) = \begin{cases} \exp(i\omega_0 t) & \text{für } 0 \le t \le t' \\ 0 & \text{für } t < 0 \text{ und } t > t' . \end{cases}$$

Gegenüber Gl.(6.66) wurde gemäß Voraussetzung der exponentielle Abfall vernachläßigt.
Das Fourier-Spektrum eines solchen Wellenfragmentes ist dann gegeben durch

$$F_S(\omega) = \frac{1}{\sqrt{2\pi}} \int_0^{t'} e^{-i\omega t} \cdot e^{i\omega_0 t} dt = \frac{e^{i(\omega_0 - \omega)t'} - 1}{i(\omega_0 - \omega)\sqrt{2\pi}} .$$

Für die Intensität erhalten wir hieraus

$$(6.72) \qquad I_s(\omega) = |F_s(\omega)|^2 = \frac{\sin^2\left(\dfrac{\omega_0 - \omega}{2} t'\right)}{2\pi \left(\dfrac{\omega_0 - \omega}{2}\right)^2} .$$

Gl.(6.72) gilt für ein einzelnes Wellenfragment, d.h. für eine bestimmte Zeitdauer t'
zwischen zwei Stößen. Da sich die Stöße statistisch ereignen, ist die Größe t' gemäß
einer Wahrscheinlichkeitsfunktion $P(t')$ verteilt, und das Spektrum $I_s(\omega)$ muß über
diese Verteilung gemittelt werden.

Wir untersuchen zunächst die Funktion $P(t')$. Sie ist das Produkt aus der Wahrscheinlichkeit, daß das angeregte Atom die Strecke x ohne Stoß durchläuft und der
Wahrscheinlichkeit, daß sich im Intervall $(x, x + dx)$ ein Stoß ereignet. Ist λ die mittlere freie Weglänge der Gasatome, so ist erstere gegeben durch $\exp(-x/\lambda)$ analog zu

Gl.(6.36) und letztere durch dx/λ analog zu Gl.(6.35), so daß wir im ersten Schritt schreiben können

$$P(x)dx = \frac{1}{\lambda}\exp\left(-x/\lambda\right)dx \ .$$

Der Wechsel zur Variablen t' erfolgt über $x = \bar{v}t'$, wenn wir die Geschwindigkeit v durch die mittlere Geschwindigkeit $\bar{v}$ ersetzen. Mit $\lambda = \bar{v}\tau_s$, wobei τ_s die mittlere Zeit zwischen zwei Stößen ist, können wir die gesuchte Funktion angeben

$$P(t')dt' = \frac{1}{\tau_s}\exp\left(-t'/\tau_s\right)dt' \ .$$

Die Mittelung des Spektrums $I_s(\omega)$ ergibt dann, wenn wir $1/\tau_s = \Gamma_s/2$ setzen,

$$\begin{aligned}
\overline{I_s(\omega)} &= \frac{1}{\tau_s}\int_0^\infty P(t')I_s(\omega)dt' \\[2mm]
&= \frac{\Gamma_s^2}{8\pi}\int_0^\infty \exp\left(\frac{-\Gamma_s}{2}t'\right)\cdot\frac{\sin^2\left(\dfrac{\omega_0-\omega}{2}t'\right)}{\left(\dfrac{\omega_0-\omega}{2}\right)^2}\,dt' \ .
\end{aligned}$$

Die Integration liefert das Endresultat

$$(6.73)\qquad \boxed{\ \overline{I_s(\omega)} = \frac{1}{\pi}\frac{\Gamma_s/2}{(\omega-\omega_0)^2 + \Gamma_s^2/4}\ }$$

also wiederum den gleichen Frequenzverlauf wie derjenige der natürlichen Linienbreite, Gl.(6.67), jedoch mit einer Halbwertsbreite Γ_s, die sich als erheblich größer erweist als die natürliche Linienbreite Γ. Berechnet man zum Beispiel die Größe $\bar{v}$ für atomaren Wasserstoff bei 400 K Temperatur nach der kinetischen Gastheorie

$$\bar{v} = \sqrt{\frac{8RT}{\pi M}}\ , \qquad \begin{array}{ll} R & \text{allgemeine Gaskonstante} \\ M & \text{Molmasse,} \end{array}$$

und schätzt die Größe $\lambda = n\sigma$ aus der atomaren Dichte bei Normaldruck

$$n = \frac{\rho N_A}{M}\ , \qquad \begin{array}{ll} \rho & \text{Massendichte} \\ N_A & \text{Avogadro-Konstante} \end{array}$$

und aus dem geometrischen Querschnitt $\sigma = \pi a_0^2$ des H–Atoms mit dem Bohrschen Radius a_0 ab, so erhält man $\lambda = 1{,}5\cdot 10^{-7}\,$m, $\tau_s = 5\cdot 10^{-11}\,$s, $\Gamma_s = 4\cdot 10^{10}\,$s^{-1} und eine Linienbreite von $\hbar\Gamma_s = 2{,}6\cdot 10^{-5}\,eV$. Dies liegt in der gleichen Größenordnung wie die Doppler–Verbreiterung (s. Gl.(6.71)).

Die Stoßverbreiterung wird sehr groß, wenn Dichte und Temperatur des emittierenden Gases sehr hoch sind. Diese Erscheinung wirkt sich bei der spektralen Untersuchung des Lichts von Gestirnen sehr störend aus. Hier können Spektrallinien sogar zu einem breiten Kontinuum verschmiert werden.

Die Stark–Verbreiterung

Enthält das untersuchte Gas Teilchen mit einem elektrischen Dipol– oder Quadrupolmoment oder sind geladene Teilchen wie z.B. bei einem Plasma vorhanden, so können die elektrischen Felder dieser Teilchen beim Stoß mit einem emittierenden Atom zu Niveauverschiebungen durch den Stark–Effekt und damit zu einer weiteren Linienverbreiterung führen. Diese Beiträge sind jedoch im allgemeinen verhältnismäßig klein und sollen hier nicht weiter behandelt werden.

Die Stoß– und Stark–Verbreiterung faßt man auch unter dem Begriff Druckverbreiterung zusammen, da ihre Größe mit wachsendem Druck des emittierenden Gases zunimmt.

6.6.3   * Die Messung von Linienbreiten

Die für die Atomphysik interessante Größe ist die natürliche Linienbreite und damit die Lebensdauer eines angeregten Niveaus. Da die im vorigen Abschnitt besprochenen störenden Effekte die natürliche Linienbreite um mehrere Größenordnungen überdecken können, müssen Methoden entwickelt werden, welche die natürliche Linienbreite bei einer Messung selektieren. Doppler–Verbreiterung und Stoßverbreiterung können beide durch Erniedrigung des Gasdrucks und der Temperatur reduziert, aber nicht gänzlich ausgeschaltet werden. Eine Verbesserung schafft die Ausblendung eines Atomstrahls durch Schlitze sowie die Beobachtung senkrecht zur Strahlrichtung.

Im folgenden soll das Prinzip einiger Methoden erläutert werden.

Direkte Messung der mittleren Lebensdauer eines angeregten Zustandes

In Fig. 6.40 ist eine Anordnung zur direkten Messung der Zerfallszeit eines angeregten Zustandes gezeigt. Neutrale Atome aus einem Ofen werden nach Durchlaufen eines Geschwindigkeitsselektors, der aus zwei rotierenden Scheiben mit versetzten Schlitzen besteht, durch Beschuß mit Elektronen passender kinetischer Energie oder auch mittels Laserlicht in einen bestimmten Anregungszustand gebracht. Mit der in Strahlrichtung z verschiebbaren optischen Meßanordnung läßt sich die Intensität des emittierten Lichts in Abhängigkeit von z messen. Die mittlere Lebensdauer τ ermittelt man dann aus dem Zerfallsgesetz

$$I(z) = I_0 \exp\left(-\frac{t}{\tau}\right) = I_0 \exp\left(-\frac{z}{v\tau}\right),$$

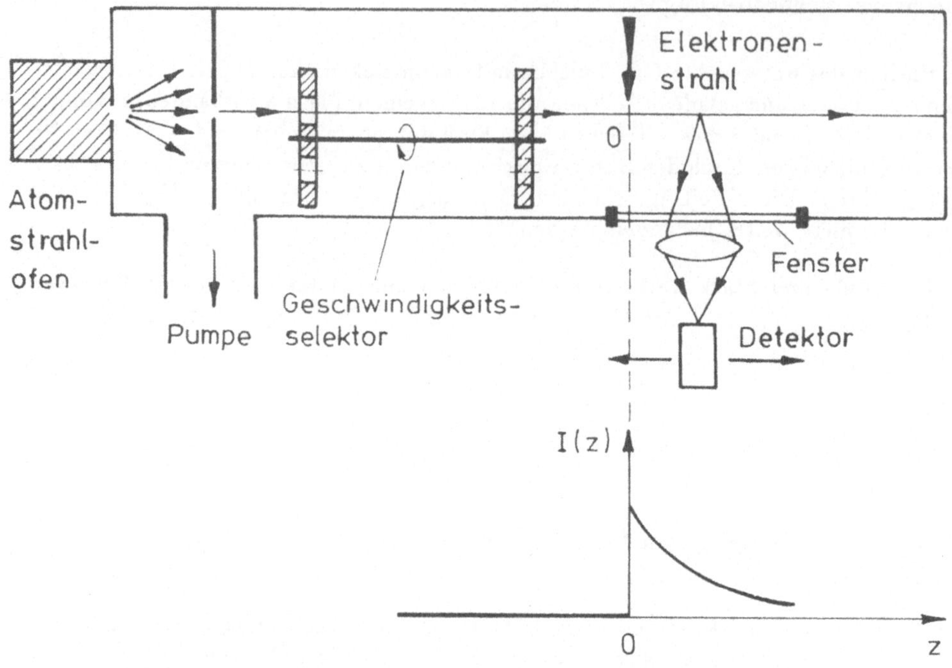

Fig. 6.40: *Meßanordnung zur Bestimmung der Lebensdauer eines angeregten Zustandes.*

wobei

I_0 gemessene Lichtintensität bei $z = 0$
$I(z)$ Intensität am Ort z
v Geschwindigkeit der Atome.

Laserspektroskopie zur direkten Messung der Halbwertsbreite

Laserlicht hat den Vorteil, extrem monochromatisch zu sein ($\Delta\nu/\nu \approx 10^{-15}$, s. Abschn. 6.7)

Man sendet Laserlicht variabler Frequenz auf Atome und beobachtet die Intensität der von den Atomen ausgesandten Strahlung. Auf diese Weise erfaßt man meßtechnisch das gesamte Spektrallinienprofil, wegen der thermischen Bewegung der Atome allerdings nicht dasjenige der natürlichen Linienbreite, sondern lediglich die Doppler–Verbreiterung (s.Fig. 6.41). Die Erzeugung von Laserlicht variabler Frequenz wird in Abschnitt 6.7 erläutert.

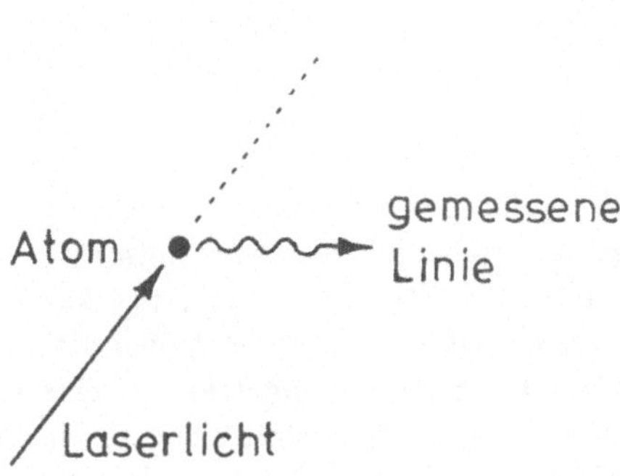

Fig. 6.41: *Zur Laserspektroskopie.*

Sättigungsspektroskopie

Mit komplizierteren Anordnungen gelingt es, das natürliche Linienprofil aus der Doppler–Verbreiterung herauszufiltern.

Fig. 6.42 zeigt die experimentelle Anordnung der Sättigungspektroskopie. Der intensive Strahl eines durchstimmbaren Farbstofflasers wird über den Spiegel 1 durch die zu

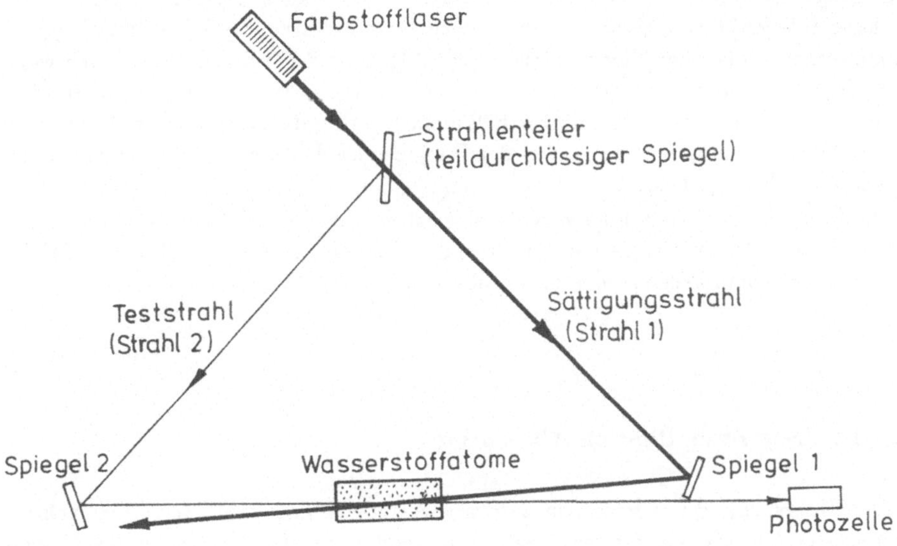

Fig. 6.42: *Experimentelle Anordnung zur Sättigungsspektroskopie.*

untersuchende Wasserstoffprobe geschickt (Strahl 1). An einem Strahlenteiler in Form eines teildurchlässigen Spiegels wird ein schwacher Teststrahl abgespalten und über den Spiegel 2 in entgegengesetzter Richtung durch die Wasserstoffprobe geleitet (Strahl 2). Gemessen wird die Intensität des Teststrahls mit einer Photozelle in Abhängigkeit von der Frequenz des Laserlichts. Untersucht wird das Linienprofil einer Absorptionslinie von Wasserstoff in der Umgebung der Resonanzfrequenz ω_0. Wäre Strahl 1 nicht vorhanden, so erhielte man als Meßergebnis erwartungsgemäß die Doppler–Kurve nach Fig. 6.38. Das Hinzuschalten von Strahl 1 hat so lange keine Konsequenz, wie die Laserfrequenz größer oder kleiner ist als ω_0. Ist sie größer als ω_0, so werden aufgrund des Doppler–Effekts von Strahl 1 nur Atome angeregt, die eine für die Resonanzanregung passende Geschwindigkeitskomponente in Strahlrichtung (in Fig. 6.42 nach links) besitzen. Die Frequenzüberhöhung wird dann durch die Doppler–Rotverschiebung der Absorption kompensiert, sodaß eine Resonanzanregung erfolgen kann. Umgekehrt werden von Strahl 2 nur Atome angeregt, die sich in Fig. 6.42 nach rechts bewegen. Offensichtlich können zur gleichen Zeit von Strahl 1 und Strahl 2 niemals dieselben Atome angeregt werden. Ist die Frequenz kleiner als ω_0, so werden wiederum durch die beiden Teilstrahlen nur Atome angeregt, die jeweils eine passende Geschwindigkeitskomponente entgegengesetzt zur jeweiligen Strahlrichtung haben. In beiden Fällen $\omega \neq \omega_0$ sind die Resonanzanregungen der jeweiligen Teilstrahlen ohne gegenseitigen Einfluß. Die Photozelle mißt gemäß der Doppler–Kurve Fig. 6.38 eine zunehmende Absorption von Strahl 2 mit zunehmender Nähe der Frequenz zur Resonanzfrequenz ω_0.

Ist jedoch $\omega = \omega_0$ oder innerhalb der natürlichen Linienbreite von ω_0, so können Atome mit der Geschwindigkeit Null oder solche, die sich senkrecht zur Richtung der beiden Strahlen bewegen, von beiden Strahlen in Resonanzanregung versetzt werden. Die hohe Intensität von Strahl 1 wird jedoch für die Anregung des größten Teils der Atome sorgen (daher der Name Sättigungsstrahl), so daß für Strahl 2 nur noch wenige Atome zur Anregung übrigbleiben, und dieser im wesentlich ungeschwächt durch die Probe läuft. Als gesamtes Resultat erhält man die Doppler–verbreiterte Absorptionslinie, welcher, wie Fig. 6.43 zeigt, bei der Frequenz ω_0 das Strahlprofil der natürlichen Linienbreite überlagert ist.

Die Methode der Sättigungsspektroskopie ist so genau, daß damit auch die Lamb–Verschiebung, z.B. der Frequenzunterschied der Übergänge $3D_{3/2} \rightarrow 2P_{1/2}$ und $3P_{3/2} \rightarrow 2S_{1/2}$ auf optischem Wege gemessen werden konnte.

Doppler–freie Zwei–Photon–Absorption

Die Untersuchung mit Hilfe von Lasern wird schwierig, sobald der zu beobachtende Übergang ΔE im UV–Gebiet liegt, wie es z.B. bei der energiereichsten Lyman–Linie des H–Atoms der Fall ist. Denn es gibt nur wenige geeignete Laserquellen im UV–Gebiet. Es hat sich jedoch gezeigt, daß man die gleichzeitige Absorption zweier Laserquanten der Energie $\Delta E/2$ erreichen kann, wenn Laserstrahlen extrem hoher Intensität verwen-

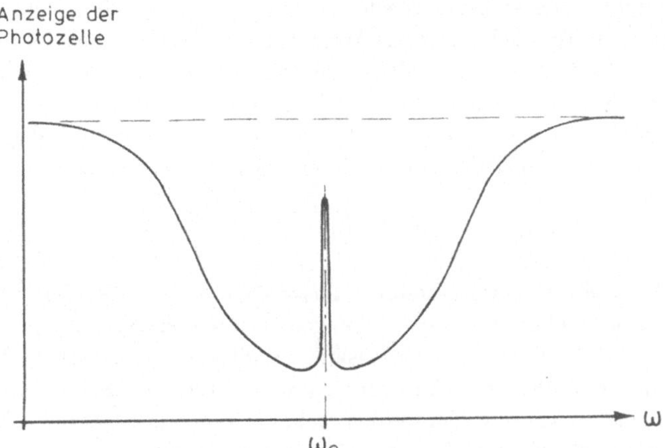

Fig. 6.43: *Beobachtete Meßkurve zur Sättigungsspektroskopie.*

det werden. Auf diese Weise läßt sich mit Lasern im herkömmlichen Frequenzbereich arbeiten. Die Energiedifferenz zwischen Anfangs- und Endzustand eines Atoms ist dann gleich der Energiesumme der beiden Photonen

$$\Delta E = \hbar\omega_1 + \hbar\omega_2,$$

wobei die Wahrscheinlichkeit für diesen Zwei–Photonen–Absorption genannten Übergang am größten ist, wenn $\omega_1 = \omega_2 = \omega$, also $\Delta E = 2\hbar\omega$. Dabei gelten andere Auswahlregeln als für die einfache elektrische Dipol–Absorption. Da letztere mit $\Delta l = \pm 1$ verbunden ist, lauten die Auswahlregeln für den Zwei–Photon–Prozeß $\Delta l = 0$ oder $\Delta l = \pm 2$.

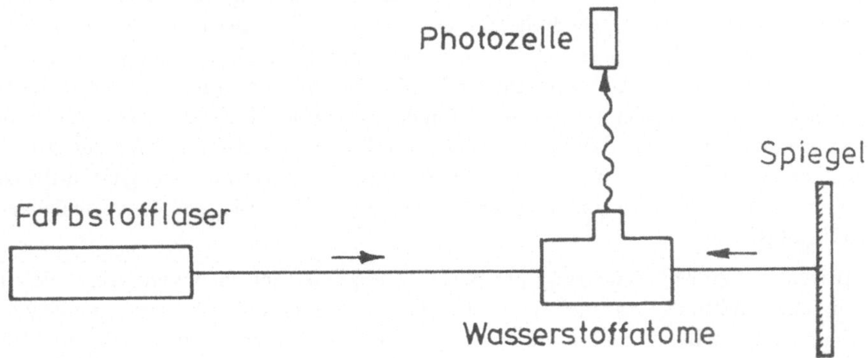

Fig. 6.44: *Experimentelle Anordnung zur Zwei–Photon–Absorption.*

In Fig. 6.44 ist eine experimentelle Anordnung gezeigt. Die zu untersuchende Probe wird in die stehende Welle eines sehr intensiven Strahls eines durchstimmbaren Farbstofflasers gebracht. Die stehende Welle besteht aus einem nach rechts und einem nach links laufenden Teilstrahl. Für ein Atom mit der Geschwindigkeitskomponente v längs der Strahlachse hat der eine Teilstrahl infolge des Doppler–Effekts die Frequenz $\omega_1 = \omega(1 + v/c)$, der andere entgegengesetzt laufende Teilstrahl hingegen die Frequenz $\omega_2 = \omega(1 - v/c)$. Das Atom kann unabhängig von seiner Geschwindigkeit v je ein Photon aus den beiden Teilstrahlen absorbieren, da der Energiesatz erfüllt bleibt

$$\Delta E = \hbar\omega_1 + \hbar\omega_2 = \hbar\omega \left(1 + \frac{v}{c} + 1 - \frac{v}{c}\right) = 2\hbar\omega \ .$$

Die Doppler–Verbreiterung wird dadurch ausgeschaltet, daß bei der Zwei–Photon-Absorption die Rot– und die Blauverschiebungen der Frequenzen sich gegenseitig aufheben. Als gemessene Breite der Absorptionslinie erhält man die natürliche Linienbreite. Allerdings ist die Zwei–Photonen–Anregung ein sehr seltener Prozeß, weil ein Atom von zwei Photonen gleichzeitig getroffen werden muß, um angeregt zu werden. Die Methode führt daher nur in sehr intesiven Laserlichtfeldern zum Erfolg.

T.W. Hänsch und Mitarbeiter haben im Jahr 1992 mit großem Erfolg die Methode der Zwei-Photon-Absorption auf die präzise Messung der $1S_{1/2}$-Lamb-Verschiebung beim H–Atom (Fig. 5.47) angewendet. Obwohl diese achtmal größer ist als beim $2S_{1/2}$-Zustand (Abschn. 5.4.3), konnte sie bis dahin nicht genau bestimmt werden. Die Messung lief auf einen Vergleich der Zwei-Photon-Anregung $1S_{1/2} \to 2S_{1/2}$ mit der etwa viermal energieärmeren Zwei-Photon-Anregung $2S_{1/2} \to 4S_{1/2}$ des H–Atoms hinaus und lieferte den extrem genauen Wert von $3,380\,008\,(45) \cdot 10^{-5}$ eV.

6.7 Laser und Maser

Laser und Maser[28] sind Quellen eng gebündelter, gegebenenfalls sehr intensiver elektromagnetischer Strahlung mit ganz besonderen Eigenschaften. Die erzeugten Wellenlängen liegen beim Laser im optischen Bereich, beim Maser im Mikrowellenbereich. Beide Geräte spielen heute sowohl in der Grundlagenforschung als auch in der technischen und industriellen Anwendung eine bedeutende Rolle. Besonders die industrielle Weiterentwicklung des Lasers hat in den letzten zwei Jahrzehnten eine große Vielfalt von Anwendungsmöglichkeiten erschlossen. Sie reichen vom gezielten Einsatz in der Medizin über die verschiedensten Verwendungsarten in der Technik bis zum Laserkopf in heute handelsüblichen CD–Spielern der Unterhaltungselektronik. Was den Mechanismus des Lasers und des Masers betrifft, so liegt beiden Geräten das gleiche Prinzip zugrunde. Unterschiedlich sind lediglich das verwendete Material und die verschiedenen Ausführungsformen.

Wegen der großen Bedeutung der beiden Geräte werden in diesem Abschnitt die prinzipielle Funktionsweise und einige Ausführungsformen erörtert. Der grundlegende Mechanismus des Lasers und des Masers beruht auf dem Vorgang der induzierten Lichtemission angeregter Atome. Wir haben diesen Prozeß bereits in Abschn. 5.2 ausführlich diskutiert und wollen die Grundbegriffe hier nochmals aufgreifen.

---

[28]Die Bezeichnungen LASER bzw. MASER sind Akronyme für **Light** (bzw. **Microwave**) **Amplification by Stimulated Emission of Radiation**.

Wenn sich ein Atom oder allgemein ein Quantensystem in einem angeregten Zustand E_2 befindet, so kann es durch Emission eines Photons in den weniger angeregten Zustand mit der Energie E_1 übergehen ($h\nu = E_2 - E_1$). Je nach Auswahlregeln wird dieser Übergang schnell oder langsam, d.h. mit großer oder kleiner Wahrscheinlichkeit verlaufen. Dieser von außen nicht beeinflußbare Prozeß heißt **spontane Emission**. Umgekehrt kann ein Photon mit passender Frequenz das System vom Zustand mit der Energie E_1 in den Zustand der höheren Energie E_2 versetzten ($h\nu = E_2 - E_1$). Diesen Vorgang nennt man **induzierte Absorption**.

Neben diesen Prozessen gibt es noch die Reaktion, bei der das eingestrahlte Photon der Energie $h\nu$ das System vom angeregten Zustand der Energie E_2 in den energetisch tieferen Zustand E_1 überführt. Dies hat die Wirkung, daß ein zusätzliches Photon der Energie $h\nu = E_2 - E_1$ emittiert wird — ein **induzierte Emission** genannter Vorgang. Diese verschiedenen Vorgänge hatten wir bereits in Fig. 5.7 schematisch dargestellt. Sie sind in Fig. 6.45 nochmals vereinfacht wiedergegeben.

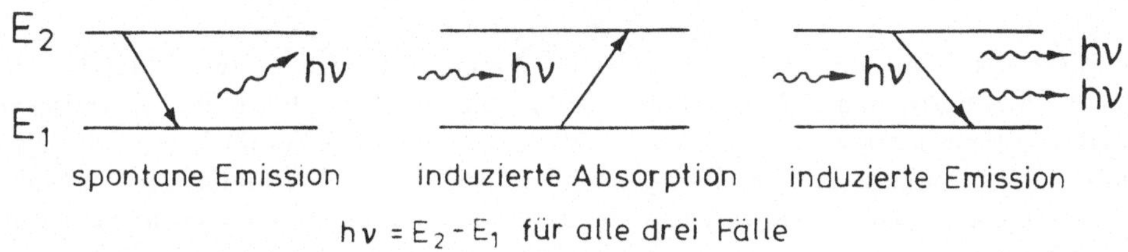

Fig. 6.45: *Schematische Darstellung von spontaner Emission sowie von induzierter Absorption und Emission.*

Die emittierten Strahlungen der spontanen und induzierten Emission weisen erhebliche Unterschiede auf. Die Photonen der spontanen Emission werden ohne äußeren Einfluß aus Übergängen einzelner angeregter Atome erzeugt, wobei die Emissionsakte einander nicht stören, also voneinander unabhängig sind. Die Strahlung wird daher in jede Richtung emittiert, und die Phasen der einzelnen Wellen sind zueinander beliebig. Die Strahlung ist daher inkohärent. Im Gegensatz dazu werden die Photonen der induzierten Emission bei jedem Prozeß in die gleiche Richtung wie das einfallende Photon ausgestrahlt. Es besteht eine feste Phasenbeziehung zwischen der einfallenden und der induziert emittierten Welle, was eine kohärente Strahlung zur Folge hat.

Die Eigenschaft der induzierten Emission bzw. Absorption kann bereits klassisch verstanden werden. Betrachten wir eine in z-Richtung laufende ebene Welle der Frequenz ν, deren elektrischer Feldvektor senkrecht dazu in x-Richtung schwingt, und die auf einen mit der gleichen Frequenz ν ebenfalls in x-Richtung schwingenden elektrischen Dipol auftrifft. Die einfallende Welle bewirkt eine Zu- oder Abnahme der Schwingungsamplitude je nach Phasendifferenz zwischen Welle und Dipol. Die Welle überträgt maximal Energie auf den Dipol, wenn die Phase des Dipols um $\pi/2$ hinter derjenigen des Feldes zurückbleibt. Dieser Fall entspricht der induzierten Absorption. Beträgt der Phasenunterschied jedoch $3/2\pi$, oder gleichbedeutend $-\pi/2$, so wird die Amplitude des Dipols geschwächt. Dem Dipol wird Energie entzogen und entsprechend die Amplitude der Welle in der gleichen Richtung verstärkt. Dieser Vorgang entspricht der induzierten Emission. Der Nettoenergiefluß der verstärkten Welle bleibt in z–Richtung gerichtet. Für den allgemeineren Fall, daß die Welle auf eine Anordnung vieler mit gemeinsamer Phase schwingender elektrischer Dipole trifft, ergibt sich eine verstärkte Welle mit der gleichen Ausbreitungsrichtung wie die ursprüngliche Welle, wobei die Phasen der einzelnen Wellenanteile gleich sind. Die Gesamtwelle ist somit kohärent. Dies ist das Grundprinzip der Lichtverstärkung.

Beim Laser und Maser wird die induzierte Emission genutzt, um durch besondere Bauweisen Licht bzw. Mikrowellenstrahlung hoher Intensitäten bei enger Bündelung und meistens mit bestimmter Polarisationsrichtung zu erzeugen. Somit vereinigen diese Quellen elektromagnetischer Strahlung besondere Vorteile: monochromatische, kohärente, polarisierte Wellen enger Bündelung und hoher Intensität.

Die Entwicklung des Masers ging der des Lasers historisch voraus. Nachdem die Russen N.G.Basov und A.M.Prokhorow Anfang der fünfziger Jahre die theoretischen Möglichkeiten des Maserbaus untersucht hatten, wurden Mitte der fünfziger Jahre erstmals Maser betrieben. Im Jahr 1960 gelang dem Amerikaner T.H.Maiman erstmals der Bau eines Lasers. Von da an wurden viele Maser– und vor allem Lasertypen entwickelt. Der prinzipielle Funktionsmechanismus wird im folgenden Abschnitt beschrieben.

6.7.1 Grundlegende Mechanismen

Fig. 6.46: *Zum Funktionsmechanismus des Lasers und Masers.*

Wir betrachten ein Medium, das der Einfachheit halber nur zwei Energiezustände $E_1 < E_2$ besitzt. Es werde von einem Strahl von Photonen der Energie $h\nu$ durchsetzt. Ist $h\nu = E_2 - E_1$, so können im Medium die drei Prozesse induzierte Emission bzw. Absorption und spontane Emission stattfinden. Herrscht thermisches Gleichgewicht mit der Umgebung, so sind die Besetzungszahlen der beiden Energieniveaus N_1

und N_2 im wesentlichen durch die Boltzmann–Verteilung gegeben

$$(6.74) \qquad \frac{N_2}{N_1} = \exp\left(-\frac{E_2 - E_1}{kT}\right) \qquad k \text{ Boltzmann-Konstante.}$$

Gl.(6.74) sagt aus, daß bei nicht extrem hohen Temperaturen im thermischen Gleichgewicht der niedrigere Energiezustand stets erheblich stärker besetzt ist als der höhere. So ergibt sich beispielsweise für den ersten angeregten Zustand von atomarem Wasserstoffgas ($E_2 - E_1 = 10,2 eV$) bei einer Temperatur von $1000 K$ der Wert $N_2/N_1 = 4 \cdot 10^{-52}$. Dies bedeutet, daß bei Labortemperaturen eigentlich nur das Grundniveau besetzt ist. Eine induzierte Absorption kommt daher viel häufiger vor als eine induzierte Emission, d.h. eine Lichtverstärkung ist nicht möglich.

Ein Verstärkungseffekt ist jedoch zu erwarten, wenn der höhere Energiezustand stärker besetzt ist als der Grundzustand ($N_2 > N_1$). Man nennt diesen Fall die **Inversion der Besetzungszahlen** oder kurz **Besetzungsinversion**. Induzierte Emission wird dann häufiger auftreten als induzierte Absorption, da die Übergangswahrscheinlichkeiten für beide Vorgänge gleich sind. Spontane Emission tritt zwar auch auf, aber wenn der einfallende Photonenstrahl genügend intensiv und die mittlere Lebensdauer des Niveaus E_2 nicht zu kurz ist, wird dieser Prozeß viel seltener vorkommen als die induzierte Emission. Als Nettoeffekt ist also eine Lichtverstärkung in Richtung der einfallenden Strahlung zu erwarten.

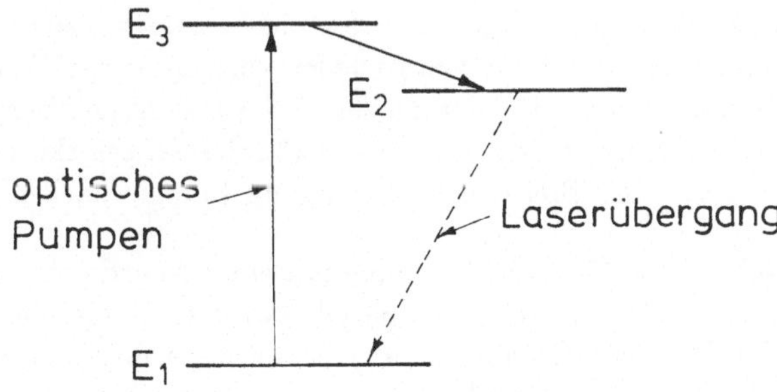

Fig. 6.47: *Das Drei–Niveau–System.*

Die Inversion der Besetzungszahlen gelingt über einen Umweg. Hierzu müssen im Medium mindestens drei verschiedene, geeignete Energieniveaus vorhanden sein. Man spricht von einem **Drei–Niveau–System**. Es gibt auch Systeme, bei denen mehr als drei Niveaus genutzt werden. Sie arbeiten jedoch nach dem gleichen Prinzip wie das Drei–Niveau-System, sodaß wir zum Verständnis des Lasers und Masers nur dieses am Beispiel des Lasers zu studieren brauchen. In Fig. 6.47 sind die Energiezustände eines Drei–Niveau-Systems dargestellt. Zunächst wird das Medium vom Grundzustand E_1 in den Zustand der Energie E_3 angeregt. Dies gelingt entweder mittels einer Strahlungsquelle von Photonen der Energie $h\nu = E_3 - E_1$ oder im Fall von Gaslasern durch elektrische Entladung. Man nennt diesen Arbeitsvorgang **optisches Pumpen**. Der spontane elektrische Dipolübergang von E_3 zurück auf E_1 soll durch die Auswahlregeln verboten sein. Dies ist realisiert, wenn E_3 wie der Grundzustand E_1 ein S–Zustand ist. Auf diese Weise kann eine starke Besetzung von E_3 erreicht werden. Andererseits soll der Übergang von E_3 nach E_2 erlaubt sein, so daß die meisten angeregten Atome in den Zustand E_2 gelangen. Ist die mittlere Lebensdauer dieses Niveaus genügend groß (metastabiler Zustand) so kann die Inversion $N_2 > N_1$ erreicht werden. Ein spontaner Übergang von E_2 nach E_1 kann bereits die induzierte Emission eines anderen Atoms des Mediums auslösen. Dies führt nach Vervielfachung des Prozesses zu einer Photonenlawine, d.h. zur Lichtverstärkung.

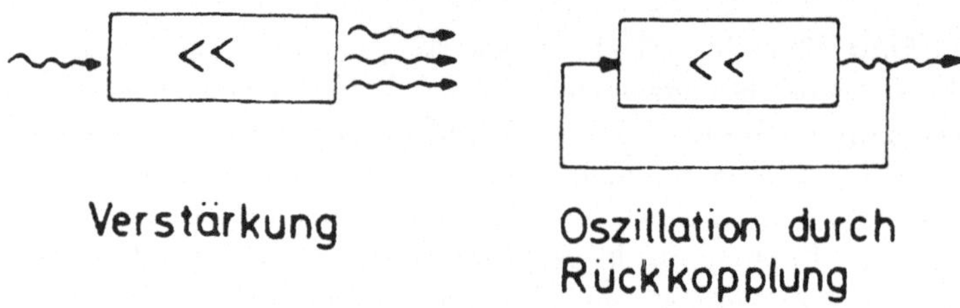

Fig. 6.48: *Verstärker und Oszillator.*

Zum Laser gelangt man dadurch, daß man den Lichtverstärker zu einem selbstständig schwingenden System macht. Bekanntlich ist jeder Verstärker von Wellen auch als Oszillator geeignet. Hierzu wird ein Teil der im Verstärker erzeugten Energie vom Ausgang in den Eingang zurückgekoppelt, wie es in Fig. 6.48 schematisch skizziert ist. Man hat lediglich dafür zu sorgen, daß über den Pumpvorgang Energie nachgeliefert wird.

Beim Laser geschieht die Lichtrückkopplung mit einer Anordnung zweier gegenüberliegender planparalleler oder sphärischer Spiegel, zwischen denen das laserfähige Medium eingebettet ist (Fig. 6.49). Man nennt eine solche Anordnung einen **optischen Resonator**. Die beiden Spiegel sind so zueinander justiert, daß das Laserlicht des Übergangs $E_2 \rightarrow E_1$ hin und her reflektiert wird und eine stehende Welle zwischen den Spiegeln bildet. Zur Auskopplung des Laserlichtes genügt es, wenn einer der beiden Spiegel zu einem Bruchteil durchlässig ist.
Wie aus Fig. 6.49 ersichtlich ist, führt diese Anordnung von selbst zu einer scharfen Richtungsbündelung des Laserlichtes dadurch, daß längs der optischen Achse fliegende Photonen durch Vielfachreflexionen eine große Aufenthaltsdauer im Medium haben und die Emission weiterer Photonen in die gleiche Richtung induzieren. Unter einem Winkel zur Achse gerichtete Photonen verlassen hingegen den Laser nach wenigen Reflexionen. Die Länge L des Resonators ist immer sehr groß gegenüber der verwendeten Wellenlänge. Bei einem Spiegelabstand von $10cm$ und einer Wellenlänge von $1\mu m$ passen 10^5 Wellenlängen in den Resonator. Dadurch ist für sehr viele Wellenlängen die Resonanzbedingung erfüllt.

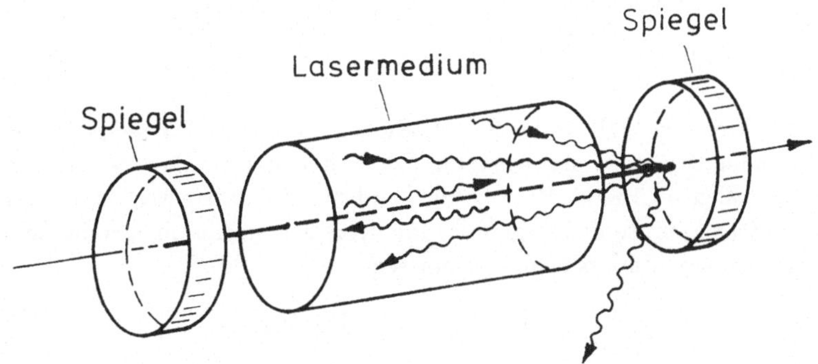

Fig. 6.49: *Der Laser als optischer Resonator.*

Wir wollen im folgenden die Eigenschwingungen eines optischen Resonators diskutieren. Die quantitative Behandlung ist umfangreich. Der Leser findet ausführliche
Betrachtungen in der Fachliteratur über Lasertechnik. Es soll hier nur der Ansatz für
den symmetrischen Resonator, d.h. für den Fall identischer Spiegelpaare angedeutet
werden.

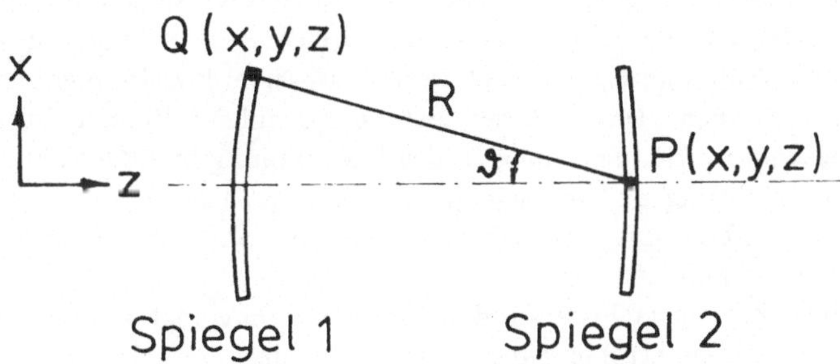

Fig. 6.50: *Zu den Moden des optischen Resonators.*

Die Lichtfeldstärke $v(x,y,z)$ im Beobachtungspunkt $P(x,y,z)$ des Spiegels 2 in
Fig. 6.50 setzt sich aus den Beiträgen $u(x,y,z)$ von sämtlichen Orten Q des Spiegels 1
zusammen

$$(6.75) \qquad v(x,y,z) = \int_{F_1} u(\bar{x},\bar{y},\bar{z}) \cdot K(\vec{PQ}) \cdot d\bar{F}_1,$$

wobei $\vec{PQ}$ der Ortsvektor vom Spiegelpunkt Q zum Beobachtungspunkt P ist. Die quer-
gestrichenen Größen sind die Integrationsvariablen des Spiegels 1; F_1 ist dessen Fläche.
Der Kern K der Integral–Gleichung (6.75) ist nach der Kirchhoffschen Beugungstheorie

gegeben durch

$$(6.76) \qquad K(\vec{PQ}) = -\frac{ik}{4\pi}\frac{e^{ikR}}{R}(1 + \cos\vartheta) \qquad k \text{ Wellenzahl des Lichts,}$$

wobei im Faktor $\exp(ikR)/R$ der Kugelwellencharakter des Huygensschen Prinzips zum Ausdruck kommt. R ist der Abstand $\overline{PQ}$ und ϑ der Winkel zwischen $\overline{PQ}$ und der Flächennormalen im Punkt P. Für hin- und herreflektierte Wellen stellt sich ein stationärer Zustand ein, so daß wegen der Identität der beiden Spiegel die beiden Feldverteilungen einander proportional sein müssen

$$(6.77) \qquad\qquad\qquad v(x,y,z) = \gamma \cdot u(x,y,z) \ .$$

Gl.(6.76) und (6.77) in Gl.(6.75) eingesetzt ergibt die Eigenwertgleichung

$$(6.78) \qquad \gamma \cdot u(x,y,z) = -\frac{ik}{4\pi}\int_{F_1} u(\bar{x},\bar{y},\bar{z})\frac{e^{ikR}}{R}(1 + \cos\vartheta)\, d\bar{F}_1$$

mit den Eigenwerten γ. Die Lösungen der Integralgleichung (6.78) ergeben eine Struktur für die Feldverteilung $u(x,y,z)$, die man die Moden des symmetrischen optischen Resonators nennt. Die Moden werden durch zwei Größen l,m (beides positive ganze Zahlen) angegeben. Da der elektrische und magnetische Feldvektor des Lichts annähernd senkrecht auf der Resonatorachse stehen, führte man die Modenbezeichnung $TEM_{l,m}$ ein, was Transversal–Elektro–Magnetisch bedeutet. Als Beispiel sind in Fig. 6.51 die Verteilungen a) des elektrischen Feldes und b) die Intensitätsverteilungen des Laserlichts für einige Moden $TEM_{l,m}$ gezeigt, die auf zwei identischen, kreisförmigen und planparallelen Spiegeln entstehen. Dies war der erste gebräuchliche Resonatortyp und heißt Fabry–Perot–Resonator. Bei den Spiegeln des Resonators gibt l die Zahl der Nullstellen in azimutaler Richtung und m diejenige in radialer Richtung an. $TEM_{0,0}$ ist der häufigst verwendete Mode mit einer radial nach einer Gauß–Verteilung abnehmenden Intensität des Laserstrahls.

Im allgemeinen können mehrere Moden gleichzeitig angeregt werden. Jedoch kann man durch Störungen im Strahlengang, etwa durch das Einfügen von Blenden oder eines Fadenkreuzes, einzelne Moden herausfiltern.

Die Bandbreite $\Delta\nu$ der einzelnen Moden sind extrem klein. Man hat Werte für $\Delta\nu$ von $1Hz$ erreicht. Das entspricht einem Wellenzug von $3 \cdot 10^8 m = 300\,000 km$ Länge. Vergleichsweise beträgt die Länge eines Wellenzuges aufgrund eines Atomüberganges mit der mittleren Lebensdauer von $10^{-8}s$ nur etwa $3m$. Das Licht ist daher extrem monochromatisch, d.h. zeitlich kohärent.

Häufig wird polarisiertes Laserlicht benötigt. Mit Hilfe von Brewster–Fenstern läßt sich leicht eine fast hundertprozentige Polarisation erzeugen. Fällt Licht auf die Grenzschicht zweier Medien, so wird es teilweise gebrochen und teilweise reflektiert. Ist der Einfallswinkel α_B so eingestellt, daß der Winkel zwischen reflektiertem und gebrochenem Strahl $90°$ beträgt, so ist das reflektierte Licht senkrecht zur Zeichenebene polarisiert (Brewster–Gesetz, s. Fig. 6.52a). Das gebrochene Licht ist daher auch teilweise

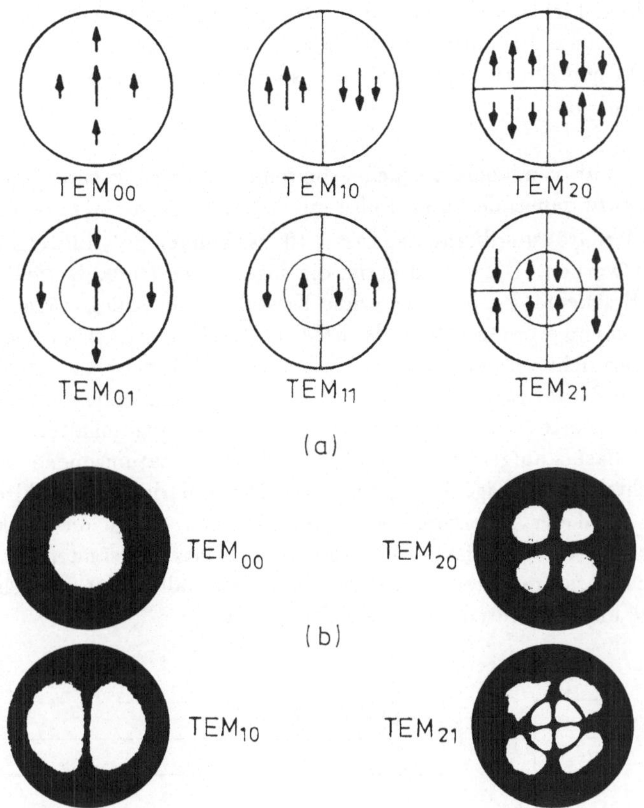

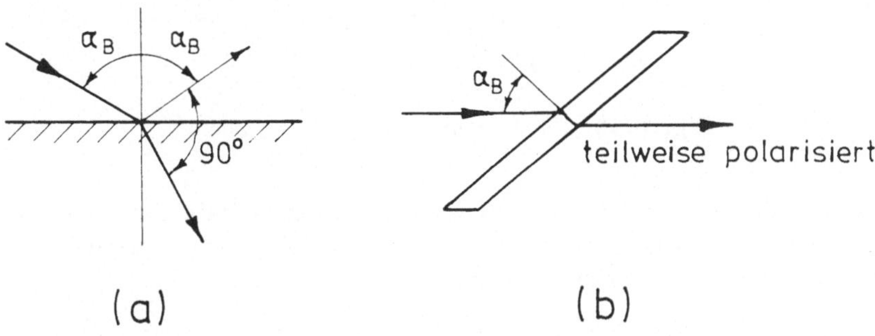

Fig. 6.51: $TEM_{l,m}$*-Moden für einen Fabry–Perot–Resonator. a) Verteilung des elektrischen Feldes, b) Intensitätsverteilung des Laserlichts.*

Fig. 6.52: *(a) Zum Brewster–Gesetz. (b) Das Brewster–Fenster.*

polarisiert. Wenn man demnach eine lichtdurchlässige Platte um den Brewster Winkel α_B geneigt in einen Lichtstrahl stellt, so ist das durchgelassene Licht teilweise polarisiert (Fig. 6.52b). Dieses Brewster–Fenster innerhalb eines Lasers jeweils vor die Spiegel montiert verstärkt den Effekt der Polarisation, so daß das hin– und herreflektierte Licht linear polarisiert wird.

Bisher wurde nur von kontinuierlich arbeitenden Lasern gesprochen. Oft ist es wünschenswert, kurz dauernde Laser–Pulse mit hoher Leistung zu erzeugen.

Kurze Pulse der Größenordnung ns $(1ns = 10^{-9}s)$ können mit Hilfe elektro–optischer Schalter erreicht werden. Dazu wird gerne die sogenannte **Pockels–Zelle** verwendet. Diese nutzt die Erscheinung aus, daß gewisse Kristalle[29] bei Anlegen eines elektrischen Feldes doppelbrechend werden (**Pockels–Effekt**). Bei einer bestimmten elektrischen Feldstärke kann erreicht werden, daß der Gangunterschied zwischen ordentlichem und außerordentlichem Strahl gerade $\pi/2$ wird. Somit wird einfallendes, durch einen Polarisator linear polarisiertes Licht zirkular polarisiert. Die eingeschaltete Pockels–Zelle, die innerhalb des Lasers aufgestellt ist, dreht also die Polarisationsebene des am Spiegel reflektierten Lichts, wie in Fig. 6.53 gezeigt ist. Der Polarisationsstrahlteiler koppelt dieses Licht aus, und der Laservorgang ist unterbrochen. Wird die Pockelszelle ausgeschaltet, so bleibt die Polarisationsrichtung des Lichts ungeändert und der Laser schwingt. Durch periodisch gepulstes Ein– und Ausschalten der Pockels–Zelle kann man daher kurze und sehr intensive Laserpulse erzeugen.

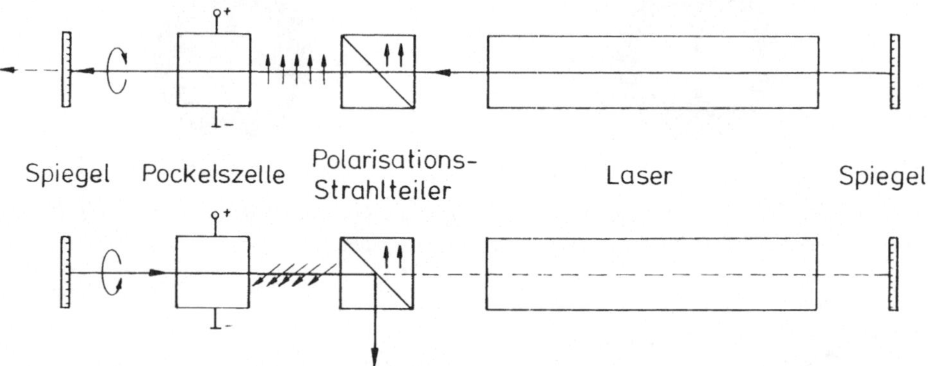

Fig. **6.53**: *Die Wirkung der Pockels–Zelle.*

Inzwischen gibt es noch schnellere Verfahren, mit denen Pulsdauern von wenigen Femtosekunden $(10^{-15}\,s)$ erreicht werden können. Die Wellenzüge dieser Laserpulse sind dann nur noch einige Wellenlängen lang.

Wir fassen abschließend die besonderen Eigenschaften des Laserlichts zusammen.

---

[29]z.B.Ammoniumdihydrogenphosphat $NH_4 \cdot H_2 \cdot PO_4$, auch als ADP bekannt.

1. Räumliche Kohärenz. Sobald das Licht aus dem Laser austritt, schwingen alle Wellenzüge in einer Ebene senkrecht zum Laserstrahl mit der gleichen Phase.

2. Zeitliche Kohärenz. Dies ist zumindest für kontinuierlich arbeitende Laser der Fall. Die Phasen der Wellenzüge bleiben entlang des Strahls unverändert, eine Folge der hohen Monochromie der einzelnen Moden. Man kann Bandbreiten $\Delta\nu$ von nur $1\,Hz$ erreichen. Bei optischen Frequenzen von $10^{15}\,Hz$ ist hiernach $\Delta\nu/\nu \sim 10^{-15}$, was Wellenzügen von $3 \cdot 10^{8}\,m$ Länge entspricht. Diese extreme zeitliche Kohärenz kann nur durch einen sehr sorgfältigen Bau des optischen Resonators erreicht werden.

3. Starke Bündelung. Sie ist ein Folge davon, daß im optischen Resonator die nicht parallelen Wellenzüge nicht weiter verstärkt und herausgelenkt werden. Zusätzliche Linsensysteme im ausgekoppelten Strahl können die Fokussierung weiter verbessern.

4. Lineare Polarisation. Durch optische Anordnungen wie z.B. durch Brewster-Fenster kann Laserlicht linear polarisiert werden.

5. Pulsbetrieb. Es können ultrakurze Laserpulse bis herab zu einigen $10^{-15}\,s$ Dauer bei gleichzeitig großer Leistung (bis zu 10^{13} Watt) erzeugt werden. Dazu werden optische Anordnungen benutzt, wie beispielsweise Pockels–Zellen, die bei ausgeschaltetem Resonator eine starke Besetzung der Inversionsniveaus erzeugen, um diese darauf innerhalb kurzer Zeit zu entleeren.

6.7.2 Laser- und Masertypen

Heute gibt es eine große Anzahl verschiedener Arten von Lasern bzw. Masern. Man kann sowohl Gase, als auch Flüssigkeiten und Festkörper als Medien verwenden, in denen der Laser- oder Maserübergang stattfindet. Im folgenden sollen einige wichtige Typen besprochen werden.

Der Helium–Neon–Laser

Der Helium–Neon–Laser war der erste Gaslaser, der gebaut wurde, und hat nach wie vor große Bedeutung. Er arbeitet in kontinuierlichem Betrieb.

Ein Glasrohr von ca. 1 cm Durchmesser wird mit Helium und Neon bei einem typischen Mischungsverhältnis von 10 : 1 und unter einem Gasdruck von etwa 1 mbar gefüllt. Durch eine Gasentladung stoßen Elektronen, die im Gas stets vorhanden sind, mit Helium- und Neonatomen zusammen und regen diese an. Man nennt diesen Vorgang eine Anregung durch Stöße erster Art. Von Interesse ist dabei die Anregung der Heliumatome, die in verschieden hohe Niveaus erfolgen kann, letztlich aber durch Übergänge in einer starken Besetzung der 2^1S_0- und 2^3S_0-Niveaus mündet. Der eigentliche Laser-Übergang findet im Neon statt.

Dazu sehen wir uns die Termschemata beider Atome in Fig. 6.54 an. Wie man anhand der Drehimpulskopplungen verifizieren kann, bestehen beim Neon die S-Zustände jeweils aus 4, die P-Zustände aus 10 Termen. Die Neon-Zustände $3P, 4S, 5S$ (Elektronenkonfiguration $(2p)^5(3p)^1$, $(2p)^5(4s)^1$, $(2p)^5(5s)^1$) werden kaum bevölkert im Gegensatz zu den $2S$-Niveaus des Heliums, die aufgrund der Auswahlregeln eine relativ lange Lebensdauer haben. Die angeregten Heliumatome können ihre Anregungsenergie durch Stöße an Neonatome übertragen, so daß auf diesem Wege die $4S$- und $5S$-Zustände des Neons stark besetzt werden. Diesen Mechanismus der Stoßanregung nennt man Stöße zweiter Art. Er ist besonders wirksam, wenn die Anregungsniveaus der beiden Atome etwa gleich sind, wie es bei Helium und Neon der Fall ist. Somit liegt eine Inversion der Besetzungzahlen $4S$- und $5S$-Niveaus gegenüber den $3P$-Niveaus vor, was für Laserübergänge genutzt werden kann. Meistens wählt man den elektrischen Dipolübergang $5S \rightarrow 3P$, welcher rotes Laserlicht bei $\lambda_1 = 632,8$ nm liefert. Häufig genutzt wird auch der Übergang $4S \rightarrow 3P$ bei $\lambda_2 = 1153$ nm, der im Infraroten liegt. Der Übergang $3P \rightarrow 3S$ des Neons erfolgt spontan. Das $3S$-Niveau des Neons entleert sich strahlungslos über Stöße der Atome mit der Gefäßwand, weshalb der Durchmesser des Laserrohrs sehr klein gehalten wird. Die Strahlleistung von Helium–Neon–Lasern beträgt in der Regel einige mW.

Der Rubin–Laser

Historisch ist der Rubin–Laser der erste überhaupt gebaute Laser. Er ist ein Festkörperlaser und arbeitet im Pulsbetrieb. Rubin ist eine kristalline Form von Al_2O_3 (Korund) mit einer Beimengung von 0.05 bis 0.5 Massenprozent Cr_2O_3. Das Chromion Cr^{+++} ist anstelle des Al^{+++} in das Gitter eingebaut und ist für die Laserwirkung verantworlich. Unter Einwirkung des elektrischen Feldes der übrigen Ionen des Gitters ergibt sich für Cr^{+++} das in Fig. 6.55 gezeigte Energieniveauschema. Die Bezeichnungen A_2, E, F_1, F_2 entsprechen den irreduziblen Darstellungen der Punktgruppe, die die Symmetrie in der Umgebung der Cr^{+++}-Ionen angibt, die Indizes links oben bedeuten jeweils die Spinmultiplizität.

Die Terme höherer Energie sind offensichtlich keine scharfen Niveaus sondern verbreiterte Energiebänder. Die Bänder $^4F_1$ und $^4F_2$ können durch Absorption von violettem (Mittelwert $\bar{\lambda} = 410$ nm) und grünem Licht (Mittelwert $\bar{\lambda} = 550$ nm) besetzt werden. Elektronen aus diesen beiden Bändern gelangen innerhalb kürzester Zeit strahlungslos in die beiden langlebigen (ca. $3 \cdot 10^{-3}$ s) Niveaus ^2E, von denen ein Laserübergang in den Grundzustand stattfinden kann. In der Praxis wird der Übergang mit $\lambda = 694,3$ nm (rotes Licht) verwendet.

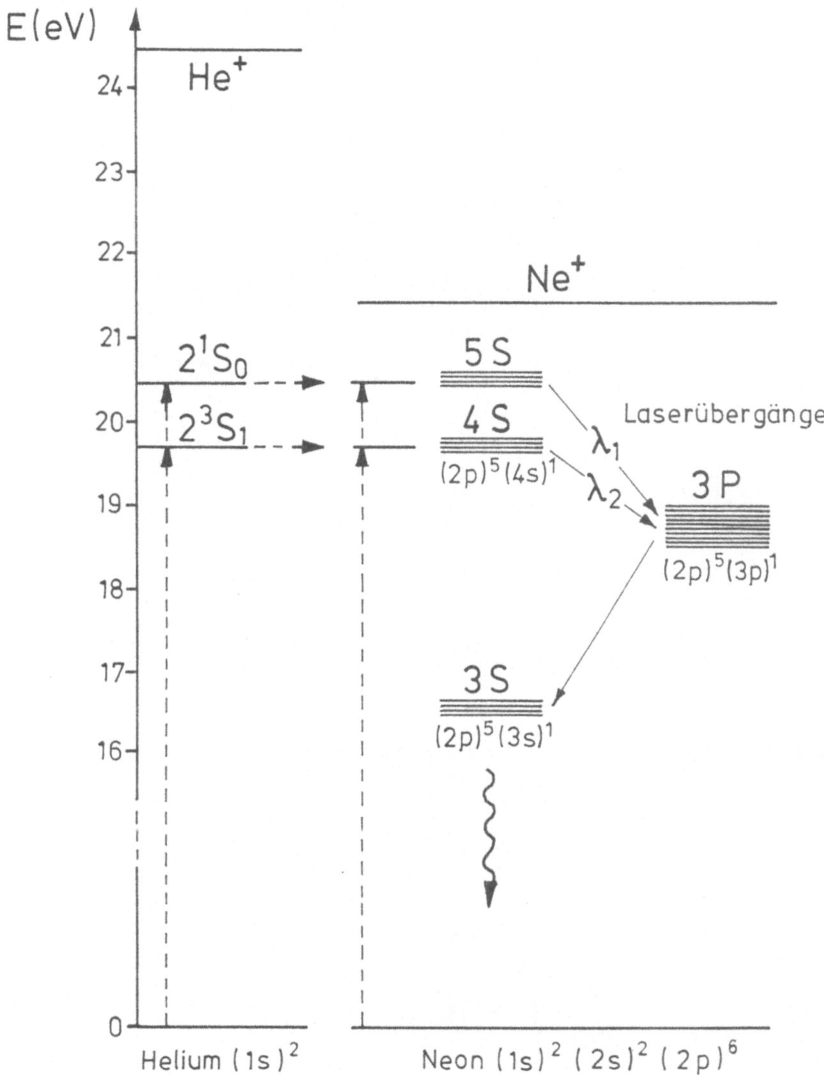

Fig. 6.54: *Das Energieniveauschema für den Helium–Neon–Laser.*

Die Anregung des Rubin–Lasers geschieht wie bei allen Festkörperlasern durch eine sehr intensive Blitzlampe. Die Inversion wird also durch optisches Pumpen erreicht. Häufig befindet sich der Laser–Kristallstab zusammen mit der Blitzlampe in den Brenn-linien eines Gefäßes von elliptischem Querschnitt, wie es Fig. 6.56 als Beispiel zeigt. Auf diese Weise wird das Pumplicht der Blitzlampe in den Kristall hineinfokussiert.

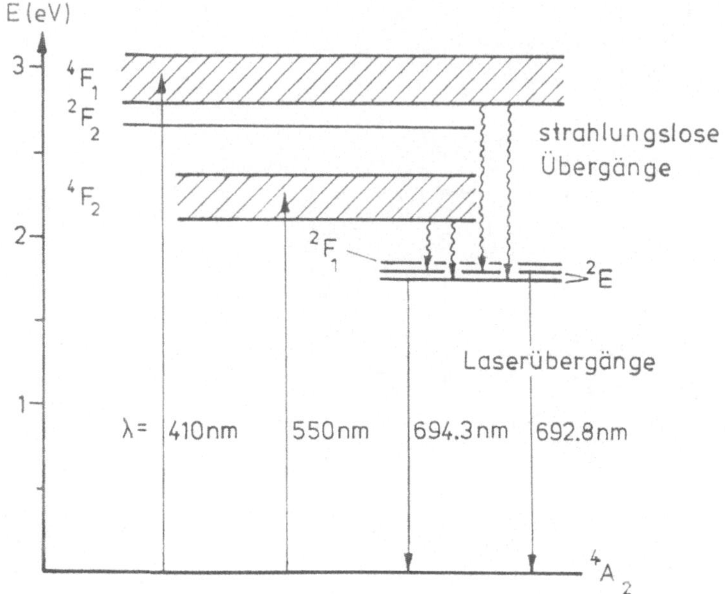

Fig. 6.55: *Das Energieniveauschema für Cr^{+++} des Rubin–Lasers.*

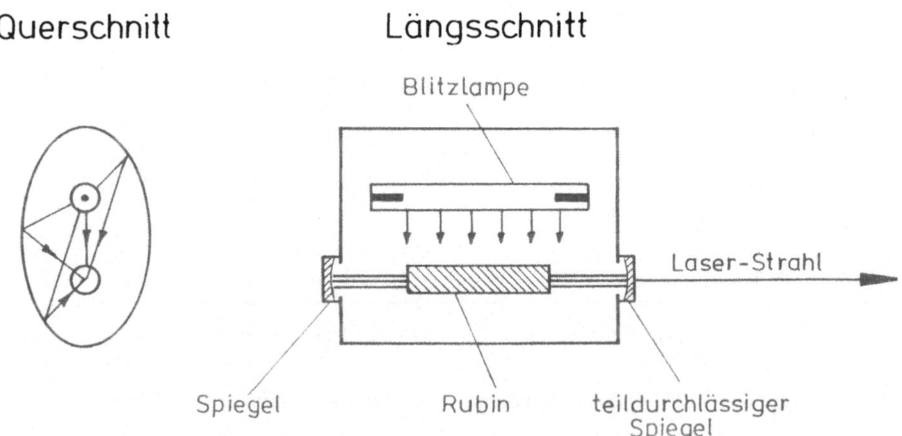

Fig. 6.56: *Aufbau eines Rubin–Lasers.*

Wegen der erforderlichen hohen Pumpleistung und der Schwierigkeit der Wärmeab fuhr arbeitet der Rubin-Laser nur im Pulsbetrieb.

Der Farbstoff-Laser

Die Besonderheit des Farbstoff-Lasers besteht in der Möglichkeit, die Wellenlänge des Laserlichts in gewissen Grenzen kontinuierlich zu variieren. Als Lasermaterial dient ein gelöster organischer Farbstoff. Weit verbreitet ist der Farbstoff Rhodamin 6G (Wellenlängenbereich $570 - 650 nm$), dessen Struktur in Fig. 6.57 wiedergegeben ist.

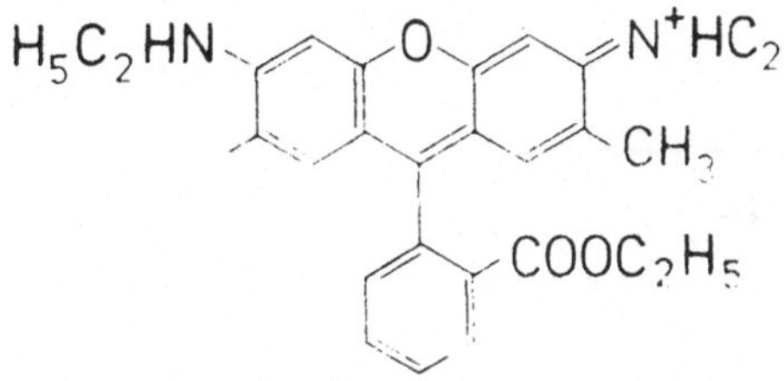

Fig. 6.57: *Das Farbstoffmolekül Rhodamin 6G.*

In Fig. 6.58 ist das Niveauschema für einen Laserfarbstoff schematisch skizziert. Die Moleküle besitzen sehr eng liegende Schwingungs- und Rotationszustände (s.Band II), die der Elektronenanregung überlagert sind. Sie sind in Farbstoff-Flüssigkeiten so stark verbreitert, daß sie als einzelne Linien nicht mehr aufgelöst werden können, sondern sich überlappen und jeweils ein Kontinuum von Zuständen bilden. Der Grundzustand des Farbstoffmoleküls hat eine abgeschlossene Elektronenhülle. Die Elektronenspins addieren sich zum Gesamtspin $S = 0$, was Singulett–Zustandsbänder liefert (linker Teil von Fig. 6.58). Daneben gibt es Triplettzustände mit Gesamtspin $S = 1$ (rechter Teil von Fig. 6.58). Die Anregung wird beim Farbstoff-Laser durch einen anderen Laser geeigneter Wellenlänge ausgelöst. Bei Anregung des Moleküls erfolgt ein Übergang vom Band des Grundzustandes S_0 nach S_1. Danach erfolgen in sehr kurzer Zeit $\tau_{r} \approx 10^{-12} s$ strahlungslose Übergänge durch Stöße in den tiefsten Zustand des S_1-Bandes, der eine Lebensdauer von $\tau_{sp} \approx 10^{-9} s$ hat. Von dort können Laserübergänge in alle möglichen Niveaus des Grundzustandes S_0 erfolgen. Das bedeutet, daß man die Wellenlängen im Bereich des S_0-Bandes auswählen kann. Die S_0-Zustände entleeren sich sofort wieder ($\tau_{\nu'} \approx 10^{-12} s$) durch strahlungslose Übergänge bis in den tiefsten Zustand des S_0-Bandes. Der Übergang $S_1 \rightarrow T_1$ ist mit einer Spinumkehr verbunden und spielt für den Farbstofflaser keine Rolle.

Die Selektion der gewünschten Wellenlänge erfolgt von außen durch eine Anordnung optischer Geräte. Ein möglicher Aufbau ist in Fig. 6.59 gezeigt, bei dem ein Stickstoff-Laser in der Farbstoffzelle die Inversion im S_1-Band erzeugt. Das vom Farbstoff-Laser ausgesandte Licht wird durch ein Fabry–Perot–Interferometer geschickt, in dem durch Vielstrahlinterferenzen gut aufgelöste Spektrallinien entstehen. Im hochauflösenden Echelle–Gitter wird erreicht, daß nur eine bestimmte Wellenlänge reflektiert und dementsprechend im Resonator verstärkt wird. Das Echelle–Gitter und der untere Spiegel bilden somit die äußeren Begrenzungen des Resonators. Durch Veränderung des Neigungswinkels des Echelle–Gitters können die Wellenlängen durchgestimmt werden.

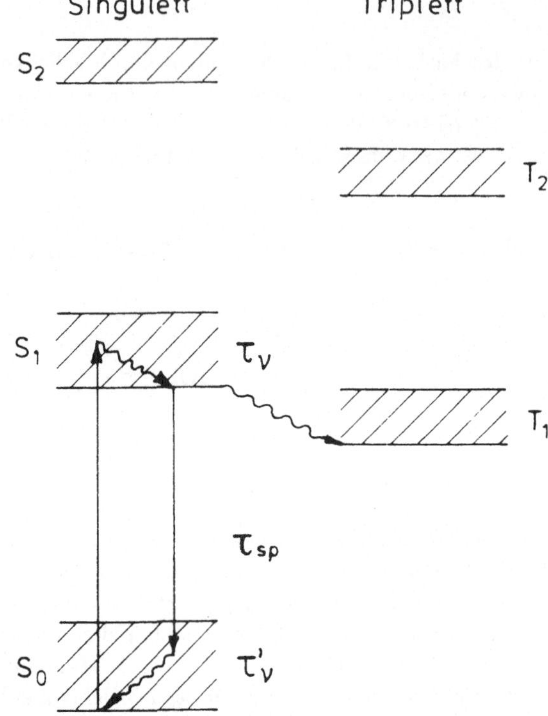

Fig. 6.58: *Termschema für einen Farbstoff-Laser.*

Der Wasserstoff-Maser

Wir wollen von den Masern nur den Wasserstoff-Maser besprechen, der als Frequenzstandard seine Bedeutung hat. Der Maserübergang erfolgt zwischen den Hyperfeinstrukturniveaus im Grundzustand des H–Atoms, also zwischen den $S = 1$ und $S = 0$ Niveaus mit der Wellenlänge $\lambda = 21,1 cm$ (vgl.Abschnitt 5.4.3). Zum Maserbetrieb benötigen wir eine große Anzahl von H–Atomen, die sich im Zustand mit $S = 1$ befinden und die Inversion der Besetzungzahlen ausmachen. Man leitet zu diesem Zweck einen Strahl von H–Atomen durch ein magnetisches Sechspolfeld (Fig. 6.60). Dieses Feld hat die Eigenschaft, die Atome in den Zuständen $S = 1$, $M_S = 1$ oder $M_S = 0$ zur Feldachse zu fokussieren, wohingegen die Atome in den beiden Zuständen $S = 1, M_S = -1$ und $S = 0, M_S = 0$ aus dem Magnetfeld herausgelenkt werden, so daß der Strahl nach Durchqueren des Sechspolfeldes nur mehr die Atome in den gewünschten Zuständen enthält.

** A ** A ** A ** A ** A **

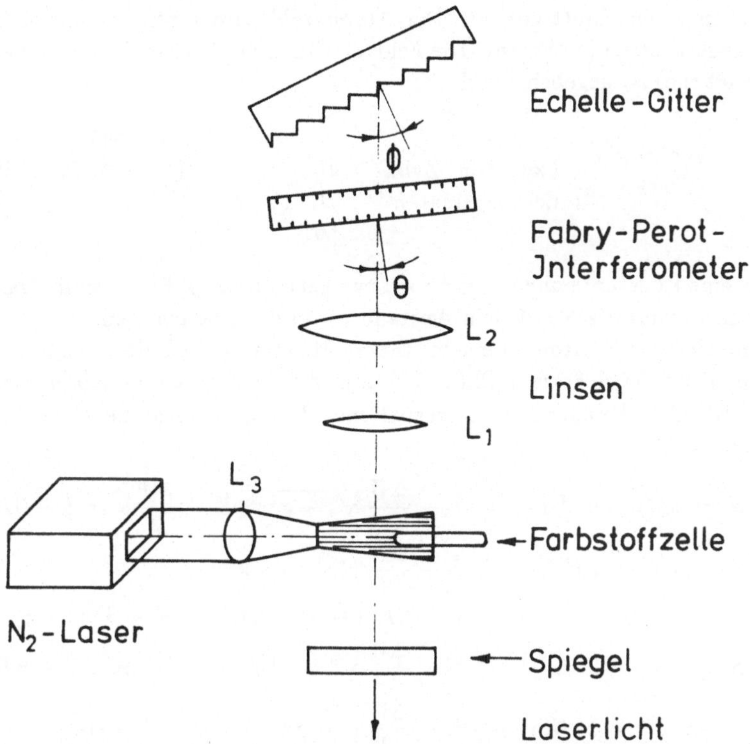

Fig. 6.59: *Optische Anordnung eines Farbstoff-Lasers.*

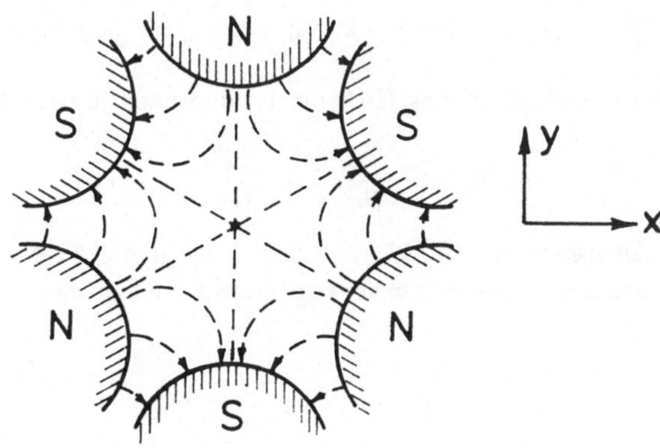

Fig. 6.60: *Das Sechspolfeld für den Wasserstoff-Maser.*

Man kann diese Eigenschaft des Sechspolfeldes leicht verstehen. In Fig. 6.60 ist das Feld im Querschnitt gezeigt. Der Atomstrahl wird zentral senkrecht zur Zeichenebene eingeschossen (z–Achse). Die Feldverteilung des Sechspolfeldes in der x–y–Ebene (Zeichenebene) ist gegeben durch

$$
\begin{aligned}
B_x &= \gamma(x^2 - y^2) \\
B_y &= -2\gamma xy \\
B_z &= 0
\end{aligned}
\qquad
\begin{array}{l}
\text{bzw. in Zylin-} \\
\text{derkoordinaten}
\end{array}
\qquad
\begin{aligned}
B_r &= \gamma r^2(\cos\varphi \cos 2\varphi - \sin\varphi \sin 2\varphi) \\
B_\varphi &= -\gamma r^2(\cos\varphi \sin 2\varphi + \sin\varphi \cos 2\varphi) \\
B_z &= 0 \\
|B| &= \gamma r^2,
\end{aligned}
$$

wobei γ eine Konstante und φ der Azimutwinkel in der x–y–Ebene sind. Das Magnetfeld nimmt also quadratisch mit dem Abstand r von der Feldachse zu.

Wenn sich das H–Atom in einem starken Magnetfeld befindet, so spaltet die Energie nach der Breit–Rabi–Formel Gl.(5.175) auf. Wir verwenden die Abkürzung $\bar{E} = E_1^0 + (^3W +\,^1W)/2$ und nähern die aufgespaltenen Energien für große $\vec{B}$–Felder, d.h. große x–Werte

$$
S = 0, M_S = 0.\ E_{0,0} = \bar{E} - \frac{\Delta W}{2}\sqrt{1 + x^2} \approx \bar{E} - \frac{\Delta W}{2}x = \bar{E} - \beta B(1 + v).
$$

$$
\begin{aligned}
S = 1, M_S = -1.\ E_{1,-1} &= \bar{E} + \frac{\Delta W}{2}(1 - x) + 2\beta Bv \\
&= \bar{E} - \beta B(1 + v) + 2\beta Bv = \bar{E} - \beta B(1 - v)
\end{aligned}
$$

$$
S = 1, M_S = 0.\ E_{1,0} = \bar{E} + \frac{\Delta W}{2}\sqrt{1 + x^2} \approx \bar{E} - \frac{\Delta W}{2}x = \bar{E} + \beta B(1 + v)
$$

$$
S = 1, M_S = 1.\ E_{1,1} = \bar{E} + \frac{\Delta W}{2}(1 + x) - 2\beta Bv = \bar{E} + \beta B(1 - v).
$$

Die vier Energieterme werden mit wachsendem Feld wie in Fig. 5.43 gezeigt jeweils in zwei Paare auseinandergezogen. Wegen des kleinen Wertes von $v = 1/660$ fallen die Paare jeweils praktisch zusammen, so daß wir die beiden Energien haben

$$
\begin{aligned}
E &= \bar{E} + \beta B \qquad \text{für} \qquad S = 1,\ M_S = 0 \ \text{und}\ 1 \\
E &= \bar{E} - \beta B \qquad \text{für} \qquad S = 0,\ M_S = 0 \ \text{und}\ S = 1,\ M = -1.
\end{aligned}
$$

Die Kraft im Sechspolfeld auf das H–Atom ist demnach je nach Spin

$$
K_r = -\frac{\partial E}{\partial r} = \mp\beta\frac{\partial B}{\partial r} = \mp 2\gamma r\beta.
$$

Für die beiden Zustände $S = 1, M_S = 0$ und 1 weist die Kraft auf die Feldachse hin, für die beiden anderen von der Achse weg. Somit ist die oben angegebene Ablenkung im Sechspolfeld gezeigt.

$$
** \ E \ ** \ E \ ** \ E \ ** \ E \ ** \ E \ **
$$

Nach Erzeugung der Inversion im Sechspolfeld werden die Wasserstoffatome in einem Mikrowellenresonator, der auf den Maserübergang $S = 1, M_S = 0 \rightarrow S = 0, M_S = 0$

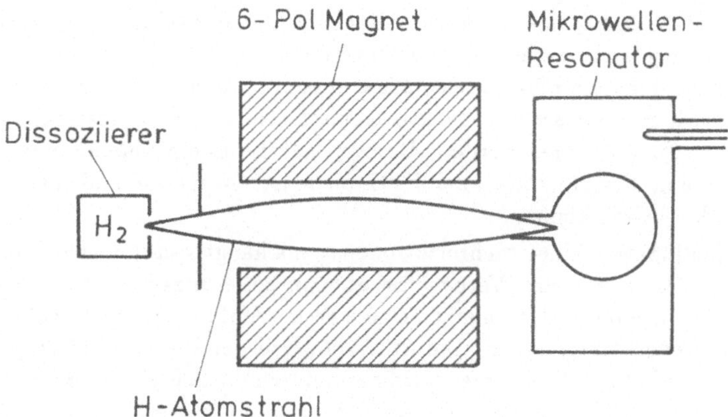

Fig. 6.61: *Aufbau des Wasserstoff–Masers.*

abgestimmt ist, gesammelt (Fig. 6.61). Im Resonator wird dann eine intensive Maser-strahlung erzeugt.

Die Bedeutung des Wasserstoff–Masers liegt in seiner Verwendung als Atomuhr, die sich für besonders präzise Zeitmessungen eignet. Hinsichtlich Stabilität und Reproduzierbarkeit ist der Wasserstoff–Maser allen anderen Frequenzstandards überlegen. Über längere Zeiträume beträgt die relative Stabilität etwa 10^{-14}; so gering ist die gegenwärtige Schwankung zweier im Vergleich laufender Wasserstoff–Maser.

6.8 Zusammenfassung

Wir haben in diesem Kapitel die wichtigsten Eigenschaften von Mehrelektronenatomen kennengelernt. Die Hülle dieser Atome stellt ein System identischer oder ununterscheidbarer Teilchen dar. Wir haben zunächst untersucht, welche Eigenschaften die Wellenfunktion eines solchen Systems hat. Dabei zeigte sich, daß Systeme derartiger Teilchen in der Natur von einem Prinzip beherrscht werden, das allgemeingültigen Charakter besitzt. Es ist als Pauli–Prinzip bekannt und gibt Auskunft über die Symmetrie der Wellenfunktion des Systems. Besteht das System aus identischen Fermionen (Teilchen mit halbzahligem Spin), so ist die Wellenfunktion antisymmetrisch; besteht das System aus identischen Bosonen (Teilchen mit ganzzahligem Spin), so ist sie symmetrisch bei Austausch zweier beliebiger identischer Teilchen. Bezogen auf die Elektronen in der Atomhülle besagt das Pauli–Prinzip, daß die Wellenfunktion eines Mehrelektronenatoms stets antisymmetrisch sein muß bei Austausch zweier beliebiger Elektronen.

Die Energiezustände der Mehrelektronenatome sind wie bei den Einelektronenatomen diskret und können näherungsweise durch die Quantenzahlen (n, l, m, m_s) der Elektronen gekennzeichnet werden. Dementsprechend werden Nomenklaturen eingeführt, mit denen zum einen die Elektronenkonfigurationen, d.h. die Quantenzahlen der einzelnen Elektronen, zum anderen die spektroskopische Notation des Zustandes des betrachteten Atoms gekennzeichnet werden. Bezogen auf die Energiezustände der Elektronen besagt das Pauli–Prinzip, daß zwei Elektronen in einem Atom niemals die gleichen Quantenzahlen haben können.

Die Wellenfunktion eines Mehrelektronenatoms hängt von den Orts- und Spinkoordinaten aller Elektronen ab. Vernachlässigt man näherungsweise die Wechselwirkung der Elektronen untereinander, so läßt sich die Wellenfunktion in die Einzelwellenfunktionen der Elektronen faktorisieren. Die Antisymmetrie der Wellenfunktion gegen Vertauschung zweier beliebiger Elektronen wird dann durch die Schreibweise als Determinante (Slater–Determinante) sichergestellt, wobei die Spalten den Elektronen und die Zeilen den verschiedenen möglichen Zuständen zugeordnet sind. Betrachtet man insbesondere einen bestimmten Zustand des Atoms, der durch Kopplungen von Drehimpulsen gegeben ist, so muß diese Kopplung durch Bildung der Clebsch–Gordan–Reihe realisiert und danach jeder Term der Reihe als Slater–Determinante geschrieben werden. Zu dieser Methode wurden ausführliche Fallbeispiele von Zwei- und Drei–Elektronensystemen studiert. Mit Hilfe eines relativ einfachen Abzählverfahrens läßt sich dabei herausfinden, welche Zustände ein Atom mit einer vorgegebenen Anzahl von Elektronen annehmen kann. Dieses Verfahren wurde am Beispiel von drei äquivalenten Elektronen vorgeführt. Als Nebenprodukt dieser Überlegung zeigte sich, daß die volle Besetzung aller Zustände zu einem bestimmten l-Wert bei festem n zum Gesamtbahndrehimpuls $L = 0$, Gesamtspin $S = 0$ und daher zum Gesamtdrehimpuls $J = 0$ führt. Auf die Schalenstruktur der Atome vorgreifend bedeutet dies, daß alle vollbesetzten Unterschalen und damit auch Schalen eines Atoms zum Drehimpuls nichts beitragen. Nur die Elektronen nicht vollbesetzter Unterschalen bestimmen den Drehimpuls des Atoms.

Die Schalenstruktur der Atome ist aus der Chemie bekannt und wird hier unter physikalischen Gesichtspunkten untersucht. Die Schalen werden zunächst nach der Hauptquantenzahl n klassifiziert (Bezeichnung der Schalen mit $K, L, M \ldots$ für $n = 1, 2, 3 \ldots$) und die Unterschalen jeweils nach der Bahndrehimpulsquantenzahl l. Das Pauli–Prinzip regelt jeweils die Anzahl der besetzbaren Zustände, nämlich $2(2l + 1)$ je Unterschale und $2n^2$ je Schale. Die Gesamtzahl der Elektronen bei vollbesetzten Schalen ergibt sich durch Bildung der Summe $\sum 2n^2$.

In der Natur zeigt sich der Schalencharakter der Atomhüllen an verschiedenen Merkmalen der Atome. Besonders deutlich treten dabei die unterschiedlichen Eigenschaften der Edelgase und Alkaliatome hervor. Darunter sind z.B. die Drehimpulse der Atome, die Atomradien, die Anregungs- und Ionisierungsenergien und nicht zuletzt die Stellung im Periodischen System und die chemische Aktivität zu nennen.

Betrachtet man den sukzessiven Aufbau der Atome und untersucht die zugehörige Niveaufolge für das jeweils zuletzt eingebaute Elektron (Fig. 6.9), so fallen mehrere Merkmale auf, die den Schalencharakter evident machen. Insbesondere zeigen sich starke Energielücken zwischen den Edelgasen und den jeweils nachfolgenden Alkaliatomen. Die Edelgase sind bei den Abschlüssen von $n = 1$ und $n = 2$, für höhere n-Werte bei den Abschlüssen von p-Unterschalen zu finden. Im Anschluß an Argon ($Z = 10$) vollzieht sich der Aufbau der Atome nicht mehr regelmäßig in dem Sinne, daß bei festem n die Unterschalen sukzessiv aufgefüllt werden. Es werden jeweils die nächsthöheren Schalen begonnen und dann erst tiefere Schalen bis zum Abschluß nachgefüllt. Diese Eigentümlichkeit wird bei allen nachfolgenden Perioden beobachtet und ist insbesondere für die Ähnlichkeit der chemischen Eigenschaften bei den Übergangselementen verantwortlich.

Betrachtet man nicht die Niveaufolge für die jeweils zuletzt eingebauten Elektronen, sondern diejenige der inneren Elektronen, so findet eine Umordnung der Terme statt, die schließlich energetisch zu den Schalenabschlüssen bei den Elektronenzahlen $\sum 2n^2$ führt.

Bei der Betrachtung der Spektren der Atome unterscheiden wir zwischen den optischen Spektren und den Röntgenspektren. Die optischen Spektren entstehen durch Anregung der äußeren Elektronen (Leuchtelektronen oder Valenzelektronen). Die Übergänge zwischen den Energiezuständen werden im Grotrian-Diagramm studiert, wo die Terme nach den Werten der Bahndrehimpulsquantenzahl l getrennt aufgetragen sind. Bei Atomen mit zwei äußeren Elektronen zerfällt das Grotrian-Diagramm in ein Singulett- und ein Triplettsystem entsprechend den Gesamtspins $S = 0$ und $S = 1$. Als typisches Beispiel wurde Helium betrachtet. Ein besonderes Merkmal ist dabei das Fehlen des $1S$-Zustandes im Triplettsystem – eine Folge des Pauli-Prinzips.

Die nächst einfachen Spektren bilden die Alkaliatome. Sie sind wasserstoffähnlich, da sie nur durch das äußere Elektron erzeugt werden. Im Gegensatz zum H-Atom hängen die Energien von n, und l ab. Wegen der Spin-Bahn-Kopplung werden Dublett-Terme gebildet mit Ausnahme der S-Terme, die einfach sind. Der Vergleich der Grotrian-Diagramme der Alkaliatome mit dem Termschema des H-Atoms macht die Wasserstoffähnlichkeit mit wachsendem n deutlich.

Bei komplexeren Atomen werden die Spektren und die Grotrian-Diagramme mit zunehmender Anzahl äußerer Elektronen komplizierter, wobei noch zu unterscheiden ist, ob ein oder mehrere Elektronen angeregt werden. Atome mit zwei äußeren Elektronen bilden Singulett- und Triplettsysteme. Atome mit drei äußeren Elektronen bilden Dublett- und Quartettsysteme, Atome mit vier äußeren Elektronen Singulett-, Triplett- und Quintett-Systeme. Wegen der Vielzahl der möglichen Emissionslinien und der starken Termaufspaltung durch die Spin-Bahn-Kopplung bei schwereren Atomen ist der Seriencharakter der Übergänge auf der Wellenlängenskala nicht mehr zu erkennen.

Ein wiederum übersichtliches Bild liefern die Röntgenspektren. Sie setzen sich aus dem kontinuierlichen Bremsspektrum und den diskreten Linien des charakteristischen Spektrums zusammen. Letzteres kommt durch Übergänge von Elektronen auf freigewordene Plätze im Inneren der Atomhülle zustande. Dabei bilden sich Emissionsserien mit Seriengrenzen aus, die den Bindungsenergien der Elektronen im Hülleninnern entsprechen. Die Übergangsenergien bewegen sich im keV bis $100 keV$-Bereich. Die Energien der Emissionslinien ebenso wie die Bindungsenergien der inneren Elektronen lassen sich grob durch die Moseley-Gesetze beschreiben, die eine ähnliche Struktur haben wie die Balmer–Formel des H–Atoms.

Ein Absorptionsspektrum für Röntgenstrahlen gibt es nicht. Absorption ist nur durch inneren Photoeffekt möglich. Die Wahrscheinlichkeit für die Absorption wird durch den linearen Absorptionskoeffizienten μ charakterisiert, der stark von der Ordnungszahl Z des Materials und von der Energie der einfallenden Quanten abhängt. Infolge der Absorption nimmt die Intensität des einfallenden Photonenstrahls exponentiell mit der Eindringtiefe in die Materialschicht ab. Die Eigentümlichkeit von μ sind abrupte Kanten im Energieverlauf, die auf eine sprunghafte Zunahme der Absorptionswahrscheinlichkeit bei Erreichen der nächstinneren Schale zurückzuführen ist.

Das Studium des Atomaufbaus orientiert sich an der Lösung der Schrödinger-Gleichung für ein Vielteilchensystem, der Ermittlung der Wellenfunktionen und der Berechnung der Energiezustände. Geschlossene Lösungen der Schrödinger-Gleichung gibt es nicht. Die einzelnen Näherungsverfahren laufen in der Regel auf die Störungsrechnung 1.Ordnung hinaus. Das Heliumatom bildet das einfachste System. Ohne Berücksichtigung der Spin–Bahn–Wechselwirkung und der gegenseitigen Wechselwirkung der Elektronen faktorisiert die Gesamtwellenfunktion des ungestörten Problems in die Wellenfunktionen der Einzelelektronen (Wasserstoffunktionen). Mit der gegenseitigen Wechselwirkung der Elektronen $e^2/(4\pi\epsilon_0 r_{12})$ liefert die Störungsrechnung für die zusätzliche Energie den Ausdruck $E' = Q \pm A$, wo Q die mittlere Coulomb-Energie und A die Austauschenergie bedeutet. Die hiermit berechnete Grundzustandsenergie weicht nur um 5% vom experimentellen Wert $-79eV$ ab. Erheblich verbesserte Energiewerte erhält man mit Hilfe der Konfigurationswechselwirkung, bei der die gegenseitige Einflußnahme der Elektronen durch entsprechende Überlagerung von Wellenfunktionen berücksichtigt wird.

Für die Behandlung komplizierterer Atome wurden einige Atommodelle diskutiert. Das Thomas–Fermi–Modell bedient sich statistischer Verfahren und liefert als grobes Modell erste Näherungen für Wellenfunktionen, die als Startwerte für genauere Methoden benützt werden. Das Slater–Modell geht zunächst von der in alle Elektronen faktorisierten Wellenfunktion als nullter Näherung aus und berücksichtigt die gegenseitige Wechselwirkung der Elektronen in Störungsrechnung mit Hilfe eines über die Winkel gemittelten Potentials. Die somit gewonnene Wellenfunktion wird durch Bildung der Slater–Determinante antisymmetrisiert. Das Hartree–Fock–Modell schließlich geht von dem Ansatz der antisymmetrisierten, faktorisierten Wellenfunktion aus, führt aber die Schrödinger-Gleichung der Gesamtwellenfunktion auf die Schrödinger-Gleichungen für die einzelnen Elektronen zurück, welche als Potential das Coulombfeld des Kerns sowie die gegenseitigen Wechselwirkungen in Form einer Summe von Integraltermen enthalten. Die Näherung geschieht durch eine Richtungsmittelung des Potentials, wodurch sich die Wellenfunktionen wiederum nach Kugelfunktionen zerlegen lassen. Die dann aus der Schrödinger-Gleichung gewonnene Wellenfunktion wird wiederholt als Startwert für die nächste Näherung des Potentials benutzt, womit diese Methode zu einem selbstkonsistenten Verfahren wird.

Die Untersuchung des Atomaufbaus wurde ergänzt durch eine Studie über die Spin–Bahn-Wechselwirkung in komplexen Atomen. Es genügt, bei der Behandlung der Schrödinger-Gleichung neben den Coulombschen Termen der gegenseitigen Wechselwirkung der Elektronen e^2/r_{ik} die Spin–Bahn–Wechselwirkung $(\vec{l_i}\vec{s_i})$ eines jeden Elektrons zu berücksichtigen. Hierbei zeigt sich, daß für leichte Atome die $(\vec{l_i}\vec{s_i})$–Terme klein gegenüber den e^2/r_{ik}–Termen sind und in Störungsrechnung behandelt werden können. Dies führt zur Kopplung aller Spins zu einem Gesamtspin $\vec{S} = \sum \vec{s_i}$ und aller Bahndrehimpulse zu einem Gesamtbahndrehimpuls $\vec{L} = \sum \vec{l_i}$. Die Spin–Bahn–Wechselwirkung koppelt $\vec{S}$ und $\vec{L}$ zum Gesamtdrehimpuls $\vec{J}$ (Russel–Saunders–Kopplung). Bei schweren Atomen sind die e^2/r_{ik}–Terme klein gegenüber den $(\vec{l_i}\vec{s_i})$–Termen und werden in Störungsrechnung behandelt. Dies führt zur Kopplung von Spin $\vec{s_i}$ und Bahndrehimpuls $\vec{l_i}$ eines jeden Elektrons jeweils zu einem Gesamtdrehimpuls $\vec{j_i}$, der summiert den totalen Gesamtdrehimpuls $\vec{J}$ liefert (j–j–Kopplung). Die Größen $\vec{L}$ und $\vec{S}$ gibt es hier nicht. Ein Vergleich der Termschemata für C, Ge und Pb macht die Auswirkung der unterschiedlichen Kopplungen deutlich.

Als exotische Atome bezeichnet man künstlich erzeugte, atomähnliche Strukturen. Von Bedeutung sind die Myonischen Atome, bei denen in der Hülle ein Elektron durch ein Myon ersetzt ist. Wegen seiner großen Masse $(M_\mu = 207 M_e)$ befindet sich das Myon im Grundzustand erheblich näher am Kern als K–Elektronen und kann bei schweren Kernen eine sehr große Aufenthaltswahrscheinlichkeit im Kern haben. Die große Masse und hohe Z–Werte bedingen ferner Übergangsenergien im keV–, bei schweren Atomen bis in den MeV–Bereich hinein. Die genaue Vermessung der Übergangsenergien läßt unter Hinzuziehen von Modellrechnungen Rückschlüsse auf die Verteilung der elektrischen Ladung in Kernen zu.

Ein interessantes System ist das aus einem Elektron und einem Positron gebildete Positronium, ein wasserstoffartiges Gebilde mit den mittleren Lebensdauern von $1,25 \cdot 10^{-10}s$ für Parapositronium (Grundzustand 1^1S_0) bzw. $1,4 \cdot 10^{-7}s$ für Orthopositronium (Grundzustand 1^3S_1). Das Positronium ist u.a. ein wichtiges Studienobjekt zum Test der Quantenelektrodynamik. Das Experiment zur Entdeckung des Positroniums sowie moderne Methoden zu seiner Erzeugung werden diskutiert.

Von ebenso großer Bedeutung insbesondere zur Überprüfung der Quantenelektrodynamik ist das Myonium, das aus einem positiven Myon und einem Elektron besteht und mit der mittleren Lebensdauer des Myons von $2,2 \cdot 10^{-6}s$ zerfällt. Das Termschema sowie der erste Nachweis des Myoniums werden besprochen.

Eine für alle spektroskopischen Messungen wichtige Größe ist die Breite von Spektrallinien und die Möglichkeit, diese zu beeinflussen. Die Lebensdauer $\Delta\tau$ von Energieniveaus führt auf Grund der Heisenbergschen Unschärferelation $\Delta E \cdot \Delta\tau = \hbar$ zu einer Energieunschärfe der Niveaus und damit auch zu einer solchen der Spektrallinien. Es zeigt sich, daß die Verteilung der Intensität über der Wellenlänge durch die Lorentz–Kurve beschrieben wird, deren Halbwertsbreite Γ den Reziprokwert von $\Delta\tau$ darstellt. Γ heißt natürliche Linienbreite. Normalerweise sind die Emissionslinien durch die Doppler–Verschiebung verbreitert. Der Intensitätsverlauf über der Wellenlänge wird dann durch eine Gaußkurve wiedergegeben, deren Breite von der Temperatur des Mediums und der Masse der Atome abhängt. Bei Zimmertemperatur ist die Dopplerbreite der Linien typischerweise um drei Größenordnungen größer als die natürliche Linienbreite. In die gleiche Größenordnung fällt die Stoßverbreiterung.

Zur Messung von Linienbreiten wurden einige Methoden vorgestellt. Interessant sind vor allem Laserverfahren, mit denen die natürliche Linienbreite aus der Doppler–Verbreiterung herausgefiltert werden kann. Bei der Sättigungsspektroskopie gelingt dies durch gegenläufiges Durchstrahlen des beobachteten Mediums mit zwei stark intensitätsverschiedenen Laserstrahlen, die von einem Farbstofflaser über Strahlenteiler gewonnen werden. Der Farbstofflaser gestattet das Durchstimmen der Frequenz ω. Die Messung selektiert an der Resonanzstelle ω_0 Atome heraus, die sich senkrecht zu den Laserstrahlen bewegen und dadurch keine Dopplerverbreiterung hervorrufen.

Die Methode der Doppler–freien Zwei–Photon–Absorption stützt sich auf die gleichzeitige Anregung durch zwei Photonen der halben Anregungsenergie der Atome in extrem starken Laserlichtfeldern. Durch gegenläufige Einstrahlung zweier Laserstrahlen kann die Doppler–Bewegung ausgeschaltet werden.

Der letzte Abschnitt behandelt Laser und Maser. Die Wirkung dieser Geräte beruht auf der induzierten Emission stark besetzter metastabiler Anregungszustände von Atomen (Besetzungsinversion) in einem optischen Resonator. Laserfähig sind nur Medien mit einem geeigneten Niveauschema. Zur Erreichung der Besetzungsinversion müssen mindestens drei passende Niveaus beteiligt sein. Sie geschieht häufig durch optisches Pumpen, bei kontinuierlich arbeitenden Lasern wie z.B. beim He–Ne–Laser aber auf dem Wege der Gasentladung. Der optische Resonator, bestehend aus zwei gegenüberliegenden Spiegeln mit dem dazwischen eingebetteten Lasermedium, dient zur Lichtverstärkung, Bündelung, Polarisierung und Auskopplung des Strahls. Je nach Ausführung des optischen Resonators liefert der Laser verschiedene Moden $TEM_{l,m}$ für die Strahlintensität. Die Bandbreiten der Moden sind extrem klein, was das Licht außerordentlich monochromatisch und kohärent macht. Im Pulsbetrieb läßt sich die Pulslänge durch Pockels–Zellen steuern, wobei Pulsdauern bis herab zu wenigen $10^{-15}\,s$ erreicht werden.

In der Praxis werden Gas– und Festkörperlaser verwendet. Der stark verbreitete He–Ne–Laser liefert am häufigsten rotes Licht bei $\lambda = 632,8\,nm$. Das optische Pumpen wird durch Anregung der Heliumatome in dem He–Ne–Gasgemisch und nachfolgender Energieübertragung auf die Ne–Atome mittels Stöße zweiter Ordnung erreicht. Der Rubinlaser ist ein Festkörperlaser im Pulsbetrieb bei $694,3\,nm$. Besonders interessant sind die Farbstofflaser, weil bei ihnen die Wellenlänge des Laserlichtes innerhalb eines gewissen Intervalls kontinuierlich variiert werden kann. Das Verfahren stützt sich auf die Eigenschaft von Farbflüssigkeiten, bei denen die beteiligten Energieniveaus zu Bändern verbreitert sind. Laserübergänge zwischen den Kontinua der Bänder liefern ein Kontinuum von Wellenlängen. Die gewünschte Wellenlänge wird mit einer geeigneten λ–variablen Interferometeranordnung herausgefiltert.

Von den Masern wurde nur der Wasserstoffmaser besprochen. Genutzt wird der HFS–Übergang von $21\,cm$. Die Besetzungsinversion wird durch ein magnetisches Sechspolfeld erreicht. Der Maserübergang wird danach in einem Mikrowellenresonator induziert.

Anhang

A   Die Kugelfunktionen $\mathrm{Y}_l^m(\varphi,\vartheta)$

Die Kugelfunktionen[30] erhält man als Lösung der Eigenwertgleichungen zum Operator des Bahndrehimpulsquadrats $\vec{l}^2$, bzw. der z–Komponente l_z des Bahndrehimpulses. Da beide Operatoren vertauschbar sind (vgl. Gl.(4.5)), können gemeinsame Eigenfunktionen gefunden werden.

Nach den Gl.(4.2) und (4.3) ist

$$\vec{l}^2 \;=\; -\hbar^2\left\{\frac{1}{\sin\vartheta}\frac{\partial}{\partial\vartheta}\left(\sin\vartheta\,\frac{\partial}{\partial\vartheta}\right) + \frac{1}{\sin^2\vartheta}\frac{\partial^2}{\partial\varphi^2}\right\},$$

$$l_z \;=\; -i\hbar\frac{\partial}{\partial\varphi}.$$

Die Eigenwertgleichungen lauten

$$\text{(A.1)}\qquad \vec{l}^2 f(\varphi,\vartheta) \;=\; \lambda_1 f(\varphi,\vartheta),$$

$$\text{(A.2)}\qquad l_z f(\varphi,\vartheta) \;=\; \lambda_2 f(\varphi,\vartheta) \qquad \lambda_1,\lambda_2 \text{ Eigenwerte.}$$

Da φ und ϑ unabhängige Variable sind, läßt sich ein Produktansatz machen

$$f(\varphi,\vartheta) = g(\vartheta)\cdot h(\varphi).$$

In Gl.(A.2) eingesetzt liefert dies

$$\text{(A.3)}\qquad -i\hbar\frac{dh(\varphi)}{d\varphi} = \lambda_2 h(\varphi).$$

Hierfür läßt sich sofort eine Lösung angeben. Für $g(\vartheta)\neq 0$ ist abgesehen von einem Normierungsfaktor

$$\text{(A.4)}\qquad h(\varphi) = \exp(im\varphi).$$

Damit $h(\varphi)$ eindeutig ist — eine physikalische Forderung —, muß die Lösung die Periodizitätsbedingung $h(\varphi) = h(\varphi + 2\pi)$ erfüllen. Das bedeutet, daß m nur ganzzahlig sein kann

$$m = 0, \pm 1, \pm 2, \pm 3 \dots .$$

Einsetzen der Lösung Gl.(A.4) in Gl.(A.3) liefert den Eigenwert

$$\text{(A.5)}\qquad \lambda_2 = \hbar m.$$

---

[30] genaue Bezeichnung Kugelflächenfunktionen, englisch spherical harmonics.

Die andere Differentialgleichung (A.1) vereinfacht sich mit $f(\varphi,\vartheta) = g(\vartheta) \cdot h(\varphi)$ zu

$$(\text{A.6}) \qquad \frac{1}{\sin\vartheta}\frac{d}{d\vartheta}\left(\sin\vartheta\frac{dg(\vartheta)}{d\vartheta}\right) + \left(\alpha^2 - \frac{m^2}{\sin^2\vartheta}\right)g(\vartheta) = 0 \quad \text{mit} \quad \alpha^2 = \frac{\lambda_1}{\hbar^2}.$$

Mit dem Variablenwechsel $x = \cos\vartheta$ ergibt sich unter Beachtung von $\dfrac{dg}{d\vartheta} = \dfrac{dg}{dx}\dfrac{dx}{d\vartheta}$ usw.

$$(\text{A.7}) \qquad (1 - x^2)\frac{d^2g(x)}{dx^2} - 2x\frac{dg(x)}{dx} + (\alpha^2 - \frac{m^2}{1-x^2})g(x) = 0.$$

Diese Differentialgleichung vereinfacht sich, wenn man

$$(\text{A.8}) \qquad g(x) = W(x)(1 - x^2)^{|m|/2}$$

setzt.

$$(\text{A.9}) \qquad (1 - x^2)\frac{d^2W}{dx^2} - 2(|m| + 1)x\frac{dW}{dx} + (\alpha^2 - |m|(|m| + 1))W = 0.$$

Als Lösungsansatz versucht man eine Potenzreihe, beginnend mit der Potenz $k = \bar{k}$

$$W(x) = \sum_{k=\bar{k}} a_k x^k.$$

Einsetzen in Gl.(A.9) liefert

$$(1 - x^2)\sum_{\bar{k}} a_k k(k - 1)x^{k-2} - 2(|m| + 1)\sum_{\bar{k}} a_k k x^k + (\alpha^2 - |m|(|m| + 1))\sum_k a_k x^k = 0.$$

(A.10)

Damit diese Gleichung für alle x im zulässigen Wertebereich identisch erfüllt ist, müssen die Faktoren jeder Potenz x^k einzeln verschwinden

$$(\text{A.11}) \quad a_{k+2}(k + 1)(k + 2) - a_k\{k(k - 1) + 2(|m| + 1)k - (\alpha^2 - |m|(|m| + 1))\} = 0.$$

Dies ergibt die Rekursionsformel

$$(\text{A.12}) \qquad a_{k+2} = a_k\frac{(k + |m|)(k + |m| + 1) - \alpha^2}{(k + 1)(k + 2)}.$$

Der niedrigste Exponent in Gl.(A.10) ist $\bar{k} - 2$, die entsprechenden Faktoren verschwinden

$$a_{\bar{k}}\bar{k}(\bar{k} - 1) = 0, \qquad \text{d.h.} \quad \bar{k} = 0 \quad \text{oder} \quad \bar{k} = 1.$$

Aufgrund der Rekursionsformel Gl.(A.12) hat die Reihe daher nur gerade oder nur ungerade Potenzen. Die Reihe muß abbrechen, damit sie nicht bei $x = \cos\vartheta = 1$ divergiert, denn es ist

$$\lim_{k\to\infty}\frac{a_{k+2}x^{k+2}}{a_k x^k} = \lim_{k\to\infty}\frac{(k + |m|)(k + |m| + 1)}{(k + 1)(k + 2)}x^2 = x^2.$$

Das letzte Glied der Reihe sei bei $k = k'$. Daher muß gelten

$$a_{k'+2} = 0,$$

also nach Gl.(A.12)

$$(k' + |m|)(k' + |m| + 1) - \alpha^2 = 0.$$

Setze $k' + |m| = l$, eine positive ganze Zahl. Dann ist

$$(A.13) \qquad \alpha^2 = l(l + 1).$$

Somit ist der Eigenwert $\lambda_1 = \hbar^2\alpha^2 = \hbar^2 l(l + 1)$ mit $l \geq |m|$ bzw. $-l \leq m \leq l$.

Die Lösung der Differentialgleichung (A.7) bzw. (A.6) ist dann mit Gl.(A.8)

$$
\begin{aligned}
g(\cos\vartheta) &= (1 - \cos^2\vartheta)^{|m|/2}(a_0 + a_2\cos^2\vartheta + \ldots) && \text{für} && k' = l - |m| \text{ gerade,} \\
g(\cos\vartheta) &= (1 - \cos^2\vartheta)^{|m|/2}(a_1\cos\vartheta + a_3\cos^3\vartheta + \ldots) && \text{für} && k' = l - |m| \text{ ungerade.}
\end{aligned}
$$

(A.14)

Die Lösungen mit entsprechender Normierung heißen zugeordnete Legendre–Polynome (Bezeichnung $P_l^{|m|}(\cos\vartheta)$). Für den Wert $|m| = 0$ nennt man sie Legendre–Polynome $P_l(\cos\vartheta)$.

Die ersten Funktionen sind

$$
\begin{array}{lll}
l = 0, \; m = 0 & g(\vartheta) = a_0 & P_0^0 = 1 \\
l = 1, \; m = \pm 1 & g(\vartheta) = a_0\sin\vartheta & P_1^{|1|} = \sin\vartheta \\
l = 1, \; m = 0 & g(\vartheta) = a_1\cos\vartheta & P_1^0 = \cos\vartheta.
\end{array}
$$

Die gesamte Lösung der Differentialgleichung (A.1) bzw. (A.2) lautet schließlich

$$(A.15) \qquad f(\varphi, \vartheta) = N_{l,m} P_l^{|m|}(\cos\vartheta) \cdot \exp(im\varphi) \qquad N_{l,m} \text{ Normierungsfaktor.}$$

Die Normierung wird zweckmäßigerweise so gewählt, daß die Orthonormalitätsbedingung erfüllt ist. Die Lösungen lauten dann

$$(A.16) \qquad Y_l^m(\varphi, \vartheta) = (-1)^m \sqrt{\frac{(l - |m|)!(2l + 1)}{(l + |m|)!4\pi}} \, P_l^{|m|}(\cos\vartheta) \cdot \exp(im\varphi),$$

$$(A.17) \qquad \int_{-1}^{1}\int_{0}^{2\pi} (Y_l^m)^* Y_{l'}^{m'} \, d\cos\vartheta \, d\varphi = \delta_{ll'}\delta_{mm'}.$$

Der Phasenfaktor $(-1)^m$ wird üblicherweise hinzugefügt, da er sich bei der Theorie des quantenmechanischen Drehimpulses als nützlich erweist. Die zugeordneten Legendre Polynome ergeben sich hierbei aus

$$(A.18) \qquad P_l^{|m|}(x) = (1 - x^2)^{|m|/2}\frac{d^m}{dx^m}P_l(x) \quad \text{mit } x = \cos\vartheta,$$

und die Legendre Polynome $P_l(x)$ aus

$$(A.19) \qquad\qquad P_l(x) = \frac{1}{2^l l!} \frac{d^l}{dx^l} [(x^2 - 1)^l].$$

Die Eigenwertgleichungen (A.1) und (A.2) lauten also mit den Lösungen Gl.(A.16)

$$(A.20) \qquad\qquad \vec{l}^2 Y_l^m(\varphi, \vartheta) = l(l+1)\hbar^2 Y_l^m(\varphi, \vartheta),$$
$$(A.21) \qquad\qquad l_z Y_l^m(\varphi, \vartheta) = m\hbar Y_l^m(\varphi, \vartheta).$$

B   Eigenschaften reeller und komplexer Matrizen

Eigenschaften reeller Matrizen

Wir betrachten Matrizen der Dimension $n \times n$

$$
A = \begin{pmatrix} a_{11} & a_{12} & \cdots & a_{1n} \\ a_{21} & a_{22} & \cdots & a_{2n} \\ \vdots & & & \vdots \\ a_{n1} & a_{n2} & \cdots & a_{nn} \end{pmatrix}, \quad
B = \begin{pmatrix} b_{11} & b_{12} & \cdots & b_{1n} \\ b_{21} & b_{22} & \cdots & b_{2n} \\ \vdots & & & \vdots \\ b_{n1} & b_{n2} & \cdots & b_{nn} \end{pmatrix}, \quad
C = \begin{pmatrix} c_{11} & c_{12} & \cdots & c_{1n} \\ c_{21} & c_{22} & \cdots & c_{2n} \\ \vdots & & & \vdots \\ c_{n1} & c_{n2} & \cdots & c_{nn} \end{pmatrix}.
$$

Zusammenstellung der Eigenschaften

1. Gleichheit zweier Matrizen

   $B = A$, wenn $b_{ij} = a_{ij}$ für alle i und j.

2. Addition zweier Matrizen

   $C = A + B$, wenn $c_{ij} = a_{ij} + b_{ij}$ für alle i und j.

3. Multiplikation mit einem Skalar s

   $B = s \cdot A$, wenn $b_{ij} = s \cdot a_{ij}$ für alle i und j. Multiplizieren einer Matrix mit einem Skalar s bedeutet also Multiplizieren eines jeden Elementes mit s.

4. Multiplikation zweier Matrizen

   $C = A \cdot B$, wenn $c_{ij} = \sum_{k=1}^{n} a_{ik} b_{kj}$ für alle i und j. Das Element c_{ij} der Produktmatrix erhält man demnach aus dem Skalarprodukt der i–ten Zeile von A mit der j–ten Spalte von B. Speziell das Skalarprodukt zweier Vektoren $\vec{V}_1 = (x_1, y_1, z_1), \vec{V}_2 = (x_2, y_2, z_2)$

   $$
   \vec{V}_1 \cdot \vec{V}_2 = (x_1, y_1, z_1) \cdot \begin{pmatrix} x_2 \\ y_2 \\ z_2 \end{pmatrix} = x_1 x_2 + y_1 y_2 + z_1 z_2.
   $$

   Es ist

   $$
   (A \cdot B) \cdot C = A \cdot (B \cdot C),
   $$
   $$
   A \cdot (B + C) = A \cdot B + A \cdot C.
   $$

5. Im allgemeinen gilt $A \cdot B \neq B \cdot A$.

 Es gibt jedoch auch kommutierende Matrizen, z.B.

- die Einheitsmatrix $\mathbb{1}$ $A \cdot \mathbb{1} = \mathbb{1} \cdot A$.
- $A \cdot B = B \cdot A$, wenn A und B jeweils diagonal sind.
- andere kommutierende Matrizen ohne besondere Symmetrieeigenschaften.

6. Die Spur (Sp) einer Matrix ist die Summe der Diagonalelemente.

$$Sp(A) = \sum_{i=1}^{n} a_{ii}.$$

 Es ist $Sp(AB) = Sp(BA)$.

7. Die inverse Matrix A^{-1} ist definiert durch

$$A^{-1} \cdot A = \mathbb{1} \quad \text{bzw.} \quad A \cdot A^{-1} = \mathbb{1}.$$

 Es ist $(AB)^{-1} = B^{-1} \cdot A^{-1}$.

8. Die transponierte Matrix $\tilde{A}$ ist definiert durch die Spiegelung an der Diagonalen (Vertauschung von Zeilen und Spalten)

$$\tilde{a}_{ij} = a_{ji}.$$

 Es ist $\widetilde{AB} = \tilde{B} \cdot \tilde{A}$.

9. Eine Matrix heißt symmetrisch, wenn

$$A = \tilde{A} \quad \text{bzw.} \quad a_{ij} = a_{ji}.$$

10. Eine Matrix heißt antisymmetrisch, wenn

$$A = -\tilde{A} \quad \text{bzw.} \quad a_{ij} = -a_{ji}.$$

 Die Diagonalelemente der antisymmetrischen Matrix sind Null.

11. Eine Matrix heißt orthogonal, wenn

$$\tilde{A}A = \mathbb{1} \quad \text{bzw.} \quad \tilde{A} = A^{-1} \quad \text{bzw.} \quad A\tilde{A} = \mathbb{1}.$$

 Bei einer Transformation mit einer orthogonalen Matrix A (Rotationsmatrix) wird die Länge eines Ortsvektors $\vec{r}$ nicht verändert.

$$\vec{r}^{\,2} = \vec{r}'^{\,2} \quad \text{mit} \quad \vec{r}' = A\vec{r} \quad \text{bedeutet} \quad \sum_{i=1}^{n} a_{ij}a_{ik} = \delta_{jk},$$

 oder mit $a_{ij} = \tilde{a}_{ji}$

$$\sum_{i=1}^{n} \tilde{a}_{ji}a_{ik} = \delta_{jk} \quad \text{bzw.} \quad \tilde{A}A = \mathbb{1}.$$

 Die inverse Transformation zu $\vec{r}$ lautet $\vec{r} = A^{-1}\vec{r}'$.

12. Ähnlichkeitstransformation.

Eine Rotation $\vec{r}' = A_1\vec{r}$ in einem Koordinatensystem S_1 wird in einem anderen Koordinatensystem S_2 durch die Matrix

$$A_2 = BA_1B^{-1}$$

vermittelt, wenn B die Matrix für die Transformation von S_1 nach S_2 ist.

Eigenschaften komplexer Matrizen

Komplexe Matrizen sind solche mit komplexen Elementen

1. A^* heißt die zu A konjugiert komplexe Matrix, wenn jedes Element von A konjugiert komplex genommen wird.
$$a_{ij} \rightarrow a_{ij}^*.$$

2. Die adjungierte Matrix A^+ ist definiert als die transponierte konjugiert komplexe Matrix zu A
$$A^+ \equiv \widetilde{A^*} = \tilde{A}^* \quad \text{bzw.} \quad a_{ij}^+ = a_{ji}^*.$$
Es ist $(AB)^+ = B^+A^+$.

3. Eine Matrix heißt hermitesch, wenn

$$A = A^+ \quad \text{bzw.} \quad a_{ij} = a_{ji}^*.$$

(vgl. symmetrische Matrizen im Reellen, Punkt 9)

4. Definition der unitären Matrix (Bezeichnung U).

Eine Matrix U heißt unitär, wenn

$$U^+ = U^{-1} \quad \text{bzw.} \quad U^+U = \mathbb{1} \quad \text{bzw.} \quad UU^+ = \mathbb{1}$$

bzw.

$$\sum_{i=1}^{n} u_{ji}^+ u_{ik} = \sum_{i=1}^{n} u_{ij}^* u_{ik} = \delta_{ik}.$$

Diese Eigenschaft entspricht im Reellen der orthogonalen Matrix (Punkt 11). Es gilt $(U_1U_2)^+ = (U_1U_2)^{-1}$, wenn U_1 und U_2 unitär sind. Eine unitäre Matrix muß nicht, kann aber hermitesch sein.

5. Eine Transformation heißt unitär, wenn

$$A_2 = U A_1 U^+.$$

(vgl. Ähnlichkeitstransformation bei reellen Matrizen, Punkt 12)

Eigenwertprobleme

Sei A eine komplexe Matrix und $|z> = \begin{pmatrix} z_1 \\ z_2 \\ \vdots \end{pmatrix}$ ein komplexer Vektor.

1. Die Eigenwertgleichung ist gegeben durch

$$A|z> = \lambda|z> \qquad \lambda \text{ komplexe Zahl.}$$

Die Größen λ heißen Eigenwerte zur Matrix A. Die Vektoren, die dieser Gleichung genügen heißen Eigenvektoren.

2. Ist A eine hermitesche Matrix, so sind ihre Eigenwerte λ_i reell und die Eigenvektoren $|z_i>$ orthogonal; sie werden im allgemeinen auf 1 normiert.

$$<z_i|z_j> \equiv (z_{i1}^*, z_{i2}^*, \ldots) \begin{pmatrix} z_{j1} \\ z_{j2} \\ \vdots \end{pmatrix} = z_{i1}^* z_{j1} + z_{i2}^* z_{j2} + \ldots = \delta_{ij}.$$

3. Bestimmung der Eigenwerte. Das Eigenwertproblem Punkt 1

$$(A - \lambda\mathbb{1})|z> = 0$$

hat nichttriviale Lösungen, wenn

$$det|A - \lambda\mathbb{1}| = 0.$$

Dies ist die Bestimmungsgleichung für die Eigenwerte λ_i. Die Eigenvektoren erhält man durch Einsetzen der Eigenwerte in die Eigenwertgleichung. Die Normierung der Eigenvektoren auf 1 hat gesondert zu erfolgen.

4. Diagonalisieren einer hermiteschen Matrix A. Die diagonale Matrix A_d wird durch die unitäre Transformation

$$A_d = U A U^+$$

gewonnen, wobei die unitäre Matrix U aus den orthonormierten Eigenvektoren $< z_i| = (z_{i1}, z_{i2} \ldots)$ der Matrix A gebildet wird

$$U = \begin{pmatrix} z_{11} & z_{12} & z_{13} & \cdots \\ z_{21} & z_{22} & \cdots & \cdots \\ z_{31} & \vdots & \ddots & \\ \vdots & \vdots & & \ddots \end{pmatrix}.$$

Das direkte bzw. tensorielle Produkt

1. Definition.

Das direkte bzw. tensorielle Produkt zweier Matrizen

$$A \otimes B$$

ist dadurch definiert, daß jedes Element von A mit der Matrix B multipliziert wird.

Beispiel anhand von 2×2 Matrizen

$$C = A \otimes B \equiv \begin{pmatrix} a_{11} & a_{12} \\ a_{21} & a_{22} \end{pmatrix} \otimes \begin{pmatrix} b_{11} & b_{12} \\ b_{21} & b_{22} \end{pmatrix} = \begin{pmatrix} a_{11}B & a_{12}B \\ a_{21}B & a_{22}B \end{pmatrix}$$

$$= \begin{pmatrix} a_{11}b_{11} & a_{11}b_{12} & a_{12}b_{11} & a_{12}b_{12} \\ a_{11}b_{21} & a_{11}b_{22} & a_{12}b_{21} & a_{12}b_{22} \\ a_{21}b_{11} & a_{21}b_{12} & a_{22}b_{11} & a_{22}b_{12} \\ a_{21}b_{21} & a_{21}b_{22} & a_{22}b_{21} & a_{22}b_{22} \end{pmatrix}.$$

Beispiel anhand zweier Vektoren unterschiedlicher Dimension

$$|z_1> = \begin{pmatrix} z_{11} \\ z_{12} \end{pmatrix}, \quad |z_2> = \begin{pmatrix} z_{21} \\ z_{22} \\ z_{23} \end{pmatrix}$$

$$|z_1> \otimes |z_2> = \begin{pmatrix} z_{11}z_{21} \\ z_{11}z_{22} \\ z_{11}z_{23} \\ z_{12}z_{21} \\ z_{12}z_{22} \\ z_{12}z_{23} \end{pmatrix}.$$

Sind n bzw. m die Dimensionen der Matrizen A bzw. B, so ist die Dimension der Matrix C gleich $n \cdot m$.

2. Es ist im allgemeinen
$$B \otimes A \neq A \otimes B.$$

3. $A \otimes B$ ist diagonal, wenn A und B diagonal sind.

4. Es ist $(A + B) \otimes C = A \otimes C + B \otimes C$.

5. $A \otimes B$ ist unitär, wenn A und B unitär sind.

6. Es ist $Sp(A \otimes B) = Sp(A) \cdot Sp(B)$.

7. Es ist $(A \otimes B)(A' \otimes B') = AA' \otimes BB'$.

8. Es ist $(A \otimes \mathbb{1})(\mathbb{1} \otimes B) = A \otimes B = (\mathbb{1} \otimes B)(A \otimes \mathbb{1})$.

C   Eigenschaften der Drehmatrizen

Die Drehmatrizen $d^j(\beta)$ sind die Transformationsmatrizen zum Drehimpuls $\vec{j}$ bei einer Rotation um die y-Achse. Die Elemente der Drehmatrizen sind gegeben durch

$$d^j_{k,m}(\beta) = <j,k|U_y(\beta)|j,m> = <j,k|\exp(-i\beta j_y)|j,m>,$$

wobei $|j,m>$ der Zustandsvektor zum Drehimpuls j mit der z-Komponente m und $U_y(\beta)$ die Transformationsmatrix im Darstellungsraum ist, die der Rotation $R_y(\beta)$ entspricht.

Elemente der Drehmatrizen $d^j(\beta)$

1. $j = 1/2$

$$d^{1/2}_{1/2,1/2}(\beta) = \cos\frac{\beta}{2} \quad ; \quad d^{1/2}_{1/2,-1/2}(\beta) = -\sin\frac{\beta}{2}$$

2. $j = 1$

$$d^1_{1,1}(\beta) = \frac{1+\cos\beta}{2} \quad ; \quad d^1_{1,0}(\beta) = -\frac{\sin\beta}{\sqrt{2}} \quad ;$$

$$d^1_{1,-1}(\beta) = \frac{1-\cos\beta}{2} \quad ; \quad d^1_{0,0}(\beta) = \cos\beta$$

3. $j = 3/2$

$$d^{3/2}_{3/2,3/2}(\beta) = \frac{1+\cos\beta}{2}\cos\frac{\beta}{2} \quad ; \quad d^{3/2}_{3/2,1/2}(\beta) = -\sqrt{3}\frac{1+\cos\beta}{2}\sin\frac{\beta}{2} \quad ;$$

$$d^{3/2}_{3/2,-3/2}(\beta) = -\frac{1-\cos\beta}{2}\sin\frac{\beta}{2} \quad ; \quad d^{3/2}_{3/2,-1/2}(\beta) = \sqrt{3}\frac{1-\cos\beta}{2}\cos\frac{\beta}{2} \quad ;$$

$$d^{3/2}_{1/2,1/2}(\beta) = \frac{3\cos\beta-1}{2}\cos\frac{\beta}{2} \quad ; \quad d^{3/2}_{1/2,-1/2}(\beta) = -\frac{3\cos\beta+1}{2}\sin\frac{\beta}{2}$$

4. $j = 2$

$$d^2_{2,2}(\beta) = \left(\frac{1+\cos\beta}{2}\right)^2 \quad ; \quad d^2_{2,1}(\beta) = -\frac{1+\cos\beta}{2}\sin\beta \quad ;$$

$$d^2_{2,0}(\beta) = \frac{\sqrt{6}}{4}\sin^2\beta \quad ; \quad d^2_{2,-1}(\beta) = -\frac{1-\cos\beta}{2}\sin\beta \quad ; \quad d^2_{2,-2}(\beta) = \left(\frac{1-\cos\beta}{2}\right)^2$$

$$d^2_{1,1}(\beta) = \frac{1+\cos\beta}{2}(2\cos\beta-1) \quad ; \quad d^2_{1,0}(\beta) = -\sqrt{\frac{3}{2}}\sin\beta\cos\beta \quad ;$$

$$d_{1,-1}^2(\beta) = \frac{1-\cos\beta}{2}(2\cos\beta + 1) \quad ; \quad d_{0,0}^2(\beta) = \frac{3}{2}\cos^2\beta - \frac{1}{2}.$$

Die restlichen Elemente der Drehmatrizen können mit Hilfe deren angegebener Eigenschaften berechnet werden.

Eigenschaften der Drehmatrizen $d^j(\beta)$

1. $d_{k,m}^j(\beta) = (-1)^{m-k} d_{m,k}^j(\beta)$

2. $d_{-k,-m}^j(\beta) = (-1)^{m-k} d_{k,m}^j(\beta)$

3. $d_{k,-m}^j(\beta) = (-1)^{j+k} d_{k,m}^j(\pi - \beta)$

4. $d_{0,0}^j(\beta) = P_j(\cos\beta)$ Legendre–Polynome

$$= \sqrt{\frac{4\pi}{2j+1}} Y_j^0(\beta) \quad \text{Kugelfunktionen}$$

Die Drehmatrizen D^j

Bei Rotation um die drei Euler–Winkel α, β, γ wird die Transformation im Darstellungsraum durch die D^j–Funktionen vermittelt

$$\begin{aligned}
D_{k,m}^j(\alpha,\beta,\gamma) &= \; <j,k|\exp(-i\alpha j_z)\exp(-i\beta j_y)\exp(-i\gamma j_z)|j,m> \\
&= \; \exp(-ik\alpha - im\gamma)d_{k,m}^j(\beta).
\end{aligned}$$

1. Die D^j–Matrizen sind orthogonal

$$\int_0^{2\pi}\int_{-1}^1\int_0^{2\pi} D_{k',m'}^{j'*}(\alpha,\beta,\gamma)D_{k,m}^j(\alpha,\beta,\gamma)d\alpha d\cos\beta d\gamma = \frac{8\pi^2}{2j+1}\delta_{jj'}\delta_{kk'}\delta_{mm'}.$$

2. Die D^j–Matrizen bilden ein vollständiges System. Sei $f(\alpha,\beta,\gamma)$ eine beliebige Funktion, so gilt

$$f(\alpha,\beta,\gamma) = \sum_{j,k,m} a_{j,k,m} D_{k,m}^j(\alpha,\beta,\gamma).$$

Die Entwicklungskoeffizienten berechnen sich aus

$$\frac{8\pi^2}{2j'+1}a_{j',k',m'} = \int_0^{2\pi}\int_{-1}^1\int_0^{2\pi} f(\alpha,\beta,\gamma)D_{k',m'}^{j'*}(\alpha,\beta,\gamma)d\alpha d\cos\beta d\gamma.$$

3. Es gilt

$$D^{j_1}_{m_1,m_1'}(\alpha,\beta,\gamma) \cdot D^{j_2}_{m_2,m_2'}(\alpha,\beta,\gamma) =$$

$$\sum_{j=|j_1-j_2|}^{j_1+j_2} < j_1m_1, j_2m_2 | j, m_1+m_2 >< j_1m_1', j_2m_2' | j, m_1'+m_2' > \cdot$$

$$\cdot D^{j}_{m_1+m_2,m_1'+m_2'}(\alpha,\beta,\gamma).$$

wobei $< j_1m_1, j_2m_2 | j, m_1+m_2 >$ Clebsch–Gordan–Koeffizienten sind (siehe Anhang D).

4.

$$D^{j_1}_{m_1,m_1'}(\alpha,\beta,\gamma) \cdot D^{j_2\,*}_{m_2,m_2'}(\alpha,\beta,\gamma) =$$

$$(-1)^{m_2'-m_2} \sum_{j} < j_1m_1, j_2-m_2 | j, m_1-m_2 >< j_1m_1', j_2-m_2' | j, m_1'-m_2' > \cdot$$

$$\cdot D^{j}_{m_1-m_2,m_1'-m_2'}(\alpha,\beta,\gamma).$$

5. Es ist

$$D^{j}_{0,-m}(0,\beta,\gamma) = \sqrt{\frac{4\pi}{2j+1}}\, Y_j^m(\beta,\gamma),$$

wobei $Y_j^m(\beta,\gamma)$ die Kugelflächenfunktionen sind.

D   Clebsch–Gordan–Koeffizienten

Es sind die Tabellen der Clebsch–Gordan–Koeffizienten $< j_1, m_{j_1}, j_2, m_{j_2}|J, M_J >$ angegeben für die Kopplung zweier Drehimpulse (j_1, m_{j_1}) und (j_2, m_{j_2}) zum Gesamtdrehimpuls (J, M_J).

Die Art der Notierung ist folgende. Aus jedem angegebenen Wert ist die Quadratwurzel zu nehmen mit davorgesetztem Vorzeichen. Die Angabe $-8/15$ bedeutet beispielsweise den Koeffizienten $-\sqrt{8/15}$.

$\vec{j_1} \otimes \vec{j_2}$

Anordnung der Koeffizienten

	J J .....
	M_J M_J .....
m_{j1} m_{j2} m_{j1} m_{j2} $\vdots$ $\vdots$	Quadrat der Koeffizienten und Vorzeichen

Eigenschaften der Clebsch–Gordan–Koeffizienten

- $< j_1, m_{j_1}, j_2, m_{j_2}|J, M >\, = 0$ für $J > j_1 + j_2$ oder $J < |j_1 - j_2|$

  oder $|M| > J$ oder $m_{j_1} + m_{j_2} \neq M$.

- $< j_1, m_{j_1}, j_2, m_{j_2}|J, M >\, = (-1)^{J-j_1-j_2} < j_2, m_{j_2}, j_1, m_{j_1}|J, M >$

- $< j_1, m_{j_1}, j_2, m_{j_2}|J, M >\, = (-1)^{J-j_1-j_2} < j_1, -m_{j_1}, j_2, -m_{j_2}|J, -M >,$

  daher $< j_1, 0, j_2, 0|J, 0 >\, = 0$ für $j_1 + j_2 + J$ ungerade.

- $\displaystyle\sum_{J=|j_1-j_2|}^{J=j_1+j_2} < j_1, m_{j_1}, j_2, m_{j_2}|J, M > < j_1, m'_{j_1}, j_2, m'_{j_2}|J, M' >\, = \delta_{m_{j_1}, m'_{j_1}} \delta_{m_{j_2}, m'_{j_2}}$ mit
  $M = m_{j_1} + m_{j_2}$ und $M' = m'_{j_1} + m'_{j_2}$.

- $\displaystyle\sum_{m_{j_1}=-j_1}^{j_1} < j_1, m_{j_1}, j_2, M - m_{j_1}|J, M > < j_1, m_{j_1}, j_2, M' - m_{j_1}|J', M' >\, = \delta_{JJ'}\delta_{MM'}$
  mit $M = m_{j_1} + m_{j_2}$ und $M' = m'_{j_1} + m'_{j_2}$ und $m_{j_1} = m'_{j_1}$.

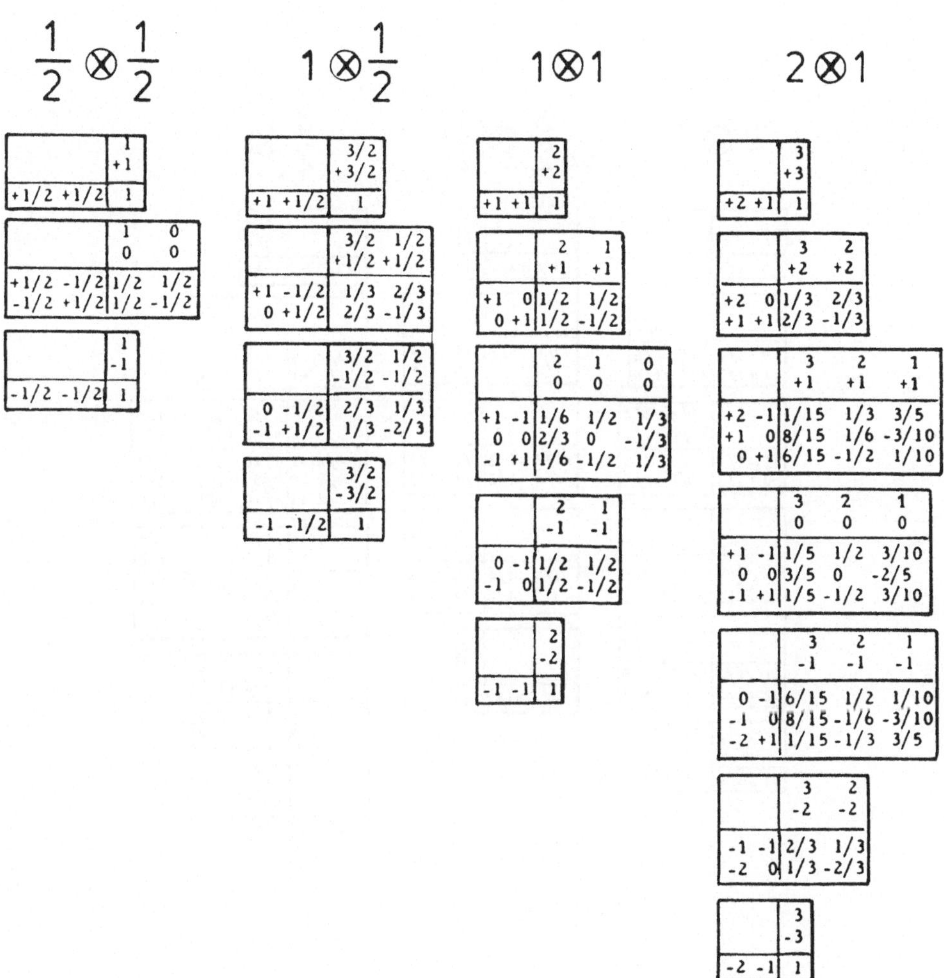

Tab. D.1 : *Clebsch–Gordan–Koeffizienten für die Drehimpulskopplungen* $1/2 \otimes 1/2$, $1 \otimes 1/2$, $2 \otimes 1$ *und* $1 \otimes 1$.

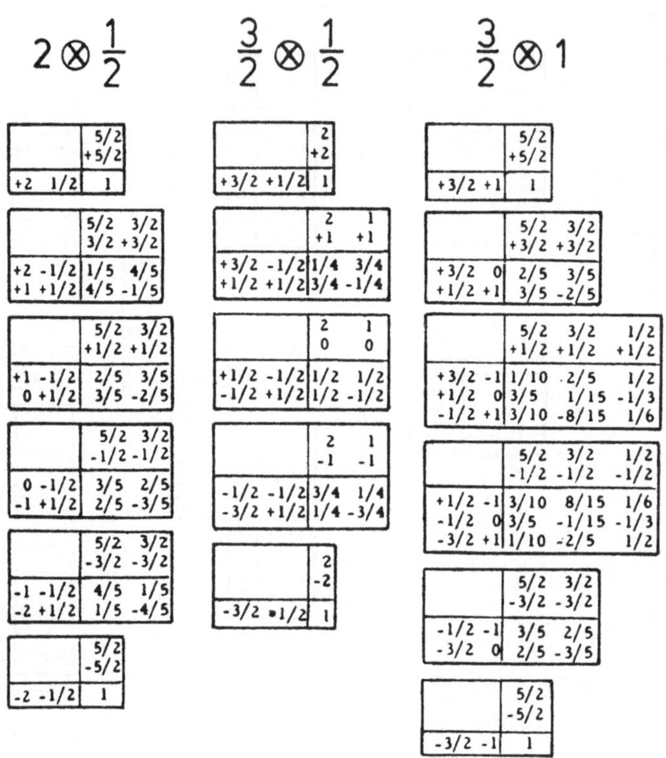

Tab.   **D.2** : *Clebsch–Gordan–Koeffizienten für die Drehimpulskopplungen* $2 \otimes 1/2$, $3/2 \otimes 1/2$ *und* $3/2 \otimes 1$.

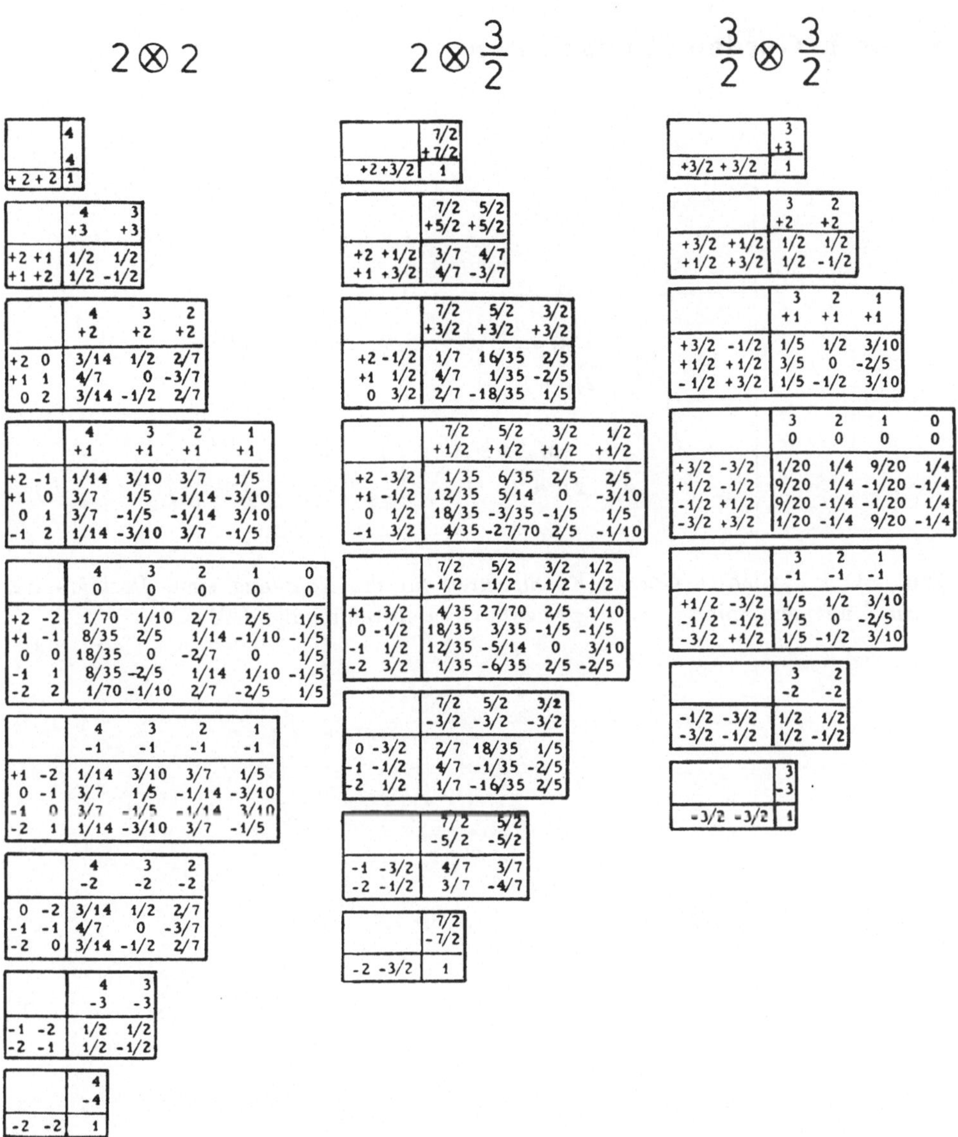

Tab. D.3 : *Clebsch–Gordan–Koeffizienten für die Drehimpulskopplungen der Drehimpulse $2 \otimes 2$, $2 \otimes 3/2$ und $3/2 \otimes 3/2$.*

Clebsch–Gordan–Koeffizienten $< j_1, m_{j_1}, \frac{1}{2}, m_{j_2} | J, M_J >$

J	$m_{j_2} = \dfrac{1}{2}$	$m_{j_2} = -\dfrac{1}{2}$
$j_1 + \frac{1}{2}$	$\left(\dfrac{j_1 + M_J + \frac{1}{2}}{2j_1 + 1} \right)^{1/2}$	$\left(\dfrac{j_1 - M_J + \frac{1}{2}}{2j_1 + 1} \right)^{1/2}$
$j_1 - \frac{1}{2}$	$-\left(\dfrac{j_1 - M_J + \frac{1}{2}}{2j_1 + 1} \right)^{1/2}$	$\left(\dfrac{j_1 + M_J + \frac{1}{2}}{2j_1 + 1} \right)^{1/2}$

Tab. D.4 : *Clebsch–Gordan–Koeffizienten für die Kopplung eines Drehimpulses (j_1, m_{j_1}) mit dem Spin $(\frac{1}{2}, m_{j_2} = \pm\frac{1}{2})$ zum Gesamtdrehimpuls (J, M_J).*

Clebsch–Gordan–Koeffizienten $< j_1, m_{j_1}, 1, m_{j_2} | J, M_J >$

J	$m_{j_2} = 1$	$m_{j_2} = 0$
$j_1 + 1$	$\left(\dfrac{(j_1 + M_J)(j_1 + M_J + 1)}{(2j_1 + 1)(2j_1 + 2)} \right)^{1/2}$	$\left(\dfrac{(j_1 - M_J + 1)(j_1 + M_J + 1)}{(2j_1 + 1)(j_1 + 1)} \right)^{1/2}$
j_1	$-\left(\dfrac{(j_1 + M_J)(j_1 - M_J + 1)}{2j_1(j_1 + 1)} \right)^{1/2}$	$\dfrac{M_J}{(j_1(j_1 + 1))^{1/2}}$
$j_1 - 1$	$\left(\dfrac{(j_1 - M_J)(j_1 - M_J + 1)}{2j_1(2j_1 + 1)} \right)^{1/2}$	$-\left(\dfrac{(j_1 - M_J)(j_1 + M_J)}{j_1(2j_1 + 1)} \right)^{1/2}$

J	$m_{j_2} = -1$
$j_1 + 1$	$\left(\dfrac{(j_1 - M_J)(j_1 - M_J + 1)}{(2j_1 + 1)(2j_1 + 2)} \right)^{1/2}$
j_1	$\left(\dfrac{(j_1 - M_J)(j_1 + M_J + 1)}{2j_1(j_1 + 1)} \right)^{1/2}$
$j_1 - 1$	$\left(\dfrac{(j_1 + M_J + 1)(j_1 + M_J)}{2j_1(2j_1 + 1)} \right)^{1/2}$

Tab. D.5 : *Clebsch–Gordan–Koeffizienten für die Kopplung eines Drehimpulses (j_1, m_{j_1}) mit dem Spin $(1, m_{j_2} = 0, \pm 1)$ zum Gesamtdrehimpuls (J, M_J).*

E   Die Vektorkugelfunktionen $\vec{Y}_{j,l,1}^{m_j}(\varphi,\vartheta)$

Die Vektorkugelfunktion $\vec{Y}_{j,l,1}^{m_j}(\varphi,\vartheta)$ berechnet sich nach Gl.(4.81) aus

$$\vec{Y}_{j,l,1}^{m_j}(\varphi,\vartheta) = \sum_{m_s} <l,m_j-m_s,1,m_s|j,m_j> \mathrm{Y}_l^{m_j-m_s}|1,m_s> .$$

In der sphärischen Basis ist

$$|1,1>= \begin{pmatrix} 1 \\ 0 \\ 0 \end{pmatrix} \quad |1,0>= \begin{pmatrix} 0 \\ 1 \\ 0 \end{pmatrix} \quad |1,-1>= \begin{pmatrix} 0 \\ 0 \\ 1 \end{pmatrix}.$$

Die Umrechnung von sphärischer auf kartesische Basis geschieht mit Hilfe von Gl.(4.55).

Sphärische Basis

<u>1.</u> $l = j+1$

$$(E.1) \qquad \vec{Y}_{j,l=j+1,1}^{m_j}(\varphi,\vartheta) = \begin{pmatrix} \sqrt{\frac{(j+1-m_j)(j+2-m_j)}{2(j+1)(2j+3)}}\,Y_{j+1}^{m_j-1}(\varphi,\vartheta) \\[2ex] -\sqrt{\frac{(j+1-m_j)(j+1+m_j)}{(j+1)(2j+3)}}\,Y_{j+1}^{m_j}(\varphi,\vartheta) \\[2ex] \sqrt{\frac{(j+2+m_j)(j+1+m_j)}{2(j+1)(2j+3)}}\,Y_{j+1}^{m_j+1}(\varphi,\vartheta) \end{pmatrix}$$

<u>2.</u> $l = j$

$$(E.2) \qquad \vec{Y}_{j,l=j,1}^{m_j}(\varphi,\vartheta) = \begin{pmatrix} -\sqrt{\frac{(j+m_j)(j+1-m_j)}{2j(j+1)}}\,Y_j^{m_j-1}(\varphi,\vartheta) \\[2ex] \frac{m_j}{\sqrt{j(j+1)}}\,Y_j^{m_j}(\varphi,\vartheta) \\[2ex] \sqrt{\frac{(j-m_j)(j+1+m_j)}{2j(j+1)}}\,Y_j^{m_j+1}(\varphi,\vartheta) \end{pmatrix}$$

<u>3.</u> $l = j - 1$

$$(E.3) \qquad \vec{Y}_{j,l=j-1,1}^{m_j}(\varphi,\vartheta) = \begin{pmatrix} \sqrt{\frac{(j-1+m_j)(j+m_j)}{2j(2j-1)}}\, Y_{j-1}^{m_j-1}(\varphi,\vartheta) \\[3mm] \sqrt{\frac{(j-m_j)(j+m_j)}{j(2j-1)}}\, Y_{j-1}^{m_j}(\varphi,\vartheta) \\[3mm] \sqrt{\frac{(j-1-m_j)(j-m_j)}{2j(2j-1)}}\, Y_{j-1}^{m_j+1}(\varphi,\vartheta) \end{pmatrix}$$

Kartesische Basis

<u>1.</u> $l = j + 1$

$$\vec{Y}_{j,l=j+1,1}^{m_j}(\varphi,\vartheta) = \begin{pmatrix} \frac{1}{2}\left[\sqrt{\frac{(j+2+m_j)(j+1+m_j)}{(j+1)(2j+3)}}\, Y_{j+1}^{m_j+1}(\varphi,\vartheta) - \sqrt{\frac{(j+2-m_j)(j+1-m_j)}{(j+1)(2j+3)}}\, Y_{j+1}^{m_j-1}(\varphi,\vartheta)\right] \\[3mm] -\frac{i}{2}\left[\sqrt{\frac{(j+2+m_j)(j+1+m_j)}{(j+1)(2j+3)}}\, Y_{j+1}^{m_j+1}(\varphi,\vartheta) + \sqrt{\frac{(j+2-m_j)(j+1-m_j)}{(j+1)(2j+3)}}\, Y_{j+1}^{m_j-1}(\varphi,\vartheta)\right] \\[3mm] -\sqrt{\frac{(j+1-m_j)(j+1+m_j)}{(j+1)(2j+3)}}\, Y_{j+1}^{m_j}(\varphi,\vartheta) \end{pmatrix}$$

$(E.4)$

<u>2.</u> $l = j$

$$\vec{Y}_{j,l=j,1}^{m_j}(\varphi,\vartheta) = \begin{pmatrix} \frac{1}{2}\left[\sqrt{\frac{(j-m_j)(j+1+m_j)}{j(j+1)}}\, Y_j^{m_j+1}(\varphi,\vartheta) + \sqrt{\frac{(j+m_j)(j+1-m_j)}{j(j+1)}}\, Y_j^{m_j-1}(\varphi,\vartheta)\right] \\[3mm] -\frac{i}{2}\left[\sqrt{\frac{(j-m_j)(j+1+m_j)}{j(j+1)}}\, Y_j^{m_j+1}(\varphi,\vartheta) - \sqrt{\frac{(j+m_j)(j+1-m_j)}{j(j+1)}}\, Y_j^{m_j-1}(\varphi,\vartheta)\right] \\[3mm] \frac{m_j}{\sqrt{j(j+1)}}\, Y_j^{m_j}(\varphi,\vartheta) \end{pmatrix}$$

$(E.5)$

3. $l = j - 1$

$$\vec{Y}^{m_j}_{j,l=j-1,1}(\varphi,\vartheta) = \begin{pmatrix} \frac{1}{2}\left[\sqrt{\frac{(j-1-m_j)(j-m_j)}{j(2j-1)}}\,Y^{m_j+1}_{j-1}(\varphi,\vartheta) - \sqrt{\frac{(j-1+m_j)(j+m_j)}{j(2j-1)}}\,Y^{m_j-1}_{j-1}(\varphi,\vartheta)\right] \\ -\frac{i}{2}\left[\sqrt{\frac{(j-1-m_j)(j-m_j)}{j(2j-1)}}\,Y^{m_j+1}_{j-1}(\varphi,\vartheta) + \sqrt{\frac{(j-1+m_j)(j+m_j)}{j(2j-1)}}\,Y^{m_j-1}_{j-1}(\varphi,\vartheta)\right] \\ \sqrt{\frac{(j-m_j)(j+m_j)}{j(2j-1)}}\,Y^{m_j}_{j-1}(\varphi,\vartheta) \end{pmatrix}$$

(E.6)

F   Die Radialfunktionen des H–Atoms

Wir betrachten die Bewegung eines Elektrons im Coulomb–Potential eines Kerns der Ladungszahl Z

$$\text{(F.1)} \qquad V(r) = -\frac{Ze^2}{4\pi\epsilon_0} \cdot \frac{1}{r} \qquad Z = 1 \text{ für Wasserstoff.}$$

Schreibt man die Schrödinger–Gleichung in Kugelkoordinaten (Gl.(5.3)) und separiert durch den Produktansatz für die Wellenfunktion

$$\text{(F.2)} \qquad \phi(r,\varphi,\vartheta) = R(r) \cdot f(\varphi,\vartheta)$$

den Radialteil $R(r)$ vom Winkelanteil $f(\varphi,\vartheta)$ ab, so erhält man den Radialteil der Schrödinger–Gleichung (siehe Abschn. 5.1.1, Gl.(5.8))

$$\text{(F.3)} \qquad \frac{1}{r^2}\frac{d}{dr}\left(r^2\frac{dR(r)}{dr}\right) + \frac{2M_e}{\hbar^2}\left(E + \frac{Ze^2}{4\pi\epsilon_0}\cdot\frac{1}{r} - \frac{\hbar^2}{2M_e r^2}l(l+1)\right)R(r) = 0$$

$$
\begin{aligned}
M_e \quad & \text{Elektronenmasse} \\
E \quad & \text{Energie des Atoms} \\
l \quad & \text{Bahndrehimpulsquantenzahl, } l = 1,2\ldots
\end{aligned}
$$

Wegen

$$\frac{1}{r^2}\frac{d}{dr}(r^2\frac{dR(r)}{dr}) = \frac{d^2R(r)}{dr^2} + \frac{2}{r}\frac{dR(r)}{dr}$$

läßt sich Gl.(F.3) schreiben

$$\text{(F.4)} \qquad \frac{d^2R(r)}{dr^2} + \frac{2}{r}\frac{dR(r)}{dr} + \frac{2M_e}{\hbar^2}\left(E + \frac{Ze^2}{4\pi\epsilon_0}\frac{1}{r}\right)R(r) - \frac{l(l+1)}{r^2}R(r) = 0.$$

Gl.(F.4) liefert offensichtlich für jeden Wert von l eine andere Funktion $R(r)$. Diese wird daher von l abhängen.

Wir kürzen ab

$$
\begin{aligned}
A &= -\frac{2M_e E}{\hbar^2} > 0, \text{ da für gebundene Zustände } E < 0. \\
B &= \frac{M_e Z e^2}{4\pi\epsilon_0 \hbar^2} > 0 \\
\rho &= 2\sqrt{A}\,r.
\end{aligned}
$$

$$\text{(F.5)} \qquad \frac{d^2R(\rho)}{d\rho^2} + \frac{2}{\rho}\frac{dR(\rho)}{d\rho} + \left(-\frac{1}{4} + \frac{B}{\sqrt{A}\rho} - \frac{l(l+1)}{\rho^2}\right)R(\rho) = 0.$$

Für große Werte von ρ reduziert sich Gl.(F.5) auf die einfache Differentialgleichung

$$\text{(F.6)} \qquad \frac{d^2R_\infty(\rho)}{d\rho^2} - \frac{1}{4}R_\infty(\rho) = 0.$$

Die Lösung dieser Gleichung lautet

$$(F.7) \qquad R_\infty(\rho) = c_1 \exp(-\frac{\rho}{2}) + c_2 \exp(\frac{\rho}{2}) \qquad c_1, c_2 \text{ Konstante.}$$

Im Hinblick auf die Wahrscheinlichkeitsinterpretation muß $R(\rho)$ überall endlich sein. Also ist $c_2 = 0$.

$$(F.8) \qquad R_\infty(\rho) = c_1 \exp(-\frac{\rho}{2}).$$

In sehr großer Entfernung vom Kern fällt die Wellenfunktion exponentiell ab. Wir machen für den gesamten Radialbereich einen Ansatz, der sich später als geeignet erweist

$$(F.9) \qquad R(\rho) = \exp(-\frac{\rho}{2}) \cdot W(\rho).$$

Setzen wir diesen Ansatz in Gl.(F.5) ein und führen die Differentiationen des Produkts Gl.(F.9) aus, so erhalten wir schließlich die Differentialgleichung

$$(F.10) \qquad \frac{d^2 W(\rho)}{d\rho^2} + (\frac{2}{\rho} - 1)\frac{dW(\rho)}{d\rho} - \left((1 - \frac{B}{\sqrt{A}})\frac{1}{\rho} + \frac{l(l+1)}{\rho^2} \right) W(\rho) = 0.$$

In der Mathematik wird gezeigt, daß man Gl.(F.10) durch einen Potenzreihenansatz lösen kann

$$(F.11) \qquad W(\rho) = \rho^\mu \sum_{\nu=0}^\infty a_\nu \rho^\nu = \rho^\mu u(\rho) \quad \text{mit } a_0 \neq 0 \text{ und der Abkürzung}$$

$$u(\rho) = \sum_{\nu=0}^\infty a_\nu \rho^\nu.$$

Falls die Reihe $W(\rho)$ abbricht, geht $R(\rho)$ für $\lim_{\rho\to\infty}$ gegen Null, wie es sein muß. μ ist der Exponent der Anfangspotenz der Reihe zum Koeffizienten a_0. Wir müssen daher $\mu \geq 0$ fordern, damit $W(\rho)$ im $\lim_{\rho\to 0}$ endlich bleibt. Der Exponent μ und die Koeffizienten a_ν sind noch zu bestimmen.

Wir setzen den Ansatz Gl.(F.11) in die Differentialgleichung (F.10) ein und ordnen die Glieder nach Potenzen von ρ

$$(F.12) \qquad \begin{aligned} &a_0\rho^{\mu-2}[\mu(\mu-1) + 2\mu - l(l+1)]+ \\ &\rho^{\mu-1}[a_1\mu(\mu-1) + 2a_1(2\mu+1) - a_1 l(l+1) - a_0\mu - a_0(1 - \frac{B}{\sqrt{A}})]+ \\ &\rho^\mu[\ldots] + \ldots = 0. \end{aligned}$$

Soll Gl.(F.12) für alle Werte von ρ Gültigkeit haben, so muß jede eckige Klammer für sich verschwinden

$$(F.13) \qquad \mu(\mu-1) + 2\mu = l(l+1).$$

Dies liefert die beiden Lösungen $\mu = l \geq 0$ und $\mu = -l - 1 < 0$, wobei letztere physikalisch nicht brauchbar ist, weil andernfalls $W(\rho)$ im $\lim_{\rho\to 0}$ divergieren würde. Wir setzen den Ansatz Gl.(F.11)

$$W(\rho) = \rho^l u(\rho)$$

in Gl.(F.10) ein und erhalten nach Umordnen der Glieder

$$(F.14) \qquad \rho \frac{d^2 u(\rho)}{d\rho^2} + (2(l+1) - \rho)\frac{du(\rho)}{d\rho} + \left(\frac{B}{\sqrt{A}} - l - 1\right) u(\rho) = 0.$$

Wenn die Größe $\dfrac{B}{\sqrt{A}}$ eine ganze Zahl $n > l$ ist, so stellt Gl.(F.14) die in der Mathematik bekannte Differentialgleichung der Laguerre–Polynome dar. Wir setzen die Reihe für $u(\rho)$ in Gl.(F.14) ein und brechen sie beim k-ten Glied ab

$$(F.15) \quad \sum_{\nu=0}^{k} \{a_\nu \nu(\nu-1)\rho^{\nu-1} + 2(l+1)a_\nu \nu \rho^{\nu-1} - a_\nu \nu \rho^\nu + (\frac{B}{\sqrt{A}} - l - 1)a_\nu \rho^\nu\} = 0.$$

Gl.(F.15) läßt sich auch schreiben

$$(F.16) \quad \sum_{\nu=0}^{k} \rho^\nu \{a_\nu(\frac{B}{\sqrt{A}} - l - 1 - \nu) + a_{\nu+1}[\nu(\nu+1) + 2(l+1)(\nu+1)]\} = 0.$$

Diese Gleichung ist wiederum nur dann für alle Werte von ρ gültig, wenn alle geschweiften Klammern jeweils für sich verschwinden. Da wir beim k-ten Glied abbrechen, ist $a_{k+1} = 0$. Damit ist für $\nu = k$

$$(F.17) \qquad a_k(\frac{B}{\sqrt{A}} - l - 1 - k) = 0.$$

a_k soll der letzte von Null verschiedene Koeffizient sein, so daß

$$(F.18) \qquad \frac{B}{\sqrt{A}} = k + l + 1 = n.$$

Die Zahl n ist ganzzahlig; es ist $n > l$ und $n = 1, 2, 3 \dots$. Wir nennen n die Hauptquantenzahl und haben nach Gl.(F.18) zusammen mit den Abkürzungen für A und B

$$A = \frac{B^2}{n^2}$$

$$(F.19) \qquad \boxed{E_n = -\frac{Z^2 M_c e^4}{32\pi^2 \epsilon_0^2 \hbar^2} \cdot \frac{1}{n^2}}.$$

Wir müssen noch die Koeffizienten a_ν bestimmen. Aus dem Verschwinden der geschweiften Klammern in Gl.(F.16) ergibt sich die Rekursionsformel

$$(F.20) \qquad a_\nu(k - \nu) = -a_{\nu+1}(\nu+1)(\nu+2l+2).$$

Wir normieren den letzten Koeffizienten zu $a_k = (-1)^k$.

$$(F.21) \qquad a_{k-1} = -a_k k(k + 2l + 1).$$

Wir können jetzt das Polynom in Gl.(F.11) vollständig anschreiben

$$(F.22) \qquad u(\rho) = \sum_{\nu=0}^{k} (-1)^{k+\nu} \rho^{k-\nu} \frac{k!(k+2l+1)!}{\nu!(k-\nu)!(k-\nu+2l+1)!}.$$

Der Ausdruck Gl.(F.22) heißt verallgemeinertes Laguerre–Polynom und läßt sich auch in der Form

$$(F.23) \qquad L_k^{2l+1}(\rho) \equiv u(\rho) = \exp(\rho) \cdot \rho^{-(2l+1)} \frac{d^k}{d\rho^k}(\rho^{k+2l+1} \cdot \exp(-\rho))$$

darstellen. Zusammen mit den Gl.(F.9) und (F.11) erhalten wir schließlich die Radialfunktionen des Wasserstoffatoms

$$(F.24) \qquad R(\rho) \equiv R_{n,l}(\rho) = N_{n,l} \exp(-\frac{\rho}{2}) \rho^l L_{n-l-1}^{2l+1}(\rho).$$

Sie hängen von den Quantenzahlen n und l ab. Die Größen $N_{n,l}$ sind Normierungskonstanten. Erinnern wir uns an die Abkürzung

$$\rho = 2\sqrt{A}r \;\; = \;\; 2r\sqrt{\frac{2M_e}{\hbar^2}}\sqrt{|E|}$$

$$= \;\; \frac{2r}{\hbar}\sqrt{2M_e \frac{Z^2 M_e e^4}{32\pi^2 \epsilon_0^2 \hbar^2 n^2}}$$

$$= \;\; \frac{2Z M_e e^2 r}{4\pi\epsilon_0 \hbar^2 n} = \frac{2Z}{a_0 n} \cdot r \qquad a_0 \text{ Bohrscher Radius,}$$

so läßt sich Gl.(F.24) mit der Definition von $L_k^{2l+1}(r)$ gemäß Gl.(F.23) schreiben

$$(F.25)$$
$$\boxed{\begin{aligned} R_{n,l}(r) \;\; &= \;\; N_{n,l} \left(\frac{2Zr}{a_0 n}\right)^l \exp\left(-\frac{Zr}{a_0 n}\right) \cdot L_{n-l-1}^{2l+1}\left(\frac{2Z}{a_0 n}r\right) \\[2mm] \text{mit } N_{n,l} \;\; &= \;\; \left(\frac{Z}{na_0}\right)^{3/2} \sqrt{\frac{4}{n(n-l-1)!(n+l)!}}. \end{aligned}}$$

Die Funktionen für $n = 1$, 2 und 3 sind in Tab.5.1 angegeben. Die Funktionen $R_{n,l}(r)$ sind orthonormiert

$$\int_0^\infty R_{n,l}(r)^2 r^2 dr = 1,$$

$$(F.26) \qquad \int_0^\infty R_{n,l}(r) \cdot R_{n',l}(r) r^2 dr = \delta_{n,n'},$$

$$\text{jedoch } \int_0^\infty R_{n,l}(r) \cdot R_{n',l'}(r) r^2 dr \neq 0 \text{ für } l \neq l' \text{ und } n = n' \text{ oder } n \neq n'.$$

G   Mathematische Hilfsmittel

Die Diracsche δ–Funktion

Die Diracsche δ–Funktion bietet in der mathematischen Beschreibung der Physik elegante Möglichkeiten von Problemlösungen und wird daher oft verwendet. Ohne auf die zugrunde liegende Mathematik einzugehen, sind hier einige wichtige Darstellungen und Eigenschaften der δ-Funktion zusammengestellt.

Eindimensionale δ-Funktion. Die δ-Funktion ist keine Funktion im eigentlichen Sinne. Sie kann folgendermaßen definiert werden

$$\int f(x)\delta(x - x_0)dx = f(x_0).$$

mit

$$\delta(x - x_0)\begin{cases} = 0 & \text{für} \quad x \neq x_0 \\ = \infty & \text{für} \quad x = x_0. \end{cases}$$

Daraus folgt

$$\int_{-\infty}^{\infty} \delta(x - x_0)dx = 1.$$

Man kann die δ-Funktion auch aus dem Grenzwertverhalten

$$\delta(x - x_0) = \frac{1}{\pi}\lim_{\epsilon \to 0} \frac{\epsilon}{(x - x_0)^2 + \epsilon^2}$$

oder

$$\delta(x - x_0) = \frac{2}{\pi}\lim_{t \to \infty} \frac{\sin^2 \frac{t}{2}(x - x_0)}{t(x - x_0)^2}$$

oder durch die Integraldarstellung

$$\delta(x) = \frac{1}{2\pi}\int_{-\infty}^{\infty} e^{ikx}dk$$

definieren.
Einige Eigenschaften der δ-Funktion sind nachfolgend aufgeführt

$$\delta(-x) = \delta(x)$$

$$\delta(ax) = \frac{1}{|a|}\delta(x) \quad a \neq 0 \text{ und reell}$$

$$x\delta(x) = x^2\delta(x) = \ldots = 0$$

$$f(x)\delta(x - a) = f(a)\delta(x - a)$$

$$\int f(x)\delta'(x)dx = -f'(0)$$

$$\delta(g(x)) = \sum_n \frac{1}{|g'(x_n)|}\delta(x - x_n) \quad \text{mit } x_n \text{ Nullstellen von } g(x),\ \text{d.h. } g(x_n) = 0.$$

$$\frac{d}{dx}\Theta(x) = \delta(x), \quad \text{wobei } \Theta(x) \text{ die Stufenfunktion ist}$$

$$\Theta(x) \begin{cases} = 1 \text{ für } x < 0 \\ = 0 \text{ für } x > 0. \end{cases}$$

Dreidimensionale δ-Funktion

$$\delta(\vec{r} - \vec{r}_0) = \delta(x - x_0) \cdot \delta(y - y_0) \cdot \delta(z - z_0)$$

$$\int f(\vec{r})\delta(\vec{r} - \vec{r}_0)d^3r = f(\vec{r}_0)$$

$$\int \delta(\vec{r})d^3r = 1$$

$$\delta(\vec{r}) = \frac{1}{(2\pi)^3}\int e^{i\vec{k}\vec{r}}d^3k \quad \text{Integraldarstellung}$$

$$\delta(\vec{r} - \vec{r}_0) = \frac{1}{r^2}\delta(r - r_0)\delta(\cos\vartheta - \cos\vartheta_0)\delta(\varphi - \varphi_0) \quad \text{in Kugelkoordinaten.}$$

Anwendungen

Es ist

$$\boxed{\Delta\frac{1}{r} = -4\pi\delta(\vec{r}).}$$

Beweis. $\Delta\dfrac{1}{r}$ wird für $r \neq 0$ direkt ausgerechnet

$$\begin{aligned}
\Delta\frac{1}{r} = \vec{\nabla}(\vec{\nabla}\frac{1}{r}) &= \vec{\nabla}\left(\frac{\partial}{\partial x}\frac{1}{r}, \frac{\partial}{\partial y}\frac{1}{r}, \frac{\partial}{\partial z}\frac{1}{r}\right) \\
&= -\vec{\nabla}\frac{\vec{r}}{r^3} \\
&= -\left(\frac{\partial}{\partial x}\frac{x}{r^3} + \frac{\partial}{\partial y}\frac{y}{r^3} + \frac{\partial}{\partial z}\frac{z}{r^3}\right) \\
&= -\left(\frac{3}{r^3} - \frac{3}{r^3}\right) = 0.
\end{aligned}$$

Bei $r = 0$ wird dieser Ausdruck singulär. Man macht daher eine integrale Betrachtung unter Verwendung des Gaußschen Integralsatzes

$$\int (\Delta \frac{1}{r}) d^3r \; = \; \int_V \vec{\nabla}(\vec{\nabla}\frac{1}{r}) d^3r$$

$$= \; \int_F (\vec{\nabla}\frac{1}{r}) d\vec{f}$$

$$= \; -\int \frac{\vec{r}}{r^3} \cdot \frac{\vec{r}}{r} r^2 d\Omega = -\int d\Omega$$

$$= \; -4\pi = -\int 4\pi \delta(\vec{r}) d^3r.$$

Es ist

$$\boxed{(\vec{\mu}_1 \vec{\nabla})(\vec{\mu}_2 \vec{\nabla})\frac{1}{r} = \frac{3(\vec{\mu}_1 \vec{r})(\vec{\mu}_2 \vec{r}) - (\vec{\mu}_1 \vec{\mu}_2)r^2}{r^5} - \frac{4\pi}{3}(\vec{\mu}_1 \vec{\mu}_2)\delta(\vec{r}),}$$

wobei $\vec{\mu}_1$ und $\vec{\mu}_2$ ortsunabhängige Größen sind.

Beweis.

Für $r \neq 0$ ist

$$(\vec{\mu}_1 \vec{\nabla})(\vec{\mu}_2 \vec{\nabla})\frac{1}{r} \; = \; (\vec{\mu}_1 \vec{\nabla})(\vec{\mu}_2 \vec{\nabla}\frac{1}{r})$$

$$= \; -(\vec{\mu}_1 \vec{\nabla})(\vec{\mu}_2 \frac{\vec{r}}{r^3})$$

$$= \; -\sum_i \sum_j \mu_{1i}\mu_{2j} \frac{\partial}{\partial x_i} \frac{x_j}{(\sum_k x_k^2)^{3/2}}$$

$$= \; -\sum_i \sum_j \mu_{1i}\mu_{2j} \{\delta_{ij}\frac{1}{r^3} - \frac{3}{2}x_j \frac{2x_k \delta_{ik}}{(\sum_k x_k^2)^{5/2}}\}$$

$$= \; -\sum_i \sum_j \mu_{1i}\mu_{2j} (\delta_{ij}\frac{1}{r^3} - \frac{3x_i x_j}{r^5})$$

$$= \; \frac{3(\vec{\mu}_1 \vec{r})(\vec{\mu}_2 \vec{r}) - (\vec{\mu}_1 \vec{\mu}_2)r^2}{r^5}.$$

Bei $r = 0$ liegt eine Singularität vor. Daher macht man wiederum eine integrale Betrachtung mit Hilfe des Gaußschen Integralsatzes

$$\int_V (\vec{\mu}_1 \vec{\nabla})(\vec{\mu}_2 \vec{\nabla})\frac{1}{r} d^3r \; = \; \int_V \vec{\nabla}(\vec{\mu}_1(\vec{\mu}_2 \vec{\nabla}\frac{1}{r})) d^3r$$

$$= \; -\int_V \vec{\nabla}(\vec{\mu}_1(\frac{\vec{\mu}_2 \vec{r}}{r^3})) d^3r$$

$$= \; -\int_F (\vec{\mu}_1(\frac{\vec{\mu}_2 \vec{r}}{r^3})) d\vec{f}$$

$$= \; -\int (\vec{\mu}_1 \frac{\vec{r}}{r})(\vec{\mu}_2 \frac{\vec{r}}{r^3}) r^2 d\Omega$$

$$= \; -\int (\vec{\mu}_1 \frac{\vec{r}}{r})(\vec{\mu}_2 \frac{\vec{r}}{r}) d\cos\vartheta \, d\varphi$$

$$= - \int_{-1}^{+1} \int_{0}^{2\pi} (\mu_{1x} \sin \vartheta \cos \varphi + \mu_{1y} \sin \vartheta \sin \varphi + \mu_{1z} \cos \vartheta) \cdot$$

$$(\mu_{2x} \sin \vartheta \cos \varphi + \mu_{2y} \sin \vartheta \sin \varphi + \mu_{2z} \cos \vartheta) d \cos \vartheta d\varphi$$

$$= - \int_{-1}^{+1} \int_{0}^{2\pi} (\mu_{1x}\mu_{2x} \sin^2 \vartheta \cos^2 \varphi + \mu_{1y}\mu_{2y} \sin^2 \vartheta \sin^2 \varphi + \mu_{1z}\mu_{2z} \cos^2 \vartheta) d \cos \vartheta d\varphi.$$

Bei dem Rechenschritt von der vorletzten zur letzten Zeile verschwinden alle Integrale, deren Integranden in einer der trigonometrischen Funktionen linear sind.

Wir haben ferner von der Darstellung der Kugelkoordinaten Gebrauch gemacht

$$\frac{\vec{r}}{r} = (\sin \vartheta \cos \varphi, \sin \vartheta \sin \varphi, \cos \vartheta)$$

$$\vec{\mu}_i \frac{\vec{r}}{r} = \mu_{ix} \sin \vartheta \cos \varphi + \mu_{iy} \sin \vartheta \sin \varphi + \mu_{iz} \cos \vartheta.$$

Die Berechnung des letzten Integralausdruckes liefert schließlich

$$\int_V (\vec{\mu}_1 \vec{\nabla})(\vec{\mu}_2 \vec{\nabla})\frac{1}{r}d^3r = -(\frac{4\pi}{3}\mu_{1x}\mu_{2x} + \frac{4\pi}{3}\mu_{1y}\mu_{2y} + \frac{4\pi}{3}\mu_{1z}\mu_{2z})$$

$$= -\frac{4\pi}{3}(\vec{\mu}_1\vec{\mu}_2) = -\int \frac{4\pi}{3}(\vec{\mu}_1\vec{\mu}_2)\delta(\vec{r})d^3r.$$

Zusammen mit der Berechnung für den Fall $r \neq 0$ ist die eingerahmte Beziehung somit bewiesen.

Aus der Zusammenfassung der Ausdrücke der beiden letzten Abschnitte ergibt sich

$$\boxed{\begin{aligned} &(\vec{\mu}_1\vec{\mu}_2)\Delta\frac{1}{r} - (\vec{\mu}_1\vec{\nabla})(\vec{\mu}_2\vec{\nabla})\frac{1}{r} = \\[2mm] &= -\frac{3(\vec{\mu}_1\vec{r})(\vec{\mu}_2\vec{r}) - (\vec{\mu}_1\vec{\mu}_2)r^2}{r^5} - \frac{8\pi}{3}(\vec{\mu}_1\vec{\mu}_2)\delta(\vec{r}). \end{aligned}}$$

H Die Schrödinger–Gleichung für die Bewegung eines geladenen Teilchens im elektromagnetischen Feld

Wir untersuchen die Gestalt des Hamilton–Operators für die Bewegung eines geladenen Teilchens der Masse M_0 und der Ladung q in einem elektromagnetischen Feld und stellen die zugehörige Schrödinger–Gleichung auf. Anstelle der elektromagnetischen Feldgrößen $\vec{E}$ und $\vec{B}$ verwenden wir das Vektorpotential $\vec{A}$ und das skalare Potential V, da nur diese Größen, wie der Aharonov–Bohm–Effekt gezeigt hat (siehe Abschn. 3.1), für die Schrödinger–Gleichung signifikant sind.

$$\vec{B} \;=\; rot\vec{A} \;=\; \vec{\nabla} \times \vec{A} \,, \qquad\qquad \vec{A} \;=\; \vec{A}(\vec{r},t) \,,$$

(H.1)

$$\vec{E} \;=\; -grad V - \frac{\partial \vec{A}}{\partial t} = -\vec{\nabla}V - \frac{\partial \vec{A}}{\partial t} \,, \qquad\qquad V \;=\; V(\vec{r},t) \,.$$

Die Größen $\vec{A}$ und V sind bei gegebenen Feldern $\vec{B}$ und $\vec{E}$ bekanntlich nicht eindeutig. Sie könnnen durch neue Potentiale ersetzt werden, ohne daß sich die Feldstärken ändern

$$\vec{A}(\vec{r},t) \;=\; \vec{A}_1(\vec{r},t) + \vec{\nabla}f(\vec{r},t) \,,$$

(H.2)

$$V(\vec{r},t) \;=\; V_1(\vec{r},t) - \frac{\partial f(\vec{r},t)}{\partial t} \,,$$

wobei $f(\vec{r},t)$ eine beliebige Funktion von Ort und Zeit ist.

$$\vec{B} \;=\; [\vec{\nabla} \times \vec{A}_1] + [\vec{\nabla} \times \vec{\nabla}]f(\vec{r},t) = [\vec{\nabla} \times \vec{A}_1]$$

$$\vec{E} \;=\; -\vec{\nabla}V_1 + \vec{\nabla}\frac{\partial f}{\partial t} - \frac{\partial \vec{A}_1}{\partial t} - \frac{\partial}{\partial t}\vec{\nabla}f = -\vec{\nabla}V_1 - \frac{\partial \vec{A}_1}{\partial t} \,.$$

Die Ersetzung in Gl.(H.2) nennt man Eichtransformation der Potentiale.

Die Lagrange–Funktion für die Bewegung des geladenen Teilchens in einem elektromagnetischen Feld lautet

(H.3)
$$\boxed{\; \mathcal{L} = \frac{M_0}{2}\dot{\vec{r}}^{\,2} - qV + q(\dot{\vec{r}}\vec{A}) \,. \;}$$

Dies läßt sich zeigen, wenn man die Lagrange–Bewegungsgleichung heranzieht

(H.4)
$$\frac{d}{dt}\left(\frac{\partial \mathcal{L}}{\partial \dot{\vec{r}}}\right) - \frac{\partial \mathcal{L}}{\partial \vec{r}} = 0 \,.$$

Der generalisierte Impuls ist

$$\vec{p} = \frac{\partial \mathcal{L}}{\partial \dot{\vec{r}}} \; = \; M_0 \dot{\vec{r}} + q\vec{A} \, ,$$

$$\frac{d\vec{p}}{dt} = \frac{\partial \mathcal{L}}{\partial \vec{r}} \; = \; -q\vec{\nabla}V + q\vec{\nabla}(\dot{\vec{r}}\vec{A}) \, .$$

Hiermit folgt, wenn in Gl.(H.4) eingesetzt wird

$$(\text{H.5}) \qquad\qquad M_0 \ddot{\vec{r}} + q\frac{d\vec{A}}{dt} + q\vec{\nabla}V - q\vec{\nabla}(\dot{\vec{r}}\vec{A}) = 0 \, ,$$

wobei

$$\frac{d\vec{A}}{dt} \; = \; \frac{\partial \vec{A}}{\partial t} + \frac{\partial \vec{A}}{\partial x}\cdot\frac{dx}{dt} + \frac{\partial \vec{A}}{\partial y}\cdot\frac{dy}{dt} + \frac{\partial \vec{A}}{\partial z}\cdot\frac{dz}{dt}$$

$$\; = \; \frac{\partial \vec{A}}{\partial t} + (\dot{\vec{r}}\cdot\vec{\nabla})\vec{A} \, .$$

Wir wollen den letzten Term von Gl.(H.5) umformen mittels der für beliebige Vektoren $\vec{A}$ und $\vec{B}$ gültigen Beziehung

$$\vec{\nabla}(\vec{B}\vec{A}) = (\vec{B}\vec{\nabla})\vec{A} + \vec{B}\times[\vec{\nabla}\times\vec{A}] + (\vec{A}\vec{\nabla})\vec{B} + \vec{A}\times[\vec{\nabla}\times\vec{B}] \, .$$

Danach ist

$$\vec{\nabla}(\dot{\vec{r}}\vec{A}) = (\dot{\vec{r}}\vec{\nabla})\vec{A} + \dot{\vec{r}}\times[\vec{\nabla}\times\vec{A}] \, , \quad \text{da } (\vec{A}\vec{\nabla})\dot{\vec{r}} = 0 \quad \text{und } rot\,\dot{\vec{r}} = 0 \, .$$

Aus Gl.(H.5) wird hiermit

$$M_0\ddot{\vec{r}} \; = \; -q\frac{\partial \vec{A}}{\partial t} - q\vec{grad}V + q[\dot{\vec{r}}\times rot\vec{A}]$$

$$\; = \; q\cdot\vec{E} + q[\dot{\vec{r}}\times\vec{B}].$$

Die letzte Gleichung ist die bekannte Beziehung für die Lorentz–Kraft. Der Ausdruck Gl.(H.3) ist demnach die richtige Lagrange–Funktion für unser Problem.

Die Hamilton–Funktion lautet dann unter Verwendung von $\vec{p} = \dfrac{\partial \mathcal{L}}{\partial \dot{\vec{r}}}$

$$H \; = \; -\mathcal{L} + (\vec{p}\cdot\dot{\vec{r}})$$

$$\; = \; -\frac{M_0}{2}\dot{\vec{r}}^2 + qV - q(\dot{\vec{r}}\vec{A}) + M_0\dot{\vec{r}}^2 + q(\dot{\vec{r}}\vec{A})$$

$$\; = \; \frac{M_0}{2}\dot{\vec{r}}^2 + qV$$

$$\; = \; \frac{1}{2M_0}\left(\vec{p} - q\vec{A}\right)^2 + qV \, .$$

$\vec{p}$ ist der sogenannte kanonische Impuls, d.h. die kanonisch konjugierte Größe zum Ort. Der Impuls des Teilchens im elektromagnetischen Feld (kinetischer Impuls genannt) ist

$$\vec{p}_L = \vec{p} - q\vec{A} \ .$$

Er legt z.B. die Geschwindigkeit $\vec{v} = \vec{p}_L/m$ des Teilchens fest. Gehen wir nun zur Quantenmechanik über. Der kanonische Impuls — nicht der kinetische — wird durch $-i\hbar\vec{\nabla}$ ersetzt, so daß man für die Operatoren des kinetischen Impulses und Drehimpulses sowie für den Hamilton-Operator folgende Ausdrücke erhält

$$
\begin{aligned}
\vec{p}_L &= -i\hbar\vec{\nabla} - q\vec{A} \\
\vec{l}_L &= \vec{r} \times \vec{p}_L = -i\hbar\vec{r} \times \vec{\nabla} - q\vec{r} \times \vec{A} \\
\mathcal{H} &= \frac{1}{2M_0}\vec{p}_L^2 + qV = \frac{1}{2M_0}\left(-i\hbar\vec{\nabla} - q\vec{A}\right)^2 + qV \\
&= -\frac{\hbar^2}{2M_0}\Delta + \frac{i\hbar}{2M_0}\cdot q \cdot (\vec{\nabla}\vec{A}) + \frac{i\hbar}{2M_0}\cdot q \cdot (\vec{A}\vec{\nabla}) + \frac{q^2}{2M_0}\vec{A}^2 + qV \ .
\end{aligned}
$$

Da $(\vec{\nabla}\vec{A})\psi(\vec{r},t) = div\vec{A} \cdot \psi(\vec{r},t) + \vec{A}\vec{\nabla}\psi(\vec{r},t)$, so lautet die zeitabhängige Schrödinger-Gleichung schließlich

$$(\text{H.6}) \qquad \boxed{i\hbar\frac{\partial\psi}{\partial t} = \left(-\frac{\hbar^2}{2M_0}\Delta + \frac{i\hbar q}{M_0}(\vec{A}\cdot\vec{\nabla}) + \frac{i\hbar q}{2M_0}div\vec{A} + \frac{q^2}{2M_0}\vec{A}^2 + qV\right)\psi \ .}$$

Eine Eichtransformation Gl.(H.2) verändert die Hamilton-Funktion zu

$$\mathcal{H} = \frac{1}{2M_0}\left(\vec{p} - q\vec{A} - q\vec{\nabla}f(\vec{r},t)\right)^2 + qV - q\frac{\partial f(\vec{r},t)}{\partial t}$$

Als Lösung der entsprechenden Schrödinger–Gleichung unter Verwendung von $\vec{p} = -i\hbar\vec{\nabla}$ ergibt sich diejenige von Gl.(H.6) multipliziert mit einem Phasenfaktor

$$(\text{H.7}) \qquad \psi'(\vec{r},t) = \psi(\vec{r},t) \cdot \exp\left(\frac{iqf(\vec{r},t)}{\hbar}\right) \ ,$$

wie man durch Einsetzen verifiziert. Durch die Eichtransformation ändern sich also weder die Eigenwerte noch der Absolutbetrag der Eigenfunktionen der Schrödinger-Gleichung.

Aber auch andere physikalische Größen wie Eigenwerte bzw. Erwartungswerte von Observablen bleiben durch eine Eichtransformation ungeändert, da die entsprechenden Operatoren eine analoge Änderung erfahren wie der Hamilton-Operator. Beispielsweise ist der Erwartungswert für den kinetischen Impuls eines Teilchens unter einer Eichtransformation nach Gl.(H.2)

$$
\begin{aligned}
\langle\vec{p}_L\rangle &= \left\langle\vec{p} - q\vec{A} - q\vec{\nabla}f(\vec{r},t)\right\rangle = \int \psi^*\exp\left(\frac{-iqf}{\hbar}\right)\left(-i\hbar\vec{\nabla} - q\vec{A} - q\vec{\nabla}f\right)\psi\exp\left(\frac{iqf}{\hbar}\right)d^3r \\
&= \int \psi^*\left(-i\hbar\vec{\nabla}\right)\psi d^3r - i\hbar\frac{iq}{\hbar}\int \psi^*\vec{\nabla}f\cdot\psi d^3r - q\int \psi^*\left(\vec{A} + \vec{\nabla}f\right)\psi d^3r \\
&= \int \psi^*\left(-i\hbar\vec{\nabla} - q\vec{A}\right)\psi d^3r = \langle\vec{p}_L\rangle \ .
\end{aligned}
$$

Eine Eichtransformation verursacht also keinen physikalisch meßbaren Effekt.

Literaturhinweise

Nachfolgend ist eine alphabetisch geordnete Auswahl von Büchern zusammengestellt, die zum Weiterstudium empfohlen werden bzw. die wie zur Erstellung dieses Buches benutzt haben, soweit nicht gesondert spezielle Quellen zitiert sind.

1. Quantenmechanik

L.D. Landau, E.M. Lifschitz, Lehrbuch der Theoretischen Physik, Band III, Quantenmechanik, 9. Aufl., Akademie-Verlag, Berlin 1990.

A. Messiah, Quantenmechanik, Band I und II, 2./3. Auflage, Verlag Walter de Gruyter, Berlin 1990/1991.

E. Merzbacher, Quantum Mechanics, 2. Aufl., John Wiley & Sons, Inc., New York 1970.

L.I. Schiff, Quantum Mechanics, 3. Aufl., McGraw-Hill Book Company, Inc., New York 1968.

F. Schwabl, Quantenmechanik, 4. Aufl., Springer-Verlag, Berlin, Heidelberg, New York 1993.

2. Atomphysik/Molekülphysik/Kernphysik zusammengefaßt

M. Alonso, E. Finn, Quantenphysik, Oldenbourg Verlag, München Wien 1990.

A. Beiser, Concepts of Modern Physics, 5.Aufl., McGraw-Hill Book Company, Inc., New York 1995.

Bergmann, Schaefer, Hrsg. Wilhelm Raith, Lehrbuch der Experimentalphysik, Band 4, Teilchen, Walter de Gruyter, Berlin 1992.

K. Bethge, G. Gruber, Physik der Atome und Moleküle, VCH Verlagsgesellschaft mbH, Weinheim 1990.

M. Böhm, A. Scharmann, Höhere Experimentalphysik, VCH Verlagsgesellschaft mbH, Weinheim 1992.

W. Demtröder, Experimentalphysik 3, Atome, Moleküle, Festkörper, Springer-Verlag, Berlin Heidelberg 1996.

R.Eisberg, R.Resnick, Quantum Physics of Atoms, Molecules, Solids, Nuclei and Particles, 2. Aufl. , John Wiley & Sons, New York 1985.

M. Karplus, R. Porter, Atoms & Molecules, An Introduction for Students of Physical Chemistry, W.A. Benjamin, Inc., London 1970.

F. Kohlrausch, Praktische Physik, Band 2 und Band 3 (Tabellen und Diagramme), B.G. Teubner Verlagsgesellschaft, Stuttgart 1995/1996.

R.B. Leighton, Principles of Modern Physics, McGraw-Hill Book Company, Inc., New York 1959.

A.C. Melissinos, Experiments in Modern Physics, Academic Press, Inc., London 1966.

M.A. Morrison, Th. Estle, N. Lane, Quantum States of Atoms, Molecules and Solids, Prentice-Hall, Inc., Englewood Chiffs, New Jersey 1976.

G. Otter, R. Honecker, Atome – Moleküle – Kerne, Band I, Atomphysik, Band II, Molekülphysik und Kernphysik, B.G. Teubner Verlagsgesellschaft, Stuttgart 1993/ 1996.

H. Semat, J.R. Albright, Introduction to Atomic and Nuclear Physics, 5. Aufl., Chapman and Hall, London 1972.

J.C. Slater, Quantum Theory of Matter, McGraw-Hill Book Company, Inc., New York 1968.

3. Atomphysik

W. Döring, Atomphysik und Quantenmechanik, I. Grundlagen, II. Die allgemeinen Gesetze, III. Anwendungen, Walter de Gruyter, Berlin 1976, 1981, 1979.

W. Finkelnburg, Einführung in die Atomphysik, 11./12. Aufl., Springer-Verlag, Berlin, Heidelberg, New York 1976.

H. Friedrich, Theoretische Atomphysik, 2. Auflage, Springer-Verlag, Berlin, Heidelberg, New York 1994.

H. Haken, H.C. Wolf, Atom- und Quantenphysik, 6. Aufl., Springer-Verlag, Berlin, Heidelberg, New York 1996.

K.H. Hellwege, Einführung in die Physik der Atome, 4. Aufl., Heidelberger Taschenbücher, Bd. 2, Springer-Verlag, Berlin, Heidelberg, New York 1974.

P. Huber, H.H. Staub, Einführung in die Physik, III. Band, 1. Teil, Atomphysik, Ernst Reinhardt Verlag München/Basel 1970.

F.K. Kneubühl, M.W. Sigrist, Laser, 4. Aufl., Teubner Studienbücher Physik, B.G. Teubner Verlagsgesellschaft, Stuttgart 1995.

H. Kopfermann, Kernmomente, Akademische Verlagsgesellschaft, Frankfurt 1956.

T. Mayer-Kuckuk, Atomphysik, 5. Aufl., Teubner Studienbücher Physik, B.G. Teubner Verlagsgesellschaft, Stuttgart 1997.

J.C. Slater, Quantum Theory of Atomic Structure, Vol. I und II, McGraw-Hill Book Company, Inc., New York 1960.

I.I. Sobel'man, Introduction to the Theory of Atomic Spectra, Pergamon Press, Oxford 1972.

A. Winnacker, Physik von Maser und Laser, B.I. Wissenschaftsverlag, Mannheim, Wien, Zürich 1984.

Namen– und Sachverzeichnis

Köpp/Krüger
Einführung in die Quanten-Elektrodynamik

Von Prof. Dr. **Gabriele Köpp**
Technische Hochschule Aachen
und Dipl.-Phys. **Frank Krüger**
Technische Hochschule Aachen

1997. X, 373 Seiten.
13,7 x 20,5 cm.
Kart. DM 49,80
ÖS 364,– / SFr 45,–
ISBN 3-519-03235-X

(Teubner Studienbücher)

Die Quanten-Elektrodynamik (QED) als quantisierte Feldtheorie zur Beschreibung der Wechselwirkungen zwischen *Licht und Materie* gehört zu den wichtigsten Bausteinen der modernen Physik. Ihre Formulierung reicht bereits in die zwanziger Jahre dieses Jahrhunderts zurück. Die erfolgreiche Anwendung dieser Eichfeldtheorie auf experimentelle Phänomene im Rahmen eines störungstheoretischen Konzeptes ließ die QED zum Leitfaden einer *vereinigten Theorie* werden, wie sie der Elementarteilchenphysik heute in Form des *Standardmodells* zur Verfügung steht.

Dieses Buch gibt eine Einführung in die QED und richtet sich an Physikstudentinnen und -studenten im Hauptstudium mit Interesse an der Hochenergiephysik. Beginnend mit der freien Wellengleichung für Photon- und Fermionfeld wird systematisch zur Quantisierung dieser Felder und der störungstheoretischen Beschreibung ihrer Wechselwirkung hingeführt. Mehrere Anwendungen dienen dem tiefen Verständnis des entwickelten Formalismus. Dem dadurch auftretenden Fragekomplex der *Divergenzen* wird in einem abschließenden Einblick in die Theorie der Renormierung Rechnung getragen.

Preisänderungen vorbehalten.

B. G. Teubner Stuttgart · Leipzig